联合循环发电厂
技术监督标准汇编

中国华能集团公司　编

内 容 提 要

为规范和加强水力发电厂技术监督工作，促进技术监督工作规范、科学、有效开展，保证发电机组及电网安全、可靠、经济、环保运行，预防人身和设备事故的发生，中国华能集团公司依据DL/T 1051—2007《电力技术监督导则》和国家、行业相关标准、规范，组织编制和修订了集团公司《电力技术监督管理办法》及循环联合发电厂燃气轮机、热工、节能、环境保护、金属、化学等6项专业监督标准。监督标准规定了循环联合相关设备和系统在设计选型、制造、安装、运行、检修维护过程中的相关监督范围、项目、内容、指标等技术要求，循环联合发电厂监督组织机构和职责、全过程监督范围和要求、技术监督管理的内容要求。其适用于循环联合发电设备设计选型、制造、安装、生产运行全过程技术监督工作。

图书在版编目（CIP）数据

联合循环发电厂技术监督标准汇编/中国华能集团公司编. —北京：中国电力出版社，2016.2

ISBN 978-7-5123-8819-2

Ⅰ. ①联…　Ⅱ. ①中…　Ⅲ. ①联合循环发电–发电厂–技术监督–标准–汇编　Ⅳ. ①TM62-65

中国版本图书馆CIP数据核字（2016）第011672号

中国电力出版社出版、发行

（北京市东城区北京站西街19号　100005　http://www.cepp.sgcc.com.cn）

北京市同江印刷厂印刷

各地新华书店经售

*

2016年2月第一版　2016年2月北京第一次印刷

787毫米×1092毫米　16开本　40.75印张　1010千字

印数0001—1500册　定价 **150.00** 元

前 言

联合循环是将两个或两个以上的热机动力循环耦合在一起的热力循环，由于其具有效率高、污染小、水耗少、启停快、变负荷能力强等优点，正得到越来越多的重视和应用。根据中国电力企业联合会统计数据，截止到2014年底，全国天然气发电机组总装机容量达到5567万千瓦，约占全国发电机组总装机容量的 4.09%，为优化能源结构、促进节能减排、确保电网安全发挥了重要作用。截止 2014 年底，华能集团公司联合循环发电机组总装机容量达到688 万千瓦，已成为集团公司发电板块的重要组成部分。另外，江苏苏州燃机、安徽合肥燃机、广东东莞燃机等项目已处在在建或筹建阶段，大力发展天然气发电是集团公司实施转型升级和绿色发展战略的重要举措。

在大批联合循环发电机组国产化制造及投产运行的同时，也暴露出诸多问题亟待解决，主要表现在以下方面：一是因设备设计、制造质量原因，造成部分联合循环机组频繁发生压气机损坏、燃烧器和热通道故障、燃气轮机叶片断裂、发电机故障、汽轮机螺栓断裂等事故，严重影响联合循环机组的安全可靠运行，事故造成燃气轮机的维修周期和维修费用不可控。二是由于燃气机组普遍参与调峰和深度调峰，以及天然气资源日益紧张，造成燃气机组频繁启停（燃气轮发电机组年平均启停 100 次左右，有的甚至达到 500 多次），不仅造成燃烧部件和热通道的损伤，还增加了金属部件疲劳损坏几率并降低使用寿命。三是燃气轮机核心技术被部分国外制造厂家垄断，如高温部件修复和喷涂技术、透平和压气机更换及备件制造技术、燃气轮机发电设备检修工艺等，故燃气轮机设备的检修维护须委托国外制造厂进行，造成设备维护费用高。四是目前国内关于燃气轮机主、辅设备的相关设计、制造、安装、运行、检修的监督管理规范和标准长期缺失，无法有效地对联合循环发电厂的设计、制造、安装、调试、检修质量进行监督，以及对运行维护过程进行监督和指导，导致燃气轮发电机组投运后频繁因制造质量和运行维护不当引起事故。

电力技术监督作为保障发供电设备安全、可靠、经济、环保运行的重要抓手，在集团公司创建世界一流企业战略目标中发挥着重要作用。2015 年集团公司组织修订并发布了火电机组 14 项、水电 12 项技术监督标准，指导发电企业技术人员在设备管理中落实各项国家标准、行业标准，技术监督标准的实施保证了监督工作的规范性、科学性和先进性，但火电 14 项监督标准主要针对燃煤机组，不能完全适用于联合循环发电机组。

为进一步完善集团公司标准体系，强化技术监督管理工作，充分发挥技术监督超前预控的作用，全面提升发电企业安全生产管理水平，达到“一流的安全生产管理水平、一流的设备可靠性、一流的技术经济指标”。2014 年，集团公司组织西安热工研究院有限公司、各电力产业公司、区域公司和发电企业专业人员开展了联合循环发电厂燃气轮机、热工、节能、环保、金属、化学监督标准的编制工作，用以规范联合循环发电机组的建设、生产管理工作，完善联合循环发电标准体系和联合循环发电厂安全生产管理体系，给联合循环发电厂全过程技术监督工作提供科学、有效的技术依据和指导，促进联合循环发电设备质量和运行安全、可靠、经济、环保性的提高，预防压气机损坏、火灾、爆炸等重大事故频发，降低联合循环发电机组的事故率和检修维护成本。其中《联合循环发电厂燃气轮机监督标准》由张宇博、陈贤、张文毅、周建东主编，《联合循环发电厂热工监督标准》由任志文、段四春、焦道顺、瞿虹剑、张维、周昭亮、王靖程、刘欢、姚玲玲主编，《联合循环发电厂节能监督标准》由党黎军、刘丽春、崔光明、杨辉、章焰、黄庆、牟丹妮主编，《联合循环发电厂环保监督标准》由侯争胜、夏春雷主编，《联合循环发电厂金属监督标准》由马剑民、姚兵印、姜红军、王清华、李春雨、张志博、章春香主编，《联合循环发电厂化学监督标准》由柯于进、杨俊、李志刚主编。

《联合循环发电厂燃气轮机监督标准》等 6 项标准是按照国家发改委颁布的《电力技术监督导则》（DL/T 1051—2007）及相关国家、行业标准、规程和规范的要求，并结合《华能电厂安全生产管理体系要求》及国内外联合循环发电机组生产运行经验而制定的。标准的内容主要包括联合循环发电厂相关设备和专业监督的技术要求、监督管理要求及监督评价与考核三方面内容。其中，监督技术标准部分提出了各专业在设计选型、制造、安装、运行、检修维护、技术改造过程中的监督范围、项目、内容、指标等技术要求；监督管理要求部分，强调如何落实技术监督工作中的各项技术要求，即“5W1H”：如何通过监督管理来执行技术标准，监督管理要求由监督基础管理、监督日常管理内容和要求、全过程监督中各阶段监督重点三部分组成；监督评价与考核部分，强调对发电企业技术监督工作落实执行情况的评估与评价，形成完整的闭环管理，监督评价与考核由评价内容、评价标准、评价组织与考核三部分构成。标准在编写过程中力求严格依据联合循环发电现行有效的设计选型、制造、安装、调试、运行、检修维护及试验等标准规范，同时总结实际应用中成熟有效的经验；标准内容力求全面、贴近实际，便于理解和操作执行，具备科学性和先进性。标准技术部分填补了国内联合循环发电监督技术标准的空白。同时，标准依据集团公司安全生产管理体系要求、电力技术监督管理办法的相关规定，对联合循环发电厂各专业监督提出了管理要求，明确了发电厂应编制的监督相关文件，应建立健全的技术资料档案目录，规定了日常管理内容和要求，指出了各阶段监督重点工作，并制定了联合循环发电厂各专业监督工作评价表，为联合循环发电机组监督工作的有效开展提供管理上的保证。

由于燃气轮机监督标准在发电行业属首次编制，热工、节能、环保、金属、化学专业在监督范围、内容、技术要求等方面与燃煤机组有明显差异，可参考借鉴的成熟经验较少，加上编写人员的水平有限，难免存在疏漏和不当之处，敬请广大读者批评指正。

新编制的联合循环发电厂燃气轮机、热工、节能、环保、金属、化学监督标准填补了联合循环发电厂监督标准的空白，与集团公司火力发电厂绝缘、继电保护及安全自动装置、励磁、电测、电能质量、汽轮机、锅炉压力容器供热监督标准一起构成了集团公司联合循环发电厂技术监督体系，符合国家、行业对发电企业专业监督的最新技术规定，具有较强的实用性和可操作性，对保证联合循环发电机组及其接入电网的安全稳定运行，规范和提升联合循环发电厂专业技术工作具有积极指导意义。

在联合循环发电厂监督标准即将出版之际，谨对所有参与和支持联合循环发电厂监督标准编写、出版工作的单位和同志们表示衷心的感谢！

编　者

2015 年 12 月

目　录

前言

技术标准篇

Q/HN-1-0000.08.031—2015　联合循环发电厂燃气轮机监督标准……1
Q/HN-1-0000.08.032—2015　联合循环发电厂热工监督标准……127
Q/HN-1-0000.08.033—2015　联合循环发电厂节能监督标准……197
Q/HN-1-0000.08.034—2015　联合循环发电厂环境保护监督标准……263
Q/HN-1-0000.08.035—2015　联合循环发电厂金属监督标准……313
Q/HN-1-0000.08.036—2015　联合循环发电厂化学监督标准……419

管理标准篇

Q/HN-1-0000.08.049—2015　电力技术监督管理办法……623

中国华能集团公司
CHINA HUANENG GROUP

中国华能集团公司联合循环发电厂技术监督标准汇编

Q/HN-1-0000.08.031—2015

技术标准篇

联合循环发电厂燃气轮机监督标准

2015 - 05 - 01 发布

2015 - 05 - 01 实施

目　次

前言…………4
1　范围…………5
2　规范性引用文件…………5
3　术语和定义…………7
3.1　基本形式…………7
3.2　主要部件及辅助系统…………8
3.3　性能与试验…………9
4　总则…………12
4.1　基本原则…………12
4.2　监督范围…………12
5　监督技术标准…………13
5.1　联合循环发电机组设计监督…………13
5.2　燃气轮机设备及系统设计与选型监督…………14
5.3　燃气轮机制造监督…………24
5.4　燃气轮机安装监督…………26
5.5　燃气轮机调整、试运行监督…………33
5.6　燃气轮机运行监督…………41
5.7　燃气轮机检修、维护及技术改造监督…………50
5.8　燃气轮机振动监督…………59
5.9　燃气轮机试验监督…………63
5.10　防火、防爆监督…………64
6　监督管理要求…………69
6.1　监督基础管理工作…………69
6.2　日常管理内容和要求…………71
6.3　各阶段监督重点工作…………75
7　监督评价与考核…………77
7.1　评价内容…………77
7.2　评价标准…………77
7.3　评价组织与考核…………77
附录A（资料性附录）　燃气轮机制造质量见证项目表…………79
附录B（资料性附录）　天然气分析化验项目及依据…………82
附录C（资料性附录）　燃气轮机设备台账模板…………83
附录D（资料性附录）　不同类型燃气轮机振动限值…………91

附录 E（规范性附录） 技术监督不符合项通知单……92
附录 F（规范性附录） 技术监督信息速报……93
附录 G（规范性附录） 联合循环发电厂燃气轮机技术监督季报编写格式……94
附录 H（规范性附录） 联合循环发电厂燃气轮机监督预警项目……100
附录 I（规范性附录） 技术监督预警通知单……101
附录 J（规范性附录） 技术监督预警验收单……102
附录 K（规范性附录） 技术监督动态检查问题整改计划书……103
附录 L（规范性附录） 联合循环发电厂燃气轮机技术监督工作评价表……104

前　言

为加强中国华能集团公司联合循环发电厂技术监督管理，确保联合循环发电机组安全、经济、稳定运行，特制定本标准。本标准依据国家和行业有关标准、规程和规范，以及中国华能集团公司联合循环发电厂的管理要求、结合国内外发电的新技术、监督经验制定。

本标准是中国华能集团公司所属联合循环发电厂燃气轮机监督工作的主要依据，是强制性企业标准。

本标准由中国华能集团公司安全监督与生产部提出。

本标准由中国华能集团公司安全监督与生产部归口并解释。

本标准起草单位：西安热工研究院有限公司、华能国际电力股份有限公司。

本标准主要起草人：张宇博、陈贤、张文毅、周建东。

本标准审核单位：中国华能集团公司安全监督与生产部、中国华能集团公司基本建设部、西安热工研究院有限公司、华能国际电力股份有限公司、中电联标准化管理中心、上海电气电站设备有限公司汽轮机厂、东方电气集团东方汽轮机有限公司、哈电集团哈尔滨汽轮机厂有限责任公司、哈尔滨电气股份有限公司、北京京丰燃气发电有限公司、深圳能源集团月亮湾燃机电厂。

本标准主要审核人：赵贺、武春生、罗发青、张俊伟、蒋宝平、肖俊峰、张栋芳、艾松、叶东平、施延洲、程百里、徐刚、章恂、令彤彤、唐文书、王峰、张辉、刘晓宏、姚啸林、于欣、周涛、崔丕桓、陈志强、冷刘喜、苏坚、杜红纲、马晋辉。

本标准审定：中国华能集团公司技术工作管理委员会。

本标准批准人：寇伟。

本标准为首次制定。

联合循环发电厂燃气轮机监督标准

1　范围

本标准规定了中国华能集团公司（以下简称“集团公司”）联合循环发电厂燃气轮机监督相关的技术要求及监督管理、评价要求。

本标准适用于集团公司联合循环发电厂（以下简称“电厂”）燃气轮机主机及其辅助设备的技术监督工作。

2　规范性引用文件

下列文件对于本文件的应用是必不可少的。凡是注日期的引用文件，仅所注日期的版本适用于本文件。凡是不注日期的引用文件，其最新版本（包括所有的修改单）适用于本文件。

GB 14098　燃气轮机　噪声

GB 17820　天然气

GB 50183　石油天然气工程设计防火规范

GB 50229　火力发电厂与变电站设计防火规范

GB 50251　输气管道工程设计规范

GB 50275　风机、压缩机、泵安装工程施工及验收规范

GB 50973—2014　联合循环机组燃气轮机施工及质量验收规范

GB/T 6075.1　在非旋转部件上测量和评价机器的机械振动　第1部分：总则

GB/T 6075.4　在非旋转部件上测量和评价机器的机械振动　第4部分：不包括航空器类的燃气轮机驱动装置

GB/T 7596　电厂用运行中汽轮机油质量标准

GB/T 11060.1～12　天然气　含硫化合物的测定

GB/T 11062　天然气发热量、密度、相对密度和沃泊指数的计算方法

GB/T 11118.1　液压油

GB/T 11348.1　旋转机械转轴径向振动的测量和评定　第1部分：总则

GB/T 11348.4　旋转机械转轴径向振动的测量和评定　第4部分：燃气轮机组

GB/T 13609　天然气取样导则

GB/T 13610　天然气的组成分析　气相色谱法

GB/T 14099　燃气轮机　采购

GB/T 14099.3—2009　燃气轮机　采购　第3部分：设计要求

GB/T 14099.4—2010　燃气轮机　采购　第4部分：燃料与环境

GB/T 14099.5　燃气轮机　采购　第5部分：在石油和天然气工业中的应用

GB/T 14099.7　燃气轮机　采购　第7部分：技术信息

GB/T 14099.8　燃气轮机　采购　第8部分：检查、试验、安装和调试

GB/T 14099.9—2006　燃气轮机　采购　第 9 部分：可靠性、可用性、可维护性和安全性

GB/T 14100—2009　燃气轮机　验收试验

GB/T 14541　电厂运行中汽轮机用矿物油维护管理导则

GB/T 14793　燃气轮机总装技术条件

GB/T 15135—2002　燃气轮机　词汇

GB/T 15736　燃气轮机辅助设备通用技术要求

GB/T 18345.1　燃气轮机　烟气排放　第 1 部分：测量与评估

GB/T 18345.2　燃气轮机　烟气排放　第 2 部分：排放的自动监测

GB/T 18929　联合循环发电装置 验收试验

GB/T 19204　液化天然气的一般特性

GB/T 28686—2012　燃气轮机热力性能试验

GB/T 29114　燃气轮机液体燃料

DL 5009.1　电力建设安全工作规程　第 1 部分：火力发电厂

DL 5190.3　电力建设施工技术规范　第 3 部分：汽轮发电机组

DL 5190.5　电力建设施工技术规范　第 5 部分：管道及系统

DL 5277　火电工程达标投产验收规程

DL/T 384　9FA 燃气-蒸汽联合循环机组运行规程

DL/T 571　电厂用磷酸酯抗燃油运行与维护导则

DL/T 586　电力设备监造技术导则

DL/T 838　发电企业设备检修导则

DL/T 851　联合循环发电机组验收试验

DL/T 855　电力基本建设火电设备维护保管规程

DL/T 1051　电力技术监督导则

DL/T 1214—2013　9FA 燃气-蒸汽联合循环机组维修规程

DL/T 1223　整体煤气化联合循环发电机组性能验收试验

DL/T 1224　单轴燃气蒸汽联合循环机组性能验收试验规程

DL/T 5174　燃气-蒸汽联合循环电厂设计规定

DL/T 5210.3—2009　电力建设施工质量验收及评价规程　第 3 部分：汽轮发电机组

DL/T 5294　火力发电建设工程机组调试技术规范

DL/T 5295　火力发电建设工程机组调试质量验收及评价规程

DL/T 5434　电力建设工程监理规范

DL/T 5437　火力发电建设工程启动试运及验收规程

DL/T 5482—2013　整体煤气化联合循环技术及设备名词术语

HB 7766　燃气轮机成套设备安装通用技术要求

JB 9590　燃气轮机　维护和安全

JB/T 5886　燃气轮机　气体燃料的使用导则

JB/T 6224　燃气轮机　质量控制规范

JB/T 6689 燃气轮机 压气机叶片燕尾根槽公差及技术要求

JB/T 6690 燃气轮机 透平叶片枞树型叶根、槽公差及技术要求

JB/T 9589 燃气轮机 基本部件

SY/T 0440 工业燃气轮机安装技术规范

ISO 10494 Gas turbines and gas turbine sets-Measurement of emitted airborne noise

ASTM D4304-06a Standard specification for mineral lubricating oil used in steam or gas turbines（汽轮机或燃气轮机用矿物润滑油）

ASTM D4378-03 Standard practice for in-service monitoring of mineral turbine oils for steam and gas turbines（汽轮机和燃气轮机用矿物透平油的运转时的监测）

Q/HN-1-0000.08.002—2013 中国华能集团公司电力检修标准化管理实施导则（试行）

Q/HN-1-0000.08.011—2014 中国华能集团公司电力安全工作规程（热力和机械部分）

Q/HN-1-0000.08.049—2015 中国华能集团公司电力技术监督管理办法

Q/HB-G-08.L01—2009 华能电厂安全生产管理体系要求

国能综安全〔2014〕45 号 火力发电工程质量监督检查大纲（2014 年 1 月）

国能安全〔2014〕161 号 防止电力生产事故的二十五项重点要求

华能安〔2011〕271 号 中国华能集团公司电力技术监督专责人员上岗资格管理办法（试行）

华能建〔2012〕784 号 中国华能集团公司燃气-蒸汽联合循环热电联产典型设计（2012 年）

3 术语和定义

3.1 基本形式

3.1.1 燃气轮机 gas turbine

把热能转换为机械功的旋转机械，包括压气机、加热工质的设备（如燃烧室）、透平、控制系统和辅助设备。

[GB/T 15135—2002，定义 2.1]

3.1.2 抽气式燃气轮机 bled gas turbine

在压气机级间或压气机出口抽出压缩空气，或在透平进口或透平级间抽出热燃气以供外部使用的燃气轮机。

3.1.3 双燃料运行 dual-fuel operation

燃气轮机用两种不同燃料（不进行预混）同时运行，例如：气体燃料和燃油均能运行。

[改写，GB/T 14099.3—2009，定义 3.5]

3.1.4 简单循环 simple cycle

也称为布雷敦循环（Brayton cycle），工质从大气进入燃气轮机，再排入大气，依次经过压缩、燃烧、膨胀和排放的热力循环。

[改写，GB/T 15135—2002，定义 2.8]

3.1.5 联合循环 combined cycle

燃气轮机循环（简单循环）与蒸汽或其他流体的朗肯循环相联合的热力循环。

[GB/T 15135—2002，定义 2.12]

3.1.6 燃气-蒸汽联合循环 **gas-steam combined cycle**

以燃气轮机简单循环为前置循环、以蒸汽轮机朗肯循环为后置循环的联合循环。

3.1.7 整体煤气化联合循环 **integrated coal-gasification combined cycle (IGCC)**

采用将煤等含碳氢物质气化转化为含氢气、一氧化碳、甲烷等的合成（煤）气作为燃料的燃气-蒸汽联合循环，主要由煤气化、煤气净化部分和燃气-蒸汽联合循环装置部分组成。

[DL/T 5482—2013，定义 2.1.1]

3.2 主要部件及辅助系统

3.2.1 压气机 **compressor**

利用机械动力增加工质（空气）的压力，并伴有温度升高的燃气轮机部件。

[GB/T 15135—2002，定义 3.2]

3.2.2 燃烧室 **combustion chamber**

燃料（热源）与工质（空气）发生反应使得工质（空气）温度升高的燃气轮机部件。

[GB/T 15135—2002，定义 3.3]

3.2.3 透平 **turbine**

也称为涡轮，利用工质（空气）的膨胀产生机械动力的燃气轮机部件。

[GB/T 15135—2002，定义 3.1]

3.2.4 进口可转导叶 **inlet guide vanes**

非旋转叶片组件，位于压气机第一级动叶片前，为可调叶片。在机组启动、停机过程中以及机组带部分负荷运行情况下，压气机进口可转导叶的开度根据控制系统的指令进行调整，以满足燃气轮机排气温度控制和在机组启停时压气机防喘的要求；调整进口可转导叶角度来控制压气机进气量，以配合燃烧方式的切换。可转导叶的调整动作由液压系统控制，包括液压油缸、伺服阀、遮断阀、蓄能器、滤芯。

[改写，GB/T 15135—2002，定义 13.13]

3.2.5 热通道 **hot gas path**

从燃料喷嘴开始到透平末级动叶为止，包括燃烧室的主要部件及其附件，燃气轮机透平的所有动、静叶片及其附件。

[改写，DL/T 1214—2013，定义 3.1]

3.2.6 盘车装置 **turning gear**

在热运行停机后，利用动力装置，在非常低的转速下使主转子组件旋转，以防止冷却不均匀而造成转子弯曲与不平衡的驱动组件。也可以提供扭矩使转子从静止进入初始转动状态。

[GB/T 15135—2002，定义 4.2]

3.2.7 启动设备 **starting equipment**

对燃气轮机转子提供扭矩的组合部件，能使其加速到点火转速，然后达到自持转速。

[GB/T 15135—2002，定义 4.3]

3.2.8 燃料处理设备 **fuel treatment equipment**

用于处理和（或）清除燃料中有害成分的设备。

[GB/T 15135—2002，定义 4.19]

3.2.9 双燃料系统 **dual fuel system**

允许燃气轮机分别用两种不同燃料运行的系统。

[GB/T 14099.3—2009，定义 3.12]

3.2.10 燃料控制系统 **fuel control system**

用来为燃气轮机燃烧室提供适量（合适的压力和流量）燃料的系统。

[GB/T 15135—2002，定义 4.6]

3.2.11 保护系统 **protection system**

保护燃气轮机免受控制系统未涉及到的任何危险情况的系统，例如火灾保护系统等。

[GB/T 15135—2002，定义 4.11]

3.2.12 润滑油系统 **lubrication system**

调节并供应润滑油给轴承和其他使用润滑油的设备的总系统。

[GB/T 15135—2002，定义 4.18]

3.2.13 燃料调节阀 **fuel governor valve**

阀门或其他任何用作最终燃料调节元件的装置，用于控制进入燃气轮机的燃料量。

3.2.14 燃料关断阀 **fuel stop valve**

当被触发时，切断进入燃烧系统的全部燃料供应的装置。

3.3 性能与试验

3.3.1 标准参考条件 **standard reference conditions**

燃气轮机的功率、热效率、热耗率或燃料消耗率，如需按标准参考条件进行修正，则标准参考条件参见：

a）压气机进气条件应满足 ISO 工况（标准工况），即大气压力为 101.3kPa、大气温度为 15℃、相对湿度为 60%；

b）透平排气条件应满足：静压为 101.3kPa；

c）冷却水条件应满足：工质冷却水进口水温为 15℃；

d）空气加热器环境条件应满足：对闭式循环，大气压力为 101.3kPa、大气温度为 15℃。

[改写，GB/T 14100—2009，定义 3.1]

3.3.2 新的和清洁的状态 **new and clean condition**

燃气轮机所有影响性能的零部件符合设计规范时的燃气轮机状态。

[GB/T 15135—2002，定义 6.2]

3.3.3 标准额定输出功率 **standard rated output**

燃气轮机在透平温度、转速、燃料、进气温度、进气压力和相对湿度、排气压力为标准参考条件下，且处于新的和清洁的状态下运行时的标称或保证的输出功率。

[GB/T 15135—2002，定义 6.4]

3.3.4 额定转速 **rated speed**

在额定条件下功率输出轴的转速。

[GB/T 15135—2002，定义 6.15]

3.3.5 点火转速 **ignition speed**

燃气轮机转子在点火器通电时的转速。除标准条件外，它可能不是一个常数。

[GB/T 15135—2002，定义 6.18]

3.3.6 临界转速 **critical speed**

燃气轮机及其驱动设备的相关旋转轴系的固有频率。与轴系固有振动频率和强迫振动频率一致，导致机组共振时对应的转速。

［GB/T 14099.3—2009，定义 3.10；GB/T 15135—2002，定义 6.20］

3.3.7 扩散燃烧 **diffused combustion**

燃料与助燃空气或氧气分别喷入燃烧空间，通过湍流和分子扩散与空气或氧气进行混合燃烧的方式。

［DL/T 5482—2013，定义 7.1.3］

3.3.8 预混燃烧 **premixed combustion**

燃料与助燃空气或氧气预先混合成为均匀的可燃气体后喷入到燃烧空间的燃烧方式。

［DL/T 5482—2013，定义 7.1.4］

3.3.9 净比能/低热值 **net specific energy**

燃料燃烧时生成的水为气相时确定的热值。

［GB/T 14099.4—2010，定义 3.4］

3.3.10 总比能/高热值 **gross specific energy**

燃料燃烧时生成的水蒸气凝结成水时确定的热值，包括汽化潜热。

［GB/T 14099.4—2010，定义 3.6］

3.3.11 沃泊指数 **Wobbe index**

燃料净比能（低热值）与相对于空气的相对密度平方根之比。

［GB/T 14099.4—2010，定义 3.11］

3.3.12 燃气轮机热效率 **thermal efficiency of gas turbine**

燃气轮机的净能量输出与按燃料的低热值计算的燃料能量输入的百分比。

［GB/T 15135—2002，定义 6.26］

3.3.13 热耗率 **heat rate**

燃气轮机每单位时间消耗的净燃料能量与输出的净功率之比，单位是千焦每千瓦时。

［GB/T 15135—2002，定义 6.31］

3.3.14 比功率 **specific power**

燃气轮机的净输出功率与压气机进气质量流量的比值，单位是千瓦秒每千克。

［GB/T 15135—2002，定义 6.33］

3.3.15 压缩比 **pressure ratio**

压气机排气压力与压气机进口压力之比，代表工质被压缩的程度。

［GB/T 15135—2002，定义 15.5］

3.3.16 温度比 **temperature ratio**

透平进口处的温度与压气机进口处的温度之比。

［GB/T 15135—2002，定义 C.1.4.14］

3.3.17 喘振 **surge**

在压气机和连接管道中，出现工质流量以较低的频率振荡为特征的不稳定流动工况。

［GB/T 15135—2002，定义 16.6］

3.3.18 透平进口温度 turbine inlet temperature (TIT)

代表透平前流量加权平均总温的通用术语。因参考截面不同，有几种不同的定义：燃烧室出口温度、喷嘴进口温度、透平转子前温度、ISO 进口温度。燃烧室出口温度指在燃烧室出口截面被二次空气稀释后的燃气的流量加权平均总温；喷嘴进口温度指来自进气缸的冷却空气加到燃烧室出口的下游后，进入第一级静叶的高温燃气的流量加权平均总温；透平转子前温度指来自第一级喷嘴和透平轮盘的冷却和密封空气加进主流高温燃气后，第一级动叶前的高温燃气的流量加权平均总温；ISO 进口温度指按压气机的总空气质量流量与总燃料质量流量进行的燃烧室总热平衡计算所得出的第一级静叶前的流量加权平均温度。

[GB/T 14099.9—2006，定义 3.108]

3.3.19 燃气轮机排气温度分散度 exhaust gas temperature spread (EGT spread)

燃气透平排气口截面上的排气温度偏差，用来间接判断高温部件的运行状态。其中，燃气轮机排气温度指的是燃气透平排气口截面上的排气温度。

3.3.20 氧化 oxidation

氧化通常是指合金和氧在高温下所发生的反应。一般来说，温度越高，氧化速度也越快。氧化的影响一方面是削弱了材料强度，促进了机械疲劳和热疲劳的发展；另一方面是温度循环变化及蠕变又促进了氧化物的剥落，进而增加了氧化速度。

3.3.21 高温腐蚀（钒腐蚀和热腐蚀） high temperature corrosion

高温腐蚀是普通氧化加上其他污染物反应的综合结果，通常高温腐蚀有钒腐蚀和热腐蚀（高温硫腐蚀）两种。燃料中的钒或硫同钠等在燃烧后形成的化合物，附着于透平叶片等高温金属表面，使金属产生腐蚀。

[改写，GB/T 15135—2002，定义 C.2.2.51]

3.3.22 磨蚀 erosion

由工质中固体颗粒的机械碰撞所引起的材料磨蚀。

[GB/T 14099.9—2006，定义 3.31]

3.3.23 压气机离线清洗 off-line compressor washing

在燃气轮机低速转动或盘车状态下，对压气机进行清洗的方法。

[GB/T 14099.3—2009，定义 3.31]

3.3.24 压气机在线清洗 on-line compressor washing

在燃气轮机带负荷情况下，通过向压气机进气口喷射清洁液而进行清洗压气机的方法。

[GB/T 14099.3—2009，定义 3.32]

3.3.25 老化 ageing

燃气轮机在正常运行中由于磨损、振动、腐蚀等导致的性能损失，其损失通过压气机清洗、透平清洗和过滤器清洗等措施无法恢复。

[GB/T 14099.9—2006，定义 3.3]

3.3.26 涂层 coating

提供一种可供消耗并可更换的覆盖物，用于保护基体材料免于腐蚀和（或）磨蚀，如化学气相沉积、镀铬处理、扩散渗铬、物理气相沉积、等离子喷涂等。

[GB/T 14099.9—2006，定义 3.13]

3.3.27 等效运行小时数 **equivalent operating hours (EOH)**

考虑了各种运行过程影响机组寿命的加权系数后的计算运行小时数，可用来确定检修周期或预计寿命。

[GB/T 14099.9—2006，定义 3.26]

3.3.28 燃烧室检查 **combustor inspection**

燃气轮机燃烧室状态的检查（含过渡段），以确定该部件是否能在规定的时间内继续正常运行，或为满足规范要求是否需要修理和（或）更换零部件。

[GB/T 15135—2002，定义 5.20，GB/T 14099.9—2006，定义 3.41]

3.3.29 热通道检查 **hot section inspection**

燃气轮机燃烧室和透平部件状态的检查，以确定这些零部件是否能在规定的时间内继续正常运行，或为满足规范要求是否需要修理和（或）更换零部件。

[GB/T 15135—2002，定义 5.21，GB/T 14099.9—2006，定义 3.50]

3.3.30 大修 **major overhaul**

对整个燃气轮机进行检查和彻底的检修，更换那些必须更换的零部件，使得燃气轮机在额定工况下能运行到所期望的规定时间。

[GB/T 15135—2002，定义 5.23，GB/T 14099.9—2006，定义 3.63]

4 总则

4.1 基本原则

4.1.1 燃气轮机监督是保证联合循环发电厂安全、经济、稳定、环保运行的基础，电厂实施燃气轮机技术监督应贯彻“安全第一、预防为主、综合治理”的方针，应对燃气轮机本体及其辅助系统的健康水平及与安全、质量、经济运行有关的重要参数、性能、指标进行监测、调整及评价，按照国家、行业标准、规程和反事故措施的要求，实现对燃气轮机本体及其辅助系统全范围和包括设计选型、制造、安装、调试、运行、检修维护、技术改造在内的全过程的监督和管理。

4.1.2 燃气轮机技术监督的目的是对燃气轮机本体叶片、调速系统、旋转设备振动和燃气系统进行监督，防止发生燃烧室异常烧损、叶片断裂和损伤、轴系弯曲和断裂、燃气轮机超速、轴瓦损坏、燃气系统爆炸等重大事故，发现和消除主辅设备安全隐患；同时指导燃气轮机主辅设备的经济运行，最终确保实现燃气轮机组安全、经济运行。

4.1.3 各电厂应按照集团公司《华能电厂安全生产管理体系要求》、《电力技术监督管理办法》中有关技术监督管理和本标准的要求，结合本厂的实际情况，制定电厂燃气轮机监督管理标准；依据国家和行业有关标准、规程和规范，编制并执行运行规程、检修规程和检验及试验规程等相关/支持性文件；以科学、规范的监督管理，保证燃气轮机监督工作目标的实现和持续改进。

4.1.4 本标准中的一些具体要求或规定，如果与设备制造厂的要求或规定值相矛盾，应按照两者中要求或规定更加严格的标准执行。

4.1.5 从事燃气轮机监督的人员，应熟悉和掌握本标准及相关标准和规程中的规定。

4.2 监督范围

4.2.1 燃气轮机技术监督的工艺设备范围应包括燃气轮机本体（含压气机、燃烧室、透平）、燃气轮机辅助系统（含燃料供应及处理系统、进气系统、排气系统、燃料模块、润滑油系统、液压油系统、清洗系统、冷却和密封空气系统、通风和加热系统、注水（或蒸汽）系统、危险气体检测及火灾保护系统、盘车装置等）、启动系统。

4.2.2 燃气轮机技术监督应覆盖设计选型、制造、安装、调试、性能试验、运行、检修维护及技术改造的全过程。

5 监督技术标准

5.1 联合循环发电机组设计监督

5.1.1 联合循环发电机组的设计应以同类型、同容量正在设计和已投产机组的最优值为标杆，优化工程设计，确保机组运行安全可靠性和经济环保性。

5.1.2 联合循环发电机组的设计应参考 DL/T 5174、《中国华能集团公司燃气-蒸汽联合循环热电联产典型设计》的相关规定。

5.1.3 联合循环发电机组设计方案的选择包括对热力循环方式的选择（简单循环、联合循环）、蒸汽循环方式的选择（纯凝发电、热电联产）、轴系布置方式的选择（单轴、多轴）、蒸汽循环参数匹配优化等，应通过技术经济比较后确定。

5.1.4 当有供热/供冷负荷需求时，燃气轮机组的选择和系统设置应与热电联产/冷热电多联产相适应或做预留设计。

5.1.5 对纯凝联合循环发电机组，宜采用单轴布置方式；对供热联合循环发电机组，宜采用多轴布置方式。

5.1.6 联合循环发电机组的主设备布置应进行优化设计，宜减小燃气轮机的排气压损。

5.1.7 电厂厂址的选择应根据电力规划、天然气管网规划、燃料供应条件、城市（镇）规划、水源、与相邻工矿企业关系、与周边居民关系、地区自然条件、交通运输、环境保护和建设计划等因素综合考虑：

a） 厂址应避开空气经常受悬浮固体颗粒物严重污染的区域；

b） 选择厂址时应落实燃料和大件设备的运输条件。

5.1.8 联合循环发电机组燃料的厂外运输方式应合理选择管道、公路、水运及铁路等运输方式。厂外专用天然气管道应直埋或架空敷设，厂外埋地和架空天然气、燃油管道与邻近建筑物的防火安全距离应符合 GB 50183 的要求，并符合有关消防规范要求。

5.1.9 厂内天然气调压站、燃油处理室及供氢站应与其他辅助建筑物分开布置，宜布置在有明火、散发火花地点的常年最小频率风向的下风侧。燃气轮机或联合循环发电机组（房）、余热锅炉(房)、天然气调压站、燃油处理室及与其他建、构筑物之间的最小间距应符合 GB 50229 的要求。

5.1.10 燃气轮发电机组厂房内应留有必要的检修起吊空间、安放场地和运输通道，应设置满足起吊要求的起重设备，并满足燃气轮机揭缸、转子吊出检修的需要。当采取底层低位布置时，应考虑发电机抽转子时横向平移或整台吊出的检修设施和场地。

5.1.11 对环境条件差、严寒地区，对设备噪声有特殊要求，燃气轮机采用外置式燃烧器，或单轴配置的大容量联合循环发电机组和供热机组，应采用室内布置。

5.1.12 燃气轮机的相关辅助设备应就近布置在其周围，以便与油、气、水等管道连接。当燃气轮机室外布置时，其辅助设备应根据环境条件和设备本身的要求设置必要的防雨、伴热或加热设施。

5.2 燃气轮机设备及系统设计与选型监督

5.2.1 设计与选型监督内容及依据

5.2.1.1 燃气轮机技术监督人员应在燃气轮机及其辅助设备设计、选型、采购过程中对设计单位及制造厂的设计方案、燃料供应设备及系统设计、燃气轮机设备及系统选型进行监督。

5.2.1.2 燃气轮机设备选型及系统的配置应根据拟建电厂总装机容量、场地情况、承担负荷性质、投资等因素，参考 DL/T 5174 和《中国华能集团公司燃气-蒸汽联合循环热电联产典型设计》并经技术经济分析比较后确定，燃气轮机设备的技术要求应符合 GB/T 14099.1～9、GB/T 15736、JB/T 6689、JB/T 6690、JB/T 9589、JB 9590 的相关规定。

5.2.2 燃气轮机主机设备选型

5.2.2.1 燃气轮机设计选型阶段，应对燃气轮机主机设备性能提出明确要求：

a） 应评估燃气轮机在设计预定运行条件下的主要性能参数，如年平均气象参数条件下燃气轮机额定功率、气耗率、热效率或热耗率、排气流量、排气压力、排气温度，月最高平均气象参数下燃气轮机保证的连续功率，月最低平均气象参数下燃气轮机保证的连续功率；

b） 燃气轮机选型时应综合考虑部分负荷下的机组性能和热通道部件的维护成本及寿命，特别是针对长期带部分负荷的调峰机组；

c） 承担变动负荷（调峰）的机组，其设备及系统的性能应能满足快速反应的要求；

d） 应根据环保排放要求提出对燃气轮机设备的环保性能，包括噪声、排放物（氮氧化物、VOC 等）及可能的热排放；

e） 应给出压气机叶片清洁前燃气轮机可接受的性能下降程度及确定此程度所用的方法，如压气机出口压力或与透平排气温度相关的功率输出等；

f） 应提供设备由于老化而产生的长期不可恢复的性能下降的预测，这种预测应基于已被证实的类似设备的经验，如提供 4000、8000、16 000、32 000 和 48 000 等效运行小时后，压气机质量流量、压气机效率、燃气轮机排气温度、输出功率和热耗率变化的资料；

g） 应对燃气轮机设备的性能保证条件作出明确规定。

5.2.2.2 燃气轮机的选型应以燃料类型和项目相关条件为依据，电厂应向制造厂提供当地环境条件、燃料特性（化学、物理性质）、燃气轮机的工作性能/负荷范围、环保要求等详细资料。

5.2.2.3 电厂应就燃气轮机设备及系统向制造厂提出设计要求，并应符合 GB/T 14099.3—2009 的相关规定：

a） 应在特定的现场条件、运行要求（温度和转速的限制、启动要求、瞬态要求、控制要求、燃料、烟气排放量、噪声）、使用要求（设计寿命、检查计划、本体设备的可维修性）、旋转设备要求（联轴器、发电机、辅助齿轮等）、罩壳等方面对燃气轮机设计提出要求；

b） 成套与辅助设备的基本供货范围应包括燃气轮机本体、启动系统、安装系统、罩壳与消防、空气进气系统、排气系统、润滑油系统、燃料系统、清洗系统、振动监测系统、电气系统等，并考虑其他所需要的可选系统及设备；

c） 成套设备结构件材料的选择应满足特定现场运行条件的要求，以防发生腐蚀、应力腐蚀开裂、电解腐蚀、脆性断裂等；

d） 应对包括启动、带负荷、运行、卸载与停机、备用等阶段及报警、跳闸保护功能的控制与保护系统提出要求；

e） 制造厂应确保燃气轮机组轴系的共振频率（转子横向、系统扭转及叶片的模态）、临界转速处在允许的范围内，应适用于规定的运行转速范围，其中包括启动转速保持点的要求。制造厂应向电厂提供所有应避开的转速一览表，并进行说明。

5.2.2.4 燃气轮机压气机的设计应满足以下要求：

a） 应设计有防止喘振的措施，如防喘放气阀、进口可转导叶等；

b） 制造厂应给出压气机的特性曲线以说明其喘振裕量，并提出避免喘振所需的任何运行限制；

c） 压气机通流部件的设计应采取防止腐蚀的措施；

d） 在被异物损坏的情况下，压气机叶片应易于更换而无需重新平衡转子。宜实现在现场更换损坏的转子叶片而不影响其他叶片，以缩短检修时间。

5.2.2.5 燃气轮机燃烧室的设计应满足以下要求：

a） 应具有较宽范围的燃料适应性，制造厂应明确说明对燃料成分、热值的要求及其允许变化范围。

b） 应保证燃烧稳定、出口温度场均匀分布、燃烧效率高、污染物排放低。

c） 应配备干式低 NO_x 燃烧器，保证在规定运行条件下满足排放要求。

d） 燃烧方式由扩散火焰燃烧向预混火焰燃烧切换的负荷应尽可能低，以降低 NO_x 生成量。

e） 燃烧室和过渡段的设计应考虑所选定的燃料和维护的方便。

f） 燃烧室壳体结构应保证燃料喷嘴在燃烧室内正确对中。安装在燃气通道内的燃料喷嘴组件应适当地锁定，以防止在运行时脱落。

g） 采用双燃料喷嘴或其他多喷嘴结构的燃烧室，应考虑待用喷嘴和其燃料供给系统能迅速平稳切换。

h） 应设计监视燃烧稳定性的装置，并具备报警功能。

i） 应设计带冗余功能的燃烧室火焰检测手段，若燃烧室在安全时间内未点着火，或在运行中熄火，应切断燃料供给。

5.2.2.6 透平的设计应满足以下要求：

a） 透平定子和转子叶片的设计应能避免与任何激励频率谐振的可能性，并将任何与静止零件或转动零件摩擦的影响减至最小；

b） 透平转子的设计应使转子叶片能够在现场更换而无须重新平衡转子；

c） 透平气缸、转子和定子叶片应能承受在透平入口最大平均设计温度时，因不利燃烧条件引起的最大不均匀温度分布。气缸和叶片应能承受与重复启停、加载和迅速的负荷变化有关的热冲击；

d） 透平动叶和静叶应为耐高温材料制造，并有涂层；

e） 透平应设置用于测量排气温度所需的所有仪表，应能及时识别排气温度分布中的任何不均匀程度。

5.2.2.7 气缸的设计应满足以下要求：

a）所有的承压部件应能在承受预计的压力和温度同时发生的最恶劣条件下运行；

b）所有气缸结合面应设计和制造成在其整个寿命期内保持最少的泄漏量；

c）气缸、支承和膨胀节的设计应能防止由于温度、负荷或管道应力所产生的有害变形，燃气轮机的支承应能使燃气轮机和与其相联结的设备保持正确对中；

d）气缸结构宜设计为水平中分面式，以便于维护和检查静叶、动叶；

e）气缸和管道结构应设计内窥孔或检查孔，以便于对压气机和透平叶片通道的关键部位进行外观检查；

f）整个燃气轮机气缸应设计隔热和隔音设施，应能避免被任何润滑油渗入，其结构应使其在大修和检验时容易拆除和更换。

5.2.2.8 燃气轮机转子的设计应满足以下要求：

a）应能保证转子在运行温度下短时间内可靠地承受瞬态飞升转速，直到透平遮断转速整定值。

b）应采取足够的预防措施以控制转子在停机后的热弯曲。

c）应考虑在规定的服务期内正常启动/停机、负荷变化和跳闸甩负荷的影响，其寿命损耗应小于转子设计寿命的 75%。

d）转子的设计应具有最小数量的轴承，并应安置在钢制框架上或合适的钢结构和混凝土基础上，应能承受在发电机短路或误同步情况下加之于轴的暂态扭矩的较大者。

e）制造厂应对燃气轮发电机组的横向振动和扭转振动特性进行分析。在每个扭转特征频率和任何可能的扭转激振频率之间应至少保持 10%的间隔范围；还应进行由发电机短路和误同步引起的激振响应计算，并保证扭振应力响应在安全限值内。

f）在燃气轮机所有稳态运行条件下，轴向推力应固定在一个方向并应被可调节的轴向推力轴承吸收。燃气轮机组应只有 1 个推力轴承。推力轴承应能承受转子在任何工况下作用在其上的轴向推力，并保持转子的轴向窜动量在允许范围之内。

g）转子径向轴承应能在不拆卸气缸的情况下，用转子托起装置将下半轴瓦取出。

h）转子每个轴承的轴瓦上应设置高灵敏度测温元件以监视轴瓦温度。

i）应设计轴封结构以防止燃气泄漏。在转子和静止部件之间的所有内部狭窄间隙处应设置可更换的金属密封圈。

j）应设计防止任何可能产生的轴电流损坏轴承的措施。

5.2.2.9 燃气轮机联轴器可选用刚性法兰式、柔性连续润滑的齿式、柔性润滑脂齿式、柔性膜片或柔性盘非润滑式。联轴器的设计应符合以下要求：

a）联轴器和防护罩壳应能承受被联接设备的静子或转子的相对位移；

b）联轴器不应受最大连续转速的限制，应按能承受发电机故障状态的最恶劣情况来确定传输发电机负荷的联轴器尺寸（剪切式联轴器除外）；

c）联轴器-轴的连接机构应当设计并制造成能够传递至少与联轴器最大连续扭矩相等的动力；

d）在选用联轴器前，燃气轮机、负载以及传动轴系应从扭曲、横向、轴向三个角度进行临界转速分析。

5.2.2.10 燃气轮机组轴系应设置转速监测和超速保护装置。燃气轮机调速系统应能维持燃气轮机在额定转速下稳定运行，甩负荷后应能将燃气轮机转速控制在超速保护动作值以下。若超速保护装置为电子式，应至少采用两套独立的传感器和回路。一般应将燃气轮发电机组的超速整定值确定为不超过额定转速的110%。

5.2.2.11 燃气轮机应提供振动与轴向位置的监测系统。

5.2.2.12 燃气轮机本体应设计必要的监视、检测测点，包括但不限于：

a） 压气机——压气机进气压力、进气温度、排气压力、排气温度、孔探仪测孔；

b） 燃烧室——火焰探测器、脉动压力探头、孔探仪测孔；

c） 透平——排气压力、轮（级）间温度、排气温度、透平内筒温度、孔探仪测孔；

d） 轴系——振动传感器、转速传感器、轴向位移传感器、轴承温度（瓦温）。

5.2.2.13 燃气轮发电机组或燃气-蒸汽轮机发电机组的基础，均应与周围基础分开或采取必要的隔振措施。

5.2.2.14 制造厂应按GB/T 14099.7的规定提供有关供货范围的技术资料、图纸。

5.2.3 燃气轮机辅助系统设计选型

5.2.3.1 进气系统

5.2.3.1.1 进气系统应能为压气机提供清洁的空气并尽可能减小进气压损和保证气流分布均匀。

5.2.3.1.2 进气系统的设计应充分考虑系统的总压降，尽量采用管道短且转弯少的设计。当要求保证在燃气轮机法兰处气流分布均匀时，在方向改变处应配备导流板，导流板应采用连续焊固定到进气管道上，且应避开共振状态。进气系统应配备气密的膨胀节，以消除管道与燃气轮机进口法兰之间的所有载荷，并适应在垂直和水平方向上管道、燃气轮机的相对运动。

5.2.3.1.3 进气系统的过滤装置应具有过滤、防水及防杂质进入的功能，其选型设计应符合以下规定：

a） 过滤器两端最大总压降应符合要求（一般不应高于 1kPa），且应设置过滤器两端压差或进气系统总压差报警装置和停机遮断保护装置，以便及时清洗（或更换）过滤器或停机。

b） 进气系统过滤器可选用介质型或惯性的，也可是两者的组合。

c） 应根据厂址当地环境条件（如空气湿度等）合理选择动态（带反冲清吹装置）或静态过滤器，对清洗频率较频繁的机组宜设置灰尘收集系统以避免二次污染。

d） 过滤器应能将空气中的砂、尘和盐含量降低到不损害燃气轮机寿命，并使在现场最不利的大气条件下当机组连续运行于最大输出功率时，叶片清洁的必要性降至最小的水平。

e） 在过滤器级数选择时，不应把外物拦截网（防鸟、防柳絮）和防风雨百叶窗视为过滤级；用于海洋环境时，应将高效除雾器作为第一级过滤级。

f） 在燃气轮机正常运行时，应允许进行多级过滤器的前置过滤器的维修和清洗。

5.2.3.1.4 进气系统的降噪设计应满足环保要求。若进气系统设置消声装置，应对消声器采取可靠措施避免其内衬和填料被带入气流，如隔板结构。

5.2.3.1.5　进气道应采取有效的防腐蚀措施，如在进气系统管道内喷涂防腐蚀材料。

5.2.3.1.6　对防冰有要求的燃气轮机，应配置进气防冰系统，控制系统应能对结冰发出报警并能自动或手动启动防冰系统。

5.2.3.1.7　安装在较高环境温度或较高空气湿度地区的燃气轮机，可安装进口空气冷却装置（蒸发式冷却器或吸收式冷却器），以解决环境温度升高引起功率下降与电网夏季高负荷的矛盾。

5.2.3.1.8　在进气系统最终过滤介质下游的系统中应采取防止螺栓、铆钉或其他连接件被带入空气流的措施。

5.2.3.1.9　宜在燃气轮机进气口的上游配备加强粗网（不锈钢网，FOD 网），以防止外物损坏燃气轮机。其实际位置的确定应考虑清洁系统、通道板、导流板及在进气蜗壳或喇叭口处的气动扰动等装置。

5.2.3.1.10　进气系统进气口的位置选择应考虑其他可能影响进气湿度、温度的因素，如水塔、疏水箱、热源等。为使空气中的灰尘含量减至最小，进气口高于地面或任何邻近的大块平面（如屋顶）不宜小于 5m。

5.2.3.1.11　进气系统应设置必需的维护、清洁通道或平台，也应设置只需拆除少部分进气系统零部件便可进入压气机或其他设备的通道。

5.2.3.2　**排气系统**

5.2.3.2.1　燃气轮机设计时应考虑余热回收设备可能引起的压损。

5.2.3.2.2　燃气轮机排气过渡段应设计成能够承受最恶劣条件下的最大工作背压的压力和温度，并使燃气轮机排出的旋转气流圆周速度减至最小。

5.2.3.2.3　排气系统的相关材料应选用满足耐高温和耐腐蚀的材料。排气膨胀节应选用金属或加强高温纤维制造，膨胀节应能防止较大振动、结合面变形。

5.2.3.2.4　排气烟囱应尽可能地高并处在燃气轮机进气口的下风向。

5.2.3.2.5　对于不受尺寸限制的情况，在排气系统中应提供进、出通道，以便于排气系统的清洗和检查。

5.2.3.3　**润滑油系统**

5.2.3.3.1　燃气轮机应设计具有较高可靠性的润滑油系统，润滑油系统应能在燃气轮机的启动、运行及停机过程中向燃气轮机提供数量充足、温度与压力适当、清洁的润滑油，其设计应符合 GB/T 15736 的有关技术要求。

5.2.3.3.2　应设计足够容量的润滑油储能器（如高位油箱），一旦油泵及系统发生故障，储能器能够保证机组安全停机，不发生轴瓦烧坏、轴颈磨损。

5.2.3.3.3　润滑油泵的配置一般不应少于三台（主、辅助、应急），并应采用两种或以上的独立动力源。辅助油泵应实现自动控制，在燃气轮机的启动、运行与停机过程中能自动投入工作，使油系统建立或维持必要的油压。应急油泵应能保证在辅助油泵发生故障或失去交流电源的情况下自动投入。

5.2.3.3.4　润滑油系统应采用带有切换功能的全流量双联油滤，并设置于润滑油母管的初端。应采用激光打孔滤网，并有防止滤网堵塞和破损的措施。

5.2.3.3.5　润滑油系统应设计有净化再生功能，如配置移动式在线润滑油净化装置及其接口。

5.2.3.3.6　润滑油管道的设计应考虑安装油冲洗滤网接口的位置。

5.2.3.3.7 冷油器的配置应符合以下要求：

a） 对使用未净化水作为冷却剂的管壳式冷油器，应采用带切换阀的双联冷油器；

b） 对采用闭式水冷却和直接由空气冷却的，宜配备两台冷油器；

c） 润滑冷油器切换阀应有可靠的防止阀芯脱落的措施，避免阀芯脱落堵塞润滑油通道导致断油、烧瓦。

5.2.3.3.8 各润滑油泵出口应设有防止润滑油回流的逆止阀，润滑油系统中还应配置必要的测点、控制及保护装置，如供/回油压力、供/回油温度、油箱负压等测点，阀门、开关及仪表等控制和保护装置。

5.2.3.3.9 宜设置主油箱油位低跳机保护，并采取测量可靠、稳定性好的液位测量方法和信号三取二的方式，保护动作值应考虑机组跳闸后的惰走时间。

5.2.3.3.10 润滑油系统应设计能够有效调节润滑油温度的措施。

5.2.3.4 液压油系统

5.2.3.4.1 液压油系统应能保证实现燃气轮机的正常和紧急停机，应保证实现停机的信号不得少于控制系统发出的正常停机信号、保护系统发出的事故停机信号、手动紧急停机信号三种。

5.2.3.4.2 液压控制系统应配置伺服阀、电磁阀、换向阀、油滤、蓄能器、位移传感器等部件，应能准确地按照自动控制程序灵活动作。

5.2.3.4.3 应对液压油系统的电磁阀和电液伺服阀提出明确质量要求，在液压油进入伺服阀的管路上应安装专门的油滤。

5.2.3.4.4 主液压油泵宜采用柱塞泵。辅助液压油泵与主液压油泵应采用两路独立动力源驱动，且应实现自动控制，在需要时自动投入或退出。

5.2.3.4.5 液压油系统应设置带有切换功能的双联全流量油滤，其油滤应配备进出口差压显示和报警装置以监控油滤的污染程度。

5.2.3.4.6 液压油系统应设计有净化再生功能。

5.2.3.4.7 液压油系统应设置供油压力、蓄能器压力、过滤器压差等测点，液压供油总管上应设置相应的逆止阀、减压阀、排气阀及压力补偿装置等。

5.2.3.4.8 液压油系统的所有管道和管件均应采用不锈钢材料，液压油管道系统的所有焊口应全部经无损检验合格。

5.2.3.5 清洗系统

5.2.3.5.1 燃气轮机应设置清洗系统，根据机组所处环境、负荷性质及其燃料种类等因素选择配置在线或离线清洗系统。

5.2.3.5.2 当燃气轮机安装在较差环境或带基本负荷时，宜设压气机在线清洗系统。

5.2.3.5.3 制造厂应对清洗系统的水质（含洗涤剂）和流量提出要求。

5.2.3.6 冷却和密封空气系统

5.2.3.6.1 冷却和密封空气系统的设计应实现以下功能：

a） 对燃气轮机高温燃气通道的部件进行必要的冷却；

b） 对透平轴承进行密封和冷却。

5.2.3.6.2 透平高温部件的冷却通道应由燃气轮机结构保证，冷却介质一般取自压气机的抽气。

5.2.3.6.3 轴承密封用的冷却空气宜取自压气机。

5.2.3.6.4 为防止发生摩擦时轴因受热而产生弯曲，密封的设计应使传入到轴的热量最少。

5.2.3.6.5 燃气轮机冷却水系统应能可靠稳定地向燃气轮机本体、燃气轮机辅助设备提供一定流量、温度、压力的冷却水，参数应达到燃气轮机制造厂对冷却水的要求，宜采用闭式冷却水系统。联合循环发电机组的燃气轮机冷却水系统宜与蒸汽轮机冷却水系统一并设计。

5.2.3.7 罩壳和通风系统

5.2.3.7.1 燃气轮机罩壳应设计为易拆卸和重装的形式。

5.2.3.7.2 通风系统的设计应考虑大气温度条件，罩壳结构和材料，罩壳内温度要求，由设备运行、照明及运行人员所产生的内部热源，罩壳清洁度等燃气轮机运行条件。

5.2.3.7.3 通风系统应使通风空气合理分配，保证以足够数量掠过罩壳的所有区域，应能防止燃气单元、罩壳内高温及有害气体、可燃气体混合物的积聚。

5.2.3.7.4 对飘尘和风沙较大的运行环境，应采用加压过滤通风系统。

5.2.3.8 燃气轮机启动系统

5.2.3.8.1 启动系统应能实现以下功能：

a） 在规定的时间内将燃气轮机加速至自持转速或稍高于自持转速；

b） 在冷吹、压气机清洗过程中，应能满足燃气轮机和被驱动设备加速的需要；

c） 在达到其最大允许转速前自动脱开并停机。

5.2.3.8.2 启动系统的额定功率至少应为在整个所规定的环境温度范围内，燃气轮机从静止到自持转速的过程中所需最大扭矩的 110%。

5.2.3.8.3 应明确提出启动系统对连续启动次数的限制。

5.2.3.9 盘车装置

5.2.3.9.1 燃气轮机组应设置盘车装置，以保证机组安全启动和停机。

5.2.3.9.2 应有手动盘动燃气轮发电机组的设备/措施，以便所有电源有故障时使用。

5.2.3.10 注水系统

5.2.3.10.1 注水系统投入/退出时应保证燃气轮机平稳运行。

5.2.3.10.2 注水管应采用不锈钢管，注水管道布置应尽量避开高温部件。

5.2.3.10.3 注水供水管上应设置在线水质监测装置。

5.2.3.11 燃气轮机管道系统

5.2.3.11.1 制造厂应提供各设备模块与底盘外设备之间的互连管道，管道系统的设计应符合以下要求：

a） 提供适当的支承和保护，用于防止由振动或由装运、运行和维修引起的损坏；

b） 为运行、维修和彻底清洗提供适当的柔性和正常的通道；

c） 应按设备的结构型式进行整齐有序的布置安装，并不应堵住检查口；

d） 通过排气阀消除气穴或管道的布置不应出现气穴；

e） 无需拆散管道，通过低点实现完全排放。

5.2.3.11.2 重力回油管道的管径设计应使油在流动时管道始终不超过半满状态，其布置应保证排放良好，水平走管应向油箱连续倾斜。在油过滤器下游的压力管道不应有使污物积聚的内部障碍物。油过滤器下游的所有管道应为不锈钢。

5.2.3.11.3 对于布置在公共连接件上的仪器仪表，应有单独的二次隔离与泄放阀。仪表用空气和仪表的管道应用不锈钢制作。

5.2.3.12 燃气轮机控制和保护系统

5.2.3.12.1 燃气轮机配备的控制系统，除使操作员能在整个循环过程（含启动、带负荷、运行、停机及备用）中控制燃气轮机及其辅助设备外，还应借助报警和跳闸功能为设备提供保护，并应向操作员提供状态监测信息。

5.2.3.12.2 燃气轮机控制系统应在启动过程中提供足够时间用于燃气轮机自动清吹，清吹周期通常应在机组点火前至少将整个排气系统的空间进行 3 倍体积的清吹。

5.2.3.12.3 燃气轮机主要保护应包括燃气轮机超速、燃气轮机排气温度高、燃气轮机振动大、燃气轮机排气压力过高、燃烧室熄火、燃气轮机区域着火、进气系统压差过高、润滑油供油温度过高、润滑油供油压力过低、轴承回油温度过高、液压油压过低、手动停机、其他保护等。燃气轮机主要保护逻辑应为“二取一”或“三取二”方式。

5.2.4 燃料供应设备及系统设计

5.2.4.1 基本要求

5.2.4.1.1 根据工程情况、设备条件和技术经济比较，联合循环发电机组可燃用气体燃料（天然气、液化天然气 LNG、液化石油气 LPG、煤气化生成的合成气等）、液体燃料（轻油、重油、原油等）。若燃气轮机点火、启动和停机时不能使用或者不能接受主燃料，制造厂应说明启动和停机燃料的用量和质量，以及其压力和温度允许范围的要求。

5.2.4.1.2 进厂天然气、燃油应满足燃料供应系统工艺及 GB 17820、GB/T 29114、JB/T 5886 等标准的要求，处理后的燃料应满足燃气轮机制造厂对燃料的技术要求。

5.2.4.1.3 经燃料末级过滤器后的燃料管道应为不锈钢材质。

5.2.4.2 天然气供应及处理系统

5.2.4.2.1 燃用天然气的联合循环发电厂，厂内天然气供应及处理系统的设计应根据气源状况、燃气轮机制造厂对燃料的要求、环境条件等确定。是否设置备用燃料系统，应根据供气工程建设情况、供气气源稳定性及可靠性、机组在电网中承担的负荷性质、备用燃料的来源及工程造价等因素，经技术经济比较后确定。

5.2.4.2.2 全厂天然气系统应包括厂区天然气管道、调压站、增压机（如有必要）等部分，其布置应纳入总平面布置统一规划，并符合工艺流程和工艺设计要求，应保证运行安全、方便运行操作和检修维护。

5.2.4.2.3 天然气系统应配备相应处理设备，如除尘器、分离器、加热器等，以保证天然气燃料达到燃气轮机制造厂对其各项指标（包括温度、压力、机械杂质含量及粒径大小等）的要求。

5.2.4.2.4 天然气系统设计参数的选取应能保证燃气轮机组满发、经济运行并节省投资。进厂天然气管道系统容量（输送能力）应按全厂最大耗气量设计，并考虑燃气轮机组性能下降、燃料质量变差、环境温度升高等因素留有一定裕量；天然气管道设计压力和设计温度应按各管段最高工作压力和最高工作温度确定。

5.2.4.2.5 电厂燃气轮机组的调压支路和备用支路应经过优化设计；调压站内的分离器、除尘过滤器应采取多组并联方式，并与调压支路相对应设置备用；分离器、除尘过滤器规格应按其工作压力、处理气量、允许流速等参数经计算选取。

5.2.4.2.6 进厂气体燃料压力达不到燃气轮机要求时，应配置增压装置，增压机宜选用电动机驱动。

5.2.4.2.7 进厂天然气特性（包括机械杂质含量、水露点、烃露点、硫化氢含量等）应符合 GB 17820、GB/T 29114 的规定。燃气轮发电机组应设计天然气计量和分析测点：

a）进厂的天然气管道上应设置天然气品质监测取样设施（如在线气相色谱分析仪、热值分析仪等）和流量测量装置。进厂天然气计量宜采用与供气方相同或更高准确度等级的计量系统，以便具有较好的可比性。

b）每台燃气轮机天然气进气管上应设置天然气流量测量装置（一般为涡轮流量计）、压力测点、温度测点、天然气取样点。

c）应保证测量元件的安装位置符合要求，如前后应预留足够长的直管段。

5.2.4.2.8 进厂天然气总管上应设置紧急切断阀和手动关断阀，并布置在安全和便于操作的位置；进厂天然气气源紧急切断阀前总管和厂内天然气供应系统管道上应设置放空管、放空阀及取样管，在两个阀门之间应设置自动放散阀，以在输气系统停运时排除管道内剩余气体。关断阀和放散阀应采用带“三断”（断电、断气、断信号）保护功能的产品。

5.2.4.2.9 天然气调压站宜露天布置或半露天布置；在严寒及风沙地区，也可采用室内布置，但须考虑通风防爆措施；严寒地区的调压站管道设备及厂区天然气管道应考虑防冻措施，严寒地区的调压站宜设置天然气加热器，加热热源可采用厂内辅助蒸汽（压力应高于燃气压力）；调压站应设置避雷设施，站内管道及设备应配备防静电（接地）设施。

5.2.4.2.10 调压器进、出口联络管或总管上和增压机出口管上均应装设安全阀，调压站内的受压设备和容器也应设置安全阀，其泄放的气体可引入同级压力的放空管线。放空管的设置应满足 GB 50183 的相关要求。

5.2.4.2.11 在紧靠机组天然气系统（前置模块）的进口处应设置一套双联精密过滤器，并带有双重进口/ 出口隔离阀，隔离阀之间应设置放散阀。

5.2.4.2.12 天然气调节系统（燃料模块）的入口应设置过滤器，并配备自动放气阀，以保证在燃气轮机停机时能自动放掉聚集在阀门之间的气体。

5.2.4.2.13 天然气系统管道应设置清管和吹扫系统，还应设置天然气管道停用时的惰性气体置换系统或留有快装接口。

5.2.4.2.14 厂内天然气管道不宜采用地沟敷设（避免泄漏气体可能在管沟内积聚），宜高支架敷设、低支架沿地面敷设或直埋敷设，在跨越道路时应采用套管；除必须用法兰与设备或阀门连接外，天然气管道应采用焊接连接；天然气管道与厂内其他设施的间距及天然气站场的消防间距和方位应满足 GB 50251 的要求。

5.2.4.2.15 天然气管道和储罐应进行防腐处理，其防腐设计应符合 DL/T 5174 的规定，对地下管道的防腐设计还应考虑土壤的腐蚀性。地埋天然气管道应根据所在地区土壤条件设置阴极保护装置并定期检测阴极保护电位。

5.2.4.2.16 在天然气调压站及管道的低点应设置凝析液排污系统、排液管及两道排液阀，排出的污物、污水应收集至密闭系统，并经处理达到环保要求后排放。

5.2.4.3 IGCC 电厂的燃料供应及处理系统

5.2.4.3.1 IGCC 电厂的燃料供应及处理系统包括合成气（煤气）和启动（备用）燃料两个系统，每个系统应分别设计。启动（备用）燃料的选择应根据实际情况经技术经济比较后确定，可采用燃油或天然气。

5.2.4.3.2　对于采用燃油作为备用燃料的双燃料系统，应具有液、气燃料的切换功能，在运行中可根据控制信号从一种燃料切换到另一种燃料，应能实现混合燃料的运行。在由液体燃料完全切换至气体燃料时应对燃料喷嘴的油路进行清吹。

5.2.4.3.3　IGCC 电厂的合成气系统应由过滤装置、合成气混合加热系统、蒸汽/氮气注入系统和氮气吹扫系统构成，应包括氮气吹扫和放散阀组、注蒸汽、合成气过滤器、合成气混合加热及合成加热器疏水扩容器、疏水泵及管道、液压油系统、合成气主副管道 ESV 阀、隔离阀及调节阀、压力和温度测量装置、流量分配和燃料喷嘴等主要设备。

5.2.4.3.4　合成气系统应具备通过注入蒸汽、氮气等方法调整热值的功能，合成气应通过厂区合成气供应管道向各燃气轮机组供应。

5.2.4.3.5　合成气进入燃气轮机燃烧前，应经过精密过滤器滤除杂质。过滤器应设计为双联并列式，同时带有旁路充压阀，以便在运行中在线切换和隔离。

5.2.4.3.6　根据燃气轮机对合成气成分的要求，合成气控制模块入口应设置合成气饱和装置及加热装置，以满足装置出口合成气与水分的比例要求，同时保证燃气轮机正常运行时所需的合成气温度。

5.2.4.3.7　应设置合成气流量测量装置和取样监测、分析设施。

5.2.4.3.8　燃气轮机前的合成气控制管路应设计主管路和副管路，合成气分别经过紧急关断阀、隔离阀、控制阀进入燃气轮机燃烧室的喷嘴进行燃烧，通过控制阀控制进气量来调节燃气轮机组负荷。

5.2.4.3.9　IGCC 电厂的合成气系统应设计氮气吹扫系统。氮气吹扫系统的设计应优先考虑采用厂内空气分离装置提供的氮气，以保证氮气数量和质量；氮气吹扫系统应设置氮气缓冲罐，氮气缓冲罐的容量应能够满足完成燃气轮机启动、燃料切换、停机一个连续过程吹扫用气的要求。

5.2.4.3.10　合成气供应系统应设计合成气放散阀，以实现以下功能：

a）　燃料切换前，将合成气全部放散；

b）　切换为合成气模式后，用于调节系统压力稳定；

c）　当由合成气切换为燃油模式或燃气轮机跳机时，将合成气全部放散，保证系统安全。

5.2.4.4　燃油供应及处理系统

5.2.4.4.1　联合循环发电机组的燃油系统设计应根据电厂规划容量、燃油品种和耗油量、来油方式、来油周期等情况，经技术经济比较后确定。

5.2.4.4.2　燃气轮机的燃油系统应设置回油管路，以便于油循环。

5.2.4.4.3　轻油系统应考虑加热保温措施，使油温在冬季能保持在 5℃以上，以防止析蜡。

5.2.4.4.4　当燃油仅作为启动或停机用油、油源较近时，可采用汽车运油，在汽车卸油站由卸油泵直接输入轻油罐，油泵功率按油车容量及卸油时间确定。卸油泵不宜少于 2 台，当其中一台停用时，其余各泵的容量应满足在规定的卸油时间内卸完来油的要求。

5.2.4.4.5　当轻油仅作为燃气轮机启动或停机用油时，宜设置两座轻油罐，油罐容量按油源条件及机组负荷性质确定。

5.2.4.4.6　主燃油泵应满足液体燃料系统的压力要求，应能适应液体燃料的连续运行，其台数和流量、扬程裕量应符合 DL/T 5174 的规定。

5.2.4.4.7　燃油处理方式主要有离心式和静电式两种，处理后的燃油质量标准应满足燃气轮机制造厂对液体燃料的技术要求。燃油处理设备应不少于 2 条线，当最大功率容量的一条线停用时，其余处理线总的日处理量应不小于全厂总的日耗油量。设计时应考虑处理后燃油中钠、钾、钒、钙、铅、硫等杂质含量的要求不同对油处理设备功率的影响。

5.2.4.4.8 应在燃油系统管路上设置低压油滤和高压油滤，并设有监视油滤污染程度的差压计；低压油滤应设置于主燃油泵的吸油管路中，应配置带有切换阀的全流量双联油滤，不得使用油滤旁通阀；高压油滤应设置于燃油分配器或燃料喷嘴之前，以减少液体燃料系统重要部件的污染。

5.2.4.4.9 燃油系统应设置流量测量装置和油质取样监测设施。

5.2.4.4.10 油罐的进、出口管道上，在靠近油罐处和防火堤外面应分别设置隔离阀；油罐区的排水管在防火堤外应设置隔离阀。燃气轮机供油管道应串联设置两只关断阀，并应在两阀之间采取泄放过剩压力的措施。

5.2.4.4.11 燃油管道宜架空敷设；当油管道与热力管道敷设在同一地沟时，油管道应布置在热力管道的下方。

5.2.4.4.12 燃油系统的控制阀、关断阀及其他专用阀的设计选型应符合以下规定：

a） 在运行期间需要周期性维护的设备前后应设置手动操作的隔离阀；

b） 每台燃气轮机应具有两种或以上快速关闭燃油截止阀的措施；

c） 燃油调节阀应能有效、可靠地控制、调节进入燃气轮机的燃料流量；

d） 应在可使燃料积聚的底部配置泄油阀，在停机和启动过程中泄油阀应保持常开，当达到一定转速后应能自动关闭；

e） 燃料喷嘴前可设置逆止阀，保证压力降低到一定值时自动切断燃料；

f） 应设置放气阀，在燃气轮机停运或维护期间可手动操作。

5.2.5 其他

5.2.5.1 技术监督人员应参加有关设计单位及设备制造厂设计方案的联络会。

5.2.5.2 设计阶段应重视对后续性能试验测点的设计监督，应要求性能试验单位参加设计联络会。制造厂和设计院应设计满足性能试验要求的带一道阀门的采样接口点。

5.2.5.3 在招、投标阶段，当供货范围需要在几个不同供方之间分配时，应由总供货方对整个循环设备进行最优化设计及总体性能保证。

5.2.5.4 对压力管道、压力容器、消防系统，采购中应明确要求供货方提供设备出厂验收、试验报告等前期报审技术资料。

5.2.5.5 应加强已运行燃气轮机组运行状况的调研，对运行中发现的问题进行统计分析。应要求制造厂在设计时充分考虑已运行机组出现的典型问题和反事故措施要求。

5.3 燃气轮机制造监督

5.3.1 制造监督内容及依据

5.3.1.1 燃气轮机技术监督人员应对燃气轮机及其辅助设备制造、监造过程进行监督，最终保证设备制造质量符合相关标准及供货技术协议要求。

5.3.1.2 燃气轮机制造监督应依据 GB/T 14099.8、GB/T 14793、DL/T 586、JB/T 6224、制造厂技术标准及供货技术协议的相关规定进行，主要对燃气轮机设备供货合同、监造合同、监造报告、监造人员资质、监造质量评价等进行监督，重点对燃气轮机及其辅助设备的制造质量见证项目进行监督。

5.3.2 设备监造合同的确定及对监造单位和监造人员的要求

5.3.2.1 电厂与制造厂签订设备供货合同和与监造单位签订监造合同时，应参照 DL/T 586 确定燃气轮机设备的监造部件、见证项目及见证方式（H 点、W 点和 R 点），并可根据具体情况协商增减项目。

5.3.2.2 燃气轮机制造过程中应涵盖的质量见证项目可参考附录 A。

5.3.2.3 监造单位和监造人员应符合以下要求：

a） 应委托具备相应资质、能力和类似机组监造经验的监造单位实施燃气轮机设备监造工作；

b） 应确认监造单位与制造单位不得有隶属关系和利害关系；

c） 监造单位应采取驻厂监造模式，即安排监造代表常驻设备制造厂对设备制造过程进行全方位跟踪监督；

d） 监造人员应有丰富的专业工作经验，总监理工程师和重要岗位的监造人员应为注册设备监理工程师。

5.3.3 燃气轮机制造、监造过程监督

5.3.3.1 监造工作开始前，监造单位应编制设备监造计划、实施细则及人员配备计划，并提交电厂审核、批准。

5.3.3.2 监造过程中使用的仪器、仪表和量具应经有资质的计量单位校验合格，并在有效期内使用。

5.3.3.3 监造过程中，监造单位应定期提交监造报告，出现重大质量问题时应出具专题报告，并在监造结束后及时提供监造资料和监造总结。在监造总结中，应对设备质量做出明确评价。

5.3.3.4 监造工作应贯穿于燃气轮机整个制造过程，涉及材料、零部件、装配、组装件、成套辅助设备、成套燃气轮机的检查和试验。当涉及承压部件时，应在完成指定的试验、检验、检查后再油漆。在安装或商业运行前，应完成强制的试验项目（如水压试验等）和 GB/T 14099.8 选项试验图中规定的任选试验项目，并保存好所有试验记录以备后用。

5.3.3.5 电厂应采取查看监造和检验报告、现场见证等方式对燃气轮机转子、压气机动叶片、透平动叶片、进气缸、压气机缸、燃压缸、透平缸、排气缸、燃烧室、轴承、透平缸高温螺栓和转子拉杆螺栓、压气机静叶片、透平静叶片、油系统模块、燃烧控制模块等部件（或模块）进行质量见证监督。技术监督人员对发现的重大问题或重要检验/试验项目，应协助进行检测、分析，确定处理方案。如有不符或达不到标准要求的，应督促制造厂采取措施处理，直至满足要求，并提交不一致性报告。

5.3.3.6 应对燃气轮机的主要零部件，包括气缸、主轴、轮盘、拉杆、喷嘴持环、复环（护环）、压气机及透平动静叶片、透平喷嘴、火焰筒、燃料喷嘴、燃烧室过渡段、燃烧室外壳、联焰管、轴承、重要紧固件等的材质进行重点控制，材质检验报告应存档。

5.3.3.7 燃气轮机主要零部件材质控制和加工过程控制、燃气轮机及其辅机装配过程的具体控制项目应遵循 JB/T 6224 的要求，相关测试报告、检验试验报告、装配记录等过程技术文件应齐全。

5.3.3.8 燃气轮机的压气机、燃烧室、透平在总装配中的技术条件应符合 GB/T 14793 和制造厂的技术要求。对于燃气轮机的重要装配步骤，电厂和监造单位应到制造厂现场见证；燃气轮机装配过程中应特别对叶片装配、转子（轮盘）装配、静子装配、转子动平衡、转子吊入气缸、转子找中、通流间隙测量、油系统清洁度检查等重要工序进行质量控制，并应满足以下要求：

a） 压气机可转导叶装入压气机气缸时，应转动自如，不得有卡涩现象。可转静叶的极限角度位置、转动角度的指针读数误差应符合设计要求。

b） 透平叶片装配期间应注意叶片保护，防止装配过程中受损，特别应防止叶片表面的冷却空气孔被异物堵塞。

c） 转子装配中应对转子拉杆螺栓的装配工序和紧力进行监督检查，确保符合制造厂技术要求。

d） 转子装配结束后，应进行转子动平衡试验和超速试验，应检查转子动平衡检验记录表格，并记录配重、转子平衡品质、临界转速及该转速下的振动值、超速转速及维持时间等情况。

5.3.3.9 应在制造厂内进行冷油盘动试验。

5.3.3.10 应督促燃气轮机成套商及时提供完整的技术文件，包括产品设计、装配、安装、调试、使用、操作、维护的说明及备品配件清单等。按合同要求督促成套商及时提供现场安装调试指导、技术咨询、技术培训，备品配件的供应及优质的售后服务。

5.3.4 燃气轮机储存和装运监督

5.3.4.1 应在电厂和制造厂双方商定的厂内试验和检查全部完成并得到电厂认可后，制造厂方可对燃气轮机设备的装运进行准备，具体储存和装运要求应按 GB/T 14099.8、JB/T 6224 执行。

5.3.4.2 燃气轮机设备的保管措施应能适合长达 6 个月的户外储存和运输，其后也无需解体。

5.3.4.3 燃气轮机设备的装运准备应符合以下要求：

a） 应采取防止运输过程中设备移动、撞击的有效措施。

b） 应以与运输形式相适应的方式进行燃气轮机及其相关设备的装运准备，并采用国际公认的符号对其作出明显标识。

c） 除非另有规定，设备外表面（机加工表面和/或耐腐蚀表面除外）应涂一层底漆和至少一层面漆。外部机加工表面应涂上一层合适的防腐蚀剂。

d） 暴露的轴和联轴器应用防水、可塑的蜡布或气相防腐蚀剂纸包好，各接缝处应用耐油胶带密封。

e） 轴承座和由碳钢制造的油系统辅助设备（如油箱）的内表面应涂上合适的油溶性防腐剂；轴承组件应完全防止湿气和废屑进入。

f） 旋转设备的内部应是清洁的、无焊渣的，并应防止铁屑和异物进入。

g） 应将法兰和螺孔盖好，以避免在装运和储存期间灰尘或腐蚀物的进入。

h） 起吊点和吊耳应标识清楚，如有必要，对成套设备的安全操作和装卸方法也应进行标识。

i） 设备上应标有项目号和序号，与设备分开装运的材料应有该设备的项目号和序号。

j） 设备装运时，应在箱内和箱外各备一份装箱单，并应提供一份安装说明书副本随设备同时装运。

5.3.4.4 制造厂应提出避免危及人身健康和安全或损坏设备需要考虑的预防措施，并通知电厂。

5.4 燃气轮机安装监督

5.4.1 安装监督内容及依据

5.4.1.1 燃气轮机技术监督人员应对施工安装单位、监理单位、制造厂、设计单位有关燃气轮机设备及系统安装阶段的工作进行监督。

5.4.1.2 燃气轮机安装监督应依据制造厂安装说明书（手册、工程检查表或类似形式的技术文件）、GB/T 14099.8、GB 50973—2014、DL 5009.1、DL 5190.3、DL 5190.5、DL/T 5210.3—2009、DL/T 5434、SY/T 0440、HB 7766 的要求进行。

5.4.2 一般规定

5.4.2.1 承担燃气轮机设备安装施工工程的安装单位和监理单位应具备相应的资质，监理单位、电厂应分别对安装单位编制的施工组织设计和专业施工组织设计进行审查、批准。

5.4.2.2 监理单位应编制监理计划、实施细则，并提交电厂审批，监理计划、实施细则的编制依据、内容应符合 DL/T 5434 的相关要求。监理单位应通过文件审查、巡视、见证取样、旁站、平行检验等方法开展监理工作，并接受电厂的监督。

5.4.2.3 燃气轮机安装人员应了解机组结构，熟悉安装技术要求、装配工艺和有关测量技术；制造厂应派人参加现场安装调试，并对相关人员进行指导；电厂应在安装阶段安排专人负责安装质量的监督，并对现场出现的各种问题进行协调；监理单位应组织安装单位、制造厂现场技术代表、电厂共同完成燃气轮机设备安装说明书中规定的检查和验收程序，如安装检查记录卡和点检卡。

5.4.2.4 燃气轮机设备及系统的安装应遵循制造厂技术文件、GB 50973—2014、DL 5190.3、SY/T 0440、HB 7766 的相关要求，应保证安装后的设备便于操作、维护和更换。在每个安装节点后，安装单位应及时提交燃气轮机相关安装记录并建档保存，保证燃气轮机整个安装过程的可追溯性。

5.4.2.5 燃气轮机内件安装施工过程中，每次工作结束后，应及时对设备予以封闭。燃气轮机设备及管道最终封闭前应进行检查验收、办理隐蔽工程签证，并符合制造厂技术文件的要求。

5.4.2.6 燃气轮机安装过程中采取的安全施工措施应符合 DL 5009.1 的相关规定。施工安装场地应按施工组织专业设计合理布置；燃气轮机设备内件安装时，厂房应已封闭或具备防风、防雨、防火、防寒等安全防护条件，安装场地环境温度应保持在 5℃以上，当气温低于 0℃时，应采取防寒、防冻措施。

5.4.3 安装前的准备

5.4.3.1 燃气轮机设备到达现场后，应由电厂、监理单位、安装单位及设备制造厂共同参加，按照装箱清单、有关合同及技术文件对设备进行验收检验，并做好验收记录。设备交货时同时交付的技术文件应与所供设备的技术性能相符合，至少应包括：

a） 设备供货清单及设备装箱单；
b） 设备的安装、运行、维护说明书和技术文件；
c） 设备出厂质量证明文件、检验试验记录及重大缺陷处理记录；
d） 设备装配图和部件结构图；
e） 主要零部件材料的材质性能证件；
f） 全部随箱图纸资料。

5.4.3.2 燃气轮机设备安装前的装卸和搬运应符合 GB 50973—2014 中 3.2.2 的规定；安装前的保管应符合 GB 50973、DL/T 855 和制造厂技术文件的规定，其备品、配件和暂时不安装的零部件，应采取适当防护措施妥善保管，不得使其变形、受潮、损坏、锈蚀、错乱或丢失。

对海滨盐雾地区和有腐蚀性的环境，应采取防止设备锈蚀的措施。

5.4.3.3 安装单位应在土建施工阶段提前与土建专业协调，参加预留孔洞、预埋件、燃气轮机基座、主要附属设备基础等及与安装有关的基础标高、中心线、地脚螺栓孔位置等重要几何尺寸的图纸校核、施工验收。

5.4.3.4 安装单位应根据施工合同、制造厂（成套商）的技术文件和图纸编写有关施工方案和作业指导书并报审。

5.4.3.5 燃气轮机设备的安装应在保质期内进行。在保质期内，除轴承部位应清洗、加油外，其他部件可不做解体检查；超过规定的保质期，除制造厂有明确规定不允许解体外，可做解体检查和测量。

5.4.4 燃气轮机本体安装

5.4.4.1 燃气轮机本体安装一般规定

5.4.4.1.1 燃气轮机本体的安装应严格执行制造厂规定的工序和验收标准，不得因设备供应、图纸交付、现场条件等原因更改安装程序。制造厂整套供货，现场不再组装的设备，制造厂应确保内部组件的结构和性能与其供应的技术文件相符。

5.4.4.1.2 燃气轮机进口可转导叶执行机构应按制造厂图纸尺寸要求定位其支架，并检查IGV连杆垂直度、执行机构支架的水平度；焊接执行机构支架后应对焊缝进行着色检查；在最终定位执行机构后，应打固定销；IGV执行机构安装结束后，连杆应处于脱开状态，防止调试相关控制模块期间引起的误操作。其他重要液压执行机构应严格按照制造厂技术文件和图纸要求进行安装。

5.4.4.1.3 燃气轮机设备安装前，基础施工单位应将基础交付安装，同时应提交基础施工技术资料和沉降观测记录，并应在基础上标出标高基准线、纵横中心线、沉降观测点。监理单位应组织基础（包括预埋地脚螺栓、预埋锚固板、预埋底板及预留孔洞）交接验收并复查基础中心线及承力面标高、各预埋件位置及偏差，应确保其偏差符合制造厂技术文件、GB 50973—2014和DL/T 5210.3—2009的要求。

5.4.4.1.4 基础交付安装时，基础混凝土强度应达到设计强度的70%以上。应在基础养护期满后，燃气轮机本体设备和发电机定子就位前、后，燃气轮机和发电机二次灌浆前，整套试运行前、后等时间节点进行沉降观测。当基础不均匀沉降导致燃气轮机的找正、找平工作隔日测量有明显变化时，不得进行设备安装。

5.4.4.2 台板与支承装置安装

5.4.4.2.1 燃气轮机台板就位前，应进行基础处理，应去除基础表面浮浆层，凿出毛面，并凿除被油污染的混凝土，设备基础表面和预留孔中的杂物、积水等应清理干净。

5.4.4.2.2 基础与台板间采用斜垫铁支承方式时，垫铁的材质、厚度、布置及接触面积应符合制造厂技术文件和GB 50973—2014中5.2.2的规定。

5.4.4.2.3 基础与台板间采用可调节装置支承方式时，可调节装置的检查、布置、定位及验收应符合制造厂技术文件和GB 50973—2014中5.2.3的规定。

5.4.4.2.4 台板与支承装置的安装应符合下列规定：

a） 台板与支承装置的滑动面应平整、光洁、无毛刺；

b） 台板与支承装置上浇灌混凝土的放气孔、台板与支承装置接触面的润滑注油孔均应畅通，必要时可利用内窥镜检查其清洁度；

c） 台板与支承装置、支承装置与燃气轮机本体的接触面应光洁无毛刺，并接触严密；
d） 台板与支承装置的安装标高与中心位置应符合设计要求，设计无要求时标高允许误差应为1mm，中心位置允许偏差应为2mm；
e） 台板横向水平允许偏差应为0.20mm/m。

5.4.4.2.5 燃气轮机正式就位后，在安装透平支腿的调整过程中应保证燃气轮机稳定；为防止透平支腿卡死，装配前应认真清洁、去毛刺、润滑。

5.4.4.3 燃气轮机本体安装、对中

5.4.4.3.1 燃气轮机起吊就位应保证设备不损伤，位置准确；应对燃气轮机与台板接触面及垫铁局部间隙进行检查和测量，确保满足制造厂要求。

5.4.4.3.2 燃气轮机就位后，首先应与基础中心线对中，随后进行燃气轮机中心高度的调整，并相对于死点定位燃气轮机的轴向位置，最后应对燃气轮机找平、找正结果进行详细记录。燃气轮机本体找平找正应符合以下规定：

a） 燃气轮机本体标高应符合设计要求，其允许偏差宜为3mm；
b） 燃气轮机本体纵向中心线与基础纵向中心线应对正，其允许偏差宜为2mm；
c） 燃气轮机压气机横向中心线与基础横向中心线应对正，其允许偏差宜为2mm；
d） 检查确认台板调整装置应均已受力。

5.4.4.3.3 透平支承装置安装尺寸应符合设计要求，支承装置与台板应接触严密，四周间隙检查应小于0.03mm。

5.4.4.3.4 压气机、透平叶片检查应符合以下规定：

a） 压气机、透平叶片表面应光洁平滑、无裂纹、无变形；
b） 压气机、透平动叶叶顶间隙值应符合设计要求，并应与制造厂总装记录相符。

5.4.4.3.5 燃气轮机进口可转导叶装置的安装应保证导叶的实际角度与指示一致，应测量进口可转导叶全开和全关时的角度。

5.4.4.3.6 燃气轮机燃烧室检查、燃烧器安装时应符合以下规定：

a） 安装前应核对燃烧器的规格型号，安装图纸要求逐一编号，燃料喷嘴所使用的孔板应按图纸要求复核其型号、尺寸、方向。
b） 燃烧室及燃烧器各部件应清洁、无损伤、无变形，过渡段内的涂层应完好，联焰管安装应正确。
c） 燃烧器弹簧板应无损伤，各部件装配尺寸应符合设计要求。
d） 燃烧室各部件的紧固应符合制造厂要求。
e） 天然气软管不得与支架、基础及其他相邻部件接触，并应固定牢固。
f） 火花塞组件外观检查应完好，并应试验合格；火花塞组装时，中心电极与两侧电极之间间隙应符合制造厂要求；固定螺母的扭矩应符合制造厂要求。

5.4.4.3.7 燃气轮机负荷分配值应符合制造厂的要求，负荷分配前应完成进气室、燃烧室、排气扩散器安装，运输用临时销更换，支承装置锁紧等工作，并采取燃气轮机本体防倾覆的措施。

5.4.4.3.8 燃气轮机转子和中间轴的检查、安装及轴系找中心应符合制造厂技术文件要求和GB 50973的要求，轴系调整及连接的检查验收应按DL/T 5210.3—2009中表4.24.3-3～5进行，重点应包括转子扬度测量、最小轴向通流间隙测量、中心复查、联轴器连接前后圆周晃度测量、对称螺栓和螺母重量差测量、螺栓紧固、滑销系统间隙测量、推力间隙检查和轴向定位等项目。

5.4.4.3.9 自动同步装置（SSS 离合器）的安装位置、定位尺寸应符合制造厂的技术要求，其螺栓应对角紧固，力矩应符合制造厂要求。

5.4.4.3.10 对中完成后应等待 12h～24h，待燃气轮机、调整垫铁（若有）充分沉降后，再测一次对中数据，仍能符合要求时才能认为对中完成。

5.4.4.3.11 对中结果测量为重要见证点，电厂、监理单位、安装单位、制造厂应共同参与现场见证。

5.4.4.4 基础二次灌浆

5.4.4.4.1 二次灌浆选用的浆料应符合制造厂设计文件的要求，常用灌浆料为无收缩微膨胀灌浆料。

5.4.4.4.2 预埋垫铁的灌浆应在垫铁找正完成后进行，预埋垫铁的灌浆层在达到强度后，应用手锤敲击检查，不得有空鼓现象。

5.4.4.4.3 预留地脚螺栓孔的灌浆工作应在设备初找平、初找正后进行，灌浆时不得使地脚螺栓歪斜或使设备产生位移。

5.4.4.4.4 燃气轮机基础在二次灌浆前应完成以下工作：

a） 燃气轮机负荷分配；
b） 燃气轮机各联轴器精对中；
c） 燃烧器安装；
d） 燃气轮机的轴向、径向定位；
e） 穿过二次灌浆层的管道、电缆、仪表管线等敷设。

5.4.4.4.5 基础二次灌浆前的准备工作应符合以下要求：

a） 二次灌浆区域基础混凝土表面，应吹扫干净且无杂物、油漆、污垢，采用无收缩微膨胀高强度灌浆料时表面应提前 24h 进行润湿。
b） 地脚螺孔内应清理干净，无异物；垫铁应点焊牢固。
c） 二次灌浆的部位不得妨碍机组及管道热膨胀。
d） 二次灌浆模板高度应高出设备要求的灌浆高度，模板与基础间应无缝隙，防止漏浆。

5.4.4.4.6 二次灌浆层的灌浆施工应连续进行且应单侧灌浆，使浆料充满灌浆层的所有空间。

5.4.4.4.7 基础二次灌浆时，应制作混凝土试块，与二次灌浆层在同一条件下养护，并按要求的时间做强度试验，出具报告。

5.4.4.4.8 基础二次灌浆层的混凝土强度未达到设计强度的 50%以上时，不得在机组上拆装重件和进行撞击性工作；未达到设计强度的 80%以上时，不得复紧地脚螺栓和启动机组；无垫铁安装时，当二次灌浆层强度达到 70%后，应松开顶丝或撤去螺纹千斤顶，并应补灌浆料。

5.4.4.5 燃气轮机本体管道安装

5.4.4.5.1 燃气轮机本体管道主要包括空气管道、燃料管道、润滑油管道、液压油管道。

5.4.4.5.2 冷却空气管道安装前应仔细清洁、除锈；管道长度应留有裕量，一般应根据现场情况照配；焊口打磨后须再次对管道内部清洁；所有的管道焊口均应进行探伤检查，同时检查所有连接法兰的拧紧力矩，检验合格后方可进行下一步的管道保温工作；在首次点火之前的吹扫阶段，所有的连接法兰及接头应进行气密性检查。

5.4.4.5.3 燃气管道安装前须用压缩空气进行吹扫；不锈钢管连接法兰的螺栓应按设计图纸要求拧紧，并采取防松措施；燃料软管应注意外部防护，防止安装过程中的磕碰，同时软管与其他部位的接触区域须用绷带缠绕保护，防止机组运行期间振动带来的磕碰。

5.4.4.5.4 润滑油管道和液压油管道的安装应严格按图施工，管道上的测量孔、滤网接口等均应按设计图纸要求预留；首次运行润滑油系统和液压油系统，应注意检查法兰、接头处的密封，发现漏油应及时处理。

5.4.4.5.5 燃气轮机本体管道及其附件的安装，其接头连接力矩应符合制造厂技术文件的要求。

5.4.4.5.6 可结合实际情况对燃气轮机本体管道进行内窥镜检查，防止异物堵塞。

5.4.5 燃气轮机辅助设备及管道安装

5.4.5.1 辅助设备安装一般规定

5.4.5.1.1 燃气轮机辅助设备及管道安装应符合制造厂技术文件和 GB 50973—2014 的要求。

5.4.5.1.2 辅助设备安装后应进行以下工作：

a） 应进行必要的清理、吹扫以保证清洁度；

b） 应对设备实施保护，封闭所有敞口，避免二次污染。

5.4.5.1.3 燃气轮机罩壳安装应保证密封良好，罩壳的接缝处应采用防火材料封堵，应按制造厂要求进行烟雾或透光等严密性试验，并合格。

5.4.5.1.4 辅助设备及系统的严密性试验应按制造厂要求进行，当无要求时，试验压力宜为工作压力。

5.4.5.1.5 管道安装时，禁止强行组对，不应使设备承受设计规定外的作用力。

5.4.5.2 进气系统、排气系统安装

5.4.5.2.1 进气系统（包括进气过滤室、进气道、消音器、膨胀节、进气弯头等）安装时应做好所有法兰面的密封，进气通道内的所有螺栓、定位销等可能松动的部件均应采取防松措施。

5.4.5.2.2 空气过滤器的安装应保证位置正确、接缝严密，规格符合设计要求。

5.4.5.2.3 进气过滤反吹装置安装完成后应按制造厂技术文件要求进行反吹试验并做好试验记录。

5.4.5.2.4 进气系统安装过程中应尽量避免在进气道放置杂物。

5.4.5.2.5 进气道法兰之间应按设计要求使用密封垫，垫片接头处应采用迷宫式连接；法兰螺栓紧固后结合面应不透光。

5.4.5.2.6 进气通道封闭前，应按 DL/T 5210.3—2009 中表 4.24.4-3 要求组织进气系统封闭专项检查和验收，系统内部应清洁、无异物。应重点检查防腐涂层的完整性，并清理灰尘，保证进气通道表面的清洁度达到制造厂的技术要求。

5.4.5.2.7 进气通道封闭后，应开展透光试验和淋水试验并经检查验收合格。

5.4.5.2.8 排气框架的基础准备、扩散段的安装（尤其是法兰面间隙的检查测量）、排气系统管道的绝热施工均应符合制造厂的技术要求。

5.4.5.2.9 排气扩散段与排气框架连接法兰结合面无错口；法兰面应涂抹耐高温密封涂料，螺栓螺纹应涂抹耐高温抗咬合剂；螺栓紧力应符合设计要求。

5.4.5.2.10 排气系统封闭前应按 DL/T 5210.3—2009 中表 4.24.5-3 要求组织排气系统封闭

专项检查和验收。

5.4.5.3 润滑油系统和液压油系统的安装

5.4.5.3.1 除制造厂要求不得解体的设备外，油系统设备应解体复查其清洁程度，对不清洁部套应彻底清理，确保系统内部清洁。

5.4.5.3.2 油位计、油压表、油温表及相关的测量装置，应按要求装设齐全、指示正确。

5.4.5.3.3 油箱的事故排油管应接至事故排油坑，系统注油前应安装完毕并确认畅通。主油箱事故放油阀应串联设置两个钢制手动截止阀，操作手轮设在距油箱 5m 以外的地方，且有两个以上通道，手轮应挂有“事故放油阀，禁止操作”的标志牌，手轮不应加锁，手轮应设玻璃保护罩。

5.4.5.3.4 油系统严禁使用铸铁阀门，各阀门门芯应与地面水平安装。

5.4.5.3.5 润滑油系统管路安装完成后，应按制造厂技术文件要求进行循环清洗，循环清洗后油质和清洁度应符合制造厂技术文件的要求。

5.4.5.3.6 油箱加油前应进行油质化验，化验结果应达到合同要求。

5.4.5.3.7 冷油器严密性试验应符合设计要求，如设计无要求时，油侧应进行工作压力 1.25 倍的水压试验，并保持 5min 无渗漏。

5.4.5.4 燃料系统的安装

5.4.5.4.1 燃料系统内设备安装应符合制造厂技术文件和 GB 50973—2014 中 4.2 的相关要求。

5.4.5.4.2 天然气（合成气）管道应按 GB 50251 的有关规定进行验收；天然气（合成气）管道的施工和焊接应符合 GB 50973—2014 中 4.3 的技术要求。天然气（合成气）管道试压前应进行清管和吹扫，吹扫介质宜采用不助燃/惰性气体（如氮气），吹扫流速不宜低于 20m/s，吹扫压力不应大于工作压力；管线应分段吹扫，吹扫应反复数次。

5.4.5.4.3 厂内燃料系统管道安装完成后，应进行强度试验和严密性试验。

a） 强度试验应以洁净水为试验介质，特殊情况下经监理或建设单位批准，可采用空气作为试验介质。管道的强度试验，以水为介质的，试验压力应为设计压力的 1.5 倍；以空气为介质的，试验压力应为设计压力的 1.15 倍。升压次数和方法应符合 GB 50973—2014 中 4.3 的规定。

b） 输送介质为液体的严密性试验，试验介质应采用洁净水；输送介质为气体的严密性试验，试验介质应采用空气。管道严密性试验压力应与设计压力相同。

c） 燃料系统管道压力试验前，待试验管道应与无关系统隔离，与已运行的燃气、燃油系统之间应加装盲板且有明显标识。管道压力试验时，人员不得靠近管道堵头端方向。

5.4.5.4.4 燃油系统管道的检查和安装应符合 GB 50973—2014 中 4.3 的技术要求。燃油管道冲洗时应采取防止燃油进入燃气轮机的措施。

5.4.5.5 管道安装

5.4.5.5.1 燃气轮机辅助系统管道的安装应参照 DL 5190.5 进行，管道安装前应核对其相关证明文件、技术参数、规格，应进行外观检查，对合金钢管道、管件及阀门应逐件进行光谱复查并做材质标记。与设备连接的管道，在安装前应将内部吹扫干净。

5.4.5.5.2 除设计中有冷拉、热紧的要求外，管道连接时，不得用强力对口、加热管道、加偏垫或多层垫等方法消除接口端面的间隙、偏斜、错口等缺陷；管道的坡口型式和尺寸应符合设计要求。

5.4.5.5.3 管道上流量测量、节流装置的安装应符合制造厂技术文件规定，特别应保证上、下游直管段长度足够。

5.4.5.5.4 阀门安装前应按介质流向确认其安装方向。除必须用法兰与设备和阀门连接外，天然气管道管段应采用焊接连接。当管道与阀门以法兰或螺纹方式连接时，阀门应在关闭状态下安装；当管道与阀门以焊接方式连接时，阀门不得关闭，焊缝宜采用氩弧焊打底。

5.4.5.5.5 安全阀应垂直安装，投运前应及时调校并做好数据记录。

5.4.5.5.6 所有管道按技术文件要求安装完成后，应按 DL 5190.5 的规定对管道进行严密性试验，并应进行吹扫及冲洗。

5.4.6 安装过程中的成品保护

5.4.6.1 重要部件应室内仓库保存，防止由于受潮或是暴晒引起性能下降。燃气轮机罩壳面板，燃气轮机本体保温、进气系统滤芯、进气系统消音片等部件应室内存放，确保干燥；电气设备、仪控柜、电动阀、气动阀等须室内保存，防止长时间露天存放出现故障。

5.4.6.2 进气道（带隔音棉）、排气扩散段等由于体积较大，通常放置于室外堆场，但应采取搭雨布等防雨措施，并定期检查隔音棉是否干燥。

5.4.6.3 在燃气轮机安装过程中，应确保燃气轮机干燥模块连续稳定运行，并定期（每天）记录燃气轮机内部湿度，防止生锈。

5.4.6.4 由于安装透平油管而打开的燃气轮机后端盖，应注意防尘遮盖，并做好警示标志防止无关人员的进入。

5.4.6.5 金属膨胀节属于薄壁结构，极易碰撞受损。对于冷却空气管膨胀节、放空管膨胀节、排气扩散器出口金属膨胀节、天然气波纹软管等，安装施工前应对安装单位人员进行技术交底，并对易损的膨胀节设置警示标志。

5.4.6.6 对于仪控设备，如温度热电偶、压力变送器、加速度保护探头、电磁阀等，安装调试结束后应设置有效隔离或警示标志，以防成品受损。

5.4.7 燃气轮机安装记录

设备安装完毕后，安装单位和制造厂应及时提交相关技术文件，包括但不限于以下资料：

a） 设计变更的有关资料；

b） 开箱检查验收报告；

c） 燃气轮机总装报告和记录；

d） 进口设备试验（检验）报告；

e） 基础中间交工验收证书；

f） 安装施工记录——隐蔽工程签证、台板与支承装置安装记录、透平转子和压气机转子叶顶间隙记录、燃烧器安装记录、设备检测及装配记录、机组找正对中记录、基础沉降观测记录、辅助设备安装施工记录、燃气轮机配套系统安全阀调整试验报告、安装中经过修改部分的说明及缺陷的修复记录。

5.5 燃气轮机调整、试运行监督

5.5.1 调试监督内容及依据

5.5.1.1 技术监督人员应对施工安装单位、调试单位、监理单位、制造厂有关燃气轮机设备及系统调试的工作进行监督。

5.5.1.2 燃气轮机调试监督应依据 GB/T 14099.8、GB 50973—2014、DL/T 5434、DL/T 5437、DL/T 5294、DL/T 5295、SY/T 0440、制造厂技术资料的要求进行。

5.5.2 调试一般规定

5.5.2.1 燃气轮机设备及系统安装完毕、投入运行前，应按相关标准规范和制造厂技术文件要求进行调整、启动、试运行。

5.5.2.2 燃气轮机设备及系统的调试工作应由具有相应调试能力资格的单位承担。启动调试工作分为分部试运和整套启动试运调试两个阶段，其中分部试运又包括单机试运和分系统试运。一般来说，单机试运由安装单位承担，分系统和整套启动试运由调试单位承担。燃气轮机启动调试的专业负责人应具备同类型燃气轮机组的调试经验。

5.5.2.3 在燃气轮机设备及系统调试阶段，电厂技术监督人员应积极参与单机试运、分系统试运、整套试运过程，对施工单位、调试单位、制造厂的工作进行监督和督促，并组织专业技术问题的讨论。应成立燃气轮机专业试运小组，包括建设单位、生产单位、施工安装单位、监理单位、设计单位、调试单位、燃气轮机制造厂等单位的燃气轮机专业人员。施工单位编制的单机试运技术方案或措施、调试单位编制的分系统和整套启动调试措施应经专业试运小组审核，经试运指挥部批准后执行。

5.5.2.4 调试单位应参加工程初步设计审查、设备招投标、设计联络会等与工程建设有关的前期工作，应对燃气轮机设备及系统的设计、设备选型、机组启动调试设施提出意见和建议。工程安装施工阶段，调试人员应进入现场熟悉燃气轮机设备和系统，对发现的问题及时提出建议。机组分部试运阶段，调试单位应参加分部试运协调会、单机试运条件检查、单机试运及验收、完成设备或系统连锁保护逻辑传动；分系统调试阶段，调试单位应负责分系统调试措施交底并做好记录，组织分系统试运条件检查、分系统试运技术指导和设备系统试运记录、填写分系统调试质量验收表，对试运中出现的问题提出解决方案及建议；机组整套启动试运阶段，调试单位应负责组织整套启动试运条件检查确认，整套启动和各项试验前调试 试验措施交底并做好记录，组织完成各项试验，全面检查机组各系统的合理性和完整性，参加试运值班，监督和指导运行操作，做好试运记录，对试运中出现的重大技术问题提出解决方案或建议，组织机组进入和结束满负荷试运条件检查确认等。机组移交生产后，调试单位应在规定时间内完成各项调试报告并移交存档资料。

5.5.2.5 调试单位应根据设计单位、设备制造厂的图纸和技术资料以及电厂相关管理制度、标准编制调试大纲、调试计划、调试措施等调试文件，并由监理单位审核，提交电厂批准。燃气轮机专业应编制燃气轮机燃料系统、通风系统、天然气调压系统、冷却及密封系统、水冲洗系统、二氧化碳灭火系统等分系统调试措施、反事故措施及燃气轮机整套启动试运措施，调试措施的编写应符合 DL/T 5294 的基本要求。

5.5.2.6 燃气轮机设备制造厂应及时提供设备安装调试手册、运行维护手册及图纸等技术资料，制造厂负责调试的部分应按合同执行，并由建设单位组织调试、监理、建设、生产单位验收签证。燃气轮机设备制造厂应根据电厂要求派专业技术人员到厂进行试运监督和技术指导。

5.5.2.7 燃气轮机设备及系统的调试质量验收及评价，对单机试运部分应按照 DL/T 5210.3—2009 进行，对分系统试运和整套启动试运部分应按照 DL/T 5295 进行。

5.5.3 辅助设备试运

5.5.3.1 在燃气轮机试运前，其辅助设备如盘车装置、启动系统、泵、加热器、油滤、冷油器等应经过调试和试验。

5.5.3.2 燃气轮机辅助设备的调试和试验应符合 GB 50973—2014、JB/T 6224、SY/T 0440 的相关规定：

a） 辅助设备试运时间宜为 4h～8h；

b） 泵的出口压力应稳定并应达到额定数值；

c） 电动机在空载及满载工况下的电流均不应超过额定值；

d） 轴承振动值应符合制造厂技术文件要求及 GB 50973—2014 附录 B 的规定；

e） 轴承温度不应高于制造厂规定值，一般滚动轴承的温升不应超过 40℃，滑动轴承的温升不应超过 35℃；

f） 轴承进油压力正常，进油和回油应无泄漏；

g） 各转动部分应无异音和发热现象；

h） 各轴封泄漏量应适宜，轴封温升不应超过 35℃；

i） 辅助设备各连锁装置应结合试运行进行试验和调整，并应符合设备技术文件的要求。

5.5.4 辅助系统试运

5.5.4.1 润滑油系统试运

5.5.4.1.1 润滑油的选用应符合制造厂技术文件的要求。

5.5.4.1.2 润滑油系统试运和油循环应具备以下条件：

a） 油系统管道应清洗干净；

b） 应对油箱和冷油器的清洁度进行检查，确认合格；

c） 加油及油循环的临时设施应准备完毕，加入油箱的润滑油应经过滤油机，不得直接加入；

d） 各油泵电机空载试运应正常；

e） 油系统设备、管道的表面及周围环境应已清理干净；

f） 应备好沙箱、灭火器等消防用具。

5.5.4.1.3 油箱和油系统充油时应检查油箱、油系统设备无渗漏现象，高油位和低油位信号应调整正确。

5.5.4.1.4 油循环应执行制造厂油系统冲洗规程要求，可按下列程序进行：

a） 第一次油循环：

1） 首先冲洗主油箱、储油箱、油净化装置之间的油管道及主油泵的主管道；

2） 第一次油循环冲洗时不得使油进入轴瓦与轴颈的接触面内，并应在接近压力油母管处断开调节保安油路和液压油路；

3） 应对油进行取样化验，当油质符合要求后，接通调节保安油系统油路和液压油路进行油循环冲洗，保安部套内不得有脏物留存；

4） 排放冲洗油后应清理油箱、滤网及各轴承箱内部，并应重新灌入合格的润滑油。

b） 第二次油循环：

1） 将系统管道恢复至运行状态，应在各轴承进油管法兰处加装临时过滤器（不低于 40 号或 100 目，其通流面积应大于管道断面积的 2 倍～4 倍），将各调节保安部套置于脱扣位置，按运行系统进行油循环，多台冷油器应交替循环，循环过程中应定期将滤网拆下清洗，防止被冲破；

2） 油循环完毕后，应及时拆除各轴承进油管的临时装置，恢复各节流孔板。

5.5.4.1.5 油循环各阶段应遵守以下规定：

a） 管道上仪表取样点除留下必需的油压监视点外，都应隔断；

b） 油循环时，进入油箱与油系统中的油应始终通过滤油机过滤；

c） 冲洗油温宜冷热交替变化，高温为75℃左右，不得超过85℃，低温为30℃以下，高、低温各保持1h～2h，交替变温时间约1h；

d） 循环过程中油箱内滤网应定期清理，循环完毕应再次清理；

e） 应从油箱、冷油器放油点取样，油质化验报告应符合规范要求；

f） 油冲洗循环完毕后，应对各调压阀、油系统压力及连锁保护进行整定，其整定值应符合制造厂技术文件的规定；

g） 油循环各阶段润滑油清洁度的判断标准应执行制造厂的技术要求。

5.5.4.1.6 润滑油压低报警、联启油泵、跳闸保护、停止盘车定值及测点安装位置应按照制造厂要求整定和安装，整定值应满足直流油泵联启的同时应跳闸停机。对各压力开关应采用现场试验系统进行校验，润滑油压低时应能正确、可靠地联动交流、直流润滑油泵。润滑油系统试运中应完成：

a） 排油烟风机启动及油箱负压调整；

b） 交流润滑油泵启动及系统油压调整；

c） 直流润滑油泵启动及系统油压调整；

d） 启动油泵启动及系统油压调整；

e） 润滑油压低，交、直流润滑油泵自动联启试验，主、辅油泵切换试验；

f） 润滑油压低保护开关校验；

g） 润滑油加热器及冷油器试运；

h） 油箱油位整定及油位保护连锁等。

5.5.4.2 液压油系统试运

5.5.4.2.1 液压油的选用应符合制造厂技术文件的要求。

5.5.4.2.2 液压油系统在试运前应进行系统油循环与冲洗工作。在冲洗时，应将所有使用液压油驱动控制的执行机构的液压油进、回油管在驱动机构进油前进行短接或将驱动机构滤网、节流孔板、电磁阀、电液转换器拆除，安装冲洗板构成内部冲洗回路。

5.5.4.2.3 液压油冲洗过程应按照制造厂要求进行，宜采用变油温冲洗。

5.5.4.2.4 液压油系统试运应进行油泵试运、蓄能器充氮及投入、系统耐压试验、系统压力调整、油泵出口溢流阀调整、系统母管安全阀整定、连锁保护试验、液压执行机构的调试等项目。

5.5.4.2.5 应完成进口可转导叶（IGV）、燃料关断阀、燃料调节阀等油动机行程调整。

5.5.4.2.6 燃料关断阀、燃料调节阀等带快速关闭功能的液压阀门，应测取阀门的关闭时间，并应满足制造厂的要求。

5.5.4.3 冷却水系统试运

5.5.4.3.1 燃气轮机的循环冷却水系统的水质应符合制造厂技术文件的规定。

5.5.4.3.2 冷却水管路应充满水，且整个回路应排净空气。

5.5.4.3.3 当环境温度低于0℃时，应采取防冻措施。

5.5.4.4 燃料供应系统试运

5.5.4.4.1 燃气轮机液体及气体燃料的各项物理、化学性质均应符合制造厂技术文件的规定。

5.5.4.4.2 燃料供应系统的管道应进行冲洗和吹扫；各隔离阀、泄油阀、放气阀、高压滤网应按制造厂技术文件规定进行调整；启动燃料油泵（或压缩机）时，管路应无泄漏现象；输送燃料时，应排净管路内空气。

5.5.4.4.3 燃油系统可采用清水或蒸汽吹扫，具体应符合GB 50973—2014中7.3的要求。

5.5.4.4.4 天然气管道吹扫及系统气体置换应符合GB 50973—2014中7.4的要求。

5.5.4.4.5 燃气轮机燃料系统的调试应完成以下项目：

a） 燃料前置模块、过滤分离系统测点校验及连锁保护传动试验；

b） 燃料系统管道吹扫，燃料系统管道、容器严密性试验；

c） 在天然气置换之前完成燃气加热器调试；

d） 燃料系统管道、容器的空气-氮气-天然气（合成气）置换，气体置换时应使用检测氧气、氮气、天然气的专用仪器进行检验并符合防火、防爆、防毒规程相关要求；

e） 燃料前置模块投入试运行；

f） 燃料模块及燃料吹扫模块各控制阀门的调试，燃料关断阀调试且关闭时间符合要求。

5.5.4.4.6 燃料输送系统、燃料模块、燃气轮机间、燃气轮机辅机间的燃料泄漏测试及报警设施安装完毕后，应调试合格，并符合制造厂的规定。

5.5.4.5 天然气调压系统试运

燃气轮机天然气调压系统的调试应完成以下项目：

a） 调压系统管道与容器严密性试验；

b） 天然气调压系统阀门、连锁、保护传动试验；

c） 天然气增压机密封装置试运（增压机应使用合格的氮气密封）；

d） 天然气增压机试运；

e） 天然气调压系统气体置换。

5.5.4.6 水洗系统试运

燃气轮机水洗系统调试应完成以下项目：

a） 冲洗水箱和系统管路清理及验收；

b） 水洗系统阀门、连锁、保护传动试验；

c） 冲洗水泵试运，轴承振动和温度在合格范围内；

d） 喷嘴喷射角调整及雾化效果试验。

5.5.4.7 二氧化碳灭火保护系统试运

5.5.4.7.1 二氧化碳灭火保护系统在使用前应进行检查，燃气轮机在备用和运行期间，二氧化碳灭火保护系统应投入工作。

5.5.4.7.2 燃气轮机二氧化碳灭火系统调试应完成以下项目：

a） 检查系统实物布置与设计图纸相符；

b） 灭火系统管道冲洗、严密性试验；

c） 灭火系统阀门、测点、连锁传动试验；

d） 二氧化碳灭火保护系统的声光报警装置调试；

e） 二氧化碳实际喷出试验；

f） 二氧化碳冷却装置调试。

5.5.4.8 进气、排气及防喘放气系统试运

进、排气及防喘放气系统调试应完成以下项目：

a） 系统清洁度检查、进气滤网吹扫系统调试及吹扫；

b） 进气滤网吹扫系统程控调试；

c） 进气挡板门、防爆门调试；

d） 防喘放气阀调试；

e） 防冰系统调试；

f） 系统连锁保护传动试验。

5.5.4.9 罩壳和通风系统试运

罩壳和通风系统调试应完成以下项目：

a） 罩壳安装与密封检查；

b） 系统阀门、连锁、保护传动试验；

c） 风机单机试运及连锁试验；

d） 罩壳温度跳机保护试验。

5.5.4.10 启动系统试运

启动系统调试应完成以下项目：

a） 电动机或柴油机拖动的，应完成电机单体试运、电机带减速器试运；

b） 变频启动装置拖动的，应完成变频启动装置的单体调试、分系统调试工作（主要包括变压器调试、整流器调试、电抗器调试、逆变器调试等）。

5.5.4.11 注水系统试运

燃气轮机注水系统调试应完成以下项目：

a） 水箱及系统管路清理及验收；

b） 注水供水泵（除盐水泵）试运行；

c） 注水供水泵（除盐水泵）连锁试验；

d） 注水泵试运行。

5.5.5 燃气轮机组整套启动试运

5.5.5.1 燃气轮机组整套启动试运应分空负荷试运、带负荷试运和满负荷试运三个阶段进行。

5.5.5.2 燃气轮机整套启动前应完成以下工作：

a） 确认完成燃气轮机分系统调试、试验，并经验收合格，包括润滑油系统、液压油系统、冷却与密封空气系统、冷却水系统、燃料输送系统、启动系统、罩壳和通风系统、灭火系统、空气进气系统、水洗和干洗系统、反吹系统等，分系统试验中主要控制项目应遵循制造厂技术文件及 GB 50973—2014、JB/T 6224、SY/T 0440 的要求。

b） 燃气轮机本体设备安装调整完毕，轴系找中、找正参数符合制造厂规定，靠背轮连接螺栓安装完成，已经验收、签证完毕。

c） 燃气轮机冷拖试验符合制造厂规定，已经验收、签证完毕。

d） 根据制造厂技术文件完成控制系统静态整定与试验：

1） 燃气轮机在电气线路布置完毕后，应进行各调节和保护系统装置的整定，所有整定值和声、光报警指示应符合制造厂技术文件的要求。一般包括：超速保护装置、超温保护装置、调速系统、熄火保护装置、温度控制系统、低油压保护、超振保护系统、润滑油温度限值、燃料控制系统、火焰探测器等。

2） 在机组启动前应对控制系统及保护装置进行检查，采用机组的程序控制系统、温度控制系统、保护系统等应进行转速控制、液压超速跳闸、超温保护、燃料控制系统、燃料流量分配器、启动控制、振动保护、火焰探测器、燃烧波动保护等试验，并应进行燃料关断阀动作试验、机械超速跳闸装置手动试验、手动危急跳闸试验、火灾报警跳闸试验及燃气轮机、蒸汽轮机、余热锅炉、发电机之间的大连锁试验。

5.5.5.3 首次整套启动和空负荷试运。

5.5.5.3.1 燃气轮机组整套启动应具备以下条件：

a） 润滑油系统投运且油压、油温正常；

b） 各辅助风机启动运行正常；

c） 发电机充氢，氢纯度合格，密封油系统运行正常；

d） 确认加热通风、密封冷却、灭火保护系统各阀门开关状态正常；

e） 天然气调压系统投入运行，压力正常；

f） 天然气经过燃料前置模块送到燃气轮机调节阀前。

5.5.5.3.2 燃气轮机启动应符合以下要求：

a） 燃气轮机启动控制应采用一键式操作，包括盘车、冷拖、清吹、点火、升速、定速，均由控制系统自动完成；

b） 启动指令发出后，燃气轮机在启动装置作用下自动升速到清吹转速，吹扫系统应对燃气及余热锅炉通道进行吹扫；

c） 吹扫完成后，燃气轮机应降速到点火转速，开始点火；

d） 点火成功后，在燃气轮机启动装置与燃气轮机的共同作用下，燃气轮机升速到自持转速，启动装置应退出；

e） 燃气轮机继续升速到全速空载转速；

f） 在全速空载转速下应对各项技术指标进行检查并记录。

5.5.5.3.3 启动过程及定速后，重要监视项目包括：

a） 燃气轮发电机组轴承及轴振动；

b） 轴承金属温度；

c） 燃气轮机轮间温度、排气温度及分散度；

d） 燃气轮机各辅助系统运行正常，如润滑油压力及温度在合格范围；

e） 燃烧模式切换平稳，不产生大扰动，火焰探测器工作正常；

f） IGV 调节灵活可靠，压气机运行平稳，无喘振现象；

g） 增压机所有工况运行平稳，振动合格，调节灵活，无喘振现象。

5.5.5.3.4 空负荷试运应完成的试验包括：

a） 机组启动装置投运试验；

b） 燃气轮机首次点火和空负荷燃烧调整试验；

c） 并网前的电气试验；

d） 机组打闸试验；

e） 机组超速试验。

5.5.5.4 带负荷及满负荷试运。

5.5.5.4.1 燃气轮机带负荷调试应具备以下条件：

a） 空负荷运行正常，各项参数符合要求；

b） 空负荷燃烧调整完成，燃烧状况稳定；

c） 机组超速试验合格；

d） 燃气轮发电机空载电气试验完成；

e） 燃气轮发电机冷却系统运行正常，冷却介质温度、定子线圈温度符合要求。

5.5.5.4.2 带负荷试运调试程序应符合以下要求：

a） 发电机并网带初负荷，应检查机组运行参数；

b） 投入天然气性能加热器，将燃气轮机入口天然气加热至规定值；

c） 燃气轮机带负荷至额定值，升负荷期间按规定完成各负荷点下燃烧调整试验及燃烧模式切换；

d） 燃烧调整完成后机组带满负荷运行；

e） 各项条件具备后进行燃气轮发电机组甩负荷试验；

f） 再次启动带负荷，重新进行带负荷燃烧调整。

5.5.5.4.3 带负荷试运过程中，应重点监控的项目有：

a） 轴承与轴振动；

b） 润滑油压力与温度；

c） 支持轴承、推力轴承及发电机轴承金属温度、各负荷段的燃烧稳定性与燃烧模式切换过程中机组的稳定性；

d） 燃气轮机轮间温度、排气温度及分散度；

e） 天然气性能加热器功率；

f） IGV 调节灵活可靠，压气机运行平稳，无喘振现象；

g） 增压机所有工况运行平稳，振动合格，调节灵活，无喘振现象。

5.5.5.4.4 带负荷试运应完成的试验包括：

a） 燃气轮机燃烧调整试验；

b） 发电机假同期试验、发电机并网试验；

c） 机组超速保护试验；

d） 在条件许可的情况下，宜完成燃气轮机最低负荷稳燃试验、自动快减负荷（RB）试验。

5.5.5.4.5 机组满负荷试运须保持连续运行，对 300MW 以下机组可分 72h 和 24h 两个阶段进行。对 300MW 及以上机组，机组满负荷试运应进行 168h 考核，连续满负荷运行时间不小于 96h，平均负荷率不低于 90%。

5.5.5.4.6 燃气轮机正常停机应符合以下要求：

a） 执行燃气轮机自动停机程序，燃气轮机自动降负荷至燃气轮机解列；

b） 解列后压气机防喘阀自动打开，主气阀关闭，燃气轮机灭火；

c） 转速降到规定值时，顶轴油泵及盘车装置应自动投入运行；

d） 应测取转子惰走时间及曲线。

5.5.6 燃气轮机试运记录

燃气轮机设备及系统的试运记录应包括：

a） 机组试运前系统确认记录；

b） 分系统、整套试运签证；

c） 分系统、整套质量验收及评价表；

d） 冲洗和吹扫合格校验证书；

e） 油系统试运行记录和油质化验报告；

f） 调节保护系统的整定与试验记录；

g） 连锁装置的整定与试验记录；

h） 整套启、停运行记录（包括油温、油压、升速点火转速、带负荷情况、机组热膨胀、轴承振动、气缸温度、进气温度、轴瓦巴氏合金温度等有关运行参数）；

i） 燃气轮机惰走曲线；

j） 燃料分析报告、注水系统水取样化验报告、水清洗系统水取样化验报告；

k） 调试报告，试运中的异常情况及处理经过和结果。

5.6 燃气轮机运行监督

5.6.1 运行监督内容及依据

5.6.1.1 技术监督人员应对对燃气轮机运行安全性和经济性有重要影响的关键环节和部位进行监督，主要包括燃气轮机本体及润滑油系统、液压油系统、燃气轮机罩壳和通风系统、燃气轮机压缩空气系统、燃气轮机疏水系统等辅助系统。

5.6.1.2 燃气轮机运行监督应依据制造厂技术资料、DL/T 384、《防止电力生产事故的二十五项重点要求》的要求进行。

5.6.2 燃气轮机运行监视参数及主要保护

5.6.2.1 燃气轮机运行期间应监视和分析的主要参数包括但不限于：

a） 本体——进口可转导叶（IGV）开度、压气机进气压力、进气温度、压气机排气压力、压气机排气温度、燃气压控阀前压力、燃气压控阀后压力、燃烧脉动参数、透平排气压力、透平排气温度、透平排气温度分散度、燃气轮机轮（级）间温度、燃气轮机振动参数（轴振、瓦振）、燃气轮机轴向位移、燃气轮机轴承金属温度、（各）转子转速、功率、燃气轮机/压气机洗涤水压力、燃气轮机制造厂规定的其他参数；

b） 油系统——轴承润滑油回油温度、推力轴承润滑油回油温度、燃气轮机润滑油母管温度、燃气轮机润滑油母管压力、供油滤网压差、液压油压力、油箱温度、油箱油位、油箱负压；

c） 进气系统——进气滤网前后总压差、每级滤网压差、大气压力、大气温度、大气湿度；

d） 密封和冷却系统——轴承密封空气压力；

e） 燃料系统——燃料压力、燃料温度、调节阀开度、流量、（各）滤网压差、调压站相关参数、增压机相关参数、燃料特性参数；

f） 注水系统——注水供水压力、供水温度、供水流量、注水泵出口压力、过滤器压差、调节阀开度。

5.6.2.2 燃气轮机组启动前应投入全部保护；机组正常运行中，严禁退出保护，确需退出保护的，应办理申请票，经生产副厂长批准，值长下令退出保护，并记录退出保护原因，保护退出期间应制定相应的防护措施和应急预案，确保达到保护参数时，立即打闸停机。燃气轮机运行期间应投入的保护包括但不限于：

a） 机组手动紧急停机；
b） 燃气轮机熄火；
c） 燃料关断阀、调节阀故障；
d） 燃气轮机排气温度高；
e） 燃气轮机排气温度分散度大；
f） 燃气轮机排气压力过高；
g） 燃气轮机组超速；
h） 燃气轮机振动过大；
i） 燃气轮机轴承温度过高；
j） 润滑油供油温度过高；
k） 润滑油供油压力过低；
l） 密封油差压低；
m） 液压油压过低；
n） 防喘放气阀异常；
o） 压气机进口可转导叶故障；
p） 压气机压比超过上限；
q） 燃料温度/压力超过限值；
r） 燃料过滤器液位高；
s） 燃气泄漏；
t） 燃气轮机区域着火；
u） 燃气轮机其他保护项目，如进气系统相关保护、燃烧脉动保护、冷却空气保护等。

5.6.3 运行要求

5.6.3.1 一般要求

5.6.3.1.1 应依据燃气轮机设备技术资料及相关法律法规、运行检修经验、安全工作规程等要求，组织相关专业人员编制燃气轮机组运行规程，并根据现场运行经验、制造商技术更改文件、设备异动情况、控制参数更改整定单等定期进行修订。燃气轮机运行规程应至少包括以下内容：

a） 设备及系统概述、技术规范及允许的参数限值；
b） 报警清单；
c） 主、辅设备的启、停操作程序，应给出冷、温、热态启停曲线；
d） 机组的运行、日常维护和定期试验、切换内容；
e） 常见事故处理原则和程序。

5.6.3.1.2 应根据制造厂设备技术资料、《防止电力生产事故的二十五项重点要求》等制定燃气轮机组典型事故防范与处理措施，至少应包括燃气轮机超速，燃气轮机轴瓦损坏，燃气轮机轴系弯曲、断裂，燃气轮机轴系振动异常，燃气系统泄漏爆炸，燃气轮机热部件烧蚀，燃气轮机叶片打伤，压气机喘振，燃气轮机排气温度异常，燃气轮机燃烧不稳定等。

5.6.3.1.3 应建立燃气轮机事故档案，详细记录事故名称、性质、原因和处理、防范措施。

5.6.3.1.4 电厂运行人员应经过岗位培训，应掌握联合循环发电相关专业知识并经考试合格。

5.6.3.1.5 应根据机组承担负荷的性质，在寿命期内合理分配程序负荷、基本负荷和尖峰负荷，原则上不按尖峰负荷模式运行，以防止燃气轮机热部件烧蚀损坏。

5.6.3.1.6 应避免燃气轮机组跳闸，合理控制负荷变化速率，避免热部件寿命损伤。

5.6.3.1.7 应尽量减少机组启停次数，减少启停对燃气轮机部件的损伤。

5.6.3.1.8 燃气轮机组并网运行应保持在安全区域，应避免在燃烧模式切换负荷区域长时间运行。

5.6.3.1.9 应综合考虑安全、环保及经济性，使燃气轮机组运行在合理的负荷区域，尽量避免低效率及烟气排放超标的工况。

5.6.3.1.10 应加强燃气轮机排气温度、排气温度分散度、轮间温度、燃烧脉动参数等运行数据的综合分析，及时找出设备异常的原因，防止局部过热燃烧导致的裂纹、涂层脱落、燃烧区位移等损坏。

5.6.3.1.11 电厂热工专业人员应按相关标准及燃气轮机制造厂技术要求，做好相关测量仪表的定期维护和校验，确保各运行参数测量准确，并保证各主要保护正常投入。控制逻辑、保护定值的修改及保护的投入、退出应严格按照集团公司和电厂的相关规定执行。

5.6.3.1.12 电厂化学专业人员应按相关标准及燃气轮机制造厂技术要求，做好燃气（油）、润滑油、液压油、水洗用水和注水用水等的定期取样化验和监督工作，确保气、油、水质量合格。当指标异常时，应及时分析原因并采取针对性的措施。

5.6.3.1.13 进厂天然气、燃油应满足燃料供应系统工艺及 GB 17820、GB/T 19204、GB/T 29114、JB/T 5886 的要求，处理后的燃料成分、物理特性应满足燃气轮机制造厂的技术要求，并满足当地环保规定。

5.6.3.1.13.1 天然气的组成成分应按 GB/T 13610 规定定期（每周至少一次）进行分析化验，安装在线色谱仪和热值仪的电厂应对其进行定期校验。

5.6.3.1.13.2 天然气中总硫含量、硫化氢含量的测定应按 GB/T 11060 进行；天然气发热量、密度、相对密度和沃泊指数的计算应按 GB/T 11062（等效于 ISO 6976）进行。天然气分析化验项目及依据可参考附录 B。

5.6.3.1.13.3 在下列情况下应自行或外委检测燃气中气体杂质、金属杂质含量：

a） 燃气轮机运行调整要求；
b） 燃气供应厂家或气源改变；
c） 燃气轮机检修发现与燃气质量相关的问题；
d） 每年至少一次。

5.6.3.1.14 润滑油油质应符合 ASTM D4378-03 和 ASTM D4304-06a 的要求，润滑油的检测和质量标准应按 GB/T 7596、GB/T 14541 执行；液压油油质、运行监督及维护管理应按 DL/T 571 和 GB/T 11118.1 执行；并应同时符合燃气轮机制造厂的技术要求。

5.6.3.2 燃气轮机启动

5.6.3.2.1 检修后的检查与试验应满足以下要求：

a） 燃气轮机检修后应按要求进行辅机的检查和试验，电动阀、控制阀校验及连锁试验，报警连锁信号试验等，确保达到启动条件；

b） 机组检修后应首先化验液压油，油质合格后，方可对进口可转导叶、防喘放气阀、燃料关断阀、燃料调节阀等进行活动试验和开度行程标定，并检查燃气轮机燃料调节阀的严密性；

c） 机组大、中修后应进行主设备跳机保护试验，大修后还应进行机组超速试验、热力性能试验。

5.6.3.2.2 燃气轮机组启动、停机及运行过程中，交、直流润滑油泵连锁应可靠投入。

5.6.3.2.3 应按规定在燃气轮机启动前完成各项试验，如机组手动紧急停机试验、直流润滑油泵和直流密封油泵启动试验、液压油泵自启试验、跳闸装置试验。

5.6.3.2.4 燃气轮机每次启动时，应能通过燃气阀门泄漏试验程序，以保证燃气系统管道阀门严密性良好；泄漏试验的程序和参数不应随意更改，如需更改，应得到单位主管生产的领导（生产副厂长或总工程师）的批准，同时记录原因及相关数据。

5.6.3.2.5 发生以下情况之一，严禁机组启动：

a） 启动前盘车装置运行不正常。

b） 在盘车状态听到有明显的刮缸声，机组转动部分有明显的摩擦声。

c） 压气机进口滤网破损或压气机进气道可能存在残留物。

d） 任一火焰探测器故障。

e） 燃气辅助关断阀、燃气关断阀、燃气控制阀任一阀门或其执行机构故障，或燃气关断阀和燃气控制阀自检试验不合格。

f） 压气机进口可转导叶和压气机防喘阀活动试验不合格。

g） 燃气轮机排气温度故障测点数超过制造厂规定。

h） 燃气轮机重要运行监视表计，特别是转速表显示不正确或失效。

i） 润滑油储能器及其系统不具备投用条件；透平油和液压油的油质不合格；润滑油泵、液压油泵之一故障不能工作或备用。

j） DCS 故障，不能用于监视和操作。

k） 燃气轮机主保护故障，如超速保护失灵或其他任一跳机保护失灵。

l） 燃料（气体、液体）物理、化学特性不满足制造厂技术要求。

m） 机组跳机未查出原因。

5.6.3.2.6 燃气轮机启动前应按启动检查卡检查并调整各系统阀门至所需位置，并确认各阀门气源、电源已送。

5.6.3.2.7 根据启动状态的不同，应严格按照制造厂提供的启动曲线控制机组启动。

5.6.3.2.8 在机组启动及升负荷过程中，应注意燃烧模式切换和进口可转导叶动作是否正常，应关注燃气轮机轮间温度和排气温度分散度的变化情况。

5.6.3.2.9 启动过程中盘车装置若不能及时脱开，应立即停机。

5.6.3.2.10 燃气轮机启动时应安排人员就地监视，应注意倾听声音是否正常、振动是否过大，启动到慢车时应到现场巡查，确认无异常漏油、漏气、漏水和异常振动等情况时方可并网。

5.6.3.2.11 机组完成正常启动程序后应全面检查各系统的运行情况。

5.6.3.3 燃气轮机运行

5.6.3.3.1 燃气轮机组运行中应密切监视各运行参数及其变化值应不超限（参见 5.6.2 条），当运行参数出现异常情况时应及时分析、处理，并报告相关人员。

5.6.3.3.2 应进行燃气轮机设备的定期巡回检查和维护。

5.6.3.3.3 应控制燃料的压力在允许范围内。在燃气轮机组启动或升、降负荷时，应密切监视燃料压力是否满足要求，若压力过低应检查调压站运行情况或与管网调度联系调整，在天然气压力满足要求前不得盲目加负荷。

5.6.3.3.4 燃气轮机组运行中应注意检查是否有异常漏油、漏气、漏水及异常振动情况。应注意检查各放气阀动作是否正常，是否存在关不严的情况。

5.6.3.3.5 燃气轮机正常运行时，在气体燃料系统的任何部位都不应出现凝析液。运行中应注意观察各天然气过滤器是否有凝析液出现，如发现有凝析液应及时查明原因，采取相应措施，防止凝析液进入燃烧室参与燃烧，损坏热部件。

5.6.3.3.6 如燃气轮机发生报警、控制降负荷、控制停机及跳机事故，应及早查明原因，并报告相关领导和技术人员。

5.6.3.3.7 当燃气轮机出现振动大跳机时应首先查明是否由于燃气轮机本体原因跳机，如属于燃气轮机本体原因应进一步检查分析，在故障排除之前禁止带转或启动燃气轮机，避免事故扩大。

5.6.3.3.8 对已投产尚未进行甩负荷试验的机组，应及时安排进行甩负荷试验。调节系统经重大改造的机组也应进行甩负荷试验。

5.6.3.4 燃气轮机停机

5.6.3.4.1 对燃气轮机正常停机，机组负荷应逐渐下降，各装置动作应正确。

5.6.3.4.2 燃气轮机停机过程应注意观察是否存在异常声音，并监视振动、轴承温度等参数，应监视机组解列至熄火的时间和对应转速是否正常，监视熄火后机组惰走情况是否正常。

5.6.3.4.3 转速惰走到零后应投入盘车运行，连续盘车直到燃气轮机的最高轮间温度达到规定值以下。盘车的同时应保持润滑油系统运行正常，防止轴承金属温度超过轴瓦合金的承受范围。

5.6.3.4.4 盘车时若发现转子偏心度大，或有清晰的金属摩擦声，应立即停止连续盘车，改为 180° 间断盘车。并应迅速查明原因并消除，待偏心度恢复正常后再投入连续盘车。盘车发生故障时应及时消除，并手动 180° 间断盘车，手动盘车至燃气轮机轮间温度符合要求后方能停止。

5.6.3.4.5 停机过程中，若厂用电中断（常用电源失去，备用电源合闸不成功），应立即检查直流油泵是否自动投运，确保润滑油压力正常。

5.6.3.4.6 燃气轮机停止运行、投盘车时，严禁随意开启罩壳各处大门和随意增开燃气轮机间通风（冷却）风机，以防止因温差大引起缸体收缩而刮缸。在发生严重刮缸（动、静部分卡涩）时，应立即停运盘车，采取闷缸措施 48h 后，尝试手动盘车，直至投入连续盘车。当措施无效时，机组应转入检修状态。

5.6.3.4.7 机组发生紧急停机时，应严格按照制造厂要求连续盘车若干小时以上，才允许重新启动点火，以防止冷热不均发生转子振动大或残余燃气引起爆燃而损坏部件。调峰机组应按制造厂要求控制两次启动间隔时间，防止出现通流部分刮缸等异常情况。

5.6.3.4.8 燃气轮机组因火灾保护紧急停机，在二氧化碳释放期间严禁人员进入机组燃气轮机间内，并严禁打开燃机间和扩压间仓门，运行人员应确认燃气轮机相关风机已停用，否则应强制停用风机。

5.6.3.4.9 发生以下情况之一，应立即打闸停机：

a） 运行参数超过保护值而保护拒动，如超速、振动、轴承温度等保护；

b） 机组内部有金属摩擦声或轴承端部有摩擦产生火花；

c） 压气机失速，发生喘振；

d） 机组冒出大量黑烟；

e） 燃料系统泄漏、起火；

f） 燃气轮机重要阀门（如IGV、天然气控制模块内各阀门、防喘放气阀等）故障失控。

5.6.3.4.10 燃气轮机组停机后，应根据停机时间的长短，按照制造厂的技术要求，采取相应的保养措施（如燃气轮机本体可采用干燥空气保养法）。

5.6.4 燃气轮机运行定期工作

5.6.4.1 为保证燃气轮机组运行的安全性和经济性，电厂应严格执行设备定期试验、定期切换工作制度；对于定期试验应详细记录试验时间、过程和结果，如果试验结果异常，应进行原因分析。

5.6.4.2 燃气轮机运行应进行的试验、切换、校验、检查等定期工作包括但不限于表1所列项目。

表1 运行定期工作列表

序号	定期工作名称	备　注
1	机组超速试验（调节系统静态试验）	（1）在机组安装或大修后初次启动、超速跳闸系统组件更换或检修后、停机1个月后再启动、机组进行甩负荷试验前，应进行机组离线超速试验； （2）燃气轮机组大修后应进行燃气轮机调节系统的静止试验或仿真试验，确认调节系统工作正常
2	甩负荷试验	对新投产的燃气轮机组或调节系统进行重大改造后的燃气轮机组应进行甩负荷试验。甩额定负荷时，调速系统应能维持机组在全速空载
3	电子跳闸装置试验	（1）机组启动前应完成电子跳闸装置离线试验，若电子跳闸装置或其他的跳闸系统部件动作迟缓或有故障，在问题得到处理前不应启动机组； （2）对连续运行的机组，应每周进行一次电子跳闸装置在线试验
4	危险气体检测与灭火保护系统试验	每周测试，每半年校验
5	低油压试验	（1）包括燃气轮机润滑油和液压油油压低连锁试验，燃气轮发电机密封油压低连锁试验； （2）润滑油辅助油泵及其自启动装置，应定期进行试验，保证处于良好的备用状态

表1（续）

序号	定期工作名称	备注
6	进口可转导叶、防喘放气阀、燃料关断阀和燃料调节阀和清吹阀活动试验，燃料关断阀和燃料调节阀严密性试验，燃料控制阀伺服阀定期检查试验	
7	天然气系统、冷却和密封空气系统、油系统的严密性检查	
8	油泵、水泵、风机等设备的试启、切换及过滤器、冷油器的定期切换	（1）包括但不限于：天然气调压站制氮机切换、天然气调压站屋顶风机试启、润滑油泵切换、直流润滑油泵试启、润滑油滤网切换、润滑油箱排烟风机切换、液压油泵切换、罩壳通风风机切换、燃料单元通风风机切换、燃气轮机发电机交流密封油泵切换、燃气轮机发电机直流密封油泵试启、燃气轮机发电机密封油箱排烟风机切换、燃气轮机直流充电器电源切换、轴承冷却风机切换。 （2）润滑油系统（如冷油器、辅助油泵、滤网等）进行切换操作时，应在指定人员的监护下按操作票顺序缓慢进行操作，操作中严密监视润滑油压的变化，严防切换操作过程中断油
9	燃料、润滑油、液压油定期取样化验	燃气轮机投产初期，燃气轮机本体和油系统检修后，以及燃气轮机组油质劣化时，应缩短化验周期
10	燃料调节阀、燃料流量计、注水系统流量计校验	
11	IGV 角度校验、VSV 角度校验	
12	热值分析仪、成分分析仪校验	
13	厂内各天然气气滤液位检查	
14	压气机在线清洗	根据脏污程度，对压气机进行在线清洗。根据当地空气质量和燃气轮机运行状态确定清洗周期，水洗时环境温度不得低于 8℃
15	压气机入口滤网反吹	根据滤网差压确定周期
16	过滤器的检查更换	包括但不限于：定期对压气机进气系统气滤反吹、检查及更换；调压站、燃气模块过滤器检查、更换；润滑油、液压油系统滤芯更换
17	定期排污或清扫工作	包括但不限于：机组冷却系统过滤器、通风系统入口滤网、燃料系统的气（油）水分离器、控制气滤网等
18	旋转设备振动测试	如燃气轮机本体、增压机、润滑油泵、液压油泵、润滑油箱排烟风机、罩壳通风风机、燃料单元通风风机、燃气轮发电机密封油泵、密封油箱排烟风机等
注：定期工作项目周期应按照制造厂规定并结合机组实际运行情况确定		

5.6.4.3 对重要运行参数的定期分析是判断机组性能和状态的有效方法，也是判断机组能否

按预定周期进行计划检修的关键。电厂应建立燃气轮机组重要运行参数历史数据台账，并定期统计和分析。燃气轮机运行参数分析应以新机组投产后或大修后的机组首次启动运行数据为参考基准进行，通过对运行数据的分析比较，判断机组是否存在异常状况。基准数据应包括机组正常启动参数及稳态运行参数。运行分析的主要数据及事件如表 2 所示。其中一些数据可绘制成曲线，如启动参数（转速、排气温度、振动）随时间的变化曲线，排气温度随负荷的变化曲线，振动随负荷的变化曲线等。

表 2　定期统计分析的重要运行参数及事件列表

序号	分类	项 目 名 称
1	性能	启动次数
2		运行小时数
3		透平转速
4		负荷
5		IGV 开度
6		过滤器（空气、燃气、润滑油）压差
7		大气压力、大气湿度
8		压气机进口压力
9		压气机进口温度
10		压气机排气压力
11		压气机排气温度
12		燃烧脉动参数，如加速度、humming 值
13		透平进气压力
14		透平排气压力
15		透平排气温度（分散度）
16		透平轮间温度
17		水/蒸汽注入量
18		燃料热值
19		燃料成分
20		燃料流量
21		燃料压力
22	机械	振动数据
23		润滑油压
24		润滑油温
25		轴承回油温度
26		油箱油位

表 2（续）

序号	分类	项 目 名 称
27	机械	冷却空气流量
28		冷却空气压力
29		冷却空气温度
30		冷却空气控制阀位置
31		冷却水压力
32		冷却水温度
33		加速时间
34		停机时间
35	排放成分	氮氧化物
36		一氧化碳
37		VOC
38		氧气
39		二氧化硫
40		粉尘
41	运行事件记录	开机事件记录
42		报警时间及原因
43		跳闸到空负荷时间及原因
44		跳闸关断燃料时间及原因
45		停机事件记录

5.6.5 燃气轮机运行节能监督

应对反映机组经济性的主要参数和指标进行监督，定期分析各项指标对经济性的影响和原因，并制定针对性的解决措施。可采取的运行优化措施有：

a） 应根据机组并网时间合理安排各系统的启动时间，使启动过程相对紧凑，做到燃气轮机定速后及时并网，缩短空转时间。

b） 对于联合循环机组，启动时应及时进行化学监督，保证低负荷时蒸汽、水质合格，避免高负荷时的热量浪费。

c） 应积极争取气量、电量，在燃料充足的条件下尽量保持燃气轮机组高负荷连续运行。

d） 应根据机组设备特性、机组负荷、环境因素等优化燃气轮机及其辅助系统的运行方式，在满足负荷需求和调峰需要的前提下，合理分配机组气、电负荷，尽量避免机组频繁启停和深度调峰。对于长时间带低负荷的“二拖一”联合循环机组，可申请停运一台燃气轮机，实现“一拖一”高负荷运行；对于双联机组，如长期单机运行应脱开一台燃气轮机。

e） 对于设置天然气加热系统的机组应保证其正常投运，以提高天然气温度。

f）根据燃气轮机运行情况，定期、在运行一定小时后、基本负荷情况下功率下降到规定程度或孔探检查发现压气机叶片较脏后，应及时安排压气机水洗以提高压气机效率和机组带负荷能力。水洗后应对功率等参数变化进行比较，评估水洗效果。

g）应通过监视压气机入口滤网差压变化，及时对滤网反吹；滤网差压增大且通过反吹或清理无法使滤网差压变小时，应及时更换滤网，应选用质量较好的滤网。

h）应经常检查放气阀工作情况，避免放气阀在运行中非正常打开或关不严。

i）应经常检查 IGV/VSV 开度情况，确保在最佳状态运行。

j）应开展燃气轮机及其辅助系统的“跑、冒、滴、漏”检查和治理。

k）机组停运后，应及时停止相应的辅机设备，或调整辅机的运行方式，以降低厂用电率。

l）对调峰机组，应做好机组停运后的保温、保压措施。

5.7 燃气轮机检修、维护及技术改造监督

5.7.1 检修维护及技术改造监督内容及依据

5.7.1.1 技术监督人员应对有关燃气轮机设备及系统检修、维护及技术改造的工作进行监督。

5.7.1.2 燃气轮机检修、维护及技术改造监督应依据制造厂技术资料、GB/T 14099.9—2006、DL/T 838、DL/T 1214—2013、《华能电力检修标准化管理实施导则（试行）》的要求进行。

5.7.2 检修监督

5.7.2.1 一般要求

5.7.2.1.1 电厂应按照制造厂提供的技术文件、同类型机组的检修经验及设备状态评估结果，合理安排燃气轮机设备检修和确定检修等级。

5.7.2.1.2 燃气轮机设备检修应在定期检修的基础上，逐步扩大状态检修的比例，最终形成一套融定期检修、状态检修、改进性检修和故障检修为一体的优化检修模式。

5.7.2.1.3 燃气轮机设备的检修应采用 PDCA（计划、实施、检查、总结）循环的方法，从检修准备开始，制定各项计划和具体措施，做好施工、验收和修后评估工作。

5.7.2.1.4 燃气轮机设备检修人员应熟悉燃气轮机设备及系统的构造、性能和原理，熟悉设备的检修工艺、工序、调试方法和质量标准，熟悉安全工作规程。

5.7.2.1.5 燃气轮机设备检修施工宜采用先进工艺和新技术、新方法，推广应用新材料、新工具，提高工作效率，缩短检修工期。

5.7.2.1.6 检修工作前，应将检修的设备、管道与运行中的燃气管道可靠隔离（关闭相应隔绝阀门，必要时拆除一段连接管并加堵板），燃气管道及系统应进行惰性气体置换至合格，并用仪器检测可燃气体浓度。相应隔离电动阀门停电、气动阀门停气，悬挂“禁止操作　有人工作”警示牌并上锁。检修开工前，应用仪器或肥皂水检查隔离严密性，严禁对燃气（油）设备及管道采用明火检验可燃气体浓度。工作负责人和工作许可人应共同到现场确认被检修设备与运行系统可靠隔离，相应措施齐全后，方可允许开工。工作时应设专人监护。

5.7.2.1.7 检修期间，应经常监视燃气隔绝点后燃气浓度以及（燃油）压力。工作间断，开工前应再次测量燃气浓度，符合要求方可工作。动火过程中应至少每 4h 检测一次燃气浓度，确认其在合格范围内。

5.7.2.2 检修前的准备

5.7.2.2.1 检修间隔和等级的确定

5.7.2.2.1.1 燃气轮机的检修间隔、检修等级和停用时间原则上应按制造厂规定执行，一般以

等效运行时间作为确定检修间隔及等级的依据。燃气轮机的检修一般可分为大修（整机检查，major inspection）、中修（热通道检查，hot gas path inspection）、小修（燃烧系统检查，combustion inspection）三个等级。表 3 列出了三大主力 F 级燃气轮机机型的基本检修间隔。

表 3　三大主力 F 级燃气轮机基本检修间隔

检修等级	项　目	GE PG9351FA	MHI M701F4	Siemens V94.3A
小修（燃烧室检查）	检修间隔（等效运行小时数/启停次数）	8000/450	12 000/300	8000/-
	检修时间天	12	14	3～5
中修（热通道检查）	检修间隔（等效运行小时数/启停次数）	24 000/900	24 000/600	25 000/500
	检修时间天	30	16	25
大修（整机检查）	检修间隔（等效运行小时数/启停次数）	48 000/2400	48 000/1800	50 000/-
	检修时间天	45	35	37
注 1：GE 机组为实际运行小时。 注 2：比照运行小时与启停次数，以先到者为准				

5.7.2.2.1.2　燃气轮机检修间隔和检修计划的制定应考虑燃料特性、启停次数、运行方式、环境条件、燃气轮机设计特点等多种因素的影响。对于调峰机组的检修间隔应充分考虑热机械疲劳产生的蠕变、氧化和腐蚀情况。

5.7.2.2.1.3　制定检修计划和确定检修间隔时，还应在机组停机时利用孔探仪对机组的实际运行状况进行检查，综合考虑孔探仪检查的结果和机组在实际运行过程中发现的问题来确定具体的检修日期和检修范围，以确保机组运行的安全可靠并降低检修费用。

5.7.2.2.2　检修范围和内容的确定

5.7.2.2.2.1　燃气轮机检修的范围和内容应依据制造厂技术文件确定，9FA 燃气轮机组的检修可参照 DL/T 1214—2013 执行。

5.7.2.2.2.2　在燃气轮机小修中，应通过人孔门检查压气机入口、燃烧室、排气扩散器出口等关键区域，重点检查进口可转导叶、压气机第一级动叶、压气机第一级静叶、压气机末级动叶、压气机末级静叶、燃烧室隔热瓦、燃料喷嘴、燃烧器联焰管、点火器、火焰筒、过渡段、火焰探测器、透平第一级静叶、透平第一级动叶、透平末级动叶等部件，应对所有部件的损耗情况进行记录、拍照，并对损耗部件评估，确定更换、修复范围。

5.7.2.2.2.3　在燃气轮机中修中，应对热通道部件进行检查，包括从燃料喷嘴开始到透平末级动叶为止的所有零部件。除包括小修的检查范围外，主要对透平动叶、静叶、分隔环进行检查、清理、更换，同时更换叶片与叶片之间的密封片。

5.7.2.2.2.4　在燃气轮机大修中，应对从压气机的进气室开始到透平排气部分为止的所有内部转动和静止部件进行检查。除中修所需进行的工作外，还应对整个压气机的动叶、静叶进行检查、清理，前几级叶片重新进行涂层，并更换静叶环间的密封件。如有需要，可现场拆卸转子，对所有的转子轮盘进行探伤。具体的，大修项目包括但不限于：

a） 所有转子部件，包括压气机和透平叶片；

b） 压气机和透平轮盘；

c） 轴承；

d） 包括在燃烧系统检查部分中的所有部件；

e） 包括在热通道检查部分中的所有部件；

f） 检查相关的辅助设备、控制和仪表系统。

5.7.2.2.2.5 为防止燃气轮机轴系断裂及损坏事故，新机组投产前和机组大修后，应重点检查：

a） 轮盘拉杆螺栓紧固情况、轮盘之间错位、通流间隙、转子及各级叶片的冷却风道；

b） 平衡块固定螺栓、风扇叶固定螺栓、定子铁芯支架螺栓，并应有完善的防松措施。绘制平衡块分布图；

c） 各联轴器轴孔、轴销及间隙配合满足要求，对轮螺栓外观及金属探伤检验，紧固防松措施完好；

d） 燃气轮机热通道内部紧固件与锁定片的装复工艺，防止因气流冲刷引起部件脱落进入喷嘴而损坏通道内的动静部件。

5.7.2.2.3 检修计划和技术资料的制定

5.7.2.2.3.1 应根据设备运行维护情况、技术监督数据和历次检修情况，对机组进行设备状态评估，并根据评估结果和年度检修计划要求，对检修项目进行确认和必要的调整。

5.7.2.2.3.2 应根据已确定的检修范围，编制燃气轮机组检修实施计划、检修进度网络图、检修现场定置管理图，确定检修外包与自干项目，明确作业时间与人员安排。在编制检修计划时应充分考虑和关注燃气轮机制造厂不断更新的技术通知函（TIL）。

5.7.2.2.3.3 检修计划的内容包括但不限于：检修等级、设备运行状态分析、本次检修范围及内容、标准项目、特殊项目及立项依据、主要技术措施、检修进度安排、工时和费用等。

5.7.2.2.3.4 应根据制造厂技术资料编写施工方案、检修工艺、检修文件包等，制定特殊项目的工艺方法、质量标准、技术措施、组织措施和安全措施，并根据质量要求和作业流程，设置 H 点和 W 点。

5.7.2.2.4 检修材料、备品备件的管理

5.7.2.2.4.1 应制订检修材料、备品备件管理制度，内容应包括计划编制、订货采购、运输、验收和保管、不符合项处理、记录与信息等要求。

5.7.2.2.4.2 应落实检修费用、检修材料和备品备件等，并做好检修材料和备品备件的采购、验收和保管工作。

5.7.2.2.4.3 在准备检修所用备件前，应根据燃气轮机制造厂所提供的检修资料查找出所需备件的代号。

5.7.2.2.4.4 应保证检修材料、备品备件齐全、充足，防止缺少检修材料、备品备件对检修进程的影响。

5.7.2.2.5 工器具准备

5.7.2.2.5.1 应检查落实检修用工机具、安全用具、起吊设施，并应试验合格。测试仪器、仪表应有有效的合格证和校验证书。

5.7.2.2.5.2 天然气系统检修应准备并使用防爆工具。

5.7.2.2.6 监理单位及检修施工单位的确定

5.7.2.2.6.1 应完成所有对外发包工程合同的签订工作。

5.7.2.2.6.2 对于投产运行时间较短、检修次数较少的电厂，宜外聘有资质、有能力的监理单位承担燃气轮机检修期间的监理工作。

5.7.2.2.6.3 监理单位应代表电厂全面负责检修前、检修过程中、检修后的质量管理。

5.7.2.2.6.4 施工单位（承包商）应具有相应的资质、业绩和完善的质量保证体系。

5.7.2.2.6.5 应明确对外发包项目的技术负责人和质量验收人，对项目实施全过程进行质量监督管理。特殊工种工作人员应持有有效的资格证书。

5.7.2.2.6.6 检修前应按规定办理好相关工作票和措施票，并做好检修技术、安全交底工作。承包方应严格按照检修文件包进行作业。

5.7.2.2.6.7 应加强对外发包工程的后评估，对承包方的工作业绩进行评价。

5.7.2.2.6.8 承包方检修人员在开工前应接受安全培训和相关规章制度培训，并经考试合格。

5.7.2.3 燃气轮机本体检修

5.7.2.3.1 燃气轮机设备的解体、检查、修理和复装应严格按照工艺要求、质量标准、技术措施进行，应进行过程控制，应有详尽的技术检验和技术记录。

5.7.2.3.2 检修质量监督管理宜实行质检点检查和三级验收相结合的方式。质检人员应按照检修文件包的规定，对H点、W点进行检查和签证。检修过程中发现的不符合项，应填写不符合项通知单，并按相应程序处理。所有项目的检修施工和质量验收应实行签字责任制和质量追溯制。

5.7.2.3.3 检修过程中应关注的重点包括：

a） 拆卸前的对中检查；
b） 螺栓的拆卸；
c） 拆下的螺栓和销子等零件的登记（编号）、保管；
d） 一次性零件的更换；
e） 压气机和透平动静间隙的测量；
f） 轴承的拆卸；
g） 燃料喷嘴的拆卸、检查、修理和复装；
h） 热通道部件的检查；
i） 压气机动、静叶片的检查；
j） 点火器和火焰探测器的检查和试验；
k） 压气机和透平通流部分的清洗；
l） 拆下管道两端口及未拆下管道开口端的封盖；
m） 机组的支承；
n） 异物管理。

5.7.2.3.4 解体拆卸应满足以下要求：

a） 检修人员到现场拆卸设备，应清点消耗性材料和零部件数量，检修完毕应检查工器具齐全，剩余消耗性材料和零部件数量与使用数量一致，拆下零部件已清点回收，禁止将工器具、消耗性材料、零部件及其他杂物遗留在设备内部。

b） 应按照检修文件包的规定拆卸需解体的设备，应做到工序、工艺正确，使用工具、仪器、材料正确。对需要解体的设备，应做好各部套之间的位置记号。

c） 拆卸的设备、零部件，应按检修现场定置管理图摆放，并封好与系统连接的管道开口部分。

d） 拆卸前应进行检修前数据测量、对中检查，并做好记录和分析。若对中检查结果与制造厂安装规程中的对中要求、机组安装时的原始对中记录或上一次检修后复装时的对中记录偏差较大，应认真查找和分析原因并采取有效的解决措施。

e） 联轴器拆卸时，应对法兰螺栓孔与连接螺栓一一做好对应记号，防止复装时因螺栓装错位置而产生不平衡离心力。

f） 应做好螺栓和销子等零部件的保护、分类放置并编号。

g） 轴承的拆卸应检查并记录各轴承座紧力、轴瓦顶隙、各气封和油封的间隙等数据。

h） 所有拆下的管道，其两端口都应用木板或多层厚布封盖，一些机组上未拆下但单边开口的管道开口端也应及时封盖，以免灰尘或外物进入。在复装打开封盖时，用压缩空气吹扫干净后再复装。

5.7.2.3.5 检查应符合以下要求：

a） 设备解体后，应及时测量各项技术数据，并对设备进行全面检查，查找设备缺陷。对于已掌握的设备缺陷应进行重点检查，分析原因。

b） 应按制造厂技术资料的要求进行压气机和透平动静间隙的测量，测量时应清除测点的积垢，并确保测点与技术资料规定的测量位置一致。

c） 在彻底清除热通道部件的积垢后，应仔细地对热通道各部件进行检查，必要时进行着色检查或探伤检查，查清各部件上的裂纹、烧蚀、烧融、腐蚀、外物击伤等损伤情况，根据各零部件的检查标准决定回用、现场修复后回用或更换新件，尤其是一级喷嘴、一级动叶、一级护环、火焰筒、联焰管等零部件。

d） 根据设备的检查情况及所测的技术数据，对照设备现状、历史数据、运行状况，对设备进行全面评估，并根据评估结果，及时调整检修项目、进度和费用。

e） 应要求施工单位或制造厂提供热通道部件的损伤评估报告和可修复性评估报告，根据各部件的损伤情况，分类选择性进行延寿和修复。必要时应将拆下的零部件送回制造厂或有资质单位进行检查和评估。

f） 燃气轮机组转子检查应符合以下要求：

1） 应建立转子技术台账，包括制造厂提供的转子原始缺陷和材料特性等原始资料，历次转子检修检查资料，燃气轮机主要运行数据、运行累计时间、主要运行方式、冷热态启停次数、启停过程中的负荷变化率、主要事故情况的原因和处理，有关转子金属监督技术资料。并应根据转子档案记录，定期对转子进行分析评估，把握其寿命状态。

2） 当累计启动次数或运行时间达到检修间隔时，整个转子应送至制造厂（或维护工厂）进行检修，对压气机和透平的所有转子部件进行全面分解检查。

3） 转子检修间隔周期的确定应按照制造厂技术文件执行。转子计划检修间隔应充分考虑燃气轮机启动时热应力的影响，燃气轮机快速启动和快速升负荷及甩负荷停机、甩负荷停机后立即重新启动均会缩短转子维修间隔。

4） 转子的检查应包括检查燕尾槽的磨损和裂纹情况，对于已达到或将要达到使用寿命的转子部件应进行更换。

5） 根据转子的检修程度和备件更换情况，应对后续检查的间隔期给出指导性建议。

5.7.2.3.6 修理和复装应满足以下要求：

a） 设备经过修理，符合工艺要求和质量标准，经验收合格后才可进行复装。复装时应做到不损坏设备、不装错零部件、不将杂物遗留在设备内。

b） 复装后应按制造厂技术要求对点火器和火焰探测器进行试验，试验合格后才可装机。

c） 检修期间应按要求对压气机和透平通流部分进行清洗及除垢，以保持压气机和透平通流部分的清洁。

d） 应按规定清洗进气过滤器室，并更换过滤元件。

e） 大修时应将油箱的润滑油彻底放净，并彻底清理油箱。

f） 燃气轮机热通道主要部件更换返修时，应对主要部件焊缝、受力部位进行无损探伤，检查返修质量，防止运行中发生裂纹断裂等异常事故。

5.7.2.4 燃气轮机辅助系统及设备检修

5.7.2.4.1 进气系统的检修应开展燃气轮机空气过滤器滤网清理和更换、进气道清扫、内部密封严密性检查、紧固件检查、防冰系统检查等工作。

5.7.2.4.2 燃气轮机冷却空气系统的检修应开展燃气轮机罩壳内、外冷却空气管道法兰螺栓紧固程度检查、空气冷却器内部焊口和紧固件检查等工作。

5.7.2.4.3 燃气轮机油系统的检修应开展油泵检修、冷油器清洗、漏油点消缺等工作。

5.7.2.4.4 天然气系统的检修应开展过滤器清理和更换、天然气泄漏点消缺、天然气排污系统检修、泄漏阀门检修、增压装置检修、天然气接地装置检修与测试等工作。

5.7.2.4.5 燃料控制系统检修应开展清吹阀、燃料调节阀、燃料关断阀的检查、校验、试验工作。

5.7.2.4.6 燃气轮机危险气体检测与灭火系统检修应开展二氧化碳储罐检查、系统管道和阀门检查、安全卸压阀检修、探测器检查与试验等工作。

5.7.2.5 检修后验收、试运行

5.7.2.5.1 分部试运行应在所有检修项目完成且质量合格、技术记录和有关资料齐全、有关设备异动报告和书面检修交底报告已交至运行部门、并向运行人员进行交底、检修现场清理完毕、安全设施恢复后，由运行人员主持进行。

5.7.2.5.2 冷（静）态验收应在分部试运行全部结束、试运情况良好后进行，重点对检修项目完成情况和质量状况以及分部试运行和检修技术资料进行核查，并进行现场检查。

5.7.2.5.3 整体试运行的内容包括各项冷（静）、热（动）态试验以及带负荷试验。在试运行期间，检修人员和运行人员应共同检查设备的技术状况和运行情况。

5.7.2.5.4 检修后应及时开展相关试验工作，如燃气轮机组功率及热效率试验、振动测试、重要保护（超速保护和熄火保护）动作情况，以评价检修效果。

5.7.2.5.5 在检修验收阶段，修复公司还应提供相关修复技术文件，具体可参见表 4 所列项目。

表 4　修复公司提供的技术文件

序号	修复部件	应提供技术报告
1	透平动叶	材料损伤和可修复性评估报告
		焊接接头性能试验报告
		高温防护涂层质量检验报告
		冷却孔流量测试报告
		调频动叶静频测量报告（如适用）
		修复评估报告
2	透平静叶及持环	材料理化性能检测报告（如适用）
		无损检测报告
		焊接接头性能试验报告
		高温防护涂层质量检验报告
		冷却孔流量测试报告
		静叶及持环装配尺寸和加工精度
		修复评估报告
3	燃气轮机转子	材料理化检验报告（如适用）
		无损检测报告
		焊接接头性能试验报告
		修复评估报告
4	轴承及轴承箱	无损检测报告
		焊接接头性能试验报告
		瓦套接触检查报告
		泄漏试验报告
		清洁度检查报告
5	燃烧室	尺寸、结合面间隙及无损检测报告
		点火器性能试验报告
		焊接接头性能试验报告
		热障涂层质量检测报告
		尺寸加工精度检测报告
		修复评估报告
6	压气机动叶	材料损伤检测报告
		焊接接头性能试验报告
		防腐涂层质量检验报告
		调频动叶静频测量报告
		修复评估报告

表4（续）

序号	修复部件	应提供技术报告
7	压气机静叶	材料损伤检测报告
		焊接接头性能试验报告
		防腐涂层质量检验报告
		静叶及环装配尺寸和加工精度
		修复评估报告

5.7.2.6 检修总结

5.7.2.6.1 燃气轮机检修完毕后，应及时对检修工作进行总结并作出技术经济评价（冷、热态）。检修总结（报告）应包括检修过程简述、检修过程中发现的问题及处理情况、遗留问题、对机组运行的建议、更换的主要零部件列表、各类检查记录表及附图。

5.7.2.6.2 检修结束后应及时对燃气轮机设备台账进行动态维护和更新。燃气轮机设备台账可参考附录C建立。

5.7.2.6.3 设备或系统有更改变动，应及时对运行和检修规程进行修订。

5.7.2.6.4 应建立燃气轮机热通道部件返修使用记录台账。

5.7.2.6.5 应及时将燃气轮机检修技术记录、燃气轮机解体报告、燃气轮机检修报告、检修总结、试验报告、质检报告、设备异动报告、检修文件包、质量监督验收单等技术资料归档。

5.7.2.7 燃气轮机检修中节能监督

为确保通过检修，使得联合循环热力系统循环效率有所提高，在燃气轮机检修过程中应重点对以下环节或项目进行监督：

a） 气流通道上气封间隙调整；

b） 燃气轮机动、静叶片的修复、改造；

c） 燃气轮机动、静叶片的清洁处理；

d） 燃气轮机各缸体结合面的处理；

e） 燃气轮机气缸上各放气管与气缸的密封；

f） 压气机IGV、进气系统和排气系统的检查、清理；

g） 燃气轮机系统设备、管道及阀门的保温修复；

h） 大修前、后燃气轮机热力性能试验。

5.7.3 维护监督

5.7.3.1 制造厂应向电厂提供预防性维护计划（或大纲），应明确指出推荐的定期维护与检查项目，以及各项预防性维护工作的间隔时间、人员要求、零部件和材料需求、专用工具或设备的要求等。

5.7.3.2 制造厂应说明燃气轮机设备部件的寿命、涂层的寿命和不同类型检查、维护之间的间隔时间如何确定，以及它们如何受运行模式、燃料类型和水或水蒸气回注的影响。建议采用以下两种方法：

a） 根据机组的运行历史记录，对每一事件都分配等效运行小时数；

b） 燃气轮机可能的一系列运行模式都应有相关的检查时间表以及考虑不同的燃料和负

荷（基本、尖峰、备用尖峰等）的系数。

5.7.3.3 电厂应根据制造厂技术文件要求，制定设备定期维护工作表，明确责任人，按时完成定期维护工作。

5.7.3.4 燃气轮机设备及系统的定期维护项目包括但不限于：

a）应定期（至少每年一次）对燃气轮机进行孔探（内窥镜）检查，以在不拆除缸体的情况下监视内部部件的状况，孔探检查除应严格按照燃气轮机制造厂的要求开展，并应符合以下要求：

1）孔探检查计划的制定应考虑燃气轮机的运行环境以及随机提供的运行维护手册和技术信息通报所提供的信息。孔探仪检查周期的建议是以一般的机组运行模式为基础而制定的，可以根据运行经验、机组运行模式、燃料和上一次孔探检查结果对孔探检查间隔进行调整。

2）孔探检查应重点关注所有静止部件和转动部件，不应有非正常积垢、表面缺陷（如磨蚀、腐蚀或脱落）、部件移位、变形或外物击伤、材料部分缺失、击痕、凹陷、裂纹、摩擦、接触痕迹或其他非正常现象。

3）孔探检查的结果应详细记录，对于发现的问题应要求制造厂给予明确的指导性建议并实施。

b）应依据制造厂技术文件及运行状况定期对压气机进行清洗，压气机水洗的水质应符合设备规范的要求；

1）压气机离线水洗应注意：

（1）水洗洗涤剂及其流量应符合设备规范的要求。

（2）压气机离线水洗时燃气轮机应充分冷却，最高轮间温度不应超过规定值。

（3）应严格按照规定的程序连续进行，不应中途退出水洗；若因故中途停止的，应重新开始执行完整的水洗程序。

2）压气机自动在线水洗应注意：

（1）压气机在线水洗时，机组应运行在制造厂规定的负荷工况下；

（2）在线水洗一般不使用洗涤剂，其水质、水温应符合设备规范要求；

（3）在线水洗时，压气机进气温度应高于规定值。

c）应定期进行各系统过滤器清洁维护和滤芯更换，包括燃气模块滤网检查，调压站、前置模块过滤器更换滤芯，液压油系统滤芯更换，液压控制机构油滤芯更换；

d）燃气关断阀、燃气控制阀（包括压力和流量调节阀）、电液伺服阀动作状态检查，应动作迅速且无卡涩现象，严密性应合格；

e）应定期对天然气调压阀及其指挥器进行清理维护，每 4 年至少进行一次大修，每年进行一次积碳清理；

f）应定期（每周）开展天然气系统排污、查漏工作；

g）应定期（每月）进行油质取样、化验，及时进行在线/离线滤油，确保油质合格；

h）应定期进行燃气轮机系统支吊架的检查和维护；

i）应定期对燃气轮机设备的相关测量元件、仪表检查、标定、校验，确保测量可靠、准确；

j）宜建立燃气轮机及其辅助系统相关转动机械设备主要参数记录台账，定期（每天）

记录轴承振动、温度等重要参数，对异常情况及时分析和处理；

k） 应定期进行 IGV 全开、全关角度检查；

l） 应定期（每年）进行进气系统透光性检查、淋水试验、空气过滤室检查；

m） 应定期进行压气机、透平叶顶间隙检查；

n） 应定期进行液压油系统蓄能器压力检查，蓄能器压力不低于规定值；

o） 应定期进行燃烧器超声波清洗，清洗完后用内窥镜检查；

p） 应定期进行燃烧室隔热瓦、燃烧器涂层检查；

q） 应定期进行燃烧器旋流器焊缝检查（目测）；

r） 应定期进行透平叶片涂层检查（目测）；

s） 应定期进行燃气轮机轴承检查（着色探伤）；

t） 应定期（每年一次）开展危险气体泄漏与保护系统试喷试验。

5.7.4 技术改造监督

5.7.4.1 应根据燃气轮机设备实际运行情况和状态分析结果，对存在安全隐患或性能下降的设备或部件制定中长期技改规划和年度改造计划，以保障燃气轮机安全、经济运行。

5.7.4.2 对于可提高机组功率、机组效率、增强调峰能力、降低污染物排放、延长机组寿命等重大燃气轮机改造项目，应进行可行性研究，制定改造方案、施工措施，并进行改造前、后性能试验，评价改造效果。

5.8 燃气轮机振动监督

5.8.1 振动监督内容及依据

燃气轮机的振动监督应依据 GB/T 6075.4、GB/T 11348.4 及燃气轮机制造厂技术资料进行，监督设备主要是燃气轮机主机和重要的旋转辅机。

5.8.2 振动测量仪器的要求

5.8.2.1 用于燃气轮机振动的测量仪器系统应能测量宽频带振动，其频率范围应从 10Hz 到转轴最高旋转频率的 6 倍以上。

5.8.2.2 测量系统应有指示仪器的在线校准措施，应具有合适的数据输出接口，允许做进一步分析。用于进行故障诊断的仪器，需要有更宽的频率范围并有频谱分析功能，若要比较不同设备的测量结果，应确保仪器选用相同的频率范围。

5.8.2.3 用于振动测量的仪器在设计时应考虑温度、湿度、腐蚀性气体、轴表面速度、轴材料及表面粗糙度、传感器所接触的工作介质（如水、油、空气或蒸汽）、沿三个主轴方向上的振动和冲击、气动噪声、磁场、同传感器端部邻近的金属物质、电源电压波动及瞬变等对振动测量仪器的影响。

5.8.2.4 振动测量仪器在安装过程中应注意保证振动传感器安装正确，且不影响设备的振动响应特性。

5.8.2.5 转轴振动测量系统应定期校正。

5.8.3 振动测量位置的确定

5.8.3.1 在非旋转部件上测量和评价燃气轮机设备的机械振动时，测量位置选择应符合 GB/T 6075.1、GB/T 6075.4 的要求。选取的振动测量位置对于机械振动的动力响应要有足够的灵敏度，且不会过分地受外部因素的影响（如燃烧振动、齿轮啮合振动等），并能表示设备整体振动特性。一般应在每一轴承盖或支架上选择两个正交的径向测量位置，传感器宜安装在水平和垂直两个方向。

5.8.3.2　对于转轴径向振动的测量，测点应位于每个轴承处或靠近轴承处垂直旋转轴线的同一横向平面内，沿径向相互垂直地安装两个转轴振动传感器，对所有轴承传感器安装方法应尽可能相同。宜在每个轴承上半瓦垂直中心线两侧45°安装传感器，制造厂在新机结构设计时应为安装转轴振动传感器提供条件。在机组验收、新机调试或振动故障诊断时，可根据需要增加临时测点。

5.8.3.3　在连续运行监测期间，通常不在燃气轮机径向承载轴承上测量轴向振动，轴向振动测量主要用于振动监测或故障诊断。当在轴向止推轴承上进行轴向振动测量时，可按照径向振动评价准则进行振动烈度的评价。

5.8.4　运行限值的确定

5.8.4.1　设备振动量值的评价应符合GB/T 6075.4、GB/T 11348.4的要求，振动限值应由制造厂确定，常见F级燃气轮机振动限值参见附录D。

5.8.4.2　对于新建机组最初报警值可根据类似机组的经验或已认可的允许值来设定，在运行一段时间后，应建立稳态基线值并对报警值的设定作出调整。如果稳态基线值发生改变（例如设备大修后），报警值的设定也应做相应的修改。对于设备上不同的轴承，由于对动载荷和轴承支座刚度反应不同，报警值的设定也可以不同。

5.8.4.3　应明确机组启停过程和正常运行的轴、瓦振动限值标准。

5.8.5　其他

5.8.5.1　运行中，燃气轮机振动在线监测装置、保护应可靠投入；燃气轮机组正常运行瓦振、轴振应达到有关标准的优良范围，并注意监视其变化趋势。

5.8.5.2　对检修装配过程中与振动有关的质量标准、工艺过程等应进行监督，防止因检修工艺问题而产生异常振动。机组启动前应进行全面检查验收，应按照运行规程执行机组启动程序，防止因启动准备不充分而产生异常振动。

5.8.5.3　应测取机组启、停的各阶段临界转速及其振动值。

5.8.5.4　在机组振动出现异常时，应绘制机组异常振动的启停波特图，与机组典型启停波特图作对比，分析机组启停时的振动状况。测量和记录运行过程中设备振动和与振动有关的运行参数、设备状况，对异常振动及时进行分析处理。

5.8.5.5　应根据燃气轮机轴系结构特点建立振动监督台账，见表5。

表5　燃气轮机组振动监督台账（振动最大值）

燃气轮机组振动监督台账（振动最大值）									
项　目	轴瓦编号								优良值/报警值
	1号	2号	3号	4号	5号	6号	7号	8号	
一、正常运行期间									
*X*向轴振 μm									
*Y*向轴振 μm									

表5（续）

<table>
<tr><th colspan="11">燃气轮机组振动监督台账（振动最大值）</th></tr>
<tr><th colspan="2" rowspan="2">项　　目</th><th colspan="8">轴瓦编号</th><th rowspan="2">优良值/报警值</th></tr>
<tr><th>1号</th><th>2号</th><th>3号</th><th>4号</th><th>5号</th><th>6号</th><th>7号</th><th>8号</th></tr>
<tr><td colspan="2">轴向瓦振
mm/s</td><td></td><td></td><td></td><td></td><td></td><td></td><td></td><td></td><td></td></tr>
<tr><td colspan="2">垂直瓦振
mm/s</td><td></td><td></td><td></td><td></td><td></td><td></td><td></td><td></td><td></td></tr>
<tr><td colspan="2">水平瓦振
mm/s</td><td></td><td></td><td></td><td></td><td></td><td></td><td></td><td></td><td></td></tr>
<tr><td colspan="2">轴承温度最高值
℃</td><td></td><td></td><td></td><td></td><td></td><td></td><td></td><td></td><td></td></tr>
<tr><td colspan="2">转速
r/min</td><td colspan="9"></td></tr>
<tr><td colspan="2">负荷
MW</td><td colspan="9"></td></tr>
<tr><td colspan="2">时间</td><td colspan="9"></td></tr>
<tr><td colspan="11">二、机组启动期间</td></tr>
<tr><td rowspan="3">临界转速1
（　r/min）</td><td>X向轴振
μm</td><td></td><td></td><td></td><td></td><td></td><td></td><td></td><td></td><td></td></tr>
<tr><td>Y向轴振
μm</td><td></td><td></td><td></td><td></td><td></td><td></td><td></td><td></td><td></td></tr>
<tr><td>轴向瓦振
mm/s</td><td></td><td></td><td></td><td></td><td></td><td></td><td></td><td></td><td></td></tr>
<tr><td rowspan="2">临界转速1
（　r/min）</td><td>垂直瓦振
mm/s</td><td></td><td></td><td></td><td></td><td></td><td></td><td></td><td></td><td></td></tr>
<tr><td>水平瓦振
mm/s</td><td></td><td></td><td></td><td></td><td></td><td></td><td></td><td></td><td></td></tr>
<tr><td rowspan="5">临界转速2
（　r/min）</td><td>X向轴振
μm</td><td></td><td></td><td></td><td></td><td></td><td></td><td></td><td></td><td></td></tr>
<tr><td>Y向轴振
μm</td><td></td><td></td><td></td><td></td><td></td><td></td><td></td><td></td><td></td></tr>
<tr><td>轴向瓦振
mm/s</td><td></td><td></td><td></td><td></td><td></td><td></td><td></td><td></td><td></td></tr>
<tr><td>垂直瓦振
mm/s</td><td></td><td></td><td></td><td></td><td></td><td></td><td></td><td></td><td></td></tr>
<tr><td>水平瓦振
mm/s</td><td></td><td></td><td></td><td></td><td></td><td></td><td></td><td></td><td></td></tr>
</table>

表 5（续）

燃气轮机组振动监督台账（振动最大值）										
项　　目		轴瓦编号								优良值/报警值
		1 号	2 号	3 号	4 号	5 号	6 号	7 号	8 号	
临界转速 3 （　　r/min）	X 向轴振 μm									
	Y 向轴振 μm									
	轴向瓦振 mm/s									
	垂直瓦振 mm/s									
	水平瓦振 mm/s									
三、机组停机期间										
临界转速 1 （　　r/min）	X 向轴振 μm									
	Y 向轴振 μm									
	轴向瓦振 mm/s									
	垂直瓦振 mm/s									
	水平瓦振 mm/s									
临界转速 2 （　　r/min）	X 向轴振 μm									
	Y 向轴振 μm									
	轴向瓦振 mm/s									
临界转速 2 （　　r/min）	垂直瓦振 mm/s									
	水平瓦振 mm/s									
临界转速 3 （　　r/min）	X 向轴振 μm									
	Y 向轴振 μm									
	轴向瓦振 mm/s									
	垂直瓦振 mm/s									
	水平瓦振 mm/s									

5.9 燃气轮机试验监督

5.9.1 试验监督内容及依据

5.9.1.1 技术监督人员应对有关燃气轮机设备及系统性能试验、调整试验工作进行监督。

5.9.1.2 燃气轮机试验监督应依据 GB/T 14100—2009、GB/T 18929、GB/T 28686—2012、DL/T 851、DL/T 1223、DL/T 1224 等标准及制造厂技术资料的要求进行。

5.9.1.3 应建立燃气轮机试验台账（档案），包括投产前的安装调试试验、性能考核试验、检修前后的性能试验、运行优化调整试验等。

5.9.2 燃气轮机性能（考核）试验监督

5.9.2.1 一般规定

5.9.2.1.1 燃气轮机的性能考核试验应委托有资质的试验单位开展。电厂应在工程设计阶段确定性能试验单位，并要求其参加设计联络会，对试验测点等提出要求和建议。

5.9.2.1.2 电厂和制造厂应充分考虑性能试验的测点要求，并在设计、制造、安装阶段完成各自范围内的性能试验测点工作，确保试验测点满足要求。

5.9.2.1.3 燃气轮机性能试验主要包括热力性能试验、振动试验、污染物排放性能试验和噪声试验，应执行 GB/T 28686—2012、GB/T 11348、GB/T 18345、GB 14098、ISO 10494 等标准。燃气轮机性能考核试验应按合同签订时约定的国际、国家、行业标准开展。

5.9.2.1.4 机组的考核期自试运总指挥宣布机组试运结束之时开始计算，时间为六个月，不应延期。涉网试验和性能试验合同单位应在考核期初期全面完成各项试验工作。

5.9.2.1.5 边界条件参数的具体测量位置应符合 GB/T 28686—2012、GB/T 14100—2009 等试验标准的规定。

5.9.2.1.6 计算热效率和热耗率时，不论采用何种燃料，均应按燃料的低热值计算。

5.9.2.2 试验准备

5.9.2.2.1 试验单位在试验前应编写试验大纲（方案），并由电厂组织讨论后批准执行。试验大纲应包括试验计划、试验准备、试验边界、试验所需测量参数等内容，具体应符合相应标准的要求。

5.9.2.2.2 试验所用仪器的选用应满足各试验测量参数最大允许不确定度的要求（可参考 GB/T 28686—2012 表 5），压力、温度、流量、燃料、电功率、转速、湿度等参数的测量应符合规定；试验前应对使用仪表（永久或临时安装）的精度进行校验，并提供校验报告（检定证书或校准报告）。

5.9.2.2.3 燃气轮机试验前应按制造厂规定进行检查和清洁，制造厂代表应按自己的判断确定被试机组是否处于新的、清洁的状态。试验前各方应就全新清洁机组的定义及相应性能衰减的修正方法达成一致。

5.9.2.2.4 功率、热耗率、排气流量或能量、排气温度等试验结果的计算应考虑进行修正，修正项目主要包括大气温度、大气压力、大气湿度、燃料组分、燃料温度、注入流体流量、注入流体焓、注入流体组分、排气压力损失、轴转速、燃气轮机抽气、入口压力损失、性能衰减等。试验前试验各方应就修正项目及修正计算的方法达成一致。试验单位应对设备供货商提供的性能修正曲线的合理性进行检查。

5.9.2.3 试验过程

5.9.2.3.1 应尽可能使试验工况接近标准参考条件或合同规定的条件。在整个试验过程中所用的燃料，应是保证条款规定的燃料，或是在性质上基本接近保证条款规定的燃料，否则合同双方应就试验所用的燃料和试验结果的解释事先达成协议。

5.9.2.3.2 在采用双燃料系统的装置中，热效率试验可以仅用一种燃料进行，但应经合同双方达成协议。

5.9.2.3.3 试验观测记录应使用指定的表格，成为原始记录。试验各方应各拥有一套完整的未经修正的原始仪表读数记录和记录图表。

5.9.2.3.4 功率、热耗率、振动测量、余热回收的评定和噪声级的测定等试验应在稳态条件下进行。燃气轮机试验过程中重要运行参数最大允许变化不应超出 GB/T 14100—2009 表 1 和 GB/T 28686—2012 表 4 的规定。

5.9.2.3.5 试验的次数和持续时间应遵循试验标准的规定，以获得可靠的参数平均值并减少试验不确定度。

5.9.2.4 试验结果和报告

5.9.2.4.1 对合同保证值与试验结果的定义、试验结果与保证值的比较，应根据订货合同相关条款的规定进行；也可根据燃气轮机类型和保证值的形式，由参与试验各方在试验前确定。

5.9.2.4.2 试验报告的编写应符合 GB/T 14100—2009 和 GB/T 28686—2012 的要求，性能试验报告应包括摘要、试验描述、计算和结果、试验设备和仪器、附录等内容。

5.9.2.4.3 若性能考核试验结果表明全部或部分性能不符合合同要求，性能试验单位应会同电厂、设计、制造、施工和监理单位一起分析原因。如属设备制造原因的，应要求制造商提出整改方案进行整改，必要时电厂可向设备制造商提出索赔。

5.9.3 燃气轮机调整试验监督

5.9.3.1 在以下情况下应委托具有相应资质（或经验）的专业机构（目前一般为制造厂）开展燃气轮机燃烧调整试验，以保证燃烧稳定和经济运行：

a） 燃气轮发电机组从首次点火到满负荷运行的各个阶段都应进行燃烧调整以确定不同工况下燃气轮机的控制参数；
b） 燃气轮机所用燃料成分及特性（如燃料组分、热值、沃泊指数等）变化超出制造厂规定值；
c） 运行中发生燃烧工况不稳定、温度场不均匀、燃烧方式切换不正常、排气温度分散度偏大等异常情况；
d） 环境条件变化时，如环境温度变化（换季）时；
e） 燃气轮机小修、中修、大修后；
f） 增加或者拆除影响燃烧系统运行状态的硬件。

5.9.3.2 调整试验单位应编制试验计划和方案，并上报有关电力调度部门及天然气管理部门，以保证负荷和燃料达到试验要求。

5.9.3.3 燃烧调整试验应同时保证燃气轮机燃烧安全稳定且污染物排放满足国家排放标准。

5.9.3.4 燃烧调整试验结束后，试验单位应及时提供燃烧调整试验报告，并对运行操作和控制提出建议。

5.10 防火、防爆监督

5.10.1 系统设计、基建阶段

5.10.1.1 总的要求

5.10.1.1.1 电厂燃料系统及燃气轮机本体的防火、防爆设施应与主体工程同时设计、同时施工、同时验收投产。天然气区域投入生产前应经当地消防部门验收合格。

5.10.1.1.2 燃料系统、燃气轮机的设计及其布置应符合 GB 50183、GB 50229、DL/T 5174 的要求。

5.10.1.1.3 应编制燃气轮发电机组区域火灾危险性评价和分析报告，报告应包括但不限于以下内容：

a） 机岛内可燃物特性，火灾和爆炸危险性分析评价；

b） 燃气轮机内部火灾预防；

c） 燃气轮机组对厂房的防火要求（包括建筑材料耐火极限、通风、设备布置等）；

d） 燃气轮机厂房与附近的建（构）筑物的防火间距要求；

e） 厂房内电气设备的防火防爆要求；

f） 燃气轮机组的消防保护和探测报警系统的设置。

5.10.1.2 燃气轮机设备及系统设计要求

5.10.1.2.1 燃气轮机的燃料供应系统应与灭火保护系统连锁，灭火保护系统动作时应能自动切断燃料供给。

5.10.1.2.2 进出天然气调压站的天然气管道应设置紧急切断阀和手动关断阀，两个阀门之间应配置自动放散阀。在事故状况下应易于接近和操作。燃气系统应设置防爆型安全阀，并满足 GB 50183 的相关要求。紧急放散阀在失电、失气时应能自动开启；紧急切断阀失电、失气时应能自动关闭。

5.10.1.2.3 燃气轮机供燃油管道应串联两只关断阀，并应在两阀之间采取泄放过剩压力的措施。

5.10.1.2.4 当燃气轮机发生熄火时，燃气轮机入口燃料快速关断阀宜在 1s 内关闭。

5.10.1.2.5 燃气爆炸危险区域应安装、使用可燃气体检测报警器。室内天然气调压站、燃气轮机与联合循环发电机组厂房内应设置可燃气体泄漏报警装置，其报警信号应引至集中火灾报警控制器；燃气轮机燃烧室应安装火焰探测器，若火焰熄灭应迅速切断燃料。

5.10.1.2.6 对于与天然气系统相邻的，自身不含天然气运行设备，但可通过地下排污管道等通道相连通的封闭区域，也应装设天然气泄漏探测器。

5.10.1.2.7 燃气爆炸危险区域内的设施均应采用防爆型产品，其选型、安装和电气线路的布置应按 GB 50058 执行。

5.10.1.2.8 天然气调压站等易散发可燃气体的生产设备，宜为露天布置或棚式建筑内布置，地面应选用不发火材料。如为棚式建筑内布置，其顶棚设计应采取防止可燃气体积聚的措施。

5.10.1.2.9 厂内燃气调压站、燃气前置模块区域应设置不低于 2m 的围墙或非燃烧材料栅栏，燃料模块等区域应张贴“重点防火区域”、“严禁烟火”等明显的警示牌，入口处应设置存放火种箱和静电释放装置。

5.10.1.2.10 若厂内设置有惰性气体置换系统，为保证正常运行中惰性气体置换系统与天然气系统的有效隔离，惰性气体置换系统管道上应加装双重隔离阀门，并在合适位置加装止回阀，防止隔离阀未关严导致天然气进入惰性气体置换系统。

5.10.1.2.11 燃气区域应采取防止静电荷产生和聚集的措施并设有可靠的防静电接地装置。燃气设备设施接地线和电气设备、热控仪器仪表接地线应分别装设，燃气管道应有明显的接地点。

5.10.1.2.12　天然气区域的设施应设有可靠的防雷装置。

5.10.1.2.13　连接管道的法兰连接处，应设金属跨接线（绝缘管道除外），当法兰采用 5 副以上的螺栓连接时，法兰可不用金属线跨接，但应构成电气通路；连接法兰的所有螺栓应对称、均匀坚固，保证法兰平行。热力管道宜布置在燃气管道的上方。天然气管道入地及出地部分应设置绝缘接头。

5.10.1.2.14　厂外燃气管道沿线应设置里程桩、转角桩、标志桩和测试桩。输气管道采用地上敷设时，应在人员活动较多和易遭车辆、外来物撞击的地段采取保护措施，并设置明显的警示标志。厂内燃气输气管道宜采用架空布置或管道直埋，不宜采用地沟敷设。架空管道下路口应设置限高警示和限高栏。

5.10.1.2.15　燃气（含合成气）系统应设置排放管、放空管。除露天布置外，所有的天然气排放管、放空管均应接至放散母管，集中排放至安全区域，不得就地排放。放散竖管排放速度不宜超过 20m/s，以 5min～10min 之内排空管道内存气来确定放散管直径。放散管出口应设阻火器（带消声功能），高度应符合 GB 50183 的相关要求，并有防止雨雪侵入和外来异物堵塞的措施。放散管应采用金属材料，不得使用塑料管或橡皮管，应采用防静电接地，设置在避雷保护装置范围内。

5.10.1.2.16　燃气系统置换应满足以下要求：

a）天然气系统安装完毕首次投运前或大修后应在强度试验、严密性试验、吹扫清管、干燥合格后进行置换，相关仪器仪表也同时参与置换，保证无死角和遗漏；

b）天然气系统的气体置换应按惰性气体置换系统内的空气，天然气置换系统内的惰性气体的顺序进行。应采用氮气或其他无腐蚀、无毒害的惰性气体作为置换介质对燃气系统内的空气进行置换（温度不宜低于 5℃），较大管线可先用氮气置换管内空气，再用天然气置换管内氮气；

c）燃气系统置换、充压、泄压应缓慢操作，过程中管道内气流速度不大于 5m/s，禁止剧烈地排送，以防因摩擦导致自燃或爆炸。当用惰性气体（如氮气）置换空气时，置换管道末端放散管口气体中含氧量不大于 1%时，置换合格；置换合格后，宜维持系统内氮气压力 0.15MPa～0.3MPa，实施系统维护。天然气置换惰性气体应持续，直至天然气纯度符合设计要求，设计无要求时，天然气纯度应达到 99%以上；

d）置换结束后，应确认置换系统与燃气系统可靠隔离、拆除，以防燃气窜入置换系统引起事故；

e）天然气置换惰性气体过程中，应做好安全措施，并具有可靠地检测可燃气体泄漏的手段；安装有天然气设备的建筑物内，应经常检查通风系统是否运行良好。

5.10.1.2.17　新安装的燃气管道应在 24h 之内检查一次，并应在通气后的第一周进行一次复查，确保管道系统燃气输送稳定安全可靠。所有天然气管道焊口应进行 100%探伤检验，应每年对所有法兰进行一次检漏试验。

5.10.1.3　危险气体、火灾检测与保护系统设计要求

5.10.1.3.1　电厂的消防给水系统、固定灭火设施及火灾自动报警系统设计应符合 GB 50229 的要求。应对可能发生的燃料、润滑油和电气设备起火的区域设置危险气体、火灾检测与保护系统，该系统应能满足火警探测、灭火保护、防止火焰复燃的要求。

5.10.1.3.2　燃气轮发电机组及其辅助系统的灭火及火灾自动报警系统宜随主机设备成套供货，其火灾报警控制器可布置在燃气轮机控制间并应将火灾报警信号上传至集中报警控制器。

5.10.1.3.3　燃气轮发电机组（包括燃气轮机罩壳、燃料单元和控制间）宜采用全淹没气体灭火系统（如二氧化碳），保护系统应配备下列设备：安装在罩壳各个隔间内的温度传感器（燃烧产物检测器、光学探测器）、火警探测器、灭火剂高压气瓶、火火剂释放母管和释放喷嘴、关闭通风系统及通风口的自动机构等。全淹没气体灭火系统应在喷放灭火剂前使燃气轮机停机，关闭通风系统，并能使灭火气体浓度维持足够的时间。

5.10.1.3.4　可采用气体灭火设备作为防火系统的补充，如现场消防栓、消防皮带管和便携式灭火器。

5.10.1.3.5　应采用独立的消防给水系统，消防给水系统的设计压力应保证消防用水总量达到最大时，在任何建筑物内最不利点处水枪的充实水柱达到标准要求。

5.10.2　运行维护阶段

5.10.2.1　燃气系统区域应建立严格的防火防爆管理制度，同时应制定完善的防火、防爆应急救援预案（包括燃气泄漏、火灾与爆炸、人员窒息中毒等），并定期组织演练。

5.10.2.2　应做好燃气系统日常巡检、维护与检修工作，定期对燃气系统进行火灾、爆炸风险评估，对可能的危险及影响应制定和落实风险削减措施。

5.10.2.3　生产区与办公区应有明显的分界标志，易燃易爆场所应设有“严禁烟火”等醒目的防火标志。

5.10.2.4　燃气调压系统、燃料模块等燃气系统区域应按规定配备足够的消防器材，并按时检查和试验，禁止将消防设施、安全标志移作他用。

5.10.2.5　在燃气泄漏量达到测量爆炸下限的20%时，不允许启动燃气轮机。

5.10.2.6　点火失败后，重新点火前应进行充足时间的清吹，防止燃气轮机和余热锅炉烟道内的燃气浓度达到爆炸极限而产生爆燃事故。

5.10.2.7　应定期对燃气轮机点火系统检查维护，防止点火器、高压点火电缆等设备因老化损坏而引起点火失败。

5.10.2.8　应定期对燃气系统查漏。巡回检查路线应包括各种燃气主管线段和支线，巡查内容包括燃气区域内管道、阀门、过滤加热装置、仪器仪表、通风照明、消防系统等设备的运行状况，做好燃气系统参数（如压力、流量、液位、危险气体浓度）、设备状态监控和记录，发现异常及时处理。

5.10.2.9　应定期对燃气管道进行巡线检查，及时处理输气管道沿线的异常情况。

5.10.2.10　新安装或检修后的燃气管道或设备应进行系统打压试验，确保燃气系统的严密性。

5.10.2.11　停机后，禁止采用打开燃料阀直接向燃气轮机透平输送天然气的方法进行法兰找漏等试验检修工作。

5.10.2.12　应对危险气体、火灾检测与保护系统定期维护、校验，保证其在任何工况下都不能停用。燃气泄漏和火灾探测器应定期（每月）维护、清洁，每季度进行一次校验，并及时更换失效的探测器，确保测量可靠，防止发生因测量拒报而发生火灾。危险气体探测器一级报警值宜低于燃气爆炸下限的25%。

5.10.2.13　在检修时，应按规范要求严格仔细地检查初放排放阀和续放排放阀的功能，及时更换失效的初放和续放排放阀，使二氧化碳灭火系统始终处于功能正常的备用状态。

5.10.2.14 应定期开展在役地下管道防腐涂层的检查与维护，正常情况下高压、次高压管道（$0.4\text{MPa}<p\leqslant 4.0\text{MPa}$）应每 3 年一次；10 年以上的管道每 2 年一次。

5.10.2.15 燃气系统压力容器的使用、检验、检测和管理应符合《中华人民共和国特种设备安全法》的规定。

5.10.2.16 燃气系统中设置的安全阀应启闭灵敏，每年至少委托有资质的检验机构检验、校验一次。燃气系统压力容器上的压力表应列为强制计量校验表计，应按规定周期进行强检。

5.10.2.17 燃气设备及管道应有良好的防雷、防静电接地装置，并定期进行检查和检测（按规定每年雷雨季节前应对接地电阻进行测量、记录，防静电装置每年检测不得少于两次）。燃气管道禁止作为导体和接地线使用，防雷接地装置接地电阻不应大于 10Ω，仅作为防感应雷接地时，接地电阻不应大于 30Ω，每组专设的防静电装置的接地电阻不应大于 100Ω。

5.10.2.18 在天然气管道系统部分投入天然气运行的情况下，与充入天然气相邻的、以阀门相隔断的管道部分应充入氮气，且应进行常规的巡检查漏工作。在天然气管线和设备上进行检修工作（如更换阀门、垫，焊接支管等）前，应将压力泄掉，将检修的管段与其他管道/设备可靠隔绝（关闭阀门并加堵板），然后用惰性气体进行气体置换，置换后管线/设备内可燃气体含量应低于 20%爆炸极限下限。

5.10.2.19 严禁在运行中的燃气轮机周围进行燃气管系燃气排放与置换作业。严禁在未经置换的燃气管道、设备上进行焊接等动火作业；在燃气系统附近进行明火作业时，应严格执行动火工作票制度，应经批准、办理作业许可后才能进行；明火作业区域空气中的天然气含量应不超过 1%；明火作业期间，应按规定间隔时间做好动火区域危险气体含量检测，如周围有可燃气体排放，应立即中止作业。

5.10.2.20 应向进入危险爆炸区域的运行、检修人员配备便携式有害气体检测装置。

5.10.2.21 进入燃气系统区域（调压站、燃气轮机）前，应先消除静电（在入口处设置释放静电装置），应穿防静电工作服，严禁携带火种，禁止使用手机等非防爆通信工具和电子产品。对于进入燃气区域的外来参观人员不得穿易产生静电的服装（如化纤类服装）、带铁掌的鞋，不准带移动电话及其他易燃、易爆品进入调压站、燃料模块。燃气区域严禁照相、摄影。

5.10.2.22 在燃气易燃易爆区域内进行巡检和作业时，应使用防爆工具（如专用铜制工具、防爆型照明工具和对讲机等），并穿戴防静电服和不带铁掌的工鞋。紧急情况下，如需使用铁制工具时，应采取防止产生火花的措施，如涂黄油、加铜垫等。

5.10.2.23 机动车辆进入天然气系统区域，排气管应带阻火器。严禁未装设阻火器的汽车、摩托车、电瓶车等车辆在燃气轮机的警示范围和调压站内行驶。

5.10.2.24 天然气区域内不得使用汽油、轻质油、苯类溶剂。

5.10.2.25 天然气区域应做到无油污、无杂草、无易燃易爆物，生产设施做到不漏油、不漏气、不漏电、不漏火。

5.10.2.26 禁止将凝析液等甲、乙类液体排入地沟或下水道，应收集到储罐内集中处理。

6 监督管理要求

6.1 监督基础管理工作

6.1.1 应按照《华能电厂安全生产管理体系要求》中有关技术监督管理和本标准的要求，制定电厂燃气轮机监督管理标准，并根据国家法律、法规及国家、行业、集团公司标准、规范、规程、制度，结合电厂实际情况，编制燃气轮机监督相关/支持性文件；建立健全技术资料档案，以科学、规范的监督管理，保证燃气轮机主辅设备安全可靠运行。

6.1.2 电厂应编制并执行的燃气轮机监督相关/支持性文件，包括但不限于：

a） 燃气轮机监督实施细则（包括执行标准、工作要求）；
b） 燃气轮机运行规程（含措施）、检修规程、系统图；
c） 运行管理标准；
d） 运行交接班管理标准；
e） 设备定期试验与轮换管理标准；
f） 设备巡回检查管理标准；
g） 设备检修管理标准；
h） 设备缺陷管理标准；
i） 设备点检定修管理标准；
j） 设备评级管理标准；
k） 设备技术台账管理标准；
l） 设备异动管理标准；
m） 设备停用、退役管理标准。

6.1.3 技术资料档案。

6.1.3.1 设计和基建阶段技术资料，包括但不限于：

a） 燃气轮机及其辅助设备技术规范、说明书（设计、安装调试、运行维护）；
b） 燃气轮机整套设计和制造图纸、出厂试验报告；
c） 燃气轮机设备及系统设计文件及其变更文件；
d） 燃气轮机设备监造报告；
e） 燃气轮机设备及系统安装竣工图纸、安装验收记录；
f） 燃气轮机设备及系统调试报告、燃气轮机惰走曲线、整套启停运行记录、调节保护系统的整定与试验记录；
g） 燃气轮机投产验收报告。

6.1.3.2 设备清册及设备台账，包括但不限于：

a） 燃气轮机及其辅助设备清册；
b） 燃气轮机及其辅助设备台账。

6.1.3.3 试验报告和记录，包括但不限于：

a） 燃气轮机及其辅助设备性能考核试验报告；
b） 燃气轮机组检修前后性能试验报告；
c） 燃气轮机燃烧调整试验报告。
d） 燃气轮机组超速试验报告；

e） 燃气轮机组甩负荷、RB 试验报告；

f） 进口可转导叶、防喘放气阀、燃料关断阀、燃料调节阀、清吹阀活动试验报告或异常记录（活动试验固化在控制逻辑中时）；

g） 燃料关断阀、控制阀关闭时间试验、严密性试验报告；

h） 低油压（润滑油和液压油）试验报告；

i） 电子跳闸装置试验报告；

j） 危险气体检测与灭火保护系统试验报告。

6.1.3.4 运行报告和记录，包括但不限于：

a） 运行规程及系统图；

b） 月度运行分析和总结报告；

c） 设备定期轮换记录；

d） 定期试验执行情况记录；

e） 燃料调节阀、燃料流量计、注水系统流量计校验记录，IGV 角度、VSV 角度校验记录，热值分析仪、成分分析仪校验记录；

f） 燃气轮机振动监督台账、燃气轮机辅助转动设备定期测振记录；

g） 天然气系统、冷却和密封空气系统、油系统的严密性检查记录；

h） 厂内各天然气气滤液位检查记录；

i） 运行日志；

j） 交接班记录；

k） 启停机过程的记录分析和总结；

l） 培训记录；

m）燃气轮机专业反事故措施及执行（整改）情况记录；

n） 与燃气轮机监督有关的事故（异常）分析报告；

o） 待处理缺陷的措施和及时处理记录；

p） 燃料化验分析报告；

q） 润滑油、液压油分析化验报告。

6.1.3.5 检修维护报告和记录，包括但不限于：

a） 检修规程；

b） 检修计划、检修文件包；

c） 检修质量控制质检点的验收记录；

d） 检修记录、解体报告、检修报告；

e） 检修总结（检修后试验结果）；

f） 燃气轮机设备/部件修复技术文件；

g） 日常设备维护/修记录，含孔探检查记录、压气机清洗记录（含在线、离线）等。

6.1.3.6 缺陷闭环管理记录，包括但不限于：

a） 月度缺陷分析。

6.1.3.7 事故管理报告和记录，包括但不限于：

a） 燃气轮机主辅设备非计划停运、障碍、事故统计记录；

b） 燃气轮机主辅设备事故分析报告。

6.1.3.8 技术改造报告和记录，包括但不限于：

a) 可行性研究报告；

b) 技术方案和措施；

c) 技术图纸、资料、说明书；

d) 质量监督和验收报告；

e) 异动报告；

f) 完工总结报告和后评估报告。

6.1.3.9 监督管理文件，包括但不限于：

a) 燃气轮机监督三级管理体系文件，包括相关管理标准、厂级燃气轮机监督支持性文件，燃气轮机监督三级网络图，各级人员岗位职责、燃气轮机监督网络日常活动记录；

b) 燃气轮机监督相关标准规范，包括国家、行业最新颁布的与燃气轮机监督相关的标准规范（参考每年初集团公司公布的当年技术监督标准规范目录），集团公司颁发的与燃气轮机监督相关的有关办法、标准、导则；

c) 燃气轮机技术监督会议纪要和相关文件；

d) 工作计划，包括燃气轮机监督年度工作计划，主要技改项目计划及其可研报告，燃气轮机培训计划；

e) 工作总结，包括半年/年度燃气轮机监督工作总结，主要技改项目改造效果评价报告，机组检修总结，培训记录；

f) 燃气轮机技术监督报表，包括集团公司、地方政府、西安热工研究院有限公司（以下简称西安热工院）、电科院的月、季、年度报送报告（报送西安热工院的季报包括燃气轮机监督季报、速报）；

g) 技术监督检查资料，包括迎检资料及动态检查（评价）自查报告，历年集团技术监督动态检查（评价）报告及整改计划书，历年技术监督预警通知单和验收单，集团公司技术监督动态检查（评价）提出问题整改完成（闭环）情况报告；

h) 燃气轮机监督网络人员档案，燃气轮机监督专责人员上岗考试成绩和证书；

i) 与燃气轮机设备质量有关的技术通知函等工作来往文件。

6.2 日常管理内容和要求

6.2.1 健全监督网络与职责

6.2.1.1 电厂应建立健全由生产副厂长（或总工程师）领导下的燃气轮机技术监督三级管理网络体系。第一级为厂级，包括生产副厂长（或总工程师）领导下的燃气轮机监督专责人；第二级为部门级，包括运行部燃气轮机专工，检修部燃气轮机专工等；第三级为班组级，包括各专工领导的班组人员。在生产副厂长（或总工程师）领导下由燃气轮机监督专责人统筹安排，协调运行、检修等部门及化学、热工、金属、环保、电气等相关专业共同配合完成燃气轮机监督工作。燃气轮机监督三级网络严格执行岗位责任制。

6.2.1.2 按照集团公司《华能电厂安全生产管理体系要求》和《电力技术监督管理办法》编制电厂燃气轮机监督管理标准，做到分工、职责明确，责任到人。

6.2.1.3 电厂燃气轮机技术监督工作归口职能管理部门在电厂技术监督领导小组的领导下，负责燃气轮机技术监督的组织建设工作，建立健全技术监督网络，并设燃气轮机技术监督专责人，负责全厂燃气轮机技术监督日常工作的开展和监督管理。

6.2.1.4 电厂燃气轮机技术监督工作归口职能管理部门每年年初要根据人员变动情况及时对网络成员进行调整；按照人员培训和上岗资格管理办法的要求，定期对技术监督专责人和特殊技能岗位人员进行专业和技能培训，保证持证上岗。

6.2.2 确定监督标准符合性

6.2.2.1 燃气轮机监督标准应符合国家、行业及上级主管单位的有关标准、规范、规定和要求。

6.2.2.2 每年年初，燃气轮机技术监督专责人应根据新颁布的标准规范及设备异动情况，组织对燃气轮机主辅设备运行规程、检修规程等规程、制度的有效性、准确性进行评估，修订不符合项，经归口职能管理部门领导审核、生产主管领导审批后发布实施。国家标准、行业标准及上级单位监督规程、规定中涵盖的相关燃气轮机监督工作均应在电厂规程及规定中详细列写齐全。在燃气轮机主辅设备规划、设计、建设、更改过程中的燃气轮机监督要求等同采用每年发布的相关标准。

6.2.3 确定仪器仪表有效性

6.2.3.1 应配备必需的燃气轮机监督、检验设备、仪表。

6.2.3.2 应编制燃气轮机监督用仪器、仪表的操作维护规程，规范仪器仪表管理。

6.2.3.3 应建立燃气轮机监督用仪器仪表设备台账，根据检验、使用及更新情况进行补充完善。

6.2.3.4 应根据检定周期和项目，制定燃气轮机监督仪器仪表的年度检验计划，按规定进行检验、送检和量值传递，对检验合格的可继续使用，对检验不合格的作送修或报废处理，以保证仪器仪表的有效性。

6.2.4 监督档案管理

6.2.4.1 电厂应按照 6.1.3 规定的资料目录要求，建立健全燃气轮机技术监督档案、规程、制度和技术资料，确保技术监督原始档案和技术资料的完整性和连续性。

6.2.4.2 燃气轮机技术监督专责人应建立燃气轮机档案资料目录清册，根据监督组织机构的设置和设备的实际情况，明确档案资料的分级存放地点，并指定专人负责整理保管，及时更新。

6.2.5 制订监督工作计划

6.2.5.1 燃气轮机技术监督专责人每年 11 月 30 日前应组织制订下年度技术监督工作计划，报送产业公司、区域公司，同时抄送西安热工院。

6.2.5.2 电厂技术监督年度计划的制定依据至少应包括以下方面：

a） 国家、行业、地方有关电力生产方面的法规、政策、标准、规程和反事故措施要求；

b） 集团公司、产业公司、区域公司、电厂技术监督管理制度和年度技术监督动态管理要求；

c） 集团公司、产业公司、区域公司、电厂技术监督工作规划和年度生产目标；

d） 燃气轮机主、辅设备目前的运行状态；

e） 技术监督动态检查（评价）、预警、季报（月报）提出的问题；

f） 人员培训和监督用仪器设备的配备和更新要求；

g） 技术监督体系健全和完善化要求；

h） 收集的其他有关燃气轮机设备和系统设计选型、制造、安装、运行、检修、技术改造等方面的动态信息。

6.2.5.3 电厂技术监督工作计划应实现动态化，即每季度应制定燃气轮机技术监督工作计划。年度（季度）监督工作计划应包括以下主要内容：

a） 技术监督组织机构和网络完善；
b） 监督管理标准、技术标准规范制定、修订计划；
c） 人员培训计划（主要包括内部培训、外部培训取证，标准规范宣贯）；
d） 技术监督例行工作计划；
e） 检修期间应开展的技术监督项目计划；
f） 监督用仪器仪表检定计划；
g） 技术监督自我评价、动态检查（评价）和复查评估计划；
h） 技术监督预警、动态检查（评价）等监督问题整改计划；
i） 技术监督定期工作会议计划。

6.2.5.4 电厂应根据上级公司下发的年度技术监督工作计划，及时修订补充本单位年度技术监督工作计划，并发布实施。

6.2.5.5 燃气轮机监督专责人每季度应对监督年度计划执行和监督工作的开展情况进行检查评估，对不满足监督要求的问题，通过技术监督不符合项通知单下发到相关部门监督整改，并对相关部门进行考评。技术监督不符合项通知单编写格式见附录E。

6.2.6 监督报告管理

6.2.6.1 燃气轮机监督速报报送

电厂发生重大监督指标异常，受监控设备重大缺陷、故障和损坏事件，火灾事故等重大事件后24h内，燃气轮机技术监督专责人应将事件概况、原因分析、采取措施按照附录F的格式，填写速报并报送产业公司、区域公司和西安热工院。

6.2.6.2 燃气轮机监督季报报送

燃气轮机技术监督专责人应按照附录G的季报格式和要求，组织编写上季度燃气轮机技术监督季报，经电厂归口职能管理部门汇总后，于每季度首月5日前，将全厂技术监督季报报送产业公司、区域公司和西安热工院。

6.2.6.3 燃气轮机监督年度工作总结报送

6.2.6.3.1 燃气轮机技术监督专责人应于每年1月5日前编制完成上年度技术监督工作总结，并报送产业公司、区域公司和西安热工院。

6.2.6.3.2 年度监督工作总结报告主要包括以下内容：

a） 主要监督工作完成情况、亮点和经验与教训；
b） 设备一般事故、危急缺陷和严重缺陷统计分析；
c） 监督存在的主要问题和改进措施；
d） 下一步工作思路、计划、重点和改进措施。

6.2.7 监督例会管理

6.2.7.1 电厂每年至少召开两次厂级技术监督工作会议，会议由电厂技术监督领导小组组长主持，检查评估、总结、布置全厂燃气轮机技术监督工作，对技术监督中出现的问题提出处理意见和防范措施，形成会议纪要，按管理流程批准后发布实施。

6.2.7.2 燃气轮机专业每季度至少召开一次技术监督工作会议，会议由燃气轮机监督专责人主持并形成会议纪要。

6.2.7.3 例会主要内容应包括：

a）上次监督例会以来燃气轮机监督工作开展情况；

b）燃气轮机设备及系统的故障、缺陷分析及处理措施；

c）燃气轮机监督存在的主要问题以及解决措施/方案；

d）上次监督例会提出问题整改措施完成情况的评价；

e）技术监督标准、相关生产技术标准、规范和管理制度的编制修订情况；

f）技术监督工作计划发布及执行情况，监督计划的变更；

g）集团公司技术监督季报、监督通信，集团公司或产业公司、区域公司典型案例，新颁布的国家、行业标准规范，监督新技术的学习交流；

h）燃气轮机监督需要领导协调和其他部门配合和关注的事项；

i）至下次监督例会时间内的工作要点。

6.2.8 监督预警管理

6.2.8.1 燃气轮机监督三级预警项目见附录 H，电厂应将三级预警识别纳入日常管理和考核工作中。

6.2.8.2 对于上级监督单位签发的预警通知单（见附录 I），电厂应组织人员研究，制定整改计划，整改计划中应明确整改措施、责任部门、责任人和完成日期。

6.2.8.3 问题整改完成后，电厂应按照验收程序要求，向预警提出单位提出验收申请，经验收合格后，由验收单位填写预警验收单（见附录 J），并报送预警签发单位备案。

6.2.9 监督问题整改

6.2.9.1 整改问题的提出：

a）上级单位或技术监督服务单位在技术监督动态检查（评价）、预警中提出的整改问题；

b）《火电技术监督报告》中明确的集团公司或产业公司、区域公司的督办问题；

c）《火电技术监督报告》中明确的电厂需要关注及解决的问题；

d）电厂燃气轮机监督专责人每季度对各部门燃气轮机监督计划的执行情况进行检查，对不满足监督要求提出的整改问题。

6.2.9.2 问题整改管理：

a）电厂收到技术监督评价报告后，应组织有关人员会同西安热工院或技术监督服务单位，在两周内完成整改计划的制定和审核，整改计划编写格式见附录 K。并将整改计划报送集团公司、产业公司、区域公司，同时抄送西安热工院或技术监督服务单位。

b）整改计划应列入或补充列入年度监督工作计划，电厂按照整改计划落实整改工作，并将整改实施情况及时在技术监督季报中总结上报；

c）对整改完成的问题，电厂应保存问题整改相关的试验报告、现场图片、影像等技术资料，作为问题整改情况及实施效果评估的依据。

6.2.10 监督评价与考核

6.2.10.1 电厂应将《燃气轮机技术监督工作评价表》（见附录 L）中的各项要求纳入燃气轮

机监督日常管理工作中。

6.2.10.2 电厂应按《燃气轮机技术监督工作评价表》中的各项要求，编制完善燃气轮机技术监督管理制度和规定，完善各项燃气轮机监督的日常管理和检修维护记录，加强受监设备的运行、检修维护技术监督。

6.2.10.3 电厂应定期对技术监督工作开展情况组织自我评价，对不满足监督要求的不符合项以通知单的形式下发到相关部门进行整改，并对相关部门及责任人进行考核。

6.3 各阶段监督重点工作

6.3.1 设计与设备选型阶段

6.3.1.1 燃气轮机技术监督人员应参与燃气轮机设备及系统的可研、初设、设计优化、施工图设计、设备选型（采购）等工作。电厂应要求工程安装单位、调试单位、性能试验单位的相关人员及时参与设计与设备选型工作，并提出改进建议。

6.3.1.2 设备选型时应参加设备的招评标（包括招标文件、技术协议的审核等），根据相关规程规范、当前技术水平和实际条件合理选择，确保所选设备可靠、高效；应对技术协议中的燃气轮机保证性能指标、性能考核验收标准等条款重点审核。

6.3.1.3 应对设计单位、制造厂的设计方案、图纸等设计文件进行审核，重点对全厂设计方案、燃料供应设备及系统设计、燃气轮机及其设备选型提出技术监督意见和要求。

6.3.1.4 燃气轮机制造厂应对燃料供应及处理系统的设计方案进行审核，提出建议。

6.3.1.5 应对机组正常运行监视测量装置和性能试验测点的设计情况进行监督审核。

6.3.1.6 应对已运行燃气轮机的调试、运行状况进行调研，对运行中发现的问题进行统计分析，针对典型问题要求制造厂在设计阶段给予充分考虑并采取防范措施。

6.3.1.7 应对燃气轮机设备及系统的防火、防爆设计措施进行审核。

6.3.1.8 应及时向设计单位和制造厂索取燃气轮机设备及系统的相关设计资料。

6.3.2 制造阶段

6.3.2.1 应对监造合同中确定的燃气轮机设备的监造部件、见证项目及方式提出审核意见，并对监造单位的资质、人员及开展的监造工作（监造报告、总结）进行监督检查。

6.3.2.2 应采取查看监造和检验报告、现场见证等方式对燃气轮机重要部件（包括燃气轮机转子、压气机动叶片、透平动叶片、进气缸、压气机缸、燃压缸、透平缸、排气缸、燃烧室、轴承、透平缸高温螺栓和转子拉杆螺栓、压气机静叶片、透平静叶片等）进行质量见证监督，对发现的重大问题或重要检验/试验项目，应协助进行检测、分析，确定处理方案。如有不符或达不到标准要求的，应督促制造厂采取措施处理，直至满足要求，并提交不一致性报告。

6.3.3 安装阶段

6.3.3.1 燃气轮机设备到厂后，应参与设备验收，及时收集燃气轮机设备有关的技术资料。

6.3.3.2 应监督相关单位按相关标准和制造厂技术文件的要求做好燃气轮机设备安装前的现场保管工作。

6.3.3.3 应对安装单位、工程监理单位的资质、工作人员及工作质量进行监督。要求监理单位派遣工作经验丰富的监理工程师常驻施工现场，负责对安装工程全过程进行见证、检查、监督，以确保设备安装质量。

6.3.3.4 应审核安装单位编制的工作计划、进度网络图以及施工方案。

6.3.3.5 应制定安装阶段的监督计划，明确各重要节点的主要质量控制点，参与对燃气轮机组安装基础施工的验收，开展燃气轮机本体安装过程（就位、对中、二次灌浆）的监督，并对安装过程中的成品保护和重要测点安装质量进行监督。对安装阶段发现的不符合项或达不到标准要求项，应监督相关方整改。

6.3.3.6 应监督施工（安装）记录、施工验收报告（或记录）等技术资料及时归档。

6.3.4 调试阶段

6.3.4.1 应对调试单位及人员的资质进行审核，对燃气轮机专业调试组织机构的建立提出意见。

6.3.4.2 应审核调试单位编制的调试方案、技术措施、进度网络图、各系统措施交底记录以及分系统调试小结。

6.3.4.3 机组调试阶段，应根据制造厂运行维护说明书、有关技术规程、规范、标准和合同，对分部调试、整套启动调试过程中的所有试验、技术指标、主要质量控制点、重要记录进行监督和见证。关键节点主要包括燃料管道冲洗、油系统循环、投盘车、整套启动等。

6.3.4.4 应监督调试阶段重要试验的开展情况，并对结果进行评价，如燃料系统严密性试验、二氧化碳灭火保护系统试验、各控制系统静态整定与试验、机组打闸试验、机组超速试验、甩负荷试验、燃气轮机停机惰走时间测试、燃烧调整试验等。

6.3.4.5 应对防火、防爆设备及系统的调试结果进行监督。

6.3.4.6 应督促、监督调试单位按时移交燃气轮机试运记录、调试报告等技术资料。

6.3.5 性能验收试验阶段

6.3.5.1 审查性能试验方案（或试验大纲）是否满足相关标准要求。

6.3.5.2 应根据试验合同、验收试验技术规程和指标，对燃气轮机性能考核试验的过程进行监督，发现试验方法不正确、试验项目不全、试验条件不合理时，应要求立即整改。

6.3.5.3 应参与对性能试验结果的评价和分析。

6.3.5.4 应及时收集、保存性能试验方案、性能试验报告等资料。

6.3.6 运行阶段

6.3.6.1 应根据国家和行业有关技术标准、规程和制造厂技术文件，结合电厂实际，组织制定（并定期修订）本企业的《燃气轮机运行规程》和燃气轮机运行的反事故措施。

6.3.6.2 严格按相关运行规程及反事故措施的要求，监督运行、检修人员对燃气轮机主辅设备进行巡视检查和处理。发现异常时，应进行分析、评估，并及时予以消除，或按相关规定加强运行监视。

6.3.6.3 应监督燃气轮机保护和自动控制系统的投入情况。

6.3.6.4 应监督定期切换、试验等运行定期工作的开展情况。

6.3.6.5 应定期统计、分析燃气轮机组本体、辅助设备的主要运行参数，编制燃气轮机运行月度分析、开停机台账、经济性分析等文件，掌握设备运行状态的变化，对设备状况进行预控。必要时，应对重要技术监督指标进行测试。根据设备特点、机组负荷、环境因素等加强运行监测和数据分析，并优化燃气轮机及其辅助设备的运行方式。

6.3.6.6 组织或参与重大设备故障、事故的调查和原因分析，提出意见和反事故措施。

6.3.6.7 应做好机组正常启动、运行、停机过程中的振动监督工作，建立振动技术档案。

6.3.6.8 应监督燃气轮机设备技术档案、事故档案及试验档案，确保档案齐全、完善。

6.3.6.9 监督化验人员做好燃料、润滑油、液压油、水洗用水和注水用水等的定期取样化验工作。

6.3.6.10 应积极参加制造厂的技术培训和燃气轮机技术交流会，定期进行人员培训。

6.3.7 检修维护、技术改造阶段

6.3.7.1 应及时收集国内外相关燃气轮机新技术、新设备、新材料和新工艺的信息，掌握燃气轮机发展技术动态。

6.3.7.2 根据燃气轮机设备运行状况、技术监督数据和历次检修情况，对机组进行状态评估，并根据评估结果和年度检修计划要求，确定检修项目，制订符合实际的技术措施（检修文件包）、技术监督工作计划。

6.3.7.3 应监督日常消缺、定期维护项目的实施情况。

6.3.7.4 应参与技术改造项目的可行性研究、审查和后评价，并为改造方案的制定提出建议。

6.3.7.5 应实施检修、技术改造项目的质量监督，对发现的缺陷提出处理建议。

6.3.7.6 应监督检修施工各环节的质量控制，参加各关键见证点的验收。

6.3.7.7 应参与检修后各项试验，对检修效果进行评价。

6.3.7.8 检修结束后，应监督技术资料按要求归档、设备台账实现动态维护、规程及系统图和定值及时修订，并综合费用以及试运的情况进行综合评价分析。

7 监督评价与考核

7.1 评价内容

7.1.1 燃气轮机监督评价内容见附录 L。

7.1.2 燃气轮机监督评价内容分为技术监督管理、技术监督标准执行两部分，总分为 1000 分，其中监督管理评价部分包括 8 个大项 27 个小项共 400 分。监督标准执行部分包括 6 个大项 46 个小项共 600 分。每项检查评分时，如扣分超过本项应得分，则扣完为止。

7.2 评价标准

7.2.1 被评价的电厂按得分率高低分为四个级别，即：优秀、良好、合格、不符合。

7.2.2 得分率高于或等于 90%为“优秀”；80%～90%（不含 90%）为“良好”；70%～80%（不含 80%）为“合格”；低于 70%为“不符合”。

7.3 评价组织与考核

7.3.1 技术监督评价包括集团公司技术监督评价、属地电力技术监督服务单位技术监督评价、电厂技术监督自我评价。

7.3.2 集团公司定期组织西安热工院和公司内部专家，对电厂技术监督工作开展情况、设备状态进行评价，评价工作按照集团公司《电力技术监督管理办法》规定执行，分为现场评价和定期评价。

7.3.2.1 集团公司技术监督现场评价按照集团公司年度技术监督工作计划中所列的电厂名单和时间安排进行。各电厂在现场评价实施前应按附录 L 进行自查，编写自查报告。西安热工院在现场评价结束后三周内，应按照集团公司《电力技术监督管理办法》附录 C 的格式要求完成评价报告，并将评价报告电子版报送集团公司安生部，同时发送产业公司、区域公司及电厂。

7.3.2.2 集团公司技术监督定期评价按照集团公司《电力技术监督管理办法》及本标准要求

和规定，对电厂生产技术管理情况、机组障碍及非计划停运情况、燃气轮机监督报告的内容符合性、准确性、及时性等进行评价，通过年度技术监督报告发布评价结果。

7.3.2.3 集团公司对严重违反技术监督制度、由于技术监督不当或监督项目缺失、降低监督标准而造成严重后果、对技术监督发现问题不进行整改的电厂，予以通报并限期整改。

7.3.3 电厂应督促属地技术监督服务单位依据技术监督服务合同的规定，提供技术支持和监督服务，依据相关监督标准定期对电厂技术监督工作开展情况进行检查和评价分析，形成评价报告，并将评价报告电子版和书面版报送产业公司、区域公司及电厂。电厂应将报告归档管理，并落实问题整改。

7.3.4 电厂应按照集团公司《电力技术监督管理办法》及华能电厂安全生产管理体系要求建立完善技术监督评价与考核管理标准，明确各项评价内容和考核标准。

7.3.5 电厂应每年按附录 L，组织安排燃气轮机监督工作开展情况的自我评价，根据评价情况对相关部门和责任人开展技术监督考核工作。

附 录 A
（资料性附录）
燃气轮机制造质量见证项目表

序号	监造部件	见 证 项 目	见证方式			
			H	W	R	备注
1	燃气轮机转子	（1）转子锻件材质理化性能试验（含 FATT 及残余应力试验及曲线）			√	
		（2）转子锻件无损探伤检验报告			√	
		（3）转子精加工后端面及径向跳动检测（主要包括轴颈、联轴器、推力盘等）		√		
		（4）转子/轮盘精加工后无损探伤检验报告			√	适用时
2	压气机动叶	（1）材质理化性能检验报告			√	
		（2）无损检测报告			√	
		（3）型线及叶根加工精度检查记录			√	
		（4）防腐蚀涂层表面质量检验报告			√	
		（5）调频动叶片静频测量报告（转子装配前）			√	适用时
3	透平动叶片	（1）材质理化性能检验报告			√	
		（2）无损检测报告			√	
		（3）热处理后的硬度试验报告			√	
		（4）型线及叶根加工精度检查记录			√	
		（5）防腐蚀涂层表面质量检验报告			√	
		（6）调频动叶片静频测量报告（转子装配前）			√	适用时
4	转子装配	（1）压气机和透平动叶装配质量检查（高动后）		√		
		（2）转子高速动平衡和超速试验	√			
5	进气缸、压气机缸、燃压缸、透平缸、排气缸	（1）缸体铸件材质理化性能检验报告			√	
		（2）缸体铸件无损探伤报告、缺陷处理原始记录、补焊部位热处理记录			√	
		（3）缸体内圆面各安装槽（或凸肩）结构尺寸和轴向定位尺寸测量记录			√	
		（4）各缸精加工后无损探伤检验报告			√	
6	燃烧室	（1）燃料喷嘴主要尺寸加工精度检查记录			√	
		（2）外壳无损检测报告			√	
		（3）外壳主要尺寸加工精度检查记录			√	

表（续）

序号	监造部件	见证项目	见证方式			
			H	W	R	备注
6	燃烧室	（4）外壳水压试验		√		适用时
		（5）点火器性能试验记录			√	
		（6）遮热筒主要尺寸加工精度检查记录			√	
		（7）火焰管主要尺寸加工精度检查记录			√	
		（8）火焰管隔热涂层表面（或火焰筒隔热瓦）加工质量检查记录			√	
		（9）燃烧室装配主要尺寸测量（抽查）		√		
		（10）燃烧室主要结合面间隙测量		√		
7	轴承及轴承箱	（1）轴瓦合金铸造质量无损探伤检查报告			√	
		（2）推力轴承推力瓦块厚度检查记录			√	
		（3）轴瓦体与瓦套接触检查		√		
		（4）1号轴承箱（进气缸）、2号轴承箱（排气缸）渗漏试验及其承压管水压试验		√		
		（5）轴承座铸件理化性能报告			√	
		（6）轴承座铸件无损探伤报告			√	
		（7）轴承箱清洁度检查		√		
8	透平缸高温螺栓和转子拉杆螺栓	（1）材料理化性能检验报告			√	
		（2）螺栓硬度检查、探伤报告			√	
		（3）高温螺栓和拉杆螺栓紧力检查记录			√	
9	压气机静叶片及静叶环装配	（1）静叶片材质理化性能检验报告			√	
		（2）静叶片型线加工精度检查记录			√	
		（3）静叶环装配记录			√	
		（4）静叶持环主要尺寸加工精度检查记录			√	适用时
		（5）静叶环装配外观质量检查（抽查）		√		
10	透平静叶片及静叶环装配	（1）透平静叶片材质理化性能检验报告			√	
		（2）透平静叶片型线加工精度检查记录			√	
		（3）透平静叶持环材质理化性能检验报告			√	
		（4）透平静叶持环主要尺寸加工精度检查记录			√	
		（5）透平静叶环装配记录			√	
		（6）透平静叶环装配外观质量检查		√		

表（续）

序号	监造部件	见 证 项 目	见证方式			
			H	W	R	备注
11	燃气轮机总装	（1）燃气轮机支架安装记录			√	
		（2）静叶部件找中和校水平测量记录			√	
		（3）压气机、透平通流间隙测量		√		
		（4）转子窜轴量测量		√		
		（5）全实缸状态下，各缸中分面间隙测量		√		
		（6）轴承瓦套垫块与轴承座接触检查		√		
		（7）转子轴颈与轴瓦接触检查		√		
		（8）轴瓦间隙测量（顶间隙和侧间隙）		√		
		（9）连续盘车检查		√		
12	油系统模块	出厂试验检查		√		
13	燃烧控制模块	出厂试验检查		√		

注：R 点—文件见证，制造厂提供检验或试验记录或报告的项目；W 点—现场见证，业主监造代表参加的检验或试验项目，检验或试验后制造厂提供检验或试验记录；H 点—停工待检，制造厂在进行至该点时必须停工等待业主及业主方监造代表参加的检验或试验项目，检验或试验后制造厂提供检验或试验记录

附　录　B
（资料性附录）
天然气分析化验项目及依据

序号	项目名称	分　析　内　容	依据标准
1	组分分析	CH_4（甲烷）、C_2H_6（乙烷）、C_3H_8（丙烷）、n-C_4H_{10}（正丁烷）、i-C_4H_{10}（异丁烷）、n-C_5H_{12}（正戊烷）、i-C_5H_{12}（异戊烷）、neo-C_5H_{12}（新戊烷）、C_6H_{14}（己烷）、C_7H_{16}（庚烷）及更重部分、H_2（氢）、O_2（氧）、N_2（氮）、CO_2（二氧化碳）、CO（一氧化碳）、He（氦）、Ar（氩）、H_2S（硫化氢）	GB/T 13610
2	硫含量分析	总硫含量、硫化氢含量的测定	GB/T 11060
3	物理特性计算	高位发热量、低位发热量、密度、沃泊指数、露点	GB/T 11062（等效于 ISO 6976）
4	杂质	NH_3（氨）、COS（氧硫化碳）、可冷凝液体、固体、碱	

附 录 C
（资料性附录）
燃气轮机设备台账模板

表 C.1 燃 气 轮 机 设 备 台 账

一、设备技术规范		
项目名称	数据（结果）	备注
1.1 燃气轮机		
投产年月	2006 年 11 月	
制造厂	西门子	
型号	GUD1S.94.3A	
框架尺寸		
尺寸（长×宽×高） mm×mm×mm		
质量		
轴的数量		
点火转速 r/min		
自持转速 r/min		
电子超速跳闸转速 r/min		
额定转速 r/min		
临界转速 r/min		
转向（从燃机侧看）		
机组安全运行要求电网频率	47.5～51.5	
驱动方式	冷端驱动	
累计 EOH（或运行小时）数 h		
累计启停次数 次		
1.2 压气机		
类型	轴流式	
压比	17	

表 C.1（续）

项目名称		数据（结果）	备注
级数		15 级	
可调叶片级数			
进口导叶角度由开到关角度范围			
最恶劣情况下的喘振裕度			
气缸中分面类型			
转子结构类型			
结构材料	a）入口、前后气缸 b）排气缸 c）叶片材料（进口导流叶片，动叶和静叶） d）叶片涂层 e）缸体螺栓和螺帽 f）叶轮或转子 g）叶轮安装螺栓		
第一级动叶高度			
第一级动叶轮毂直径			
末级动叶高度			
末级动叶轮毂直径			
第一级动叶叶根拉伸应力			
第一级动叶叶根弯曲应力			
第一级静叶数量			
第一级动叶数量			
末级静叶数量			
末级动叶数量			
最低稳燃负荷（不开旁路）		～30%	
1.3　燃气透平			
级数			
气缸中分面类型			
末级叶片轮缘转速			
末级动叶高度			
基本负荷下透平入口温度 （1）第一级喷嘴入口绝对总温度 （2）第一级动叶入口绝对总温度 （3）ISO 参考温度			
转子结构类型			

表 C.1（续）

项目名称	数据（结果）	备注
所有叶片和喷嘴材料		
隔热涂层材料		
叶轮材料		
叶片设计寿命		
喷嘴设计寿命		
末级动叶叶根拉伸应力		
末级动叶叶根弯曲应力		
第一级动叶高度		
第一级动叶轮毂直径		
1.4　燃烧系统		
类型		
燃烧室数量		
每个燃烧室的燃料喷嘴数量		
外壳材料		
燃烧器/火焰筒材料		
过渡段材料		
火焰筒与过渡段之间密封材料		
点火器数量		
点火器类型		
火焰监测器数量		
火焰监测器类型		
燃烧器/火焰筒设计寿命		
过渡段设计寿命		
1.5　轴承		
径向轴承数量		
径向轴承类型		
止推轴承数量		
止推轴承类型		
1.6　与发电机或汽轮机的联轴器		
1.7　振动测量装置		
类型		
数量		

表 C.1（续）

项目名称	数据（结果）	备注
位置		
报警设定值		
跳闸设定值		
1.8　进气系统		
空气过滤器级数		
空气过滤器类型		
空气过滤器规格		
自清洁吹扫装置		
进气消音器类型		
1.9　润滑油系统		
油箱容量		
润滑油供油母管压力		
润滑油等级		
主润滑油泵容量		
主润滑油泵转速		
主润滑油泵台数		
主润滑油泵厂家		
辅助润滑油泵容量		
辅助润滑油泵台数		
辅助润滑油泵厂家		
辅助润滑油泵转速		
事故润滑油泵容量		
事故润滑油泵台数		
事故润滑油泵厂家		
事故润滑油泵转速		
冷油器数量		
冷油器类型		
油过滤器类型		
油过滤器规格		
润滑油油净化装置类型		
1.10　液压油系统		

表 C.1（续）

项目名称	数据（结果）	备注
油箱容量		
液压油类型		
液压油泵类型		
液压油泵数量		
1.11　启动系统		
类型		
制造厂家		
脱扣转速		
1.12 盘车装置		
类型		
离合方式		
盘车转速		
1.13　水洗模块		
设计水洗流量		
设计水洗压力		
设计水洗温度		
水箱容量		
洗涤剂箱容量		
水洗泵容量		
推荐清洗剂		
推荐水质		
1.14　燃料前置模块		
设计压力		
设计温度		
流量计类型		
流量计型号及精度		
过滤器型号		
燃料关断阀型号及厂家		
燃料调节阀型号及厂家		
1.15　燃气轮机排气系统		
排气扩散段设计参数		
膨胀节类型		

表 C.1（续）

项目名称	数据（结果）	备注
允许膨胀量		
1.16　罩壳灭火系统		
二氧化碳储罐容量		
储罐压力		
排放压力		
二氧化碳浓度		
二、维护记录		
三、检修经历		
四、检修记录		
五、异动记录		
六、技术改造记录		
七、设备事故记录		

表 C.2　燃气轮机性能参数台账

项目名称	设计	性能考核试验			最近一次试验		
工况	保证工况	ISO 工况	冬季 工况	夏季 工况	ISO 工况	冬季 工况	夏季 工况
机组功率 MW							
燃气轮机排气压力 kPa							

表 C.2（续）

项目名称	设计	性能考核试验			最近一次试验		
工况	保证工况	ISO 工况	冬季工况	夏季工况	ISO 工况	冬季工况	夏季工况
燃气轮机排气温度 ℃							
燃气轮机排气流量 t/h							
燃气轮机进天然气流量 t/h							
热耗率 kJ/（kW·h）							
气耗率 kg/（kW·h）							

表 C.3　天然气系统设备台账

一、设备技术规范		
项目名称	数据（结果）	备注
设计压力		
设计温度		
设计参数		
凝结液罐		
分离器		
事故关断阀类型		
事故关断阀数量		
事故关断阀制造厂家		
天然气流量计类型		
天然气流量计数量		
天然气流量计准确度等级		
天然气流量计制造厂家		
热值分析仪类型		
热值分析仪数量		
热值分析仪准确度等级		
热值分析仪制造厂家		
天然气滤网类型		
天然气滤网规格		

表 C.3（续）

项目名称	数据（结果）	备注
天然气滤网制造厂家		
燃料加热器类型		
燃料加热器制造厂家		
天然气调节器型号		
天然气调节器规格		
天然气调节器厂家		
二、维护记录		
三、检修经历		
四、检修记录		
五、异动记录		
六、技术改造记录		
七、设备事故记录		

附 录 D
（资料性附录）
不同类型燃气轮机振动限值

燃气轮机型号	轴承数量	轴承位置	正常运行振动报警值	正常运行振动跳闸值	备 注
三菱公司 M701F4 型	5	燃气轮机排气侧、燃气轮机发电机侧、发电机燃气轮机侧、发电机励磁侧、燃气轮机励磁侧	轴振：峰-峰值 125μm； 瓦振：无	轴振：峰-峰值 200μm； 瓦振：无	振动监测仪器安装在轴承上，检测峰-峰值振动（X 和 Y 向），若两个测点超限，则跳机。速度探测器安装在燃气轮机发电机侧和发电机燃气轮机侧轴承之间的联轴器上，当三个监测器中的两个检测到燃气轮机超速（111%）时，跳机
GE 公司 PG9351FA 型	4	1 号、2 号轴承为可倾瓦轴颈轴承，位于燃气轮机转子两端，7 号、8 号轴承位于发电机转子两端	1 号、2 号轴承振动传感器（瓦振）报警值 12.7mm/s； 1 号、2 号、7 号、8 号轴承 X、Y 方向接近式振动传感器报警值 152.4μm（6.0mils，瓦振仅作为参考）	1 号、2 号轴承振动传感器停机值 25.4mm/s； 1 号、2 号、7 号、8 号轴承 X、Y 方向接近式振动传感器停机值 215.9μm（8.5mils，瓦振仅作为参考）	振动指示超过报警值，并且同一组各传感器振动指示超过停机设定值，燃气轮机保护停机。任何振动传感器指示超过跳闸设定值，并且“High Vibration Shutdown（振动大停机）”条件已满足，燃气轮机跳闸
西门子公司 V94.3A 型	4	两个轴承分别位于压气机进口和燃气透平出口的非压力区	轴振：无； 瓦振：≥9.3mm/s 报警	轴振：无； 瓦振：≥14.7mm/s 跳机	在每个轴承腔和轴承内的轴颈上分别各装设 2 个机械振动仪，用来测量轴振与轴承振动。西门子保证在燃气轮机运行时各轴承振动（包括轴振）的双幅振动值在 80μm～88μm 范围内

附 录 E
（规范性附录）
技术监督不符合项通知单

编号（No）：××-××-××

发现部门：　专业：　被通知部门、班组：　签发：　日期：20××年××月××日

不符合项描述	1. 不符合项描述： 2. 不符合标准或规程条款说明：
整改措施	3. 整改措施： 制订人/日期：　审核人/日期：
整改验收情况	4. 整改自查验收评价： 整改人/日期：　自查验收人/日期：
复查验收评价	5. 复查验收评价： 复查验收人/日期：
改进建议	6. 对此类不符合项的改进建议： 建议提出人/日期：
不符合项关闭	整改人：　自查验收人：　复查验收人：　签发人：
编号说明	年份+专业代码+本专业不符合项顺序号

附　录　F
（规范性附录）
技术监督信息速报

<table>
<tr><td>单位名称</td><td colspan="4"></td></tr>
<tr><td>设备名称</td><td colspan="2"></td><td>事件发生时间</td><td></td></tr>
<tr><td>事件概况</td><td colspan="4">注：有照片时应附照片说明。</td></tr>
<tr><td>原因分析</td><td colspan="4"></td></tr>
<tr><td>已采取的措施</td><td colspan="4"></td></tr>
<tr><td colspan="2">监督专责人签字</td><td></td><td>联系电话：
传　　真：</td><td></td></tr>
<tr><td colspan="2">生产副厂长或总工程师签字</td><td></td><td>邮　　箱：</td><td></td></tr>
</table>

附　录　G

（规范性附录）

联合循环发电厂燃气轮机技术监督季报编写格式

××电厂20××年××季度燃气轮机技术监督季报

编写人：×××　固定电话/手机：××××××

审核人：×××

批准人：×××

上报时间：201×年××月××日

G.1　上季度集团公司督办事宜的落实或整改情况

G.2　上季度产业（区域）公司督办事宜的落实或整改情况

G.3　燃气轮机监督年度工作计划完成情况统计报表

表 G.1　年度技术监督工作计划和技术监督服务单位合同项目完成情况统计报表

发电企业技术监督计划完成情况			技术监督服务单位合同工作项目完成情况		
年度计划项目数	截至本季度完成项目数	完成率%	合同规定的工作项目数	截至本季度完成项目数	完成率%

G.4　燃气轮机监督考核指标完成情况统计报表

G.4.1　监督管理考核指标报表

监督指标上报说明：每年的1、2、3季度所上报的技术监督指标为季度指标；　每年的4季度所上报的技术监督指标为全年指标。

表 G.2　技术监督预警问题至本季度整改完成情况统计报表

一级预警问题			二级预警问题			三级预警问题		
问题项数	完成项数	完成率%	问题项数	完成项数	完成率%	问题项目	完成项数	完成率%

表 G.3　集团公司技术监督动态检查提出问题本季度整改完成情况统计报表

检查年度	检查提出问题项目数（项）			电厂已整改完成项目数统计结果			
	重要问题	一般问题	问题项合　计	重要问题	一般问题	完成项目数 小 计	整改完成率%

G.4.2 技术监督考核指标报表

表 G.4 20××年×季度燃气轮机监督运行参数报表

序号	参数名称	单位	1号燃气轮机				2号燃气轮机			
			本季	去年本季	本年	去年	本季	去年本季	本年	去年
1	运行小时数	h								
2	负荷系数	%								
3	启动次数	次								
4	停机次数	次								
5	空气进气过滤器压差	kPa								
6	压气机进口压力	kPa								
7	压气机进口温度	℃								
8	压气机排气压力	kPa								
9	压气机排气温度	℃								
10	透平进气压力	kPa								
11	透平排气压力	kPa								
12	透平排气温度	℃								
13	透平轮间温度	℃								
14	水/蒸汽注入量	kg/s								
15	燃料低位热值	kJ/Nm^3								
16	氮氧化物	mg/m^3								
17	二氧化硫	mg/m^3								
18	粉尘	mg/m^3								
19	燃烧脉动报警次数	次								
20	排气温度分散度报警次数	次								
21	其他									

表 G.5　20××年×季度燃气轮机振动监督报表

<table>
<tr><td colspan="11">1号燃气轮机振动台账（振动最大值）</td></tr>
<tr><td colspan="2" rowspan="2">项　目</td><td colspan="8">轴瓦编号</td><td rowspan="2">优良值/报警值</td></tr>
<tr><td>1号</td><td>2号</td><td>3号</td><td>4号</td><td>5号</td><td>6号</td><td>7号</td><td>8号</td></tr>
<tr><td colspan="11">一、正常运行期间</td></tr>
<tr><td colspan="2">X向轴振
μm</td><td></td><td></td><td></td><td></td><td></td><td></td><td></td><td></td><td></td></tr>
<tr><td colspan="2">Y向轴振
μm</td><td></td><td></td><td></td><td></td><td></td><td></td><td></td><td></td><td></td></tr>
<tr><td colspan="2">轴向瓦振
mm/s</td><td></td><td></td><td></td><td></td><td></td><td></td><td></td><td></td><td></td></tr>
<tr><td colspan="2">垂直瓦振
mm/s</td><td></td><td></td><td></td><td></td><td></td><td></td><td></td><td></td><td></td></tr>
<tr><td colspan="2">水平瓦振
mm/s</td><td></td><td></td><td></td><td></td><td></td><td></td><td></td><td></td><td></td></tr>
<tr><td colspan="2">轴承温度最高值
℃</td><td></td><td></td><td></td><td></td><td></td><td></td><td></td><td></td><td></td></tr>
<tr><td colspan="2">轴承回油温度
℃</td><td></td><td></td><td></td><td></td><td></td><td></td><td></td><td></td><td></td></tr>
<tr><td colspan="2">转速
r/min</td><td colspan="9"></td></tr>
<tr><td colspan="2">负荷
MW</td><td colspan="9"></td></tr>
<tr><td colspan="2">时间</td><td colspan="9"></td></tr>
<tr><td colspan="11">二、机组启动期间</td></tr>
<tr><td rowspan="5">临界转速1
(　　r/min)</td><td>X向轴振
μm</td><td></td><td></td><td></td><td></td><td></td><td></td><td></td><td></td><td></td></tr>
<tr><td>Y向轴振
μm</td><td></td><td></td><td></td><td></td><td></td><td></td><td></td><td></td><td></td></tr>
<tr><td>轴向瓦振
mm/s</td><td></td><td></td><td></td><td></td><td></td><td></td><td></td><td></td><td></td></tr>
<tr><td>垂直瓦振
mm/s</td><td></td><td></td><td></td><td></td><td></td><td></td><td></td><td></td><td></td></tr>
<tr><td>水平瓦振
mm/s</td><td></td><td></td><td></td><td></td><td></td><td></td><td></td><td></td><td></td></tr>
<tr><td rowspan="5">临界转速2
(　　r/min)</td><td>X向轴振
μm</td><td></td><td></td><td></td><td></td><td></td><td></td><td></td><td></td><td></td></tr>
<tr><td>Y向轴振
μm</td><td></td><td></td><td></td><td></td><td></td><td></td><td></td><td></td><td></td></tr>
<tr><td>轴向瓦振
mm/s</td><td></td><td></td><td></td><td></td><td></td><td></td><td></td><td></td><td></td></tr>
<tr><td>垂直瓦振
mm/s</td><td></td><td></td><td></td><td></td><td></td><td></td><td></td><td></td><td></td></tr>
<tr><td>水平瓦振
mm/s</td><td></td><td></td><td></td><td></td><td></td><td></td><td></td><td></td><td></td></tr>
</table>

表 G.5（续）

1 号燃气轮机振动台账（振动最大值）										
项　　目		轴瓦编号								优良值/报警值
		1 号	2 号	3 号	4 号	5 号	6 号	7 号	8 号	
临界转速 3 (　　r/min)	X 向轴振 μm									
	Y 向轴振 μm									
	轴向瓦振 mm/s									
	垂直瓦振 mm/s									
	水平瓦振 mm/s									
三、机组停机期间										
临界转速 1 (　　r/min)	X 向轴振 μm									
	Y 向轴振 μm									
	轴向瓦振 mm/s									
	垂直瓦振 mm/s									
	水平瓦振 mm/s									
临界转速 2 (　　r/min)	X 向轴振 μm									
	Y 向轴振 μm									
	轴向瓦振 mm/s									
	垂直瓦振 mm/s									
	水平瓦振 mm/s									
临界转速 3 (　　r/min)	X 向轴振 μm									
	Y 向轴振 μm									
	轴向瓦振 mm/s									
	垂直瓦振 mm/s									
	水平瓦振 mm/s									

G.4.3 技术监督考核指标简要分析

填报说明：分别对监督管理和技术监督考核指标进行分析，说明未达标指标的原因。

a） 技术监督预警和技术监督动态检查提出问题完成率分析

b） 主要技术指标分析

应对表 G.4 和表 G.5 中的异常指标进行说明和分析。

G.5 本季度主要的燃气轮机监督工作

填报说明：简述燃气轮机监督管理、试验、检修、运行的工作和设备遗留缺陷的跟踪情况。

G.6 本季度燃气轮机监督发现的问题、原因及处理情况

填报说明：包括试验、检修、运行、巡视中发现的一般事故和一类障碍、危急缺陷和严重缺陷。必要时应提供照片、数据和曲线。

1. 一般事故及一类障碍

2. 运行发现的主要问题、原因分析及处理情况简述

3. 检修（计划性检修、临修和消缺）发现的主要问题、原因分析及处理情况简述

G.7 燃气轮机监督需要关注的主要问题和下季度的主要工作

G.8 附表

华能集团公司技术监督动态检查（评价）燃气轮机专业提出问题至本季度整改完成情况见表 G.6，《华能集团公司火（水）电技术监督报告》燃气轮机专业提出的存在问题至本季度整改完成情况见表 G.7，技术监督预警问题至本季度整改完成情况见表 G.8。

表 G.6 华能集团公司 20××年技术监督动态检查（评价）燃气轮机专业提出问题至本季度整改完成情况

序号	问题描述	问题性质	西安热工院提出的整改建议	发电企业制定的整改措施和计划完成时间	目前整改状态或情况说明
注 1：填报此表时需要注明集团公司技术监督动态检查（评价）的年度。 注 2：如 4 年内开展了 2 次检查，应按此表分别填报。待年度检查问题全部整改完毕后，不再填报					

表 G.7 《华能集团公司火（水）电技术监督报告》（20××年××季度）燃气轮机专业提出的存在问题至本季度整改完成情况

序号	问题描述	问题性质	问题分析	解决问题的措施及建议	目前整改状态或情况说明
注：应注明提出问题的《技术监督报告》的出版年度和月度					

表 G.8 技术监督预警问题至本季度整改完成情况

预警通知单编号	预警类别	问题描述	西安热工院提出的整改建议	发电企业制定的整改措施和计划完成时间	目前整改状态或情况说明

附 录 H
（规范性附录）
联合循环发电厂燃气轮机监督预警项目

H.1 一级预警

H.1.1 燃气轮机轴振动或瓦振增大到制造厂规定的跳闸值，没有组织进行试验分析和处理使其振动值降低到合格范围内。

H.1.2 机组检修期间，检测到大轴弯曲，或发现压气机和透平叶片裂纹、涂层异常脱落，或发现燃烧器或燃烧室异常烧损。

H.2 二级预警

H.2.1 存在以下问题未及时采取措施：

a） 燃气关断阀和控制阀卡涩、关闭不严密、关闭时间超标。

b） 燃气轮机燃烧脉动异常导致跳机。

c） 燃料系统泄漏。

H.2.2 以下技术管理不到位：

a） 对三级预警项目未及时采取措施。

H.3 三级预警

H.3.1 存在以下问题未及时采取措施：

a） 燃气轮机轴振动或瓦振增大到制造厂规定的报警值，没有引起重视和没有进行试验分析的或燃气轮机振动发生突变未进行分析。

b） 燃气轮机排气温度（分散度）、轮间温度超过规定值。

c） 轴承温度、轴瓦温度超过报警值。

d） 燃气轮机油温、油压、油质超过规定值。

e） 燃气轮机润滑油、液压系统泄漏。

f） 燃料严重偏离设计值。

g） 反映燃气轮机性能的重要参数，如排气温度、压比达不到设计值。

H.3.2 未开展如下试验或存在漏项：燃气轮机超速试验，机组甩负荷试验，机组手动紧急停机试验，直流润滑油泵启动试验，液压油泵自启试验，跳闸装置试验，燃气关断阀和燃气控制阀行程校验，天然气系统严密性试验，危险气体泄漏与保护系统试喷试验等。

H.3.3 以下应具备的燃气轮机典型事故反措不全，存在漏项：如燃气轮机超速，燃气轮机轴瓦损坏，燃气轮机轴系弯曲、断裂，燃气轮机轴系振动异常，燃气系统泄漏爆炸，燃气轮机热部件烧蚀，燃气轮机叶片打伤、压气机喘振等。

H.3.4 未按规定开展燃气轮机孔探检查、转子和叶片探伤检查。

附　录　I
（规范性附录）
技术监督预警通知单

通知单编号：T-　　　　　　　　预警类别编号：　　　　　　　　日期：　　年　　月　　日

<table>
<tr><td colspan="2">发电企业名称</td><td colspan="3"></td></tr>
<tr><td colspan="2">设备（系统）名称及编号</td><td colspan="3"></td></tr>
<tr><td>异常情况</td><td colspan="4"></td></tr>
<tr><td>可能造成或已造成的后果</td><td colspan="4"></td></tr>
<tr><td>整改建议</td><td colspan="4"></td></tr>
<tr><td>整改时间要求</td><td colspan="4"></td></tr>
<tr><td>提出单位</td><td colspan="2"></td><td>签发人</td><td></td></tr>
</table>

注：通知单编号：T-预警类别编号-顺序号-年度；预警类别编号：一级预警为1，二级预警为2，三级预警为3。

附 录 J
（规范性附录）
技术监督预警验收单

验收单编号：T- 预警类别编号： 日期： 年 月 日

发电企业名称			
设备（系统）名称及编号			
异常情况			
技术监督服务单位整改建议			
整改计划			
整改结果			
验收单位		验收人	

注：验收单编号：Y-预警类别编号-顺序号-年度；预警类别编号：一级预警为1，二级预警为2，三级预警为3。

附　录　K
（规范性附录）
技术监督动态检查问题整改计划书

K.1　概述

K.1.1　叙述计划的制定过程（包括西安热工院、技术监督服务单位及电厂参加人等）。
K.1.2　需要说明的问题，如：问题的整改需要较大资金投入或需要较长时间才能完成整改的问题说明。

K.2　重要问题整改计划表

表 K.1　重要问题整改计划表

序号	问题描述	专业	监督单位提出的整改建议	电厂制定的整改措施和计划完成时间	电厂责任人	监督单位责任人	备注

K.3　一般问题整改计划表

表 K.2　一般问题整改计划表

序号	问题描述	专业	监督单位提出的整改建议	电厂制定的整改措施和计划完成时间	电厂责任人	监督单位责任人	备注

附　录　L

（规范性附录）

联合循环发电厂燃气轮机技术监督工作评价表

序号	评价项目	标准分	评价内容与要求	评分标准
1	燃气轮机监督管理	400		
1.1	组织与职责	50	查看电厂技术监督组织机构文件、岗位职责、人员上岗资格证	
1.1.1	监督组织健全	10	建立健全监督领导小组领导下的燃气轮机监督组织机构，在归口职能管理部门设置燃气轮机监督专责人	（1）未建立三级燃气轮机监督网，扣10分； （2）未落实燃气轮机监督专责人或监督网络缺少一级，扣5分； （3）监督网络人员调动未及时更新，扣3分
1.1.2	人员职责明确并得到落实	10	（1）燃气轮机监督网络各级岗位责任应明确，落实到人； （2）应制定燃气轮机监督各级网络人员职责	（1）未制定各级网络人员岗位职责，扣10分； （2）专业岗位设置不全或职责未落实到人，每一岗位扣5分
1.1.3	燃气轮机专责人持证上岗	30	厂级燃气轮机监督专责人持有效上岗资格证	未取得资格证书或证书超期，扣30分
1.2	标准符合性	50	查看企业燃气轮机监督管理标准、燃气轮机监督相关/支持性文件及保存的国家、行业标准规范	
1.2.1	燃气轮机监督管理标准	10	（1）《燃气轮机监督管理标准》编写的内容、格式应符合《华能电厂安全生产管理体系要求》和《华能电厂安全生产管理体系管理标准编制导则》的要求，并统一编号； （2）《燃气轮机监督管理标准》的内容应符合国家、行业法律、法规、标准和《华能集团公司电力技术监督管理办法》相关的要求，并符合电厂实际	（1）未制定《燃气轮机监督管理标准》不得分； （2）不符合《华能电厂安全生产管理体系要求》和《华能电厂安全生产管理体系管理标准编制导则》的编制要求，扣5分； （3）不符合国家、行业法律、法规、标准和《华能集团公司电力技术监督管理办法》相关的要求和电厂实际，扣5分； （4）未及时修订扣5分

表（续）

序号	评价项目	标准分	评价内容与要求	评分标准
1.2.2	燃气轮机监督相关/支持性文件	20	应根据电厂实际情况编制以下标准（文件）： （1）燃气轮机监督技术标准（实施细则）； （2）燃气轮机运行规程（含措施）、检修规程、系统图； （3）运行管理标准； （4）运行交接班管理标准； （5）设备定期试验与轮换管理标准； （6）设备巡回检查管理标准； （7）设备检修管理标准； （8）设备缺陷管理标准； （9）设备点检定修管理标准； （10）设备评级管理标准； （11）设备技术台账管理标准； （12）设备异动管理标准； （13）设备停用、退役管理标准	（1）每缺少一项文件，扣10分； （2）内容不完善，不符合本厂实际情况，每项扣5分
1.2.3	国家、行业、集团公司标准规范	10	（1）保存的技术标准符合集团公司年初发布的燃气轮机监督标准目录； （2）应及时收集新标准，并在厂内发布	（1）缺少标准或未更新，每项扣5分； （2）标准未在厂内发布，扣5分
1.2.4	标准更新	10	标准更新符合管理流程	（1）未按时修编，每项扣5分； （2）标准更新不符合标准更新管理流程，每项扣5分
1.3	仪器仪表	50	现场查看仪器仪表台账、技术档案、检验计划、检验报告	
1.3.1	仪器仪表台账（主要包括便携式振动测量仪、危险气体检测仪、孔探仪、量角器、千分尺、卡尺、测温仪等）	10	建立仪器仪表台账（一览表），项目应包括：仪器仪表名称、型号规格、技术参数（量程、准确度等级等）、生产厂家、安装位置、购入时间、检验周期、检验日期、使用状态等	（1）仪器仪表记录不全，每项扣5分； （2）新购仪表未录入或检验，报废仪表未注销和另外存放，每项扣5分
1.3.2	仪器仪表技术档案资料	10	（1）保存仪器仪表使用说明书、合格证； （2）编制便携式振动测量仪、危险气体检测仪、孔探仪等专用仪器仪表操作规程	（1）使用说明书缺失，每项扣2分； （2）专用仪器操作规程缺漏，每项扣2分
1.3.3	仪器仪表维护	10	（1）仪器仪表存放地点整洁、配有温度计、湿度计； （2）仪器仪表的接线及附件不许另作他用； （3）仪器仪表清洁、摆放整齐； （4）有效期内的仪器仪表应贴上有效期标识，不与其他仪器仪表一道存放； （5）待修理、已报废的仪器仪表应另外分别存放	不符合要求，每项扣2分

表（续）

序号	评价项目	标准分	评价内容与要求	评分标准
1.3.4	检验计划和检验报告	10	（1）应制定仪器仪表检验计划； （2）计划送检的仪表应有对应的检验报告； （3）定期检验、校验（比对）的计量装置应有记录	（1）未制定检验计划，扣5分； （2）计划不完善，扣2分； （3）超期未检验、仍在使用的仪器仪表，每项扣2分； （4）无检验、校验记录（报告），每项扣2分； （5）检定报告不符合要求，每项扣2分
1.3.5	对外委试验使用仪器仪表的管理	10	应有试验使用的仪器仪表检验报告复印件	不符合要求，每项扣5分
1.4	监督计划	50	现场查看电厂监督计划	
1.4.1	计划的制定	20	（1）计划制定时间、依据应符合要求； （2）计划内容应包括： 1）完善燃气轮机监督体系（含健全和更新燃气轮机监督组织机构，修订燃气轮机监督管理标准、燃气轮机监督技术标准及相关规程）； 2）制定技术监督标准规范的收集、更新和宣贯计划； 3）制定技术监督定期工作计划（含定期例会等网络活动、定期试验、报表、总结等）； 4）制定检修期间应开展的技术监督项目计划（含技术改造项目）； 5）制定技术监督发现问题（含动态检查、监督预警）的整改计划； 6）制定技术监督工作自我评价与外部检查迎检计划； 7）制定试验仪器仪表送检计划； 8）制定人员培训计划（主要包括内部培训、外部培训取证，规程宣贯）； 9）技术监督定期工作会议计划	（1）未制定计划，扣20分； （2）计划制定时间不符合要求，扣10分； （3）计划内容不全，每项扣5分
1.4.2	计划的审批	15	应符合工作流程：班组或部门编制→燃气轮机监督专责人审核→主管主任审定→生产厂长审批→下发实施	审批工作流程缺少环节，每项扣5分
1.4.3	计划的上报	15	每年11月30日前上报产业公司、区域公司，同时抄送西安热工院	未按时上报计划，扣5分
1.5	监督档案	80	现场查看监督档案、档案管理的记录	
1.5.1	监督档案目录（清单）	10	应建立燃气轮机监督资料档案目录（清单），每类资料应有编号、存放地点、保存期限	（1）未建立监督档案目录（清单），不得分； （2）目录不完整，扣2分

表（续）

序号	评价项目	标准分	评价内容与要求	评分标准
1.5.2	报告和记录	60	（1）燃气轮机监督资料应齐全、时间连续； （2）燃气轮机监督资料内容应完整、规范，及时更新，符合标准要求； （3）燃气轮机监督档案应包括6.1.3所列内容，即设计和基建阶段技术资料，设备清册及设备台账，试验报告和记录，运行报告和记录，检修维护报告和记录，缺陷闭环管理记录，事故管理报告和记录，技术改造报告和记录，燃气轮机监督管理资料等方面的内容	（1）资料不齐全，每缺一项扣5分； （2）资料内容不完整、不规范，未及时更新，每项扣2分
1.5.3	档案管理	10	（1）资料应按规定保存，由专人管理； （2）借阅应有借、还记录； （3）有过期文件处置的记录	不符合要求，每项扣2分
1.6	评价与考核	40	查阅评价与考核记录	
1.6.1	动态检查前自我检查	10	自我检查评价切合实际	（1）未自查或无自查报告，扣10分； （2）自查不合理，或自我检查评价与动态检查评价的评分相差20分及以上，扣5分
1.6.2	定期监督工作评价	10	有监督工作评价记录	无工作评价记录，扣10分
1.6.3	定期监督工作会议	10	有监督工作会议纪要及相关专题会会议记录	无工作会议纪要或会议记录，扣10分
1.6.4	监督工作考核	10	有监督工作考核记录	发生监督不力事件而未考核，扣10分
1.7	工作报告制度执行情况	50	查阅检查之日前四个季度季报、检查速报事件及上报时间、年度总结	
1.7.1	监督季报、年报	20	（1）每季度首月5日前，应将技术监督季报报送产业公司、区域公司和西安热工院； （2）格式和内容符合要求	（1）季报、年报上报迟报1天扣5分； （2）格式不符合，每项扣5分； （3）报表数据不准确，每项扣10分； （4）技术监督检查及季报提出问题的整改情况未回复、上报，每个问题扣10分
1.7.2	技术监督速报	20	按规定格式和内容编写技术监督速报并及时上报	（1）发现或者出现重大设备问题和异常及障碍未及时、真实、准确上报技术监督速报，每项扣10分； （2）上报速报事件描述不符合实际，每件扣10分

表（续）

序号	评价项目	标准分	评价内容与要求	评分标准
1.7.3	年度工作总结报告	10	（1）每年1月5日前组织完成上年度技术监督工作总结报告的编写工作，并将总结报告报送产业公司、区域公司和西安热工院； （2）格式和内容符合要求	（1）未编写年度工作总结报告，扣10分； （2）内容不全面，扣5分； （3）未按规定时间上报，扣5分
1.8	监督管理考核指标	30	核查监督预警问题验收单；技术监督检查提出问题整改完成证明文件；现场查看检修报告、缺陷记录	
1.8.1	监督预警问题整改完成率	15	应达到100%	不符合要求，不得分
1.8.2	动态检查提出问题整改完成率	15	要求：从发电企业收到动态检查报告之日起，第1年整改完成率不低于85%；第2年整改完成率不低于95%	不符合要求，不得分
2	监督过程实施	600		
2.1	设计选型、制造阶段监督	80	查看设计、制造技术资料，现场抽查	
2.1.1	燃气轮发电机组厂房	5	（1）应留有必要的检修起吊空间、安放场地和运输通道，应设置满足起吊要求的起重设备，并满足燃气轮机揭缸、转子吊出检修的需要； （2）当采取底层低位布置时，应考虑发电机抽转子时横向平移或整台吊出的检修设施和场地（查看设计资料，现场查看）	（1）设计时未提出技术要求，每项扣1分； （2）不符合要求，每项扣2分
2.1.2	燃气轮机性能保证条件及设计数据	5	（1）技术协议中应对燃气轮机设备的性能保证条件作出明确规定； （2）制造厂应明确给出燃气轮机在设计预定运行条件下的主要性能参数，如年平均气象参数条件下燃气轮机额定功率、气耗率、热效率或热耗率、排气流量、排气压力、排气温度，月最高平均气象参数下燃气轮机保证的连续功率，月最低平均气象参数下燃气轮机保证的连续功率； （3）制造厂应给出压气机叶片清洁前燃气轮机可接受的性能下降程度及确定此程度所用的方法，如压气机出口压力或与透平排气温度相关的功率输出等； （4）制造厂应提供4000、8000、16 000、32 000和48 000等效运行小时后，压气机质量流量、压气机效率、燃气轮机排气温度、输出功率和热耗率变化的资料； （5）制造厂和设计院应设计满足性能试验要求的带一道阀门的采样接口点	（1）技术协议对燃气轮机性能未明确规定，扣2分； （2）制造厂提供的性能数据不完整，扣2分； （3）性能试验测点预留不符合要求，扣2分

表（续）

序号	评价项目	标准分	评价内容与要求	评分标准
2.1.3	压气机设计	5	（1）应设计有防止喘振的措施，如防喘放气阀、进口可转导叶等； （2）制造厂应给出压气机的特性曲线以说明其喘振裕量，并提出避免喘振所需的任何运行限制； （3）压气机通流部件的设计应采取防止腐蚀的措施； （4）在被异物损坏的情况下，压气机叶片应易于更换而无需重新平衡转子；宜实现在现场更换损坏的转子叶片而不影响其他叶片，以缩短检修时间	（1）设计时未提出技术要求，每项扣1分； （2）压气机设计不符合要求，每项扣3分
2.1.4	燃烧室设计	5	（1）应具有较宽范围的燃料适应性，制造厂应明确说明对燃料成分、热值的要求及其允许变化范围。 （2）应保证燃烧稳定、出口温度场均匀分布、燃烧效率高、污染物排放量低。 （3）应配备干式低 NO_x 燃烧器，保证在规定运行条件下满足排放要求。 （4）燃烧方式由扩散火焰燃烧向预混火焰燃烧切换的负荷应尽可能低，以降低 NO_x 生成量。 （5）燃烧室和过渡段的设计应考虑所选定的燃料和维护的方便。 （6）燃烧室壳体结构应保证燃料喷嘴在燃烧室内正确对中；安装在燃气通道内的燃料喷嘴组件应适当地锁定，以防止在运行时脱落。 （7）采用双燃料喷嘴或其他多喷嘴结构的燃烧室，应考虑待用喷嘴和其燃料供给系统能迅速平稳切换。 （8）应设计监视燃烧稳定性的装置，并具备报警功能。 （9）应设计带冗余功能的燃烧室火焰检测手段，若燃烧室在安全时间内未点着火，或在运行中熄火，应切断燃料供给	（1）设计时未提出技术要求，每项扣1分； （2）燃烧室设计不符合要求，每项扣3分
2.1.5	透平设计	5	（1）透平定子和转子叶片的设计应能避免与任何激励频率谐振的可能性，并将任何与静止零件或转动零件摩擦的影响减至最小。 （2）透平转子的设计应使转子叶片能够在现场更换而无须重新平衡转子。 （3）透平气缸、转子和定子叶片应能承受在透平入口最大平均设计温度时，因不利燃烧条件引起的最大不均匀温度分布。气缸和叶片应能承受与重复启停、加载和迅速的负荷变化有关的热冲击。	（1）设计时未提出技术要求，每项扣1分； （2）透平设计不符合要求，每项扣3分

表（续）

序号	评价项目	标准分	评价内容与要求	评分标准
2.1.5	透平设计	5	（4）透平动叶和静叶应为耐高温材料制造，并有涂层。 （5）透平应设置用于测量排气温度所需的所有仪表，应能及时识别排气温度分布中的任何不均匀程度	
2.1.6	转子设计	5	（1）应能保证转子在运行温度下短时间内可靠地承受瞬态飞升转速，直到透平遮断转速整定值。 （2）应采取足够的预防措施以控制转子在停机后的热弯曲。 （3）应考虑在规定的服务期内正常启动/停机、负荷变化和跳闸甩负荷的影响，其寿命损耗应小于转子设计寿命的75%。 （4）转子的设计应具有最小数量的轴承，并应安置在钢制框架上或合适的钢结构和混凝土基础上，应能承受在发电机短路或误同步情况下加之于轴的暂态扭矩的较大者。 （5）制造厂应对燃气轮发电机组的横向振动和扭转振动特性进行分析。在每个扭转特征频率和任何可能的扭转激振频率之间应至少保持 10%的间隔范围；还应进行由发电机短路和误同步引起的激振响应计算，并保证扭振应力响应在安全限值内。 （6）在燃气轮机所有稳态运行条件下，轴向推力应固定在一个方向并应被可调节的轴向推力轴承吸收。燃气轮机组应只有1个推力轴承。推力轴承应能承受转子在任何工况下作用在其上的轴向推力，并保持转子的轴向窜动量在允许范围之内。 （7）转子径向轴承应能在不拆卸气缸的情况下，用转子托起装置将下半轴瓦取出。 （8）转子每个轴承的轴瓦上应设置高灵敏度测温元件以监视轴瓦温度。 （9）应设计轴封结构以防止燃气泄漏。在转子和静止部件之间的所有内部狭窄间隙处应设置可更换的金属密封圈。 （10）应设计防止任何可能产生的轴电流损坏轴承的措施	（1）设计时未提出技术要求，每项扣1分； （2）转子设计不符合要求，每项扣2分
2.1.7	燃气轮机本体监视、检测测点	5	包括但不限于： 1）压气机——压气机进气压力、进气温度、排气压力、排气温度、孔探仪测孔； 2）燃烧室——火焰探测器、脉动压力探头、孔探仪测孔； 3）透平——排气压力、轮（级）间温度、排气温度、透平内筒温度、孔探仪测孔； 4）轴系——振动传感器、转速传感器、轴向位移传感器、轴承温度（瓦温）	（1）设计时未提出技术要求，每项扣1分； （2）燃气轮机本体测点设计不符合要求，每项扣1分

表（续）

序号	评价项目	标准分	评价内容与要求	评分标准
2.1.8	燃气轮机进气系统设计	10	（1）进气系统的设计应充分考虑系统的总压降，尽量采用管道短且转弯少的设计。当要求保证在燃气轮机法兰处气流分布均匀时，在方向改变处应配备导流板，导流板应采用连续焊固定到进气管道上，且应避开共振状态； （2）应配备气密的膨胀节，以消除管道与燃气轮机进口法兰之间的所有载荷，并适应在垂直和水平方向上管道、燃气轮机的相对运动； （3）进气系统的过滤装置两端最大总压降应符合要求（一般不高于1kPa），且应设置过滤器两端压差或进气系统总压差报警装置和停机遮断保护装置，以便及时清洗（或更换）过滤器或停机； （4）应根据厂址当地环境条件（如空气湿度等）合理选择动态（带反冲清吹装置）或静态过滤器，对清洗频率较频繁的机组宜设置灰尘收集系统以避免二次污染； （5）在过滤器级数选择时，不应把外物拦截网（防鸟、防柳絮）和防风雨百叶窗视为过滤级；用于海洋环境时，应将高效除雾器作为第一级过滤级； （6）在燃气轮机正常运行时，应允许进行多级过滤器的前置过滤器的维修和清洗； （7）进气系统的降噪设计应满足环保要求。若进气系统设置消声装置，应对消声器采取可靠措施避免其内衬和填料被带入气流，如隔板结构； （8）进气道应采取有效的防腐蚀措施，如在进气系统管道内喷涂防腐蚀材料； （9）对防冰有要求的燃气轮机，应配置进气防冰系统，控制系统应能对结冰发出报警并能自动或手动启动防冰系统； （10）在进气系统最终过滤介质下游的系统中应采取防止螺栓、铆钉或其他连接件被带入空气流的措施； （11）进气系统进气口的位置选择应考虑其他可能影响进气湿度、温度的因素，如水塔、疏水箱、热源等。为使空气中的灰尘含量减至最小，进气口高于地面或任何邻近的大块平面（如屋顶）不宜小于5m	（1）设计时未提出技术要求，每项扣1分； （2）进气系统设计不符合要求，每项扣2分
2.1.9	油系统设计	5	（1）应设计足够容量的润滑油储能器（如高位油箱），一旦油泵及系统发生故障，储能器能够保证机组安全停机，不发生轴瓦烧坏、轴颈磨损；	（1）设计时未提出技术要求，每项扣1分； （2）油系统设计不符合要求，每项扣2分

表（续）

序号	评价项目	标准分	评价内容与要求	评分标准
2.1.9	油系统设计	5	（2）润滑油泵应采用两种或以上的独立动力源。辅助油泵应实现自动控制，在燃气轮机的启动、运行与停机过程中能自动投入工作，使油系统建立或维持必要的油压。应急油泵应能保证在辅助油泵发生故障或失去交流电源的情况下自动投入； （3）润滑油系统应采用带有切换功能的全流量双联油滤，并设置于润滑油母管的初端。应采用激光打孔滤网，并有防止滤网堵塞和破损的措施； （4）润滑油系统应设计有净化再生功能，如配置移动式在线润滑油净化装置及其接口； （5）润滑冷油器切换阀应有可靠的防止阀芯脱落的措施，避免阀芯脱落堵塞润滑油通道导致断油、烧瓦； （6）各润滑油泵出口应设有防止润滑油回流的逆止阀，润滑油系统中还应配置必要的测点、控制及保护装置，如供/回油压力、供/回油温度、油箱负压等测点，阀门、开关及仪表等控制和保护装置； （7）宜设置主油箱油位低跳机保护，并采取测量可靠、稳定性好的液位测量方法和信号三取二的方式，保护动作值应考虑机组跳闸后的惰走时间； （8）润滑油系统应设计能够有效调节润滑油温度的措施； （9）在液压油进入伺服阀的管路上应安装专门的油滤； （10）辅助液压油泵与主液压油泵应采用两路独立动力源驱动，且应实现自动控制，在需要时自动投入或退出； （11）液压油系统应设置带有切换功能的双联全流量油滤，其油滤应配备进出口差压显示和报警装置以监控油滤的污染程度； （12）液压油系统应设计有净化再生功能； （13）液压油系统应设置供油压力、蓄能器压力、过滤器压差等测点，液压供油总管上应设置相应的逆止阀、减压阀、排气阀及压力补偿装置等； （14）液压油系统的所有管道和管件均应采用不锈钢材料，液压油管道系统的所有焊口应全部经无损检验合格	（1）设计时未提出技术要求，每项扣1分； （2）油系统设计不符合要求，每项扣2分
2.1.10	其他辅助系统设计	5	（1）应配备在线/离线清洗系统。 （2）冷却和密封空气系统设计合理，透平高温部件的冷却通道应由燃气轮机结构	（1）设计时未提出技术要求，每项扣1分；

表（续）

序号	评价项目	标准分	评价内容与要求	评分标准
2.1.10	其他辅助系统设计	5	保证，冷却介质一般取自压气机的抽气；轴承密封用的冷却空气宜取自压气机。 （3）对飘尘和风沙较大的运行环境，罩壳通风系统应采用加压过滤通风系统。 （4）燃气轮机控制和保护系统的配置应满足要求	（2）辅助系统设计不符合要求，每项扣1分
2.1.11	燃料供应设备及系统设计	5	（1）燃料系统应满足制造厂对燃料的各项要求（包括温度、压力、机械杂质含量及粒径大小等）。 （2）进厂气体燃料压力达不到燃气轮机要求时，应配置增压装置。 （3）燃气轮发电机组应设计天然气计量和分析测点：进厂的天然气管道上应设置天然气监测取样设施（如在线气相色谱分析仪、热值分析仪等）和流量测量装置；每台燃气轮机天然气进气管上应设置天然气流量测量装置（一般为涡轮流量计）、压力测点、温度测点、天然气取样点；应保证测量元件的安装位置符合要求，如前后应预留足够长的直管段。 （4）在紧靠机组燃料系统（如前置模块）的进口处，应设置一套双联精密过滤器，并带有双重进口/出口隔离阀；天然气调节系统（燃料模块）的入口应设置过滤器，并配备自动放气阀，以保证在燃气轮机停机时能自动放掉聚集在阀门之间的气体。 （5）进厂天然气总管上应设置紧急切断阀和手动关断阀，并布置在安全和便于操作的位置；进厂天然气气源紧急切断阀前总管和厂内天然气供应系统管道上应设置放空管、放空阀及取样管，在两个阀门之间应设置自动放散阀，以在输气系统停运时排除管道内剩余气体。关断阀和放散阀应采用带“三断”（断电、断气、断信号）保护功能的产品。 （6）IGCC电厂的合成气系统应具备通过注入蒸汽、氮气等方法调整热值的功能；合成气进入燃气轮机燃烧前，应经过精密过滤器滤除杂质；IGCC电厂的合成气系统应设计氮气吹扫系统	（1）设计时未提出技术要求，每项扣1分； （2）燃料系统设计不符合要求，每项扣1分
2.1.12	防火防爆设计	10	（1）进出天然气调压站的天然气管道应设置紧急切断阀和手动关断阀，两个阀门之间应配置自动放散阀。在事故状况下应易于接近和操作。 （2）室内天然气调压站、燃气轮机与联合循环发电机组厂房内应设置可燃气体泄漏报警装置，其报警信号应引至集中火灾报警控制器；燃气轮机燃烧室应安装火焰探测器，若火焰熄灭应迅速切断燃料。	（1）设计时未提出技术要求，每项扣1分； （2）查看天然气系统图纸、配置情况，防火防爆设计不符合要求，每项扣2分

表（续）

序号	评价项目	标准分	评价内容与要求	评分标准
2.1.12	防火防爆设计	10	（3）为保证正常运行中惰性气体置换系统与天然气系统的有效隔离，惰性气体置换系统管道上应加装双重隔离阀门，并在合适位置加装止回阀。 （4）燃气区域应设有防止静电荷产生和聚集的措施和可靠的防静电接地装置，天然气区域的设施应设有可靠的防雷装置。 （5）应对可能发生的燃料、润滑油和电气设备起火的区域设置危险气体、火灾检测与保护系统，该系统应能满足火警探测、灭火保护、防止火焰复燃的要求。 （6）应采用独立的消防给水系统，消防给水系统的设计压力应保证消防用水总量达到最大时，在任何建筑物内最不利点处水枪的充实水柱达到标准要求	（1）设计时未提出技术要求，每项扣1分； （2）查看天然气系统图纸、配置情况，防火防爆设计不符合要求，每项扣2分
2.1.13	燃气轮机设备制造	10	（1）监造单位和人员应满足要求； （2）监造项目应齐全（可参考附录A）； （3）监造报告和总结按时提供、内容符合要求； （4）燃气轮机装配过程中应特别对转子装配、静子装配、转子动平衡、转子吊入气缸、转子找中、油系统清洁度等重要工序进行质量控制，并应满足相关要求； （5）对发现的重大问题或重要检验/试验项目，应协助进行检测、分析，确定处理方案。如有不符或达不到标准要求的，应督促制造厂采取措施处理，直至满足要求，并提交不一致性报告； （6）燃气轮机设备的储存和装运应符合标准要求	（1）设备监造单位和人员不符合要求，扣2分； （2）监造项目不完整，每项扣3分； （3）监造过程不符合要求，每项扣2分； （4）监造报告和总结不符合要求，每项扣2分
2.2	安装、调试阶段监督	70	查看安装、调试、监理技术资料，现场抽查	
2.2.1	安装单位和监理单位	5	（1）安装单位和监理单位应具备相应的资质； （2）安装单位应根据施工合同、制造厂（成套商）的技术文件和图纸编写有关施工方案和作业指导书； （3）监理单位应编制监理计划、实施细则，其编制依据、内容应符合DL/T 5434的相关要求； （4）监理单位应组织安装单位、制造厂现场技术代表、电厂共同完成燃气轮机设备安装说明书中规定的检查和验收程序，如安装检查记录卡和点检卡	（1）安装单位和监理单位不符合要求，扣2分； （2）安装单位编制的技术文件、监理单位编制的文件不符合要求，每项扣2分； （3）监理单位未履行检查、验收程序，每项扣2分

表（续）

序号	评价项目	标准分	评价内容与要求	评分标准
2.2.2	设备到厂验收和安装前的保管	5	（1）应由电厂、监理单位、安装单位及设备制造厂共同参加，按照装箱清单、有关合同及技术文件对设备进行验收检验，并做好验收记录； （2）燃气轮机设备安装前的保管应符合 DL/T 855 和制造厂技术文件的规定，其备品、配件和暂时不安装的零部件，应采取适当防护措施妥善保管，不得使其变形、损坏、锈蚀、错乱或丢失	（1）设备到厂验收不符合要求，每项扣 2 分； （2）设备安装前的保管不符合要求，每项扣 2 分；由于保管不当导致设备损坏严重，每项扣 5 分
2.2.3	燃气轮机本体安装	20	（1）燃气轮机本体的安装应严格执行制造厂规定的工序和验收标准，不得因设备供应、图纸交付、现场条件等原因更改安装程序； （2）应在基础养护期满后，燃气轮机就位前、后，机组安装完毕且二次灌浆前，24h 试运行后等时间节点进行沉降观测，并做好记录； （3）燃气轮机进口可转导叶及其执行机构的安装应符合制造厂要求； （4）燃气轮机台板与支承装置安装，燃气轮机本体安装、对中，基础二次灌浆、本体管道安装等工作应符合 GB 50973—2014、DL/T 5210.3—2009 的规定； （5）应开展包括转子扬度测量、最小轴向通流间隙测量、中心复查、联轴器连接前后圆周晃度测量、对称螺栓和螺母重量差测量、螺栓紧固、滑销系统间隙测量等项目； （6）自动同步装置（SSS 离合器）的安装位置、安装尺寸应符合制造厂的技术要求，其螺栓应对角紧固，力矩应符合制造厂要求； （7）二次灌浆选用的浆料应符合制造厂设计文件的要求，二次灌浆层的灌浆施工应连续进行且应单侧灌浆，使浆料充满灌浆层的所有空间； （8）燃气轮机本体管道（包括空气管道、燃料管道、润滑油管道、液压油管道）的安装应严格按图施工，并符合制造厂的要求	燃气轮机本体安装不符合要求，每项扣 4 分
2.2.4	燃气轮机辅助设备安装	10	（1）燃气轮机罩壳安装应保证密封良好，应按制造厂要求进行烟雾试验或透光试验，并合格。 （2）进气过滤反吹装置安装完成后应按制造厂技术文件要求进行反吹试验并做好试验记录。	燃气轮机辅助设备安装不符合要求，每项扣 2 分

表（续）

序号	评价项目	标准分	评价内容与要求	评分标准
2.2.4	燃气轮机辅助设备安装	10	（3）进气通道封闭前，应按 DL/T 5210.3—2009 中表 4.24.4-3 要求组织进气系统封闭专项检查和验收。应重点检查防腐涂层的完整性，并清理灰尘，保证进气通道表面的清洁度达到制造厂的技术要求；进气通道封闭后应开展透光试验和淋水试验并经检查验收合格。 （4）排气系统封闭前应按 DL/T 5210.3—2009 中表 4.24.5-3 要求组织排气系统封闭专项检查和验收。 （5）润滑油油箱的事故排油管应接至事故排油坑，系统注油前应安装完毕并确认畅通。主油箱事故放油阀应串联设置两个钢制手动截止阀，操作手轮设在距油箱 5m 以外的地方，且有两个以上通道，手轮应挂有“事故放油阀，禁止操作”的标志牌，手轮不应加锁。 （6）润滑油系统管路安装完成后，应按制造厂技术文件要求进行循环清洗，循环清洗后油质和清洁度应符合制造厂技术文件的要求。 （7）天然气（合成气）管道应按 GB 50251 的有关规定进行验收；天然气（合成气）管道试压前应进行清管和吹扫。 （8）天然气（合成气）系统管道安装和吹扫完成后，应进行强度试验；强度试验合格后，应进行严密性试验。 （9）管道上流量测量、节流装置的安装应符合制造厂技术文件规定，特别应保证上、下游直管段长度足够。 （10）所有管道按技术文件要求安装完成后，应按 DL 5190.5 的规定对管道进行严密性试验，合格后进行吹扫及清洗	燃气轮机辅助设备安装不符合要求，每项扣 2 分
2.2.5	调试单位	5	（1）燃气轮机设备及系统的调试工作应由具有相应调试能力资格的单位承担。燃气轮机启动调试的专业负责人应具备同类型燃气轮机组的调试经验。 （2）施工单位应编制单机试运技术方案或措施，调试单位应编制分系统和整套启动调试措施，并经专业试运小组审核。燃气轮机专业应编制燃气轮机燃料系统、通风系统、天然气调压系统、冷却及密封系统、水冲洗系统、二氧化碳灭火系统等分系统调试措施、反事故措施及燃气轮机整套启动试运措施，调试措施的编写应符合 DL/T 5294 的基本要求。 （3）制造厂负责调试的部分应按合同执行，并由建设单位组织调试、监理、建设、生产单位验收签证	（1）调试单位不符合要求，扣 2 分； （2）调试单位编制的调试措施不符合要求，每项扣 2 分； （3）制造厂负责调试部分未按合同执行，每项扣 2 分

表（续）

序号	评价项目	标准分	评价内容与要求	评分标准
2.2.6	辅助系统试运	10	（1）各辅助系统应完成的调试项目（含试验）应符合 DL/T 5294 的要求。 （2）润滑油和液压油的选用应符合制造厂规定，油循环程序应符合要求，循环后油质应合格（化验报告）。 （3）应完成进口可转导叶（IGV）、燃料关断阀、燃料调节阀等油动机行程调整。 （4）燃料关断阀、燃料调节阀等带快速关闭功能的液压阀门，应测取阀门的关闭时间，并应满足制造厂的要求。 （5）燃气轮机液体及气体燃料的各项物理、化学性质均应符合制造厂技术文件的规定。 （6）燃料供应系统的管道应进行清洁处理；各隔离阀、泄油阀、放气阀、高压滤网应按制造厂技术文件规定进行调整；天然气管道吹扫及系统气体置换应符合 GB 50973—2014 的要求。 （7）应完成二氧化碳灭火保护系统的声光报警装置调试和实际喷出试验	（1）辅助系统试运项目不完整，每项扣 2 分； （2）试运结果不合格，每项扣 2 分
2.2.7	燃气轮机组整套启动试运	15	（1）燃气轮机组整套启动前，应完成控制系统静态整定，包括超速保护装置、超温保护装置、调速系统、熄火保护装置、温度控制系统、低油压保护、超振保护系统、润滑油温度限值、燃料控制系统、火焰探测器等的整定；进行转速控制、液压超速跳闸、超温保护、燃料控制系统、燃料流量分配器、启动控制、振动保护、火焰探测器、燃烧波动保护等试验，并应进行燃料关断阀动作试验、机械超速跳闸装置手动试验、手动危急跳闸试验、火灾报警跳闸试验及燃气轮机、蒸汽轮机、余热锅炉、发电机之间的大连锁试验。 （2）燃气轮机启动程序应符合制造厂要求，启动过程及定速后，相关重要监视参数正常。 （3）燃气轮机组空负荷试运应完成机组启动装置投运试验、燃气轮机首次点火和空负荷燃烧调整试验、并网前的电气试验、机组打闸试验、机组超速试验。 （4）燃气轮机组带负荷试运应完成燃气轮机燃烧调整试验、发电机假同期试验、发电机并网试验、机组超速保护试验、燃气轮机最低负荷稳燃试验、自动快减负荷（RB）试验。 （5）燃气轮机正常停机应测取转子惰走时间及曲线	（1）燃气轮机整套启动前应完成的整定和试验不完整，每项扣 2 分； （2）燃气轮机启动程序不符合要求，相关重要监视参数异常，每项扣 2 分； （3）燃气轮机组空负荷试运、带负荷试运应完成的试验项目不完整，每项扣 4 分； （4）燃气轮机停机未测取惰走曲线，扣 4 分

表（续）

序号	评价项目	标准分	评价内容与要求	评分标准
2.3	运行阶段监督	170	查看运行分析、相关技术资料和记录，集控室查看，现场抽查	
2.3.1	运行监视参数	10	燃气轮机运行期间的监视参数应符合5.6.2的要求	运行监视参数不符合要求，每项扣2分
2.3.2	保护投入情况	10	燃气轮机组启动前应投入全部保护；机组正常运行中，严禁退出保护，确需退出保护的，应办理申请票，经生产副厂长批准，值长下令退出保护，并记录退出保护原因，保护退出期间应制定相应的防护措施和应急预案，确保达到保护参数时，立即打闸停机。燃气轮机运行期间应投入的保护见5.6.2.2规定	重要保护未正常投入，每项扣4分
2.3.3	运行规程、系统图及措施	10	（1）应依据燃气轮机设备技术资料及相关法律法规、运行检修经验、安全工作规程等要求，组织相关专业人员编制燃气轮机组运行规程和系统图，并根据现场运行经验、制造商技术更改文件、设备异动情况、控制参数更改整定单等定期进行修订； （2）应制定燃气轮机运行节能措施（包括启停机阶段），并监督执行情况	（1）运行规程及系统图未按时修订和发布，扣2分；运行规程编制不符合实际、不完善，扣3分； （2）未制定运行节能措施，扣3分； （3）运行节能措施未按要求执行，每项扣2分
2.3.4	典型事故防范与处理措施	15	（1）应根据制造厂设备技术资料、《防止电力生产事故的二十五项重点要求》等制定燃气轮机组典型事故防范与处理措施，至少应包括燃气轮机超速，燃气轮机轴瓦损坏，燃气轮机轴系弯曲、断裂，燃气轮机轴系振动异常，燃气系统泄漏爆炸，燃气轮机热部件烧蚀，燃气轮机叶片打伤，压气机喘振，燃气轮机排气温度异常，燃气轮机燃烧不稳定等； （2）应建立典型事故防范与处理措施落实情况记录	（1）未制定事故防范与处理措施，扣10分； （2）事故防范与处理措施未及时修订，或未落实，每项扣4分
2.3.5	燃气轮机运行分析（含事故）	15	（1）电厂应建立燃气轮机组重要运行参数历史数据台账，并定期统计和分析。燃气轮机运行参数分析应以新机组投产后或大修后的机组首次启动运行数据为参考基准进行，通过对运行数据的分析比较，判断机组是否存在异常状况。 （2）应建立燃气轮机事故档案，详细记录事故名称、性质、原因和处理、防范措施	（1）未定期开展运行分析，不得分； （2）定期分析不深入、不完整，每项扣2分； （3）燃气轮机事故分析不到位，每项扣10分

表（续）

序号	评价项目	标准分	评价内容与要求	评分标准
2.3.6	燃气轮机燃料供给和调节系统	20	（1）燃料调节阀、截止阀、控制阀无卡涩现象，燃料调节阀调节灵敏、稳定，燃料截止阀、控制阀严密，燃料喷嘴前逆止阀严密、动作正常； （2）燃气增（或减）压装置、主燃油泵工作正常，燃料压力正常； （3）燃料调节阀的控制伺服阀伺服特性正常； （4）燃料清吹系统、放散系统工作正常	燃气轮机燃料供给和调节系统工作不正常，每项扣5分
2.3.7	燃料监督	10	燃料成分、物理特性应满足燃气轮机制造厂的技术要求，并满足当地环保规定。天然气的组成成分应按 GB/T 13610 规定进行分析化验，安装有在线色谱仪和热值仪的电厂应对其进行定期校验；天然气中总硫含量、硫化氢含量的测定应按 GB/T 11060 进行；天然气发热量、密度、相对密度和沃泊指数的计算应按 GB/T 11062（等效于 ISO 6976）进行。天然气分析化验项目及依据可参考附录 B	（1）未开展燃料定期化验分析，不得分； （2）化验仪器未定期校验，每项扣2分； （3）燃料化验项目不全、计算方法不正确，每项扣1分
2.3.8	润滑油、液压油系统监督	10	（1）润滑油油质应符合 ASTM D4378-03 和 ASTM D4304-06a 的要求，润滑油的维护管理应按 GB/T 7596 执行；液压油油质、运行监督及维护管理应按 DL/T 571 和 GB/T 11118.1 执行；并应同时符合燃气轮机制造厂的技术要求。 （2）主润滑油泵、辅助油泵、直流油泵运转正常，切换正常。 （3）油箱油位计指示正常，冷油器出口润滑油温度正常，过滤器滤网差压合格，润滑油母管压力合格。 （4）液压油油压正常，过滤器滤网差压合格	（1）油质化验和维护管理不符合要求，每项扣2分； （2）润滑油、液压油达不到要求，每项扣5分
2.3.9	燃气轮机启动	10	（1）应完成检修后的检查与试验； （2）应进行启动前条件检查； （3）根据启动状态的不同，应严格按照制造厂提供的启动曲线控制机组启动； （4）燃气轮机启动时应安排人员就地监视，应注意倾听声音是否正常、振动是否过大，启动到慢车时应到现场巡查，确认无异常漏油、漏气、漏水和异常振动等情况时方可并网	燃气轮机启动不符合要求，每项扣2分

表（续）

序号	评价项目	标准分	评价内容与要求	评分标准
2.3.10	燃气轮机运行	10	（1）运行中应密切监视各运行参数及其变化值应不超限（如5.6.2所述），当运行参数出现异常情况时应及时分析、处理，并报告相关人员； （2）在燃气轮机组启动或升、降负荷时，应密切监视燃料压力是否满足要求，若压力过低应检查调压站运行情况或与管网调度联系调整，在天然气压力满足要求前不得盲目加负荷； （3）应进行燃气轮机设备的定期巡回检查和维护，做好记录（查看运行值班记录/日志，运行交接班记录）	燃气轮机运行不符合要求，每项扣2分
2.3.11	燃气轮机停机	10	（1）停机过程应注意观察是否存在异常声音、振动、轴承温度等参数，应监视机组解列至熄火的时间和对应转速是否正常，监视熄火后机组惰走情况是否正常。 （2）机组发生紧急停机时，应严格按照制造厂要求连续盘车若干小时以上，才允许重新启动点火，以防止冷热不均发生转子振动大或残余燃气引起爆燃而损坏部件。调峰机组应按制造厂要求控制两次启动间隔时间，防止出现通流部分刮缸等异常情况。 （3）燃气轮机组停机后，应根据停机时间的长短，按照制造厂的技术要求，采取相应的保养措施（如燃气轮机本体可采用干燥空气保养法）	燃气轮机停机不符合要求，每项扣2分
2.3.12	燃气轮机运行定期工作开展情况	20	（1）应按表1所列内容开展定期试验、切换、校验、检查等工作； （2）对于定期工作，应详细记录时间、过程和结果，如果试验结果异常，应进行原因分析	（1）燃气轮机运行定期工作未按要求开展，每项扣4分； （2）定期工作开展不符合要求，未记录，每项扣2分
2.3.13	运行维护阶段的防火防爆	15	（1）燃气系统区域应建立严格的防火防爆管理制度，应制定完善的防火、防爆应急救援预案，并定期组织演练（查看制度、预案及演练总结）。 （2）应做好燃气系统日常巡检、维护与检修工作，定期对燃气系统进行火灾、爆炸风险评估，对可能的危险及影响应制定和落实风险削减措施（查看巡检、检修记录）。 （3）燃气泄漏和火灾探测器应定期（每月）维护、清洁，每季度进行一次校验，并及时更换失效的探测器，确保测量可靠，防止发生因测量拒报而发生火灾（查看定期维护记录）。 （4）燃气系统中设置的安全阀应启闭灵敏，每年至少委托有资质的检验机构检验、校验一次（查看安全阀校验记录）	（1）未按要求开展运行维护阶段的防火防爆工作，每项扣2分； （2）现场抽查天然气系统严密性，发现漏点每处扣5分

表（续）

序号	评价项目	标准分	评价内容与要求	评分标准
2.3.13	运行维护阶段的防火防爆	15	（5）燃气管道应有良好的防雷、防静电接地装置，并定期进行检测。调压站等天然气区域的防雷装置每年应进行两次检测（其中在雷雨季节前检测一次），接地电阻不应大于 10Ω。每组专设的防静电接地装置的接地电阻不应大于 100Ω，防静电装置每年检测不得少于两次（查看防雷、防静电检测记录）。 （6）应向进入危险爆炸区域的运行、检修人员配备便携式有害气体检测装置（现场检查有害气体检测装置配备情况）。 （7）进入燃气系统区域（调压站、燃气轮机）前，应先消除静电（设防静电球），应穿防静电工作服，严禁携带火种，禁止使用手机等非防爆通信工具和电子产品。对于进入燃气区域的外来参观人员不得穿易产生静电的服装（如化纤类服装）、带铁掌的鞋，不准带移动电话及其他易燃、易爆品进入调压站、燃料模块。燃气区域严禁照相、摄影	
2.3.14	燃气轮机设备编码及标识	5	（1）阀门名称、编码、开关方向标识应齐全、清晰； （2）管道涂色或色环、介质名称及流向应齐全、清晰； （3）主设备及主要附属设备名称、编码标识应齐全、清晰； （4）主、辅转动设备的转动方向标识、执行机构开关方向应齐全、清晰	燃气轮机设备编码及标识不符合要求，每项扣 1 分
2.4	检修维护及技术改造监督	200	查看检查之日前三年的检修技术资料，现场抽查	
2.4.1	检修前的准备工作	30	（1）燃气轮机设备检修工艺标准（检修规程）及修订记录应存档、规范，且及时修订。设备经重大改造后应修订完善检修规程。 （2）燃气轮机的检修间隔、检修等级和停用时间原则上应按制造厂规定执行，同时应在机组停机时利用孔探仪对机组的实际运行状况进行检查，综合考虑孔探仪检查的结果和机组在实际运行过程中发现的问题来确定具体的检修日期和检修范围，以确保机组运行的安全可靠并降低检修费用。 （3）燃气轮机检修的范围和内容应依据制造厂技术文件确定，9FA 燃气轮机组的检修可参照 DL/T 1214—2013 执行。	（1）燃气轮机检修规程未及时修订，扣 2 分； （2）燃气轮机检修间隔、范围的确定不符合要求，扣 5 分； （3）未编制燃气轮机组检修计划、检修文件包等，每项扣 3 分； （4）燃气轮机检修计划编制不符合要求，每项扣 2 分； （5）燃气轮机检修施工方案、检修文件包等编制不符合要求，每项扣 2 分

表（续）

序号	评价项目	标准分	评价内容与要求	评分标准
2.4.1	检修前的准备工作	30	（4）应根据已确定的检修范围，编制燃气轮机组检修实施计划、检修进度网络图、检修现场定置管理图，确定检修外包与自干项目，明确作业时间与人员安排。在编制检修计划时应充分考虑和关注燃气轮机制造厂不断更新的技术通知函（TIL）。 （5）应根据制造厂技术资料编写施工方案、检修工艺、检修文件包等，制定特殊项目的工艺方法、质量标准、技术措施、组织措施和安全措施，并根据质量要求和作业流程，设置H点和W点。 （6）对于投产运行时间较短、检修次数较少的电厂，宜外聘有资质、有能力的监理单位承担燃气轮机检修期间的监理工作。施工单位（承包商）应具有相应的资质、业绩和完善的质量保证体系	（1）燃气轮机检修规程未及时修订，扣2分； （2）燃气轮机检修间隔、范围的确定不符合要求，扣5分； （3）未编制燃气轮机组检修计划、检修文件包等，每项扣3分； （4）燃气轮机检修计划编制不符合要求，每项扣2分； （5）燃气轮机检修施工方案、检修文件包等编制不符合要求，每项扣2分
2.4.2	燃气轮机本体检修	40	（1）燃气轮机设备的解体、检查、修理和复装应严格按照工艺要求、质量标准、技术措施进行，应进行过程控制，应有详尽的技术检验和技术记录。 （2）检修质量监督管理宜实行质检点检查和三级验收相结合的方式。质检人员应按照检修文件包的规定，对H点、W点进行检查和签证。检修过程中发现的不符合项，应填写不符合项通知单，并按相应程序处理。 （3）拆卸前应进行检修前数据测量、对中检查，并做好记录和分析。若对中检查结果与制造厂安装规程中的对中要求、机组安装时的原始对中记录或上一次检修后复装时的对中记录偏差较大，应认真查找和分析原因并采取有效的解决措施。 （4）设备解体后，应及时测量各项技术数据，并对设备进行全面检查，查找设备缺陷。 （5）应要求施工单位或制造厂提供热通道部件的损伤评估报告和可修复性评估报告，根据各部件的损伤情况，分类选择性进行延寿和修复。必要时应将拆下的零部件送回制造厂或有资质单位进行检查和评估。 （6）应建立转子技术台账，包括制造厂提供的转子原始缺陷和材料特性等原始资料，历次转子检修检查资料，燃气轮机主要运行数据、运行累计时间、主要运行方式、冷热态启停次数、启停过程中的负荷变化率、主要事故情况的原因和处理，有关转子金属监督技术资料。并应根据转子档案记录，定期对转子进行分析评估，把握其寿命状态。 （7）设备经过修理，符合工艺要求和质量标准，经验收合格后才可进行复装。复装时应做到不损坏设备、不装错零部件、不将杂物遗留在设备内	（1）查看检修过程记录，如解体报告、复装报告、质量验收文件等。燃气轮机本体检修不符合要求，每项扣4分； （2）未建立转子技术台账，扣10分；转子技术台账不完善，扣2分

表（续）

序号	评价项目	标准分	评价内容与要求	评分标准
2.4.3	燃气轮机辅助设备检修	30	（1）进气系统的检修应开展燃气轮机空气过滤器滤网清理和更换、进气道清扫、内部密封严密件检查、紧固件检查、防冰系统检查等工作； （2）燃气轮机冷却空气系统的检修应开展燃气轮机罩壳内、外冷却空气管道法兰螺栓紧固程度检查、空气冷却器内部焊口和紧固件检查等工作； （3）燃气轮机油系统的检修应开展油泵检修、冷油器清洗、漏油点消缺等工作； （4）天然气系统的检修应开展过滤器清理和更换、天然气泄漏点消缺、天然气排污系统检修、泄漏阀门检修、增压装置检修、天然气接地装置检修与测试等工作； （5）燃料控制系统检修应开展清吹阀、燃料调节阀、燃料关断阀的检查、校验、试验工作； （6）燃气轮机危险气体检测与灭火系统检修应开展二氧化碳储罐检查、系统管道和阀门检查、安全卸压阀检修、探测器检查与试验等工作	查看检修总结、检修记录、质量验收文件，燃气轮机辅助设备检修不符合要求，每项扣2分
2.4.4	检修后验收、试运行	20	（1）检修后应及时开展相关试验工作，如燃气轮机组功率及热效率试验、振动测试、重要保护（超速保护和熄火保护）动作情况，以评价检修效果。 （2）在检修验收阶段，修复公司还应提供相关修复技术文件，具体可参见表4所列项目。 （3）燃气轮机检修完毕后，应及时对检修工作进行总结并作出技术经济评价（冷、热态）。检修总结（报告）应包括检修过程简述、检修过程中发现的问题及处理情况、遗留问题、对机组运行的建议、更换的主要零部件列表、各类检查记录表及附图。 （4）设备或系统有更改变动，应及时在运行和检修规程中进行修订。 （5）应建立燃气轮机热通道部件返修使用记录台账	（1）燃气轮机检修后未验收，不得分； （2）燃气轮机检修后评价、相关试验工作不符合要求，每项扣4分； （3）燃气轮机热通道部件返修记录台账不完善，扣4分
2.4.5	燃气轮机设备台账	20	（1）燃气轮机设备台账可参考附录C建立； （2）检修结束后应及时对燃气轮机设备台账进行动态维护和更新	（1）未建立台账，每项扣5分； （2）台账未更新或无动态维护扣2分；台账不完善扣2分

表（续）

序号	评价项目	标准分	评价内容与要求	评分标准
2.4.6	检修中节能项目开展情况	20	为确保通过检修，使得联合循环热力系统循环效率有所提高，在燃气轮机检修过程中应重点对以下环节或项目进行监督： 1）气流通道上气封间隙调整； 2）燃气轮机动、静叶片的修复、改造； 3）燃气轮机动、静叶片的清洁处理； 4）燃气轮机各缸体结合面的处理； 5）燃气轮机气缸上各放气管与气缸的密封； 6）压气机 IGV、进气系统和排气系统的检查、清理； 7）燃气轮机系统设备、管道及阀门的保温修复； 8）大修前、后燃气轮机热力性能试验	检修中未按要求开展节能项目，每项扣4分
2.4.7	检修维护项目开展情况	30	（1）电厂应根据制造厂技术文件要求，制定设备定期维护工作表，明确责任人，按时完成定期维护工作。 （2）按5.7.3.4规定应开展的燃气轮机设备及系统的定期维护项目主要包括：定期孔探检查、压气机清洗、过滤器清洁维护和滤芯更换等，定期维护工作应有详细记录	（1）未制定定期维护项目列表，扣10分； （2）定期维护项目开展不符合要求，记录不完整，每项扣4分
2.4.8	技术改造	10	对于可提高机组功率、机组效率、增强调峰能力、降低污染物排放、延长机组寿命等重大燃气轮机改造项目，应进行可行性研究，制定改造方案、施工措施，并进行改造前、后性能试验，评价改造效果	技术改造不符合要求，每项扣2分
2.5	燃气轮机振动监督	40	查看设备技术资料、DCS画面、现场查看	
2.5.1	振动测量仪器	10	（1）用于燃气轮机振动的测量仪器系统应能测量宽频带振动，其频率范围应从10Hz到转轴最高旋转频率的6倍以上； （2）转轴振动测量系统应定期校正； （3）振动测量位置合理	燃气轮机振动测量仪器不符合要求，每项扣3分
2.5.2	振动监视与分析	30	（1）燃气轮机振动限值应符合制造厂规定，振动保护正常投入。 （2）应测取机组启、停的各阶段临界转速及其振动值。 （3）在机组振动出现异常时，应绘制机组异常振动的启停波特图，与机组典型启停波特图作对比，分析机组启停时的振动状况。测量和记录运行过程中设备振动和与振动有关的运行参数、设备状况，对异常振动及时进行分析处理。 （4）应根据燃气轮机轴系结构特点建立振动监督台账，并及时更新和分析。 （5）运行中，燃气轮机组振动值在制造厂要求范围内	（1）燃气轮机振动监视与分析不符合要求，每项扣5分； （2）未建立燃气轮机振动台账，扣10分； （3）燃气轮机组振动值超出制造厂要求范围，扣10分

表（续）

序号	评价项目	标准分	评价内容与要求	评分标准
2.6	燃气轮机试验监督	40	查看试验报告、现场查看	
2.6.1	性能试验	30	（1）应委托有资质的试验单位开展； （2）性能试验测点、试验仪器满足要求； （3）性能试验应包括热力性能试验、振动试验、污染物排放性能试验和噪声试验，应执行 GB/T 28686—2012、GB/T 11348、GB/T 18345、GB 14098、ISO 10494 等标准； （4）试验工况、试验的次数和持续时间应遵循试验标准的规定，以获得可靠的参数平均值并减少试验不确定度； （5）功率、热耗率、排气流量或能量、排气温度等试验结果的计算应考虑进行修正； （6）试验报告的编写应符合 GB/T 14100—2009 和 GB/T 28686—2012 的要求，性能试验报告应包括摘要、试验描述、计算和结果、试验设备和仪器、附录等内容； （7）燃气轮机功率、热耗率（效率）等性能达到合同保证值	（1）燃气轮机组性能试验不符合要求，每项扣 5 分； （2）试验报告不规范，每项扣 3 分； （3）燃气轮机性能达不到合同保证值，每项扣 10 分
2.6.2	燃烧调整试验	10	（1）在 5.9.3.1 规定的情况下应开展燃烧调整试验； （2）燃烧调整试验应同时保证燃气轮机燃烧安全稳定且污染物排放满足国家排放标准； （3）试验单位应及时提供燃烧调整试验报告，并对运行提出可操作性强的建议	燃气轮机燃烧调整试验不符合要求，每项扣 3 分

中国华能集团公司
CHINA HUANENG GROUP
中国华能集团公司联合循环发电厂技术监督标准汇编
Q/HN-1-0000.08.032—2015

技术标准篇

联合循环发电厂热工监督标准

2015 - 05 - 01 发布
2015 - 05 - 01 实施

目　次

前言……130
1　范围……131
2　规范性引用文件……131
3　总则……132
4　监督技术标准……133
　4.1　设备选型阶段监督……133
　4.2　设备安装阶段监督……144
　4.3　系统调试阶段监督……146
　4.4　试生产及验收阶段监督……146
　4.5　运行维护阶段监督……147
　4.6　检修管理……150
　4.7　热控定期试验管理……151
　4.8　热工计量监督……152
5　监督管理要求……153
　5.1　监督基础管理工作……153
　5.2　日常管理内容和要求……155
　5.3　各阶段监督重点工作……159
6　监督评价与考核……161
　6.1　评价内容……161
　6.2　评价标准……161
　6.3　评价组织与考核……161
附录A（规范性附录）　热工监督及控制系统性能指标……162
附录B（规范性附录）　主要热工仪表和控制系统……164
附录C（规范性附录）　热工保护投退申请单……166
附录D（资料性附录）　热工保护逻辑定值单……167
附录E（资料性附录）　F级及以上燃气轮机机组A级检修W、H点质检项目及热工监督项目……168
附录F（资料性附录）　A级检修后评价报告（热工专业）……171
附录G（资料性附录）　热工监督定期工作内容……176
附录H（规范性附录）　技术监督不符合项通知单……178
附录I（规范性附录）　技术监督信息速报……179
附录J（规范性附录）　联合循环发电厂热工技术监督季报编写格式……180
附录K（规范性附录）　联合循环发电厂热工监督预警项目……184

附录 L（规范性附录） 技术监督预警通知单……185
附录 M（规范性附录） 技术监督预警验收单……186
附录 N（规范性附录） 技术监督动态检查问题整改计划书……187
附录 O（规范性附录） 联合循环发电厂热工技术监督工作评价表……188

前　　言

为加强中国华能集团公司联合循环发电厂技术监督管理，确保联合循环发电机组安全、经济、稳定运行，特制定本标准。本标准依据国家和行业有关标准、规程和规范，以及中国华能集团公司联合循环发电厂的管理要求，结合国内外发电的新技术、监督经验制定。

本标准是中国华能集团公司所属联合循环发电厂热工监督工作的主要依据，是强制性企业标准。

本标准由中国华能集团公司安全监督与生产部提出。

本标准由中国华能集团公司安全监督与生产部归口并解释。

本标准起草单位：西安热工研究院有限公司、华能国际电力股份有限公司。

本标准主要起草人：任志文、段四春、焦道顺、瞿虹剑、张维、周昭亮、王靖程、刘欢、姚玲玲。

本标准审核单位：中国华能集团公司安全监督与生产部、中国华能集团公司基本建设部、西安热工研究院有限公司、中电联标准化管理中心、浙江省电力科学研究院、深圳能源集团股份有限公司东部电厂、杭州华电半山发电有限公司、华能国际电力股份有限公司。

本标准主要审核人：赵贺、武春生、罗发青、张俊伟、蒋宝平、孙长生、刘雁杰、潘勇进、邹东、金宏、杜红纲、马晋辉。

本标准审定：中国华能集团公司技术工作管理委员会。

本标准批准人：寇伟。

本标准为首次制定。

联合循环发电厂热工监督标准

1 范围

本标准规定了中国华能集团公司（以下简称“集团公司”）联合循环发电厂热工监督相关的技术要求及监督管理、评价要求。

本标准提及的余热锅炉为无补燃型。

本标准适用于集团公司联合循环发电厂（以下简称“电厂”）的热工技术监督工作，IGCC电厂可参考执行。

2 规范性引用文件

下列文件对于本文件的应用是必不可少的。凡是注日期的引用文件，仅注日期的版本适用于本文件。凡是不注日期的引用文件，其最新版本（包括所有的修改单）适用于本文件。

GB/T 2887　计算机场地通用规范

GB/T 14099.3　燃气轮机　采购　第3部分：设计要求

GB/T 14099.8　燃气轮机　采购　第8部分：检查、试验、安装和调试

GB/T 14099.9　燃气轮机　采购　第9部分：可靠性、可用性、可维护性和安全性

GB/T 14100　燃气轮机　验收试验

GB/T 14411　轻型燃气轮机控制和保护系统

GB 50093　自动化仪表工程施工及质量验收规范

GB 50660　大中型火力发电厂设计规范

DL/T 261　火力发电厂热工自动化系统可靠性评估技术导则

DL/T 655　火力发电厂锅炉炉膛安全监控系统验收测试规程

DL/T 656　火力发电厂汽轮机控制系统验收测试规程

DL/T 657　火力发电厂模拟量控制系统验收测试规程

DL/T 658　火力发电厂开关量控制系统验收测试规程

DL/T 659　火力发电厂分散控制系统验收测试规程

DL/T 774　火力发电厂热工自动化系统检修运行维护规程

DL/T 822　火电厂计算机监控系统试验验收规程

DL/T 838　发电企业设备检修导则

DL/T 855　电力基本建设火电设备维护保管规程

DL/T 924　火力发电厂厂级监控信息系统技术条件

DL/T 996　火力发电厂汽轮机电液控制系统技术条件

DL/T 1012　火力发电厂汽轮机监视和保护系统验收测试规程

DL/T 1056　发电厂热工仪表及控制系统技术监督导则

DL/T 1083　火力发电厂分散控制系统技术条件

DL/T 1091　火力发电厂锅炉炉膛安全监控系统技术规程
DL/T 1210　火力发电厂自动发电控制性能测试验收规程
DL/T 1212　火力发电厂现场总线设备安装技术导则
DL/T 1213　火力发电机组辅机故障减负荷技术规程
DL/T 1340　火力发电厂分散控制系统故障应急处理导则
DL/T 5004　火力发电厂试验、修配设备及建筑面积配置导则
DL/T 5174　燃气-蒸汽联合循环电厂设计规定
DL/T 5175　火力发电厂热工控制系统设计技术规定
DL/T 5182　火力发电厂热工自动化就地设备安装、管路、电缆设计技术规定
DL 5190.4　电力建设施工技术规范　第 4 部分：热工仪表及控制装置
DL 5190.5　电力建设施工技术规范　第 5 部分：管道及系统
DL/T 5210.4　电力建设施工质量验收及评价规程　第 4 部分：热工仪表及控制装置
DL/T 5227　火力发电厂辅助系统（车间）热工自动化设计技术规定
DL 5277　火电工程达标投产验收规程
DL/T 5294　火力发电建设工程机组调试技术规范
DL/T 5428　火力发电厂热工保护系统设计技术规定
DL/T 5455　火力发电厂热工电源及气源系统设计技术规程
DL/T 5456　火力发电厂信息系统设计技术规定
国能安全〔2014〕161 号　防止电力生产事故的二十五项重点要求
华能安〔2007〕421 号　防止电力生产事故重点要求
中国华能集团公司火电工程设计导则（第一部分）
中国华能集团公司电力检修标准化管理实施导则（2013 版）
中国华能集团公司发电厂热工监督标准（2014 年）
Q/HN-2-0000.08.001—2010　华能电厂安全生产管理体系评价办法
Q/HN-1-0000.08.049—2015　中国华能集团公司电力技术监督管理办法
华能安〔2011〕271 号　电力技术监督专责人员上岗资格管理办法（试行）
热工技〔2010〕7 号　火电厂热控系统可靠性配置与事故预控

3　总则

3.1　热工监督是保证火力发电厂设备安全、经济、稳定、环保运行的重要基础工作，应坚持“安全第一、预防为主”的方针，实行全过程技术监督。

3.2　热工监督的目的是通过对热工仪表及控制装置进行正确的系统设计、设备选型、安装调试、维护、检修、检定、调整、技术改造和技术管理等工作，保证热工设备完好与正确可靠工作。

3.3　本标准规定了联合循环发电厂热工自动化设备在设计选型、安装、调试、试生产、验收、运行维护、检修等阶段的监督内容，热控定期试验和计量监督管理要求，以及热工监督管理要求、评价与考核标准，它是联合循环发电厂热工监督工作的基础，也是建立热工技术监督体系的依据。

3.4　各电厂应按照集团公司《华能电厂安全生产管理体系要求》《中国华能集团公司电力技

术监督管理办法》中有关技术监督管理和本标准的要求，结合本厂的实际情况，制定电厂热工监督管理标准；依据国家和行业有关标准和规范，编制、执行运行规程、检修规程和检验及试验规程等相关/支持性文件；以科学、规范的监督管理，保证热工监督工作目标的实现和持续改进。

3.5 电厂的热工监督范围包括如下控制系统及热工仪表（不限于此）。

3.5.1 联合循环控制系统。

a） 燃气轮机控制系统。
b） 汽轮机控制系统。
c） 余热锅炉控制系统。
d） 发电机控制系统。
e） 机组辅助系统（BOP）。
f） 电厂辅助控制系统。
g） 供热控制系统。

3.5.2 热工仪表及控制装置。

a） 检测元件（燃气泄漏、温度、压力、流量、转速、振动、物位、位移、火焰等传感器）。
b） 脉冲管路（一次门后的管路及阀门等）。
c） 控制线路及测量回路（补偿导线、补偿盒、热控电缆、电缆槽架、支架、接线盒及端子排等）。
d） 指示仪表及控制设备（指示、累计仪表、数据采集装置、智能前端、调节器、执行机构等）。
e） 工艺信号设备（光字牌、信号灯及音响装置、大屏幕及 LED 等）。
f） 汽轮机监视仪表、在线分析仪表、过程监视控制计算机［包括分散控制系统（DCS）、燃气轮机控制系统（TCS）、可编程序控制器（PLC）等］。
g） 后备控制设备（燃气轮机、蒸汽轮机、发电机、真空破坏门、润滑油泵、密封油泵等）。

3.5.3 计量监督。

a） 热工标准实验室。
b） 计量标准器具及装置。
c） 热工计量人员。

3.6 从事热工监督的人员，应熟悉和掌握本标准及相关标准和规程中的规定。

4 监督技术标准

4.1 设备选型阶段监督

4.1.1 设备选型监督

4.1.1.1 热工设备选型应符合 GB 50660、DL/T 5174、DL/T 5175、DL/T 5182 等相关标准的要求。

4.1.1.2 在设备设计选型中，针对机组特点进行，选用技术先进、质量可靠的设备和元件。

4.1.1.3 对于新产品和新技术，应在取得成功的应用经验后方可在设计中采用。从国外进口的产品，包括成套引进的热工自动化系统，也应是技术先进并有成熟应用经验的系统和产品，不得正式纳入工程选用范围。

4.1.1.4　随生产厂家配套提供的各种检测、控制设备的形式规范和技术功能，除在技术上已有明确规定外，应可由用户根据实际要求进行选择，厂家应对拟配套提供的各种设备和装置提出至少三种可选择的产品供用户选用。

4.1.1.5　随主辅设备本体成套配置的检测仪表和执行设备，应满足机组运行、热工自动化系统的功能及接口技术等要求。在同一工程中，应使配套的仪表和控制设备选型统一。

4.1.1.6　热工控制和保护系统选型监督：

a）联合循环机组热工控制和保护系统的选型应符合 DL/T 5174、DL/T 5175、DL/T 5227 等相关标准及反事故措施的要求。

b）电厂应采用 DCS。DCS 的选型宜满足一体化的控制要求，并应具有良好的开放性并易于扩展，同时还应具有良好的防病毒入侵能力。

c）燃气轮机的控制装置应由燃气轮机供货商负责随机配置，其选型应坚持成熟、可靠的原则。燃气轮机控制装置应具有数据采集与处理、自动控制、保护和联锁等功能，应提供与外系统进行通信的硬件和软件（通信规约和通信数据清单）。应具有专用的通信接口与联合循环发电机组的分散控制系统进行通信，通信链两端的计算机要兼容，通信速率和数据格式应满足要求。

d）辅助控制系统的设备选型宜采用相同型号或相同系列的产品。

e）热工控制和保护系统设计选型的具体要求详见 4.1.2。

4.1.1.7　现场仪表和控制设备的选型监督：

a）热工就地仪表和控制设备选型应符合 DL/T 5174、DL/T 5182 等相关标准及反事故措施的要求。

b）阀门、检测元件等就地设备的选型，应满足工艺标准和现场使用环境的要求。

c）变送器应选择高性能的智能变送器或现场总线智能变送器，变送器的性能应满足热工监控功能的要求。

d）除燃气轮机供货商提供随机配置的执行机构外，可根据联合循环机组对控制对象的要求采用适宜的现场总线执行机构，对环境温度较高或力矩较大的被控对象，宜选用气动执行器。要求动作速度较快的被控对象，也可采用液动执行机构。执行机构力矩的选择要留有适当的裕量。

e）电动执行机构和阀门电动装置应具有可靠的制动性能和双向力矩保护装置；当执行机构失去电源或失去信号时，应能保持在失信号前或失电源前的位置不变，并具有供报警用的输出接点。

f）气动执行机构应根据被操作对象的特点和工艺系统的安全要求选择保护功能，即当失去控制信号、失去仪用气源或电源故障时，保持位置不变或使被操作对象按预定的方式动作。

g）汽轮机调节汽门阀位反馈装置（如 LVDT）应采用冗余方式设计，由于主设备原因不具备安装冗余阀位反馈装置条件时，应采用经实际使用验证确实安全可靠的阀位反馈装置。

h）天然气及氢气区域的热工装置应采用防爆型，严禁使用对人体有害的仪表。

i） 在燃气轮机罩壳、天然气调压、天然气预处理系统及其他天然气易泄漏的区域应布置危险气体检测设备。

j） 在燃气轮机轮机罩壳等高温气体可能泄漏的区域应布置温度测点。

k） 在可能引起火灾的区域应布置火灾检测探头并配置自动气体灭火装置。

l） 就地盘箱柜等含有电子部件的室外就地设备，其防护等级为IP56；安装在室内的仪表盘柜，其防护等级为IP52。

4.1.1.8 电缆及电缆桥架选择选型监督：

a） 电厂的电缆选择与敷设应符合GB 50660、DL/T 261、DL/T 1340、DL/T 5182等相关标准及反事故措施的规定。

b） 主厂房及输气、输油和其他易燃易爆场所须选用C类阻燃电缆。对进入燃气轮机本体、汽轮机本体、余热锅炉本体及调压站、燃气管道和其他易燃易爆场所的电缆，选用耐高温阻燃电缆。

c） 热电偶补偿电缆屏蔽形式采用对绞分屏加总屏。

d） 计算机电缆屏蔽形式采用分屏。

e） 控制电缆屏蔽形式原则上考虑采用总屏。

f） 除有腐蚀的车间外，其他桥架一律采用镀锌钢桥架。

4.1.1.9 厂级监控信息系统（SIS）选型监督：

a） 电厂厂级监控信息系统（SIS）的设计应遵循DL/T 5456、DL/T 924等相关标准及反事故措施的要求。

b） 系统配置应结合工程实际情况合理规划，满足用户功能需求，并应留有足够的扩展接口。

c） SIS和机组DCS应分别设置独立的网络，信息流应按单向设计，只允许DCS向SIS发送数据，当工程中SIS向DCS发送控制指令或设定值指令时，应采取硬接线方式实现，并在SIS侧和DCS侧分别设置必要的数据正确性判断功能。

d） SIS网络形式选用1000M以太网标准网络，网络通信容量应按照可满足将全厂和今后扩建各台机组连入的要求选取。

e） SIS宜通过远程终端单元（Remote Terminal Unit，RTU）与电力系统的能量管理系统（EMS）进行信息交换，从EMS通过RTU，用硬接线方式接受总的负荷指令进行机组间负荷优化分配计算。

f） 与其他系统的接口方式力求安全，控制系统和控制装置按照SIS的要求进行配合。SIS与其他系统之间的数据为单向传输，并应设置硬件防火墙，满足二次防护要求。

4.1.2 热工控制和保护系统设计监督

4.1.2.1 热工控制和保护系统设计应遵循GB/T 14099.3、GB/T 14411、GB 50660、DL/T 5174、DL/T 5175、DL/T 5182、DL/T 1083、DL/T 1091、DL/T 996、DL/T 5227等相关标准及反事故措施的要求。

4.1.2.2 电厂应采用燃气轮机—余热锅炉—汽轮机和发电机组（包括除氧给水）集中控制方式。在集中控制室内或就地控制室内以操作员站为监控的中心，实现联合循环机组自启停（APS）、运行工况的监视和调整及事故处理的功能，并应满足经常快速启停的要求。

4.1.2.3 电厂的控制与保护系统应设计为“故障保险状态”，以满足联合循环机组安全、经济运行和启停的要求。

a）用于保护燃气轮机的开关量输入测量仪表设计为“常闭”，即当燃气轮机正常运行时，接点闭合，当有故障时，接点断开。

b）用于燃气轮机保护的模拟量测量仪表，应具有超量程情况下连续不断地进行监视和坏质量判断报警功能。

c）当电源发生故障时，所有开关量输出使机组保持在安全状态。

d）受控装置的控制指令和位置反馈回路宜设计为冗余，当位置反馈出现错误时，应使机组处于安全状态。

e）重要测量仪表和控制装置应有隔离设备，以允许系统运行时进行更换。

4.1.2.4 当电厂有两套及以上机组，公用系统应设置公用控制系统网络，并经过通信接口与机组控制系统相连，实现全厂集中管理。

4.1.2.5 全厂热工自动化系统应能抑制网络风暴。

4.1.2.6 控制站的配置可以按功能划分，也可按工艺系统功能区划分。配置时应考虑项目的工程管理和电厂的运行组织方式，并兼顾分散控制系统的结构特点。控制站的划分应满足现场运行的要求。

4.1.2.7 控制回路应按照保护、联锁控制优先的原则设计，以保证人身和机组设备的安全；分配控制任务应以一个部件（控制器、输入/输出模件）故障时对系统功能影响最小为原则。

4.1.2.8 控制器模件和输入/输出模件（I/O 模件）的冗余，应根据不同厂商的分散控制系统结构特点和被控对象的重要性来确定。

a）控制器模件通过内部总线带多个 I/O 模件时，完成数据采集、模拟量控制、开关量控制的控制器模件均应冗余配置。

b）控制器模件本身带有控制输出和相应的信号输入接口又通过总线与其他输入模件通信时，完成模拟量控制的控制器模件以及完成重要信号输入任务的模件应冗余配置。

c）控制器及重要保护系统的 I/O 卡应采用冗余配置，重要 I/O 信号应分配在不同的模件中，且宜采用不同回路的供电电源。

4.1.2.9 辅助车间以下控制点宜采用远程 I/O 控制站（布置在各自车间内），通过光纤接至机组 DCS，实现一体化监视控制。

a）燃料控制系统（包括燃气系统、天然气调压站系统）。

b）化学水处理系统（包括化学补给水、凝结水精处理、汽水取样、化学加药等）。

c）循环水控制系统。

d）综合及雨水排污控制系统。

e）氢气控制系统。

f）空气压缩机控制系统等。

条件不具备时，上述各控制点辅助系统也可采用 PLC 组网，与机组密切相关的重要信号通过硬接线方式接至机组 DCS，在集中控制室进行监视控制。

4.1.2.10 调压站控制系统中天然气紧急关断阀、天然气流量等重要信号应通过硬接线方式接至机组 DCS。紧急关断阀、放散阀电源宜采用冗余热备方式供电。

4.1.2.11 燃气轮机火灾报警及消防的控制系统可采用 PLC 控制，在火灾情况下应具备使燃气轮机紧急停运行的措施。燃气轮机火灾报警控制系统与燃气轮机控制系统信号传输应采用硬接线方式，对于动作停机或重要风机等设备的保护通道应采用冗余输出。燃气轮机火灾报警及消防的控制系统应与全厂集中消防报警系统联网，实现集中监控。

4.1.2.12　需要经常进行有规律性操作的系统宜采用顺序控制。顺序控制的功能应满足机组启动、停止及正常运行工况的控制要求。

a）机组自启停（APS）功能。

b）主/辅机、泵、阀门、挡板等设备的联锁、顺序控制及试验操作。

c）局部设备故障跳闸时，相关设备的联锁及顺序控制。

d）状态报警、联动及单台机组的保护。

4.1.2.13　燃气轮机辅机设备应有相应的电气、工艺联锁及保护（不限于此）：

a）控制油泵。

b）润滑油泵。

c）罩壳风机。

d）润滑油排烟风机。

4.1.2.14　汽轮机设备应有相应的电气、工艺联锁及保护（不限于此）：

a）润滑油系统中的交流润滑油泵、直流润滑油泵、顶轴油泵和盘车装置。

b）凝结水泵、闭式冷却水泵以及其他各类水泵。

4.1.2.15　余热锅炉辅机设备应有相应的电气、工艺联锁及保护（不限于此）：

a）给水泵。

b）低压再循环泵。

4.1.2.16　发电机设备应有相应的电气、工艺联锁及保护（不限于此）：

a）密封油泵。

b）定子冷却水泵。

4.1.2.17　公用系统应有相应的电气、工艺联锁及保护（不限于此）：

a）循环水泵。

b）空气压缩机。

4.1.2.18　当机组顺序控制功能不纳入分散控制系统时，应采用 PLC 实现其功能，并应与分散控制系统有通信接口。辅助工艺系统的开关量控制可由 PLC 实现。

4.1.2.19　顺序控制设计中应遵守保护、联锁操作优先的原则。在顺序控制过程中出现保护、联锁指令时，应中断控制进程，并使工艺系统按照保护、联锁指令执行。顺序控制在自动运行期间发生任何故障或运行人员发出中断指令时，可中断运行程序，使工艺系统处于安全状态。顺序控制系统应有防误操作的措施。

4.1.2.20　电厂机组应有较完善的热工模拟量控制系统，并考虑燃气轮机—余热锅炉—汽轮机间的协调控制。

4.1.2.21　电厂的燃气轮机调节系统应具有温度控制、转速控制、负荷控制等功能。

4.1.2.22　电厂自动控制系统的各控制方式，应实现无扰动切换。

4.1.2.23　联合循环发电机组联锁保护和重要控制系统的检测信号应冗余配置，具有质量判断、偏差大报警和自动切换等功能。

4.1.2.24　机柜内的模件应允许带电插拔而不影响相应系统的正常工作。模件的种类和规格应标准化。当工作控制器故障时，系统应能自动切换到冗余控制器工作，并在操作员站上报警。

处于后备的控制器应能根据工作控制器的状态不断更新自身的信息。

4.1.2.25 冗余控制器的切换时间和数据更新周期应满足 DL/T 261 的要求。

4.1.2.26 事件顺序记录系统（Sequence Of Event，SOE）点数的配置必须满足工艺系统要求，对于重要的主、辅机保护及联锁信号，必须作为 SOE 点进行记录。SOE 点的记录分辨率应小于或等于 1ms。

4.1.2.27 操作员站及少数重要操作按钮的配置应能满足机组各种工况下的操作要求，特别是紧急故障处理的要求。紧急停机停炉按钮配置，应采用与 DCS 分开的独立电气操作回路直接动作用于设备，以保证安全停机、停炉的需要。

4.1.2.28 操作员站及工程师站上，热工重要保护系统的投入和切除应有“状态指示”画面，以防止保护解除或恢复不到位的情况发生。

4.1.2.29 一次调频功能是联合循环机组的必备功能之—，不应设计可由运行人员随意切除的操作窗口，保证一次调频功能始终在投入状态。

4.1.2.30 汽包水位保护用的水位信号，应按照“先进行补偿运算、然后再进行三取二选取”的原则进行组态设计。

4.1.2.31 重要辅机应采用脉冲信号控制，以防止 DCS 失电而导致停机停炉时引起这些设备误停运，造成设备的损坏。

4.1.2.32 重要辅机的电动机绕组及轴瓦温度的检测宜选用热电偶测量元件；若已选用 Pt100 等热电阻元件，则应根据温度信号变化率进行检测信号的质量判断。为防止保护误动和拒动，温度信号变化率宜在 5℃/s～10℃/s 之间选择。

4.1.2.33 热网站控制功能可纳入机组 DCS。

4.1.3 热工保护和报警系统设计监督

4.1.3.1 热工保护系统设计应遵循 DL/T 5428 等相关标准及反事故措施的规定，重点应符合下列要求：

a） 热工保护系统的设计应有防止误动和拒动的措施，保护系统电源中断或恢复不会发出误动作指令。

b） 热工保护系统应遵守下列“独立性”原则：

  1） 跳闸保护系统的逻辑控制器应单独冗余设置。

  2） 保护系统应有独立的 I/O 通道，并有电隔离措施。

  3） 冗余的 I/O 信号应通过不同的 I/O 模件引入。

  4） 触发机组跳闸的保护信号的开关量仪表和变送器应单独设置，当确有困难而需与其他系统合用时，其信号应首先进入保护系统。

  5） 机组跳闸命令禁止通过通信总线传送。

c） 机组跳闸保护回路在机组运行中宜能在不解列保护功能和不影响机组正常运行情况下进行动作试验。

d） 停燃气轮机、停汽轮机、解列发电机动作原因应设事件顺序记录，并具有事故追忆功能。

e） 热工保护系统输出的操作指令应优先于其他任何指令，即执行“保护优先”的原则。

f） 保护回路中不应设置供运行人员切、投保护的任何操作按钮。

4.1.3.2 对机组保护功能不纳入分散控制系统的机组，其功能可采用可编程控制器或继电器实现。当采用可编程控制器时，宜与分散控制系统有通信接口，将监视信息送入分散控制系统。

4.1.3.3 燃气轮机应设以下保护（不限于此）：

a）燃气轮机超速。

b）火焰熄灭。

c）天然气泄漏。

d）天然气压力低。

e）燃气轮机排气压力高。

f）燃气轮机压气机喘振。

g）燃气轮机排气温度高或分散度大。

h）燃气轮机叶片通道温度高或分散度大。

i）燃气轮机振动大。

j）润滑油压低。

k）润滑油温高。

l）遮断控制油压低。

m）燃气轮机区域着火。

n）手动停机。

4.1.3.4 余热锅炉应设有下列保护（不限于此）：

a）汽包（高、中、低压）水位高或低。

b）烟道挡板关。

c）给水泵全停。

d）凝泵全停。

e）对应的燃气轮机事故跳闸。

4.1.3.5 汽轮机应设有下列保护（不限于此）：

a）汽轮机超速。

b）凝汽器真空低。

c）润滑油压低。

d）汽轮机轴承振动大。

e）汽轮机轴向位移大。

f）汽轮机数字电液控制系统失电。

g）汽轮机防进水保护。

4.1.3.6 控制系统应设计辅机故障快速减负荷（RunBack，简称RB）功能。

4.1.3.7 重要辅机（如给水泵、凝结水泵）的热工保护应按电厂热力系统的运行要求，并参照辅机制造厂的技术规范进行设计。

4.1.3.8 热工报警可由常规报警和/或数据采集系统中的报警功能组成。热工报警应包括下列内容：

a）工艺系统热工参数偏离正常运行范围。

b）热工保护动作及主要辅助设备故障。

c）热工监控系统故障。

d） 热工电源、气源故障。

e） 主要电气设备故障。

f） 辅助系统故障。

g） 计算机通信系统故障。

4.1.3.9 当分散控制系统发生全局性或重大故障时（例如分散控制系统电源消失、通信中断、全部操作员站失去功能、重要控制站失去控制和保护功能等），为确保机组紧急安全停机，应设置下列独立于分散控制系统的常规操作手段（不限于此）：

a） 燃气轮机跳闸。

b） 汽轮机跳闸。

c） 发电机—变压器组跳闸。

d） 汽包事故放水门。

e） 汽轮机真空破坏门。

f） 直流事故油泵。

g） 余热锅炉安全门。

4.1.4 热工电源要求

4.1.4.1 热工电源系统设计应遵循 DL/T 5455、DL/T 5227 等相关标准及反事故措施的要求。

4.1.4.2 分散控制系统必须有可靠的两路独立的供电电源，优先考虑单路独立运行就可以满足控制系统容量要求的二路不间断电源（UPS）供电。

4.1.4.3 UPS 供电主要技术指标应满足 DL/T 5455 的要求，并具有防雷击、过电流、过电压、输入浪涌保护功能和故障切换报警显示，且进入 DCS 供电电源电压宜进入相邻机组的 DCS 以供监视；UPS 的二次侧不经批准不得随意接入新的负载。

4.1.4.4 分散控制系统机柜两路进线电源及切换/转换后的各重要装置与子系统的冗余电源均应进行监视，任一路总电源消失、电源电压超限、两路电源偏差大、风扇故障、隔离变压器超温和冗余电源失去等异常时，控制室内电源故障声光报警信号均应正确显示。

4.1.4.5 为保证硬接线回路在电源切换过程中不失电，提供硬接线回路电源的电源继电器的切换时间应不大于 60ms。

4.1.4.6 重要的热控系统双路供电回路，应取消人工切换开关；所有的热工电源（包括机柜内检修电源）必须专用，不得用于其他用途，严禁非控制系统用电设备连接到控制系统的电源装置。保护电源采用厂用直流电源时，应有发生系统接地故障时不造成保护误动的措施。

4.1.4.7 所有装置和系统的内部电源切换（转换）可靠，回路环路连接，任一接线松动不会导致电源异常而影响装置和系统的正常运行。

4.1.4.8 电源配置的一般原则：

a） 分散控制系统电源应优先采用直接取自 UPS A/B 段的双路电源，分别供给控制主、从站和 I/O 站电源模件的方案，避免任何一路电源失去引起设备异动的事件发生。

b） 操作员站、工程师站、实时数据服务器和通信网络设备的电源，应采用两路电源供电并通过双电源模块接入，否则操作员站和通信网络设备的电源应合理分配在两路电源上。

c） 分散控制系统执行部分的继电器逻辑保护系统，宜有两路冗余且不会对系统产生干扰的可靠电源。

d） 独立配置的重要控制子系统应配置两路冗余可靠电源。

e） 冗余电源的任一路电源单独运行时，应保证有不小于 30%的裕量。

f） 公用 DCS 系统电源，应取自不少于两台机组的 DCS 系统 UPS 电源。

4.1.5 仪表与控制气源要求

4.1.5.1 热工气源系统设计应遵循 DL/T 5455 等相关标准及反事故措施的要求。

4.1.5.2 气动仪表、电气定位器、气动调节阀、气动开关阀等应采用仪表控制气源，仪表取样连续吹扫防堵装置宜采用仪表控制气源。

4.1.5.3 气源装置宜选用无油空气压缩机，提供的仪表控制气源必须经过除油、除水、除尘、干燥等空气净化处理，其气源品质应符合以下要求：

a） 固体颗粒不大于 1mg/m^3，含尘颗粒直径不大于 3μm。

b） 水蒸气含量不大于 0.12g/m^3，含油量不大于 1mg/m^3。

c） 出口空气在排气压力下的露点，应低于当地最低环境温度 10℃。

d） 气源压力应能控制在 0.6MPa～0.8MPa 范围，过滤减压阀的气压设定值符合运行要求。

4.1.5.4 仪表与控制气源中不含易燃、易爆、有毒、有害及腐蚀性气体或蒸汽。

4.1.5.5 仪表与控制气源装置的运行总容量应能满足仪表与控制气动仪表和设备的最大耗气量。

4.1.5.6 当气源装置停用时，仪表与控制用压缩空气系统的贮气罐的容量，应能维持不小于 5min 的耗气量。

4.1.5.7 仪用压缩空气供气母管及分支配气母管应采用不锈钢管，至仪表及气动设备的配气支管管路宜采用不锈钢管或紫铜管；仪表控制气源系统管路上的隔离阀门宜采用不锈钢截止阀或球阀。

4.1.5.8 配气网络的供气管路宜采用架空敷设方式安装，管路敷设时，应避开高温、腐蚀、强烈振动等环境恶劣的位置。供气管路敷设时应有 0.1%～0.5%的倾斜度，在供气管路某个区域的最低点应装设排污门。

4.1.5.9 仪用压缩空气供气母管上应配置空气露点检测仪，以便于实时监测压缩空气含水状况；多台空气压缩机的启停应设计完善的压力联锁功能，以保持空气压力稳定。

4.1.6 **TCS 及 DCS 出厂验收**

4.1.6.1 TCS/DCS 出厂验收应遵循 GB/T 14099.3、GB/T 14099.8、DL/T 1083、DL/T 655、DL/T 656、DL/T 657、DL/T 658、DL/T 659、DL/T 1091 等相关标准及反事故措施的要求。

4.1.6.2 在 TCS/DCS 系统出厂验收前，有关各方应根据要求制订相应的验收方案。

4.1.6.3 TCS/DCS 系统出厂验收前必须具备下列条件：

a） 由 TCS/DCS 制造商根据合同技术附件，并按工程设计要求，完成了控制系统的设备配置和软件组态。

b） 验收项目自检合格，并提供合格的自检测试报告。

c） 供货商提供验收所需要的测试、记录设备并已准备充分，计量仪器应具有有效的计量检定合格证书，贴有有效的计量标签，其精度等级应符合计量规定的要求。

d） TCS/DCS 控制系统供应商提供标准的验收程序。

e） 出厂验收应在符合要求的控制系统供应商制造（集成）厂进行。

f） 出厂验收应在供应商完成内部测试并提供测试报告后进行。供应商应提前通知出厂验收开始时间，并提交完整的产品清单、标准验收方案、工厂标准测试文件、内部测试报告等相关文件，供用户、工程公司（设计院）、供应商三方确认。

g） 供应商提供控制系统的技术指标应满足产品规格书（手册）、供货合同、技术协议、开工会议纪要和工程会议纪要所确定的技术要求。

h） 出厂验收由供应商负责，用户、工程公司（设计院）、供应商三方技术人员共同组成完成，并签署验收测试文件。如果主控制系统与第三方系统通信集成，则第三方系统供应商应参与出厂验收。

4.1.6.4 根据 TCS/DCS 系统合同、技术协议和设计联络会纪要对 DCS 设计文档资料、图纸进行全面核对检查。

4.1.6.4.1 文档检查内容如下：

a） 工程文件：

1） 所有硬件清单。
2） 最终系统配置图。
3） 最终系统网络图。
4） 操作台布置图。
5） 辅助操作台正面布置图。
6） 各种机柜、操作台等详细尺寸图。
7） 系统供电系统图。
8） 系统接地系统图。
9） 各种机柜正、背面布置图。
10）系统内部电缆接线图。
11）各种机柜接线端子图。
12）仪表回路接线图。
13）控制系统逻辑框图等。

b） 软件文件：

全部系统软件清单及程序使用说明：

1） 所有 I/O 配置清单。
2） 最终系统网络图。
3） 硬件功能设计规格书。
4） 软件功能设计规格书。
5） 网络安全设计规格书。
6） 所有 I/O 数据表。
7） 应有软件组态文件。
8） 全部用户流程图画面。
9） 顺序控制。
10）用户报表。
11）热工报警、联锁定值表等。

4.1.6.4.2 制造厂标准文件如下：

a） 硬件详细规格书。

b） 硬件安装使用说明书。

c） 工程师手册。

d） 操作员手册。

e） 系统维护手册。

f） 系统组态手册。

g） 所有部件合格证书。

h） 安全认证证书。

i） 出厂验收测试程序。

j） 出厂包装、运输等说明书。

k） 现场验收测试程序等。

4.1.6.5 出厂验收内容应符合下列要求：

4.1.6.5.1 系统配置检查：

a） 根据设计资料对 TCS/DCS 系统的所有硬件配置进行清点、硬件连接检查、接地系统连接检查、系统设置参数检查，各设备、部件的型号、规格、数量、外观等应符合要求。

b） 按照 TCS/DCS 系统设计资料要求，检查诸如处理器负荷率、设备冗备率、设备制造商、软件的规格、数量、版本等各项性能指标符合要求。

4.1.6.5.2 功能测试：

a） 操作员站标准功能、流程图画面、分组画面、详细画面、报警画面等的显示及操作，打印制表等功能应符合要求。

b） 控制功能应符合设计要求。

4.1.6.5.3 系统性能测试：

a） 系统信号处理精度测试：测试不同类型和不同配置方式模件 I/O 通道的精度（AI、AO、DI、DO、PI 等），应符合设计要求。

b） 系统冗余功能（容错功能）测试：对冗余设计的电源、处理器、通信等配置进行切换测试，切换过程对系统运行无扰动。

4.1.7 现场验收

4.1.7.1 现场验收的前期工作应符合下列要求：

a） 设备开箱检验：各设备和部件的规格和数量应符合装箱清单，运输过程中应无损坏。

b） 设备安装检查和通电：设备安装、电源系统、接地系统应符合要求，且全部准确无误（第一次启动应由控制系统现场服务人员确认）。

c） 配合施工单位检查控制系统与现场接线的工作，确保输入信号、输出信号、信号转换、地址分配等准确无误。

d） 装载软件、装载组态数据、操作员站、控制站、工程师站应正常运行。

e） 启动系统的硬件测试程序（制造厂提供），所有硬件应正常。

4.1.7.2 现场调试和验收工作应以最终用户为主，设计、调试人员参加，制造厂负责技术指导。

4.1.7.3 系统测试、现场验收应符合下列要求：

a） 系统测试、现场验收程序，由控制系统制造厂提供，经用户认可。

b） 系统测试、现场验收应包括以下内容：

1） 审阅控制系统出厂验收结果，现场调试记录；

2） 系统功能测试（与出厂验收的内容同）；

3） 现场信号处理精度测试；

4） 系统冗余功能测试；

5） 测试控制系统与其他系统或仪表的通信；

6） 连续正常运行 72h 以上。

4.1.8 TCS/DCS 系统验收应遵循 DL/T 1083 进行分析，对系统进行评估，并按照要求形成 TCS/DCS 系统验收报告，并正式签字。

4.2 设备安装阶段监督

4.2.1 热控设备安装应遵循 GB/T 14099.8、GB/T 50093、DL 5190.4、DL 5190.5、DL/T 5182、DL/T 5210.4 和 DL/T 1212 等相关标准及反事故措施的要求。

4.2.2 设备安装前应由电厂对取源部件、检测元件、就地设备及其防护、管路、电缆敷设及接地等提出安装要求，安装单位编制安装方案报电厂审核通过后方可实施安装。

4.2.3 安装单位技术专责应在安装前对安装人员进行技术交底，以便科学地组织施工，确保安装质量。安装接线工作应由专业人员进行。

4.2.4 待安装的热工自动装置应妥善管理，防止破损、受潮、受冻、过热及灰尘浸污。施工单位质量检查人员和热工仪表及控制装置安装技术负责人应对保管情况进行检查和监督。凡因保管不善或其他失误造成严重损伤的热控系统，必须及时通知生产单位，确定处理办法。

4.2.5 热控系统施工前应全面对热控系统的布置、电缆、盘内接线盒端子接线进行核对，如发现差错和不当之处，应及时修改并做好记录。

4.2.6 在密集敷设电缆的主控室下电缆夹层及电缆沟内，不得布置热力管道、油气管以及其他可能引起着火的管道和设备。

4.2.7 新建扩建及改造的电厂应设计热控电缆走向布置图，注意强电与弱电分开，防止强电造成的磁场干扰，所有二次回路测量电缆和控制电缆必须避开热源并有防火措施。进入 DCS 的信号电缆及补偿导线必须采用质量合格的屏蔽阻燃电缆，都应符合计算机使用规定的抗干扰的屏蔽要求。模拟量信号必须采用对绞对屏电缆连接，且有良好的单端接地。

4.2.8 热工用控制盘柜（包括就地盘安装的仪表盘）及电源柜内的电缆孔洞，应采用合格的不燃或阻燃材料封堵。

4.2.9 主厂房内架空电缆与热体管路之间的最小距离应满足如下要求：

a） 控制电缆与热体管路之间距离不应小于 0.5m。

b） 动力电缆与热体管路之间的距离不应小于 1m。

c） 热工控制电缆不应有与汽水系统热工用变送器脉冲取样管路相接触的地方。

4.2.10 合理布置动力电缆和测量信号电缆的走向，允许直角交叉方式，但应避免平行走线，如无法避免，除非采取了屏蔽措施，否则两者间距应大于 1m；竖直段电缆必须固定在横挡上，且间隔不大于 2m；现场总线控制系统（FCS）通信电缆应采用独立的电缆槽盒或增加金属隔离层。

4.2.11 控制和信号电缆不应有中间接头，如必需有则应按工艺要求对电缆中间接头进行冷压或焊接连接，经质量验收合格后再进行封闭；补偿导线敷设时，不允许有中间接头。

4.2.12　测量油、水、蒸汽等的一次仪表不应引入控制室。可燃气体参数的测量仪表应有相应等级的防爆措施，其一次仪表严禁引入任何控制室。

4.2.13　凝汽器和低压加热系统用于水位测量的接管内径尺寸不小于 DN20。

4.2.14　所有可拆卸的热工温度测量用元件及其他热工仪表（包括测压装置、测温元件、补偿导线、补偿盒、液位开关等），施工单位在安装前必须进行 100%的检定，并填写符合计量检定规程标准要求的检定报告，施工监理单位及基建技术监督单位应不定期地对施工单位的检定报告进行抽查，并对重要热工仪表做系统综合误差测定，确保仪表的综合误差在允许范围内。

4.2.15　检定和调试校验用的标准仪器仪表，应具有有效的检定证书，装置经考核合格，开展与批准项目系统的检定项目。没有效检定合格证书的标准仪器仪表不应使用。

4.2.16　温度测量用保护套管，施工单位在安装前应对不同批次的套管进行随机抽样，并进行金属分析检查，确认所用材质与设计材质一致。对检查结果应按金属分析检验报告的标准要求，做出检验报告备查。

4.2.17　流量测量用的孔板、喷嘴等测量元件，施工单位在安装前，应按孔板（或喷嘴）计算书中所给出的几何尺寸，检查确认其孔板、喷嘴的正确性，并确认其安装正确。

4.2.18　汽包水位测量用单室平衡容器取样管路的安装，必须满足如下要求：

a） 当差压式水位测量装置采用外置式单室平衡容器时，正压侧取样管应从平衡容器侧面引出，并按 1:100 下倾延长 1m 以上，且引出点应略低于汽侧取样管。

b） 管路敷设应整齐、美观、牢固，减少弯曲和交叉，不应有急弯和复杂的弯。成排敷设的管路，其弯头弧度应一致。

c） 当汽包水位测量装置采用内置式单室平衡容器的测量方法时，汽包内的取样器及管路，应视为取样管，其倾斜方向要和汽包外取样管路一致，整个管路不应有垂直凸凹的弯曲，不应发生“气塞”或“水塞”，影响汽包水位计正常运行。当不能避开其他管路或设备时，可水平弯曲。

d） 管路水平敷设时，应保持坡度大于 1:100。测量管内不应有影响测量的气体或凝结水。对于差压式水位测量装置，一次门前的汽侧取样管应使取样孔侧低，水侧取样管应使取样孔侧高；对于联通管式水位测量装置，汽侧取样管应使取样孔侧高，水侧取样管应使取样孔侧低。

4.2.19　测量管道压力时，测点应设置在流速稳定的直管段上，不应设置在有涡流的部位。

4.2.20　测量不同介质时压力取样孔的位置确定：

a） 测量气体压力时，测点在管道的上部。

b） 测量液体压力时，测点在管道的下半部与管道的水平中心线成 45° 角的范围内。

c） 测量蒸汽压力时，测点在管道的上半部及下半部与管道水平中心线成 45° 角的范围内。

4.2.21　当压力测量与温度测量同在时，按介质流向，压力测点在前，温度测点在后。

4.2.22　当在有控制阀门的管道上测量压力时，其压力测点与阀门的距离应满足如下要求：

a） 在阀门上游时（按介质流向），压力测点与阀门的距离不得小于 $2D$（D 为管道的直径）。

b） 在阀门下游时（按介质流向），压力测点与阀门的距离不得小于 $5D$。

4.2.23 测量低于 0.1MPa 的压力时，应尽量减少引压管液柱高度引起的测量误差。对联锁保护用压力开关及电接点压力表动作值进行整定时，应修正由于测量系统液柱高度产生的误差。

4.2.24 现场总线设备应选择经过国际现场总线组织授权机构认证的设备，协议版本应统一。

4.2.25 现场总线设备地址、通信速率、控制模式应设置正确，现场总线设备地址设定时需注意数据格式 16 进制和 10 进制的区分。

4.2.26 现场布置的热工设备应根据需要采取必要的防护、防冻和防爆措施。

4.3 系统调试阶段监督

4.3.1 热工设备调试应遵循 DL 5277 等相关标准及反事故措施的要求。

4.3.2 新投产机组的热控系统调试应由有相应资质的调试机构承担。调试单位和监督、监理单位应参与工程前期的设计审定及出厂验收等工作。

4.3.3 新投产机组在调试前，调试单位应针对机组设备的特点及系统配置，编制热工保护装置和热工自动调节装置的调试大纲和调试措施，以及详细的热工参数检测系统及控制系统调试计划。调试措施的内容应包括各部分的调试步骤、完成时间和质量标准。调试计划应详细规定热工参数检测系统及控制系统在新机组分部试运和整套启动两个阶段中应投入的项目、范围和质量要求。为此，必须在调试计划的安排中保证热工保护和自动调节系统有充足的调试时间和验收时间。

4.3.4 新投产机组热控系统的启动验收应按国家及行业的有关规定进行。新建燃气轮机组的各项设备及重要仪器、仪表，未安装完毕并经验收检验合格前，燃气轮机组不应启动。安全保护系统在未调试合格前，燃气轮机组不允许交付生产运行。

4.3.5 安装、调试单位应将设计单位、设备制造厂家和供货单位为工程提供的技术资料、专用工具、备品备件以及仪表校验记录、调试记录、调试总结等有关档案材料列出清单全部移交生产单位。

4.3.6 TCS/DCS 的调试及验收应按照 DL/T 659 的要求进行。

4.3.7 调试单位在发电企业和电网调度单位的配合下，应逐套对保护系统、模拟量控制系统和顺序控制系统按照有关规定和要求做各项试验。模拟量控制系统（MCS）的试验项目和调节质量应满足 DL/T 657 的要求。顺序控制系统的试验项目和要求应满足 DL/T 658 的要求。

4.4 试生产及验收阶段监督

4.4.1 试生产期，发电企业应负责组织有关单位进行热控系统的深度调试。按照国家及行业的有关规定对遗留问题及未完项目做深入的调整和试验工作。

4.4.2 试生产期，电网调度应在安全运行的条件下，满足热控系统调试所提出的机组启动及各种不同工况负荷变动的要求。

4.4.3 试生产期内应继续提高模拟量控制系统调节品质，满足热控技术监督考核指标的规定。

a） 数据采集系统测点完好率不小于 99%。

b） 模拟量控制系统投入率不小于 98%。

c） 热工保护投入率达 100%。

d） 顺序控制系统投入率达 100%。

4.4.4 试生产期内应全面考核热控设备及热控系统，对不能达到相关规程及热控技术监督考核指标（见附录 A）要求的，应提出可行方案，定期进行消缺、完善。

4.4.5 试生产期结束前，应由发电企业或其委托的建设单位负责组织调试、生产、施工、监督、监理、制造等单位，按照 DL/T 1083、DL/T 655、DL/T 656、DL/T 657、DL/T 658、DL/T 659 的有关规定，对各项装置和系统的各项试验进行逐项考核验收。

4.4.6 试生产期结束前，至少应做好以下工作：

a） 联合循环机组调速系统的传递函数及各环节参数应由有资质的单位测试、建立可直接用于电力系统仿真的计算模型，并报所在电网调度机构确认；如发生参数变化，应及时报所在电网调度机构。

b） 新投入或大修后的机组调速系统应按国家及行业标准做过静态特性、空载扰动、甩负荷等试验，调速器的动态特性应符合标准的要求。

c） 电厂运行、检修部门中应有国家及行业相关标准，调速系统的运行、检修应按规程规定执行，运行和检修规程、试验报告（包括录波图）应齐全。

d） 超速限制控制系统（OPC）控制器处理周期应符合要求：采用硬件的 OPC 控制器的动作回路的响应时间应不大于 20ms，采用软件系统的 OPC 处理周期应不大于 50ms。

e） 新建联合循环机组应完成燃气轮机的超速保护在线试验，试验结果符合要求。

f） 应完成联合循环机组甩负荷试验，试验结果符合要求。

g） 新建联合循环机组启动前，应完成燃气轮机–余热锅炉–发电机的大联锁试验。

h） 新建联合循环机组应做燃料阀全程活动试验、压气机入口可调导叶（IGV）全程活动试验、燃气轮机抽气阀活动试验、汽轮机主汽门关闭等试验，抽气阀、主汽门和调速汽门关闭时间应满足要求。

i） 新建联合循环机组应做燃烧调整试验，试验结果应能保证机组安全稳定运行。

j） 联合循环机组重要参数的测量探头及功率、频率变送器应定期进行校验，测量系统工作应正常。

k） 联合循环机组的主保护中测量元件应定期进行校验，执行部件应定期进行试验。

l） 联合循环机组的各保护装置应随机组运行时投入。

m） 自动发电控制（AGC）试验。

n） 一次调频试验。

o） RB 试验。

4.4.7 新建机组投运 18 个月内应按照 DL/T 659 所规定的测试项目及相应的指标进行 TCS/DCS 系统性能的全面测试，确认 TCS/DCS 系统的功能和性能是否达到（或符合）有关在线测试验收标准及供货合同中的特殊约定，评估 TCS/DCS 系统可靠性，并据此修编《热工检修维护规程》中的 TCS/DCS 部分及《TCS/DCS 失灵事故处理预案》。

4.4.8 调试及试生产结束后，安装及调试单位应向电厂提交完整的技术资料和试验报告。

4.5 运行维护阶段监督

4.5.1 热工设备维护

4.5.1.1 热工仪表及控制系统的运行维护应执行 GB/T 14099.9、DL/T 261、DL/T 774、DL/T 855 等相关标准及反事故措施的要求。

4.5.1.2 对运行中的主要热工仪表及控制系统（见附录 B），热工专业应制定明确可行的巡检路线，每天至少巡检一次，并将巡检情况记录在热工设备巡检日志上。巡检记录在现场存放并安排专人每周检查。在热工设备巡检中发现重要问题，巡检人员及设备管辖班组、专业要及时逐级汇报。

a） 热工班组全年重点巡检设备为主机 TCS/DCS 系统运行工作状态（操作员站、工程师站、历史站和各控制站的运行状态）、各散热风扇运转情况及电子间环境温、湿度。

b） 热工班组日常巡检可借助红外设备对电源配线、继电器接点等重点部位进行定期普查。

c） 热工班组应制订和执行《热工接线防松动措施》，有条件应借助红外设备对电源配线、继电器接点等重点部位进行定期普查。

d） 热工班组雨季要加强露天设备巡检，防止雨水进入热工仪表及控制系统，造成测量信号失灵，导致保护误动或受控设备控制失灵。

e） 热工班组冬季要加强伴热系统巡检（南方无霜冻区域电厂除外），防止测量取样管路或控制气源管路结冰，造成测量信号失灵，导致保护误动或受控设备控制失灵。

f） 热电联产及烟气排放数据采集和传输系统，应每日对上位机数据显示、电源、通信卡件、测量卡件工作状态等进行巡检，确保数据传输正确连续。

4.5.1.3 热工检测参数指示误差符合精度等级要求，测量系统反应灵敏，数据记录存储准确，并按抽检计划进行被检测参数的系统误差测试，发现问题应认真处理。

4.5.1.4 热工仪表及控制系统标识应正确、清晰、齐全。现场测量取样管、电缆和一次设备，应有明显的名称、去向的标识牌。

4.5.1.5 所有进入热控保护系统的就地一次检测元件以及可能造成机组跳闸的就地部件，都应有明显的颜色标识，以防止人为原因造成热工保护误动。

4.5.1.6 机柜内电源端子排和重要保护端子排应有明显标识。机柜内应张贴重要保护端子接线简图以及电源开关用途及容量配置表。线路中转的各接线盒、柜应标明编号，接线盒或柜内应附有接线图，并保持及时更新。

4.5.1.7 热工仪表及控制系统盘内照明电源应由专门电源盘提供，热工仪表及控制系统电源不得做照明电源或检修及动力设备电源使用。

4.5.1.8 电子设备间要配备消防器具，并检查消防器具在有效期内，确保可靠备用。

4.5.1.9 机组运行时对振动等信号应定期检查历史曲线，若有信号跳跃现象，应引起高度重视，及时检查传感器的各相应接头是否松动或接触不良，电缆绝缘层是否有破损或接地，屏蔽层接地是否符合要求等，并进行处理。

4.5.1.10 定期对安装在振动大区域的热工设备进行专项检查，如定期检查冗余的阀门位移传感器 LVDT 反馈装置，防止芯棒螺栓松动造成芯棒脱落或调节门振荡，发现问题及时处理。

4.5.1.11 热工仪表及控制系统的操作开关、按钮、操作器（包括软操）及执行机构（包括电动门）手轮等操作装置，应有明显的开、关方向标识，并保持操作灵活、可靠。

4.5.1.12 对运行中的热工仪表及控制系统，非热工人员不得进行调整、拨动或改动，热工人员在未办理工作票的情况下，也不得进行调整、拨动或改动。

4.5.1.13 热工仪表及控制系统出现异动时，应及时进行数据追忆、备份，以便于进行异常、障碍分析。

4.5.1.14 未经生产副厂长或总工程师批准，运行中的热工仪表及控制装置盘面或操作台面不得进行施工作业。

4.5.1.15 运行中的热工信号根据工作需要暂时强制的，要办理有关手续，由热工人员执行，并指定专人进行监护。

4.5.1.16 各控制系统的工程师站应分级授权使用，机组运行中需要进行计算机软件组态、设定值修改等工作应履行审批手续，涉及主要保护及主要自动调节系统的软件组态、设定值修改等工作，原则上在机组停运时进行。

4.5.1.17 TCS/DCS 报警信号应按运行实际要求进行合理分级，避免误报、漏报和次要报警信息的频繁报警，通过对报警功能的不断完善，使报警信号达到描述正确、清晰，闪光和音响报警可靠。

4.5.1.18 主要自动调节系统在需要投运工况下不得随意退出，确需退出时间超过 24h 以上的应办理审批手续。

4.5.1.19 运行机组应每两年修订一次热工报警及保护、联锁定值，把核查热工定值工作纳入机组热工标准化检修项目中。新建机组试运行结束后 30 天内，应由运行和机务人员结合实际运行情况完成对热工定值的重新确认，由热控人员对新的热工定值的执行结果进行全面核对确认。

4.5.2 热工保护投退

4.5.2.1 热工保护投退应执行 DL/T 774 等相关标准及反事故措施的要求，保护投退申请格式可结合本厂实际参考附录 C 制订。

4.5.2.2 机组正常运行时，热工保护装置要随主设备准确可靠地投入运行。当热工保护装置退出运行后需要重新投入时，须经运行值长许可。

4.5.2.3 燃烧加速度保护、压气机喘振保护、燃气轮机轴承温度保护、燃气轮机轴承座振动保护、天然气压力保护、燃气轮机控制器故障保护、燃气轮机超速保护、燃气轮机 EH 油站压力保护、燃气轮机排气温度保护、汽包水位保护、主蒸汽压力保护、主蒸汽温度保护、再热蒸汽温度保护、汽轮机轴向位移保护、汽轮机超速保护、润滑油压保护、凝汽器真空保护、发电机定子冷却水流量保护、发电机氢气压力保护、汽轮机轴承座振动保护、汽轮机轴承温度保护、汽轮机 EH 站油压保护等（见附录 D）重要保护装置在机组运行中严禁随意退出，因故确实需要限时退出时，必须办理经生产副厂长或总工程师批准的保护退出申请。

4.5.2.4 主要辅机等配置的热工辅机跳闸保护在运行中需要限时退出时，8h 以内必须经策划部（生产部）主任或副总工程师批准，超过 8h 至 24h 以内必须经生产副厂长或总工程师批准。热工主要辅机跳闸保护长期退出运行时，需要向上级主管部门汇报备案。

4.5.3 事故预控

4.5.3.1 热工班组每月应进行缺陷统计，热工专业应汇总班组统计缺陷，选择有针对性的缺陷进行分析总结，形成月度缺陷分析报告。

4.5.3.2 热工班组应依据缺陷分析、集团技术监督季报反映的问题定期有针对性地开展隐患排查工作，并形成隐患分析报告。

4.5.3.3 TCS/DCS 系统要建立并保存故障及维护记录，每季度对系统故障和缺陷进行统计与分析工作，掌握系统的健康状况，做好备品备件准备。当 TCS/DCS 系统故障率频发，备品备件出现市场难以购买情况时，综合 TCS/DCS 系统的运行时间，在机组运行 8 年～10 年时，应对 TCS/DCS 系统进行升级改造。

4.5.3.4 根据 DL/T 1340 和机组具体情况，收集汇总同类型 TCS/DCS 异常情况的发生现象和处理方法，制订 TCS/DCS 故障后应急处理预案。结合反事故演习和技术培训，提高专业人员的应急处理能力。

4.5.3.5 燃气轮机发生着火时，应立即停止燃气轮机的运行，还应停止轮机室和辅机室通风机的运行。应将二氧化碳灭火装置投入轮机灭火系统和发电机灭火系统，分别供轮机间和发电机间进行灭火，同时使用二氧化碳和干粉灭火器进行扑救。

4.5.3.6　当燃油、压力油或润滑油泄漏或喷溅到高温热体上起火时，应首先切断油源。用泡沫、二氧化碳、1211 灭火器进行灭火，也可用石棉布覆盖灭火。如火势不减，应将发电机解列、断电、灭磁、停机，开启二氧化碳灭火装置并用泡沫灭火器或水喷雾喷射着火现场，将火扑灭。

4.6　检修管理

4.6.1　修前准备及监督项目制定

4.6.1.1　根据年度机组检修计划，修前应按照华能集团《检修标准化管理实施导则》（2013 版）的要求，进行标准检修项目和非标准检修项目的检修计划编制。具体可根据工艺系统的划分，结合热工设备的特点编制。检修计划要做到应修必修，并符合 DL/T 774 的相关要求。

4.6.1.2　机组检修前应通过操作员站、工程师站对下列设备进行检查、分析、判断，以制订和补充检修项目：

a）TCS/DCS 的模件、电源、风扇、I/O 通道、通信网络、操作员站和工程师站等。

b）测量元件、变送器、执行机构和各种盘柜。

c）模拟量控制的主要趋势记录和整定参数。

d）燃气轮机的振动、轴承金属温度、叶片通道温度、轮间温度、排气温度、压气机入口空气温度、燃气轮机排气压力、燃气轮发电机定子绕组温度、铁芯温度等。

e）汽轮机的振动、差胀、偏心、轴向位移、轴承金属温度、余热锅炉壁温、汽包水位、主蒸汽流量、压力、温度、汽轮发电机定子绕组温度、铁芯温度等。

f）核实退出的保护及其定值。

4.6.1.3　结合标准检修项目和非标准检修项目的检修计划，应明确 W 点（现场见证点）、H 点（停工待检点）质检验收要求，制定热工监督项目计划，W、H 点质检项目和热工监督项目要避免重复设置，附录 E 中设置的 W、H 点质检项目和热工监督项目，供 F 级及以上机组检修参考。原则可多于但不能少于附录 E 中设置的 W、H 点质检项目和热工监督项目。

4.6.1.4　W、H 点质检项目和热工监督项目应包括主机和主要辅机保护测量元件检查、保护定值检验、保护传动试验；机组主要检测参数系统误差测试；热工电源配置检查及切换试验；TCS/DCS 系统性能试验等。

4.6.1.5　供热机组检修应将相应热工设备列入标准检修项目。

4.6.2　检修过程质量验收

4.6.2.1　热工仪表及控制系统的检修应执行检修计划，不得漏项。热工设备检修、检定和调试按热工检修规程的要求进行，并符合 DL/T 774 及反事故措施的技术要求，做到文明检修。

4.6.2.2　热工 DCS 重点检修项目应包括停运前检查、软件检查、停运后检修。

a）电子设备室、工程师室和控制室内的空气调节系统应有足够容量，调温、调湿性能应良好；其环境温度、湿度、清洁度，应符合 GB 2887 或制造厂的规定。

b）DCS 测量通道，在主设备投入运行前要进行系统综合误差测试，实测误差满足 DL/T 774 和 DL/T 1056 的有关要求。

c）控制系统基本性能试验：冗余性能试验、系统容错性能试验。

d）检修后的 TCS/DCS 系统接地，应符合一点接地的要求，机组 A/B 级检修时，要进行接地网接地电阻测量，接地电阻值符合 DL/T 774 及设备厂家要求，接地电阻测试报告保留三个周期。设备生产厂家有特殊要求的按厂家要求执行。

e）机架、卡件卫生清扫应做好防静电措施。

4.6.2.3 改造后的 DCS 应按照 DL/T 659 要求进行基本与应用功能测试，确认 DCS 的功能和性能是否达到（或符合）有关在线测试验收标准，评估 DCS 可靠性。

4.6.2.4 对热工仪表及测量装置的校验应遵循 DL/T 774 标准，除强制性仪表以外，原则上校验周期不宜超过一个机组检修周期。

4.6.2.5 对隐蔽安装的热工检测元件（如孔板、喷嘴和测温套管等）随机组 A 级检修进行滚动拆装检查（两个 A 级检修周期滚动检查完成），焊接的检测元件可适当延长，检查测量数据要记录准确。

4.6.2.6 检修后的热工电源、母线及重要分支开关，应进行触点电阻测量记录，所有开关要合、断灵活，接触良好，双路电源的备自投要可靠。

4.6.2.7 重要保护继电器应定期检查激励电压和触点电阻，发现异常及时处理。

4.6.2.8 对于燃气轮机及汽轮机轴向位移保护、胀差保护、轴瓦振动保护、轴振动保护及轴弯曲保护中的测量元件在机组大修时必须进行检定，并出具检定合格证书，存档备查。经检定不合格的测量元件严禁使用。

4.6.2.9 检修后的主要热工仪表及 DCS 测量通道，在主设备投入运行前要进行系统综合误差测试，实测误差满足 DL/T 774、DL/T 1056 的有关要求。特殊分析仪表要根据厂家要求进行定期校验或标定。

4.6.2.10 检修后应对主要热工信号进行系统检查和试验，确认准确可靠，满足运行要求。

4.6.2.11 热工仪表及控制系统的检修工作结束后，热工盘台的底部电缆孔洞要封堵良好。

4.6.2.12 热工仪表及控制系统的检修应执行热工接线防松动措施，保证热工测量、保护、控制回路可靠性。

4.6.2.13 机组检修后，应根据被保护设备的重要程度，按《热工联锁保护传动试验卡》进行控制系统基本性能与应用功能的全面检查、测试和调整，以确保各项指标达到规程要求。整个检查、试验和调整时间，A 级检修后机组整套启动前（期间）至少应保证 72h，C 级检修后机组整套前应保证 36h，为确保控制系统的可靠运行，该检查、试验和调整的总时间应列入机组检修计划，并予以充分保证。

4.6.2.14 具体检修项目进行中实施班组、部门、厂级三级验收，参加验收人员要对检修质量做出评价。

4.6.2.15 机组 A 或 B 级检修时热工检修项目全部完成后要进行冷态验收，确保满足机组启动条件。

4.6.3 修后热工设备评价

热工设备 A/B 级检修后应按 DL/T 838 的要求，完成热工设备 A/B 级检修后评价报告，报告格式参见附录 F。

4.7 热控定期试验管理

4.7.1 热工保护传动试验应遵循 GB/T 14100、DL/T 774、DL/T 655、DL/T 1012 等相关标准及反事故措施的要求。

4.7.2 检修后在机组投入运行前机组保护系统应使用真实改变机组物理参数的办法进行传动试验，如汽机润滑油压系统保护试验和锅炉汽包水位保护试验，无法采用真实传动进行的热工试验项目，应采用就地短接改变机组物理参数方法进行传动试验，信号应从源头端加入，并尽量通过模拟物理量的实际变化。

4.7.3 在试验过程中如发现缺陷，应及时消除后重新试验。所有试验应有试验方案或试验操作单，试验结束后应填写试验报告，试验时间、试验内容、试验结果及存在的问题应填写正确。试验方案、试验报告、试验曲线等应归档保存。

4.7.4 联合循环机组的保护（包含汽轮机超速、轴向位移、振动、低油压、低真空保护等）应定期或每次机组检修后启动前进行静态试验。

4.7.5 对于设计有在线保护试验功能的机组，功能应完善，并在确保安全可靠的原则下定期进行保护在线试验。

4.7.6 燃料系统清吹阀活动试验、压气机防喘阀活动试验：长周期运行机组，每次机组停机后及机组启动前进行；频繁启停机组，每周不少于一次。

4.7.7 燃气轮机冷却风机切换试验、燃料控制阀全行程活动试验、压气机进口导叶全行程活动试验：每次检修后、每六个月一次（机组停机期间）。

4.7.8 燃气轮机超速试验、手动停机试验（每次大修后）。

4.7.9 燃气轮机的点火枪动作试验及火焰检测信号的试验，启动前进行。

4.7.10 危险气体探头校验，每三个月一次（机组停机期间）。

4.7.11 修后试验：

a） A/B/C 级检修后的联合循环机组应完成燃气轮机的超速保护在线试验，试验结果符合要求。

b） A/B/C 级检修后的联合循环机组启动前，应完成燃气轮机–余热锅炉–发电机的大联锁试验。

c） A/B/C 级检修后的联合循环机组应做燃料阀全程活动试验、IGV 全程活动试验、燃气轮机抽气阀活动试验、汽轮机主汽门关闭等试验，抽气阀、主汽门和调速汽门关闭时间应满足要求。

d） A/B/C 级检修后的联合循环机组应做燃烧调整试验，试验结果应能保证机组安全稳定运行。

4.7.12 当设备 A 级检修后、控制策略变动、调节参数有较大修改、调节品质下降等情况时，应进行扰动试验。新投入使用或检修后的调节阀，应进行阀门特性试验。试验报告中，试验日期、试验人员、审核人及试验数据应填写完整、规范，并附有相应的试验曲线。

4.7.13 机组运行过程中，控制系统在较大扰动工况下的过程数据应完整保存，便于控制系统稳定性的分析和判断。

4.8 热工计量监督

4.8.1 热工自动化试验室基本要求

4.8.1.1 热工自动化试验室的布置。

a） 热工自动化试验室应根据电厂规划总容量一次建成，热工自动化试验室宜布置在主厂房附近，可以设置在生产综合办公楼内，也可以单独设置。

b） 应在主厂房合适的位置设置热工现场维修间，用于执行器和阀门等不易搬动的现场热工设备的维修。

4.8.1.2 热工自动化试验室的环境要求。

a） 热工试验室的设计应满足 DL/T 5004 的要求。

b） 热工自动化试验室应远离振动大、灰尘多、噪声大、潮湿或有强磁场干扰的场所。试验室地面宜为混凝土或地砖结构，避免受振动影响；墙壁应装有防潮层。

c） 除恒温源间、现场维修间和备品保管间外，热工试验室的室内温度宜保持在18℃～25℃，相对湿度在45%～70%的范围内，试验室的空调系统应提供足够的、均匀的空气流。

d） 标准仪表间入口应设置缓冲间。标准仪表间应有防尘、恒温、恒湿设施，室温应保持20℃±3℃，相对湿度在45%～70%范围内。

e） 恒温源间（设置检定炉、恒温油槽的房间）应设排烟、降温装置。

f） 热工自动化试验室工作间应配备消防设施。对装有检定炉、恒温油槽的标准仪表间，应设置灭火装置。

g） 除现场维修间和备品保管间外的各工作间的照明设计应符合精细工作室对采光的要求。

4.8.2 计量标准仪器和设备配置的基本要求

4.8.2.1 用于热工自动化计量检定、校准或检验的标准计量器具，应按规定的计量传递原则传递。

4.8.2.2 热工自动化试验室的标准计量仪器和设备配置，应满足对电厂控制设备和仪表进行检定、校准和检验、调试和维修的要求。

4.8.2.3 应建立完整的标准仪器设备台账，做到账、卡、物相符。

4.8.2.4 暂时不使用的计量标准器具和仪表可报请上级检定机构封存，再次使用时需经上级检定机构启封，并经检定合格后使用。

4.8.3 量值传递

4.8.3.1 从事热工计量检定人员，应进行考核取证，做到持证上岗。

4.8.3.2 标准计量器具和设备应具备有效的检定合格证书、计量器具制造许可证或者国家的进口设备批准书，铅封应完整。

4.8.3.3 热工计量标准器具和仪表必须按周期进行检定，送检率达到100%。不合格或超过检定周期的标准器具和仪表不准使用。

5 监督管理要求

5.1 监督基础管理工作

5.1.1 热工监督管理的依据

电厂应按照《华能电厂安全生产管理体系要求》中有关技术监督管理和本标准的要求，制定热工监督标准，并根据国家法律、法规及国家、行业、集团公司标准、规范、规程、制度，结合电厂实际情况，制定热工监督定期工作标准（见附录G），编制热工监督相关/支持性文件；建立健全技术资料档案，以科学、规范的监督管理，保证热工设备安全可靠运行。

5.1.2 热工监督管理应具备的相关/支持性文件

a） 热工监督管理标准或实施细则。

b） 热工检修维护规程、系统图。

c） 热工设备定期试验管理标准。

d） 热工设备巡回检查管理标准。

e） 热工设备检修管理标准、检修维护作业指导文件。

f） 热工设备缺陷管理标准。

g） 热工设备点检定修管理标准。

h） 热工设备评级管理标准。

i） 热工设备异动管理标准。

j） 热工设备停用、报废管理标准。

k） 技术监督考核和奖惩制度。

l） 技术监督培训管理制度.

m） 其他制度。

5.1.3 技术资料档案

5.1.3.1 设计和基建阶段技术资料：

a） 热工监督相关技术规范（主/辅机、DCS 招标资料及相关文件）。

b） TCS/DCS 功能说明和硬件配置清册。

c） 热工检测仪表及控制系统技术资料（包含说明书、出厂试验报告等）。

d） 安装竣工图纸（包含系统图、实际安装接线图等）。

e） 设计变更、修改文件。

f） 设备安装验收记录、缺陷处理报告、调试报告、竣工验收报告。

5.1.3.2 设备清册及设备台账：

a） 热工设备清册。

b） 主要热控系统（TCS/DCS、TSI、PLC 等）台账。

c） 主要热控设备（变送器、执行机构等）台账。

d） 热工计量标准仪器仪表清册。

5.1.3.3 试验报告和记录：

a） TCS/DCS 各系统调试报告。

b） 一次调频试验报告。

c） AGC 系统试验报告。

d） RB 试验报告。

e） 其他相关试验报告。

5.1.3.4 日常维护记录：

a） 热工设备日常巡检记录。

b） 热控保护系统投退记录。

c） 热工自动调节系统扰动试验记录。

d） 热工定期工作（试验）执行情况记录。

e） TCS/DCS 逻辑组态强制、修改记录。

f） 热控系统软件和应用软件备份记录。

g） 热工计量试验用标准仪器仪表检定记录。

h） 热工专业培训记录。

i） 热工专业反事故措施。

j） 与热工监督有关的事故（异常）分析报告。

k）待处理缺陷的措施和及时处理记录。

l）年度监督计划、热工监督工作总结。

m）热工监督会议记录和文件。

5.1.3.5 检修维护报告和记录：

a）检修质量控制质检点验收记录。

b）检修文件包。

c）热控系统传动试验记录。

d）检修记录及竣工资料。

e）检修总结。

f）日常设备维修记录。

5.1.3.6 缺陷闭环管理记录：月度缺陷分析。

5.1.3.7 事故管理报告和记录：

a）热工设备非计划停运、障碍、事故统计记录。

b）事故分析报告。

5.1.3.8 技术改造报告和记录：

a）可行性研究报告。

b）技术方案和措施。

c）技术图纸、资料、说明书。

d）质量监督和验收报告。

e）完工总结报告和后评估报告。

5.1.3.9 监督管理文件：

a）与热工监督有关的国家法律、法规及国家、行业、集团公司标准、规范、规程、制度。

b）电厂热工监督标准、规定、措施等。

c）热工监督年度工作计划和总结。

d）热工监督季报、速报。

e）热工监督预警通知单和验收单。

f）热工监督会议纪要。

g）热工监督工作自我评价报告和外部检查评价报告。

h）热工监督人员技术档案、上岗考试成绩和证书。

i）热工计量人员资质证书、热工计量试验室标准装置定期校验报告。

j）与热工设备质量有关的重要工作来往文件。

5.1.3.10 主/辅机保护与报警定值清单（参考格式见附录F）。

5.2 日常管理内容和要求

5.2.1 健全监督网络与职责

5.2.1.1 各电厂应建立健全由生产副厂长（总工程师）领导下的热工监督三级管理网。第一级为厂级，包括生产副厂长（总工程师）领导下的热工监督专责人；第二级为部门级，包括部门热工专工；第三级为班组级，包括各专工领导的班组人员。在生产副厂长（总工程师）领导下由热工监督专责人统筹安排，协调运行、检修等部门，协调各相关专业共同配合完成热工监督工作。热工监督三级网严格执行岗位责任制。

5.2.1.2 按照集团公司《华能电厂安全生产管理体系要求》和《中国华能集团公司电力技术监督管理办法》编制电厂热工监督管理标准，做到分工、职责明确，责任到人。

5.2.1.3 电厂热工监督工作归口职能管理部门在电厂技术监督领导小组的领导下，负责热工技术监督网络的组织建设工作，建立健全技术监督网络，并设热工技术监督专责人，负责全厂热工技术监督日常工作的开展和监督管理。

5.2.1.4 电厂热工监督工作归口职能管理部门每年年初要根据人员变动情况及时对网络成员进行调整；按照监督人员培训和上岗资格管理办法的要求，定期对技术监督专责人和特殊技能岗位人员进行专业和技能培训，保证持证上岗。

5.2.2 确定监督标准符合性

5.2.2.1 热工监督标准应符合国家、行业及上级主管单位的有关标准、规范、规定和要求。

5.2.2.2 每年年初，技术监督专责人应根据新颁布的标准规范及设备异动情况，组织对热工检修维护等规程、制度的有效性、准确性进行评估，修订不符合项，经归口职能管理部门领导审核、生产主管领导审批后发布实施。国家标准、行业标准及上级单位监督规程、规定中涵盖的相关热工监督工作均应在电厂规程及规定中详细列写齐全。

5.2.3 确定仪器仪表有效性

5.2.3.1 热工计量试验室应建立热工计量用仪器仪表设备台账，根据检验、使用及更新情况进行补充完善。

5.2.3.2 根据检定周期，每年应制订热工计量试验室仪器仪表的检验计划和现场仪表及测量装置的检定计划，根据检验计划定期进行检验或送检，送检率应达到100%；对检验合格的可继续使用，对检验不合格的则送修，对送修仍不合格的作报废处理。

5.2.4 监督档案管理

5.2.4.1 为掌握热工自动化设备变化规律，便于分析研究和采取对策，电厂应建立健全热控设备台账，记录每次设备检修、故障及损坏更换原因、采取的措施和设备生产单位，台账宜有设备寿命提示功能。

5.2.4.2 根据热工监督组织机构的设置和受监设备的实际情况，应明确档案资料的分级存放地点和指定专人负责整理保管。

5.2.4.3 为便于上级检查和自身管理的需要，热工监督专责人应存有全厂热工档案资料目录清册，并负责实时更新。

5.2.4.4 热工监督管理工作制度、档案、规程及设备制造、安装、调试、运行、检修及技术改造等过程的原始技术资料，由设备管理部门负责移交档案管理部门，确保其完整性和连续性。

5.2.4.5 热工检修资料归档是热工监督档案管理的重要组成部分，应确保资料归档及时、细致、正确。检修实施过程中的各项验收签字记录、热工仪表及控制系统的变更记录、调校和试验的检定报告、测试报告、热工设备检修台账、热工图纸更改情况、原始测量记录等检修技术资料，在检修工作结束后一个月内整理完毕并归档。

5.2.5 制定监督工作计划

5.2.5.1 热工技术监督专责人每年 11 月 30 日前应组织下年度技术监督工作计划的制订工作，报送产业公司、区域公司，同时抄送西安热工研究院有限公司（简称西安热工研究院）。

5.2.5.2 电厂技术监督年度计划的制订依据至少应包括以下几方面：

a）国家、行业、地方有关电力生产方面的政策、法规、标准、规程和反措要求。

b） 集团公司、产业公司、区域公司、电厂技术监督管理制度和年度技术监督动态管理要求。

c） 集团公司、产业公司、区域公司、电厂技术监督工作规划和年度生产目标。

d） 技术监督体系健全和完善化。

e） 人员培训和监督用仪器设备配备和更新。

f） 燃气轮机主、辅设备目前的运行状态。

g） 技术监督动态检查、预警、季（月）报提出的问题。

h） 收集的其他有关热工设备设计选型、制造、安装、运行、检修、技术改造等方面的动态信息。

5.2.5.3 电厂技术监督工作计划应实现动态化，即各专业应每季度制订技术监督工作计划。年度（季度）监督工作计划应包括以下主要内容：

a） 技术监督组织机构和网络完善。

b） 监督管理标准、技术标准规范制定、修订计划。

c） 人员培训计划（主要包括内部培训、外部培训取证，标准规范宣贯）。

d） 技术监督例行工作计划。

e） 检修期间应开展的技术监督项目计划。

f） 监督用仪器仪表检定计划。

g） 技术监督自我评价、动态检查和复查评估计划。

h） 技术监督预警、动态检查等监督问题整改计划。

i） 技术监督定期工作会议计划。

5.2.5.4 电厂应根据上级公司下发的年度技术监督工作计划，及时修订补充本单位年度技术监督工作计划，并发布实施。

5.2.5.5 热工监督专责人每季度应对监督年度计划执行和监督工作开展情况进行检查评估，对不满足监督要求的问题，通过技术监督不符合项通知单下发到相关部门监督整改，并对相关部门进行考评。技术监督不符合项通知单编写格式见附录 H。

5.2.6 监督报告管理

5.2.6.1 热工监督速报的报送

电厂发生重大监督指标异常，受监控设备重大缺陷、故障和损坏事件，火灾事故等重大事件后 24h 内，应将事件概况、原因分析、采取措施按照附录 I 的格式，以速报的形式报送产业公司、区域公司和西安热工研究院。

5.2.6.2 热工监督季报的报送

热工技术监督专责人应按照本标准附录 J 的季报格式和要求，组织编写上季度热工技术监督季报，经电厂归口职能管理部门汇总后，于每季度首月 5 日前，将全厂技术监督季报报送产业公司、区域公司和西安热工研究院。

5.2.6.3 热工监督年度工作总结报送

a） 热工监督专责人应于每年 1 月 5 日前编制完成上年度技术监督工作总结，并报送产业公司、区域公司和西安热工研究院。

b） 年度热工监督工作总结报告主要内容应包括以下几方面：

1） 主要监督工作完成情况、亮点和经验与教训；

2） 设备一般事故、危急缺陷和严重缺陷统计分析；

3） 监督存在的主要问题和改进措施；

4） 下年度工作思路、计划、重点和改进措施。

5.2.7 监督例会管理

5.2.7.1 电厂每年至少召开两次厂级技术监督工作会议，会议由电厂技术监督领导小组主持，检查评估、总结、布置全厂热工技术监督工作，对热工技术监督中出现的问题提出处理意见和防范措施，形成会议纪要，按管理流程批准后发布实施。

5.2.7.2 热工专业每季度至少召开一次技术监督工作会议，会议由热工监督专责人主持并形成会议纪要。

5.2.7.3 例会主要内容包括：

a） 上次监督例会以来热工监督工作开展情况。

b） 热工设备及系统的故障、缺陷分析及处理措施。

c） 热工监督存在的主要问题以及解决措施、方案。

d） 上次监督例会提出问题整改措施完成情况的评价。

e） 技术监督标准、相关生产技术标准、规范和管理制度的编制修订情况。

f） 技术监督工作计划发布及执行情况、监督计划的变更。

g） 集团公司技术监督季报、监督通信，集团公司、产业公司、区域公司热工典型案例，新颁布的国家、行业标准规范、监督新技术等学习交流。

h） 热工监督需要领导协调和其他部门配合和关注的事项。

i） 至下次监督例会时间内的工作要点。

5.2.8 监督预警管理

5.2.8.1 热工监督三级预警项目见附录K，电厂应将三级预警识别纳入日常热工监督管理和考核工作中。

5.2.8.2 对于上级监督单位签发的预警通知单（见本标准附录L），电厂应认真组织人员研究有关问题，制订整改计划，整改计划中应明确整改措施、责任部门、责任人和完成日期。

5.2.8.3 问题整改完成后，电厂应按照验收程序要求，向预警提出单位提出验收申请，经验收合格后，由验收单位填写预警验收单（见本标准附录M），并报送预警签发单位备案。

5.2.9 监督问题整改管理

5.2.9.1 整改问题的提出：

a） 上级或技术监督服务单位在技术监督动态检查、预警中提出的整改问题。

b） 《火电技术监督报告》中明确的集团公司或产业公司、区域公司督办问题。

c） 《火电技术监督报告》中明确的电厂需要关注及解决的问题。

d） 电厂热工监督专责人每季度对各部门热工监督计划的执行情况进行检查，对不满足监督要求提出的整改问题。

5.2.9.2 问题整改管理：

a） 电厂收到技术监督评价报告后，应组织有关人员会同西安热工研究院或技术监督服务单位，在两周内完成整改计划的制订和审核，整改计划编写格式见本标准附录N。并将整改计划报送集团公司、产业公司、区域公司，同时抄送西安热工研究院或技术监督服务单位。

b） 整改计划应列入或补充列入年度监督工作计划，电厂按照整改计划落实整改工作，并将整改实施情况及时在技术监督季报中总结上报。

c） 对整改完成的问题，电厂应保存问题整改相关的试验报告、现场图片、影像等技术资料，作为问题整改情况及实施效果评估的依据。

5.2.10 监督评价与考核

5.2.10.1 电厂应将《热工技术监督工作评价表》中的各项要求纳入热工监督日常管理工作中，《热工监督工作评价表》见本标准附录O。

5.2.10.2 电厂应按照《热工技术监督工作评价表》中的各项要求，编制完善热工技术监督管理制度和规定，完善各项热工监督的日常管理和检修维护记录，加强受监设备的运行、检修维护技术监督。

5.2.10.3 电厂应定期对技术监督工作开展情况组织自我评价，对不满足监督要求的不符合项以通知单的形式下发到相关部门进行整改，并对相关部门及责任人进行考核。

5.3 各阶段监督重点工作

5.3.1 设计阶段

5.3.1.1 按DL/T 5174、DL/T 5175、DL/T 5182、DL/T 5428等相关标准要求执行，对违反标准、规范要求的设计选型应及时提出更改建议。

5.3.1.2 设备设计选型要针对机组特点进行充分调研，吸取其他使用单位的经验，确保设备的先进性和适用性。

5.3.1.3 参与并监督热控系统的新、改、扩建工程的设计、设备选型、审查、招标工作。

5.3.1.4 依照DL/T 659等相关标准，参与并监督TCS/DCS出厂测试、验收。

5.3.2 安装阶段

5.3.2.1 按照GB/T 50093、DL 5190.4、DL/T 5182、DL/T 5210.4和DL/T 1212等相关标准要求执行，对违反标准、规范要求的安装工艺应及时提出更改建议。

5.3.2.2 对系统与设备新建、扩建、改建工程的安装与调试过程进行全过程监督，对项目的施工单位和监理单位的施工资质、监理资质进行监督，对发现的安装、调试质量问题应及时予以指出，要求限时整改。

5.3.2.3 对重要设备的验收工作进行监督，如应按照订货合同和相关标准进行验收，并形成验收报告，重点检查可能影响重要电子设备防尘、防爆、防振、受潮、防盐雾，电子元器件精度等情况。

5.3.2.4 审查安装单位编制的安装方案，监督安装单位按照DL/T 5190.4要求对取源部件、检测元件、就地设备、就地设备防护、管路、电缆敷设及接地等进行规范安装。

5.3.2.5 安装实施工程监理时，应对监理工作提出热工监督要求。

5.3.2.6 对设备安装进行全面监督。如按相关标准、订货技术要求进行设备安装和验收；监督重要设备的主要试验项目由具备相应资质和试验能力的单位进行试验；对安装工作中不符合热工监督要求的问题，应要求立即整改，直至合格。

5.3.2.7 对技术监督服务单位在系统安装和调试过程中的工作开展情况进行监督。

5.3.3 调试验收阶段

5.3.3.1 调试验收工作应对照DL/T 5294、DL/T 5277、DL 5190.4、DL/T 822等国家、行业等相关质量验收标准执行，采用工程建设资料审查及现场试验检验方式，对违反标准、规范要求的调试措施应及时提出更改建议。

5.3.3.2 新投产机组的热控系统调试应由有相应资质的调试机构承担。调试单位和监督、监理单位应参与工程前期的设计审定及出厂验收等工作。

5.3.3.3 调试单位在发电企业和电网调度单位的配合下，应逐套对保护系统、模拟量控制系统、顺序控制系统和 RB 功能按照有关规定和要求进行各项试验。

5.3.3.4 模拟量控制系统的试验项目和调节质量应满足 DL/T 657 的要求；顺序控制系统的试验项目和要求应满足 DL/T 658 的要求；RB 试验项目和要求应满足 DL/T 1213 的要求。

5.3.3.5 调试工作结束后，对调试单位编制的调试报告进行监督，包含各调试项目开展情况、测试数据分析情况及调试结论。对不满足国家、行业相关技术指标的，应提出整改方案并监督实施。

5.3.3.6 监督验收是否依据了国家和行业标准、审定的工程设计文件、工程招标文件和采购合同、与工程建设有关的各项合同、协议及文件。监督实施情况、工程质量、工程文件等的验收工作，对工程遗留问题提出处理意见。

5.3.3.7 监督调试验收工作是否规范、项目是否齐全或结果是否合格、设备是否达到相关技术要求、基础资料是否齐全，当上述验收不满足要求时立即整改，直至合格。

5.3.3.8 监督基建安装调试资料的交接。基建单位应按时向生产运营单位移交全部基建技术资料。生产运营单位资料档案室应及时将资料清点、整理、归档。

5.3.4 生产运行阶段

5.3.4.1 按照 DL/T 774、DL/T 1210、DL/T 1213 等相关标准要求执行，对违反标准、规范要求的运行方式应及时提出更改建议。

5.3.4.2 对系统巡检制度、巡检维护记录、巡检过程中发现的重要问题及缺陷处理情况进行监督。

5.3.4.3 对系统软件、数据定期备份和修改管理制度、备份、存档记录情况进行监督。

5.3.4.4 对已投运的热工仪表和控制装置应定期进行设备缺陷分析，制订事故预控措施，通过逻辑优化和试验调整，有效地进行事故防范。

5.3.4.5 对热工控制系统和设备定值定期进行复核（定值表格式参见附录 F）。系统参数发生大的变化、主设备技术参数变更、运行控制方式变化、运行条件变化时，相应设备定值应对照国家、行业规程、标准、制度以及设备运行参数进行重新整定并审批执行。

5.3.4.6 对热工控制系统及设备应急预案和故障恢复措施的制订进行监督，检查定期进行反事故演习、数据备份、病毒防范和安全防护工作落实情况。

5.3.5 检修维护阶段

5.3.5.1 按照 DL/T 774、DL/T 822、DL/T 838、DL/T 1056 等相关标准要求执行，对违反标准、规范要求的检修工序应及时提出更改建议。

5.3.5.2 根据国家和行业有关的热工检修维护规程和产品技术条件文件，结合电厂的实际，监督制定本企业的热工检修维护规程、检修作业文件等。

5.3.5.3 检修前，根据热工控制系统运行状况，依据集团公司《检修标准化管理实施导则（试行）》的要求，结合技术监督季报、动态检查中发现的问题制订检修整改计划，并监督检修文件包的编制及审核，确认检修准备情况。

5.3.5.4 检修过程中，应按检修文件包的要求对检修工艺、质量、质监点（W、H 点）进行验收，对三级验收制度进行监督。

5.3.5.5 检修后各项重要保护传动试验的监督。

5.3.5.6 检修完毕，监督检修记录及报告的编制、审核及归档。对检修遗留问题，应监督制订整改计划，并对整改实施过程予以监督。

6 监督评价与考核

6.1 评价内容

6.1.1 热工监督评价内容详见附录O。

6.1.2 热工监督评价内容分为技术监督管理、技术监督标准执行两部分，总分为1000分，其中监督管理评价部分包括8大项29小项，共400分，监督标准执行部分包括7大项38小项，共600分，每项检查评分时，如扣分超过本项应得分，则扣完为止。

6.2 评价标准

6.2.1 被评价的电厂按得分率高低分为四个级别，即优秀、良好、合格、不符合。

6.2.2 得分率高于或等于90%为优秀，80%～90%为良好，70%～80%为合格，低于70%为不符合。

6.3 评价组织与考核

6.3.1 技术监督评价包括集团公司技术监督评价、属地电力技术监督服务单位技术监督评价、电厂技术监督自我评价。

6.3.2 集团公司每年组织西安热工研究院和公司内部专家，对电厂技术监督工作开展情况、设备状态进行评价，评价工作按照集团公司《中国华能集团公司电力技术监督管理办法》规定执行，分为现场评价和定期评价。

6.3.2.1 集团公司技术监督现场评价按照集团公司年度技术监督工作计划中所列的电厂名单和时间安排进行。各电厂在现场评价实施前应按附录O进行自查，编写自查报告。西安热工研究院在现场评价结束后三周内，应按照集团公司《中国华能集团公司电力技术监督管理办法》附录C的格式要求完成评价报告，并将评价报告电子版报送集团公司安生部，同时发送产业公司、区域公司及电厂。

6.3.2.2 集团公司技术监督定期评价按照集团公司《中国华能集团公司电力技术监督管理办法》及本标准要求和规定，对电厂生产技术管理情况、机组障碍及非计划停运情况、热工监督报告的内容符合性、准确性、及时性等进行评价，通过年度技术监督报告发布评价结果。

6.3.3 集团公司对严重违反技术监督制度、由于技术监督不当或监督项目缺失、降低监督标准而造成严重后果以及对技术监督发现问题不进行整改的电厂，予以通报并限期整改。

6.3.4 电厂应督促属地技术监督服务单位依据技术监督服务合同的规定，提供技术支持和监督服务，依据相关监督标准定期对电厂技术监督工作开展情况进行检查和评价分析，形成评价报告，并将评价报告电子版和书面版报送产业公司、区域公司及电厂。电厂应将报告归档管理，并落实问题整改。

6.3.5 电厂应按照集团公司《中国华能集团公司电力技术监督管理办法》及华能电厂安全生产管理体系要求建立完善技术监督评价与考核管理标准，明确各项评价内容和考核标准。

6.3.6 电厂应每年按附录O，组织安排热工监督工作开展情况的自我评价，根据评价情况对相关部门和责任人开展技术监督考核工作。

附　录　A
（规范性附录）
热工监督及控制系统性能指标

机组在生产考核期结束后（无生产考核期的则在机组整套启动试运移交后）热控装置应满足以下质量标准。

A.1　热控监督指标应达到：

a）　保护投入率为100%。

b）　自动调节系统应投入协调控制系统，投入率不低于95%。

c）　计算机测点投入率为99%，合格率为99%。

d）　顺序控制系统投入率不低于95%。

A.2　有关热控系统应满足：

a）　数据采集系统设计功能全部实现。

b）　顺序控制系统应符合生产流程操作要求。

c）　燃气轮机控制系统应正常投运且动作无误。

d）　汽轮机监视仪表应正常投运且输出无误。

e）　汽轮机数字电液调节系统应正常投运且动作无误。

A.3　热工仪表及控制系统“三率”统计方法：

a）　完好率计算公式为：

自动装置完好率=(一、二类自动装置总数)/(全厂自动装置总数)×100%

保护装置完好率=(一、二类保护装置总数)/(全厂保护装置总数)×100%

b）　合格率计算公式为：

主要仪表抽检合格率=(主要仪表抽检合格总数)/(全厂主要仪表抽检总数)×100%

计算机测点合格率=(抽检合格点总数)/(抽检点总数)×100%

c）　投入率计算公式为：

热工自动控制系统投入率=(自动控制系统投入总数)/(全厂自动控制系统总数)×100%

全厂热工自动控制系统总数按原设计的总数统计。

保护装置投入率=(保护装置投入总数)/(全厂保护装置总数)×100%

联合循环机组的保护数按设计跳闸条件数统计套数。

计算机测点投入率=(实际使用数据采集系统测点数)/(设计数据采集系统测点数)×100%

A.4　自动调节系统品质指标：

稳定负荷工况机组AGC测试主参数品质考核指标见表A.1。

表 A.1 稳定负荷工况机组 AGC 测试主参数品质考核指标

项　　目	负荷变动试验动态品质指标				AGC 负荷跟随试验动态品质指标			稳态品质指标	
	单轴（1 拖 1）		多轴（2 拖 1）		单轴（1 拖 1）	多轴		F 级以下机组	F 级及以上机组
	合格	优良	合格	优良		1 拖 1	2 拖 1		
负荷指令变化速率 %P_e/min	＞2.0	＞2.5	＞2.0	＞2.5	＞2.0	＞2.0	＞2.0	＞2.0	＞2.0
实际负荷变化速率 %P_e/min	＞2.0	＞2.5	＞2.0	＞2.5	＞2.0	≥2.0	≥2.0	＞2.0	≥2.0
负荷响应纯迟延时间 s	＜60	＜50	＜60	＜50	＜60	＜60	＜60	＜60	＜60
实际最大响应时间 s	＜60	＜50	＜60	＜50	＜60	≤60	≤60	＜60	≤60
最大静态负荷偏差 %	＜1	＜1	＜1	＜1	＜1	＜1	＜1	＜1	＜1
最大动态负荷偏差 %	＜2	＜1.5	＜2	＜1.5	＜2	＜2	＜2	＜2	＜2
主汽压力 MPa	±0.2	±0.1	±0.2	±0.1	±0.2	±0.2	±0.2	±0.2	±0.2
主汽温度 ℃	±5	±4	±5	±4	±5	±5	±5	±5	±5
再热蒸汽温度 ℃	±5	±4	±5	±4	±5	±5	±5	±5	±5
汽包水位 mm	±50	±40	±50	±40	±50	±50	±50	±50	±50
氮氧化物（标准状态下）mg/m³	≤50	≤50	≤50	≤50	≤50	≤50	≤50	≤50	≤50
注：P_e 为机组额定负荷									

附 录 B
（规范性附录）
主要热工仪表和控制系统

B.1 主要检测参数

B.1.1 燃气轮机、燃气轮发电机

包括但不限于：压气机排气压力，燃气轮机排气压力，燃气轮机排气温度，燃气轮机排气温度扩散度，燃气轮机轮间温度，燃气轮机叶片通道温度，燃气轮机轴承金属温度，燃气轮机本体金属温度，轴承润滑油排油温度，燃气轮机润滑油温度、压力，燃气轮机转速，燃气轮机振动，压气机入口空气温度，大气压力，遮断控制油压，燃气轮发电机功率，压气机入口导叶（IGV）开度，速比阀开度，火焰强度，天然气流量，天然气温度及压力，可燃气体浓度，燃烧器旁路阀开度，发电机定子绕组及铁芯温度，发电机氢气压力。

B.1.2 余热锅炉

包括但不限于：汽包水位、汽包饱和蒸汽压力、汽包壁温，主蒸汽压力、温度、流量，再热蒸汽压力、温度、流量，主给水压力、温度、流量，排烟温度，氮氧化物，炉膛烟气压力，过热器、再热器管壁温度，过热蒸汽硅含量，汽包炉水硅含量，饱和蒸汽阳电导，汽包炉水 pH 值，除氧器蒸汽压力、水箱水位。

B.1.3 汽轮机、汽轮发电机

包括但不限于：主蒸汽压力、温度、流量，再热蒸汽温度、压力、流量，速度级压力，轴封蒸汽压力，汽轮机转速，轴承温度，轴承回油温度，推力瓦温度，凝汽器真空，排汽温度，调速油压力，润滑油压力，润滑油温度，供热流量，凝结水流量，凝结水导电度，轴承振动，轴向位移，缸胀，胀差，汽缸及法兰螺栓温度，发电机定子绕组及铁芯温度，发电机氢气压力，旁路后蒸汽压力、温度。

B.1.4 辅助及公用系统

包括但不限于：给水泵润滑油压力，给水泵转速，高压给水泵轴承温度，热网供汽温度、压力、流量，热网回水压力、温度、流量，燃气温度、压力、流量，燃气热值，循环水供回水温度、压力、流量。

B.2 主要保护控制系统

B.2.1 燃气轮机、燃气轮发电机

燃气轮机超速、燃气轮机排气温度高或分散度大、燃气轮机叶片通道温度高或分散度大、燃气轮机振动过大、润滑油压过低、润滑油温过高、控制油压过低、安全油压过低、燃气泄漏检测保护、燃气轮机排气扩压段压力高、燃气轮机熄火、燃气轮机区域着火、手动停机、燃气轮发电机保护、燃烧器压力波动大、燃料压力过低、透平冷却器空气（TCA）冷却水流量低保护、TCA 疏水液位高保护、燃气加热器（FGH）液位高保护、燃气轮机 RB、压气机排气压力故障。

B.2.2　余热锅炉

汽包水位过高或过低保护、给水泵全停、烟囱挡板全关、主/再热蒸汽温度高或低。

B.2.3　汽轮机、汽轮发电机

汽轮机轴向位移保护、汽轮机超速保护、电超速保护、润滑油压保护、安全油压保护、凝汽器真空保护、汽轮机轴系振动保护、汽轮发电机保护动作、汽轮机低压缸排汽温度保护、汽轮机低压缸末级金属温度保护。

B.3　主要顺序控制系统

燃气轮机自启动、燃气轮机自停止、定期排污顺序控制、压气机水洗顺序控制、天然气加热控制、压气机进汽滤网自动吹扫顺序控制、凝汽器铜管胶球清洗顺序控制、电动给水泵顺序控制、循环水系统顺序控制、凝结水泵顺序控制、汽包上水顺序控制、汽轮机自启动控制、汽轮机阀门顺序控制、并汽顺序控制、解汽顺序控制、并网顺序控制、联合循环自启停顺序控制。

B.4　主要模拟量控制系统

AGC、CCS 协调控制、燃气轮机功率控制、燃气轮机转速控制、燃气轮机叶片通道温度控制、燃气轮机排气温度控制、燃料压力控制、燃料温度控制、燃料流量控制、燃气轮机润滑油温度控制、汽包水位控制、主蒸汽温度控制、再热蒸汽温度控制、主蒸汽压力控制、汽轮机转速控制、汽轮机旁路压力控制、汽轮机旁路温度控制、凝汽器热井水位控制、汽轮机轴封压力控制、除氧器压力控制、TCA 冷却水流量控制、FGH 给水流量控制、发动机氢气温度控制。

附　录　C

（规范性附录）

热工保护投退申请单

编号：××××班组　　年　　月　　日

<table>
<tr><td>主保护/
辅机保护</td><td></td><td>主保护/
辅机保护</td><td></td></tr>
<tr><td colspan="2">解除原因：</td><td colspan="2">投入原因：</td></tr>
<tr><td>措施步骤：</td><td>执行
标记</td><td>措施步骤：（恢复保护前，必须在保护输入的 DI 卡确认保护信号有或无）</td><td>执行
标记</td></tr>
<tr><td colspan="2">申请解除时间：
自　　年　月　日　时　分
至　　年　月　日　时　分</td><td colspan="2">实际恢复时间：
年　月　日　时　分</td></tr>
<tr><td rowspan="3">解除申请栏</td><td>申请人：班组签写</td><td rowspan="3">延期申请栏</td><td>申请人：</td></tr>
<tr><td>审核人：热控专工/专责签写</td><td>审核人：</td></tr>
<tr><td>批准人：策划部主任/生产厂长/厂长助理</td><td>批准人：</td></tr>
<tr><td>解除执行栏</td><td>执行人：班组签写</td><td>恢复执行栏</td><td>执行人：</td></tr>
<tr><td></td><td>监护人：班组签写</td><td></td><td>监护人：</td></tr>
<tr><td></td><td>值长：</td><td></td><td>值长：</td></tr>
<tr><td colspan="4">注 1：此表一式两份，一份由运行保留，一份由责任班组保留。
注 2：保护/自动装置如无法短期恢复，责任班组应在备注栏说明原因。
注 3：由非热控班组提出保护/自动解除申请时，提出人员只填写保护名称、解除原因和申请解除时间，其余项目均由热控人员填写，并在完成相关的审批程序后通知热控人员执行</td></tr>
</table>

附 录 D
（资料性附录）
热工保护逻辑定值单

××电厂×号机组热工保护逻辑定值单见表 D.1。

表 D.1　××电厂×号机组热工保护逻辑定值单

	保护项目名称	单机套数	定值	延时时间	主要逻辑关系	测点类型	备注
一	燃气轮机保护	17					
二	余热锅炉保护						
1		1					
2		1					
…							
三	汽轮机保护	17					
1	汽轮机轴向位移大	1	±1.0mm	3s（TSI）	双与或	TSI	
2	汽轮机大轴相对振动大	1	0.25/0.125mm	3s（TSI）	（XⅠ*YⅡ+XⅡ*YⅠ）×8	TSI	
…							
四	机组 RB 保护	8					
五	辅机保护	15					
注：表中仅列出主要保护条目，联锁、报警逻辑定值单等可参考编制							

附 录 E
（资料性附录）
F级及以上燃气轮机机组A级检修W、H点质检项目及热工监督项目

F级及以上燃气轮机机组A级检修W、H点质检项目及热工监督项目见表E.1。

表E.1 F级及以上燃气轮机机组A级检修W、H点质检项目及热工监督项目

序号	W、H点质检项目及热工监督项目名称	W、H点	热工监督
1	燃气轮机侧		
1.1	燃气轮机保护项目的定值校验	H	
1.2	燃气轮机保护项目的定值检查		热工监督
1.3	燃气轮机保护项目传动试验	W	
1.4	燃气轮机辅助设备的联锁定值校验	H	
1.5	燃气轮机辅助设备的联锁定值核查		
1.6	燃气轮机辅助设备的联锁项目传动试验		热工监督
1.7	燃气轮机燃料阀全行程试验		热工监督
1.8	燃气轮机入口导叶IGV全行程试验		热工监督
1.9	燃气轮机旁路阀全行程试验		
1.10	燃气轮机压力控制阀全行程试验		
1.11	燃气轮机燃气温度控制阀全行程试验		
1.12	燃气轮机抽气阀全行程试验		
1.13	燃气轮机点火枪动作试验		
1.14	燃气轮机火焰检测信号试验		
1.15	燃气轮机本体监视仪表校验		
1.16	燃气轮机燃气泄漏检测仪表校验		
1.17	燃气轮机控制和保护系统的控制器切换试验		
1.18	燃气轮机控制和保护系统的通信切换试验		
1.19	燃气轮机控制和保护系统的输出继电器试验		
1.20	燃气轮机控制和保护的电磁阀检查		
1.21	燃气轮机消防系统试验		
1.22	燃气轮机的气动执行机构活动试验		
1.23	燃气轮机的仪表管道检查		
1.24	燃气轮机控制和保护系统的报警信号检查		
2	汽轮机侧（含发电机）		

表 E.1（续）

序号	W、H 点质检项目及热工监督项目名称	W、H 点	热工监督
2.1	低压缸末级叶片温度高高保护传动试验	H	
2.2	机侧主蒸汽压力系统综合误差检查		热工监督
2.3	低压缸排汽温度高保护传动试验	W	
2.4	机侧再热汽压力系统综合误差检查		热工监督
2.5	真空低保护定值核验	W	
2.6	真空低保护传动试验	H	
2.7	真空系统综合误差检查		热工监督
2.8	润滑油压低保护传动试验	H	
2.9	润滑油压低保护定值核验	W	
2.10	润滑油压系统综合误差检查		热工监督
2.11	润滑油箱油位低保护传动试验	W	
2.12	EH 油压系统综合误差检查		热工监督
2.13	EH 油压低保护传动试验	H	
2.14	发电机断水保护传动试验	H	
2.15	汽轮机侧主要热工信号回路核查		
3	余热锅炉	W	
3.1	余热锅炉保护项目的定值校验	W	
3.2	余热锅炉保护项目的定值检查	W	
3.3	余热锅炉保护项目传动试验	H	
3.4	余热锅炉辅助设备的联锁定值校验		
3.5	余热锅炉辅助设备的联锁定值核查		
3.6	余热锅炉辅助设备的联锁项目传动试验		
3.7	高压给水泵勺管执行机构检查		
3.8	中压给水泵勺管执行机构检查		
3.9	高压给水系统调节执行机构检查		
3.10	中压给水系统调节执行机构检查		
3.11	低压给水系统调节执行机构检查		
3.12	烟气分析仪表检查		
3.13	脱硝系统执行机构检查		
3.14	脱硝系统测量仪表检查		
4	DCS 和 DEH 系统		
4.1	DCS 系统各机柜电源切换试验	H	

表 E.1（续）

序号	W、H 点质检项目及热工监督项目名称	W、H 点	热工监督
4.2	DCS 系统操作员站电源切换试验	W	
4.3	DCS 系统网络交换机切换试验	W	
4.4	DCS 系统历史记录、SOE、打印功能检查		热工监督
4.5	DCS 系统接地检查		热工监督
4.6	DEH 系统各机柜电源切换试验	H	
4.7	DEH 系统操作员站电源切换试验	W	
4.8	DEH 系统网络交换机切换试验	W	
4.9	DEH 系统历史记录、SOE、打印功能检查		热工监督
4.10	DEH 系统接地检查		热工监督
4.11	DEH 系统的各阀门试验		
5	热工电源		
5.1	燃气轮机控制和保护系统保安电源盘电源切换试验	W	
5.2	燃气轮机控制和保护系统 UPS 电源盘电源切换试验	H	
5.3	燃气轮机控制和保护系统电源盘电源配置核查		热工监督
5.4	热工仪表电源盘电源配置核查		
5.5	火焰检测专用电源切换试验	H	
5.6	DCS 系统保安电源盘电源切换试验	W	
5.7	DCS 系统 UPS 电源盘电源切换试验	H	
5.8	DCS 系统电源盘电源配置核查		热工监督
统计	W 点：20 项；H 点：15 项；热工监督：15 项		

附 录 F
（资料性附录）
A级检修后评价报告（热工专业）

A级检修后热控专业总结和评价报告（模板）

F.1 概述

×厂×号机组在×年×月×日～×年×月×日进行了总工期89天的A级检修。现对该机组热控专业的大修实施情况检查和评估如下：

F.1.1 检修项目完成情况见表F.1。

表F.1 检修项目完成情况

内容	标准项目	特殊项目	技术改造项目	增加项目	减少项目	监督及消缺项目	合计
计划数	70	8	6	13	0	0	97
实际数	70	8	6	13	0	179	276

增加监督及消缺项目179项。

F.1.2 大修前后热工“三率”统计见表F.2。

表F.2 大修前后热工“三率”统计

内 容	修 前		修 后		备 注
	设计数量 套、块	投入率 %	设计数量 套、块	投入率 %	
测点投入率	1653	100	1897	100	
自动投入率	110	100	110	100	
保护投入率	89	100	90	100	

F.2 控制系统组态及保护联锁定值变动情况

（略）

F.3 对发现缺陷的处理情况

F.3.1 现场表计排污门使用原俄罗斯的胶木二次门，经过10多年的运行，出现了渗漏、锈蚀等，利用本次大修机会对现场120个胶木门更换为针形门，消除了设备安全隐患。

F.3.2 利用本次汽轮机本体检修和发电机线棒检修机会将轴瓦温度测点和线棒温度测点全部由CU50更换为PT100，提高了温度测量精确度和可靠性。

F.3.3 在DCS系统检修中发现44号柜D槽的UD模板连接线有接触不良现象，并紧急零购一根CE-UD专用电缆进行更换，该故障在运行中发生后将会导致DAS2所有扩展单元37块模板故障，至少 592 路测量信号异常。

F.3.4 针对 20××年出现的仪表管磨损渗漏情况，按照隐患管理的理念在机组检修前对 1 号机组热工取样管路走向不规范、易磨损部位、固定不牢固的管线进行统计调查，在检修中由专人负责，三名工作人员共计工作 40 天，治理仪表管 207 根，其中焊接 118 根、改管 57 根。此项工作提高了热工设备的可靠性和安全性。

⋮

F.3.*n* （略）

F.4 大修完成项目及质量验收

F.4.1 完成项目情况见表 F.3。

表 F.3 完 成 项 目 情 况

内容	合计	标准项目	特殊项目	技术改造项目	增加项目	减少项目	备　注
计划数		164	12	5	0	0	
实际数		164	12	5	0	0	

F.4.2 质量验收情况见表 F.4。

表 F.4 质 量 验 收 情 况

内容	H 点			W 点			不符合项通知单	备注
	合格	不合格	合计	合格	不合格	合计	合计	
计划数	52	0	52	328	0	328	0	
实际数	52	0	52	328	0	328	6	

F.5 热控专业检修亮点（借鉴之处）

F.5.1 提前做好与脱硫系统的接口工作。按照设计明年脱硫系统的主要信息将进入 DCS 系统，此次利用 1 号机组检修机会提前将接口做好，包括脱硫系统数据库、监视画面、I/O 模板，并完成了传动工作，做到了脱硫系统随时投入，状态信息的及时接入。

F.5.2 注重检修过程管理。在按照检修标准进行验收的同时，管理人员每天深入到检修现场对包括质量、工艺、文明生产、安全问题不符合项进行拍照，在照片上指出问题所在和改进要求，对不符合项进行汇总后发到班组进行整改。通过拍照方式即可以直观地指出问题所在，同时也是一种培训，值得推广。

F.5.3 治理基建遗留隐患，提高设备可靠性。在机组检修前对基建时遗留的热工取样管路走向不规范、易磨损部位、固定不牢固的管线进行统计调查，在检修中由专人负责，治理仪表管 207 根，其中焊接 118 根、改管 57 根。此项工作提高了热工设备的可靠性和安全性。

⋮

F.5.*n* （略）

F.6 检修后存在的主要问题及建议

F.6.1 顺序控制系统运行状况不理想，机组共设计有顺序控制功能组 18 套，目前仅投入 8 套。

F.6.2 没有进行 RB 试验，AGC 也没有投入（目前已经具备了投入条件）。

F.6.3 DEH 改造后，给水系统的调节机构动态特性已经发生了改变，建议通过扰动试验对系统参数重新进行整定，以保证调节品质。

⋮

F.6.*n* （略）

F.7 现场检查

详见表 F.5。

表 F.5 机组大修后热工仪表及控制系统检查评估表

分类	检查评估项目/内容	检查情况
DCS	检修后系统和外设设备的全面清扫	
	卫星定位系统（GPS）与系统时钟核对、系统接地	
	控制系统软件和数据的备份、保存情况	
	硬件检修及功能试验（包括网络及控制站冗余检查、处理器备用电池测试、检查）	
	系统及外设设备的基本性能和功能测试	
	自备 UPS 电源检修试验	
数据采集	数据采集系统检修与功能试验	
	模件处理精度测试及调整情况	
	显示异常（坏点）的参数处理、主要检测参数综合误差抽查	
模拟量控制	模拟量控制系统设备的系统检查（系统跟踪和调节规律正确）	
	调节品质异常或有较大修改的模拟量控制系统品质、设备特性试验	
燃气轮机控制	燃气轮机保护系统逻辑修改、检查、核对情况	
	燃气轮机安全监控与电厂保护系统静态及动态试验	
	燃气泄漏试验和吹扫功能检查	
顺序控制	开关量控制系统逻辑修改、检查、核对	
	开关量控制系统静态试验	
汽轮机控制	汽轮机控制系统逻辑修改、检查、软件核对	
	汽轮机控制系统的全功能模拟传动操作检查和联锁试验	

表 F.5（续）

分类	检查评估项目/内容	检查情况
机组监视保护	各检测信号准确性检查	
	各回路静态及动态试验	
综合	检修安全总结	
	检修技术总结（说明存在问题及原因）	
	重大技改项目检修总结（说明存在问题及以后改进方向）	
	检修专项交待（重点说明运行操作和安全注意事项）	
信号及电源	热工信号系统检查与试验	
	热工报警、保护（包括软报警）定值的修改、校准、核对	
信号及电源	报警信号的分级整理	
	SOE 系统检查、整理与试验	
	报表打印系统检查、检修与试验	
	热工专用电源系统检查、性能测试和切换试验	
	电源系统设备及熔丝完好情况检查、更换	
仪表部件	所有检测仪表、元件、变送器、装置的检修、校准	
	电动门、气动门、执行设备的检修，加注新润滑油，校准	
	继电器动作及释放电压测试	
测量控制系统	隐蔽的热工检测元件检查、更换	
	接地系统可靠性检查，设备和线路绝缘测试，电缆和接线整理	
	机柜、台盘、接线端子箱内部清洁	
	取源部件的检修、清扫；测量管路、阀门吹扫及接头紧固	
	检修工作结束后的屏、盘、台、柜、箱孔洞封堵	
	现场设备防火、防水、防灰堵、防振、防人为误动措施完善	
	测量设备计量标签：管路、阀门、电缆、设备挂牌和标志	
其他	技术监督和安全性评价中发现问题的整改情况	
	运行及小、中修中无法处理而遗留的设备缺陷消除	
	DCS 系统功能试验时临时强制点的恢复	

F.8 评价

热工仪表及控制系统 A 级检修前准备充分，检修项目完整符合规程要求，检修过程组织得力、人员到位，各阶段工作严格按照公司大修工期要求及专业制定的检修节点按时完成。

大修过程中还对技术监督和安全性评价提出的问题进行了整改。大修后期按照制订的热控系统试验方案对有关系统进行了传动和扰动试验。从机组启动以来的运行状况看，达到了 A 级检修的预期效果。

需要指出的是本次检修对热控设备的治理比较彻底，但对原 DCS 组态设计存在问题重视不够，原有问题依然存在，建议及时完善。

附 录 G
（资料性附录）
热工监督定期工作内容

热工监督工作内容（模板）见表 G.1。

表 G.1 热工监督定期工作内容

序号	定期工作项目	周期或执行时间	责任班组	责任人	监督人	工作内容及要求	备注
一	定期维护项目						
1	炉膛压力检测设备吹扫	每月 10 日	炉控班			（1）在办理好安全措施后关闭取样二次门打开吹扫风。 （2）保证取样装置畅通	
2	火焰检测探头外观检查、擦拭	每月 15 日	炉控班			无砸伤或脱落等现象，探头信号转换正常、成像清晰	
…							
n							
二	定期检查项目						
1	电子间设备巡检	每日 10 时前	检修维护部			（1）环境温度保持 18℃～24℃，温度变化率应小于或等于 5℃/h。 （2）湿度一般应保持在 45%～70%。 （3）DCS 系统操作员站、工程师站、历史数据站、控制器、模件、电源等工作正常	
2	真空压低试验电磁阀	随检修周期	机控班			用 500V 绝缘电阻表对电磁阀绕组外壳进行测量，用万用表对电磁阀绕组进行阻抗测量	
…							
n							
三	定期试验项目						
1	各控制器、通信模件、操作员站和功能服务站冗余切换试验	随检修周期	计算机班			（1）并行冗余的设备，如操作员站等，停用其中一个或一部分设备，应不影响整个 DCS 系统的正常运行。	

表 G.1（续）

序号	定期工作项目	周期或执行时间	责任班组	责任人	监督人	工作内容及要求	备注
1	各控制器、通信模件、操作员站和功能服务站冗余切换试验	随检修周期	计算机班			（2）冗余切换的设备，当通过停电或停运应用软件等手段使主运行设备停运后，从运行设备应立即自启或切换至主运行状态。 （3）上述试验过程中，除发生与该试验设备相关的过程报警外，系统不得发生出错、死机或其他异常现象，故障诊断显示应正确	
2	模件热插拔试验	随检修周期	计算机班			（1）确认待试验模件具有热插拔功能。 （2）拔出一输出模件，屏幕应显示该模件的异常状态，控制系统应自动进行相应的处理，在拔出和插入模件（模件允许带电插拔）的过程中，控制系统的其他功能应不受任何影响。 （3）被试验 I/O 模件通道输入电量信号并保持不变，应对系统运行、过程控制和其他输入点无影响	
…							
n							
四	技术管理定期工作						
1	本月专业工作总结下月专业工作计划	每月底				（1）总结应内容详实，重点突出，充分查找存在的问题以便于持续改进。 （2）计划应切合实际，便于实施	
2	检修资料归档（包括新增设备台账、检修更换设备、评定级等）	随检修				检修实施过程中的各项验收签字记录，热工仪表及控制系统的变更记录，调校和试验的检定报告、测试报告，热工设备检修台账，热工图纸更改，原始测量记录等检修技术资料均应整理完毕并归档	小修后：10天； 大修后：30天
…							
n							

附　录　H
（规范性附录）
技术监督不符合项通知单

编号（No）：××-××-××

发现部门：　　专业：　　被通知部门、班组：　　签发：　　日期：20××年××月××日

不符合项描述	1. 不符合项描述： 2. 不符合标准或规程条款说明：
整改措施	3. 整改措施： 制订人/日期：　　审核人/日期：
整改验收情况	4. 整改自查验收评价： 整改人/日期：　　自查验收人/日期：
复查验收评价	5. 复查验收评价： 复查验收人/日期：
改进建议	6. 对此类不符合项的改进建议： 建议提出人/日期：
不符合项关闭	整改人：　　自查验收人：　　复查验收人：　　签发人：
编号说明	年份+专业代码+本专业不符合项顺序号

附　录　I
（规范性附录）
技术监督信息速报

技术监督信息速报见表 I.1。

表 I.1　技 术 监 督 信 息 速 报

单位名称			
设备名称		事件发生时间	
事件概况	注：有照片时应附照片说明		
原因分析			
已采取的措施			
监督专责人签字		联系电话： 传　　真：	
生产副厂长或总工程师签字		邮　　箱：	

附 录 J
（规范性附录）
联合循环发电厂热工技术监督季报编写格式

××电厂201×年×季度热工监督季报
编写人：×××　固定电话/手机：××××××
审核人：×××
批准人：×××
上报时间：201×年××月××日

J.1　上季度集团公司督办事宜的落实或整改情况

J.2　上季度产业（区域）公司督办事宜的落实或整改情况

J.3　热工监督年度工作计划完成情况统计报表

发电企业技术监督工作计划和技术监督服务单位合同项目完成情况统计报表见表J.1。

表J.1　发电企业技术监督工作计划和技术监督服务单位合同项目完成情况统计报表

发电企业技术监督工作计划完成情况			技术监督服务单位合同工作项目完成情况		
年度计划项目数	截至本季度完成项目数	完成率%	合同规定的工作项目数	截至本季度完成项目数	完成率%

J.4　热工监督考核指标完成情况统计报表

J.4.1　监督管理考核指标报表

监督指标上报说明：每年的1、2、3季度所上报的技术监督指标为季度指标；每年的4季度所上报的技术监督指标为全年指标。技术监督预警问题至本季度整改完成情况统计报表见表J.2，集团公司技术监督动态检查提出问题本季度整改完成情况统计报表见表J.3。

表J.2　技术监督预警问题至本季度整改完成情况统计报表

一级预警问题			二级预警问题			三级预警问题		
问题项数	完成项数	完成率%	问题项数	完成项数	完成率%	问题项目	完成项数	完成率%

表 J.3　集团公司技术监督动态检查提出问题本季度整改完成情况统计报表

检查年度	检查提出问题项目数（项）			电厂已整改完成项目数统计结果			
	严重问题	一般问题	问题项合　计	严重问题	一般问题	完成项目数小计	整改完成率 %

J.4.2　技术监督考核指标报表

201×年×季度热工自动投入率报表见表 J.4，201×年×季度热工保护投入率报表见表 J.5，201×年×季度计算机测点投入率报表见表 J.6，201×年×季度顺序控制系统投入率报表见表 J.7，201×年×季度热工监督主要考核指标报表见表 J.8。

表 J.4　201×年×季度热工自动投入率报表

设计套数	统计套数	投入套数	投入率 %	完好率 %	备注

表 J.5　201×年×季度热工保护投入率报表

设计套数	统计套数	投入套数	投入率 %	正确动作次数	误动次数	正确动作率 %	完好率 %	备注

表 J.6　201×年×季度计算机测点投入率报表

计算机监视测点			备注
设计点数	投用点数	投入率 %	

表 J.7　201×年×季度顺序控制系统投入率报表

设计套数	统计套数	投入套数	投入率 %	完好率 %	备注

表 J.8　201×年×季度热工监督主要考核指标报表

指标名称	本季度完成的指标值	考核或标杆值
保护投入率 %		100
自动投入率 %		95
计算机测点投入率 %		99
顺序控制系统投入率 %		95

J.4.3 技术监督考核指标简要分析

填报说明：分析指标未达标的原因。

a） 保护投入率100%。

b） 自动调节系统应投入协调控制系统，投入率不低于95%。

c） 计算机测点投入率99%，合格率为99%。

d） 顺序控制系统投入率不低于95%。

J.5 本季度主要的热工监督工作

填报说明：简述热工监督管理、试验、检修、运行的工作和设备遗留缺陷的跟踪情况。

J.6 本季度热工监督发现的问题、原因及处理情况

填报说明：包括试验、检修、运行、巡视中发现的一般事故和一类障碍、危急缺陷和严重缺陷。必要时应提供照片、数据和曲线。

1. 一般事故及一类障碍
2. 危急缺陷
3. 严重缺陷

J.7 热工下季度的主要工作

J.8 附表

华能集团公司技术监督动态检查专业提出问题至本季度整改完成情况见表J.9。《华能集团公司火（水）电技术监督报告》专业提出的存在问题至本季度整改完成情况见表J.10。技术监督预警问题至本季度整改完成情况见表J.11。

表J.9 华能集团公司技术监督动态检查专业提出问题至本季度整改完成情况

序号	问题描述	问题性质	西安热工研究院提出的整改建议	发电企业制订的整改措施和计划完成时间	目前整改状态或情况说明
注1：填报此表时需要注明集团公司技术监督动态检查的年度。 注2：如4年内开展了2次检查，应按此表分别填报。待年度检查问题全部整改完毕后，不再填报					

表J.10 《华能集团公司火（水）电技术监督报告》专业提出的存在问题至本季度整改完成情况

序号	问题描述	问题性质	问题分析	解决问题的措施及建议	目前整改状态或情况说明

表 J.11 技术监督预警问题至本季度整改完成情况

预警通知单编号	预警类别	问题描述	西安热工研究院提出的整改建议	发电企业制订的整改措施和计划完成时间	目前整改状态或情况说明

附 录 K
（规范性附录）
联合循环发电厂热工监督预警项目

K.1 一级预警

同一类型热控系统或设备故障短时间内连续引发停机、停炉。

K.2 二级预警

a） 重要保护系统或装置随意退出、停用或虽经批准退出，但未在规定时间内恢复并正常投入。
b） 重要保护系统存在误动、拒动隐患。
c） 到期的热工计量标准器具超过一个月未送上级计量部门检定。

K.3 三级预警

a） 设备巡检不到位，巡检无记录或记录不详细。
b） 设备或系统异常不及时分析原因，无相应预控措施。
c） 技术监督网络不完善，不按要求开展定期活动。
d） 主要热工自动调节系统不能投入或随意切除。

附　录　L
（规范性附录）
技术监督预警通知单

通知单编号：T-　　　　预警类别：　　　　　　　　　　　　　　日期：　　　年　　月　　日

<table>
<tr><td colspan="2">发电企业名称</td><td colspan="3"></td></tr>
<tr><td colspan="2">设备（系统）名称及编号</td><td colspan="3"></td></tr>
<tr><td>异常情况</td><td colspan="4"></td></tr>
<tr><td>可能造成或
已造成的后果</td><td colspan="4"></td></tr>
<tr><td>整改建议</td><td colspan="4"></td></tr>
<tr><td>整改时间
要求</td><td colspan="4"></td></tr>
<tr><td>提出单位</td><td colspan="2"></td><td>签发人</td><td></td></tr>
</table>

注：通知单编号：T-表示预警类别编号–顺序号–年度。预警类别：一级预警为1，二级预警为2，三级预警为3。

附　录　M
（规范性附录）
技术监督预警验收单

验收单编号：Y-　　　预警类别：　　　　　　　　　　日期：　　　年　　月　　日

<table>
<tr><td colspan="2">发电企业名称</td><td colspan="3"></td></tr>
<tr><td colspan="2">设备（系统）名称及编号</td><td colspan="3"></td></tr>
<tr><td>异常情况</td><td colspan="4"></td></tr>
<tr><td>技术监督服务单位
整改建议</td><td colspan="4"></td></tr>
<tr><td>整改计划</td><td colspan="4"></td></tr>
<tr><td>整改结果</td><td colspan="4"></td></tr>
<tr><td>验收单位</td><td colspan="2"></td><td>验收人</td><td></td></tr>
</table>

注：验收单编号：Y–表示预警类别编号–顺序号–年度。预警类别：一级预警为1，二级预警为2，三级预警为3。

附 录 N
（规范性附录）
技术监督动态检查问题整改计划书

N.1 概述

N.1.1 叙述计划的制订过程（包括西安热工研究院、技术监督服务单位及电厂参加人等）

（略）

N.1.2 需要说明的问题（如问题的整改需要较大资金投入或需要较长时间才能完成整改的问题说明）

（略）

N.2 重要问题整改计划表

重要问题整改计划表见表N.1。

表 N.1 重要问题整改计划表

序号	问题描述	专业	监督单位提出的整改建议	电厂制订的整改措施和计划完成时间	电厂责任人	监督单位责任人	备注

N.3 一般问题整改计划表

一般问题整改计划表见表N.2。

表 N.2 一般问题整改计划表

序号	问题描述	专业	监督单位提出的整改建议	电厂制订的整改措施和计划完成时间	电厂责任人	监督单位责任人	备注

附　录　O
（规范性附录）
联合循环发电厂热工技术监督工作评价表

序号	评价项目	标准分	评价内容与要求	评分标准
1	热工监督管理	400		
1.1	组织与职责	50	查看企业技术监督机构文件、上岗资格证	
1.1.1	监督组织健全	10	建立健全监督领导小组领导下的三级热工监督网络，在策划部设置热工监督专责人	（1）未建立三级热工监督网，扣10分。 （2）未落实热工监督专责人或人员调动未及时变更，扣5分
1.1.2	职责明确并得到落实	10	专业岗位职责明确，落实到人	专业岗位设置不全或未落实到人，每一岗位扣10分
1.1.3	热工专责持证上岗	30	厂级热工监督专责人持有效上岗资格证	未取得资格证书或证书超期，扣25分
1.2	标准符合性	50	查看企业热工监督管理标准及保存的国家、行业技术标准。电厂编制的“热控系统检修、运行维护规程”	
1.2.1	热工监督管理标准	10	（1）编写的内容、格式应符合《华能电厂安全生产管理体系要求》和《华能电厂安全生产管理体系管理标准编制导则》的要求，并统一编号。 （2）“内容应符合国家、行业法律、法规、标准和《中国华能集团公司电力技术监督管理办法》相关的要求，并符合电厂实际	（1）不符合《华能电厂安全生产管理体系要求》和《华能电厂安全生产管理体系管理标准编制导则》的编制要求，扣5分。 （2）不符合国家、行业法律、法规、标准和《中国华能集团公司电力技术监督管理办法》相关的要求和电厂实际，扣5分
1.2.2	国家、行业技术标准	15	保存的技术标准符合集团公司年初发布的热工监督标准目录；及时收集新标准，并在厂内发布	（1）缺少标准或未更新，每个扣5分。 （2）标准为在厂内发布，扣10分
1.2.3	企业技术标准	15	企业“热工检修维护规程”“DCS故障处理预案”（即失灵预案）等规章制度符合国家和行业技术标准；符合本厂实际情况，并按时修订	（1）巡视周期、试验周期、检修周期不符合要求，每项扣10分。 （2）性能指标、运行控制指标、工艺控制指标不符合要求，每项扣10分
1.2.4	标准更新	10	标准更新符合管理流程	（1）未按时修编，每个扣5分。 （2）标准更新不符合标准更新管理流程，每个扣5分
1.3	热工计量标准量值传递	50	现场查看；查看仪器仪表台账、检验计划、检验报告	

表（续）

序号	评价项目	标准分	评价内容与要求	评分标准
1.3.1	仪器仪表台账与资料	10	（1）建立仪器仪表台账，栏目应包括仪器仪表型号、技术参数（量程、精度等级等）、购入时间、供货单位，检验周期、检验日期、使用状态等。 （2）保存仪器仪表使用说明书。 （3）编制精密（试验用）仪器仪表操作（使用）规程等专用仪器仪表操作规程。 （4）计量标准使用记录及计量标准履历书内容应填写完整，计量标准更换符合要求，具有符合要求的技术报告及量值传递系统图	（1）仪器仪表台账记录不全，一台扣3分。 （2）新购仪表未录入或检验；报废仪表未注销和另外存放，每台扣3分。 （3）使用说明书缺失，专用仪器操作规程缺漏，一台扣2分。 （4）任一项达不到要求影响计量标准准确度，扣3分
1.3.2	计量检定人员	10	（1）检查文件，确认电厂设立了计量标准负责人（可兼职）。 （2）检查证书，要求从事量值传递的工作人员必须持证上岗，一个检定项目必须有两名或以上人员持本项目检定证。凡脱离检定岗位一年以上的人员，必须重新考核，合格后方可恢复工作。 （3）检查记录或实际操作等，要求检定人员必须熟练掌握检定操作过程，正确填写原始记录，数据处理准确	不符合要求，一项扣5分
1.3.3	仪器仪表维护	10	（1）仪器仪表存放地点整洁，配有温度计、湿度计。 （2）仪器仪表的接线及附件不许另作他用。 （3）仪器仪表清洁、摆放整齐。 （4）有效期内的仪器仪表应贴上有效期标识，不与其他仪器仪表一道存放。 （5）待修理、已报废的仪器仪表应另外分别存放	不符合要求，一项扣5分
1.3.4	仪器仪表管理	10	（1）计划送检的仪表应有对应的检验报告，送检率应达到100%，无超期未检情况。 （2）对外委试验使用仪器仪表应有检验报告复印件	（1）热工计量标准试验仪器仪表校验率/送检率每低于标准1%，扣5分。 （2）其他不符合要求，一项扣5分
1.3.5	计量检定记录	10	（1）热工主要检测参数仪表无超期未检情况，定期抽检工作按规范完成。 （2）检查记录，出具的检定证书格式规范、正确。 （3）检查记录，原始记录/检定记录完整并符合规定	不符合要求，一项扣5分

表（续）

序号	评价项目	标准分	评价内容与要求	评分标准
1.4	监督计划	50	查看监督计划	
1.4.1	计划的制订	20	（1）计划制订时间、依据符合要求。 （2）计划内容应包括管理制度制订或修订计划、培训计划（内部及外部培训、资格取证、规程宣贯等）、检修中热工监督项目计划、动态检查提出问题整改计划、热工监督中发现重大问题整改计划、仪器仪表送检计划、技改中热工监督项目计划、定期工作（预试、工作会议等）计划	（1）计划制订时间、依据不符合，一个计划扣10分。 （2）计划内容不全，一个计划扣5～10分
1.4.2	计划的审批	15	符合工作流程为班组或部门编制→策划部热工专责人审核→策划部主任审定→生产厂长审批→下发实施	审批工作流程缺少环节，一个扣10分
1.4.3	计划的上报	15	每年11月30日前上报产业公司、区域公司，同时抄送西安热工研究院	计划上报不按时，扣15分
1.5	监督档案	50	查看监督档案、档案管理的记录	
1.5.1	监督档案清单	10	每类资料有编号、存放地点、保存期限	不符合要求，扣5分
1.5.2	报告和记录	20	（1）各类资料内容齐全、时间连续。 （2）及时记录新信息。 （3）及时完成预防性试验报告、运行月度分析、定期检修分析、检修总结、故障分析等报告编写，按档案管理流程审核归档	（1）评价内容与要求第（1）项、第（2）项不符合要求，一件扣5分。 （2）评价内容与要求第（3）项不符合要求，一件扣10分
1.5.3	档案管理	20	（1）资料按规定储存，由专人管理。 （2）记录借阅应有借、还记录。 （3）有过期文件处置的记录	不符合要求，一项扣10分
1.6	评价与考核	40	查阅评价与考核记录	
1.6.1	动态检查前自我检查	10	自我检查评价切合实际	自我检查评价与动态检查评价的评分相差10分及以上，扣10分
1.6.2	定期监督工作评价	10	有监督工作评价记录	无工作评价记录，扣10分
1.6.3	定期监督工作会议	10	有监督工作会议纪要	无工作会议纪要，扣10分
1.6.4	监督工作考核	10	有监督工作考核记录	发生监督不力事件而未考核，扣10分

表（续）

序号	评价项目	标准分	评价内容与要求	评分标准
1.7	工作报告制度	50	查阅检查之日前二个季度季报、检查速报事件及上报时间	
1.7.1	监督季报、年报	20	（1）每季度首月 5 日前，应将技术监督季报报送产业公司、区域公司和西安热工研究院。 （2）格式和内容符合要求	（1）季报、年报上报迟报，1 天扣 5 分。 （2）格式不符合，一项扣 5 分。 （3）报表数据不准确，一项扣 10 分。 （4）检查发现的问题，未在季报中上报，每 1 个问题扣 10 分
1.7.2	技术监督速报	20	按规定格式和内容编写技术监督速报并及时上报	（1）发生危急事件未上报监督速报，一次扣 30 分。 （2）未按规定时间上报，一件 15 分。 （3）事件描述不符合实际，一件扣 15 分
1.7.3	年度工作总结报告	10	（1）每年 1 月 5 日前组织完成上年度技术监督工作总结报告的编写工作，并将总结报告报送产业公司、区域公司和西安热工研究院。 （2）格式和内容符合要求	（1）未按规定时间上报，扣 10 分。 （2）内容不全，扣 10 分
1.8	监督管理考核指标	60		
1.8.1	监督管理综合考评	20	（1）不发生因热工监督不到位造成非计划停运。 （2）不发生因热工监督不到位造成主设备损坏	不符合要求，不得分
1.8.2	监督预警、季报问题整改完成率	15	监督预警问题整改完成率达 100%	不符合要求，不得分
1.8.3	动态检查存在问题整改完成率	15	从发电企业收到动态检查报告之日起：第 1 年整改完成率不低于 85%，第 2 年整改完成率不低于 95%	不符合要求，不得分
1.8.4	缺陷消除率	10	（1）危急缺陷为 100%。 （2）严重缺陷为 90%	不符合要求，不得分
2	技术监督实施	600		
2.1	热工技术监督	330		
2.1.1	热工主要检查参数	50	查看相关记录和现场监视画面显示，要求热工主要检测仪表应完好，数据采集系统、系统设计功能全部实现，计算机测点投入率为 99%，合格率为 99%	（1）热工主要检查参数（用于保护装置和自动调节系统）坏一点，扣 2 分。 （2）热工主要检测参数合格率每低于 1%，扣 10 分

表（续）

序号	评价项目	标准分	评价内容与要求	评分标准
2.1.2	热工保护系统	150		
2.1.2.1	主要保护投入率	25	查看运行日志及操作员画面，机组主要保护投入率应达100%，操作员站应有主要保护投入状态指示画面	（1）主要保护未投，扣20分。 （2）非主要保护未投入，保护投入率每低于1%，扣5分。 （3）无保护投退状态指示画面扣10分
2.1.2.2	保护装置误动或拒动	25	核查月报及运行日志，确认指标统计有效时间段内有无保护装置误动、拒动情况	（1）保护误动一次，扣20分。 （2）保护拒动一次，扣30分
2.1.2.3	主辅机保护与报警定值清单	20	核实保护系统是否存有完善、准确的保护定值清单，且定期（2年）进行保护定值的核准	（1）一项内容不准确或不详细，扣5分。 （2）定值逾期无核准扣10分
2.1.2.4	热工保护传动试验	15	查看试验记录及运行日志，核实是否对热工保护系统进行实际传动校验，试验记录中项目、方法、日期、试验数据及试验监护人员是否填写完整、规范	一项未按规定做传动试验，扣10分
2.1.2.5	热工保护投退管理	15	查看试验记录及运行日志，对机组运行中锅炉炉膛压力保护、全炉膛灭火、汽包水位或给水流量低、汽轮机超速、轴向位移、振动、低油压等重要保护投退是否严格执行审批制度	一项未按制度执行，扣10分
2.1.2.6	热工在线保护试验	10	查看试验记录及运行日志，对于设计有在线保护试验功能的机组，功能是否完善，并应在确保安全可靠的原则下定期进行保护在线试验	一项未按规定做传动试验，扣5分
2.1.2.7	燃气轮机灭火保护	10	检查现场设备，100MW及以上等级机组的燃气轮机是否装设灭火保护装置，功能是否完好，使用是否正常	未安装，扣10分
2.1.2.8	汽包水位测点配置及保护逻辑	10	检查现场设备和保护逻辑，确认电厂汽包锅炉至少应配置两只彼此独立的就地汽包水位计和两只远传汽包水位计。水位计的配置应采用两种以上工作原理共存的配置方式，以保证在任何运行工况下锅炉汽包水位计的正确监视。用于汽包水位保护控制的水位变送器或水位开关必须可靠，安装位置和采样方式合理，保护逻辑控制为三取二方式	（1）水位计配置方式不符合要求，扣5分。 （2）安装和保护逻辑不合理，扣5分

表（续）

序号	评价项目	标准分	评价内容与要求	评分标准
2.1.2.9	燃气轮机本体测点配置及保护逻辑	10	检查现场设备和保护逻辑，确认用于燃气轮机本体保护控制的测点必须可靠，安装位置和采样方式合理，保护逻辑控制为三取二方式。测点应分配在不同的I/O模件上	（1）安装和保护逻辑不合理，扣5分。 （2）测点分配不合理，扣10分
2.1.2.10	汽包水位、燃气轮机本体设备缺陷维护档案	10	现场检查档案，确认电厂建立详细、真实、健全的锅炉汽包水位及燃气轮机本体测量系统的维修和设备缺陷档案，对并各类设备缺陷进行定期分析	没有建立档案不得分，内容不健全扣5分
2.1.3	自动调节系统	120		
2.1.3.1	自动调节系统投入率	40	查看季月报、扰动试验曲线、运行日志及现场设备系统投入情况，要求200MW以上有DCS系统机组自动调节系统投入率应大于或等于95%，非DCS机组和循环流化床机组自动调节系统投入率应大于或等于80%	（1）主要自动调节系统未投入一项，扣20分。 （2）DCS 自动调节系统投入率低于90%，扣10分；低于80%，扣20分；低于70%，扣30分；低于60%，扣35分；低于50%，扣40分
2.1.3.2	自动调节系统品质	25	查看季月报、扰动试验曲线、运行日志及现场设备系统投入情况，确认电厂自动调节系统品质指标是否满足DL/T 1210的要求	（1）一项调节性能不达标，扣10分。 （2）扰动试验记录不全或试验报告不规范，扣10分
2.1.3.3	RB功能	20	现场检查，确认RB功能正常投入	没有投入不得分，性能不全酌情扣分
2.1.3.4	一次调频功能	20	检查运行记录，确认一次调频功能应能正常投入，指标满足当地电网要求	没有投入不得分，指标不满足要求酌情扣分
2.1.3.5	DEH主要功能	15	检查试验记录及现场设备，确认汽轮机电液调节系统（DEH）转速和负荷调节精度满足标准和规范要求	一项不满足考核指标和精度要求，扣5分
2.1.4	DCS控制系统	60		
2.1.4.1	热工控制系统电源	10	检查试验记录及现场设备，确认电厂控制系统电源应设计有可靠的后备手段，备用电源的切换应保证控制器不能被初始化。系统电源故障应在控制室内设有报警	备用电源切换时间不满足要求，扣5分；没有独立的声光报警，扣5分
2.1.4.2	DCS失灵预案	20	检查该项措施（即失灵预案），对于配备DCS的电厂，确认其根据机组的具体情况，制订在各种情况下DCS失灵后的紧急停机停炉措施	（1）没有，扣20分。 （2）内容不健全，扣10分
2.1.4.3	DCS性能测试	10	查阅测试报告，要求应定期进行DCS性能检查及测试	没有测试不得分

表（续）

序号	评价项目	标准分	评价内容与要求	评分标准
2.1.4.4	DCS 防病毒措施	10	检查该项措施，要求电厂必须建立有针对性的 DCS 防病毒措施	没有不得分
2.1.4.5	DCS 电子间环境	10	实地检查 DCS 电子间环境（包括温度、湿度、振动等），确认是否满足 DCS 运行环境条件、机柜内无积灰、设备外观完好	不满足要求，酌情扣分
2.2	热工联锁系统	20	现场检查工艺信号，联锁投入情况记录（联锁及工艺信号系统主要包括油泵联锁，设备主、备用联锁等），主要联锁应投入，音响报警、指示报警要正确	主要联锁未投，每项扣 5 分
2.3	辅网控制	40	现场查看程控设备投入情况，查阅运行日志，化水、输煤等程序控制系统、顺序控制系统、程序控制系统在设备、系统投入运行时应能正常投入使用，无跳步使用或短接信号的现象	主要程控系统未投或不能正常使用，扣 10 分
2.4	热工报警系统	20	现场检查热工报警信号，是否应按重要程度进行分级；报警信息应及时准确，无误报、漏报现象	（1）误报漏报一项扣 10 分。 （2）报警信号未分级扣 10 分
2.5	热工监视及分析系统	60		
2.5.1	TSI 装置	10	现场检查及查阅运行日志，确认 TSI 监视系统完善、可靠	系统未投或功能不正常，扣 10 分
2.5.2	汽包水位电视	10	现场检查及查阅运行日志，对 200MW 以上大机组要求安装水位电视，系统应正常投入，观测清晰、准确，满足运行要求	系统未投或功能不正常，扣 10 分
2.5.3	火焰监视	10	现场检查及查阅设备运行日志，对 100MW 以上机组，要求火焰监视必须完善，灭火保护必须可靠	系统未投或功能不正常，扣 10 分
2.5.4	SOE 功能	10	现场检查及查阅设备运行日志，确认 SOE 记录完整、正确，分辨率达到要求	系统未投或功能不正常，扣 10 分
2.5.5	环保监测分析仪表	15	现场检查及查阅设备运行日志，确认分析仪表指示准确，传送正常	仪表未投或功能不正常，扣 10 分
2.6	热工设备检查	50	（1）现场实地检查，电厂热工设备上应有挂牌和明显标志。 （2）操作开关、按钮、操作器及执行器应有明显的开关方向标志，操作灵活可靠。 （3）控制盘台内、外应有良好的照明，盘内电缆入口要封堵严密、干净整洁。 （4）主要的仪表及保护装置应有必要的防雨、防冻措施。 （5）电子设备间环境满足要求，仪用空气系统运行正常	一项不合格，扣 10 分

表（续）

序号	评价项目	标准分	评价内容与要求	评分标准
2.7	热工检修与日常维护	80		
2.7.1	大、小修管理	20	查看计划、总结、记录等，热工大、小修应有专业检修项目计划和作业指导书，做到不漏项按期完成；各种设备检修有记录，检修有总结	（1）计划不详细，扣10分。 （2）检修记录不全，扣10分。 （3）检修无总结，扣20分
2.7.2	检修质量与验收	20	查看报告及记录，确认检修质量良好，并认真切实执行三级验收制度，验收报告内容、签字齐全	（1）验收报告不全，扣10分。 （2）验收手续不全，扣10分
2.7.3	热控技改	20	检查记录及报告，热工技术改造项目应有竣工报告、验收试验要有记录，并对技改效果进行评价	（1）无竣工报告，不得分。 （2）无验收试验记录，扣5分。 （3）无评价报告，扣5分
2.7.4	日常消缺	10	查看消缺记录，确认发现缺陷是否及时消除，对暂时不具备消缺条件的缺陷是否制订了相应的消缺计划	消缺不及时扣5分，无消缺计划酌情扣分
2.7.5	缺陷管理	10	查看记录，热工专业应有详细的消缺记录、详细的缺陷登记；应定期进行缺陷分析，根据分析结果指出设备维护重点	（1）没有记录扣10分，不完善酌情扣分。 （2）没有缺陷分析，扣5分

中国华能集团公司
CHINA HUANENG GROUP

中国华能集团公司联合循环发电厂技术监督标准汇编
Q/HN-1-0000.08.033—2015

技术标准篇

联合循环发电厂节能监督标准

2015 - 05 - 01 发布

2015 - 05 - 01 实施

目　次

前言……199
1　范围……200
2　规范性引用文件……200
3　总则……202
4　监督技术标准……202
4.1　设计选型监督……202
4.2　制造、安装、调试监督……205
4.3　生产运行监督……206
4.4　检修维护监督……210
4.5　技术改造监督……212
4.6　节能试验监督……213
4.7　能源计量监督……215
4.8　燃料管理……217
4.9　节约用电……218
4.10　节约用水……218
5　监督管理要求……219
5.1　监督基础管理工作……219
5.2　日常管理内容和要求……221
5.3　各阶段监督重点工作……225
6　监督评价与考核……226
6.1　评价内容……226
6.2　评价标准……226
6.3　评价组织与考核……227
附录 A（资料性附录）　联合循环机组热力试验必要的测点……228
附录 B（资料性附录）　联合循环机组节能指标报表……229
附录 C（资料性附录）　节能技术监督资料档案格式……232
附录 D（资料性附录）　节能监督定期工作项目列表……236
附录 E（规范性附录）　技术监督不符合项通知单……240
附录 F（规范性附录）　技术监督信息速报……241
附录 G（规范性附录）　联合循环发电厂节能技术监督季报编写格式……242
附录 H（规范性附录）　联合循环发电厂节能技术监督预警项目……246
附录 I（规范性附录）　技术监督预警通知单……248
附录 J（规范性附录）　技术监督预警验收单……249
附录 K（规范性附录）　技术监督动态检查问题整改计划书……250
附录 L（规范性附录）　联合循环发电厂节能技术监督工作评价表……251

前　言

为加强中国华能集团公司联合循环发电厂技术监督管理，确保联合循环发电机组安全、经济、稳定运行，特制定本标准。本标准依据国家和行业有关标准、规程和规范，以及中国华能集团公司联合循环发电厂的管理要求、结合国内外发电的新技术、监督经验制定。

本标准是中国华能集团公司所属联合循环发电厂节能监督工作的主要依据，是强制性企业标准。

本标准由中国华能集团公司安全监督与生产部提出。

本标准由中国华能集团公司安全监督与生产部归口并解释。

本标准起草单位：西安热工研究院有限公司、华能国际电力股份有限公司。

本标准主要起草人：党黎军、刘丽春、崔光明、杨辉、章焰、黄庆、牟丹妮。

本标准审核单位：中国华能集团公司安全监督与生产部、中国华能集团公司基本建设部、西安热工研究院有限公司、华能国际电力股份有限公司、北方联合电力有限责任公司、中国电力工程顾问集团西北电力设计院、广东电网有限责任公司电力科学研究院、上海发电设备成套设计研究院、北京能源投资（集团）有限公司、上海电气电站设备有限公司汽轮机厂、东方电气集团东方汽轮机有限公司、哈电集团哈尔滨汽轮机厂有限责任公司。

本标准主要审核人：赵贺、武春生、罗发青、张俊伟、陈锋、姚啸林、鲍军、蔺雪莉、常海鸿、李千军、杨宇、陈贤、李献才、王清。

本标准审定：中国华能集团公司技术工作管理委员会。

本标准批准人：寇伟。

本标准为首次制定。

联合循环发电厂节能监督标准

1 范围

本标准规定了中国华能集团公司（以下简称“集团公司”）燃气-蒸汽联合循环发电厂节能监督相关的技术要求及监督管理、评价要求。

本标准适用于集团公司燃气-蒸汽联合循环发电厂（以下简称“电厂”）的节能技术监督工作，IGCC 发电厂、分布式能源机组可参照执行。

2 规范性引用文件

下列文件对于本文件的应用是必不可少的。凡是注日期的引用文件，仅所注日期的版本适用于本文件。凡是不注日期的引用文件，其最新版本（包括所有的修改单）适用于本文件。

中华人民共和国主席令〔2007〕77 号　中华人民共和国节约能源法

中华人民共和国主席令〔2013〕8 号　中华人民共和国计量法

中华人民共和国国家发展和改革委员会令〔2010〕第 6 号　固定资产投资项目节能评估和审查暂行办法

GB 17167　用能单位能源计量器具配备和管理通则

GB 17820　天然气

GB 24789　用水单位水计量器具配备和管理通则

GB 50185　工业设备及管道绝热工程施工质量验收规范

GB 50251　输气管道工程设计规范

GB 50273　锅炉安装工程施工及验收规范

GB 50660　大中型火力发电厂设计规范

GB/T 8117.1　汽轮机热力性能验收试验规程　第 1 部分：方法 A—大型凝汽式汽轮机高准确度试验

GB/T 8117.2　汽轮机热力性能验收试验规程　第 2 部分：方法 B—各种类型和容量的汽轮机宽准确度试验

GB/T 8174　设备及管道绝热效果的测试与评价

GB/T 10863　烟道式余热锅炉热工试验方法

GB/T 11060.1～5　天然气　含硫化合物的测定

GB/T 11062　天然气发热量、密度、相对密度和沃泊指数的计算方法

GB/T 13609　天然气取样导则

GB/T 13610　天然气的组成分析　气相色谱法

GB/T 14099　燃气轮机　采购

GB/T 14099.3　燃气轮机　采购　第 3 部分：设计要求

GB/T 14099.4　燃气轮机　采购　第 4 部分：燃料与环境

GB/T 14099.5　燃气轮机　采购　第 5 部分：在石油和天然气工业中的应用
GB/T 14099.7　燃气轮机　采购　第 7 部分：技术信息
GB/T 14099.8　燃气轮机　采购　第 8 部分：检查、试验、安装和调试
GB/T 14099.9　燃气轮机　采购　第 9 部分：可靠性、可用性
GB/T 14100　燃气轮机验收试验
GB/T 17283　天然气水露点的测定 冷却镜面凝析湿度计法
GB/T 18929　联合循环发电装置 验收试验
GB/T 21369　火力发电企业能源计量器具配备和管理要求
GB/T 28056　烟道式余热锅炉通用技术条件
GB/T 28686　燃气轮机热力性能试验
GB/T 28749　企业能量平衡网络图绘制方法
DL 5190.2　电力建设施工技术规范　第 2 部分：锅炉机组
DL 5190.3　电力建设施工技术规范　第 3 部分：汽轮发电机组
DL 5190.4　电力建设施工技术规范　第 4 部分：热工仪表及控制装置
DL 5190.5　电力建设施工技术规范　第 5 部分：管道及系统
DL 5190.6　电力建设施工技术规范　第 6 部分：水处理及制氢设备和系统
DL 5277　火电工程达标投产验收规程
DL/T 448　电能计量装置技术管理规程
DL/T 552　火力发电厂空冷塔及空冷凝汽器试验方法
DL/T 586　电力设备监造技术导则
DL/T 606.1　火力发电厂能量平衡导则　第 1 部分：总则
DL/T 606.2　火力发电厂能量平衡导则　第 2 部分：燃料平衡
DL/T 606.3　火力发电厂能量平衡导则　第 3 部分：热平衡
DL/T 606.4　火力发电厂电能平衡导则
DL/T 606.5　火力发电厂能量平衡导则　第 5 部分：水平衡试验
DL/T 851　联合循环发电机组验收试验
DL/T 855　电力基本建设火电设备维护保管规程
DL/T 869　火力发电厂焊接技术规程
DL/T 932　凝汽器与真空系统运行维护导则
DL/T 934　火力发电厂保温工程热态考核测试与评价规程
DL/T 1027　工业冷却塔测试规程
DL/T 1052　节能技术监督导则
DL/T 1189　火力发电厂能源审计导则
DL/T 1195　火电厂高压变频器运行与维护规范
DL/T 1223　整体煤气化联合循环机组性能验收试验
DL/T 1224　单轴燃气蒸汽联合循环机组性能验收试验规程
DL/T 1290　直接空冷机组真空严密性试验方法
DL/T 5174　燃气-蒸汽联合循环电厂设计规定
DL/T 5294　火力发电建设工程机组调试技术规范
DL/T 5437　火力发电建设工程启动试运及验收规程

JB/T 6503　烟道式余热锅炉通用技术条件
JB/T 8953.2　燃气-蒸汽联合循环设备采购　汽轮机
JB/T 8953.3　燃气-蒸汽联合循环设备采购　余热锅炉
ASME PTC4.4—2008　燃气轮机余热锅炉性能试验规程
ASME PTC 22　燃气轮机性能试验规程
ASME PTC 46　电厂性能试验规程
SY/T0440　工业燃气轮机安装技术规范
SY/T0466　天然气集输管道施工及验收规范
JJF 1356　重点用能单位能源计量审查规范
Q/HN–1–0000.08.001—2011　华能优秀节约环保型燃煤发电厂标准（试行）
Q/HN–1–0000.08.002—2013　中国华能集团公司电力检修标准化管理实施导则（试行）
Q/HN–1–0000.08.025—2015　火力发电厂燃煤机组节能监督标准
Q/HB–G–08.L01—2009　华能电厂安全生产管理体系要求
Q/HB–G–08.L02—2009　华能电厂安全生产管理体系评价办法（试行）
国能综安全〔2014〕45 号　火力发电工程质量监督检查大纲（2014 年 1 月）
中国华能集团公司　火力发电机组节电技术导则（2010 年）
中国华能集团公司　华能火力发电机组节能降耗技术导则（2010 年）
华能建〔2012〕784 号　中国华能集团公司燃气-蒸汽联合循环热电联产典型设计（2012 年）

3　总则

3.1　节能监督是依据国家法律、法规和相关国家、行业标准，采用技术措施或技术手段，对电厂在规划、设计、制造、安装、调试、运行、检修和技术改造过程中有关能耗的重要参数、性能和指标进行监测、检查、分析、评价和调整，做到合理优化用能，降低资源消耗。
3.2　节能监督涉及与电厂经济性有关的设备及管理工作，涵盖进、出用能单位计量点之间的能量消耗、能量转换、能量输送过程的所有设备、系统，目的是使电厂的天然气、压缩空气、氧气、氮气、油、煤、电、汽、水等消耗指标达到最佳水平。
3.3　节能监督工作应贯彻“安全第一，预防为主”的方针。电厂应树立全员整体节能意识，建立健全节能监督组织机构，落实节能降耗责任制，将节能工作落实到全厂工作的每个环节。
3.4　各电厂应按照集团公司《华能电厂安全生产管理体系要求》《电力技术监督管理办法》中有关技术监督管理和本标准的要求，结合本厂实际情况，制定电厂节能监督管理标准、实施细则及相关/支持性文件；以科学、规范的监督管理，保证节能监督工作目标的实现和持续改进。
3.5　节能监督应依靠科技进步，采用先进、适用的节能技术、工艺、设备、材料和方法，采用计算机及其网络等现代管理手段，挖掘企业内部潜力，进一步提高电厂经济效益。
3.6　从事节能监督的人员，应熟悉和掌握本标准及相关标准和规程中的规定。

4　监督技术标准

4.1　设计选型监督

4.1.1　设计选型总的要求

4.1.1.1　联合循环机组建设规划、设计应贯彻执行《中华人民共和国节约能源法》《固定资产投资项目节能评估和审查暂行办法》“节水三同时”等节约能源法律、法规的有关要求，应遵循经济高效、可持续发展的方针。

4.1.1.2 联合循环机组建设项目应按要求编制节能评估报告书，其内容深度应符合要求。节能评估报告书应包括评估依据、项目概况、能源供应情况评估、项目建设方案节能评估、项目能源消耗和能效水平评估、节能措施评估、存在问题及建议、结论。

4.1.1.3 联合循环机组项目应优先选用高参数、高效率、高调节性、节水型的设备；进行节能技术经济方案比较，确定先进合理的供电煤/油/气耗、电耗、取水量定额等设计指标。设计阶段或规划中的机组应进行优化设计。

4.1.1.4 新建、扩建和技术改造工程项目应贯彻国家有关节能降耗的法规政策，选用的设备和装置应有国家或省、市质量技术监督部门的合格鉴定或认证，禁止使用已公布淘汰的用能产品。

4.1.1.5 电厂的规划和设计应把节约用水作为一项重要的技术原则，新建或扩建的凝汽式联合循环电厂装机取水量不应超过表1所给定额。

表1 纯凝汽轮机单机容量取水量定额 m^3/（s·1000MW）

机组冷却形式	单机容量 ＜300MW	单机容量 300MW级
循环冷却	1.2	1.05
直流冷却	0.18	0.15

注1：单机容量300MW级包括300MW≤单机容量＜500MW的机组。
注2：热电联产发电企业取水量增加对外供汽、供热不能回收而增加的取水量（含自用水量）。
注3：当采用再生水、矿井水等非常规水资源及水质较差的常规水资源时，取水量可根据实际水质情况适当增加

4.1.1.6 新建或扩建的循环供水凝汽式联合循环电厂全厂复用水率不应低于95%，严重缺水地区新建或扩建的凝汽式联合循环电厂全厂复用水率不应低于98%。

4.1.2 主机设备设计选型

4.1.2.1 机组主设备及系统选型应符合GB 50660、GB/T 14099、DL/T 5174、《中国华能集团公司燃气-蒸汽联合循环热电联产典型设计》、华能集团公司节能降耗相关文件的要求。

4.1.2.2 机组选型应与机组燃料供应及机组承担的负荷类型相适应。

4.1.2.3 承担基本负荷的机组应选用基本负荷时效率高的机组，承担调峰负荷的机组选型时应考虑机组启停运行的经济性，宜选用兼顾启动效率及低负荷运行效率高的机组。

4.1.2.4 承担调峰负荷的机组宜采用多轴布置方式。

4.1.2.5 采用联合循环的发电厂宜选用重型燃气轮机。

4.1.2.6 当有供热需要且技术经济条件合适时，电厂应优先考虑热电联产；其机组选择和系统配置应与热电联产相适应；机组宜选用多轴机组。

4.1.2.7 燃气轮机进气系统的设计应充分考虑系统的总压降，尽量采用管道短且转弯少的设计。燃气轮机进气系统应按清洁的空气过滤器1kPa的最大压降和现场最大空气流量设计。

4.1.2.8 空气进气口宜高于地面或任何邻近的大块平面（包括屋顶）不少于5m，以降低空气中的灰尘含量。空气进气口宜远离周围热源，控制进气温度和质量。

4.1.2.9 燃气轮机进气系统应设置空气过滤装置，过滤装置应具有过滤、防水及防杂质功能。机组安装在寒冷地区时，进气系统应具有防冰功能。电厂周边环境较差时，过滤装置可同时配置粗滤与精滤。用于海洋环境时，应将高效除雾器作为第一级过滤级。

4.1.2.10 燃气轮机进气系统过滤装置宜有反冲清吹过滤功能。

4.1.2.11 安装在较高环境温度或较高空气湿度地区的联合循环发电机组，经技术经济比较合理时，燃气轮机可设计进气冷却装置。

4.1.2.12 燃气轮机压气机进口应设置进口可转导叶系统。

4.1.2.13 燃气轮机应设置“在线”和“离线”清洗系统。

4.1.2.14 余热锅炉选型和技术要求应符合 JB/T 8953.3 的规定。余热锅炉应满足燃气轮机快速频繁启动的要求；在燃气轮机燃用重质油以及系统安装脱硝装置时，余热锅炉应满足吹灰、水洗及防腐蚀等要求。

4.1.2.15 联合循环发电机组宜采用一台燃气轮机配一台余热锅炉。

4.1.2.16 余热锅炉选型应选用多压余热锅炉，以提高余热锅炉效率。余热锅炉设计时，应选取合适的节点温差、接近点温差。

4.1.2.17 余热锅炉设计时，应按照选定的燃气轮机排气压力设计、布置锅炉受热面，将余热锅炉烟气侧阻力控制在规定的范围内。应采取措施降低余热锅炉排烟温度。

4.1.2.18 电厂的汽轮机设备选型及技术要求应符合 JB/T 8953.2 和联合循环发电机组的相关规定。

4.1.2.19 电厂的汽轮机性能应与机组的负荷类型要求相适应。带尖峰负荷和中间负荷的机组，配套的汽轮机应具有滑压运行、适应频繁快速启停、参与调峰运行的功能。

4.1.2.20 汽轮机设计时应优先考虑选用结构型式先进、密封效果较好的汽封。

4.1.2.21 电厂的主设备布置时应进行优化，减少燃气轮机与余热锅炉间排气压损，缩短余热锅炉与汽轮机间蒸汽管道，提高管道效率。

4.1.3 辅机选型及系统设计

4.1.3.1 机组辅机设备及系统选型应符合 GB 50251、GB 50660、GB/T 14099、DL/T 5174、华能集团公司《火电工程设计导则》、华能集团公司节能降耗相关文件的要求。

4.1.3.2 给水泵按照华能集团公司《火电工程设计导则》、华能集团公司节能降耗导则要求配置。给水泵扬程、流量按照 GB 50660 选取。给水泵扬程应经过核算，并与同类型已投产机组实际运行情况进行比较和优化。给水泵采用调速给水泵时，给水管路应适当简化。调速给水泵具有全程调节性能且运行良好时，主管路可不设置给水调节阀。

4.1.3.3 凝结水泵选型及配置方式由机组容量决定。凝结水泵宜加装变频装置。

4.1.3.4 对于频繁启停的机组，循环水泵及闭式水泵宜同时设置大、小泵，以减少停机备用时循环水泵及闭式水泵耗电量。

4.1.3.5 供水系统中冷却塔塔型宜采用自然通风冷却塔。带调峰负荷的联合循环机组及在高温、高湿地区的，可采用机械通风冷却塔。严重缺水地区宜采用空冷塔或空冷凝汽器。

4.1.3.6 燃料供应设备及系统选型设计应符合 GB 50251、GB 50660、DL/T 5174 相关规定。

4.1.3.7 进厂天然气气质应符合 GB 17820、GB 50251 规定。进入燃气轮机的天然气应满足燃气轮机制造厂对天然气气质各项指标（包括温度）的要求。

4.1.3.8 天然气管道设计应符合 GB 50251、DL/T 5174 规定。厂内天然气管道内径应按天然气流量和输气容许压降计算确定。

4.1.3.9　进厂天然气管道上应设置色谱分析仪等气质监测取样设施；进厂天然气总管道及每台燃气轮机天然气进气管道上应设置天然气流量测量装置。

4.1.3.10　厂内天然气处理站应设置天然气调压装置、过滤装置、加热装置、惰性气体置换装置。

4.1.3.11　厂内天然气管道应设置停用时的惰性气体置换装置或系统。设置惰性气体置换系统时，置换气体的容量宜为被置换气体的两倍。

4.1.3.12　化学处理设备及系统选型与配置应符合 GB 50660、DL/T 5174 规定。

4.1.3.13　使用液化天然气（LNG）燃料等具有冷源利用价值的电厂，宜进行冷源综合利用。

4.2　制造、安装、调试监督

4.2.1　电厂设备制造、检查、试验、安装和调试应符合 GB 50251、GB/T 14099、GB/T 28056、DL 5190、DL/T 869、DL/T 5294、JB/T 6503、JB/T 8953.2、JB/T 8953.3、SY/T 0440、SY/T 0466 等标准及订货合同规定。

4.2.2　电厂电力设备制造时应按 DL/T 586 的规定委托有资质的监造单位进行现场设备监造。设备监造应重点对选用材料、制造工艺、分散制造的部分进行监督。机组在设计及安装时，应设必要的热力试验测点（见附录 A），以保证机组热力性能试验数据的完整、可靠。在制造厂进行装设的热力测点和重要测点，出厂前应进行详细核对，保证出厂产品符合设计和使用要求，设备出厂验收试验未达标不应出厂。

4.2.3　重要设备到厂后，应按照相关标准和订货合同进行验收，形成验收记录，并及时收集与设备性能参数有关的技术资料。设备验收后、安装前，应按照设备 DL/T 855 和技术文件的要求做好保管工作，特别应防止受热面（换热元件）氧化腐蚀、汽轮机通流部件脏污和腐蚀。

4.2.4　联合循环机组建设应选择有资质的监理单位进行工程安装和调试监理，应严格执行开工条件审查、过程监理、隐蔽工程旁站监理和验收。

4.2.5　电厂机组的安装工作应委托有同类机组安装经验的安装单位进行，应重点监督关键设备的安装间隙，调整间隙数据符合规定。

4.2.6　汽轮机安装应执行 DL 5190.3 标准要求，在保证汽轮机通流部分动静不发生碰磨、振动优良、安全运行的前提下，通流间隙应尽量取下限值，并使间隙均匀，减少汽轮机级间漏汽。凝汽器组装完毕后，汽侧应进行灌水查漏试验。

4.2.7　电厂采用多轴机组的，联合循环部分的建设应同步实施，以保证电厂的经济性。

4.2.8　热力设备及管道的保温施工应符合 GB 50273、DL 5190 和设备技术文件的要求，应对到达现场的耐火、保温材料进行检查；热力系统及管道的保温施工应按照 GB 50185 的规定进行施工质量验收。

4.2.9　热工测量仪表的安装应执行 DL 5190.4，以保证测量数据准确；热力试验测点、能源计量器具应按设计要求安装。

4.2.10　机组调试过程应符合 GB/T 14099.8、DL/T 5294、DL/T 5437 等标准的要求。联合循环机组启动前、后应按《电力建设工程质量监督检查典型大纲》要求进行质量监督检查。

4.2.11　新投产联合循环机组，在试生产期结束前须按设备供货合同和 DL/T 5437 规定的主要性能试验项目和规定的要求进行测试，并编写性能试验报告。

4.2.11.1　主要的性能试验项目应包括：

a）联合循环机组热效率、热耗率试验（纯凝 100%负荷与供热 100%负荷工况）；

b）联合循环机组性能保证条件下的出力试验；
c）联合循环机组供电气耗试验；
d）燃气轮机热耗率试验（对多轴机组）；
e）蒸汽轮机热耗率试验（对多轴机组）；
f）余热锅炉热效率试验及锅炉排烟温度；
g）厂用电率试验；
h）供电煤耗率试验；
i）机组散热测试；
j）真空严密性试验；
k）机组启动时间及启停过程燃料消耗和蒸汽消耗；
l）最小稳态负荷、负荷变化率；
m）发电机漏氢率。

4.2.11.2 全面考核机组的以下各项性能和技术经济指标：
a）供电煤耗率；
b）供电气耗率；
c）联合循环机组的热耗率和出力；
d）供热出力；
e）汽轮机高、中压缸效率；
f）厂用电率；
g）真空度；
h）凝汽器端差；
i）胶球清洗装置投入率、胶球回收率；
j）真空严密性；
k）高、中、低压蒸汽和再热蒸汽参数；
l）余热锅炉热效率；
m）燃气轮机排气温度；
n）余热锅炉排烟温度；
o）高温高压管道、设备和炉膛本体及烟道的保温性能；
p）单位发电量取水量。

4.2.12 联合循环机组性能考核试验、燃气轮机、余热锅炉等机组的验收试验按 GB/T 14100、GB/T 18929、GB/T 28686、DL/T 851 或合同规定试验标准进行。联合循环机组性能试验可参照 ASME PTC 46 进行。余热锅炉性能试验可参照 ASME PTC 4.4—2008 进行。

4.2.13 试生产期及大修后，热工仪表准确率、热工保护投入率均应达到 100%；热工自动调节应投入协调控制系统，投入率不低于 95%；计算机测点投入率为 99%，合格率为 99%。

4.2.14 联合循环机组要实现节能减排达标投产。联合循环机组达标投产验收应符合 DL 5277 的规定。

4.3 生产运行监督

4.3.1 经济调度监督

4.3.1.1 应按照各台机组及主、辅机的热力特性，确定主、辅机的优化运行方式，按照“煤耗等微增率”原则，制定相应的负荷调度方案，积极取得调度部门的理解和支持，对机组的启停和负荷分配进行科学的调度。进行电、热负荷的合理分配，使全厂经济运行。

4.3.1.2 电厂应优化机组运行方式，在非用电高峰季节适当减少运行机组台数，避免机组长时间低负荷运行。

4.3.1.3 电厂应合理安排机组检修、备用停机时间，优化年度发电量分配，以提高机组全年整体经济性。

4.3.2 运行节能管理

4.3.2.1 电厂（或上级主管部门）应依据机组实际情况，结合检修、技术改造计划，制定合理、先进的综合经济指标的年度目标值。

4.3.2.2 电厂应根据上级主管部门下达的综合经济指标目标值，制定节能年度实施计划，开展全面、全员的节能管理，按月度将各项经济指标分解到有关部门、班组，开展单项小指标的考核，以单项小指标来保证综合经济指标的完成。

4.3.2.3 应积极开展小指标竞赛活动，根据各指标对供电煤耗率影响大小及变化情况、运行调整工作量等因素制定、调整考核权重，并加大奖惩力度，以充分调动运行人员的积极性。

4.3.2.4 新机投产及主、辅机经过重大节能技术改造后，应及时进行性能试验和运行优化试验，确定主、辅机的优化运行方式。

4.3.2.5 电厂运行人员应不断总结操作经验，并根据机组优化运行试验得出的最佳控制方式和参数对主、辅设备进行调节，使机组各项运行参数达到额定值或不同负荷对应的最佳值，最大限度地降低各项可控损失，使机组的供电煤耗率在各负荷下相对较低，以提高全厂经济性。

4.3.2.6 应加强主要综合技术经济指标监督管理。电厂能耗监督主要综合技术经济指标包括：

a） 发电量；
b） 供热量；
c） 发电煤耗率；
d） 供电煤耗率；
e） 供热煤耗率；
f） 厂用电率；
g） 联合循环热耗率；
h） 单位发电量取水量（发电水耗率）。

4.3.2.7 以下机组主要运行小指标应纳入值际小指标竞赛制度，其考核管理要求见表 2。

a） 压气机进气温度；
b） 压气机排气温度；
c） 压气机排气压力；
d） 压气机压比；
e） 压气机进气滤网压差；
f） 燃料气（天然气）温度；
g） 燃气轮机排气温度；
h） 燃气轮机排气温度分散度；
i） 余热锅炉侧主蒸汽温度；

j） 余热锅炉侧再热蒸汽温度；
k） 再热器减温水量；
l） 排烟温度；
m） 给水温度；
n） 汽轮机侧主蒸汽压力；
o） 汽轮机侧主蒸汽温度；
p） 汽轮机侧再热蒸汽温度；
q） 排汽压力；
r） 真空系统严密性；
s） 凝汽器端差；
t） 凝结水过冷度；
u） 胶球清洗装置投入率及胶球回收率；
v） 冷却塔给水温度；
w） 发电机漏氢量；
x） 启动时间；
y） 天然气完成率及低位发热量等；
z） 给水泵、凝结水泵和循环水泵等辅机耗电率；
aa）热力及疏水系统阀门严密性；
bb）机组补水率、自用水率、汽水损失率、汽水品质合格率等。

表 2　运行小指标管理要求

参　数	单位	要　求
压气机进气温度	℃	≤设计值
压气机排气温度	℃	≤设计值
压气机排气压力	kPa	≥设计值
压气机压比		≥设计值
压气机进气滤网压差	kPa	≤设计值
燃料气（天然气）温度	℃	≤设计值
燃气轮机排气温度	℃	≤设计值
燃气轮机排气温度分散度	℃	≤设计值
余热锅炉侧主蒸汽温度	℃	（设计值±2）
余热锅炉侧再热蒸汽温度	℃	（设计值±2）
再热减温水量	t/h	≤2
排烟温度	℃	不大于设计值的 3%
给水温度	℃	不低于设计值
汽轮机侧主蒸汽压力	MPa	优化值
汽轮机侧主蒸汽温度	℃	（设计值或优化值±2）

表 2（续）

参　　数	单位	要　　求
汽轮机侧再热蒸汽温度	℃	（设计值或优化值±2）
排汽压力	kPa	≤设计值
真空系统严密性	Pa/min	湿冷机组≤200，空冷机组≤100
凝汽器端差	℃	凝汽器端差考核值：循环水入口温度小于或等于 14℃，端差不大于 7℃；入口温度大于 14℃并小于 30℃，端差不大于 5℃；入口温度大于或等于 30℃，端差不大于 4℃
凝结水过冷度	℃	≤1
胶球投入率	%	≥100
胶球回收率	%	≥95
冷却塔出水温度	℃	在 90%以上额定热负荷下，气象条件正常时，夏季冷却塔出水温度与大气湿球温度的差值不大于 7℃
发电机漏氢量	Nm^3/d	≤设计值
启动时间	min	参考设计曲线
天然气完成率	%	＞99
给水泵、凝结水泵和循环水泵等辅机耗电率	%	同类型机组先进值或历史最优值
疏放水阀门泄漏率	%	＜3
机组补水率	%	≤0.7（供热机组另行考虑）

4.3.2.8　每月应进行重要参数对供电煤耗率、厂用电率等主要综合技术经济指标的影响的定量经济性分析比较，从而发现问题，并提出解决措施。分析时，既要与上月、上年同期比，也要与设计值、历史最好值、国内外同类型机组最好水平进行比较，以找出差距，明确努力方向。

4.3.2.9　应建立健全能耗小指标记录、统计制度，完善统计台账，为能耗指标分析提供可靠依据。联合循环机组节能指标报表可参见本标准附录 B。

4.3.2.10　电厂应定期开展节能分析和对标分析，开展重要小指标对综合技术经济指标的影响分析，找出差距，提出改进措施。

4.3.2.11　应定期召开月度节能分析会议，对影响节能指标的问题进行讨论并落实整改措施，形成会议纪要。

4.3.2.12　应积极采用计算机应用程序，如 SIS、MIS、耗差分析等系统，进行有关参数、指标的统计、计算并指导运行方式的优化，不断提高机组的运行水平。

4.3.2.13　应加强天然气等燃料、水、汽、油的化验监督工作，化验结果异常时，应及时分析，并采取措施进行调整。

4.3.2.14　应定期开展全厂能源审计工作，能源审计的程序、内容、方法及报告编写等应符合

DL/T 1189 的规定。

4.3.3 运行优化调整

4.3.3.1 运行人员应加强巡检和对参数的监视，要及时进行分析、判断和调整；发现缺陷应按规定填写缺陷单或做好记录，及时联系检修处理，确保机组安全经济运行。应特别重视燃气轮机燃烧稳定参数，如分散度、燃气轮机排气温度等参数的监视。

4.3.3.2 电厂在调峰运行时，应优化机组的启停操作以减少启停损失。在机组启动前或停运后合理安排相关辅机运行方式，特别是给水泵的启动和停运，循环水泵及闭式水泵大、小泵运行切换，以降低厂用电量。

4.3.3.3 加强燃烧调整。当燃气轮机主要监视参数（如燃机燃烧稳定性参数、分散度、燃机排气温度、燃烧温度等）异常时，应结合天然气成分及燃气轮机排出的烟气成分的变化，对燃烧器、压气机可调导叶、燃料调节阀等进行相应的检查，进行燃烧调整试验，使得燃机重要参数恢复正常。

4.3.3.4 定期投运压气机进气滤网反吹装置，降低滤网压差。

4.3.3.5 重视压气机水洗工作，按燃气轮机维护规定定期进行在线水洗；利用机组调停合理安排压气机离线水洗，保证压气机的高效率运行。

4.3.3.6 加强给水品质控制，控制余热锅炉定期排放和连续排放的排放量，减少汽水损失。

4.3.3.7 应保持汽轮机在最佳背压下运行，且凝汽系统和循环冷却系统应按优化方式运行。设计条件下凝汽器背压的运行值与设计值偏差大于 0.8kPa 时，应进行凝汽机组“冷端”系统经济性诊断试验。

4.3.3.8 加强凝汽器的清洗，保持凝汽器的胶球清洗装置（包括二次滤网）经常处于良好状态，根据循环水质情况和凝汽器端差确定每天的投入次数、间隔和持续时间。应保证空冷机组空冷换热器和真空泵冷却器的清洁度，根据其脏污情况及时进行清洗。清洗前后应记录机组真空值。

4.3.3.9 重视热力及疏放水系统阀门严密性对机组安全性和经济性的影响。应选购质量优良的阀门，并对其进行正确开关操作，阀门泄漏时应及时联系检修人员进行检修或更换。

4.3.3.10 每月应进行一次真空严密性试验，对于容量大于 100MW 的湿冷机组或空冷机组，当机组真空下降速度大于 200Pa/min 或 100Pa/min 时，应检查泄漏原因，及时消除。

4.3.3.11 调峰机组应制定停机后的保温保压措施，以节省启动时的能量消耗。

4.4 检修维护监督

4.4.1 检修维护管理

4.4.1.1 坚持“应修必修，修必修好”的原则，科学、适时安排机组检修，避免机组欠修、失修，通过检修恢复机组性能。

4.4.1.2 机组的检修工作应符合集团公司《电力检修标准化管理实施导则》的相关要求。

4.4.1.3 加强检修周期管理。联合循环机组的检修周期原则上以燃气轮机的检修周期确定。应重点做好燃气轮机运行时间及其影响因素、燃气轮机启停次数及影响因素的统计分析，确定机组的实际检修周期。

4.4.1.4 检修前应完成必要且有利于提高机组性能的专项检测、评估，并形成正式检测、评估报告。

4.4.1.5 检修前应根据同类型机组能耗指标水平、优秀两型企业标准，确定检修项目和要求，并根据机组经济性分析、对标分析、设备评估及运行分析编制检修计划。

4.4.1.6 检修后应进行总结和评价，应编制检修总结报告，开展修后性能试验，与修前相同工况下的主要经济指标、运行小指标进行对比分析。

4.4.1.7 建立健全设备技术档案和台账。设备技术档案和台账应根据检修情况进行动态维护。

4.4.2 检修维护中的节能工作

4.4.2.1 检修中的节能项目主要包括以下内容：

a）压气机水洗装置检查；

b）压气机和燃气轮机叶片无损探伤检查；

c）燃料模块速比阀、天然气控制阀、辅助截止阀、清吹阀、干式低氮氧化物（DLN）燃烧器检查；

d）压气机和燃气轮机叶片清擦或干冰清洗；

e）燃气轮机冷却通道清理检查；

f）压气机进风道内部清理检查；

g）压气机波纹板冲洗、自清式过滤器清理等；

h）天然气调压站工作调压阀和监控调压阀检查；

i）天然气过滤器滤芯清理、更换；

j）余热锅炉汽包及受热面传热元件、烟气走廊、汽轮机通流部分、凝汽器管、换热器、循环水二次滤网、高压变频器滤网、真空泵冷却器等设备的清理或清洗；

k）汽轮机通流部分汽封间隙调整或换型；

l）汽轮机叶片喷丸；

m）真空系统查漏、堵漏；

n）胶球清洗系统检查调整；

o）水塔填料检查更换、配水槽清理、喷嘴检查更换；

p）汽、水、油系统冷却器及过滤器清理；

q）热力设备及管道保温治理；

r）阀门泄漏治理；

s）厂用辅机节电改造等；

t）节能监测及计量表计的校验。

4.4.2.2 做好天然气调压站和天然气前置模块的维护工作，保证天然气供气压力的稳定，满足燃气轮机进口压力要求。根据天然气过滤器的压差变化，及时切换天然气过滤器，并对压差大的过滤器滤芯进行及时清理或更换，保证供气安全、经济运行。

4.4.2.3 做好压气机进气滤芯反吹装置的维护工作，定期检查反吹电磁阀及反吹管路，保证反吹装置投运正常。根据压气机进气滤网压差变化，结合运行时间，及时更换压气机进气滤芯。

4.4.2.4 消除阀门泄漏。应建立阀门泄漏定期检查制度，应特别加强对余热锅炉汽水管道关断阀门，高中低压旁路阀门，主蒸汽、再热蒸汽、供热机组抽汽管道上的疏水阀门，汽轮机本体疏水阀门，加热器旁路阀门，给水泵再循环阀门，除氧器事故放水和溢流阀门，锅炉定排阀门等的严密性检查，发现问题及时消除。

4.4.2.5 做好机组保温维护，保持热力设备、管道及阀门的保温完好；采用新材料，新工艺，努力降低散热损失。保温效果测试应每年开展一次，保温效果评价应列入检修竣工验收项目，测试方法及评价应参照 GB/T 8174、DL/T 934 进行。当周围环境不大于 25℃时，保温层表面温度不得超过 50℃；当周围环境大于 25℃时，保温层表面温度与环境温度的差值不得超过 25℃。

4.4.2.6 应按规程规定对冷水塔进行检查和维护，加强对进、出水温差的监督，结合检修对其进行彻底清理和整修，并采用高效淋水填料和新型喷溅装置，使得淋水密度均匀，提高冷却效率。

4.4.2.7 按照计量管理制度，做好热工测量设备的校验工作，确保测量结果准确。

4.4.2.8 应加强高压变频器的运行维护管理，改善高压变频器场所的通风和散热条件，保证其投入率。高压变频器场所应具有防雨、防尘和防小动物进入措施。应有专人定期进行巡检和维护。定期维护和试验项目按 DL/T 1195 要求开展。

4.4.3 检修效果评价

4.4.3.1 检修后应对检修计划中节能项目的落实情况进行检查，并对节能项目实施效果进行评价。

4.4.3.2 机组 A、B 级检修后，应考核如下指标：

a） 供电煤耗、厂用电率应达到目标值；
b） 联合循环热耗率：达到性能保证值或同类型机组先进值；
c） 燃气轮机热耗率、汽轮机热耗率应达到目标值（对多轴机组）；
d） 余热锅炉热效率达到性能保证值或修前策划值；
e） 燃气轮机排气温度；
f） 主蒸汽温度、再热蒸汽温度应达到设计值；
g） 排烟温度修正到设计条件下不大于设计值的 3%；
h） 真空严密性试验合格；
i） 胶球装置投入率为 100%，胶球装置收球率不小于 95%；
j） 在 90%以上额定热负荷，气象条件正常时，夏季冷却塔出水温度与大气湿球温度的差值不高于 7℃；
k） 凝汽器真空度应达到相应循环水进水温度或环境温度下的设计值；
l） 疏放水阀门漏泄率占总阀门比例小于 3%；
m） 补水率不大于 0.7%。

4.5 技术改造监督

4.5.1 技术改造管理

4.5.1.1 电厂技术改造应执行华能集团《电力生产资本性支出项目管理办法》相关管理规定。

4.5.1.2 加强技术改造项目的节能监督管理。重大技术改造项目在可行性研究阶段应开展不同技术方案对电厂节能指标影响分析评价，在满足改造目标的条件下，优先选择能耗较低、对节能经济指标有利的技术方案。按照华能集团《电力生产资本性支出项目管理办法》做好项目可研、立项、项目实施、后评价全过程监督。

4.5.1.3 应高度重视技术进步，加强国内外相关节能新技术、新设备、新材料和新工艺的信息收集，掌握节能技术动态。

4.5.1.4 应定期分析评价全厂生产系统、设备的运行状况，根据设备状况、现场条件、改造费用、预期效果、投入产出比等确定节能技术改造项目，编制中长期节能技术改造项目规划和年度节能项目计划，按年度计划实施节能技术改造项目。

4.5.1.5 根据国内外先进节能技术的应用情况，积极采用成熟、有效的节能技术和设备进行系统优化和设备更新改造，提高机组经济性。对实践证明节能效果明显的系统优化、设备更新应优先安排所需资金。

4.5.1.6 对重大节能改造项目要进行技术经济可行性研究，必要时开展改造前的摸底试验，认真制定改造方案，落实施工措施，有计划地结合设备检修进行施工，对改造的效果做出后评估。

4.5.1.7 技术改造完成后，应对相关规程、运行画面、技术档案和设备台账等进行更新维护。

4.5.2 节能改造技术

4.5.2.1 对工频运行的大功率辅机，如凝结水泵、给水泵、循环水泵等宜进行调速改造。循环水泵、闭式水泵可考虑增加小功率泵，以满足频繁开停机要求。

4.5.2.2 对投产较早、效率较低的汽轮机，采用更换新型叶片、新型隔板、新型汽封结构、新型流道主汽门和调门等措施进行通流部分改造。

4.5.2.3 条件允许时宜进行供热改造，提高整个机组效率。

4.5.2.4 对效率低的抽气器或真空泵，应采取更换新型高效抽气器或真空泵，增加或改造冷却装置等措施，进行有针对性的技术改造，以提高其运行效率。

4.5.2.5 排烟温度较高的联合循环机组宜采用烟气余热利用技术，以降低排烟温度。

4.6 节能试验监督

4.6.1 电厂应按 GB/T 8117、GB/T 10863、GB/T 14099.8、GB/T 14100、GB/T 18929、GB/T 28686、DL/T 851、DL/T 1052、DL/T 1223、DL/T 1224、DL/T 5437 等要求开展与节能工作相关的试验。

4.6.2 电厂在设计和基建阶段应完成试验测点的安装，对投产后不完善的试验测点应加以补装，对常规的节能试验应有专用试验测点。试验测点应满足开展联合循环效率、余热锅炉热效率、汽轮机热耗率的测试要求，应满足重要辅助设备，如加热器、凝汽器、水塔、大型水泵等性能试验的要求。

4.6.3 热力试验

4.6.3.1 新投产联合循环机组应进行性能验收试验，鉴定机组经济性能是否达到制造商合同中的保证值。新投产联合循环机组性能验收试验应在机组投入运行后的 8 周内进行，并应创造条件满足试验要求，尽早进行试验，以避免或减小老化修正对试验精度的影响。性能验收试验应在必要的检查和清洗工作后进行。对于热电联产机组，应针对纯凝工况和供热工况，分别进行 100%负荷下的试验。

4.6.3.2 燃气轮机、余热锅炉与汽轮机等主要设备由一个总合同整套供货时，应进行联合循环机组整体性能的验收试验。联合循环机组整体性能的验收试验按照 GB/T 14099.8、GB/T 18929、DL/T 1223、DL/T 1224、DL/T 851 的标准或合同规定进行。

4.6.3.3 燃气轮机、余热锅炉与汽轮机等主要设备由不同的独立合同供货时，宜采用相应各设备的有关标准，按各设备（组合）的外特性及接口性能分别进行验收试验，并对联合循环机组整体性能进行测试。燃气轮机的性能验收试验按照 ASME PTC 22、GB/T 14100、GB/T 28686 或合同规定的标准进行。余热锅炉性能试验按 GB/T 10863 或合同规定的标准进行，余热锅炉热效率试验可参照 ASME PTC 4.4—2008 进行。汽轮机性能试验按 GB/T 8117.1 进行。

4.6.3.4 在联合循环发电机组验收试验、机组 A 级检修前后、主辅设备改造前后，应进行的试验项目主要有：

a） 联合循环机组热效率、热耗率；

b） 联合循环机组出力；

c） 余热锅炉热效率；

d） 余热锅炉蒸发量；

e） 汽机热耗率（凝汽器性能、冷水塔性能应随汽轮机热耗率试验一起分析评价）；

f） 改造设备出力；

g） 改造设备效率；

h） 厂用电率；

i） 保温效果测试。

4.6.3.5 A 级检修前后或汽轮机通流部分改造前后，应进行汽轮机热力性能试验，测试并对比检修或改造前后汽轮机缸效率和热耗率，以检验汽轮机通流部分检修或改造的效果。

4.6.3.6 A 级检修前应对主要辅机（如给水泵、循环水泵、凝结水泵等）进行泵的热态性能试验，根据试验结果决定是否对其进行改造以及适宜的改造方式；改造后应再次进行泵的热态性能试验，以检验改造效果。对未改造的主要辅机每个大修期内均应对其性能进行测试，以确定其不同条件下的合理运行方式。

4.6.3.7 A 级检修后应进行机组的优化运行调整试验，寻求不同负荷下机组的最佳运行方式，主要包括燃烧调整试验、汽轮机定滑压试验、汽轮机冷端优化试验等。对空冷机组，应根据环境温度、风向变化以及负荷情况及时调整空冷风机的叶片安装角度、风机转速，使机组真空达到最佳值。

4.6.3.8 热力试验必须严格执行有关标准和规程对试验方法、试验数据处理方法、测点数量、测点安装方法和要求、仪表精度、试验持续时间、试验次数等的规定，确保试验结果的精度。对试验数据及结果，应在认真分析的基础上，对设备的性能和运行状况进行评价和诊断，必要时提出改进措施建议，并形成报告。

4.6.4 定期试验与分析化验

4.6.4.1 电厂应按照 DL/T 1052 要求和华能集团技术管理规定开展定期试验、测试分析和化验工作。

4.6.4.2 主要定期试验（测试）项目包含以下内容：

a） 每月开展进气系统阻力试验，按 GB/T 14100、GB/T 18929、DL/T 851 进行；

b） 每月开展真空严密性试验，按 DL/T 932、DL/T 1290 进行；

c） 每月开展冷却塔性能测试，按 DL/T 552、DL/T 1027 进行；

d） 每年开展余热锅炉烟气侧阻力试验，按 GB/T 14100、GB/T 18929、DL/T 851 或参照 ASME PTC 4.4 进行；

e） 每年开展机组保温测试，按 DL/T 552、DL/T 1027 进行；

f） 每五年（或新机组投产）开展全厂燃料、汽水、电量、热量等能量平衡的测试，按 DL/T 606 进行，并按 GB/T 28749 要求绘制能量平衡图。

4.6.4.3 定期化验：

a） 每月或天然气供气连续监测异常时对天然气进行取样分析，按 GB/T 11060、GB/T 13609、GB/T 13610、GB/T 17283、GB 17820 进行；

b）以煤、油为入厂燃料时，定期化验应执行集团公司《火力发电厂燃煤机组节能监督标准》的相关管理规定；

c）汽水品质化验执行《联合循环发电厂化学监督标准》相关规定。

4.7 能源计量监督

4.7.1 能源计量管理

4.7.1.1 计量是节能监督的基础，应贯彻执行《中华人民共和国计量法》，推行国家法定计量单位，根据国家和上级颁发的有关计量工作政策、法规、制度和规定，贯彻执行 GB 17167、GB/T 21369、JJF 1356 的规定，配备能源计量器具，加强能源计量管理，确保能源计量数据真实准确。

4.7.1.2 电厂应设有专人负责能源计量器具的管理，能源计量管理人员应通过国家相关职能部门的能源计量管理培训、考核，做到持证上岗。

4.7.1.3 电厂应按 JJF 1356 的要求建立健全能源计量管理制度，并保持和持续改进其有效性。管理制度应形成文件，传达至有关人员，被其理解、获取和执行。能源计量管理制度至少应包括下列内容：

a）能源计量管理职责；

b）能源计量器具配备、使用和维护管理制度；

c）能源计量器具周期检定/校准管理制度；

d）能源计量人员配备、培训和考核管理制度；

e）能源计量数据采集、处理、统计分析和应用制度；

f）能源计量工作自查和改进制度。

4.7.1.4 电厂能源计量器具的配备应能满足能耗定额管理、能耗考核及商务结算的需要，应满足以下要求：

a）贸易结算的要求；

b）能源分类计量的要求；

c）用能单位实现能源分级分项统计和核算的要求；

d）用能单位评价其能源加工、转换、输运效率的要求；

e）应配备必要的便携式能源计量器具，如便携式超声波流量计等，以满足自检自查的要求；

f）计算和评价单台机组发电（供热）煤耗的要求；

g）计算和评价单套联合循环、燃气轮机、余热锅炉、蒸汽轮机热效率的要求；

h）计算和评价单套联合循环机组厂用电率的要求；

i）计算和评价生产补水率、非生产补水率、化学自用水率的要求。

4.7.1.5 能源计量器具的配备必须实行生产和非生产、外销和自用分开的原则，非生产用能应与生产用能严格分开，加强管理，节约使用。

4.7.1.6 能源计量器具配备率和管理应满足 GB/T 21369、行业和集团公司的有关办法和要求。应根据生产实际和能源管理的需要制定配备计划，配齐以下计量器具或装置：

a）进、出厂的一次能源（煤、油、天然气等）、二次能源（电、热、成品油等）以及工质（压缩空气、氧、氮、氢、水等）的计量；

b）生产过程中能源的分配、加工转换、储运和消耗的计量；

c） 企业能量平衡测试所需的计量；

d） 生活的辅助部门用能的计量；

e） 有单独考核意义的生产重点辅机或系统的能源计量。

4.7.1.7 对能源计量检测率的要求：电厂一级计量（进、出厂）的天然气、电、油、煤气、蒸汽、热、水等其他能源计量检测率应达到100%；以上能源的二级计量（车间、班组及重要辅机）计量检测率应达到95%；三级计量（各设备和设施、生活用计量）计量检测率应达到85%。

4.7.1.8 建立能源计量器具使用和维护制度，建立计量技术档案（含标准器具的技术说明书、检定规程、检定证书或合格证、使用方法或操作规程、检修检验记录）。

4.7.1.9 应制定能源计量器具的检定管理办法和规章制度，根据在用器具的准确度等级、使用情况和环境条件等，确定各类计量器具检定周期，制定周期检定计划。在用计量器具周期受检率应达到100%。检定合格的计量器具必须具有合格证，不合格或超周期未检的计量器具不得使用。

4.7.1.10 应组织计量人员参加培训、考核，专职从事计量检定、复核、签证的计量技术人员须持证上岗。

4.7.1.11 根据本厂生产流程编制能源计量网络图和计量检测点网络图，制定企业能源计量器具的配备规划，解决计量器具在运行中影响正确计量的有关问题。

4.7.2 燃料计量

4.7.2.1 燃料计量仪表的配置应符合 GB 17167 的规定。

4.7.2.2 入厂燃料应配备可靠的计量装置。燃料为天然气时，以入厂表计计量为准。

4.7.2.3 电厂入厂天然气管道上应装入厂天然气计量表计。天然气入厂计量表计精度等级应符合贸易结算要求，符合 GB 17167 的规定。

4.7.2.4 电厂入厂天然气管道上应装设天然气取样点，取样点应在合同规定的天然气交接点。天然气的取样应按 GB/T 13609 执行。

4.7.2.5 电厂入厂天然气管道上应配备色谱仪，以对天然气组分等参数进行连续检测。

4.7.2.6 电厂每台燃气轮机入口天然气管道或燃油管道上应配置计量表计，实现燃料的分机计量。

4.7.3 电能计量

4.7.3.1 发电机出口，主变压器出口，高、低压厂用变压器，高压备用变压器，用于贸易结算的上网线路的电能计量装置精度等级应不低于 GB/T 21369、DL/T 448 的规定。

4.7.3.2 6kV（100kW）及以上电动机应配备电能计量装置，电能表精度等级不低于 1.0 级，互感器精度等级不低于 0.5 级。

4.7.3.3 非生产用电应配齐计量表计，电能表精度等级不低于 1.0 级。

4.7.4 热能计量

4.7.4.1 向热力系统外供蒸汽和热水的机组应配置必要的热能计量装置。测点应布置合理，安装应符合技术要求，并应定期校验、检查、维护和修理，保证计量数据的准确性。

4.7.4.2 热能计量仪表的配置应结合热平衡测试的需要，二次仪表应定期校验并有合格检测报告。一级热能计量（对外供热收费的计量）的仪表配备率、合格率、检测率和计量率均应达到100%；二级热能计量（各机组对外供热及回水的计量）的仪表配备率、合格率、检测率和计量率均应达到95%以上；三级热能计量（各设备和设施用热、生活用热计量）也应配置仪表，计量率应达到85%。

4.7.4.3 电厂应在以下各处设置热能计量仪表：

a）对外收费的供热管；

b）单台机组对外供热管；

c）厂内外非生产用热管；

d）对外供热后的回水管；

e）除本厂热力系统外的其他生产用热。

4.7.5 水量计量

4.7.5.1 电厂的用水和排水系统应配置必要的水量计量装置，水量计量装置应根据用水和排水的特点、介质的性质、使用场所和功能要求进行选择。测点布置应合理，安装应符合技术要求，并应定期校验、检查、维护和修理，保证计量数据的准确性。

4.7.5.2 水量计量仪表的配置应符合GB 24789的规定，并结合水平衡测试的需要，二次仪表应定期校验并有合格检测报告。一级用水计量（全厂各种水源的计量）的仪表配备率、合格率、检测率和计量率均应达到100%；二级用水计量（各类分系统）的仪表配备率、合格率、检测率和计量率均应达到95%以上；三级用水计量（各设备和设施用水、生活用水计量）也应配置仪表，计量率应达到85%。

4.7.5.3 电厂应在以下各处设置累积式流量表：

a）取水泵房（地表和地下水）的原水管；

b）原水入厂区后的水管；

c）进入主厂房的工业用水管；

d）供预处理装置或化学处理车间的原水总管及化学水处理后的除盐水出水管；

e）循环冷却水补充水管；

f）热网补充水管；

g）各机组除盐水补水管；

h）非生产用水总管；

i）其他需要计量处。

4.8 燃料管理

4.8.1 电厂采用天然气作为初级燃料时，天然气的采购和供应，应满足联合循环机组的使用。

4.8.2 应对入厂天然气的热值、成分进行监督考核。燃气发电机组应配备色谱仪并加强维护，以实现对天然气组分等参数的持续检测。应做好检测设备维护工作。在气源稳定、色谱仪正常投入的情况下，至少每半年对天然气取样一次，送样至具备资质的机构对天然气进行化验，对监测仪器进行比对。当色谱仪不能正常投入时，应每月对天然气进行取样化验；并应及时消除监测仪器存在的缺陷，及早投入。在天然气气源发生变化时，应每月对天然气进行取样化验，并与检测结果进行比对。

4.8.3 天然气的采样按GB/T 13609标准进行；组分分析按GB/T 13610标准进行。发热量、密度、相对密度和沃泊指数的计算方法按GB/T 11062标准进行。

4.8.4 燃料计量表计应定期进行校验，并应使其处于有效期内。

4.8.5 当以供方门站的天然气计量表计为准作为供需双方约定的计量表计时，该计量表计应经定期校验并始终处于有效期内。电厂应每日将电厂的天然气使用量与天然气供气方的计量值进行比较；如果发现二者存在的偏差较大时应及时查找原因，并加以消除。

4.8.6 在天然气交接点的压力和温度条件下，天然气中应不存在液态烃。

4.8.7 加强天然气处理站设备的运行维护。监视天然气处理器滤网压差，及时更换滤网，及时排污。

4.8.8 根据需要投入加热系统。

4.8.9 电厂采用煤作为初级燃料时，燃料管理应执行华能集团《火力发电厂燃煤机组节能监督标准》的相关规定。

4.8.10 应加强全厂燃料入厂流量计、单元机组燃料流量计维护工作，保证表计准确、可靠。

4.9 节约用电

4.9.1 电厂应执行华能集团公司《华能火力发电机组节电技术导则》的规定。

4.9.2 积极推广先进的节电技术、工艺、设备，依靠技术进步，对热力系统和设备进行优化分析，落实节电技术改造项目。

4.9.3 应每月进行厂用电率及其影响因素分析，制定主要辅机节电计划并考核落实。

4.9.4 在运行中特别是低负荷运行时，对辅机进行经济调度。

4.9.5 联合循环机组停运后应停运大功率辅机，改由小功率辅机替代运行。

4.9.6 对运行效率较低的水泵，要根据其型式、与系统匹配情况和机组负荷调节情况等，采取更换叶轮、导流部件及密封装置，或定速改双速、改变频调速等措施，进行有针对性的技术改造，以提高其运行效率。

4.9.7 对运行时间较长、损耗较高的电动机、变压器，应结合检修或消缺，进行节能改造或更换为损耗较低的节能型设备。

4.9.8 应积极探索机组启停和备用过程中辅机的优化运行方式，降低启停及备用时的辅机耗电率。

4.9.9 加强生产照明管理和非生产用电管理，节约厂用电，做到可控、在控。

4.10 节约用水

4.10.1 节水工作应遵守国家现行法律、法规和标准，并应考虑电厂所在地区的有关法规以及华能集团《华能火力发电机组节能降耗技术导则》、华能优秀两型企业的规定。发电企业要实行水的分级、分类利用，提高全厂复用水率。充分利用废水处理回收设施，提高生活污水、工业废水回收利用率。

4.10.2 应制定用水定额，加强考核，采取有效措施节约用水，加强城市中水利用。控制取水指标见表 3。

表 3　按联合循环部分发电量为基准的单位发电量取水量定额指标　m^3/（MWh）

机组冷却形式	联合循环部分单机容量 ＜300MW	联合循环部分单机容量 300MW
循环供水系统	4.8	3.3
直流供水系统	1.19	0.38
注 1：单机容量 300MW 级包括 300MW≤单机容量＜500MW 的机组。 注 2：热电联产发电企业取水量增加对外供汽、供热不能回收而增加的取水量（含自用水量）。 注 3：当采用再生水、矿井水等非常规水资源及水质较差的常规水资源时，取水量可根据实际水质情况适当增加		

4.10.3 应按照 DL/T 606 的规定定期进行水平衡测试。通过测试水量平衡工作，查清全厂的用水状况，综合协调各种取、用、排、耗水之间的关系，作为运行控制和调整的依据，找出节水的薄弱环节，采取改进措施，确定合理的用水流程和水质处理工艺，绘制水量平衡图并应进行有关的计算。水量不平衡率应小于 5%。

4.10.4 循环冷却系统应采取防止结垢和防止腐蚀的措施，并根据水源条件（水量、水温、水质和水价）等因素，经技术经济比较后制定出经济合理的循环水浓缩倍率，降低循环水补水率。

4.10.5 做好机、炉等热力设备的疏水、排污及启、停时的排汽和放水的回收。机组启动正常后，应及时关严疏水门；应设法消除阀门泄漏，以便减少汽水损失，降低机组补水率。

4.10.6 电厂供热机组应加强供热管理，与用户协作，积极采取措施，减少供热管网的疏放水及泄漏损失，按设计（或协议）规定数量返回合格的供热回水。

4.10.7 加强对化学制水过程中产生的废水的回收利用。

5 监督管理要求

5.1 监督基础管理工作

5.1.1 节能监督管理的依据

电厂应按照《华能电厂安全生产管理体系要求》中有关技术监督管理和本标准的要求，制定节能监督管理标准，并根据国家法律、法规及国家、行业、集团公司标准、规范、规程、制度，结合电厂实际情况，编制节能监督相关/支持性文件；建立健全技术资料档案（部分节能技术资料档案格式可参考本标准附录 C），以科学、规范的监督管理，保证各耗能设备的安全、可靠、经济运行。

5.1.2 节能监督管理应具备的相关/支持性文件

a） 节能技术监督实施细则；
b） 节能监督考核制度；
c） 能源计量管理制度；
d） 非生产用能管理制度；
e） 节水管理制度；
f） 节能试验管理制度；
g） 节能培训管理制度；
h） 电厂统计管理制度；
i） 经济指标计算办法及管理制度；
j） 设备检修管理标准；
k） 运行管理标准；
l） 燃料管理标准。

5.1.3 建立健全技术资料档案

5.1.3.1 设计和基建阶段技术资料，包括但不限于：

a） 燃气轮机、余热锅炉及汽轮机主、辅机原始设备资料：
   1） 燃气轮机说明书；
   2） 燃气轮机热力特性书（含修正曲线）；
   3） 汽轮机热力特性书（含修正曲线）；

4）凝汽器设计使用说明书；

5）主要辅机（如给水泵、凝结水泵、循环水泵等）设计使用说明书（含性能曲线）；

6）冷却水塔设计说明书；

7）余热锅炉锅炉设计说明书、使用说明书、热力计算书；

8）公用系统（如天然气调压站、化学制水等）资料。

b）调试报告、性能试验等投产验收报告。

5.1.3.2 规程及系统图

a）运行规程及检修规程；

b）系统图。

5.1.3.3 试验、测试、化验报告，包括但不限于：

a）主、辅机（燃气轮机、余热锅炉、汽轮机、泵、凝汽器等）性能考核试验报告；

b）历次检修前后燃气轮机、汽轮机、余热锅炉性能试验报告；

c）机组检修前、后保温效果测试报告；

d）机组优化运行试验报告，包括燃气轮机燃烧调整试验、汽轮机定滑压试验、冷端优化运行试验、脱硝系统优化运行试验等；

e）主、辅设备技术改造前后性能对比试验报告，如汽轮机通流改造前后试验、锅炉受热面改造前后试验、水泵改造前后试验等；

f）全厂能量平衡测试报告，包括全厂燃料、汽水、电量、热量等能量平衡测试；

g）定期试验（测试）报告，包括真空严密性、月度水塔性能测试等；

h）定期化验报告，包括入厂天然气等项目。

5.1.3.4 能源计量管理和技术资料，包括但不限于：

a）能源计量器具一览表、燃料计量点图、电能计量点图、热计量点图、水计量点图；

b）能源计量器具检定、检验、校验计划；

c）能源计量器具检定、检验、校验报告（记录），包括入厂天然气计量装置，关口、发电机出口、主变压器二次侧、高低压厂用变压器、非生产用电等电能计量表，对外供热、厂用供热、非生产用热等热计量表计，向厂内供水、对外供水、化学用水、锅炉补水、非生产用水等水计量总表等项目。

5.1.3.5 节能监督管理资料档案，包括但不限于：

a）节能监督三级管理体系文件，包括相关管理标准、厂级节能管理制度，节能监督三级网络图，各级人员岗位职责、节能监督网络日常活动记录；

b）节能监督相关标准规范，包括国家、行业最新颁布的与节能监督相关的标准规范，集团公司颁发的与节能监督相关的有关管理办法、标准、导则；

c）节能监督工作计划，包括电厂中长期节能规划，年度节能监督工作计划，机组检修节能监督项目计划，主要节能技术改造项目计划及其可行性研究报告；节能培训规划和计划；

d）节能技术监督报表，包括运行月报表，生产月报，月度节能考核资料，小指标竞赛评分表及奖惩资料，月度燃料盘点报告，集团公司、地方政府、西安热工研究院有限公司、地方电科院的月、季、年度报送报告；

e）节能监督工作总结，包括节能中长期规划实施情况总结，季度/半年/年度节能监督总结，机组检修节能监督总结，节能培训记录、宣传活动材料；

f）主要节能技术改造项目改造效果评价报告；

g）月度节能分析报告，月度节能分析会会议纪要；

h）能源审计报告；

i）耗能设备节能台账，包括主、辅设备设计和历次试验性能参数统计；

j）泄漏阀门台账；

k）技术监督检查资料，包括迎检资料及动态检查自查报告，历年集团技术监督动态检查报告及整改计划书，历年技术监督预警通知单和验收单，集团公司技术监督动态检查提出问题整改完成（闭环）情况报告；

l）节能监督网络人员档案，节能监督专责人员上岗考试成绩和证书，能源管理师证书，能源计量管理资质证书。

5.2 日常管理内容和要求

5.2.1 健全监督网络与职责

5.2.1.1 各电厂应建立健全由生产副厂长（总工程师）领导下的节能技术监督三级管理网络体系。第一级为厂级，包括生产副厂长（总工程师）领导下的节能监督专责人；第二级为部门级，包括生产部门的机务专工、锅炉专工、电气专工、化学专工、热工专工、燃料专工；第三级为班组级，包括各专工领导的班组人员。在生产副厂长（总工程师）领导下由节能监督专责人统筹安排，协调运行、检修等部门及燃机、锅炉、汽轮机、化学、燃料、热工、电气等相关专业共同配合完成节能监督工作。节能监督三级网严格执行岗位责任制。

5.2.1.2 按照集团公司《华能电厂安全生产管理体系要求》和《电力技术监督管理办法》编制电厂节能监督管理标准，做到分工、职责明确，责任到人。

5.2.1.3 电厂节能技术监督工作归口职能管理部门在电厂技术监督领导小组的领导下，负责节能技术监督的组织建设工作，建立健全技术监督网络，并设节能技术监督专责人，负责全厂节能技术监督日常工作的开展和监督管理。

5.2.1.4 电厂节能技术监督工作归口职能管理部门每年年初要根据人员变动情况及时对网络成员进行调整；按照人员培训和上岗资格管理办法的要求，定期对技术监督专责人和特殊技能岗位人员进行专业和技能培训，保证持证上岗。

5.2.2 确定监督标准符合性

5.2.2.1 节能监督标准应符合国家、行业及上级主管单位的有关标准、规范、规定和要求。

5.2.2.2 每年年初，节能技术监督专责人应根据新颁布的标准及设备异动情况，组织对节能监督技术标准及其他厂级节能监督管理制度、节能技术措施等文件的有效性、准确性进行评估，修订不符合项，经归口职能管理部门领导审核、生产主管领导审批后发布实施。国标、行标及上级单位监督规程、规定中涵盖的相关节能监督工作均应在电厂标准、规程及规定中详细列写齐全。在主要耗能设备规划、设计、建设、更改过程中的节能监督要求等同采用每年发布的相关标准。

5.2.3 确定仪器仪表有效性

5.2.3.1 应配备必须的能源计量器具和节能监督用仪器、仪表。

5.2.3.2 应编制节能监督用仪器、仪表使用、操作、维护规程，规范仪器仪表管理。

5.2.3.3 应建立健全能源计量器具一览表和能源计量点网络图。能源计量点图可参考本标准附录 C.1。

5.2.3.4 应定期对能源计量器具和节能监督用仪器、仪表的配备情况进行检查，缺项的和不符合要求的应及时制定配备和改造计划，并监督落实。

5.2.3.5 应根据检定、检验、校验周期和项目，制定能源计量器具和节能监督用仪器、仪表的检定、检验、校验计划，按规定进行检验、校验或送检，对检验合格的可继续使用，对检验不合格的送修或报废处理，保证仪器、仪表的有效性。

5.2.4 监督档案管理

5.2.4.1 为掌握电厂耗能设备性能指标变化规律，便于分析研究和采取对策，电厂应按照本标准 5.1.3 条规定的资料目录并参考附录 C 相关格式要求，建立和健全节能技术监督档案，确保技术监督原始档案和技术资料的完整性和连续性。

5.2.4.2 根据节能监督组织机构的设置和受监设备的实际情况，应明确档案资料的分级存放地点，并指定专人负责整理保管。

5.2.4.3 节能技术监督专责人应建立全厂节能监督档案资料目录清册，并负责实时更新。

5.2.5 制定监督工作计划

5.2.5.1 节能技术监督专责人每年 11 月 30 日前应组织制定下年度技术监督工作计划，报送产业公司、区域公司，同时抄送西安热工研究院有限公司。

5.2.5.2 节能技术监督年度计划的制定依据至少应包括以下几个方面：

a） 国家、行业、地方有关电力生产方面的政策、法规、标准、规程和反措要求；
b） 集团公司、产业公司、区域公司、电厂技术监督管理制度和年度技术监督动态管理要求；
c） 集团公司、产业公司、区域公司、电厂技术监督工作规划和年度生产目标；
d） 主、辅设备目前的运行状态；
e） 机组检修计划；
f） 技术监督动态检查、预警、月（季）报提出问题的整改；
g） 人员培训和监督用仪器设备的配备和更新；
h） 技术监督体系健全和完善化；
i） 收集的其他有关主要耗能发电设备设计选型、制造、安装、运行、检修、技术改造等方面的动态信息。

5.2.5.3 电厂技术监督工作计划应实现动态化，即各专业应每季度制定技术监督工作计划。年度（季度）监督工作计划应包括以下主要内容：

a） 技术监督组织机构和网络完善；
b） 监督管理标准、技术标准规范制定、修定计划；
c） 人员培训计划（主要包括内部培训、外部培训取证，标准规范宣贯）；
d） 技术监督例行工作计划；
e） 定期试验、化验计划；
f） 检修期间应开展的技术监督项目计划；
g） 能源计量器具检定、检验、核验计划；
h） 技术监督自我评价、动态检查和复查评估计划；
i） 技术监督预警、动态检查等监督问题整改计划；

j） 技术监督定期工作会议计划。

5.2.5.4 电厂应根据上级公司下发的年度技术监督工作计划，及时修订补充本单位年度技术监督工作计划，并发布实施。

5.2.5.5 节能监督专责人每季度应对节能监督各部门的监督计划的执行情况进行检查评估，对不满足监督要求的问题，通过技术监督不符合项通知单的形式下发到相关部门进行整改，并对节能监督的相关部门进行考评。技术监督不符合项通知单编写格式见附录E。

5.2.6 定期试验管理

5.2.6.1 热力试验是了解耗能设备经济性能、对设备进行评价和考核、提出改进措施的基础工作。电厂应重视和加强主、辅设备在不同阶段的各类热力试验，以促进节能工作的开展。

5.2.6.2 电厂应按相关标准规范的要求，定期开展热力试验、化验工作。

5.2.6.3 电厂应制定节能试验管理制度，明确各部门职责、试验项目及要求。试验前应编制试验组织措施、技术措施和安全措施，确保试验的顺利进行。试验完成后应编制试验报告，并及时向相关人员提供。

5.2.7 监督报告管理

5.2.7.1 节能监督速报报送

电厂发生重大监督指标异常，受监控设备重大缺陷、故障和损坏事件等重大事件后24h内，应将事件概况、原因分析、采取措施按照附录F的格式，以速报的形式报送产业公司、区域公司和西安热工研究院有限公司。

5.2.7.2 节能监督季报报送

节能技术监督专责人应按照附录G的季报格式和要求，组织编写上季度节能技术监督季报。经电厂归口职能管理部门汇总后，于每季度首月5日前，将全厂技术监督季报报送产业公司、区域公司和西安热工研究院有限公司。

5.2.7.3 节能监督年度工作总结报送

a） 节能技术监督专责人应于每年1月5日前编制完成上年度技术监督工作总结，并报送产业公司、区域公司和西安热工研究院有限公司；

b） 年度节能监督工作总结报告主要内容应包括以下几个方面：

  1） 主要监督工作完成情况、亮点和经验与教训；

  2） 主要技术经济指标完成情况及分析；

  3） 节能监督存在的主要问题和改进措施；

  4） 节能监督下年度工作思路、计划、重点和改进措施。

5.2.8 监督例会管理

5.2.8.1 电厂每年至少召开两次厂级技术监督工作会议，会议由电厂技术监督领导小组组长主持，检查评估、总结、布置节能技术监督工作，对节能技术监督中出现的问题提出处理意见和防范措施，形成会议纪要（会议纪要格式可参见本标准附录C.3），按管理流程批准后发布实施。

5.2.8.2 节能专业每季度至少召开一次技术监督工作会议，会议由节能监督专责人主持并形成会议纪要。

5.2.8.3 例会主要内容包括：

a） 主要技术经济指标完成情况；

b） 上次监督例会以来节能监督主要工作的开展情况；

c） 影响节能指标存在的主要问题；

d） 节能监督存在的主要问题及解决措施/方案；

e） 上次监督例会提出问题整改措施完成情况的评价；

f） 技术监督工作计划发布及执行情况，监督计划的变更；

g） 集团公司技术监督季报、监督通信、新颁布的国家、行业标准规范、监督新技术学习交流；

h） 节能监督需要领导协调和其他部门配合和关注的事项；

i） 至下次监督例会时间内的工作要点。

5.2.9 监督预警管理

5.2.9.1 节能监督三级预警项目见附录H，电厂应将三级预警识别纳入日常节能监督管理和考核工作中。

5.2.9.2 对于上级监督单位签发的预警通知单（见附录I），电厂应认真组织人员研究有关问题，制定整改计划，整改计划中应明确整改措施、责任部门、责任人和完成日期。

5.2.9.3 问题整改完成后，电厂应按照验收程序要求，向预警提出单位提出验收申请，经验收合格后，由验收单位填写预警验收单（见附录J），并报送预警签发单位备案。

5.2.10 监督问题整改

5.2.10.1 整改问题的提出：

a） 上级或技术监督服务单位在技术监督动态检查、预警中提出的整改问题；

b） 《火电技术监督报告》中明确的集团公司或产业公司、区域公司督办问题；

c） 《火电技术监督报告》中明确的电厂需要关注及解决的问题；

d） 电厂节能监督专责人每季度对各部门节能监督计划的执行情况进行检查，对不满足监督要求提出的整改问题。

5.2.10.2 问题整改管理：

a） 电厂收到技术监督评价报告后，应组织有关人员会同西安热工研究院有限公司或技术监督服务单位在两周内完成整改计划的制定和审核，整改计划编写格式见附录K。并将整改计划报送集团公司、产业公司、区域公司，同时抄送西安热工研究院有限公司或技术监督服务单位。

b） 整改计划应列入或补充列入年度监督工作计划，电厂应按照整改计划落实整改工作，并将整改实施情况及时在技术监督季报中总结上报。

c） 对整改完成的问题，电厂应保存问题整改相关的试验报告、现场图片、影像等技术资料，作为问题整改情况及实施效果评估的依据。

5.2.11 监督评价与考核

5.2.11.1 电厂应将《节能技术监督工作评价表》中的各项要求纳入节能日常监督管理工作中，《节能技术监督工作评价表》见附录L。

5.2.11.2 电厂应按照《节能技术监督工作评价表》中的要求，编制完善各项节能技术监督管理制度和规定，完善各项节能监督的日常管理和记录，加强受监设备的运行技术监督和检修维护技术监督。

5.2.11.3 电厂应定期对技术监督工作开展情况组织自我评价，对不满足监督要求的不符合项以通知单的形式下发到相关部门进行整改，并对相关部门及责任人进行考核。

5.3 各阶段监督重点工作

5.3.1 设计与设备选型阶段

5.3.1.1 电厂节能监督人员、调试单位和性能试验单位相关人员应尽早参与设计与设备选型工作。

5.3.1.2 应对初步可行性研究、可行性研究、初步设计阶段的设计文件进行审核，对节能专题报告和相关节能措施进行审核，对影响节能指标的内容提出意见。

5.3.1.3 监督、审核新建、扩建机组的煤耗、电耗、水耗等设计指标，确保指标的先进性和合理性。

5.3.1.4 在主、辅机设备及系统设计、选型时，应监督设计单位采用先进的工艺、技术，选择成熟、高效的设备，参与环保设备及系统的技术方案审核。

5.3.1.5 应参与审核设备采购技术协议，应重点关注设备的技术参数、性能指标水平及性能考核验收标准等条款。

5.3.1.6 应对电厂节水设计方案进行审核，提出节能监督意见。

5.3.1.7 对设计的热力试验测点进行审查，确保足够、合理，以满足机组投产后经济性测试和分析的需要。

5.3.1.8 监督、审核必需的能源计量器具。

5.3.2 制造、安装及调试阶段

5.3.2.1 设备制造阶段应对设备重要热力测点的装设进行检查验收，如条件允许，可参与设备出厂有关验收试验。

5.3.2.2 应参与重要设备到厂后的验收工作，并及时收集与设备性能参数有关的技术资料。监督相关单位按要求做好设备安装前的保管工作。

5.3.2.3 应对安装单位、工程监理单位的资质及工作质量进行监督，如要求监理单位派遣工作经验丰富的监理工程师常驻施工现场，负责对安装工程全过程进行见证、检查、监督，以确保设备安装质量。

5.3.2.4 应参与对余热锅炉易漏烟部位的安装质量检查、验收、汽轮机通流部分间隙的调整控制验收、重要阀门的安装调试质量验收等。

5.3.2.5 应监督凝汽器汽侧灌水查漏试验、系统严密性试验的开展并对结果进行评价。

5.3.2.6 应参与对热力设备及管道保温材料的到厂检查和保管，参与对保温施工质量的验收。

5.3.2.7 应对重要热工测量仪表、热力试验测点、能源计量器具的安装、调试质量进行监督、检查。

5.3.2.8 应对机组调试措施进行审核，提出优化机组调试程序、减少工质和燃料消耗方面的意见。

5.3.2.9 对新机组性能考核试验方案、计划、措施、过程和试验报告进行审核，提出修改、完善意见；并根据性能考核试验结果，评价机组主要技术经济指标。

5.3.2.10 应督促、监督基建单位按时移交与设备性能有关的设计、安装、调试等全部基建技术资料。

5.3.3 生产运行阶段

5.3.3.1 应对机组经济调度和主、辅机优化运行方式提出建议，以达到较好的节能效益。

5.3.3.2 应根据上级主管部门下达的综合经济指标目标值，合理制定和分解年度实施计划，并监督完成情况，以保证年度目标的完成。

5.3.3.3 应掌握节能指标的变化情况，及时了解设备运行状态。应定期对节能相关能耗指标、运行小指标进行统计、计算、分析和对标，对于指标异常情况，应及时分析原因并要求相关部门采取措施进行调整。

5.3.3.4 应参与主、辅设备的运行规程、运行技术措施的审核，提出优化运行方面的建议。

5.3.3.5 应结合电厂实际制定节约用气、节约用电、节约用水的技术措施，并监督执行情况。

5.3.3.6 督促开展值际运行小指标竞赛，进行节能考核。

5.3.3.7 应定期召开月度节能分析会议，对影响节能指标的问题讨论并落实整改措施，并形成会议纪要。

5.3.3.8 应监督天然气、水、汽的定期化验工作。

5.3.3.9 应积极组织开展燃气轮机燃烧调整试验、汽轮机调门优化、冷端优化运行、脱硝系统优化运行等运行优化试验，寻找最佳运行方式。应监督相关定期试验（测试）工作的开展情况，如真空严密性试验、冷却塔性能测试、保温测试、全厂能量平衡测试（含热、水、电、燃料）。

5.3.4 检修维护、技术改造阶段

5.3.4.1 应定期分析评价全厂生产系统、设备的运行状况，编制中长期节能技术改造项目规划和年度节能项目计划。参与重大节能技术改造项目的可行性研究，监督选择成熟、可靠、经济、高效的技术方案。

5.3.4.2 应及时收集国内外相关节能新技术、新设备、新材料和新工艺的信息，掌握节能技术动态。

5.3.4.3 应参与检修计划、检修文件包的审核，提出节能监督的意见。

5.3.4.4 参与各专业修前运行分析、检修分析，对影响能耗指标的问题提出检修处理措施和建议。

5.3.4.5 应制定完整的检修节能项目计划，并做好检修过程监督及质量验收工作。

5.3.4.6 应参与对检修节能项目、改造效果进行总结和评价。

5.3.4.7 监督检修前、后性能测试的实施，如修前的主辅机性能试验、修前保温测试、余热锅炉漏烟、阀门内漏测试，修后主辅机性能试验等。

5.3.4.8 应监督热工、电测专业做好能源计量器具的定期检定、检验、校验工作，保证其测量准确性。

6 监督评价与考核

6.1 评价内容

6.1.1 节能监督评价内容详见附录 L。

6.1.2 节能监督评价内容分为监督管理、技术监督标准执行两部分，总分为 1000 分，其中监督管理评价部分包括 9 个大项 29 小项共 400 分，监督标准执行部分包括 3 个大项 52 个小项共 600 分，每项检查评分时，如扣分超过本项应得分，则扣完为止。

6.2 评价标准

6.2.1 被评价的电厂按得分率高低分为四个级别，即：优秀、良好、合格、不符合。

6.2.2 得分率高于或等于 90%为“优秀”；80%～90%（不含 90%）为“良好”；70%～80%（不含 80%）为“合格”；低于 70%为“不符合”。

6.3 评价组织与考核

6.3.1 技术监督评价包括集团公司技术监督评价、属地电力技术监督服务单位技术监督评价、电厂技术监督自我评价。

6.3.2 集团公司定期组织西安热工研究院有限公司和公司内部专家，对电厂技术监督工作开展情况、设备状态进行评价，评价工作按照集团公司《电力技术监督管理办法》规定执行，分为现场评价和定期评价。

6.3.2.1 集团公司技术监督现场评价按照集团公司年度技术监督工作计划中所列的电厂名单和时间安排进行。各电厂在现场评价实施前应按附录 L 进行自查，编写自查报告。西安热工研究院有限公司在现场评价结束后三周内，应按照集团公司《电力技术监督管理办法》附录 C 的格式要求完成评价报告，并将评价报告电子版报送集团公司安生部，同时发送产业公司、区域公司及电厂。

6.3.2.2 集团公司技术监督定期评价按照集团公司《电力技术监督管理办法》及本标准要求和规定，对电厂生产技术管理情况、机组障碍及非计划停运情况、节能监督报告的内容符合性、准确性、及时性等进行评价，通过年度技术监督报告发布评价结果。

6.3.2.3 集团公司对严重违反技术监督制度、由于技术监督不当或监督项目缺失、降低监督标准而造成严重后果，以及对技术监督发现问题不进行整改的电厂，予以通报并限期整改。

6.3.3 发电厂应督促属地技术监督服务单位依据技术监督服务合同的规定，提供技术支持和监督服务，依据相关监督标准定期对电厂技术监督工作开展情况进行检查和评价分析，形成评价报告，并将评价报告电子版和书面版报送产业公司、区域公司及电厂。电厂应将报告归档管理，并落实问题整改。

6.3.4 电厂应按照集团公司《电力技术监督管理办法》及华能电厂安全生产管理体系要求建立完善技术监督评价与考核管理标准，明确各项评价内容和考核标准。

6.3.5 电厂应每年按附录 L，组织安排节能监督工作开展情况的自我评价，根据评价情况对相关部门和责任人开展技术监督考核工作。

附 录 A
（资料性附录）
联合循环机组热力试验必要的测点

A.1 燃气轮机

燃料气取样、燃料气流量、燃料气流量测量处压力、燃料气流量测量处温度、边界处天然气温度、大气压力、大气湿度、空气滤网入口温度；燃料加热器进水温度、压力；燃料加热器出水温度、压力；燃机排气温度、燃机排气静压、发电机端电功率、励磁机电压、励磁机电流、频率、功率因数、氢压。

A.2 余热锅炉

高压给水流量差压、高压给水压力、高压给水温度、高压汽包压力、高压汽包水位、高压蒸汽流量、高压蒸汽出口压力、高压蒸汽出口温度、中压给水流量、中压给水压力、中压给水温度、中压汽包压力、中压汽包水位、中压蒸汽流量、中压蒸汽压力、中压蒸汽温度、冷再热蒸汽压力、冷再热蒸汽温度、热再热蒸汽出口压力、热再热蒸汽出口温度、再热减温水流量差压、再热减温水压力、再热减温水温度、低压给水流量差压、低压汽包压力、低压汽包水位、低压蒸汽流量差压、低压蒸汽压力、低压蒸汽温度、除氧器压力、除氧器入水温度、低压省煤器进口温度、余热锅炉入口烟气温度、余热锅炉入口静压、余热锅炉排烟温度、余热锅炉排气成分、中压省煤器去天然气性能加热器流量差压。

A.3 汽轮机

凝结水流量、凝结水压力、凝结水温度、高压蒸汽压力、高压蒸汽温度、高压缸排汽压力、冷再热蒸汽压力、冷再热蒸汽温度、热再热蒸汽压力、热再热蒸汽温度、低压蒸汽压力、低压缸排汽压力、凝汽器压力、循环水入口温度、循环水出口温度、凝泵前凝结水温度、热井水位；去热网加热器的蒸汽压力、去热网加热器的蒸汽温度；热网疏水冷却器疏水流量差压、压力、温度；热网供热水流量、压力、温度；热网回水温度、发电机功率、励磁机电压、励磁机电流、频率、功率因数、氢压。

附 录 B
（资料性附录）
联合循环机组节能指标报表

表 B.1 联合循环机组节能指标报表 1

序号	指 标 名 称	指标单位	日指标	月指标	年指标
1	环境温度	℃			
2	大气压力	kPa			
3	大气湿度				
4	1 号燃气轮机压气机入口压力	kPa			
5	1 号燃气轮机压气机压比				
6	1 号燃气轮机压气机排气温度	℃			
7	1 号燃气轮机进气滤差压	kPa			
8	1 号燃气轮机热效率	%			
9	1 号燃气轮机透平转数	r/min			
10	1 号燃气轮机透平排气温度	℃			
11	1 号燃气轮机透平排气压力	kPa			
12	1 号余热锅炉高压主汽温度	℃			
13	1 号余热锅炉中压主汽温度	℃			
14	1 号余热锅炉低压主汽温度	℃			
15	1 号余热锅炉高压主汽压力	MPa			
16	1 号余热锅炉中压主汽压力	MPa			
17	1 号余热锅炉低压主汽压力	MPa			
18	1 号余热锅炉高压主汽流量	kg/s			
19	1 号余热锅炉中压主汽流量	kg/s			
20	1 号余热锅炉低压主汽流量	kg/s			
21	1 号余热锅炉过热器减温水流量	kg/s			
22	1 号余热锅炉再热器减温水流量	kg/s			
23	1 号余热锅炉入口烟气温度	℃			
24	1 号余热锅炉出口烟气温度	℃			
25	1 号余热锅炉烟气阻力	Pa			
26	1 号余热锅炉效率	%			
27	1 号余热锅炉热端温差	℃			

表 **B**.1（续）

序号	指　标　名　称	指标单位	日指标	月指标	年指标
28	1 号余热锅炉高压接近点温差	℃			
29	1 号余热锅炉中压接近点温差	℃			
30	1 号余热锅炉低压接近点温差	℃			
31	1 号余热锅炉高压蒸发器节点温差	℃			
32	1 号余热锅炉中压蒸发器节点温差	℃			
33	1 号余热锅炉低压蒸发器节点温差	℃			
34	1 号燃气轮机组运行时间	h			
35	1 号燃气轮发电机组热耗率	kJ/kWh			
36	1 号燃气轮发电机组热效率	%			
37	1 号燃气轮机组启机次数	次			
38	1 号燃气轮机组停机次数	次			

表 B.2　联合循环机组节能指标报表 2

序号	指　标　名　称	指标单位	日指标	月指标	年指标
1	蒸汽轮机运行时间	h			
2	蒸汽轮机启机次数	次			
3	蒸汽轮机停机次数	次			
4	高压主蒸汽压力（机侧）	MPa			
5	再热蒸汽压力（机侧）	MPa			
6	低压主蒸汽压力（机侧）	MPa			
7	高压主蒸汽温度（机侧）	℃			
8	再热蒸汽温度（机侧）	℃			
9	低压主蒸汽温度（机侧）	℃			
10	高压缸出口冷再热蒸汽压力（机侧）	MPa			
11	蒸汽轮机凝汽压力	kPa			
12	循环冷却水入口温度	℃			
13	循环冷却水出口温度	℃			
14	凝汽器端差	℃			
15	凝结水过冷度	℃			
16	凝结水流量	kg/s			
17	蒸汽轮机热耗率	kJ/kWh			
18	热网循环水供水流量	t/h			

表 B.2（续）

序号	指　标　名　称	指标单位	日指标	月指标	年指标
19	热网循环水回水流量	t/h			
20	联合循环机组对外供热量	GJ			
21	联合循环机组发电量	MWh			
22	燃气轮机发电量	MWh			
23	蒸汽轮机发电量	MWh			
24	联合循环机组供电量	MWh			
25	综合厂用电率	%			
26	天然气标准体积流量	Nm^3			
27	天然气的低位发热量	MJ/Nm^3			
28	联合循环机组发电气耗	Nm^3/kWh			
29	联合循环机组供电气耗	Nm^3/kWh			
30	联合循环机组供热气耗	Nm^3/GJ			
31	供热比	%			
32	联合循环机组热效率	%			
33	联合循环机组补水率	%			
34	循环水泵耗电率	%			
35	凝结水泵耗电率	%			
36	给水泵耗电率	%			
37	闭式水泵耗电率	%			

附　录　C
（资料性附录）
节能技术监督资料档案格式

C.1　能源计量点图

C.1.1　燃料计量点图

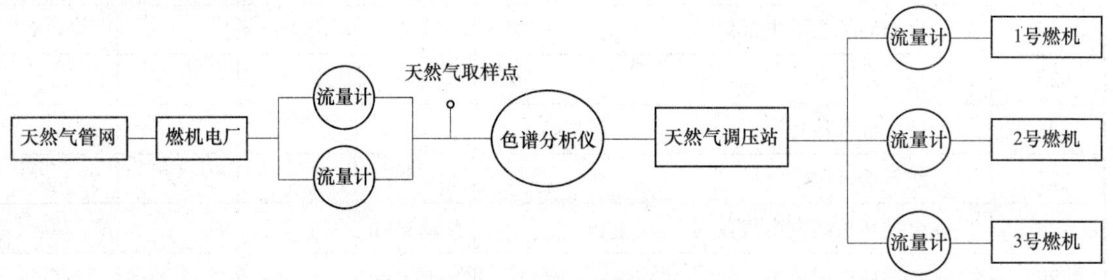

图 C.1　燃料计量点图

C.1.2　水计量点图

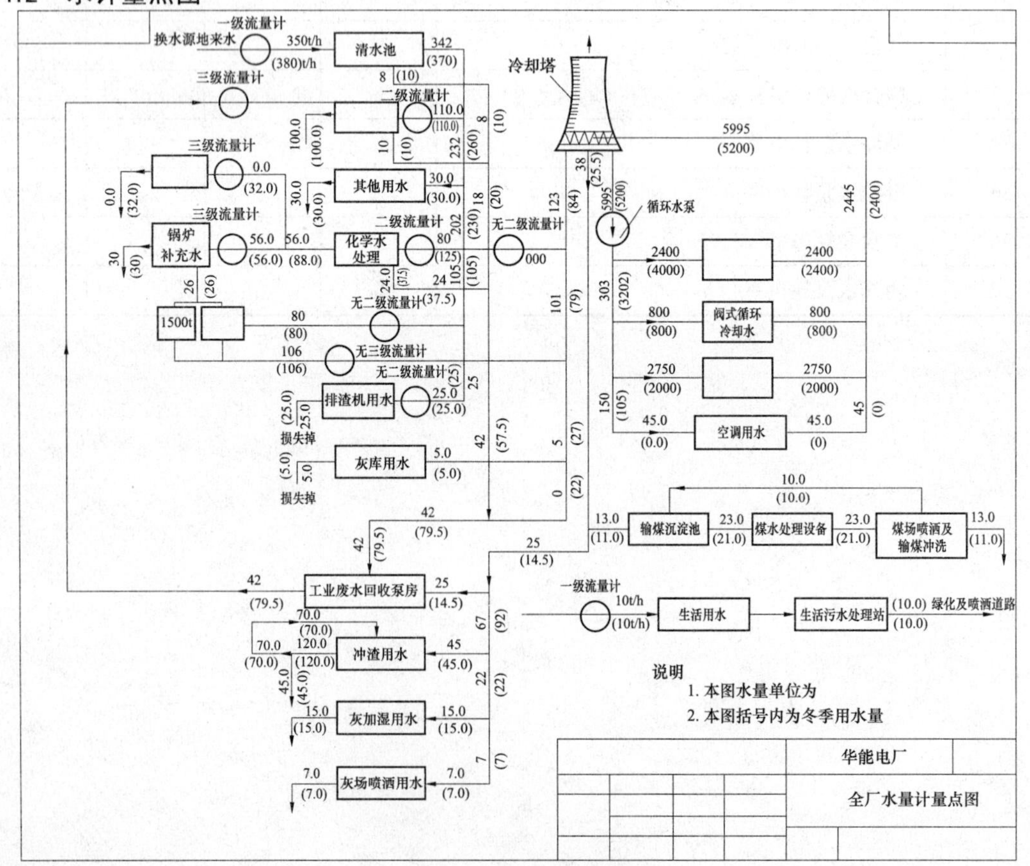

图 C.2　水计量点图

C.1.3 热计量点图

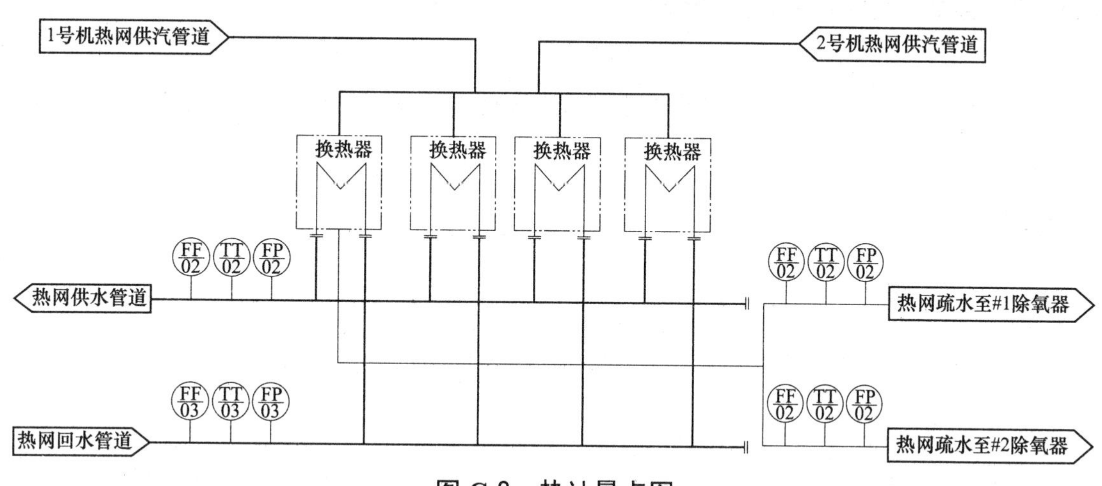

图 C.3 热计量点图

C.2 真空严密性试验报告

表 C.1 真空严密性试验报告

<table>
<tr><td>电厂名称</td><td></td><td>试验名称</td><td>真空严密性试验</td><td>试验日期</td><td></td></tr>
<tr><td>机组名称</td><td></td><td>试验依据</td><td>DL/T 932</td><td>试验条件</td><td>发电机并网带 80%额定负荷及以上运行</td></tr>
<tr><td rowspan="4">试验数据及试验仪器仪表</td><td>试验过程</td><td colspan="4">试验开始时间：　　试验结束时间：</td></tr>
<tr><td>试验数据</td><td colspan="4">负荷（MW）：
真空泵（抽气器）关闭后 30s 开始记录，记录 8min，取后 5min 数据进行计算。
第一分钟真空（排汽压力）：
第二分钟真空（排汽压力）：
第三分钟真空（排汽压力）：
第四分钟真空（排汽压力）：
第五分钟真空（排汽压力）：
第六分钟真空（排汽压力）：
第七分钟真空（排汽压力）：
第八分钟真空（排汽压力）：</td></tr>
<tr><td>试验结果</td><td colspan="4"></td></tr>
<tr><td>试验合格标准</td><td colspan="4">≤200Pa/min（湿冷机组），≤100Pa/min（空冷机组）</td></tr>
<tr><td>结论</td><td colspan="5">试验合格/不合格</td></tr>
<tr><td>试验人员</td><td colspan="2"></td><td>监护人员</td><td colspan="2"></td></tr>
</table>

C.3 节能监督月度例会会议纪要格式

节能监督月度例会会议纪要

时间：
地点：
主持：
记录：
参加人员：

一、节能专责汇报

1. 上月主要技术经济指标完成情况

2. 上月节能主要工作的开展情况

3. 影响节能指标存在的主要问题及解决措施/方案

4. 技术监督工作计划发布及执行情况，监督计划的变更

二、上月节能监督例会安排事宜落实情况

1. 由策划部（生技部）、运行部、检修部、燃料部、行政部等相关责任人分别汇报

2. 需要领导协调的问题

三、集团公司技术监督季报、监督通信、新颁布的国家、行业标准规范、监督新技术学习交流

四、下阶段主要工作安排

C.4 汽水系统泄漏阀门台账格式

表 C.2 汽水系统泄漏阀门台账格式

××电厂汽水系统泄漏阀门台账												
序号	阀门名称	位置	环境温度	阀体温度	门前温度	门后温度	阀门状态（是否泄漏）	检查人	检查时间	整改负责人	整改计划时间	备注
主、再热蒸汽系统												

表 C.2（续）

汽轮机本体系统												
给水系统												
××电厂汽水系统泄漏阀门台账												
序号	阀门名称	位置	环境温度	阀体温度	门前温度	门后温度	阀门状态（是否泄漏）	检查人	检查时间	整改负责人	整改计划时间	备注
抽汽、疏放水系统												
辅助蒸汽系统												

附　录　D
（资料性附录）
节能监督定期工作项目列表

序号	类型	监督工作项目	周期	资料档案
1	节能监督管理体系	三级网络建立及更新	每年	节能监督三级网络图及组织机构成立文件
2		节能监督管理标准修订	每年	标准修订记录
3		节能监督相关/支持性文件修订（含技术标准、相关制度）	每年	修订记录
4		月度节能监督会议	每月	会议纪要
5		节能监督相关标准规范收集、宣贯	每年	标准规范及宣贯资料
6		节能培训	每年	节能培训记录
7		节能宣传	每年	节能宣传活动材料
8		监督计划的检查考核	每季	技术监督不符合项通知单
9	计划及总结	技术监督报告	每季	技术监督季报（年报）
10		中长期节能规划	每3年～5年	规划报告
11		节能中长期规划实施情况总结	每年	规划完成情况总结
12		节能监督年度计划	每年	年度计划
13		节能监督年度计划完成情况总结	每年	计划完成情况总结
14		节能监督总结	每半年/年	半年/年度总结
15		机组检修节能监督项目计划	检修前110天	检修节能监督项目计划
16		机组检修节能监督总结	检修后30天	检修节能监督总结
17		节能培训规划、计划和总结	每年	培训计划和总结
18		能源计量器具检定、检验、校验计划	每年	检定计划
19		节能监督动态检查与考核	每年/定期	迎检资料，检查报告，问题整改计划，整改结果
20		节能预警问题整改	每年	整改计划、措施及完成情况
21	运行节能定期工作	运行报表	年/月/日	运行报表
22		节能分析及对标	月	节能分析及对标报告
23		节能考核	月	节能考核资料
24		小指标竞赛及奖惩	月	指标竞赛及奖惩资料
25		天然气监测装置投入统计	月	投入记录月报表

表（续）

序号	类型	监督工作项目	周期	资料档案
26	检修节能定期工作	压气机水洗装置检查	检修期间	检修记录、检修总结
27		燃机热通道检查、干式低氮氧化物（DLN）燃烧器调整	检修期间	检修记录、检修总结
28		压气机和燃气轮机叶片无损探伤检查	检修期间	检修记录、检修总结
29		燃料模块速比阀、天然气控制阀、辅助截止阀、清吹阀等检查	检修期间	检修记录、检修总结
30		双联滤网滤芯清理或更换	检修期间	检修记录、检修总结
31		压气机和燃气轮机叶片清擦或干冰清洗	检修期间	检修记录、检修总结
32		燃机冷却通道清理检查	检修期间	检修记录、检修总结
33		压气机进风道内部清理检查	检修期间	检修记录、检修总结
34		压气机波纹板冲洗、自清式过滤器清理	检修期间	检修记录、检修总结
35		脱硝喷氨系统的检查、维护	检修期间	检修记录、检修总结
36		锅炉炉汽包及受热面传热元件、烟气走廊、脱硝催化剂、暖风器、汽轮机通流部分、凝汽器管、加热器、热网换热器、二次滤网、高压变频器滤网、真空泵冷却器等设备的清理或清洗	检修期间	检修记录、检修总结
37		锅炉本体、烟风道漏风检查（整体风压试验）、处理	检修期间	检修记录、检修总结
38		天然气调压站工作调压阀和监控调压阀检查	检修期间	检修记录、检修总结
39		天然气过滤器滤芯更换	检修期间	检修记录、检修总结
40		汽轮机通流部分间隙调整	检修期间	检修记录、检修总结
41		汽封检查、调整	检修期间	检修记录、检修总结
42		真空系统查漏、堵漏	检修期间	检修记录、检修总结
43		胶球清洗系统检查、调整	检修期间	检修记录、检修总结
44		水塔填料检查更换、配水槽清理、喷嘴检查更换，循环水系统清淤	检修期间	检修记录、检修总结
45		空冷岛冲洗	检修期间	检修记录、检修总结
46		热力系统内、外漏治理	检修期间	检修记录、检修总结
47		机组保温治理	检修期间	检修记录、检修总结
48		能源计量装置的维护、校验	检修期间	检修记录、检修总结
49		辅机变频器的检查、维护	检修期间	检修记录、检修总结

表（续）

序号	类型	监督工作项目	周期	资料档案
50	检修节能定期工作	节能技术改造项目可行性研究	每年	节能技术改造可研报告
51		节能技术改造项目完工总结	技术改造后	节能技术改造项目总结报告
52	定期试验	联合循环、余热锅炉、汽轮机性能试验	投产后性能考核，检修前、后	试验报告
53		主要辅机性能试验（泵、凝汽器、水塔等）	投产后性能考核，A修前、后	试验报告
54		机组优化运行试验：燃气轮机燃烧调整试验、汽轮机定滑压试验、冷端优化运行试验、脱硝系统优化运行试验	投产后、A修后、设备异动后、煤质发生较大变化后	试验报告
55		主、辅设备技术改造前后性能对比试验，如汽轮机通流改造前后试验、锅炉受热面改造前后试验等	技术改造后	试验报告
56		真空严密性测试	每月	测试报告
57		冷却塔性能测试	每月	测试报告
58		保温测试	停机检修前、检修后	测试报告
59		全厂能量平衡测试（含燃料、热、电、水）	每5年	测试报告
60	定期化验	天然气取样化验	每月或天然气供气连续监测异常时	天然气化验报告
61		汽水品质化验	与化学监督一致	化验报告
62		入厂天然气流量计	每年	检定报告
63		色谱仪	每年	检定报告
64		关口电能表检定	合格期内	检定报告
65		热计量表计校验	每年	校验记录
66		水计量表计校验	每年/合格期内	校验记录
67	台账	综合技术经济指标和小指标台账	每月	月度指标台账
68		耗能设备节能台账	每年	主、辅设备历史性能参数统计
69		泄漏阀门台账	每月	泄漏阀门台账

表（续）

序号	类型	监督工作项目	周期	资料档案
70	台账	能源计量器具台账建立及更新	及时	能源计量器具台账，应包括一览表、合格期
71		能源计量点网络图修订（含天然气、煤、油、水、汽、电）	每年	能源计量网络图
72		主、辅机原始设备资料	投产后	设备设计、运行说明书，主要性能参数（性能曲线）
73		节能监督人员档案	每年	节能监督网络人员档案、上岗资格证

附 录 E
（规范性附录）
技术监督不符合项通知单

编号（No）：××-××-××

发现部门：　　专业：　　被通知部门、班组：　　签发：　　日期：20××年××月××日

<table>
<tr><td>不符合项描述</td><td colspan="4">1. 不符合项描述：

2. 不符合标准或规程条款说明：</td></tr>
<tr><td>整改措施</td><td colspan="4">3. 整改措施：

制定人/日期：　　审核人/日期：</td></tr>
<tr><td>整改验收情况</td><td colspan="4">4. 整改自查验收评价：

整改人/日期：　　自查验收人/日期：</td></tr>
<tr><td>复查验收评价</td><td colspan="4">5. 复查验收评价：

复查验收人/日期：</td></tr>
<tr><td>改进建议</td><td colspan="4">6. 对此类不符合项的改进建议：

建议提出人/日期：</td></tr>
<tr><td>不符合项关闭</td><td>整改人：</td><td>自查验收人：</td><td>复查验收人：</td><td>签发人：</td></tr>
<tr><td>编号说明</td><td colspan="4">年份+专业代码+本专业不符合项顺序号</td></tr>
</table>

附　录　F
（规范性附录）
技术监督信息速报

<table>
<tr><td>单位名称</td><td colspan="4"></td></tr>
<tr><td>设备名称</td><td colspan="2"></td><td>事件发生时间</td><td></td></tr>
<tr><td>事件概况</td><td colspan="4">

注：有照片时应附照片说明</td></tr>
<tr><td>原因分析</td><td colspan="4"></td></tr>
<tr><td>已采取的措施</td><td colspan="4"></td></tr>
<tr><td colspan="2">监督专责人签字</td><td></td><td>联系电话/传真</td><td></td></tr>
<tr><td colspan="2">生长副厂长或总工程师签字</td><td></td><td>邮　　箱</td><td></td></tr>
</table>

附 录 G
（规范性附录）
联合循环发电厂节能技术监督季报编写格式

××电厂20××年××季度节能技术监督季报

编写人：××× 固定电话/手机 ××××××

审核人：×××

批准人：×××

上报时间：201×年××月××日

G.1 上季度集团公司督办事宜的落实或整改情况

G.2 上季度产业（区域子）公司督办事宜的落实或整改情况

G.3 节能监督年度工作计划完成情况统计报表

表G.1 年度技术监督工作计划和技术监督服务单位合同项目完成情况统计报表

发电企业技术监督计划完成情况			技术监督服务单位合同工作项目完成情况		
年度计划 项目数	截至本季度 完成项目数	完成率 %	合同规定的 工作项目数	截至本季度 完成项目数	完成率 %

G.4 节能监督考核指标完成情况统计报表

G.4.1 监督管理考核指标报表

监督指标上报说明：每年的1、2、3季度所上报的技术监督指标为季度指标；每年的4季度所上报的技术监督指标为全年指标。

表G.2 201×年×季度能源计量装置校验率统计报表

年度计划应校验仪表台数	截至本季度完成校验仪表台数	仪表校验率 %	考核或标杆值 %
			100

表G.3 201×年×季度节能监督综合技术经济指标统计报表

名称	单位	本年			去年		
		本季	年累计	年目标	本季	年累计	年目标
发电量	亿kWh						
供热量	GJ						

表 G.3（续）

名称	单位	本年			去年		
		本季	年累计	年目标	本季	年累计	年目标
发电煤耗	g/kWh						
生产供电煤耗	g/kWh						
综合供电煤耗	g/kWh						
发电（生产）厂用电率	%						
供热厂用电率	%						
综合厂用电率	%						
单位发电量取水量	kg/kWh						

表 G.4　技术监督预警问题至本季度整改完成情况统计报表

一级预警问题			二级预警问题			三级预警问题		
问题项数	完成项数	完成率 %	问题项数	完成项数	完成率 %	问题项目	完成项数	完成率 %

表 G.5　集团公司技术监督动态检查提出问题本季度整改完成情况统计报表

检查年度	检查提出问题项目数（项）			电厂已整改完成项目数统计结果			
	严重问题	一般问题	问题项合计	严重问题	一般问题	完成项目数小计	整改完成率 %

G.4.2　技术监督考核指标报表

G.4.3　监督考核指标简要分析

填报说明：分别对监督管理和技术监督考核指标进行分析，说明未达标指标的原因。

a）综合技术经济指标分析。

填写说明：分析发电量、生产供电煤耗率、生产厂用电率、发电用油量（供热量、供热煤耗率、供热厂用电率）等能耗指标本季度完成值与上季度、年目标值和去年同期完成值的比较，简要分析说明环比、同比及与年目标值相比升高或降低的原因，同时应与上级公司或电厂指标年度考核值（或一级预警值）进行对比。

b）机、炉专业主要小指标分析。

c）技术监督预警和技术监督动态检查提出问题完成率分析。

G.5　本季度主要的节能监督工作

填报说明：简述节能监督管理、试验（化验、校验）、运行、检修、技术改造的工作和设备遗留缺陷的跟踪情况。

a） 节能监督管理体系方面，如节能监督网络更新，节能监督管理标准、厂级节能管理制度修订完善，节能监督网络活动开展情况，节能培训、宣传活动等；
b） 节能相关试验、测试、化验、校验工作，如性能试验、优化调整试验，天然气、煤质化验，能源计量器具校验、标定等；
c） 设计、基建阶段节能监督工作；
d） 运行监督；
e） 检修监督；
f） 技术改造监督；
g） 燃料管理等。

G.6 本季度节能监督发现的问题、原因分析及处理情况

填报说明：包括试验、检修、运行、巡视中发现的一般事故和一类障碍。必要时应提供照片、数据和曲线。

G.6.1 一般设备事故及一类障碍

a） 燃气轮机及余热锅炉一般设备事故及一类障碍分析；
b） 汽轮机一般设备事故及一类障碍分析。

G.6.2 运行及检修发现的影响能耗指标的问题（缺陷）、原因分析及处理情况

a） 燃气轮机及余热锅炉主辅设备；
b） 汽轮机主辅设备；
c） 其他系统。

G.7 节能监督需要关注的主要问题

a） 燃气轮机及余热锅炉节能部分；
b） 汽机节能部分。

G.8 节能监督下季度的主要工作（包括燃气轮机及锅炉、汽轮机运行优化、检修、技术改造和试验工作）

G.9 附表

华能集团公司技术监督动态检查节能专业提出问题至本季度整改完成情况见表G.6。《华能集团公司火（水）电技术监督报告》专业提出的存在问题至本季度整改完成情况见表G.7。技术监督预警问题至本季度整改完成情况见表G.8。

表 G.6 华能集团公司20××年技术监督动态检查节能专业提出问题至本季度整改完成情况

序号	问题描述	问题性质	西安热工研究院有限公司提出的整改建议	发电企业制定的整改措施和计划完成时间	目前整改状态或情况说明
注1：填报此表时需要注明集团公司技术监督动态检查的年度； 注2：如4年内开展了2次检查，应按此表分别填报。待年度检查问题全部整改完毕后，不再填报					

表 G.7 《华能集团公司火（水）电技术监督报告》（20××年××季度）
节能专业提出的存在问题至本季度整改完成情况

序号	问题描述	问题性质	问题分析	解决问题的措施及建议	目前整改状态或情况说明
注：要注明提出问题的《技术监督报告》的出版年度和月度					

表 G.8 技术监督预警问题至本季度整改完成情况

预警通知单编号	预警类别	问题描述	西安热工研究院有限公司提出的整改建议	发电企业制定的整改措施和计划完成时间	目前整改状态或情况说明

附　录　H
（规范性附录）
联合循环发电厂节能技术监督预警项目

H.1　一级预警（集团签发）

H.1.1　以下参数超标：

a）生产供电煤耗（按上年度累计值）高于上级公司下达年度目标值 10g/kWh 以上。

b）生产厂用电率（按上年度累计值）高于上级公司下达年度目标值 1 个百分点以上。

c）新机性能考核试验值：联合循环及余热锅炉热效率低于合同保证值 1 个百分点，汽轮机热耗率高于合同保证值 300kJ/kWh 以上；机组 A 级检修后：联合循环热效率低于合同保证值 4 个百分点，汽轮机热耗率高于合同保证值 300kJ/kWh 以上。

d）机组长期不能投入联合循环运行。

H.1.2　以下技术管理不到位：

对二级预警项目未及时采取措施进行整改。

H.2　二级预警（产业公司、区域公司签发）

H.2.1　以下参数超标：

a）生产供电煤耗(按上年度累计值)高于上级公司下达年度目标值 5g/kWh 以上(含 5)。

b）生产厂用电率（按上年度累计值）高于上级公司下达年度目标值 0.5 个百分点以上（含 0.5）。

c）新机性能考核试验值：联合循环及余热锅炉热效率低于合同保证值 0.5 个百分点，汽轮机热耗率高于合同保证值 150kJ/kWh 以上；机组 A 级检修后：联合循环热效率低于合同保证值 3 个百分点，汽轮机热耗率高于合同保证值 150kJ/kWh 以上。

d）设备故障等原因造成机组长期减负荷运行。

H.2.2　以下技术管理不到位：

对三级预警项目未及时采取措施进行整改。

H.3　三级预警（热工院或技术监督服务单位签发）

H.3.1　以下参数超标：

a）生产供电煤耗（按上年度累计值）高于上级公司下达年度目标值 3g/kWh 以上（含 3)；

b）生产厂用电率（按上年度累计值）高于上级公司下达年度目标值 0.3 个百分点以上（含 0.3)；

c）A 修后未开展燃气轮机燃烧调整试验或效果不佳；

d）空气入口滤网压差超过 2.5kPa；

e）主蒸汽和再热蒸汽温度低于设计值 10℃以上；

f）余热锅炉排烟温度（修正值）高于设计值 20℃以上；

g） 再热减温水量高于 10t/h；

h） 对于湿冷机组真空系统严密性超过 300Pa/min，对于空冷机组，真空严密性超过 200Pa/min；

i） 真空比设计值低 2kPa；

j） 凝汽器端差高于考核值 3℃；

k） 机组补水率大于 1.5%。

H.3.2 以下技术管理不到位：

a） 未按要求开展性能试验：新机投产性能考核试验、机组 A/B 级检修前/后性能试验、汽轮机本体改造后的汽轮机定滑压优化运行试验、冷端优化试验；

b） 新机考核及 A/B 级检修后的性能试验结果不达标而未制定整改计划；

c） 未按照华能集团相关规定进行燃料管理工作。

附　录 I
（规范性附录）
技术监督预警通知单

通知单编号：T-　　　　预警类别编号：　　　　日期：　　年　　月　　日

<table>
<tr><td colspan="2">发电企业名称</td><td colspan="3"></td></tr>
<tr><td colspan="2">设备（系统）名称及编号</td><td colspan="3"></td></tr>
<tr><td>异常情况</td><td colspan="4"></td></tr>
<tr><td>可能造成或
已造成的后果</td><td colspan="4"></td></tr>
<tr><td>整改建议</td><td colspan="4"></td></tr>
<tr><td>整改时间要求</td><td colspan="4"></td></tr>
<tr><td>提出单位</td><td colspan="2"></td><td>签发人</td><td></td></tr>
</table>

注：通知单编号：T-预警类别编号-顺序号-年度。预警类别编号：一级预警为 1，二级预警为 2，三级预警为 3。

附　录　J
（规范性附录）
技术监督预警验收单

验收单编号：Y-　　　　　　预警类别编号：　　　　　　日期：　　年　　月　　日

<table>
<tr><td colspan="2">发电企业名称</td><td colspan="3"></td></tr>
<tr><td colspan="2">设备（系统）名称及编号</td><td colspan="3"></td></tr>
<tr><td>异常情况</td><td colspan="4"></td></tr>
<tr><td>技术监督
服务单位
整改建议</td><td colspan="4"></td></tr>
<tr><td>整改计划</td><td colspan="4"></td></tr>
<tr><td>整改结果</td><td colspan="4"></td></tr>
<tr><td>验收单位</td><td colspan="2"></td><td>验收人</td><td></td></tr>
</table>

注：验收单编号：Y-预警类别编号-顺序号-年度。预警类别编号：一级预警为1，二级预警为2，三级预警为3。

附 录 K
（规范性附录）
技术监督动态检查问题整改计划书

K.1 概述

K.1.1 叙述计划的制定过程（包括西安热工研究院有限公司、技术监督服务单位及电厂参加人等）。

K.1.2 需要说明的问题，如：问题的整改需要较大资金投入或需要较长时间才能完成整改的问题说明。

K.2 重要问题整改计划表

表 K.1 重要问题整改计划表

序号	问题描述	专业	监督单位提出的整改建议	电厂制定的整改措施和计划完成时间	电厂责任人	监督单位责任人	备注

K.3 一般问题整改计划表

表 K.2 一般问题整改计划表

序号	问题描述	专业	监督单位提出的整改建议	电厂制定的整改措施和计划完成时间	电厂责任人	监督单位责任人	备注

附　录　L

（规范性附录）

联合循环发电厂节能技术监督工作评价表

序号	评价项目	标准分	评价内容与要求	评分标准
1	节能监督管理	400		
1.1	组织与职责	50	查看电厂技术监督组织机构文件、上岗资格证	
1.1.1	监督组织健全	10	建立健全厂级监督领导小组领导下的节能监督组织机构，在归口职能管理部门设置节能监督专责人	（1）未建立三级节能监督网，扣10分； （2）未落实节能监督专责人或监督网络缺少一级，扣5分； （3）监督网络人员调动未及时更新，扣3分
1.1.2	人员职责明确并得到落实	10	（1）应制定节能监督各级网络人员职责； （2）节能监督网络各级岗位责任应明确，落实到人	（1）未制定各级网络人员岗位职责，扣10分； （2）专业岗位设置不全或职责未落实到人，每一岗位扣5分
1.1.3	节能监督专责人持证上岗	30	厂级节能监督专责人持有效上岗资格证	未取得资格证书或证书超期，扣30分
1.2	标准符合性	40	查看企业节能监督管理标准、节能监督相关/支持性文件及保存的国家、行业标准规范	
1.2.1	节能监督管理标准	10	应符合《华能电厂安全生产管理体系管理标准编制导则》的要求	（1）未制定《管理标准》不得分； （2）《管理标准》控制点不完善扣5分； （3）未及时修订扣5分
1.2.2	节能监督相关/支持性文件	20	应根据电厂实际情况编制以下文件： （1）节能监督技术标准（实施细则）； （2）节能监督考核制度； （3）能源计量管理制度； （4）非生产用能管理制度； （5）节水管理制度； （6）节能定期试验管理制度（含定期化验）； （7）节能培训管理制度； （8）燃料管理制度； （9）电厂统计管理制度； （10）经济指标计算办法及管理制度	（1）每缺少一项文件，扣10分； （2）内容不完善，每项扣5分

表（续）

序号	评价项目	标准分	评价内容与要求	评分标准
1.2.3	国家、行业、集团公司标准规范	10	（1）保存的技术标准符合集团公司年初发布的节能监督标准目录； （2）应及时收集新标准，并在厂内发布	（1）缺少标准或未更新，每项扣5分； （2）标准未在厂内发布，扣10分
1.3	计量器具	40	现场查看；查看计量器具台账、检验计划、检验报告	
1.3.1	能源计量器具和节能监督用仪器、仪表配备	10	（1）能源计量器具应配备齐全，满足节能统计、考核的需要； （2）节能监督用仪器、仪表配备满足需要	（1）进出用能单位能源计量器具配备率低于100%，扣10分； （2）进出主要次级用能单位和主要用能设备的能源计量器具配备率低于规定值，扣5分； （3）节能监督用仪器、仪表配备不满足需要，每项扣2分
1.3.2	能源计量器具台账	10	（1）建立能源计量器具台账（一览表），应列出：计量器具名称、型号规格、技术参数（量程、精度等级等）、生产厂家、安装位置、购入时间、检验周期、检验日期、使用状态等； （2）应根据本厂生产流程编制能源计量点网络图（包括燃料、电、热、水计量）	（1）未建立能源计量器具一览表或未建立能源计量点图，扣5分； （2）计量器具统计不全或能源计量点图不完善，每项扣2分
1.3.3	计量器具技术档案资料	10	（1）保存能源计量器具使用说明书、合格证； （2）编制超声波流量计、红外测温仪等专用仪器仪表操作规程	（1）使用说明书缺失，每项扣5分； （2）专用仪器操作规程缺漏，每项扣5分
1.3.4	检验计划和检验报告	10	（1）应制定能源计量器具检验计划； （2）计划送检的仪表应有对应的检验报告； （3）定期检验、校验的计量装置应有记录	（1）未制定检验计划，扣10分； （2）计划不完善，扣2分； （3）超期未检验、仍在使用的计量装置，每项扣5分； （4）无检验、校验记录（报告），每项扣5分； （5）检定报告不符合要求，每项扣2分
1.4	监督计划	40	查看监督计划、中长期节能规划	

表（续）

序号	评价项目	标准分	评价内容与要求	评分标准
1.4.1	计划的制定	20	（1）计划制定时间、依据应符合要求； （2）计划内容应包括： a）节能监督体系的完善（含节能监督组织机构的更新，节能监督管理标准、节能监督技术标准及厂级节能相关管理制度的修订）； b）技术监督标准规范的收集、更新和宣贯计划； c）日常节能监督定期工作计划（定期会议、报表、小指标考核等）； d）机组 A 修前后热力性能试验计划； e）检修期间节能监督工作； f）节能技术改造项目计划； g）定期试验、化验、校验计划； h）技术监督检查和问题整改计划，监督预警问题及整改计划； i）节能培训计划	（1）未制定计划，扣 10 分； （2）计划制定时间不符合要求，扣 5 分； （3）计划内容不全，每项扣 5 分
1.4.2	计划的审批	5	应符合工作流程：班组或部门编制→节能监督专责人修改、审核→策划部主任审定→生产厂长审批→下发实施	审批工作流程缺少环节，每项扣 5 分
1.4.3	计划的上报	5	每年 11 月 30 日前上报产业公司、区域公司，同时抄送西安热工研究院有限公司	未按时上报计划，扣 5 分
1.4.4	中长期节能规划	10	本厂中长期节能规划，应切合实际、先进性、按时制/修订	（1）无中长期节能规划，扣 10 分； （2）未将能耗异常的设备或系统列入规划，扣 5 分； （3）节能规划每年修订一次，未按时修订扣 5 分
1.5	监督档案	40	查看监督档案、档案管理的记录	
1.5.1	监督档案目录（清单）	5	应建立节能监督资料档案目录（清单），每类资料有编号、存放地点、保存期限	（1）未建立监督档案目录（清单），不得分； （2）目录不完整，扣 2

表（续）

序号	评价项目	标准分	评价内容与要求	评分标准
1.5.2	报告和记录	30	（1）节能监督资料应齐全、时间连续； （2）节能监督资料内容应完整、规范，符合标准要求； （3）节能监督档案应包括本标准 5.1.3 条所列内容，即主辅设备原始设备资料，规程及系统图，试验、化验、校验报告，能源计量管理和技术资料，节能监督管理资料等方面的内容	（1）资料不齐全，每缺一项扣 5 分； （2）资料内容不完整、不规范，每项扣 2 分
1.5.3	档案管理	5	（1）资料按规定保存，由专人管理； （2）借阅应有借、还记录； （3）有过期文件处置的记录	不符合要求，每项扣 2 分
1.6	试验	40	查阅试验报告	
1.6.1	热力试验	30	（1）应定期开展相关热力试验，试验方法、仪器、程序符合标准要求； （2）试验报告编写规范，并及时向相关专业人员提供	（1）未开展新投产机组性能考核试验、A 修前后余热锅炉和汽轮机性能试验，每项扣 10 分； （2）未开展 4.6 节所列其他热力试验，每项扣 5 分； （3）热力试验开展不符合标准要求或试验报告不规范，每项扣 5 分； （4）不及时向相关专业人员提供试验报告，扣 2 分
1.6.2	能量平衡测试	10	每 5 年或机组投产后应开展全厂能量平衡测试，编写燃料、电、热、水平衡测试报告	（1）未按时开展能量平衡测试，每项扣 5 分； （2）能量平衡测试不标准、报告不规范，每项扣 2 分
1.7	评价与考核	40	查阅评价与考核记录	
1.7.1	动态检查前自我检查	10	自我检查评价切合实际	（1）自我检查评价与动态检查评价的评分相差 10 分及以上，扣 10 分； （2）未自查，扣 10 分； （3）自查不合理，扣 5 分
1.7.2	定期监督工作评价	10	有监督工作评价记录	无工作评价记录，扣 10 分
1.7.3	定期监督工作会议	10	有监督工作会议纪要	无工作会议纪要，扣 10 分
1.7.4	监督工作考核	10	有监督工作考核记录	发生监督不力事件而未考核，扣 10 分
1.8	工作报告制度	50	查阅检查之日前四个季度季报、检查速报事件及上报时间	

表（续）

序号	评价项目	标准分	评价内容与要求	评分标准
1.8.1	监督季报、年报	20	（1）每季度首月5日前，应将技术监督季报报送产业公司、区域公司和西安热工研究院有限公司； （2）格式和内容符合要求	（1）季报、年报上报迟报1天扣5分； （2）格式不符合，每项扣5分； （3）统计报表数据不准确，每项扣10分； （4）检查发现的问题，未在季报中上报，每1个问题扣10分
1.8.2	技术监督速报	20	按规定格式和内容编写技术监督速报并及时上报	（1）发现或者出现重大设备问题和异常及障碍未及时、真实、准确上报技术监督速报，每1项扣10分； （2）事件描述不符合实际，一件扣10分
1.8.3	年度工作总结报告	10	（1）每年元月5日前组织完成上年度技术监督工作总结报告的编写工作，并将总结报告报送产业公司、区域公司和西安热工研究院有限公司； （2）格式和内容符合要求	（1）未编写年度工作总结报告，扣10分； （2）内容不全面，扣5分； （3）未按规定时间上报，扣5分
1.9	监督管理考核指标	60	查看综合技术经济指标统计计算过程及结果；监督预警问题验收单；技术监督检查提出问题整改完成证明文件	
1.9.1	综合技术经济指标	30	（1）综合技术经济指标统计计算方法和程序合理、正确。 （2）以下综合技术经济指标应完成年度目标值： 1）发电量； 2）供热量； 3）发电煤耗率； 4）生产供电煤耗率； 5）综合供电煤耗率； 6）发电（生产）厂用电率； 7）供热厂用电率； 8）综合厂用电率； 9）单位发电量取水量（发电水耗率）	（1）机组运行实际煤耗高于规定限制，不得分； （2）综合技术经济指标未完成年度目标值，每项扣10分； （3）指标统计计算方法和程序不正确，每项扣5分
1.9.2	监督预警问题整改完成率	15	应达到100%	不符合要求，不得分
1.9.3	动态检查提出问题整改完成率	15	要求：从发电企业收到动态检查报告之日起：第1年整改完成率不低于85%；第2年整改完成率不低于95%	不符合要求，不得分
2	技术监督实施	600		

表（续）

序号	评价项目	标准分	评价内容与要求	评分标准
2.1	能源计量	130		
2.1.1	燃料计量监督	40		
2.1.1.1	入厂煤（油）计量	10	铁路/汽车/水运进厂煤（油），应有轨道衡/汽车衡/皮带秤校验记录（准确度等级、上次检定日期、下次检定日期、检定单位资质等）	（1）没有校验记录不得分； （2）校验报告不规范，每项扣5分
2.1.1.2	入厂煤皮带秤链码或实物校验装置	5	链码和实物校验装置应有校验记录，准确可用（精度等级、上次检定日期、下次检定日期、检定单位资质等）	（1）没有校验记录不得分； （2）校验报告不规范，每项扣2分
2.1.1.3	入厂煤机械采样投入率	5	入厂煤机械取样投入率应达到98%以上	（1）没有入厂机械取样装置不得分； （2）投入率每偏低1个百分点扣2分，扣完为止
2.1.1.4	入厂煤采、制样设备检验	5	应有煤采、制样设备校验记录（准确度等级、上次检定日期、下次检定日期、检定单位资质等）	（1）没有校验记录不得分； （2）校验报告不规范，每项扣2分
2.1.1.5	天然气取样、监测	15	（1）天然气热值、成分监督考核应有记录； （2）天然气计量表计应有定期校验记录	（1）未校验或无校验记录不得分； （2）表计运行不正常，扣5分； （3）校验报告不规范，扣2分； （4）表计现场无合格标识或所处环境不符合要求，扣1分
2.1.2	电能计量	40		
2.1.2.1	关口电能计量	10	关口电能计量表应有校验记录	（1）未校验或无校验记录不得分； （2）表计运行不正常，扣5分； （3）校验报告不规范，扣2分； （4）表计现场无合格标识或所处环境不符合要求，扣1分
2.1.2.2	发电机出口电能计量	10	发电机出口电能计量表应有校验记录	（1）未校验或无校验记录不得分； （2）表计运行不正常，扣5分； （3）校验报告不规范，扣2分； （4）表计现场无合格标识或所处环境不符合要求，扣1分
2.1.2.3	主变二次侧电能计量	5	主变压器二次侧电能计量表应有校验记录	（1）未校验或无校验记录不得分； （2）表计运行不正常，扣2分； （3）校验报告不规范，扣1分； （4）表计现场无合格标识或所处环境不符合要求，扣1分

表（续）

序号	评价项目	标准分	评价内容与要求	评分标准
2.1.2.4	高压、低压厂用变压器电能计量	5	高压、低压厂用变压器电能计量表应有校验记录	（1）未校验或无校验记录不得分； （2）表计运行不正常，扣2分； （3）校验报告不规范，扣1分； （4）表计现场无合格标识或所处环境不符合要求，扣1分
2.1.2.5	100kW 及以上电动机电能计量	5	100kW 及以上电动机电能计量表应有校验记录	（1）未校验或无校验记录不得分； （2）表计运行不正常，扣2分； （3）校验报告不规范，扣1分； （4）表计现场无合格标识或所处环境不符合要求，扣1分
2.1.2.6	非生产用电计量	5	非生产用电总表应有校验记录	（1）未校验或无校验记录不得分； （2）表计运行不正常，扣2分； （3）校验报告不规范，扣1分； （4）表计现场无合格标识或所处环境不符合要求，扣1分
2.1.3	热计量	20		
2.1.3.1	对外供热计量	10	应有对外供热表计且有校验记录	（1）未校验或无校验记录不得分； （2）表计运行不正常，扣5分； （3）校验报告不规范，扣2分； （4）表计现场无合格标识或所处环境不符合要求，扣1分
2.1.3.2	厂用供热计量	5	应有厂用供热表且有校验记录	（1）未校验或无校验记录不得分； （2）表计运行不正常，扣2分； （3）校验报告不规范，扣1分； （4）表计现场无合格标识或所处环境不符合要求，扣1分
2.1.3.3	非生产用热计量	5	应有非生产用热表计且有校验记录	（1）未校验或无校验记录不得分； （2）表计运行不正常，扣2分； （3）校验报告不规范，扣1分； （4）表计现场无合格标识或所处环境不符合要求，扣1分
2.1.4	水计量	30		
2.1.4.1	向厂内供水计量	10	应有向厂内供水总表且有校验记录	（1）未校验或无校验记录不得分； （2）表计运行不正常，扣5分； （3）校验报告不规范，扣2分； （4）表计现场无合格标识或所处环境不符合要求，扣1分

表（续）

序号	评价项目	标准分	评价内容与要求	评分标准
2.1.4.2	对外供水计量	5	应有对外供水总表且有校验记录	（1）未校验或无校验记录不得分； （2）表计运行不正常，扣 2 分； （3）校验报告不规范，扣 1 分； （4）表计现场无合格标识或所处环境不符合要求，扣 1 分
2.1.4.3	化学用水计量	5	应有化学用水总表且有校验记录	（1）未校验或无校验记录不得分； （2）表计运行不正常，扣 2 分； （3）校验报告不规范，扣 1 分； （4）表计现场无合格标识或所处环境不符合要求，扣 1 分
2.1.4.4	锅炉补水计量	5	应有锅炉补水总表且有校验记录	（1）未校验或无校验记录不得分； （2）表计运行不正常，扣 2 分； （3）校验报告不规范，扣 1 分； （4）表计现场无合格标识或所处环境不符合要求，扣 1 分
2.1.4.5	非生产用水计量	5	应有非生产用水总表且有校验记录	（1）未校验或无校验记录不得分； （2）表计运行不正常，扣 2 分； （3）校验报告不规范，扣 1 分； （4）表计现场无合格标识或所处环境不符合要求，扣 1 分
2.2	运行小指标	330	查看报表及实时、历史数据	
2.2.1	余热锅炉热效率	20	余热锅炉热效率应达到合同保证值	余热锅炉热效率低于合同保证值 0.5 个百分点，扣 10 分
2.2.2	再热减温水量	10	再热减温水量≤2t/h	（1）再热减温水调门内漏严重未采取有效措施，不得分； （2）流量每超过 1t/h 扣 1 分，扣完为止
2.2.3	排烟温度	10	排烟温度修正到设计条件下不大于设计值 3%	（1）检修后未进行排烟温度标定、排烟温度代表性差，扣 2 分； （2）相比对应环境温度设计值每偏高 1℃扣 1 分，扣完为止
2.2.4	压气机进气温度	10	压气机进气温度不大于设计值	统计期内平均值每偏离考核范围 1℃扣 2 分，扣完为止
2.2.5	压气机排气温度	10	压气机排气温度不大于设计值	统计期内平均值每偏离考核范围 1℃扣 2 分，扣完为止
2.2.6	压气机进气滤网压差	10	滤网压差不小于设计值	滤网压差大于设计值 100Pa 扣 2 分，扣完为止

表（续）

序号	评价项目	标准分	评价内容与要求	评分标准
2.2.7	压气机压比	20	压比不小于设计值	压比小于设计值 0.15 扣 2 分，扣完为止
2.2.8	燃料气（天然气）温度	10	燃料气温度不大于设计值	统计期内平均值每偏离考核范围 1℃扣 2 分，扣完为止
2.2.9	燃机排气温度	20	燃机排气温度不大于设计值	统计期内平均值每偏离考核范围 1℃扣 2 分，扣完为止
2.2.10	燃机排气温度分散度	10	燃机排气温度分散度不大于设计值	统计期内平均值每偏离考核范围 1℃扣 2 分，扣完为止
2.2.11	余热锅炉侧主汽温度	10	设计值±2℃	统计期内平均值每偏离考核范围 1℃扣 2 分，扣完为止
2.2.12	余热锅炉侧再热蒸汽温度	15	设计值±2℃	统计期内平均值每偏离考核范围 1℃扣 2 分，扣完为止
2.2.13	汽轮机热耗率	30	汽轮机热耗率应达到合同保证值	（1）汽轮机热耗率高于合同保证值 100kJ/kWh 以内，不扣分； （2）汽轮机实际热耗率高于合同保证值 100kJ/kWh 以上，每高出 50kJ/kWh，扣 5 分
2.2.14	主蒸汽温度（机侧）	10	设计值或优化值±2℃	统计期内平均值每偏离考核范围 1℃扣 2 分，扣完为止
2.2.15	再热蒸汽温度（机侧）	10	设计值或优化值±2℃	统计期内平均值每偏离考核范围 1℃扣 2 分，扣完为止
2.2.16	主蒸汽压力（机侧）	10	（1）定压运行时（设计值±1%）； （2）滑压运行时，主蒸汽压力应达到机组部分负荷定滑压优化运行试验得出的该负荷的最佳值	（1）不按照优化试验结果进行调整，扣 5 分（汽轮机调门按最优运行方式）； （2）压力每偏离优化值 0.1MPa 扣 1 分，扣完为止
2.2.17	凝汽器真空度	15	凝汽器真空度（%）应达到相应循环水进水温度或环境温度下的设计值；供热机组考核非供热期	统计期内的平均值每低于设计值 1 个百分点扣 5 分，扣完为止
2.2.18	凝汽器端差	10	凝汽器端差考核值：循环水入口温度小于或等于 14℃，端差不大于 7℃；入口温度大于 14℃并小于 30℃，端差不大于 5℃；入口温度大于或等于 30℃，端差不大于 4℃	统计期内平均值每超过考核值 1℃扣 1 分，扣完为止
2.2.19	凝结水过冷度	10	≤1℃	统计期内平均值每超过考核值 0.2℃扣 2 分，扣完为止

表（续）

序号	评价项目	标准分	评价内容与要求	评分标准
2.2.20	真空系统严密性	10	湿冷机组≤200Pa/min；空冷机组≤100Pa/min；供热机组考核非供热期	（1）对湿冷机组，真空严密性每超过 50Pa/min 扣 2 分，扣完为止； （2）对空冷机组，真空严密性每超过 20Pa/min 扣 2 分，扣完为止
2.2.21	胶球清洗装置	10	（1）胶球清洗装置投入率应达到 100%； （2）胶球清洗装置收球率≥95%	（1）胶球清洗装置投入率每降低 1 个百分点扣 2 分，扣完为止； （2）胶球清洗装置收球率每降低 1 个百分点扣 1 分，扣完为止
2.2.22	湿式冷却塔冷却幅高	10	在 90%以上额定热负荷下，气象条件正常时，夏季冷却塔出水温度与大气湿球温度的差值≤7℃	测试结果每高于规定值 1℃扣 2 分，扣完为止
2.2.23	机组补水率	10	机组补水率：机组补水率不大于 0.7%；供热机组考核非供热期	每超过规定值 0.1 个百分点扣 2 分，扣完为止
2.2.24	辅机耗电率	40	主要辅机（凝结水泵、循环水泵、给水泵、真空泵、空冷岛）单耗及耗电率应低于设计值、先进值	辅机总耗电率按同类型机组先进水平为满分，每超出基准值的 5%扣 10 分，扣完为止
2.3	现场查看	140	现场查看测点、能源计量装置、机组运行情况	
2.3.1	重要监视参数测点	10	余热锅炉进出口温度取样测点抽查，安装位置应具有取样的代表性，每次 A 修结束后应进行代表点标定	测点每缺一处或不符合要求或未按期标定各扣 2 分，扣完为止
2.3.2	天然气计量表计运行状况	20	计量装置投入运行正常，并以入厂计量表为准	（1）未设置入厂天然气计量表计不得分； （2）计量表运行缺陷，视严重程度扣 2～5 分
2.3.3	燃机入口滤网运行状况	15	入口滤网清洁无堵塞，保证滤网差压	每超过规定值 0.1 个百分点扣 2 分，扣完为止
2.3.4	锅炉设备运行情况	20	（1）锅炉范围内无严重漏烟、漏水、漏汽； （2）应运行正常，无影响出力的缺陷	（1）锅炉存在漏烟、漏水、漏汽现象，影响锅炉热效率，视严重程度扣 2～5 分； （2）锅炉辅机存在影响机组带负荷能力的缺陷，每项扣 2 分

表（续）

序号	评价项目	标准分	评价内容与要求	评分标准
2.3.5	汽轮机设备运行情况	20	（1）汽轮机设备应运行正常，如水塔运行应正常，淋水应均匀；凝汽器胶球清洗装置可正常投入；一、二次滤网压差应处于合格范围内；真空泵冷却器应运行正常等； （2）汽轮机辅机应运行正常，无影响出力的缺陷	（1）每发现一处不合格，扣2分； （2）汽轮机辅机存在影响机组带负荷能力的缺陷，每项扣2分
2.3.6	其他系统及设备的运行情况	10	对环保设备、其他辅助系统，应认真执行所制定的节能技术措施	未执行节能技术措施，每项扣1分
2.3.7	热力系统泄漏	20	（1）汽轮机和锅炉热力系统内外漏（包括主蒸汽管道疏水、再热蒸汽管道疏水、汽轮机本体疏水、给水泵再循环门、高旁门、中旁门、低旁门等）； （2）高、中、低旁路阀门后温度应合格	（1）发现一处漏点扣2分，扣完为止； （2）高旁温度小于(高排温度+20）不扣分，每高5℃扣1分
2.3.8	保温抽查	15	锅炉烟道、机炉侧主再热蒸汽管道及汽轮机本体保温抽查，保温外表面温度与环境温度之差不大于25℃	发现一处超温扣2分，扣完为止
2.3.9	运行表单及运行监视参数抽查	10	（1）运行表单的抽查，运行表单的数据记录要全面、真实、可靠，实事求是； （2）到主控室查看各系统、设备运行监视参数，监视参数应准确	（1）记录不完整、不真实或有明显错误的，每发现一处扣1分，扣完为止； （2）监视参数发现一个问题扣1分，扣完为止

Q/HN-1-0000.08.034—2015

技术标准篇

联合循环发电厂环境保护监督标准

2015 - 05 - 01 发布

2015 - 05 - 01 实施

目　次

前言……265
1　范围……266
2　规范性引用文件……266
3　总则……267
4　监督技术标准……268
　4.1　废水处理系统监督……268
　4.2　烟气排放连续监测系统监督……271
　4.3　脱硝系统监督……273
　4.4　各类污染物排放监督……278
5　监督管理要求……282
　5.1　监督基础管理工作……282
　5.2　日常管理内容和要求……284
　5.3　各阶段监督重点工作……287
6　监督评价与考核……289
　6.1　评价内容……289
　6.2　评价标准……289
　6.3　评价组织与考核……290
附录A（规范性附录）　技术监督不符合项通知单……291
附录B（规范性附录）　技术监督信息速报……292
附录C（规范性附录）　联合循环发电厂环保技术监督季报编写格式……293
附录D（规范性附录）　技术监督预警项目……296
附录E（规范性附录）　技术监督预警通知单……297
附录F（规范性附录）　技术监督预警验收单……298
附录G（规范性附录）　技术监督动态检查问题整改计划书……299
附录H（规范性附录）　联合循环发电厂环保技术监督工作评价表……300
附录I（规范性附录）　环保设备台账编写格式……306

前　　言

为加强中国华能集团公司联合循环发电厂技术监督管理，确保联合循环发电机组环保设备的安全可靠运行，特制定本标准。本标准依据国家和行业有关标准、规程和规范，以及中国华能集团公司联合循环发电厂的管理要求，结合国内外发电的新技术、监督经验制定。

本标准是中国华能集团公司所属联合循环发电厂环境保护监督工作的主要依据，是强制性企业标准。

本标准由中国华能集团公司安全监督与生产部提出。

本标准由中国华能集团公司安全监督与生产部归口并解释。

本标准起草单位：西安热工研究院有限公司、华能国际电力股份有限公司。

本标准主要起草人：侯争胜、夏春雷。

本标准审核单位：中国华能集团公司安全监督与生产部、中国华能集团公司科技环保部、中国华能集团公司基本建设部、华能国际电力股份有限公司。

本标准主要审核人：赵贺、赵毅、武春生、罗发青、林勇、张俊伟、曾德勇、陈勇、马晋辉。

本标准审定：中国华能集团公司技术工作管理委员会。

本标准批准人：寇伟。

本标准为首次制定。

联合循环发电厂环境保护监督标准

1 范围

本标准规定了中国华能集团公司（以下简称“集团公司”）联合循环发电厂环境保护监督相关的技术要求及监督管理、评价要求。

本标准适用于集团公司联合循环发电厂（以下简称“电厂”）环境保护技术监督工作，整体煤气化联合循环（IGCC）电厂可参考执行。

2 规范性引用文件

下列文件对于本文件的应用是必不可少的。凡是注日期的引用文件，仅注日期的版本适用于本文件。凡是不注日期的引用文件，其最新版本（包括所有的修改单）适用于本文件。

GB 150.1～GB 150.4　压力容器

GB 536　液体无水氨

GB 2440　尿素

GB 5085.1～7　危险废物鉴别标准

GB/T 7349　高压架空送电线、变电站无线电干扰测量方法

GB 8978　污水综合排放标准

GB 12348　工业企业厂界环境噪声排放标准

GB/T 12720　工频电场测量

GB 13223　火电厂大气污染物排放标准

GB 14554　恶臭污染物排放标准

GB/T 20801.1～6　压力管道规范 工业管道

GB/T 21509　燃煤烟气脱硝技术装备

GB 50231　机械设备安装工程施工及验收通用规范

GB 50235　工业金属管道工程施工规范

GB 50257　电气装置安装工程爆炸和火灾危险环境电气装置施工及验收规范

GB 50275　风机、压缩机、泵安装工程施工及验收规范

DL/T 260　燃煤电厂烟气脱硝装置性能验收试验规范

DL/T 296　火电厂烟气脱硝技术导则

DL/T 322　火电厂烟气脱硝（SCR）装置检修规程

DL/T 334　输变电工程电磁环境监测技术规范

DL/T 335　火电厂烟气脱硝（SCR）系统运行技术规范

DL/T 414　火电厂环境监测技术规范

DL/T 586　电力设备监造技术导则

DL/T 678　电力钢结构焊接通用技术条件

DL/T 748.1～DL/T 748.10　火力发电厂锅炉机组检修导则（所有部分）
DL/T 838　发电企业设备检修导则
DL/T 988　高压交流架空送电线路、变电站工频电场和磁场测量方法
DL/T 1076　火力发电厂化学调试导则
DL/T 5046　火力发电厂废水治理设计技术规程
DL 5190.2　电力建设施工技术规范　第2部分：锅炉机组
DL 5190.4　电力建设施工技术规范　第4部分：热工仪表及控制装置
DL/T 5257　火电厂烟气脱硝工程施工验收技术规程
DL/T 5480　火力发电厂烟气脱硝设计技术规程
HJ/T 75　固定污染源烟气排放连续监测技术规范（试行）
HJ/T 76　固定污染源烟气排放连续监测系统技术要求及检测方法（试行）
HJ/T 92　水污染物排放总量监测技术规范
HJ/T 212　污染源在线自动监控（监测）系统数据传输标准
HJ/T 255　建设项目竣工环境保护验收技术规范　火力发电厂
HJ/T 353　水污染源在线监测系统安装技术规范（试行）
HJ/T 354　水污染源在线监测系统验收技术规范（试行）
HJ/T 355　水污染源在线监测系统运行与考核技术规范（试行）
HJ/T 356　水污染源在线监测系统数据有效性判别技术规范（试行）
HJ 562　火电厂烟气脱硝工程技术规范　选择性催化还原法
HJ 563　火电厂烟气脱硝工程技术规范　选择性非催化还原法
HJ 580　含油污水处理工程技术规范
HJ 2015　水污染治理工程技术导则
HJ 2025　危险废物收集、贮存、运输技术规范
JB/T 2932　水处理设备 技术要求
SH 3007　石油化工储运系统罐区设计规范
Q/HN-1-0000.08.049—2015　中国华能集团公司电力技术监督管理办法
Q/HB-G08.L01—2009　华能电厂安全生产管理体系要求
国务院令 第253号　建设项目环境保护管理条例
国家环保总局令 第13号 建设项目竣工环境保护验收管理办法
环发〔2009〕88号　国家监控企业污染源自动监测数据有效性审核办法
国家重点监控企业污染源自动监测设备监督考核规程
华能安〔2011〕271号　电力技术监督专责人员上岗资格管理办法（试行）
发改价格〔2014〕536号　燃煤发电机组环保电价及环保设施运行监管办法

3　总则

3.1　环境保护监督必须坚持“预防为主，防治结合”的工作方针。

3.2　环境保护监督的任务是实现联合循环发电机组环保设施在可研、环评、设计、制造、安装、调试、验收、运行、检修及改造等各个环节的全过程监督。

3.3　联合循环发电机组环境保护监督的目的是以脱硝用还原剂及催化剂、环保设施和各类污

染物（烟尘、二氧化硫、氮氧化物、废水污染物、厂界噪声、厂界电场与磁场强度、废弃物等）排放为对象，以环保标准为依据，以环境监测为手段，监督环保设施的正常投运，从而使污染物排放达标。

3.4 按照集团公司《华能电厂安全生产管理体系要求》《中国华能集团公司电力技术监督管理办法》中有关技术监督管理和本标准的要求，各电厂应结合本厂的实际情况，制定电厂环境保护监督管理标准；依据国家和行业有关标准、规程和规范，编制运行规程、检修规程和检验及试验规程等相关/支持性文件；以科学、规范的监督管理，保证环保监督工作目标的实现和持续改进。

3.5 从事环境保护监督的人员，应熟悉和掌握本标准及相关标准和规程中的规定。

4 监督技术标准

4.1 废水处理系统监督

4.1.1 废水处理设施的设计

废水处理设施包括工业废水、含油废水及生活污水处理设施。

a） 废水处理设施的设计应满足 GB 8978、地方排放标准及环评批复的要求。

b） 电厂应向制造厂家提供设计时所必需的技术性能要求，厂家根据要求并按照 DL/T 5046 设计。

c） 设计应充分考虑分类使用或梯级使用，不断提高废水的重复利用率，减少废水排放量。

d） 设计规模应按照电厂规划容量和分期建设情况确定。

e） 废水处理设施的设计及选型参照 HJ 2015 执行。

f） 含油污水处理设施的设计及选型参照 HJ 580 执行。

g） 废水处理系统的排出口应设置控制项目的在线监测仪表和人工监测取样点。

4.1.2 废水处理设施的制造

a） 废水处理设施的制造按照 HJ 2015 及 JB/T 2932 的规定执行。

b） 设备制造质量应按照国家或行业标准规定执行；无规定时，应按照合同约定执行。

c） 钢结构件所有的焊缝应符合 DL/T 678 的规定。

d） 电厂应按照 DL/T 586 对废水处理设施的主要设备进行监造。

4.1.3 废水处理设施的安装

a） 废水处理系统的机械设备安装施工及验收按照 GB 50231 的规定执行。

b） 废水处理系统的金属管道施工及验收按照 GB 50235 的规定执行。

c） 废水处理系统的风机、空气压缩机、泵安装工程施工及验收按照 GB 50275 的规定执行。

d） 订购成套装置时应签订技术协议书，并作为合同的附件和施工验收的依据。

4.1.4 废水处理设施的调试

a） 废水处理设施的调试参照 DL/T 1076 的规定执行。

b） 安全联锁装置、紧急停机和报警信号等经试验均应正确、灵敏、可靠。

c） 各种手柄操作位置、按钮、控制显示和信号等，应与实际动作方向相符。压力、温度、流量等仪表、仪器指示均应正确、灵敏、可靠。

d） 设备均应进行设计状态下各级速度（低、中、高）的运转试验。其启动、运转、停止和制动，在手动、半自动和自动控制下，均应正确、可靠、无异常现象。

e） 废水处理设施验收按照 HJ/T 255 的规定和技术文件执行。

4.1.5 废水处理设施的运行监督

4.1.5.1 一般要求

a） 外排废水中污染物的排放应满足 GB 8978 及地方排放标准和总量的要求。

b） 设备出力和系统出口水质应达到设计要求。

c） 废水处理系统产生的污泥应严格按照环保部门有关规定进行无害化处理。

4.1.5.2 工业废水处理设施

a） 主要设备（废水收集池及空气搅拌装置、废水提升泵、混凝剂和助凝剂配药、计量、加药设备、混凝和絮凝设备、气浮装置、泥渣浓缩装置等）和附属设备应能达到正常投运。

b） 加药计量箱液位指示准确，加药计量泵运转状态良好，按照处理水质进行药量的调整。

c） 废水提升泵出力、扬程可达到额定值，满足工业废水处理系统的要求。

d） 混凝澄清效果良好，出水浊度可满足设计值。

e） 气浮设备：容气管压力一般控制在 0.25MPa～0.4MPa。

f） 过滤器进、出口压差一般为 0.02MPa～0.04MPa；过滤器出力达到设备额定值；反洗水泵可满足反洗强度的要求，可使滤料达到设计膨胀率。

g） 泥浆脱水系统正常投运，泥水分离效果良好。

h） 在线监测 pH 值表、流量计等表计指示正确，与实验室比对数据一致。

4.1.5.3 含油废水处理设施

含油废水主要有油罐区冲洗排水、油罐区雨水排水、燃油泵房冲洗排水等。处理工艺为经隔油池处理后，再提升进入油水分离器进行除油处理，处理后的出水进入生产废水处理系统进一步处理。隔油池上方的浮油经浮油吸收机输送至储油罐内。

a） 油水分离器能正常投入运行。

b） 油水分离器出力和出口水质应达到设计要求。

c） 废水提升泵出力、扬程可满足含油废水处理系统的要求。

d） 油水分离设施分离出的回收废油中含水量小于 5%，油水分离器出水含油量不大于 10mg/L。

e） 油水分离器排放的沉淀物质应考虑防火措施。

4.1.5.4 生活污水处理设施

a） 生活污水处理系统的原水格栅、调节池、二级生物处理单元、沉淀池、消毒池、空气压缩机、污水提升泵等设施应能正常投入运行。

b） 提升泵出力和系统出口水质应达到设计要求；监督和监测项目可参照电厂回用水标准。

c） 一、二级生物处理单元污水中应含有足够的溶解氧（DO），采用空气压缩机不间断供气，确保水中溶氧量含量为 3mg/L～5mg/L。

d） 观察系统处理水量、水质，如水量明显减少，应及时对滤料进行反洗。

e） 在线监测 pH 值表、流量计等表计指示正确，与实验室比对数据一致。

4.1.6 废水处理设施的检修监督

4.1.6.1 工业废水处理设施的检修监督

a） 加药设施：检查配药箱、计量箱液位计，保证指示正确；检查药箱内、外防腐层有无脱落，清理箱内沉积物；检查计量箱出液管与计量泵间的过滤器有无污堵，药液箱包括计量泵以及管路系统有无泄漏，计量泵药量调节阀门和配药、计量箱排污管是否堵塞、排污阀门操作是否灵活。

b） 混凝澄清设施：混凝澄清主体设备主要包括加药混合箱、气浮池、溶气罐、澄清器等，应检查主体设备人孔、表计接口等有无泄漏，内、外部防腐层有无脱落；检查排污管、取样管、气浮池内释放器有无堵塞，取样阀门操作是否灵活；溶气罐内填料有无污堵，澄清器内斜板（管）固定是否牢固，斜板（管）有无损坏或污堵；检查系统压力表计和安全阀是否校验合格。

c） 过滤设施：检查主体设备人孔、窥视镜、进出料口、表计接口等有无泄漏，内、外部防腐层有无脱落，滤料有无污堵，过滤器内布水和出水装置有无变形和损坏。

d） 空擦设施：过滤器进气管调节阀操作灵活，止回阀方向正确。如过滤器为无阀滤池，还应检查反洗水量调节系统，保证操作灵活，当压差达到反洗要求时能自动形成虹吸。

e） 转动设备：工业废水系统转动设备有搅拌机、水泵、空气压缩机等；检查油位、油质、振动及严密性，检查转动设备冷却状况，保证各设备冷却水畅通；检查泵进、出口压力，清扫泵与风机的滤网，防止滤网堵塞；检查泵的机械密封是否有泄漏。

f） 在线监测表计：工业废水在线监测表计主要有 pH 值表、浊度仪、流量计等；应检查表计的取样管路、阀门等有无腐蚀、卡涩、堵塞；清洗水样流动杯，保证内部清洁；各种表计应按期校验合格。

4.1.6.2 含油废水处理设施的检修监督

a） 废水提升泵：检查废水提升泵出口管道、盘根、泵体、出口压力等，应保证出口管道不振动、不漏水，盘根不发热、不甩水，泵体不泄漏，泵出口压力正常。

b） 油水分离、储油罐：检查油水分离器、储油罐内本体及连接管路系统有无泄漏。

4.1.6.3 生活污水处理设施的检修监督

a） 生活污水除渣设施：时常保证捞渣机清洁，清理格栅拦截的漂浮物及大颗粒机械杂质，防止格栅缝隙被堵塞。

b） 检查污水提升泵和出口管道，保证出口管道不振动、不漏水，泵的盘根不发热、不甩水，泵体不泄漏，泵出口压力正常。检查水泵、风机油位、转向达到厂家说明要求，当风机内进入污水时，必须及时清理。

c） 生化池：检查生化池内防腐层有无脱落、微孔曝气器有无腐蚀、微孔有无堵塞、立体弹性填料有无损坏。

d） 沉淀池：检查污泥回流和排出系统管道以及沉淀池底部污泥斗有无堵塞，防腐层有无脱落。

e） 在线监测表计：在线监测表计主要有 pH 值表、浊度仪、流量计等；应检查表计的取样系统是否堵塞，取样阀门操作灵活；表计应按期校验合格。

4.1.6.4 废水处理设施检修验收

a） 废水处理系统各单元均能满足设计要求及生产实际需要。

b） 废水处理系统主要设备、部件的检修工艺及验收均严格按本厂检修工艺包执行。

c） 废水处理设施检修验收指标参照 HJ/T 255 执行。

4.2 烟气排放连续监测系统监督

4.2.1 烟气排放连续监测系统（以下简称 CEMS）的安装及监测项目

应在适当位置安装符合 HJ/T 75、HJ/T 76 及环保部门要求的 CEMS，并应与环保等相关部门联网。根据测量项目和安装位置的不同，电厂 CEMS 主要分为脱硝 CEMS 及环保监测用 CEMS 两种。

a） 脱硝 CEMS 的安装及监测项目。

1） 选择脱硝 CEMS 时应根据燃气轮机组的实际排放情况，重点考虑 NO_x 的量程。

2） 在脱硝进、出口适当位置分别安装 CEMS。

3） 脱硝进口 CEMS 的测量项目至少应包括烟气流量、NO_x 浓度（以 NO_2 计）、温度、压力、烟气含氧量等；出口 CEMS 的测量项目至少应包括 NO_x 浓度（以 NO_2 计）、温度、压力、烟气含氧量、氨逃逸浓度等，并满足地方环保部门要求。

b） 环保监测用 CEMS 的安装及监测项目。

1） 联合循环机组环保监测用 CEMS 应安装在烟囱符合监测要求的位置。

2） 环保部门监测用 CEMS 测量项目至少应包括烟气流量、烟尘浓度、SO_2 浓度、NO_x 浓度、温度、压力、烟气含氧量、流速、湿度等。

4.2.2 CEMS 的技术验收

a） CEMS 的技术验收由参比方法验收和联网验收两部分组成。

1） 参比验收检测项目及考核指标见表 1。

表 1 参比验收检测项目及考核指标

验收检测项目		考 核 指 标
颗粒物	准确度	用参比方法测定烟气中颗粒物排放浓度： （1）小于或等于 50mg/m³ 时，绝对误差不超过±15mg/m³。 （2）大于 50mg/m³、小于或等于 100mg/m³ 时，相对误差不超过±25%。 （3）大于 100mg/m³、小于或等于 200mg/m³ 时，相对误差不超过±20%。 （4）大于 200mg/m³ 时，相对误差不超过±15%
气态污染物	准确度	用参比方法测定烟气中二氧化硫、氮氧化物排放浓度： （1）小于或等于 20μmol/mol 时，绝对误差不超过±6μmol/mol。 （2）大于 20μmol/mol、小于或等于 250μmol/mol 时，相对误差不超过±20%。 （3）大于 250μmol/mol 时，相对准确度不大于 15%
		当参比方法测定烟气其他气态污染物排放浓度： 相对准确度不大于 15%
流速	相对误差	（1）流速大于 10m/s 时，不超过±10%。 （2）流速小于或等于 10m/s 时，不超过±12%
烟温	绝对误差	不超过±3℃
氧量	相对准确度	小于或等于 15%

2） 联网验收检测项目及考核指标见表2。

表2 联网验收检测项目及考核指标

验收检测项目	考核指标
通信稳定性	（1）现场机在线率为90%以上； （2）正常情况下，掉线后，应在5min之内重新上线； （3）单台数据采集传输仪每日掉线次数在5次以内； （4）报文传输稳定性在99%以上，当出现报文错误或丢失时，启动纠错逻辑，要求数据采集传输仪重新发送报文
数据传输安全性	（1）对所传输的数据应按照HJ/T 212中规定的加密方法进行加密处理传输，保证数据传输的安全性。 （2）服务器端对请求连接的客户端进行身份验证
通信协议正确性	现场机和上位机的通信协议应符合HJ/T 212中的规定，正确率100%
数据传输正确性	系统稳定运行一星期后，对一星期的数据进行检查，对比接收的数据和现场的数据完全一致，抽查数据正确率100%
联网稳定性	系统稳定运行一个月，不出现除通信稳定性、通信协议正确性、数据传输正确性以外的其他联网问题

b） 符合参比验收和联网验收指标要求的CEMS，方可纳入固定污染源监控系统。

c） CEMS应与环保部门的监控中心联网。

4.2.3 CEMS的定期校准

a） 具有自动校准功能的颗粒物CEMS和气态污染物CEMS每24h至少自动校准一次仪器零点和跨度。具有自动校准功能的流速连续监测系统（CMS）每24h至少自动校准一次仪器零点和跨度。

b） 无自动校准功能的颗粒物CEMS和气态污染物CEMS每3个月至少校准一次仪器零点和跨度。

c） 直接测量法气态污染物CEMS每30天至少用校准装置通入零气和接近烟气中污染物浓度的标准气体校准一次仪器零点和工作点。

d） 无自动校准功能的气态污染物CEMS每15天至少用零气和接近烟气中污染物浓度的标准气体校准一次仪器零点和工作点。

e） 无自动校准功能的流速CMS每3个月至少校准一次仪器零点和跨度。

f） 抽气式气态污染物CEMS每3个月至少进行一次全系统的校准。

4.2.4 CEMS的定期校验

a） 每6个月至少做一次校验，校验用参比方法和CEMS同时段数据进行比对。

b） 当校验结果不符合表1要求时，应扩展为对颗粒物CEMS方法的相关系数的校正、评估气态污染物CEMS的相对准确度和流速CMS的速度场系数的校正，直到烟气CEMS达到表1的要求。

4.2.5 CEMS监测数据的有效性审核

a） 有效性审核由省级环境保护主管部门负责，电厂应积极做好配合工作。

b） 有效性审核工作按照《国家监控企业污染源自动监测数据有效性审核办法》和《国家重点监控企业污染源自动监测设备监督考核规程》（环发〔2009〕88号）等有关规

定进行，重点审核污染源自动监测数据准确性、数据缺失和异常情况等。

c） 考核合格的自动监测设备获得监督考核合格标志，合格标志自设备监督考核通过之日起 3 个月内有效。

d） 不论何种原因导致的污染源自动监测数据缺失，电厂均应在 8h 内上报当地环保部门。

4.3 脱硝系统监督

4.3.1 脱硝系统的设计

4.3.1.1 脱硝工艺的选择

a） 烟气脱硝工艺应根据国家环保排放控制标准、环境影响评价批复意见的要求、燃料特性、还原剂的供应条件、水源和气源的可利用条件、氨区废水与废气排放条件、场地布置条件等因素，经全面技术经济比较后确定。

b） 优先使用燃烧控制技术，在使用燃烧控制技术后仍不能满足 NO_x 排放要求的，选择技术上成熟、经济上可行及便于实施的选择性催化还原技术（以下简称 SCR）或选择性非催化还原技术（以下简称 SNCR）。

c） 新建、改建、扩建的燃气轮机组，宜采用 SCR 烟气脱硝工艺；经技术经济比较，也可采用 SNCR 烟气脱硝工艺。

d） 脱硝工艺的选择按照 DL/T 296 执行。

4.3.1.2 还原剂的选择

a） 还原剂主要有液氨（NH_3）、尿素［$CO(NH_2)_2$］、氨水（$NH_3 \cdot H_2O$ 或 $NH_4 \cdot OH$）。

b） 还原剂的选择应根据其安全性、可靠性、外部环境敏感度及技术经济比较后确定。

c） 电厂地处城市远郊或远离城区，且液氨产地距电厂较近，在能保证运输安全、正常供应的情况下，宜选择液氨作为还原剂。

d） 电厂位于大中城市及其近郊区或受液氨运输条件限制的地区，宜选择尿素作为还原剂。

e） SNCR 脱硝系统一般采用尿素或氨水为还原剂。

f） 液氨应符合 GB 536 的要求。液氨运输工具宜采用专用密封槽车。

g） 尿素应符合 GB 2440 的要求。尿素溶解罐宜布置在室内，各设备间的连接管道应保温。所有与尿素溶液接触的设备等材料宜采用不锈钢材质。

h） 当采用尿素水解工艺制备氨气时，尿素水解反应器的出力宜按脱硝系统设计工况下氨气消耗量的 120%设计。

i） 采用氨水作为还原剂时，宜采用质量浓度为 20%～25%的氨水溶液。

j） 还原剂储存、制备和使用应符合 HJ 562 及 HJ 563 的规定。

4.3.1.3 催化剂的选择

a） 催化剂的形式及特性：

1） 蜂窝式催化剂是以二氧化钛为载体，以钒（V）为主要活性成分，将载体与活性成分等物料充分混合，经模具挤压成型后煅烧而成，比表面积大。

2） 板式催化剂是以金属板网为骨架，以玻璃纤维和二氧化钛为载体，以钒（V）为主要活性成分，采取双面碾压的方式将载体、活性材料等与金属板网结合，后经成型、切割、组装和煅烧而成。

3） 波纹板式催化剂是以玻璃纤维为载体，表面涂敷活性成分，或者通过玻璃纤维加固的二氧化钛基板浸渍钒（V）等活性成分后，烧结成型，质量轻。

b） 对于燃气轮机组，应优先采用蜂窝式或波纹板式结构。

c） 催化剂层数设计尽可能留有备用层，其层数的配置及寿命管理模式应进行综合技术经济比较，优选最佳模式。基本安装层数应根据催化剂化学、机械性能衰减特性及环保要求确定。

d） 电厂应根据实际运行情况，对催化剂测试块进行性能测试，其化学寿命和机械寿命应满足催化剂运行管理的要求。

4.3.1.4 脱硝系统的设计要求

a） 脱硝设施的设计应满足 GB 13223、地方排放标准及环评批复的要求。

b） 脱硝设施的设计参照 DL/T 5480 的规定执行，工艺系统、技术要求、检验验收参照 GB/T 21509 的规定执行。

c） 选择性催化还原法烟气脱硝系统设计参照 HJ 562 的规定执行；选择性非催化还原法烟气脱硝系统设计参照 HJ 563 的规定执行。

d） 脱硝设备的设计应重点考虑环保标准变化、实际烟气量、燃料情况等指标，并留有足够的余量。

e） 液氨储存与供应区域应设置完善的消防系统、洗眼器及防毒面罩等。氨站应设防晒及喷淋措施，喷淋设施应考虑工程所在地冬季气温因素。

f） 还原剂区宜设置工业电视监视探头，并纳入全厂工业电视监视系统。

g） 厂界氨气的浓度应符合 GB 14554 的要求。

h） 反应器入口 CEMS 至少应包含烟气流量、NO_x 浓度（以 NO_2 计）、烟气含氧量等测量项目；反应器出口 CEMS 至少应包含 NO_x 浓度、烟气含氧量、氨逃逸浓度等测量项目，同时满足地方环保部门要求，CEMS 与环保等相关部门联网。

4.3.2 脱硝设备的制造

4.3.2.1 一般要求

a） 脱硝系统的主要设备制造质量应按照国家或行业现行标准规定执行；无规定时，应按照合同约定执行。

b） 钢结构件所有的焊缝应符合 DL/T 678 的规定。

c） 所用材料及紧固件应符合国家标准或行业标准的有关规定，对于牌号不明或无合格证书的外购件，须经制造厂复检，符合设计规定时方可使用。

d） 主要零部件的加工应符合相应的国家标准，并应按经规定程序批准的产品图样和技术文件进行制造、检验和验收，确保总装的接口尺寸精度。

e） 电厂应按照 DL/T 586 的规定对脱硝系统主要设备进行监造。

4.3.2.2 脱硝设备的制造要求

a） 脱硝设备中压力容器制造应按照 GB 150.1～GB 150.4 的规定执行。

b） 所有与尿素溶液接触的泵和输送管道等材料宜采用不锈钢材质。所有与氨水溶液接触的设备、管道和其他部件宜采用不锈钢制造。

c） 氨输送用管道应符合 GB/T 20801.1～GB/T 20801.6 的相关规定，所有可能与氨接触的管道、管件、阀门等部件均应禁止采用铜制。液氨管道上应设置安全阀，其设计应符合

SH 3007 的相关规定。

d） 催化剂应有性能质量检验合格报告。

1） 蜂窝式催化剂外观质量要求见表 3。

表 3 蜂窝式催化剂外观质量要求

项目	质 量 指 标
破损	催化剂单元单侧端面及每条催化剂单侧壁面：破损处的宽度应不超过一个开孔，长度应在 10mm～20mm 之间，破损数量不超过两处
裂纹	（1）催化剂单元单侧端面的细小裂纹（除上述提到的破损之外）：裂纹数量不超过 10 处； （2）每条催化剂单侧壁面：细小裂纹的宽度小于或等于 0.4mm，长度不超过催化剂总长度的 1/2，裂缝数量不超过 5 处
裂缝	催化剂单元单侧端面：裂缝的贯穿程度不应超过开孔的 1/2，裂缝数量不超过两处

2） 板式催化剂不应有裂纹和裂缝，表面应平整、光滑，不得有锋棱、尖角、毛刺；不得有剥离、气泡和裂纹等缺陷。

4.3.3 脱硝设备的安装

a） 脱硝工程的主要设备安装应符合 GB 50231 及 GB 50275 的相关规定。

b） 氨系统管道和尿素溶液管道的安装质量标准和检验方法（水压试验、气密性试验）应符合 GB 50235 的相关规定。

c） 压力容器的安装质量标准和检验方法（水压试验、气密性试验）应符合 GB 150.1～GB 150.4 的相关规定。

d） 脱硝系统电气工程施工应符合 GB 50257 的相关规定。

e） 脱硝系统热控工程施工应符合 DL 5190.4 的相关规定。

f） 脱硝设备的安装质量标准及验收检验方法参照 DL 5190.2、DL/T 5257 的相关规定及制造厂安装说明书执行。

g） 催化剂层的安装方案应方便催化剂的检修、维护与换装，安装高度为催化剂模块高度、支撑梁高度、单轨吊高度、安装与检修空间之和。

4.3.4 脱硝设备的调试

4.3.4.1 一般要求

a） 脱硝设备调试应按照电厂与调试单位签订的调试合同、设备制造厂的技术标准及相关资料执行。

b） 脱硝设备调试参照 DL/T 335 的相关规定执行。

4.3.4.2 单体调试的主要内容

a） 仪表的单体调校，信号和控制单回路调试检查。

b） 电动机转向的确认和试转，其中包括稀释风机、卸料压缩机、液氨泵（尿素溶解混合泵、尿素循环泵）、废水泵、蒸汽吹灰器、声波吹灰器等设备运转正常。

c） 氨区管路吹扫。

d） 严密性试验。

e） 压力容器及管路压力试验。

f） 氨系统 N_2 置换：向液氨储罐充氮气，其余与液氨、气氨有关联的管道、机泵均用氮气置换。置换完毕取有代表性气样进行分析，两次氧含量低于2%为合格。

g） 氨区液氨卸载调试。

h） 蒸发器调试。

i） 热解炉调试。

4.3.4.3 分系统调试的主要内容

a） 工艺系统调试。

1） 烟气系统调试。

2） 喷氨系统调试。

3） 吹灰系统调试。

4） 除灰系统调试。

5） 还原剂制备系统调试。

b） 电气系统调试。

c） 热控系统调试。

4.3.4.4 整套启动调试的主要内容

a） 检验调整系统的完整性、设备的可靠性、管路的严密性、仪表的准确性、保护和自动的投入效果，检验不同运行工况下脱硝系统的适应性。

b） 检验还原剂制备系统、公用系统满足脱硝装置整套运行情况。

c） 进行烟气系统、脱硝反应器热态运行和调试。

4.3.4.5 整套启动调试应达到的技术指标

a） 各分系统试运验收合格率为100%。

b） 保护自动装置、热控测点、仪表投入率达到100%，热控保护投入率为100%。

c） 电气保护投入率为100%、电气自动装置投入率为100%、电气测点/仪表投入率为100%。

d） 还原剂制备系统能够满足烟气脱硝的需要。

e） 脱硝 CEMS 能够实时监测进、出口烟气参数。

f） 机组满负荷下，脱硝效率、出口 NO_x 浓度、氨逃逸浓度、SO_2/SO_3 转化率、催化剂层阻力、系统压力降均达到设计保证值。

4.3.5 脱硝系统的运行监督

脱硝系统的运行监督应参照《燃煤发电机组环保电价及环保设施运行监管办法》（发改价格〔2014〕536号）的规定执行。

4.3.5.1 SCR法

a） 投运率应达到100%。

b） 脱硝效率、SO_2/SO_3 的转化率、系统压力损失等达到设计保证值。

c） 脱硝出口 NO_x 浓度应满足 GB 13223 及地方排放标准的要求。

d） 氨逃逸浓度应小于 $2.3mg/m^3$，同时应不影响后续设备正常稳定运行，并达到环保排放标准要求。

e） 脱硝用还原剂的储存应符合化学危险品处理有关规定。

f） 对失效或活性不符合要求的催化剂可进行清洗和再生，延长催化剂的整体寿命。催化剂再生的化学活性应达到新催化剂的 80%以上，催化剂外观质量要求参照第4.3.2.2条执行。

g） 对于不能再生或不宜再生的催化剂，应由具有相应资质和能力的单位回收或按照国家、地方相关部门要求处理。

h） 脱硝系统运行调试优化。

1） CEMS 仪表校验。

2） 调整喷氨系统喷氨量。

3） 监测反应器出口截面的 NO_x 分布均匀性。

4） 监测反应器出口截面氨逃逸浓度。

5） 液氨蒸发器或尿素热解炉温控参数优化。

6） 根据反应器出口 NO_x 排放浓度优化控制策略。

i） 脱硝设备性能考核试验。通常脱硝系统设备质保期 1 年，催化剂质保期 3 年。脱硝装置宜进行以下三次考核试验：

1） 考虑到催化剂初期活性衰减较快，初次性能考核试验宜在脱硝正式投运 4400h 后的半年内进行。此阶段测试 SCR 装置的全部保证指标，包括脱硝效率（初期按照最大效率考核）、氨逃逸浓度、系统阻力（含催化剂层阻力）、还原剂耗量、烟气温降等。

2） 第二次试验在脱硝正式投运 16 000h 后进行。此阶段主要在实验室进行催化剂的性能指标检测，包括外观、几何尺寸、机械强度、活性及催化剂成分等。

3） 第三次试验在催化剂化学寿命期末（24 000h 或 16 000h）进行，此阶段试验内容涵盖第一次和第二次试验内容。

4.3.5.2 **SNCR 法**

a） 投运率应达到 100%。

b） 脱硝效率、SO_2/SO_3 的转化率、系统压力损失达到设计保证值。

c） 脱硝出口 NO_x 浓度应满足 GB 13223 及地方排放标准的要求。

d） 氨逃逸浓度应小于 8mg/m^3，同时应不影响后续设备正常稳定运行，并达到环保排放标准要求。

e） 脱硝用还原剂的储存应符合化学危险品处理有关规定。

4.3.5.3 **其他要求**

a） SNCR–SCR 法主要监督参照第 4.3.5.1 条和第 4.3.5.2 条相关规定执行。

b） 脱硝设备的运行按照 DL/T 335 的相关规定执行。

c） SCR 法脱硝设备运行按照 HJ/T 562 的相关规定执行；SNCR 法脱硝设备运行 HJ/T 563 的相关规定执行。

d） 现役机组脱硝设备在技术改造或 A 修 1 个月后，应进行脱硝设备性能试验，脱硝设备性能试验参照 DL/T 260 的相关规定执行。

4.3.6 脱硝系统的检修监督

4.3.6.1 脱硝反应区

检查稀释风机、取样风机、氨–空气混合器、稀释风加热器、喷氨装置、反应器及催化剂、吹灰器、烟道补偿器、烟气均布装置等。

4.3.6.2 还原剂制备区

a） 检查液氨制氨系统：液氨卸料压缩机、液氨储罐、液氨供应泵、液氨蒸发器、氨气缓冲罐、氮气瓶组、氮气储罐、氨气稀释罐、废水泵等。

b） 检查尿素制氨系统

1） 尿素热解制氨系统主要设备包括尿素储罐（仓）、尿素计量装置、溶解罐、溶解泵、尿素溶液储罐、尿素热解循环泵、尿素热解室（包括尿素溶液雾化空气系统、尿素雾化喷枪、热解风加热系统等）及稀释风机。

2） 尿素水解制氨系统的主要设备包括尿素储罐（仓）、尿素计量装置、溶解罐、溶液泵、尿素溶液储罐、尿素溶液循环泵、水解反应器、缓冲罐、蒸汽加热器及疏水回收装置。

c） 检查氨水制氨系统：氨水储罐、氨水泵、氨气提塔等。

4.3.6.3 电气系统和仪表及控制系统

a） 检查电气系统设备：交流电动机、低压开关柜、电加热器、接触器、互感器、电力电缆、继电保护和照明设备等。

b） 检查仪表及控制系统主要设备：DCS 系统（PLC 系统）、CEMS 系统、火灾报警控制系统、氨泄漏检测报警仪、变送器、信号保护装置、流量计、压力表、液位计和温度仪等。

4.3.6.4 脱硝系统主要设备

脱硝系统主要设备的检修项目及检修周期参照 DL/T 322 的相关规定执行。

4.3.6.5 其他要求

a） 对氨系统进行检修的人员应通过有关危险化学品知识培训，并通过考试合格；对储氨罐进行维修的人员，还应具备压力容器操作证书。

b） 对氨气制备系统的设备、管道进行检修时，应进行氮气置换，置换完成后，等待 30min 进行气体分析，当 NH_3 小于 $30mg/m^3$ 时，容器内氧含量大于 20%才能作业。

c） 氨区检修与维护时，应使用铜制工具；严禁动火操作，如必须动火处理，须做好隔离措施。

d） 在氨罐内检查清除杂物时，应设专人监护。

e） 作业人员离开氨罐体时，应将作业工具带出，不得留在氨罐内。

f） 氨罐内照明，应使用电压不超过 12V 的低压防爆灯。

g） 催化剂要求做到停炉必查，其中，催化剂的检修包括停炉检查、清灰、活性检测、现场性能测试、加装和更换。

h） SCR 反应器内部检修过程中应做好催化剂的防护工作，不造成催化剂单元孔堵塞和破损。

i） 通用设备如泵、风机、电动机、电气设备、仪控设备、保温伴热等的检修周期、工艺质量及各级检修项目要求参照 DL/T 748.1～DL/T 748.10 和 DL/T 838 的相关规定执行。

j） 主要设备的检修工艺及质量要求按照 DL/T 322 的相关规定执行。

4.4 各类污染物排放监督

4.4.1 烟尘、二氧化硫、氮氧化物排放的监督

4.4.1.1 电厂应执行表 4 规定的烟尘、二氧化硫、氮氧化物和烟气黑度排放限值。

表 4　火力发电燃气轮机组大气污染物排放浓度限值

大气污染物	适　用　条　件	排放限值
烟尘，mg/m^3	天然气燃气轮机组	5
	其他气体燃料燃气轮机组	10
二氧化硫，mg/m^3	天然气燃气轮机组	35
	其他气体燃料燃气轮机组	100
氮氧化物（NO_2），mg/m^3	天然气燃气轮机组	50
	其他气体燃料燃气轮机组	120
烟气黑度（林格曼黑度，级）	气体为燃料的燃气轮机组	1 级

4.4.1.2　重点地区的燃气轮机组执行表 5 规定的的烟尘、二氧化硫、氮氧化物和烟气黑度排放限值。执行大气污染物特别排放限值的具体地域范围、实施时间由国务院环境保护行政主管部门规定。

表 5　重点地区火力发电燃气轮机组大气污染物特别排放浓度限值

大气污染物	适　用　条　件	排放限值
烟尘，mg/m^3	气体为燃料的燃气轮机组	5
二氧化硫，mg/m^3	气体为燃料的燃气轮机组	35
氮氧化物（NO_2），mg/m^3	气体为燃料的燃气轮机组	50
烟气黑度（林格曼黑度，级）	气体为燃料的燃气轮机组	1 级

4.4.1.3　电厂烟尘、二氧化硫、氮氧化物排放浓度除应满足 GB 13223 的排放标准要求外，还应满足地方排放标准要求，同时烟尘、二氧化硫、氮氧化物排放总量应符合排污许可证的要求。

4.4.1.4　烟尘、二氧化硫、氮氧化物排放浓度折算。

燃气轮机烟尘、二氧化硫和氮氧化物排放浓度应根据实测的烟气含氧量按式（1）折算至含氧量为 15%时的排放浓度：

$$C=C^1\times(21-O_2)/(21-O_2^1) \qquad (1)$$

式中：

C ——折算为基准含氧量的燃气轮机烟尘、二氧化硫和氮氧化物排放浓度，mg/m^3；

C^1 ——实测的燃气轮机烟尘、二氧化硫和氮氧化物排放浓度，mg/m^3；

O_2^1 ——实测的烟气含氧量，%；

O_2 ——折算的基准烟气含氧量，燃气轮机为 15%。

4.4.2　废水排放的监督

a）废水排放应满足 GB 8978 及地方排放标准的要求。废水排放总量应符合排污许可证的要求。

b）电厂应根据实际情况及地方环保的要求，确定是否需要安装水污染源在线监测系统。

对于已安装水污染源在线监测系统的电厂，其水污染源在线监测系统的安装、验收、运行与考核、数据有效性判别分别按照 HJ/T 353、HJ/T 354、HJ/T 355 及 HJ/T 356 的相关规定执行；水污染源在线监测系统数据有效性审核工作按照《国家监控企业污染源自动监测数据有效性审核办法》的相关规定执行。

c） 对于未安装水污染源在线监测系统的电厂，各类外排废水的主要监测项目、监测周期参照 DL/T 414 执行，详见表 6；各类外排废水的监测方法参照 DL/T 414 执行，详见表 7；日常具体监测项目及监测周期可以根据排水的性质、电厂的实际情况、当地环保部门要求及相关地方标准增减。

表 6　各类外排废水的主要监测项目、监测周期

监测项目	工业废水	生活污水	监测项目	工业废水	生活污水
pH 值	1 次/旬		挥发酚	1 次/年	
悬浮物	1 次/旬	1 次/月	氨氮	1 次/月	1 次/月
COD	1 次/旬	1 次/月	BOD_5		1 次/季
石油类	1 次/季		动植物油		1 次/月
氟化物	1 次/月		水温	1 次/月	
总砷	1 次/月		排水量	1 次/月	1 次/月

表 7　各类外排废水的监测方法

监测项目	方法名称	适用范围	监测方法
pH 值	玻璃电极法	工业废水	GB/T 6920
悬浮物	重量法	生活污水、工业废水	GB/T 11901
COD	重铬酸盐法	COD 大于 30mg/L 的水样	GB/T 11914
石油类和动植物油	（1）红外分光光度法	生活污水、工业废水	GB/T 16488
	（2）重量法	生活污水、工业废水	DL/T 938
氟化物	（1）离子选择电极法	工业废水	GB/T 7484
	（2）氟试剂分光光度法	工业废水	GB/T 7483
	（3）茜素磺酸锆目视比色法	工业废水	GB/T 7482
总砷	二乙基二硫代氨基甲酸银分光光度法	工业废水	GB/T 7485
挥发酚	蒸馏后 4–氨基安替比林分光光度法	工业废水	GB/T 7490
氨氮	（1）钠氏试剂比色法	生活污水、工业废水	GB/T 7478
	（2）蒸馏滴定法	生活污水、工业废水	GB/T 7479
BOD_5	稀释与接种法	含量范围：2mg/L ～ 6000mg/L	GB/T 7488
水温	温度计法	生活污水、工业废水	GB/T 13195
排水量	明渠式流量计	明渠式排水	
	管道式电磁流量计、管道式超声波流量计	封闭管道排水	

4.4.3 厂界噪声排放的监督

4.4.3.1 一般要求

按照环境评价影响报告、环评批复及环保部门的要求进行防噪、降噪设施的设计、制造、安装、调试、运行及检修。

4.4.3.2 测点设置

在电厂总平面图上，沿着厂界或厂围墙 50m～100m 选取一个测点，测量点设在厂界外 1m～2m 处，距地面 1.2m，其中至少有两个测点设在距电厂主要噪声设施最近处，但应避开外界噪声源。当厂界有围墙且周围有受影响的噪声敏感建筑物时，测点应选在厂界外 1m、高于围墙 0.5m 以上的位置。

4.4.3.3 测量时间

测量时间分为昼间（6:00～22:00）和夜间（22:00～6:00），昼间测量一般选在 8:00～12:00 和 14:00～18:00，夜间测量一般选在 22:00～次日 5:00。

4.4.3.4 监测周期

a） 厂界噪声通常每年监测两次，电厂也可根据具体实际情况增加或减少。

b） 当电厂有新建、改建、扩建项目时，应在厂界外环境敏感点设置监测点，测量厂界噪声。

4.4.3.5 测量方法

厂界噪声测量方法按照 GB 12348 的相关规定执行。同时，要注意排除不能代表厂界环境的偶发性噪声。

4.4.3.6 排放限值

厂界环境噪声排放限值按 GB 12348 的相关规定执行，不得超过表 8 规定的排放限值。

表 8 工业企业厂界环境噪声排放限值 dB（A）

厂界外声环境功能区类别	昼　间	夜　间
0	50	40
1	55	45
2	60	50
3	65	55
4	70	55

4.4.4 电磁辐射的监督

4.4.4.1 监测时段

a） 新建电厂必须测量 1 次。

b） 如果升压站或输出线路有变动，可能会引起厂界电场和磁场发生较大变化时，应再测量 1 次。

4.4.4.2 测点设置

a） 在电厂总平面图上，沿着厂界或厂围墙 50m～100m 选取一个测点，其中至少有两个测点是主要发电设备、变电设备或其他大型电器设备最近距离处，测量点设在电厂厂界外（无围墙）1m 处或电厂围墙外，离围墙的距离为围墙高度的 2 倍，离地面 1.5m。

b） 在电厂出线走廊下，以出线走廊下中心为起点，沿垂直于出线走廊的方向每隔 2m 设置 10 个以上测点。

c） 在厂界外环境敏感点应设置测点。

d） 测量位置应避开其他外界电器设备、建筑物、树木及金属构件的物体。测量时测量人员应离测量装置 2m 以上。

4.4.4.3 测量方法

测量方法按照 DL/T 334、DL/T 988 的规定执行。

4.4.4.4 测量仪器

测量仪器性能符合 GB/T 12720 的规定。

4.4.4.5 数据处理

数据计算与处理按照 GB/T 7349、GB/T 12720 及 DL/T 988 的规定执行。

4.4.4.6 排放限值

厂界工频电场强度和磁场强度排放限值应符合环境保护标准及相关设计规范的要求。

4.4.5 废弃物的处置监督

4.4.5.1 废弃物的处置监督按照电厂《废弃物管理标准》执行。

4.4.5.2 应在产生废弃物的地方设置临时存放点，并设标识。

4.4.5.3 一般废弃物的处置监督

a） 可回收废弃物应委托相关部门许可的有相关资质回收公司进行回收处理、再利用。

b）不可回收废弃物如生活垃圾等应送至垃圾转运站或处理场由环卫部门进行统一处理。

4.4.5.4 危险废弃物的处置监督

a） 危险废物应按照 GB 5085 的规定进行认定，并进行分类收集。

b） 危险废弃物的收集、贮存、运输、标识等应按照 HJ 2025 执行。

c） 申报危险废物种类、产生量、流向、贮存、处置等。

d） 审查危险废物处置单位的资质，委托有资质的单位对危险废物进行处置，并到有关部门备案。

5 监督管理要求

5.1 监督基础管理工作

5.1.1 环境保护监督管理的依据

应按照《华能电厂安全生产管理体系要求》中有关技术监督管理和本标准的要求，制定电厂环保监督管理标准，并根据国家法律、法规及国家、行业、集团公司标准、规范、规程、制度，结合电厂实际情况，编制环保监督相关 / 支持性文件；建立健全技术资料档案，以科学、规范的监督管理，保证环保设备安全可靠运行。

5.1.2 环境保护监督应具备的相关/支持性文件

a） 环保监督技术标准。

b） 环保监督管理标准。

c） 废弃物管理标准。

d） 环境污染事故应急预案。

e）各类环保设备运行规程、检修规程、系统图。

5.1.3 技术资料档案

5.1.3.1 基建阶段技术资料

a）各类环保设备技术规范。

b）整套设计和制造图纸、说明书、出厂试验报告。

c）安装竣工图纸。

d）设计修改文件。

e）设备监造报告、安装验收记录、缺陷处理报告、调试试验报告、投产验收报告。

5.1.3.2 应建立的设备台账

a）脱硝系统设备台账。

b）废水处理系统设备台账。

c）烟气排放连续监测系统设备台账。

d）各类环保监测仪器、仪表台账。

e）防止或减少噪声设施设备台账。

f）工频电场和磁场屏蔽设施设备台账。

5.1.3.3 运行报告和记录

a）月度运行分析和总结报告。

b）运行日志。

c）交接班记录。

d）与环保监督有关的事故（异常）分析报告。

e）待处理缺陷的措施和及时处理记录。

5.1.3.4 检修维护报告和记录

a）检修质量控制质检点验收记录。

b）检修文件包。

c）检修记录及竣工资料。

d）检修总结。

e）日常设备维修（缺陷）记录和异动记录。

5.1.3.5 事故管理报告和记录

a）设备非计划停运、障碍、事故统计记录。

b）事故分析报告。

5.1.3.6 技术改造报告和记录

a）可行性研究报告。

b）技术方案和措施。

c）技术图纸、资料、说明书。

d）质量监督和验收报告。

e）完工总结报告和性能考核试验报告。

5.1.3.7 应归档的档案资料（监督管理文件）

a）环保监督人员技术交流及培训记录。

b）环保监测仪器汇总表及操作规程。

c） 各类环保监测仪器、仪表的台账，检定周期计划及记录。

d） 各类环保设施设备台账、运行规程、检修规程及考核与管理制度。

e） 环保监督网络成员名单（环保监督机构网络图）及上岗资格证书。

f） 环保监督网络活动记录。

g） 各类环保设施运行记录、检修记录。

h） 各类污染物排放监测数据及各类环保设施性能试验报告及技术改造总结。

i） 各类环保报表（包括季报、速报等）及上报环保部门资料。

j） 环保技术监督年度计划及年终总结报告。

k） 环保设备设计、制造、安装、调试过程的相关资料。

l） 建设项目环境影响评价大纲和环评报告等。

m） 建设项目环保设施竣工验收资料。

n） 建设项目水土保持报告书及验收资料等。

o） 主要环保设施投运情况统计。

p） 环保监督预警通知单和验收单。

q） 环保监督工作自我评价报告和外部检查评价报告。

r） 环保局颁发的排污许可证。

s） 国家、行业、地方、集团公司关于环保工作的法规、标准、规范、规程及制度。

t） 环保核查汇报资料及检查结果。

5.2 日常管理内容和要求

5.2.1 健全监督网络与职责

5.2.1.1 电厂应建立健全由生产副厂长（总工程师）领导下的环保技术监督三级管理网。第一级为厂级，包括生产副厂长（总工程师）领导下的环保监督专责人；第二级为部门级，包括运行部环保专工，检修部环保专工；第三级为班组级，包括各专工领导的班组人员。

5.2.1.2 按照集团公司《中国华能集团公司电力技术监督管理办法》和《华能电厂安全生产管理体系要求》编制本厂环保监督管理标准，做到分工、职责明确，责任到人。

5.2.1.3 电厂环保技术监督工作归口职能管理部门，在电厂技术监督领导小组的领导下，负责环保技术监督的组织建设工作，建立健全技术监督网络，并设环保技术监督专责人，负责全厂环保技术监督日常工作的开展和监督管理。

5.2.1.4 电厂每年年初要根据人员变动情况及时对网络成员进行调整；按照人员培训和上岗资格管理办法的要求，对技术监督专责人和特殊技能岗位人员进行专业和技能培训，保证持证上岗。

5.2.2 确定监督标准符合性

5.2.2.1 环保监督标准应符合国家、行业及上级主管单位的有关标准、规范、规定和要求。

5.2.2.2 每年年初，环保技术监督专责人应根据新颁布的标准及设备改造情况，组织对厂内环保设备运行规程、检修规程等规程、制度的有效性、准确性进行评估，对不符合项进行修订，经归口职能管理部门领导审核、生产主管领导审批完成后发布实施。国标、行标及上级监督规程、规定中涵盖的相关环保监督工作均应在厂内规程及规定中详细列写齐全，在环保设备规划、设计、建设、更改过程中的环保监督要求等同采用每年发布的相关标准。

5.2.3 确定仪器仪表有效性

5.2.3.1 应编制环保监督用仪器仪表使用、操作、维护规程，规范仪器仪表管理。

5.2.3.2 应建立环保监督用仪器仪表设备台账，根据检验、使用及更新情况进行补充完善。

5.2.3.3 根据检定周期，每年应制定仪器仪表的检验计划，根据检验计划进行检验或送检，对检验合格的可继续使用，对检验不合格的则送修，对送修仍不合格的作报废处理。

5.2.4 制订监督工作计划

5.2.4.1 每年11月30日前，环保技术监督专责人应组织编制下年度技术监督工作计划，计划批准发布后报送产业公司、区域公司，同时抄送西安热工研究院有限公司（简称西安热工研究院）或技术监督服务单位。

5.2.4.2 环保技术监督年度计划的制订依据至少应包括以下几方面：

a） 国家、行业、地方有关电力生产方面的法规、政策、标准、规范、反事故措施要求。

b） 集团公司、产业公司、区域公司、电厂技术监督工作规划和年度生产目标。

c） 集团公司、产业公司、区域公司、电厂技术监督管理制度和年度技术监督动态管理要求。

d） 环保主、辅设备目前的运行状态。

e） 技术监督动态检查、预警、季（月报）提出的问题。

f） 人员培训和监督用仪器设备配备和更新。

g） 技术监督体系的健全和完善。

h） 收集的其他有关环保设备和系统设计选型、制造、安装、运行、检修、技术改造等方面的动态信息。

5.2.4.3 电厂技术监督工作计划应实现动态化，即各专业应每季度制订技术监督工作计划。年度（季度）监督工作计划应包括以下主要内容：

a） 技术监督组织机构和网络完善。

b） 监督管理标准、技术标准规范制定、修订计划。

c） 人员培训计划（主要包括内部培训、外部培训取证，标准、规范宣贯）。

d） 技术监督例行工作计划。

e） 检修期间应开展的技术监督项目计划。

f） 监督用仪器仪表检定计划。

g） 技术监督自我评价、动态检查和复查评估计划。

h） 技术监督预警、动态检查等监督问题整改计划。

i） 技术监督定期工作会议计划。

5.2.4.4 电厂应根据上级公司下发的年度技术监督工作计划，及时修订、补充本单位年度技术监督工作计划，并发布实施。

5.2.4.5 环保监督专责人每季度对环保监督各部门的监督计划的执行情况进行检查，对不满足监督要求的通过技术监督不符合项以通知单的形式下发到相关部门进行整改，并对环保监督的相关部门进行考评。技术监督不符合项通知单编写格式见附录A。

5.2.5 监督档案管理

5.2.5.1 为掌握环保设备的改造及变更情况，便于分析研究和采取对策，电厂应建立和健全环保技术监督档案、规程、制度和技术资料，确保技术监督原始档案和技术资料的完整性和连续性。

5.2.5.2 根据环保监督组织机构的设置和受监设备的实际情况，要明确档案资料的分级存放地点和指定专人负责整理保管。

5.2.5.3 环保技术监督专责人应建立燃气轮机档案资料目录清册，并负责及时更新。

5.2.6 监督报告管理

5.2.6.1 环保监督速报的报送

电厂发生重大环保监督指标异常，受监控设备重大缺陷、故障和损坏事件后 24h 内，应将事件概况、原因分析、采取措施按照附录 B 的格式，以速报的形式报送产业公司、区域公司和西安热工研究院。

5.2.6.2 环保监督季报的报送

环保技术监督专责人应按照附录 C 的季报格式和要求，组织编写上季度环保技术监督季报。经电厂归口职能管理部门季报汇总人按照《中国华能集团公司电力技术监督管理办法》中的格式要求编写完成“技术监督综合季报”后，应于每季度首月 5 日前，将全厂技术监督季报报送产业公司、区域公司和西安热工研究院。

5.2.6.3 环保监督年度工作总结报告的报送

a） 每年 1 月 5 日前编制完成上年度技术监督工作总结，并报送产业公司、区域公司和西安热工研究院。

b） 年度监督工作总结报告主要包括以下内容：

1） 主要监督工作完成情况、亮点和经验与教训。

2） 设备一般事故和异常统计分析。

3） 监督存在的主要问题和改进措施。

（1） 未完成工作。

（2） 存在问题分析。

（3） 经验与教训。

4） 下一步工作思路、计划、重点和改进措施。

5.2.7 监督例会管理

5.2.7.1 电厂每年至少召开两次厂级技术监督工作会议，会议由电厂技术监督领导小组组长主持，检查评估、总结、布置环保技术监督工作，对技术监督中出现的问题提出处理意见和防范措施，形成会议纪要，按管理流程批准后发布实施。

5.2.7.2 环保专业每季度至少召开一次技术监督工作会议，会议由环保监督专责人主持并形成会议纪要。

5.2.7.3 例会主要内容包括：

a） 上次监督例会以来环保监督工作开展情况。

b） 环保设备及系统的故障、缺陷分析及处理措施。

c） 环保监督存在的主要问题以及解决措施/方案。

d） 上次监督例会提出问题整改措施完成情况的评价。

e） 技术监督标准、相关生产技术标准、规范和管理制度的编制修订情况。

f） 技术监督工作计划发布及执行情况，监督计划的变更。

g） 集团公司技术监督季报，监督通信，新颁布的国家、行业标准规范，监督新技术学习交流。

h） 环保监督需要领导协调和其他部门配合和关注的事项。

i） 下一阶段环保技术监督工作的布置。

5.2.8 监督预警管理

5.2.8.1 环保技术监督三级预警项目见附录 D，电厂应将三级预警识别纳入日常环保监督管理和考核工作中。

5.2.8.2 对于上级监督单位签发的预警通知单，电厂应认真组织人员研究有关问题，制订整改计划，整改计划中应明确整改措施、责任部门、责任人、完成日期。环保技术监督预警通知单格式见附录 E。

5.2.8.3 问题整改完成后，按照验收程序要求，电厂应向预警提出单位提出验收申请，经验收合格后，由验收单位填写预警验收单报送预警签发单位备案。环保技术监督预警验收单格式见附录 F。

5.2.9 监督问题整改

5.2.9.1 整改问题的提出

a） 上级单位、西安热工研究院、属地技术监督服务单位在技术监督动态检查、预警中提出的整改问题。

b） 集团公司监督季报中明确的集团公司、产业公司、区域公司督办问题。

c） 集团公司监督季报中提出的发电企业需要关注及解决的问题。

d） 每季度对环保监督计划的执行情况进行检查，对不满足监督要求提出的整改问题。

5.2.9.2 问题整改管理

a） 电厂收到技术监督评价报告后，应组织有关人员会同西安热工研究院或属地技术监督服务单位在两周内完成整改计划的制订和审核，并将整改计划报送集团公司、产业公司、区域公司，同时抄送西安热工研究院或属地技术监督服务单位。环保技术监督动态检查问题整改计划编写格式见附录 G。

b） 整改计划应列入或补充列入年度监督工作计划，电厂按照整改计划落实整改工作，并将整改实施情况及时在技术监督季报中总结上报。

c） 对整改完成的问题，电厂应保留问题整改相关的试验报告、现场图片、影像等技术资料，作为问题整改情况评估的依据。

5.2.10 监督评价与考核

5.2.10.1 电厂应将“环保技术监督工作评价表”中的各项要求纳入日常环保监督管理工作中，环保技术监督工作评价表见附录 H。

5.2.10.2 按照附录 H 中的要求，编制完善各项环保技术监督管理制度和规定，并认真贯彻执行；完善各项环保监督的日常管理和检修记录，加强受监设备的运行技术监督和检修技术监督。

5.2.10.3 按照附录 H 中的要求，电厂应每年对技术监督工作开展情况进行评价，对不满足监督要求的不符合项以通知单的形式下发到相关部门进行整改，并对相关部门及责任人进行考核。

5.3 各阶段监督重点工作

5.3.1 设计阶段

a） 根据《中华人民共和国环境影响评价法》及《建设项目环境保护管理条例》中的相

关规定，委托有资质的单位编制环境影响评价文件，对建设项目产生的污染及对环境的影响进行全面评价，并报环保主管部门批准。

b） 根据环境影响报告书（表）及批复文件要求，委托设计单位进行环保设施的设计，电厂应参加环保设施的可研、初设、设计、设备选型及设备招标等技术讨论和审核。

c） 监督各类环保设施性能验收试验所用测点及烟气连续排放监测系统的安装位置是否符合要求。

d） 监督设计单位，确保环保设施的设计符合国家、行业的法规和标准规范的要求。

5.3.2 制造阶段

a） 监督环保设备制造厂按合同要求制造，重要部件及原材料材质与合同一致。

b） 监督关键部件的加工精度符合图纸的要求。

c） 监督设备装配工艺符合工艺文件要求。

d） 对环保设备的制造质量进行抽样检查，做好抽检记录，提供抽检报告。

e） 对出厂试验项目、试验方法、试验结果进行监督。

f） 监督设备出厂时，包装、运输符合相关规定。

g） 检查出厂试验报告、产品使用说明书、安装说明书及图纸、质量检验证书等。

5.3.3 安装阶段

a） 审查安装单位编制的工作计划、施工方案及进度网络图。

b） 监督安装单位严格按照安装图纸及相关标准进行施工。

c） 监督各重要节点的质量见证点，落实验收各见证点。

d） 对环保设备的安装质量进行抽样检查，并做好抽检记录，提供抽检报告。

e） 监督安装单位提供各类环保设备的安装图纸、工程质量大纲、安装记录、质检记录和验收记录。

f） 监督安装单位施工进度。

g） 按照环评批复要求，监督落实施工期环境保护措施。

5.3.4 试运行阶段

a） 试生产前应向有审批权的环境保护行政主管部门提出试生产申请，得到同意后方可进行试生产。

b） 审查调试单位及人员的资质，审核调试单位编制环保设施的调试大纲、技术措施及进度网络图。

c） 电厂环保监督人员应参与环保设施的调试工作，监督检查调试方案的实施，保证各项指标达到设计值。

d） 环保监督人员应对环保设施的调试结果进行验收签字。

e） 监督调试单位提交试验记录、调试报告及相关技术资料。

f） 项目竣工后，电厂应按照 HJ/T 255 的要求，委托有资质的环境监测站完成竣工验收监测，自试生产之日起 3 个月内将竣工验收监测报告、环保设施的建设总结和申请验收文件等，上报给批复环评的环境保护部门，申请该项目配套的环境保护设施竣工验收，获得验收通过后方可正式投入生产。

5.3.5 运行阶段

a） 应根据集团公司制定的环境管理目标，结合电厂的实际制定相应的环保规划和年度实施计划。

b） 电厂环保领导小组（或环保监督网成员）应组织环境保护技术改造项目的立项、验收工作，并将相应情况报告上级公司。

c） 组织运行和检修人员对环保设备进行巡视、检查和记录，当环保设施出现故障停运时，应立即向环保部门汇报故障原因、处理措施及恢复投运时间。

d） 监督环保设备的运行状况。监督脱硝系统、CEMS 等环保设施的正常运行，保证其投运率均达到 100%，监视烟气中烟尘浓度，SO_2、NO_x 排放浓度，出现超标时，及时调整运行参数并通知有关人员进行处理。

e） 监督工业废水处理系统、含油废水处理系统和生活污水处理系统的正常运行。最大限度地进行回收利用，力争实现废水零排放。

f） 编写《环保设备运行月度分析报告》，掌握设备运行及污染物排放状况。

g） 制定《环境污染事故应急预案》，并下发到各有关工作岗位，当发生环境污染事故时，立即采取相应的紧急措施，避免事故扩大，并及时向上级公司和地方环保部门报告。

h） 电厂在缴纳排污费的同时，结合本厂环保设施改造，尽可能争取环保治理专项资金。

i） 凡发生超标排放而被处罚的电厂，必须及时报告上级公司，说明超标排放原因。

j） 按计划开展环境监测工作，掌握各类污染物排放浓度和排放量。

5.3.6 检修阶段

a） 按照集团公司《电力检修标准化管理实施导则（试行）》对检修的全过程进行监督。

b） 制订环保设施检修监督工作计划，监督环保设备检修计划、检修方案及检修项目是否全面，三级验收质检点是否齐全，检修质量是否达到要求。

c） 检查检修记录、试验记录等，审查各关键见证点的验收，对不符合项，填写不符合项通知单，并按相应程序处理。

d） 检修过程应按检修文件包的要求进行工艺和质量控制，执行质监点检查和三级验收相结合的方式。

e） 监督检修报告的编写，对检修资料进行归档，根据环保设备检修情况，对设备台账、运行规程、检修规程及系统图进行动态修编。环保设备台账编写格式可参考附录 I。

f） 建立健全环保设施检修分析、消缺记录，并实行严格的档案管理。

6 监督评价与考核

6.1 评价内容

6.1.1 环保监督评价考核内容见附录 H。

6.1.2 环保监督评价内容分为技术监督管理、监督标准执行两部分，总分为 1000 分，其中监督管理评价部分共 400 分，监督标准执行部分共 600 分，每项检查评分时，如扣分超过本项应得分，则扣完为止。

6.2 评价标准

6.2.1 被评价考核的电厂按得分率的高低分为四个级别，即优秀、良好、合格、不符合。

6.2.2 得分率高于或等于 90%为“优秀”；80%～90%（不含 90%）为“良好”；70%～80%（不含 80%）为“合格”；低于 70%为“不符合”。

6.3 评价组织与考核

6.3.1 技术监督评价包括集团公司技术监督评价、属地电力技术监督服务单位技术监督评价、电厂技术监督自我评价。

6.3.2 集团公司每年组织西安热工研究院和公司内部专家，对电厂技术监督工作开展情况、设备状态进行评价，评价工作按照环保技术监督工作评价表附录 H 执行，分为现场评价和定期评价。

6.3.2.1 集团公司技术监督现场评价按照集团公司年度技术监督工作计划中所列的电厂名单和时间安排进行。各电厂在现场评价实施前应按“联合循环发电厂环保技术监督工作评价表”进行自查，编写自查报告。西安热工研究院在现场评价结束后三周内，应按照集团公司《中国华能集团公司电力技术监督管理办法》中的格式要求完成评价报告，并将评价报告电子版报送集团公司安生部，同时发送产业公司、区域公司及电厂。

6.3.2.2 集团公司技术监督定期评价按照集团公司《集团公司电力技术监督管理办法》及本标准要求和规定，对电厂生产技术管理情况、机组障碍及非计划停运情况、燃气轮机监督报告的内容符合性、准确性、及时性等进行评价，通过年度技术监督报告发布评价结果。

6.3.2.3 对严重违反技术监督制度，由于技术监督不当或监督项目缺失、降低监督标准而造成严重后果，对技术监督发现问题不进行整改的电厂，予以通报并限期整改。

6.3.3 电厂应督促属地技术监督服务单位依据技术监督服务合同的规定，提供技术支持和监督服务，依据相关监督标准定期对电厂技术监督工作开展情况进行检查和评价分析，形成评价报告报送电厂，并将评价报告电子版和书面版报送产业公司、区域公司及电厂。电厂应将报告进行归档管理，并落实问题整改。

6.3.4 电厂应按照集团公司《中国华能集团公司电力技术监督管理办法》及华能电厂安全生产管理体系要求建立完善技术监督评价与考核管理标准，明确各项评价内容和考核标准。

6.3.5 电厂应每年按附录 H，组织安排燃气轮机环保监督工作开展情况的自我评价，根据评价情况对相关部门和责任人开展技术监督考核工作。

附　录　A
（规范性附录）
技术监督不符合项通知单

编号（No）：××-××-××

发现部门：　　专业：　　被通知部门、班组：　　签发：　　日期：20××年××月××日

<table>
<tr><td>不符合项描述</td><td>1. 不符合项描述：

2. 不符合标准或规程条款说明：</td></tr>
<tr><td>整改措施</td><td>3. 整改措施：

制订人/日期：　　审核人/日期：</td></tr>
<tr><td>整改验收情况</td><td>4. 整改自查验收评价：

整改人/日期：　　自查验收人/日期：</td></tr>
<tr><td>复查验收评价</td><td>5. 复查验收评价：

复查验收人/日期：</td></tr>
<tr><td>改进建议</td><td>6. 对此类不符合项的改进建议：

建议提出人/日期：</td></tr>
<tr><td>不符合项关闭</td><td>
整改人：　　自查验收人：　　复查验收人：　　签发人：</td></tr>
<tr><td>编号说明</td><td>年份+专业代码+本专业不符合项顺序号</td></tr>
</table>

附　录　B
（规范性附录）
技术监督信息速报

<table>
<tr><td>单位名称</td><td colspan="3"></td></tr>
<tr><td>设备名称</td><td></td><td>事件发生时间</td><td></td></tr>
<tr><td>事件概况</td><td colspan="3">注：有照片时应附照片说明。</td></tr>
<tr><td>原因分析</td><td colspan="3"></td></tr>
<tr><td>已采取的措施</td><td colspan="3"></td></tr>
<tr><td>监督专责人签字</td><td></td><td>联系电话：
传　　真：</td><td></td></tr>
<tr><td>生长副厂长或总工程师签字</td><td></td><td>邮　　箱：</td><td></td></tr>
</table>

附　录　C
（规范性附录）
联合循环发电厂环保技术监督季报编写格式

××电厂 201×年×季度环保技术监督季报

编写人：×××　固定电话/手机：××××××

审核人：×××

批准人：×××

上报时间：20××年××月××日

C.1　上季度集团公司督办事宜的落实或整改情况

C.2　上季度产业（区域）子公司督办事宜的落实或整改情况

C.3　环保监督年度工作计划完成情况统计报表

年度技术监督工作计划和技术监督服务单位合同项目完成情况统计报表见表 C.1。

表 C.1　年度技术监督工作计划和技术监督服务单位合同项目完成情况统计报表

电厂技术监督计划完成情况			技术监督服务单位合同工作项目完成情况		
年度计划项目数	截至本季度完成项目数	完成率%	合同规定的工作项目数	截至本季度完成项目数	完成率%

C.4　环保监督考核指标完成情况统计报表

C.4.1　监督管理考核指标报表

监督指标上报说明：每年的第 1、2、3 季度所上报的技术监督指标为季度指标；每年的第 4 季度所上报的技术监督指标为全年指标。

技术监督预警问题至本季度整改完成情况统计报表见表 C.2，集团公司技术监督动态检查提出问题本季度整改完成情况统计报表见表 C.3。

表 C.2　技术监督预警问题至本季度整改完成情况统计报表

一级预警问题			二级预警问题			三级预警问题		
问题项数	完成项数	完成率%	问题项数	完成项数	完成率%	问题项数	完成项数	完成率%

表 C.3 集团公司技术监督动态检查提出问题本季度整改完成情况统计报表

检查年度	检查提出问题项目数			电厂已整改完成项目数统计结果			
	严重问题	一般问题	问题项合计	严重问题	一般问题	完成项目数小计	整改完成率 %

C.4.2 技术监督考核指标报表

技术监督考核指标报表见表 C.4。

表 C.4 技术监督考核指标报表

项目	单位	1 号	2 号	3 号	4 号	5 号	6 号	季累计或季平均	考核值
机组容量	MW								
烟气排放量	Mm^3								
烟尘排放浓度	mg/m^3								
烟尘排放量	t								
二氧化硫排放浓度	mg/m^3								
二氧化硫排放量	t								
氮氧化物排放浓度	mg/m^3								
氮氧化物排放量	t								
废水排放量	万 t								
脱硝设施投运率	%								

C.4.3 技术监督考核指标简要分析

填报说明：主要环保指标简要分析（环保设施投运率、效率及排放量升高、降低简要说明，分析污染物超标及指标未达标的原因）。

C.5 本季度主要完成的环保监督工作

1. 环保监督网活动、管理制度修订及人员培训情况

2. 环保设施竣工验收、检修、技术改造、性能试验、污染物排放监测、比对试验及新技术应用情况

C.6 本季度环保监督发现的问题、原因分析以及处理情况

填报说明：包括试验、检修、运行、巡视中发现的一般事故和一类障碍、危急缺陷和严重缺陷。必要时应提供照片、数据和曲线。

1. 脱硝设备
2. 烟气排放连续监测系统（CEMS）
3. 废水处理设施及废水排放
4. 其他环保设施

C.7 环保技术监督需要解决的主要问题

C.8 下一季度环保监督工作重点

C.9 附表

华能集团公司技术监督动态检查环保专业提出问题至本季度整改完成情况见表 C.5。《华能集团公司火电技术监督报告》环保专业提出的存在问题至本季度整改完成情况见表 C.6。环保技术监督预警问题至本季度整改完成情况见表 C.7。

表 C.5 华能集团公司技术监督动态检查环保专业提出问题至本季度整改完成情况

序号	问题描述	问题性质	西安热工研究院提出的整改建议	电厂制订的整改措施和计划完成时间	目前整改状态或情况说明
注 1：填报此表时需要注明集团公司技术监督动态检查的年度。 注 2：如 4 年内开展了 2 次检查，应按此表分别填报。待年度检查问题全部整改完毕后，不再填报					

表 C.6 《华能集团公司火电技术监督报告》环保专业提出的存在问题至本季度整改完成情况

序号	问题描述	问题性质	问题分析	解决问题的措施及建议	目前整改状态或情况说明

表 C.7 环保技术监督预警问题至本季度整改完成情况

预警通知单编号	预警类别	问题描述	西安热工研究院提出的整改建议	电厂制定的整改措施和计划完成时间	目前整改状态或情况说明

附 录 D
（规范性附录）
技术监督预警项目

D.1 一级预警

D.1.1 环保部门重要核查过程中，未按要求进行整改，存在严重环保事件风险。
D.1.2 机组投运 24 个月内，未完成环保设施竣工验收。
D.1.3 发生被省级及以上环保部门通报事件。

D.2 二级预警

D.2.1 预计不能按期完成节能减排目标责任书、重点污染防治或者限期治理任务。
D.2.2 脱硝装置、废水处理设施、烟气排放连续监测系统及其他重要环保设施非计划连续停运时间在 24h 以上，未按要求报环保部门备案。
D.2.3 烟气氮氧化物及废水污染物等重要指标的排放浓度超标值在 200%～300%之间（相对误差）的时间超过 48h。
D.2.4 机组投运 18 个月以上，未完成环保设施竣工验收。
D.2.5 发生被市级环保部门通报事件。

D.3 三级预警

D.3.1 连续出现 2 次未按要求向上级管理单位报送重要环保报表、总结及其他环保材料。
D.3.2 CEMS 有效性数据审核不符合环保要求。
D.3.3 烟气氮氧化物及废水污染物等重要指标的排放浓度超标值在 100%～200%之间（相对误差）的时间超过 48h。
D.3.4 废水直接外排，造成一定程度的环境污染，存在较大环保事件风险。
D.3.5 机组投运 12 个月以上，未完成环保设施竣工验收。
D.3.6 厂界有 3 个以上敏感点噪声指标超标，引起居民投诉。
D.3.7 发生被区、县级环保部门通报事件。

附　录　E
（规范性附录）
技术监督预警通知单

通知单编号：T-　　　　　　　　预警类别：　　　　　　　　日期：　　　年　　月　　日

电厂名称			
设备（系统）名称及编号			
异常情况			
可能造成或已造成的后果			
整改建议			
整改时间要求			
提出单位		签发人	

注：通知单编号：T–预警类别编号–顺序号–年度。预警类别：一级预警为 1，二级预警为 2，三级预警为 3。

附　录　F
（规范性附录）
技术监督预警验收单

验收单编号：Y-　　　　　　预警类别：　　　　　　日期：　　　年　　月　　日

电厂名称			
设备（系统）名称及编号			
异常情况			
技术监督服务单位整改建议			
整改计划			
整改结果			
验收单位		验收人	

注：验收单编号：Y–预警类别编号–顺序号–年度。预警类别：一级预警为1，二级预警为2，三级预警为3。

附 录 G
（规范性附录）
技术监督动态检查问题整改计划书

G.1 概述

G.1.1 叙述计划的制订过程（包括西安热工研究院、技术监督服务单位及电厂参加人等）。
G.1.2 需要说明的问题，如问题的整改需要较大资金投入或需要较长时间才能完成整改的问题说明。

G.2 重要问题整改计划表

重要问题整改计划表见表G.1。

表 G.1 重要问题整改计划表

序号	问题描述	专业	西安热工研究院提出的整改建议	电厂制订的整改措施和计划完成时间	电厂责任人	西安热工研究院责任人	备注

G.3 一般问题整改计划表

一般问题整改计划表见表G.2。

表 G.2 一般问题整改计划表

序号	问题描述	专业	西安热工研究院提出的整改建议	电厂制订的整改措施和计划完成时间	电厂责任人	西安热工研究院责任人	备注

附　录　H

（规范性附录）

联合循环发电厂环保技术监督工作评价表

序号	评价项目	标准分	评价内容与要求	评分标准
1	环保监督管理	400		
1.1	组织与职责	50		
1.1.1	监督组织机构健全	10	查阅相关文件资料	建立总工程师或生产副总经理、环保监督专责工程师、环保设施相关部门及班组三级环保技术监督网络。没有建立网络扣10分，网络不健全酌情扣0～10分
1.1.2	职责明确并得到落实	10	查阅相关文件资料	无岗位职责扣10分，岗位职责不具体酌情扣0～10分
1.1.3	环保监督专责人员持证上岗	30	查阅上岗证	环保监督专责人员无上岗证扣30分。上岗证不在有效期内酌情扣0～30分
1.2	监督依据及配套管理制度	60		
1.2.1	《环保监督技术标准》	15	查阅环保监督技术标准	未制定扣15分，环保监督技术标准内容不全酌情扣 0～15分
1.2.2	《环保监督管理标准》	15	查阅环保监督管理标准	未制定扣15分，环保监督管理标准内容不全酌情扣 0～15分
1.2.3	《废弃物管理标准》	15	查阅废弃物管理标准	未制定扣15分，废弃物管理标准内容不全酌情扣0～15分
1.2.4	《环境污染事故应急预案》	15	查阅环境污染事故应急预案	未制定扣15分，环境污染事故应急预案内容不全酌情扣0～10分
1.3	环保技术档案管理	110		
1.3.1	环保监督人员技术交流及培训记录	5	查阅技术交流及培训记录	根据技术交流及培训记录，酌情扣0～5分
1.3.2	环保监测仪器、仪表汇总表及操作规程	5	查阅汇总表及操作规程	根据监测仪器汇总表及操作规程，酌情扣0～5分
1.3.3	各类环保监测仪器、仪表台账、检定周期计划及记录	5	查阅监测仪器、仪表台账，检定周期计划及记录	根据台账、检定周期计划及记录情况，酌情扣0～5分

表（续）

序号	评价项目	标准分	评价内容与要求	评分标准
1.3.4	各类环保设施设备规范、运行规程、检修规程及考核与管理制度	10	查阅相关文件资料	设备规范、运行规程、检修规程及考核与管理制度，未及时更新酌情扣0～10分
1.3.5	各类环保设施运行记录、检修记录	10	查阅相关记录	根据各类环保设施运行记录、检修记录的具体情况，酌情扣0～10分
1.3.6	各类污染物排放监测数据及各类环保设施性能试验报告	10	查阅相关监测报告及性能试验报告	根据污染物监测报告及性能试验报告，酌情扣0～10分
1.3.7	各类环保报表及上报环保部门资料	10	查阅各类环保报表及相关资料	根据环保报表及相关资料的上报情况，酌情扣0～10分
1.3.8	环保设备设计、制造、安装、调试过程的相关资料	5	查阅相关文件资料	根据环保设备设计、制造、安装、调试过程的相关资料的具体备案情况，酌情扣0～10分
1.3.9	火电建设项目环境影响评价报告书（表）及批复文件	5	查阅环境影响评价报告书（表）及批复文件	根据环境影响评价报告书（表）及批复文件的具体备案情况，酌情扣0～5分
1.3.10	火电建设项目环保设施竣工验收报告及批复文件	10	查阅环保设施竣工验收监测报告及批复文件	根据火电建设项目环保设施竣工验收报告及批复文件的具体备案情况，酌情扣0～5分
1.3.11	火电建设项目水土保持报告书及验收资料	5	查阅水土保持报告书及验收资料	根据火电建设项目水土保持报告书及验收资料的具体备案情况，酌情扣0～5分
1.3.12	国家、行业、地方、集团公司关于环保工作的法规、标准及规定	10	查阅相关文件资料	根据国家、行业、地方、集团公司关于环保工作的法规、标准及规定的更新及备案情况，酌情扣0～10分
1.3.13	环保局颁发的排污许可证	10	查阅排污许可证	环保局颁发的排污许可证未办理或过期，酌情扣0～10分
1.3.14	环保核查汇报资料及检查结果	10	查阅环保核查汇报资料及检查结果	根据环保核查汇报资料及检查结果，酌情扣0～10分
1.4	监督计划	50		
1.4.1	计划的制订	20	计划制订时间符合要求，计划内容全面	根据计划制订时间及计划内容，酌情扣0～20分
1.4.2	计划的审批	15	计划审批符合流程	根据计划审批流程，酌情扣0～15分
1.4.3	计划的上报	15	每年11月30日前上报上级公司	根据计划上报情况，酌情扣0～15分
1.5	评价与考核	40		

表（续）

序号	评价项目	标准分	评价内容与要求	评分标准
1.5.1	动态检查前自我检查	10	查阅自我检查评价报告	根据自我检查评价报告情况，扣0～10分
1.5.2	定期监督工作评价	10	查阅监督工作评价记录	根据监督工作评价记录情况，扣0～10分
1.5.3	定期监督工作会议	10	查阅监督工作会议记录	根据监督工作会议记录情况，扣0～10分
1.5.4	监督工作考核	10	查阅监督工作考核记录	根据监督工作考核记录情况，扣0～10分
1.6	工作报告制度执行情况	50		
1.6.1	监督季报、年报上报工作	20	按规定时间、格式和内容上报	根据环保监督季报、年报上报情况，酌情扣0～20分
1.6.2	技术监督速报上报工作	20	按规定格式和内容编写技术监督速报并及时上报	根据环保监督速报上报情况，酌情扣0～20分
1.6.3	年度工作总结报告	10	按规定格式和内容编写年度技术监督工作总结报告并及时上报	根据环保监督年度工作总结报告编写情况，酌情扣0～10分
1.7	监督考核指标	40		
1.7.1	环保监督预警、季报问题整改完成率100%	20	查看预警通知单、预警验收单及整改见证资料等	根据整改完成情况，酌情扣0～20分
1.7.2	环保监督动态检查问题整改完成率100%	20	查看整改计划及整改验收单	根据整改完成情况，酌情扣0～20分
2	环保设备监督	600		
2.1	环保设施三同时执行情况	50	查阅相关文件资料	环保设施未同时投运扣50分
2.2	建设项目环保设施竣工验收	50	查阅相关文件资料	未按期完成火电建设项目环保设施竣工验收，每超期1个月扣10分
2.3	脱硝系统设计、制造、安装、调试监督	30		
2.3.1	脱硝系统设计监督	10	查阅相关文件资料	电厂应参与新、扩、改建工程有关脱硝系统的可研、设计审查等，未参与扣10分
2.3.2	脱硝系统制造、安装监督	10	查阅相关文件资料	电厂应参与新、扩、改建工程有关脱硝系统的制造、安装验收等，未参与扣10分

表（续）

序号	评价项目	标准分	评价内容与要求	评分标准
2.3.3	脱硝系统调试监督	10	查阅相关文件资料	电厂应参与新、扩、改建工程有关脱硝系统的调试验收等，未参与扣 10 分
2.4	脱硝设施性能验收试验	40		
2.4.1	脱硝效率	10	查阅脱硝设施性能验收试验报告	未达到设计保证值，扣 10 分
2.4.2	NO_x 排放浓度	10	查阅脱硝设施性能验收试验报告	未达到设计保证值，扣 10 分
2.4.3	氨逃逸浓度	4	查阅脱硝设施性能验收试验报告	未达到设计保证值，扣 4 分
2.4.4	SO_2/SO_3 转化率	4	查阅脱硝设施性能验收试验报告	未达到设计保证值，扣 4 分
2.4.5	烟气系统压力降	4	查阅脱硝设施性能验收试验报告	未达到设计保证值，扣 4 分
2.4.6	烟气系统温降	4	查阅脱硝设施性能验收试验报告	未达到设计保证值，扣 4 分
2.4.7	系统漏风率	4	查阅脱硝设施性能验收试验报告	未达到设计保证值，扣 4 分
2.5	脱硝系统运行监督	80		
2.5.1	脱硝投运率 100%	30	查阅相关文件资料并现场巡查	投运率每减少 1%，扣 10 分
2.5.2	出口 NO_x 浓度达标排放	40	查阅相关文件资料并现场巡查	根据出口 NO_x 浓度超标情况，酌情扣 0～40 分
2.5.3	氨逃逸符合要求	10	查阅相关文件资料并现场巡查	根据氨逃逸情况，酌情扣 0～10 分
2.6	脱硝系统检修监督	30		
2.6.1	制订脱硝系统的检修计划	10	查阅相关文件资料	未制订检修计划扣 10 分，检修计划不全酌情扣 0～10 分
2.6.2	按规定进行检修质量监督和验收	10	查阅相关文件资料	未按规定进行检修质量监督和验收扣 10 分，监督和验收记录不全酌情扣 0～10 分
2.6.3	脱硝系统 A 修或改造后，应进行性能试验	10	查阅脱硝设施性能验收试验报告	未进行性能试验扣 10 分
2.7	废水处理系统设计、制造、安装、调试监督	30		
2.7.1	废水处理系统设计监督	10	查阅相关文件资料	电厂应参与新、扩、改建工程有关废水处理系统的可研、设计审查等，未参与扣 10 分

表（续）

序号	评价项目	标准分	评价内容与要求	评分标准
2.7.2	废水处理系统制造、安装监督	10	查阅相关文件资料	电厂应参与新、扩、改建工程有关废水处理系统的制造、安装验收等，未参与扣10分
2.7.3	废水处理系统调试监督	10	查阅相关文件资料	电厂应参与新、扩、改建工程有关废水处理系统的调试验收等，未参与扣10分
2.8	废水处理设施性能验收试验	30		
2.8.1	工业废水处理设施性能验收试验	10	查阅工业废水处理设施性能验收试验报告	未达到设计要求，扣10分
2.8.2	含油废水处理设施性能验收试验	10	查阅含油废水处理设施性能验收试验报告	未达到设计要求，扣10分
2.8.3	生活污水处理设施性能验收试验	10	查阅生活污水处理设施性能验收试验报告	未达到设计要求，扣10分
2.9	废水处理系统运行监督	30		
2.9.1	工业废水处理设施正常投运	10	查阅相关文件资料并现场巡查	运行不正常，扣10分
2.9.2	含油废水处理设施正常运行	10	查阅相关文件资料并现场巡查	运行不正常，扣10分
2.9.3	生活污水处理设施正常运行	10	查阅相关文件资料并现场巡查	运行不正常，扣10分
2.10	废水处理系统检修监督	30		
2.10.1	制订废水处理系统的检修计划	10	查阅相关文件资料	未制订检修计划扣10分，检修计划不全酌情扣0～10分
2.10.2	按规定进行检修质量监督和验收	10	查阅相关文件资料	未按规定进行检修质量监督和验收扣10分
2.10.3	废水处理系统改造后，应进行性能试验	10	查阅废水处理设施性能验收试验报告	未进行性能试验扣10分
2.11	烟气排放连续监测系统（CEMS）监督	60		
2.11.1	CEMS 与相关环保部门监控中心联网	20	查阅相关文件资料并现场巡查	未与环保部门的监控中心联网扣20分
2.11.2	CEMS 通过有效性数据审核	20	查阅相关文件资料并现场巡查	有效性数据审核不符合环保要求，酌情扣0～20分
2.11.3	CEMS 获得监督考核合格标志	20	查阅相关文件资料并现场巡查	未获得监督考核合格标志扣20分，考核合格标志过期扣15分

表（续）

序号	评价项目	标准分	评价内容与要求	评分标准
2.12	各类污染物排放监督	130		
2.12.1	烟尘排放浓度及排放量监督	30	查阅排污许可证及相关文件资料并现场巡查	根据烟尘排放浓度及烟尘排放量超标情况，酌情扣0～30分
2.12.2	SO_2浓度及排放量监督	30	查阅排污许可证及相关文件资料并现场巡查	根据浓度及排放量超标情况，酌情扣0～30分
2.12.3	氮氧化物排放量监督	20	查阅排污许可证及相关文件资料并现场巡查	根据氮氧化物排放量超标情况，酌情扣0～20分
2.12.4	各类废水污染物浓度及排放量监督	20	查阅排污许可证及相关文件资料并现场巡查	根据各类废水污染物浓度及排放量超标情况，酌情扣0～20分
2.12.5	厂界噪声监督	20	查阅监测报告	根据厂界噪声超标引起投诉情况扣0～20分
2.12.6	厂界电场与磁场强度监督	10	查阅监测报告	根据厂界电场与磁场强度监测情况，酌情扣0～10分
2.13	废弃物处置监督	10		
2.13.1	一般废弃物	5	查阅相关记录并现场巡查	根据记录及巡查情况，酌情扣0～5分
2.13.2	危险废弃物	5	查阅相关记录并现场巡查	根据记录及巡查情况，酌情扣0～5分

附　录 I
（规范性附录）
环保设备台账编写格式

I.1　环保设备台账目录

a）封面。
b）设备技术规范。
c）附属设备技术规范。
d）制造、运输、安装及投产验收情况记录。
e）运行状况记录。
f）重要故障记录。
g）检修记录。
h）变更记录。
i）重要记事。
j）设备基建阶段资料及图纸目录。

I.2　环保设备台账的要求

a）设备台账是由一个文本文档（Word 文档或者 Excel 工作表）和一个文件夹组成。
b）文本文档用来记录设备从设计选型和审查、监造和出厂验收、安装和投产验收、运行、检修到技术改造的全过程环保监督的重要内容；文件夹用来保存和提供设备的相关资料。
c）设备台账的记录应简明扼要，详细内容可通过超链接调用文件夹中的相关资料，或者通过索引在文件夹中查找到相关的资料。

I.3　环保设备台账示例

a）封面：
　1）设备名称。
　2）KKS 编码。
　3）管理部门。
　4）责任人。
　5）建档日期。
b）设备技术规范。
c）附属设备技术规范。
d）制造、运输、安装及投产验收情况记录，见表 I.1。

表 I.1　制造、运输、安装及投产验收情况记录

<table>
<tr><td>设备名称</td><td></td><td>制造厂家</td><td></td></tr>
<tr><td>运输单位</td><td></td><td>安装单位</td><td></td></tr>
<tr><td>制造过程出现的问题及处理</td><td colspan="3">问题及处理</td></tr>
<tr><td>制造过程出现的问题及处理</td><td colspan="3">索引或超链接</td></tr>
<tr><td rowspan="2">运输过程出现的问题及处理</td><td colspan="3">问题及处理</td></tr>
<tr><td colspan="3">索引或超链接</td></tr>
<tr><td rowspan="2">安装及投产验收中出现的问题及处理</td><td colspan="3">问题及处理</td></tr>
<tr><td colspan="3">索引或超链接</td></tr>
</table>

e） 运行状况记录，见表I.2

表I.2 运行状况记录

<table>
<tr><td rowspan="2">年、月</td><td>可用时间</td><td>运行时间</td><td colspan="2">故障停运</td><td colspan="2">计划检修停运</td><td rowspan="2">备注</td></tr>
<tr><td>小时（h）</td><td>小时（h）</td><td>次数</td><td>小时（h）</td><td>次数</td><td>小时（h）</td></tr>
<tr><td></td><td></td><td></td><td></td><td></td><td></td><td></td><td></td></tr>
<tr><td></td><td></td><td></td><td></td><td></td><td></td><td></td><td></td></tr>
<tr><td></td><td></td><td></td><td></td><td></td><td></td><td></td><td></td></tr>
<tr><td></td><td></td><td></td><td></td><td></td><td></td><td></td><td></td></tr>
</table>

f） 重要故障记录（包括一类事故、障碍、危急缺陷和严重缺陷），见表I.3。

表I.3 重要故障记录

<table>
<tr><td>故障名称</td><td colspan="5"></td></tr>
<tr><td>发生日期</td><td colspan="2"></td><td>处理完成日期</td><td colspan="2"></td></tr>
<tr><td>故障类别</td><td></td><td>非停时间
h</td><td></td><td>责任人</td><td></td></tr>
<tr><td colspan="6">事件简述</td></tr>
<tr><td colspan="6">原因分析</td></tr>
<tr><td colspan="6">处理方法</td></tr>
<tr><td colspan="6">防范措施</td></tr>
<tr><td colspan="6">索引或超链接</td></tr>
<tr><td>编制</td><td></td><td>审核</td><td></td><td>审批</td><td></td></tr>
</table>

g） 检修记录，见表I.4。

表I.4 检 修 记 录

<table>
<tr><td>检修等级</td><td colspan="2"></td><td>检修性质</td><td></td><td>质量总评价</td><td></td></tr>
<tr><td rowspan="2">检修时间</td><td>计划</td><td colspan="3">自　　　　至</td><td rowspan="2">消耗工时</td><td>计划</td></tr>
<tr><td>实际</td><td colspan="3">自　　　　至</td><td>实际</td></tr>
<tr><td>主要检修人员</td><td colspan="2"></td><td></td><td></td><td></td><td></td></tr>
<tr><td colspan="7">检修主要内容</td></tr>
<tr><td colspan="7">检修中发现的问题及处理</td></tr>
<tr><td colspan="7">试验情况</td></tr>
<tr><td colspan="7">遗留问题</td></tr>
<tr><td colspan="7">索引或超链接</td></tr>
<tr><td>检修负责人</td><td colspan="2"></td><td>审核</td><td></td><td>审批</td><td></td></tr>
</table>

h） 变更记录（包括：改进、更换、报废），见表I.5。

表I.5 变 更 记 录

<table>
<tr><td>变更名称</td><td colspan="5"></td></tr>
<tr><td>变更日期</td><td></td><td></td><td>变更工作负责人</td><td></td><td></td></tr>
<tr><td colspan="6">变更原因</td></tr>
<tr><td colspan="6">变更依据</td></tr>
<tr><td colspan="6">变更内容</td></tr>
<tr><td colspan="6">变更效果</td></tr>
<tr><td colspan="6">索引或超链接</td></tr>
<tr><td>编制</td><td></td><td>审核</td><td></td><td>审批</td><td></td></tr>
</table>

i） 重要记事，见表I.6。

表I.6 重 要 记 事

<table>
<tr><td>事件名称</td><td colspan="3"></td><td>发生日期</td><td></td></tr>
<tr><td colspan="6">事件描述</td></tr>
<tr><td colspan="6">索引或超链接</td></tr>
<tr><td>编制</td><td></td><td>审核</td><td></td><td>审批</td><td></td></tr>
</table>

j） 设备基建阶段资料及图纸目录，见表I.7。

表I.7 设备基建阶段资料及图纸目录

序 号	资料及图纸名称	索引号	保存地点

中国华能集团公司
CHINA HUANENG GROUP

中国华能集团公司联合循环发电厂技术监督标准汇编
Q/HN-1-0000.08.035—2015

技术标准篇

联合循环发电厂金属监督标准

2015 - 05 - 01 发布

2015 - 05 - 01 实施

目　　次

前言……316
1　范围……317
2　规范性引用文件……317
3　术语和定义……320
3.1　管件……320
3.2　弯管……320
3.3　弯头……320
3.4　高压水、水汽管道……320
3.5　低压水、水汽管道……320
3.6　高温蒸汽管道……320
3.7　低温蒸汽管道……320
3.8　高温联箱……320
3.9　低温联箱……320
3.10　椭圆度……320
3.11　监督段……320
3.12　A级检修……320
3.13　B级检修……320
3.14　C级检修……320
4　总则……321
4.1　金属技术监督的部件范围……321
4.2　金属技术监督的目的……322
4.3　金属技术监督的任务……322
4.4　金属技术监督的原则……322
5　监督技术标准……323
5.1　金属材料监督……323
5.2　焊接质量监督……324
5.3　燃气轮机监督……326
5.4　高压水、水汽管道监督……327
5.5　低压水、水汽管道监督……333
5.6　高温蒸汽管道监督……336
5.7　低温蒸汽管道监督……346
5.8　高温联箱监督……347
5.9　低温联箱监督……352
5.10　受热面模块（管子）监督……355

5.11 汽包监督……357
5.12 汽轮机部件监督……360
5.13 发电机部件监督……362
5.14 紧固件监督……363
5.15 大型铸件监督……366
5.16 支吊架监督……367
5.17 机组范围内油管道监督……370
5.18 天然气管道监督……371
6 监督管理要求……374
6.1 监督基础管理工作……374
6.2 日常管理内容和要求……376
6.3 各阶段监督重点工作……380
7 监督评价与考核……382
7.1 评价内容……382
7.2 评价标准……382
7.3 评价组织与考核……382
附录A（规范性附录） 联合循环发电厂金属技术监督专责工程师职责……383
附录B（资料性附录） 联合循环发电厂常用金属材料和重要部件国内外技术标准……384
附录C（规范性附录） 联合循环发电厂常用金属部件材料化学成分及性能指标……388
附录D（资料性附录） 联合循环发电厂常用金属材料硬度值范围……392
附录E（资料性附录） 联合循环发电厂常用金属材料热处理工艺及金相组织……395
附录F（资料性附录） 联合循环发电厂铸钢件（汽缸、阀门等）补焊焊接工艺……396
附录G（规范性附录） 联合循环发电厂低合金耐热钢蠕变损伤评级……398
附录H（规范性附录） 技术监督不符合项通知单……399
附录I（规范性附录） 技术监督信息速报……400
附录J（规范性附录） 联合循环发电厂金属技术监督季报编写格式……401
附录K（规范性附录） 联合循环发电厂金属及锅炉压力容器监督预警项目……404
附录L（规范性附录） 技术监督预警通知单……405
附录M（规范性附录） 技术监督预警验收单……406
附录N（规范性附录） 联合循环发电厂金属（含锅炉压力容器）技术监督工作评价表……407

前 言

为加强中国华能集团公司联合循环发电厂技术监督管理，确保联合循环发电机组安全、经济、稳定运行，特制定本标准。本标准依据国家和行业有关标准、规程和规范，以及中国华能集团公司联合循环发电厂的管理要求、结合国内外发电的新技术、监督经验制定。

本标准是中国华能集团公司所属联合循环发电厂金属监督工作的主要依据，是强制性企业标准。

本标准由中国华能集团公司安全监督与生产部提出。

本标准由中国华能集团公司安全监督与生产部归口并解释。

本标准起草单位：西安热工研究院有限公司、华能国际电力股份有限公司。

本标准主要起草人：马剑民、姚兵印、姜红军、王清华、李春雨、张志博、章春香。

本标准审核单位：中国华能集团公司安全监督与生产部、中国华能集团公司基本建设部、西安热工研究院有限公司、江苏省电力公司电力科学研究院、华能国际电力股份有限公司。

本标准主要审核人：赵贺、武春生、罗发青、张俊伟、李益民、杨贤彪、刘树涛、樊卓辉、李旭。

本标准审定：中国华能集团公司技术工作管理委员会。

本标准批准人：寇伟。

本标准为首次制定。

联合循环发电厂金属监督标准

1 范围

本标准规定了中国华能集团公司（以下简称“集团公司”）燃气—蒸汽联合循环发电厂金属监督相关的技术要求及监督管理、评价要求。

本标准适用于集团公司燃气—蒸汽联合循环发电厂（以下简称“电厂”）金属技术监督工作，IGCC 电厂可参考执行。

2 规范性引用文件

下列文件对于本文件的应用是必不可少的。凡是注日期的引用文件，仅所注日期的版本适用于本文件。凡是不注日期的引用文件，其最新版本（包括所有的修改单）适用于本文件。

GB 713 锅炉和压力容器用钢板

GB 5310 高压锅炉用无缝钢管

GB 13295 水及燃气用球墨铸铁管、管件和附件

GB 50251 输气管道工程设计规范

GB 50764 电厂动力管道设计规范

GB 50973 联合循环机组燃气轮机施工及质量验收规范

GB/T 983 不锈钢焊条

GB/T 2102 钢管的验收、包装、标志和质量证明书

GB/T 5118 热强钢焊条

GB/T 8110 气体保护电弧焊用碳钢、低合金钢焊丝

GB/T 16507 水管锅炉

GB/T 12145 火力发电机组及蒸汽动力设备水汽质量

GB/T 14957 熔化焊用钢丝

GB/T 17493 低合金钢药芯焊丝

GB/T 17853 不锈钢药芯焊丝

GB/T 19624 在用含缺陷压力容器安全评定

GB/T 20410 涡轮机高温螺栓用钢

GB/T 20490 承压无缝和焊接（埋弧焊除外）钢管分层的超声检测

GB/T 30577 燃气—蒸汽联合循环余热锅炉技术条件

DL 473 大直径三通锻件技术条件

DL 612 电力工业锅炉压力容器监察规程

DL 647 电站锅炉压力容器检验规程

DL/T 297 汽轮发电机合金轴瓦超声波检测

DL/T 384 9FA 燃气—蒸汽联合循环机组运行规程

DL/T 438　火力发电厂金属技术监督规程
DL/T 439　火力发电厂高温紧固件技术导则
DL/T 441　火力发电厂高温高压蒸汽管道蠕变监督规程
DL/T 505　汽轮机主轴焊缝超声波探伤规程
DL/T 515　电站弯管
DL/T 531　电站高温高压截止阀、闸阀技术条件
DL/T 586　电力设备监造技术导则
DL/T 616　火力发电厂汽水管道与支吊架维修调整导则
DL/T 654　火电机组寿命评估技术导则
DL/T 674　火电厂用 20 号钢珠光体球化评级标准
DL/T 694　高温紧固螺栓超声检验技术导则
DL/T 695　电站钢制对焊管件
DL/T 714　汽轮机叶片超声波检验技术导则
DL/T 715　火力发电厂金属材料选用导则
DL/T 717　汽轮发电机组转子中心孔检验技术导则
DL/T 734　火力发电厂锅炉汽包焊接修复技术导则
DL/T 752　火力发电厂异种钢焊接技术规程
DL/T 753　汽轮机铸钢件补焊技术导则
DL/T 773　火电厂用 12Cr1MoV 钢球化评级标准
DL/T 786　碳钢石墨化检验及评级标准
DL/T 787　火力发电厂用 15CrMo 钢珠光体球化评级标准
DL/T 819　火力发电厂焊接热处理技术规程
DL/T 820　管道焊接接头超声波检验技术规程
DL/T 821　钢制承压管道对接焊接接头射线检验技术规程
DL/T 850　电站配管
DL/T 855　电力基本建设火电设备维护保管规程
DL/T 868　焊接工艺评定规程
DL/T 869　火力发电厂焊接技术规程
DL/T 884　火电厂金相检验与评定技术导则
DL/T 889　电力基本建设热力设备化学监督导则
DL/T 922　火力发电用钢通用阀门订货、验收导则
DL/T 925　汽轮机叶片涡流检验技术导则
DL/T 930　整锻式汽轮机实心转子体超声波检验技术导则
DL/T 940　火力发电厂蒸汽管道寿命评估技术导则
DL/T 991　电力设备金属光谱分析技术导则
DL/T 999　电站用 2.25Cr-1Mo 钢球化评级标准
DL/T 1105.1　电站锅炉集箱小口径接管座角焊缝无损检测技术导则　第 1 部分：通用要求
DL/T 1105.2　电站锅炉集箱小口径接管座角焊缝无损检测技术导则　第 2 部分：超声检测
DL/T 1105.3　电站锅炉集箱小口径接管座角焊缝无损检测技术导则　第 3 部分：涡流检测

DL/T 1105.4　电站锅炉集箱小口径接管座角焊缝无损检测技术导则　第 4 部分：磁记忆检测

DL/T 1113　火力发电厂管道支吊架验收规程

DL/T 1214　9FA 燃气—蒸汽联合循环机组维修规程

DL/T 5054　火力发电厂汽水管道设计技术规定

DL/T 5072　火力发电厂保温油漆设计规程

DL/T 5174　燃气—蒸汽联合循环电厂设计规定

DL 5190.2　电力建设施工技术规范　第 2 部分：锅炉机组

DL 5190.3　电力建设施工技术规范　第 3 部分：汽轮发电机组

DL/T 5204　火力发电厂油气管道设计规程

DL/T 5366　发电厂汽水管道应力计算技术规程

JB/T 3375　锅炉用材料入厂验收规则

JB/T 10326　在役发电机护环超声波检验技术标准

NB/T 47013　承压设备无损检测

NB/T 47030　锅炉用高频电阻焊螺旋翅片管技术条件

NB/T 47031　螺旋翅片管箱及模块技术条件

NB/T 47038　恒力弹簧支吊架

NB/T 47039　可变弹簧支吊架

NB/T 47044　电站阀门

SY/T 0063　管道防腐层检漏试验方法

TSG D0001　压力管道安全技术监察规程—工业管道

TSG D3001　压力管道安装许可规则

TSG D5001　压力管道使用登记管理规则

TSG G0001　锅炉安全技术监察规程

TSG G7001　锅炉安装监督检验规则

TSG R0004　固定式压力容器安全技术监察规程

TSG R5002　压力容器使用管理规则

TSG R7001　压力容器定期检验规则

ASME　SA335/A335M 高温用无缝铁素体合金钢公称管

ASME B31.1　动力管道

EN10246—14　钢管的无损检测　第 14 部分：无缝和焊接（埋弧焊除外）钢管分层缺欠的超声检测

国能安全〔2014〕161 号文　防止电力生产事故的二十五项重点要求

华能建〔2011〕894 号文　中国华能集团公司电力工程建设设备监理管理办法

华能建〔2011〕894 号文　中国华能集团公司火电工程设备监理大纲

Q/HN-1-0000.08.049—2015　中国华能集团公司电力技术监督管理办法

Q/HB-G-08.L01—2009　华能电厂安全生产管理体系要求

Q/HB-G-08.L02—2009　华能电厂安全生产管理体系评价办法（试行）

3 术语和定义

3.1 管件

构成管道系统的零部件的通称，包括弯管、弯头、三通、异径管、接管座、堵头、封头等。

3.2 弯管

指轴线发生弯曲的管子。用钢管经热弯（通常用中频加热弯制）或冷弯制作的带有直段的称为弯管。

3.3 弯头

弯曲半径小于或等于 2 倍名义直径且直段小于直径的轴线发生弯曲的管子称为弯头。通常通过锻造、热挤压、热推制或铸造制作。

3.4 高压水、水汽管道

指介质压力不小于 5.88MPa 的水、水汽介质管道。

3.5 低压水、水汽管道

指介质压力小于 5.88MPa 而不小于 1.6MPa 的水、水汽介质管道。

3.6 高温蒸汽管道

指介质温度不小于 450℃，以蒸汽为介质的管道。

3.7 低温蒸汽管道

指介质温度不小于 100℃但小于 450℃，以蒸汽为介质的管道。

3.8 高温联箱

指介质温度不小于 450℃的联箱。

3.9 低温联箱

指介质温度小于 450℃的联箱。

3.10 椭圆度

管子弯曲部分同一圆截面上最大外径与最小外径之差与名义外径之比。

3.11 监督段

蒸汽管道上主要用于金相组织和硬度跟踪检验的区段。

3.12 A 级检修

电厂（燃气轮机除外）A 级检修是指对机组进行全面的解体检查和修理，以保持、恢复或提高设备性能。

3.13 B 级检修

电厂（燃气轮机除外）B 级检修是指针对机组某些设备存在的问题，对机组部分设备进行解体检查和修理，B 级检修可根据机组设备状态评估结果，有针对性地实施部分 A 级检修项目或定期滚动检修项目。

3.14 C 级检修

电厂（燃气轮机除外）C 级检修是根据设备的磨损、老化规律，有重点地对机组进行检查、评估、修理、清扫。C 级检修可进行少量零件的更换、设备的消缺、调整、预防性试验等作业以及实施部分 A 级检修项目或定期滚动检修项目。

4 总则

4.1 金属技术监督的部件范围

4.1.1 燃气管道

调压站出口法兰至燃气轮机燃料前置模块的燃气管道。

4.1.2 燃气轮机本体

a) 压气机（含进气缸、气缸、排气缸，前、后端轴，进口可转导叶、叶轮、动叶，静叶和静叶环，气缸螺栓、拉杆螺栓）；

b) 燃烧室（含前缸、火焰筒、过渡段、导流衬套、联焰管、后缸）；

c) 燃气透平（含前、后半轴，气缸、排气扩压段、喷嘴、护环，叶轮、叶片，气缸螺栓、拉杆螺栓）；

d) 轴瓦。

4.1.3 水、水汽管道

a) 介质压力不小于5.88MPa水、水汽介质管道（如：主给水管道，省煤器至汽包的给水管道、蒸发器上联箱至汽包的汽水上升管道，分散或集中下降管管道），以及与管道相连的一次门前的管道、管子；

b) 介质压力小于5.88MPa且不小于1.6MPa的水、水汽介质管道（如：低压给水，凝水加热器，低压省煤器及低压蒸发器等），以及与管道相连的一次门前的管道、管子。

4.1.4 蒸汽管道

a) 介质温度不小于450℃的蒸汽管道（如：主蒸汽管道、再热蒸汽热段管道、联箱之间的导汽管、阀壳和三通等），以及与管道相连的一次门前的管道、管子；

b) 介质温度小于450℃且不小于100℃的蒸汽管道（如：低压主蒸汽管道、再热冷段管道、汽轮机抽汽管道、汽缸导汽管和抽汽管、阀壳和三通等），以及与管道相连的一次门前的管道、管子。

4.1.5 余热锅炉受热面模块（管子）

省煤器（包括凝结水加热器）、高、低压蒸发器、过热器、再热器管。

4.1.6 联箱

高温联箱（介质温度大于或等于450℃的联箱）、低温联箱（介质温度小于450℃的联箱），以及与联箱相连的一次门前的管道、管子。

4.1.7 汽包

高压、中压和低压汽包。

4.1.8 汽轮机本体

汽缸、喷嘴、隔板和隔板套、轴瓦、大轴、叶轮、叶片、拉金、主汽门、调速汽门、给水泵小汽轮机等。

4.1.9 发电机本体

大轴、集电环（或称滑环）护环、中心环、风扇叶片、轴瓦。

4.1.10 紧固件

汽缸、汽门、联轴器、导汽管法兰螺栓等。

4.1.11 支吊架

监督范围内水、水汽、蒸汽管道和联箱支吊架。

4.1.12 机组范围内油、气管道

燃气轮机和汽轮机高压油管道、汽轮机注油器（机组检修换油期间宏观检查注油嘴内壁冲蚀）、前置模块至燃气轮机的燃气管道。

4.2 金属技术监督的目的

依据相关金属技术监督的规章制度、导则、技术标准和规范，通过采用必要的监测、检测、试验分析和计量等监督手段，对受监范围内金属部件的设计选材、制造和安装质量，以及长期运行过程中的材质老化和缺陷状态、性能变化状态进行有效的监测和控制，防止由于设计选材不当、材料和焊缝原始质量问题或运行中产生的缺陷，以及运行中材料老化、性能下降等原因而引起的金属部件失效事故的发生，从而达到减少机组非计划停运次数和时间，提高设备安全运行的可靠性，延长设备使用寿命的目的。

4.3 金属技术监督的任务

4.3.1 开展受监范围内各种金属部件在设计、制造、安装、检修及改造中材料质量、焊接质量、部件质量监督以及金属试验工作，参与和监督发现质量问题的处理。

4.3.2 对本厂、外包工程焊工和检验人员资质，以及焊接工艺、检验方案和工作质量进行监督。

4.3.3 对受监金属部件的失效进行原因调查和分析，提出处理和预防技术措施。

4.3.4 检查和掌握受监部件服役过程中质量状态（金属部件的尺寸、组织、性能、内外部缺陷）的变化，并对这种变化对部件安全使用性能的影响做出评估，提出相应的技术措施。

4.3.5 对重要的受监金属部件和超期服役机组进行寿命评估，对含缺陷的部件进行安全性评估，为机组的寿命管理和预知性检修提供技术依据。

4.3.6 编写和上报金属技术监督月（季）报、大修工作总结、定期工作总结、事故分析报告和其他专题报告。

4.3.7 定期对金属技术监督工作实施情况进行检查，对各种检查工作中提出的金属技术监督问题进行整改落实。

4.3.8 建立、健全金属技术监督档案，并进行电子文档管理。

4.4 金属技术监督的原则

4.4.1 金属技术监督是电厂技术监督的重要组成部分，是保证发电机组安全运行的重要措施，应实现在机组设计、制造、安装（包括工厂化配管）、工程监理、调试、运行、停用、检修、技术改造各个环节的全过程技术监督和技术管理工作中。

4.4.2 金属技术监督必须按照《中国华能集团公司电力技术监督管理办法》的规定，贯彻“安全第一、预防为主、综合治理”的方针，实行“超前预控、闭环管理”，金属专业监督与其他专业监督相结合的原则。在设计、制造、安装、工程监理、调试、运行、检修、改造、物资采购和储存过程中应按照本标准执行。

4.4.3 各电厂应设置金属技术监督专责工程师，建立金属技术监督网，监督网成员应有金属、燃气轮机、余热锅炉、汽轮机、电气、运行等相关专业的技术人员及金属材料采购和储存管理部门的主管人员。电厂金属技术监督专责工程师，应经考试取得集团公司安全监督与生产部颁发的金属专业技术监督人员上岗资格证书。

4.4.4 各电厂金属技术监督专责工程师在技术监督主管领导的领导下开展工作，金属技术监督专责工程师的职责参见附录 A。

4.4.5 各电厂应根据本标准制订本企业的金属监督管理标准和技术标准或实施细则。

4.4.6 从事金属技术监督的人员，应熟悉和掌握本标准及相关标准和规程中的规定。

5 监督技术标准

5.1 金属材料监督

5.1.1 受监范围余热锅炉、汽轮机金属部件材料的选用应符合 DL/T 715、GB 5310 的规定，或相应国家、行业标准的规定。进口机组金属材料的选用应符合相应国家的技术标准。

5.1.2 余热锅炉受热面模块、高温蒸汽管道、主给水管道、汽包、联箱、汽轮机大轴、叶轮、高温螺栓、发电机大轴、护环、大型铸件等重要金属部件订货时，应在订货合同或技术协议明确相关验收依据标准名称和编号；当相关产品的设计、制造、检验、验收标准规定内容不明确和无相关标准依据时，双方应在订货合同或技术协议明确相关验收技术条款。

5.1.3 受监范围内金属材料及其部件的质量，应严格按照相应的国家、行业标准和国外相应标准的规定进行检验。电厂常用金属材料和重要部件国内外技术标准参见附录 B。

5.1.4 金属材料的质量验收应遵照如下规定：

5.1.4.1 受监的金属材料，应符合相关国家标准或行业标准；进口的金属材料，应符合合同规定的相关国家的技术法规、标准。

5.1.4.2 受监的钢材、钢管、备品和配件应按质量保证书进行质量验收。质量保证书中一般应包括材料牌号、炉批号、化学成分、热加工工艺、力学性能及必要的金相、无损检测结果、工艺性能等。数据不全的应进行补检，补检的方法、范围、数量应符合相关国家标准或行业标准。

5.1.4.3 重要的金属部件，如压气机前、后端轴和气缸、导叶、叶轮、动叶、气缸和拉杆螺栓，燃气轮机燃烧室火焰筒，燃机透平前、后半轴和叶轮、叶片、气缸和拉杆螺栓，汽包、联箱，汽轮机大轴、叶轮、发电机大轴、护环、高温螺栓等，应有部件质量保证书，质量保证书中的技术指标应符合相关国家标准或行业标准。

5.1.4.4 余热锅炉部件金属材料，以及受监范围内设备更新改造及检修更换材料的入厂检验，应按照 JB/T 3375 执行或相关技术标准进行验收。

5.1.4.5 受检金属材料的个别技术指标不满足相应标准的规定或对材料质量发生疑问时，应按相关标准扩大抽样检验比例。

5.1.4.6 金相组织检验照片均应注明分辨率（标尺）。

5.1.4.7 对于备品配件（如阀门、三通、容器等）的厂家制造质量有怀疑时，应按相应标准规定进行抽查检验，发现问题时应进行 100% 的检验。

5.1.5 凡是受监范围的合金钢材及部件，在制造、安装或检修中更换时（包括入库验收时），应进行光谱检验，确认材料牌号无误，方可使用或入库。

5.1.6 具有合格质保书或经过检验合格的受监范围内的钢材、钢管和备品、配件，无论是短期或长期存放，都应挂牌标明材料牌号和规格，按材料牌号和规格分类存放，并采取相应的措施，防止发生腐蚀、变形和损伤。

5.1.7 对进口钢材、钢管和备品、配件等，进口单位应在索赔期内，按订货合同或技术协议或相关标准规定进行质量验收。除应符合相关国家的标准和合同规定的技术条件外，应有商检合格证明书。

5.1.8　电厂备用合金钢管按 10%进行硬度检验，一旦出现硬度异常，应进行金相组织检验，特别注意马氏体耐热钢管的检验。

5.1.9　材料代用原则按下述原则执行：

5.1.9.1　选用代用材料时，应选择化学成分、设计和工艺性能相当或略优者；应保证在使用条件下各项性能指标均不低于设计要求；若代用材料工艺性能不同于设计材料，应经工艺评定验证后方可使用。

5.1.9.2　制造（含工厂化配管）、安装中使用代用材料时，应得到设计单位和使用单位的许可，并由设计单位出具修改通知单。检修中使用代用材料时，应征得电厂金属技术监督专职工程师的同意，并经技术主管批准。

5.1.9.3　代用材料安装前、后，应进行光谱复查，确认无误后，方可安装和使用。

5.1.9.4　制造（含工厂化配管）、安装、检修维护过程中，当采用代用材料（包括部件规格尺寸发生变化）后，应做好记录，同时应修改相应的图纸、技术文件，并及时将相应的修改通知单或图纸、技术文件发送各相关方，通知各相关方及时修改相应的图纸、技术文件、档案资料。

5.1.10　机组检修维护过程中，对余热锅炉受热面模块、主给水、主蒸汽和再热热段蒸汽管道等重要部件的更换或改造，应做好记录（包括更换或改造的时间、改造情况），并修改相应的图纸、技术文件、档案资料。

5.1.11　物资供应部门、各级仓库和基建工地储存受监范围内的钢材、钢管和备品、配件等，应建立严格的质量验收和领用制度，严防错收错发。基建期间应严格按照 DL/T 855、DL/T 889 的规定进行保管、维护。

5.1.12　奥氏体钢部件在运输、储存、使用过程中应注意以下问题：

5.1.12.1　奥氏体钢部件运输过程中，应采取措施避免海水或其他腐蚀性介质的腐蚀，避免遭受雨淋。尤其是海边电厂应制定切实可行的储存保管措施。

5.1.12.2　奥氏体钢部件在电厂存放保管过程中，应严格按照 DL/T 855 的相关规定，做好防锈、防蚀措施。

5.1.12.3　奥氏体钢部件的保管要设置专门的存放场地单独存放，严禁与其他钢材（尤其是碳钢）混放或接触。奥氏体钢材料存放不允许接触地面，管子端部应全部安装堵头。

5.1.12.4　奥氏体钢部件在吊装过程中，不允许直接接触钢丝绳。不应有敲击、碰撞、弯曲以免产生应力，导致锈蚀或腐蚀。

5.1.12.5　奥氏体钢部件在运输、储存过程中，避免碰撞、擦伤，应保护好表面保护膜。

5.1.12.6　奥氏体钢部件表面打磨时，应采用不锈钢打磨专用的砂轮片打磨。

5.1.12.7　不允许在奥氏体钢部件上打钢印，如采用记号笔标记，应选用不含氯离子或硫化物成分的记号笔。

5.1.12.8　各电厂在建设和生产阶段，应定期检查奥氏体钢备品、配件的存放保管情况，对发现的问题应及时整改。

5.2　焊接质量监督

5.2.1　凡金属监督范围内的余热锅炉、汽轮机承压管道和部件的焊接及修复工作，应由具有相应资质的焊工担任。对受监范围内重要合金钢部件的焊接工作，焊工应做焊前模拟性练习，待焊样检验合格后方可从事焊接工作。

5.2.2 凡焊接受监范围内的各种管道和部件，焊前应有符合 DL/T 868 规定或其他相关规定的焊接工艺评定报告；焊接材料的选择、焊接工艺、焊后热处理、焊接质量检验及质量评定标准等，均应执行 DL/T 869、DL/T 819 的规定或其他有效标准。异种钢材焊接时焊接工艺及焊接材料的选用还应符合 DL/T 752 的规定。

5.2.3 焊接材料（焊条、焊丝、钨棒、氩气、氧气、乙炔和焊剂）的质量应符合表 1 所列国家标准规定的要求。焊条、焊丝等均应有制造厂的质量证明书，无质量证明书的不能入库或使用。焊接材料过期后，应经检验合格后才能使用。钨极氩弧焊用的电极，宜采用铈钨棒及钨镧电极，所用氩气纯度不低于 99.95%。氧—乙炔焊接方法所用的氧气纯度应在 98.5%以上。

表 1 受监焊接材料国家或行业产品标准

序号	材料类别	材料产品标准
1	焊条	GB/T 983、GB/T 5118
2	焊丝和焊剂	GB/T 14957、GB/T 17493、GB/T 17853、GB/T 8110

5.2.4 焊接材料应设专库、专门的货架、分类挂牌存放，不能与其他材料混放。应按产品说明书上要求的储存温度和湿度保管，应配备专用设备进行温度和湿度控制，并定期监测和记录，保证库房内湿度和温度符合要求，防止变质锈蚀。

5.2.5 外委工作中凡属受监范围内部件和设备的焊接，应遵循如下原则：

5.2.5.1 应对承包商的焊接质量保证体系以及焊工资质、检验人员资质证书原件进行审查，并留复印件归档和备查。

5.2.5.2 承包商应有符合 DL/T 868 规定的焊接工艺评定报告，且评定项目能够覆盖承担的焊接工作范围；并应提供全面的焊接项目技术措施，金属技术监督专责工程师应对焊接工艺和技术措施进行审核。

5.2.5.3 承包商应具有相应的检验、试验能力，或与有能力的检验单位签订技术合同，负责其承担范围的检验工作。

5.2.5.4 承包商应有符合 5.2.1 要求且考试合格的焊工；焊接工作实施前应对焊工进行实际代样模拟性练习考核，考核合格后方可从事焊接工作。

5.2.5.5 委托方应及时对焊接质量、检验质量、检验记录和技术报告进行监督检查。

5.2.5.6 焊接接头的质量检验程序、检验方法、范围和数量，以及质量验收标准，应按 DL/T 869 及相关技术协议的规定执行。

5.2.5.7 工程竣工时，承包商应向委托单位提供完整的技术报告。

5.2.6 焊接接头一次检验合格率低于 90%时，当确认属于焊工操作问题时，应立即停止该焊工的焊接工作。

5.2.7 受监范围内部件外观质量检验不合格的焊缝，不允许进行其他项目的检验。

5.2.8 对于受压元件不合格焊缝的处理原则，应按照 DL/T 869 的规定执行，具体要求如下：

5.2.8.1 应查明造成不合格焊缝的原因，对于重大的不合格焊缝事件应进行事故原因分析，同时提出返修措施。返修后还应按原检验方法重新进行检验。

5.2.8.2 表露缺陷应采取机械方法消除。

5.2.8.3 有超过标准规定，需要补焊消除的缺陷时，可以采取挖补方式返修。但同一位置上的挖补次数不宜超过三次，耐热钢不应超过两次。挖补时应遵守下列规定：

a） 彻底消除缺陷。

b） 制定具体的补焊措施并经专业技术负责人审定，按照工艺要求实施。

c） 需进行焊后热处理的焊接接头，返修后应重做热处理。

5.2.8.4 经评价为焊接热处理温度或时间不够的焊口，应重新进行热处理；因温度过高导致焊接接头部位材料过热的焊口，应进行正火处理，或割掉重新焊接。

5.2.8.5 经光谱分析确认不合格的焊缝应割掉重新焊接。

5.2.9 制造、安装、检修维护过程中，当发生管道或管子焊缝位置变化、焊缝修复，检修维护中更换部件的新焊接焊缝，应做好记录（包括检修维护的时间），并及时通知各相关方修改相应的图纸、技术文件、档案资料。

5.3 燃气轮机监督

5.3.1 制造阶段监督

5.3.1.1 制造阶段应依据 DL/T 586、《中国华能集团公司电力工程建设设备监理管理办法》和《中国华能集团公司火电工程设备监理大纲》的规定，对燃气轮机部件的制造质量进行监督检验。

5.3.2 运行阶段监督

5.3.2.1 燃气轮机进行超速试验时，转子大轴的温度不得低于转子材料的脆性转变温度。

5.3.2.2 燃气轮机运行过程中应加强监视和巡检，当发生振动超标、超速情况时，应及时停机查明原因并处理，防止燃气轮机金属部件发生损伤。

5.3.2.3 燃气轮机运行过程中停机期间（非计划检修期间），应根据机组运行周期和状态，采用孔窥方法对压气机叶片、火焰筒、透平静叶和动叶的表面状态进行检查。

5.3.2.4 加强对燃气轮机排气温度、排气分散度、轮间温度、火焰强度等运行数据的综合分析，及时找出设备异常的原因，防止局部过热燃烧引起的设备裂纹、涂层脱落、燃烧区位移等损坏。

5.3.3 检修阶段监督

5.3.3.1 应严格按照燃气轮机制造商的要求，定期对燃气轮机进行内窥镜（孔窥）检查。

5.3.3.2 应利用检修机会，对易发生疲劳损伤的金属部件和部位重点进行宏观检查和无损探伤检查。

5.3.3.3 燃气轮机的检修检查分为燃烧室检修（或称燃烧系统检修、小修、C 修）、透平检修（热通道检修或称中修、T 修）、整机检修（或称大修、M 修）三个等级，检修的周期应严格按照燃气轮机制造厂的检修维护手册的规定执行。各等级检修的部件与项目如下（但不限于以下部件与项目），若由国外制造商进行承包检验，应对检验结果进行见证。

a） 燃烧室检修（C 修）：

1） 燃烧室火焰筒、过渡段和燃料喷嘴外观检查，主要检查表面积碳、结垢、烧蚀、烧融、烧穿、裂纹、腐蚀、涂层剥落等情况。

2） 透平第 1、2 级动、静叶片和第 4 级静叶片外观检查，主要检查积垢、裂纹、烧蚀、腐蚀、烧融、外物击伤、涂层剥落情况。

3） 压气机进口导叶（IGV）、第1级动静叶片、末级静叶栅和出口导叶（OGV）外观检查，主要检查积垢、腐蚀、裂纹、外物击伤情况；必要时，对压气机前级叶片进行无损探伤检查。

4） 燃烧室火焰筒、过渡段和燃料喷嘴渗透探伤，无损探伤按 NB/T 47013 标准执行。

b） 透平检修（T修）：

1） 5.3.3.3 a）中的1）、3）、4）检查项目；

2） 透平所有动、静叶片及护环的外观检查、渗透探伤，无损探伤按 NB/T 47013 标准执行；

3） 对压气机部件进行宏观检查，根据宏观检查情况，对叶片、转子进行无损检测；

4） 对叶轮进行宏观检查，对叶根槽进行表面或超声波探伤，对叶轮的台阶过渡区进行表面探伤。

c） 整机检修（M修）：

1） 5.3.3.3 a）中的1）、4）检查项目，5.3.3.3 b）中的2）、4）检查项目。

2） 压气机进口导叶（IGV），所有动、静叶片和出口导叶（OGV）的外观检查和无损探伤，主要检查积垢、腐蚀、裂纹、外物击伤情况；无损探伤按 NB/T 47013 标准执行。

3） 轴颈外观检查，主要检查划痕、摩擦损伤情况。

4） 轴瓦渗透、超声波探伤；渗透和超声波探伤分别按 NB/T 47013.5 和 DL/T 297 标准执行，质量验收按 JB/T 4272 执行。

5） 气缸、拉杆、联轴器螺栓的外观检查和渗透或磁粉探伤、大于或等于 M32 螺栓的超声波探伤，外观主要检查机械损伤、裂纹情况，渗透或磁粉探伤、超声波探伤主要检查螺纹根部裂纹；渗透探伤按 NB/T 47013.5 执行，磁粉探伤按照 NB/T 47013.4 执行，超声波探伤按照 DL/T 694 执行。

5.3.3.4 燃气轮机缺陷的处理：

a） 对检修中发现的缺陷应进行尺寸等测量和记录，记录形式包括文字、画图示意、照相、录像；

b） 对存在缺陷的部件，应根据燃气轮机制造厂提供的检查标准（或电厂检修标准），选择回用或现场修复后回用、更换新部件、修后备用、报废处理。

5.4 高压水、水汽管道监督

5.4.1 设计阶段监督

5.4.1.1 高压水、水汽管道的设计应符合 GB 50764、DL/T 5054 的规定，设计单位应提供管道单线立体布置图。

5.4.1.2 高压水、水汽管道的应力计算应符合 DL/T 5366 的规定。

5.4.2 制造阶段监督

5.4.2.1 制造阶段应按 DL/T 586、《中国华能集团公司电力工程建设设备监理管理办法》和《中国华能集团公司火电工程设备监理大纲》的规定，对介质压力不小于 5.88MPa 的高压水、水汽介质管道及管件的制造质量进行监督检验。

5.4.2.2 管道材料的监督应按 5.1.1～5.1.4 相关条款执行。

5.4.2.3 管件和阀门质量应满足以下标准：弯管的制造质量应符合 DL/T 515 的规定；弯头、三通和异径管的制造质量应符合 DL/T 695 的规定；锻制的大直径三通应满足 DL 473 的技术条件；阀门的制造质量应符合 DL/T 531、DL/T 922 和 NB/T 47044 的规定。

5.4.2.4 配管前，对直管段管道应进行如下检验：

a） 钢管表面上的出厂标记（钢印或漆记）应与该制造商产品标记相符。

b） 100% 进行外观质量检验。钢管内外表面不允许有裂纹、折叠、轧折、结疤、离层等缺陷，钢管表面的裂纹、机械划痕、擦伤和凹陷以及深度大于 1.6mm 的缺陷应完全清除，清除处应圆滑过渡；清理处的实际壁厚不得小于壁厚偏差所允许的最小值，且不应小于按 GB 50764 或 DL/T 5366、DL/T 5054、ASME B31.1 计算的钢管最小需要壁厚。

c） 热轧（挤）管内外表面不允许有大于壁厚 5%，且最大深度大于 0.4mm 的直道缺陷。

d） 校核钢管的壁厚和管径应符合设计文件和相关标准的规定。

e） 对合金钢管逐根进行光谱检验，光谱检验按 DL/T 991 执行，检验结果应符合附录 C 的规定。

f） 合金钢管应逐根进行硬度检验；硬度检验的打磨深度通常为 0.5mm～1.0mm，并以 120 号或更细的砂轮、砂纸精磨，表面粗糙度 R_a 小于 6.3μm；每根钢管上选取两端和中间 3 个截面，每一截面按 90° 间隔共检查四点，每点测量 3 个硬度值，取其平均值作为该点的硬度值；硬度值应符合附录 D 的规定。对用便携式里氏硬度计测量的硬度异常部位，应进行金相组织检验，同时扩大硬度检查区域，对硬度异常的分布区域、范围、偏差程度进行确认和记录。对用里氏硬度计测量发现大范围硬度异常情况时，宜采用便携式布氏硬度计进行复核。

g） 对合金钢管按同规格根数的 10%进行金相组织检查，每炉批至少抽查 1 根；合金钢管的标准供货状态、金相组织见附录 E。

h） 钢管按同规格根数的 20%的比例，依据 NB/T 47013、GB/T 20490 进行超声波探伤，探伤部位为钢管两端头的 300mm～500mm 区段，若发现超标缺陷，则应扩大检查；对于钢管端部夹层类缺陷的评定、验收，按 GB/T 20490 或 EN10246-14 与供货方协商确定。

i） 对初次使用的进口新材料或国产化后首次使用的管道，应对直管按每炉批至少抽取 1 根进行以下项目的试验，确认下列项目应符合附录 B 中现行国家、行业标准或国外相应的标准：

——化学成分；

——拉伸、冲击、硬度；

——金相组织、晶粒度和非金属夹杂物；

——弯曲试验（按 ASME SA335/A335M 执行）；

——无损探伤。

j） 管道有下列情况之一时，为不合格：

1） 最小壁厚小于按 GB 50764 或 DL/T 5366、DL/T 5054、ASME B31.1 计算的管子或管道的最小需要壁厚。

2） 硬度值超过附录 D 的规定范围。

3） 金相组织异常。

4） 割管试验力学性能不合格。

5） 无损探伤发现超标缺陷。

5.4.2.5 配管前，对弯头/弯管应进行如下检验：

a） 查明弯头/弯管表面上的出厂标记（钢印或漆记）应与该制造商产品标记相符。

b） 100% 进行外观质量检查。弯头/弯管表面不允许有裂纹、折叠、重皮、凹陷和尖锐划痕等缺陷。表面缺陷处理后的实际壁厚不得小于壁厚偏差所允许的最小值且不应小于按 GB/T 50764 或 DL/T 5366、DL/T 5054、ASME B31.1 计算的钢管最小需要壁厚。

c） 按质量证明书校核弯头/弯管规格并检查以下几何尺寸：

1） 逐件检验弯管/弯头的中性面/外/内弧侧壁厚、椭圆度和波浪率。

2） 弯管的椭圆度应满足：公称压力大于 8MPa 时，椭圆度不大于 5%；公称压力不大于 8MPa 时，椭圆度不大于 7%。

3） 弯头的椭圆度应满足：公称压力不小于 10MPa 时，椭圆度不大于 3%；公称压力小于 10MPa 时，椭圆度不大于 5%。

d） 合金钢弯头/弯管应按 DL/T 991 逐件进行光谱检验，检验结果应符合附录 C 的规定。

e） 对合金钢弯头/弯管应逐件进行硬度检验，至少在外弧侧顶点和侧弧中间位置测 3 点。硬度值应符合附录 D 的规定。对硬度异常部位，应进行金相组织检验，同时扩大硬度检查区域，对硬度异常的分布区域、范围、偏差程度进行确认和记录。对用里氏硬度计测量发现大范围硬度异常情况时，宜采用便携式布氏硬度计进行复核。

f） 对合金钢弯头/弯管按 10%进行金相组织检验（同一规格的不得少于 1 件），合金钢弯头/弯管的标准供货状态及金相组织见附录 E。

g） 对弯头/弯管两侧中性面之间的外弧面按 100% 进行表面和超声波探伤，表面和超声波探伤按 NB/T 47013 执行。

h） 弯头/弯管有下列情况之一时，为不合格：

1） 存在晶间裂纹、过烧组织或无损探伤发现的其他超标缺陷；对于弯头/弯管的夹层类缺陷，按 GB/T 20490 或 EN10246-14 检验并分别按 B2 或 U2 级别验收。

2） 弯管几何形状和尺寸不满足 DL/T 515 中有关规定，弯头几何形状和尺寸不满足本标准和 DL/T 695 中有关规定。

3） 弯头/弯管外弧侧的最小壁厚小于按 GB 50764 或 DL/T 5366、DL/T 5054、ASME B31.1 计算的管子或管道的最小需要壁厚。

4） 硬度值超过附录 D 的规定范围。

5） 金相组织异常。

5.4.2.6 配管前，对锻制、热压和焊制三通以及异径管应进行如下检查：

a） 三通和异径管表面上的出厂标记（钢印或漆记）应与该制造商产品标记相符。

b） 100% 进行外观质量检验。锻制、热压三通以及异径管表面不允许有裂纹、折叠、重皮、凹陷和尖锐划痕等缺陷；表面缺陷处理后的实际壁厚不得小于壁厚偏差所允许的最小值且不应小于按 GB 50764 或 DL/T 5366、DL/T 5054、ASME B31.1 计算的钢管最小需要壁厚；三通肩部的壁厚应大于主管公称壁厚的 1.4 倍。

c） 合金钢三通、异径管应逐件按 DL/T 991 进行光谱检验。

d） 合金钢三通、异径管应逐件进行硬度检验。三通至少在肩部和腹部位置各测 3 点，异径管至少在大、小头位置测 3 点，硬度值应符合附录 D 的规定。对硬度异常部位，应进行金相组织检验，同时扩大硬度检查区域，对硬度异常的分布区域、范围、偏差程度进行确认和记录。对用里氏硬度计测量发现大范围硬度异常情况时，宜采用便携式布氏硬度计进行复核。

e） 对合金钢三通、异径管按 10%进行金相组织检验（不得少于 1 件），合金钢三通、异径管的标准供货状态及金相组织见附录 E。

f） 对三通、异径管按 20%进行表面和超声波探伤，表面和超声波探伤按 NB/T 47013 执行。三通探伤部位为肩部和腹部，异径管探伤部位为外表面。

g） 三通、异径管有下列情况之一时，为不合格：

1） 存在晶间裂纹、过烧组织或无损探伤发现的其他超标缺陷。

2） 焊接三通焊缝的超标缺陷。

3） 几何形状和尺寸不符合 DL/T 695 中有关规定。

4） 三通主管/支管壁厚、异径管最小壁厚小于按 GB/T 16507 或 GB/T 50764、ASME B31.1 中规定计算的最小需要壁厚；三通主管/支管的补强不满足 GB/T 16507 或 GB/T 50764、ASME B31.1 中的补强规定。

5） 硬度值超过附录 D 的规定范围。

6） 金相组织异常。

5.4.2.7 管道、管件硬度高于本标准的规定值，可通过再次回火处理达到标准要求，重新回火不超过 3 次；硬度低于本标准的规定值时，可通过重新正火+回火处理达到标准要求，重新处理次数不得超过两次。

5.4.2.8 对验收合格的直管段与管件，按 DL/T 850 进行组配，组配后的配管应进行以下检验，并满足以下技术条件：

a） 几何尺寸应符合 DL/T 850 的规定。

b） 对合金钢管焊缝 100% 进行光谱检验和热处理后的硬度检验，对整体热处理后的合金钢管应进行 100% 的硬度检验，硬度值应符合附录 D 的规定；对硬度异常部位应进行金相组织检验，合金钢管的标准供货状态及金相组织见附录 E；光谱检验按 DL/T 991 执行。

c） 配管厂应对组配焊缝进行 100% 的射线或超声和磁粉探伤，射线或超声和磁粉探伤分别按 DL/T 821、DL/T 820、NB/T 47013 执行；焊缝的质量验收标准按 DL/T 869 的规定执行。

d） 管段上的接管座角焊缝应经 100% 的渗透或磁粉探伤，渗透或磁粉探伤按 NB/T 47013 执行。

e） 管段上小径接管（如仪表管、疏放水管等）应采用与管道相同的材料，形位偏差应符合 DL/T 850 的规定。

5.4.3 安装阶段监督

5.4.3.1 安装前，安装单位应对阀门做如下检验：

a） 阀壳表面上的出厂标记（钢印或漆记）应与该制造商产品标记相符。

b） 按质量证明书校核阀壳材料有关技术指标，应符合现行国家或行业技术标准；阀门的制造质量应符合 DL/T 531、DL/T 922 和 NB/T 47044 的规定。

c） 校核阀门的规格，并 100% 进行外观质量检验。铸造阀壳内外表面应光洁，不得存在裂纹、气孔、毛刺和夹砂及尖锐划痕等缺陷；锻件表面不得存在裂纹、折叠、锻伤、斑痕、重皮、凹陷和尖锐划痕等缺陷；焊缝表面应光滑，不得有裂纹、气孔、咬边、漏焊、焊瘤等缺陷；若存在上述表面缺陷，则应完全清除，清除深度不得超过公称壁厚的负偏差，清理处的实际壁厚不得小于壁厚偏差所允许的最小值。

d） 对合金钢制阀壳逐件进行光谱检验，光谱检验按 DL/T 991 执行。

e） 对阀壳 100% 的进行表面探伤，重点检验阀壳外表面非圆滑过渡的区域和壁厚变化较大的区域。表面探伤按 NB/T 47013 执行。

5.4.3.2 安装前，安装单位应对直管段、管件的内外表面外观质量进行检验，部件表面应无裂纹、严重凹陷、变形等缺陷。

5.4.3.3 安装前，安装单位应对直管段、弯头/弯管、三通的几何尺寸进行抽查：

a） 按管段数量的 20%测量直管的外（内）径和壁厚。

b） 按弯管（弯头）数量的 20%进行椭圆度、壁厚测量，特别是外弧侧的壁厚。

c） 检验热压三通肩部、管口区段以及焊制三通管口区段的壁厚。

d） 对异径管进行壁厚和直径测量。

e） 管道上小接管的形位偏差。

f） 几何尺寸不合格的管件，应加倍抽查。

5.4.3.4 安装前，安装单位应对合金钢管、合金钢制管件（弯头/弯管、三通、异径管）按 DL/T 991 进行 100%的光谱检验，按管段、管件数量的 20%和 10%分别进行硬度和金相组织检查；每种规格至少抽查 1 个，硬度异常的管件应扩大检查比例，且进行金相组织检查。硬度值检验结果应符合附录 D 的规定，光谱检验结果应符合附录 C 的规定，合金钢管、管件的标准供货状态及金相组织参见附录 E。

5.4.3.5 安装前，安装单位应对每类管道的配管焊缝各至少抽查 1 道进行表面和超声波探伤，发现问题应扩大检查比例，超声波探伤按 DL/T 820、表面探伤按 NB/T 47013 执行，质量验收标准按 DL/T 869 执行。

5.4.3.6 对安装焊缝的外观、光谱、硬度、金相检验和无损检测的比例、质量要求应参照 DL/T 869 的规定执行。

5.4.3.7 对安装焊缝超声波、射线探伤发现的记录性缺陷，应确定其位置、尺寸和性质，并记入技术档案。

5.4.3.8 对管道上的堵阀阀体进行 100%的表面探伤，对堵板焊缝进行 100%的表面和超声波探伤，超声波探伤按 DL/T 820、表面探伤按 NB/T 47013 执行，质量验收标准按对主管道的规定执行。

5.4.3.9 安装过程中，应对蒸汽管道上的各种制造、安装接管座角焊缝进行 100%的表面探伤，表面探伤按 NB/T 47013 执行。

5.4.3.10 应对管道上小径管一次门前的焊缝按 100%进行射线探伤，质量验收标准按对主管道的规定执行；射线探伤按 DL/T 821 执行。

5.4.3.11 应对主管道上小径接管（如仪表管、疏放水管等）的材质与主管道的一致性进行确认，如发现其与主管道的材质差异较大，则应将小径接管更换为与主管相同材质的管子。

5.4.3.12 管道安装完毕后，应在管道保温层外表面设置明显的、永久性的焊缝位置指示标识。

5.4.3.13 安装单位应向电厂提供与实际管道和部件相对应的以下资料：

a） 三通、阀门的型号、规格、出厂证明书及检验结果；若电厂直接从制造商获得三通、阀门的出厂证明书，则可不提供。

b） 安装焊缝坡口形式、焊缝位置、焊接及热处理工艺及各项检验结果。

c） 标注有焊缝位置定位尺寸的管道立体布置图，图中应注明管道的材质、规格、支吊架的位置、类型。

d） 直管的外观、几何尺寸和硬度检查结果；合金钢直管应有金相组织检查结果。

e） 弯管/弯头的外观、椭圆度、波浪率、壁厚等检验结果。

f） 合金钢制弯头/弯管的硬度和金相组织检验结果。

g） 管道系统合金钢部件的光谱检验记录。

h） 代用材料记录。

i） 安装过程中异常情况及处理记录。

5.4.3.14 监理单位应向电厂提供钢管、管件原材料检验、焊接工艺执行情况监督以及安装质量检验监督等相应的监理资料。

5.4.4 运行阶段监督

5.4.4.1 机组运行期间，管道不得超温、超压运行。如发生超温、超压运行情况，应及时查明原因，并做好运行调整，对超温、超压的幅度、时间、次数情况应建立台账和记录。

5.4.4.2 机组运行期间，运行、检修（点检）、监督人员，应加强对管道的振动、泄漏、变形、移位、保温、支吊情况的检查，对异常情况应进行记录，对其中严重影响人身和设备运行安全的情况，应及时查明原因，并采取措施处理。

5.4.4.3 对运行期间发生的管道失效事故，应进行原因分析，并采取措施防止同类型事故再次发生。

5.4.5 检修阶段监督

5.4.5.1 每次 A 级检修或 B 级检修，应对拆除保温层的管道、焊缝和弯头/弯管部位进行外观质量检验，对发现的表面裂纹、严重机械损伤、重皮等缺陷，应予以消除，清除处的实际壁厚不应小于按 GB 50764 或 DL/T 5366、DL/T 5054、ASME B31.1 计算的管道的最小需要壁厚。首次检验应对主给水管道阀门后的管段和第一个弯头进行检验。

5.4.5.2 每次 A 级或 B 级检修对管道焊缝按至少 10%的比例进行外观质量检验和超声波探伤，对焊缝两侧管道进行壁厚测量，后次大修的抽查部位为前次未检部位，至 10 万 h 完成进行 100%检验。此后的重点是检验有记录缺陷的焊缝，表面探伤按 NB/T 47013 执行，超声波探伤按 DL/T 820 执行。

5.4.5.3 每次 A 级或 B 级检修，应对以下管道和焊缝进行检查：

a） 应力较大部位（结构应力、热应力）焊缝。

b） 存在记录缺陷的焊缝。

c） 对硬度异常的管道和焊缝进行硬度和探伤跟踪检验。

d）对管道弯头易冲刷减薄的部位应进行壁厚测量，对管道弯头中易积水部位中性面的腐蚀疲劳裂纹进行超声探伤检查。

e）对修复过的管道或焊缝部位进行检查。

5.4.5.4 机组每次 A 级检修或 B 级检修对管道上的三通、阀门进行外表面宏观检查，对可疑部位应进行表面探伤，必要时进行超声波探伤，表面探伤按 NB/T 47013 执行，超声波探伤按 DL/T 820 或 NB/T 47013 执行。

5.4.5.5 每次 A 级检修或 B 级检修，对与管道相连的小口径管（疏水管、测温管、压力表管、空气管、安全阀、排气阀、充氮、取样、压力信号管等）管座角焊缝至少按 20%进行检验，但至少应抽取 5 个；检验内容包括角焊缝外观质量、表面探伤；后次抽查部位为前次未检部位，至 10 万 h 完成进行 100%检验；对运行 10 万 h 的小口径管，根据实际情况，尽可能全部更换。

5.4.5.6 机组每次 A 级检修或 B 级检修，对与管道连接的小口径管易冲刷减薄的弯头或直管部位应进行壁厚测量。

5.5 低压水、水汽管道监督

5.5.1 设计阶段监督

5.5.1.1 低压水、水汽管道的设计应符合 GB 50764、DL/T 5054 的规定，设计单位应提供管道单线立体布置图。

5.5.1.2 低压水、水汽管道的应力计算应符合 DL/T 5366 的规定。

5.5.2 安装阶段监督

5.5.2.1 管道材料的监督按照 5.1.1、5.1.3、5.1.4 相关条款执行。

5.5.2.2 安装前，安装单位应对阀门做如下检验：

a）阀壳表面上的出厂标记（钢印或漆记）应与该制造商产品标记相符。

b）按质量证明书校核阀壳材料有关技术指标应符合现行国家或行业技术标准；阀门的制造质量应符合 DL/T 531、DL/T 922 和 NB/T 47044 的规定。

c）校核阀门的规格，并 100%进行外观质量检验。铸造阀壳内外表面应光洁，不得存在裂纹、气孔、毛刺和夹砂及尖锐划痕等缺陷；锻件表面不得存在裂纹、折叠、锻伤、斑痕、重皮、凹陷和尖锐划痕等缺陷；焊缝表面应光滑，不得有裂纹、气孔、咬边、漏焊、焊瘤等缺陷；若存在上述表面缺陷，则应完全清除，清除深度不得超过公称壁厚的负偏差，清理处的实际壁厚不得小于壁厚偏差所允许的最小值。

d）对合金钢制阀壳逐件按 DL/T 991 进行光谱检验。

e）对阀壳 100%的进行表面探伤，重点检验阀壳外表面非圆滑过渡的区域和壁厚变化较大的区域。表面探伤按 NB/T 47013 执行。

5.5.2.3 安装配管前，安装单位对管道应进行如下检验：

a）钢管表面上的出厂标记（钢印或漆记）应与该制造商产品标记相符。

b）100%进行外观质量检验。钢管内外表面不允许有裂纹、折叠、轧折、结疤、离层等缺陷，钢管表面的裂纹、机械划痕、擦伤和凹陷以及深度大于 1.6mm 的缺陷应完全清除，清除处应圆滑过渡；清除处的实际壁厚不得小于壁厚偏差所允许的最小值且不应小于按 GB 50764 或 DL/T 5366、DL/T 5054、ASME B31.1 计算的钢管最小需要壁厚。

c） 热轧（挤）管内外表面不允许有大于壁厚5%，且最大深度大于0.4mm的直道缺陷。

d） 校核钢管的壁厚和管径应符合设计和相关标准的规定。

e） 对合金钢管逐根进行光谱检验，光谱检验按DL/T 991执行；检验结果应符合附录C的规定。

f） 管道有下列情况之一时，为不合格：

1） 管道材料、规格尺寸不符合设计要求。

2） 最小壁厚小于按GB 50764或DL/T 5366、DL/T 5054、ASME B31.1计算的管子或管道的最小需要壁厚。

5.5.2.4 安装配管前，安装单位对弯头/弯管应进行如下检验：

a） 查明弯头/弯管表面上的出厂标记（钢印或漆记）应与该制造商产品标记相符。

b） 100%进行外观质量检查。弯头/弯管表面不允许有裂纹、折叠、重皮、凹陷和尖锐划痕等缺陷。表面缺陷处理后的实际壁厚不得小于壁厚偏差所允许的最小值且不应小于按GB 50764或DL/T 5366、DL/T 5054、ASME B31.1计算的钢管最小需要壁厚。

c） 按质量证明书校核弯头/弯管规格并检查以下几何尺寸：

1） 逐件检验弯管/弯头的中性面/外/内弧侧壁厚、椭圆度和波浪率。

2） 弯管的椭圆度不应大于7%。

d） 合金钢弯头/弯管应逐件进行光谱检验，光谱检验按DL/T 991执行；检验结果应符合附录C的规定。

e） 弯头、弯管按每种规格20%进行外弧面表面探伤，表面探伤按照NB/T 47013执行。

f） 弯头/弯管有下列情况之一时，为不合格：

1） 管道材料、规格尺寸不符合设计要求。

2） 无损探伤存在超标缺陷。

3） 弯头/弯管外弧侧的最小壁厚小于按GB 50764或DL/T 5366、DL/T 5054、ASME B31.1计算的管子或管道的最小需要壁厚。

5.5.2.5 安装配管前，安装单位对锻制、热压和焊制三通以及异径管应进行如下检查：

a） 三通和异径管表面上的出厂标记（钢印或漆记）应与该制造商产品标记相符。

b） 100%进行外观质量检验。锻制、热压三通以及异径管表面不允许有裂纹、折叠、重皮、凹陷和尖锐划痕等缺陷；表面缺陷处理后的实际壁厚不得小于壁厚偏差所允许的最小值且不应小于按GB 50764或DL/T 5366、DL/T 5054、ASME B31.1计算的钢管最小需要壁厚；三通肩部的壁厚应大于主管公称壁厚的1.4倍。

c） 合金钢三通、异径管应逐件进行光谱检验，光谱检验按DL/T 991执行。

d） 三通、异径管按100%进行表面探伤，表面探伤按照NB/T 47013执行；三通探伤部位为肩部和腹部外表面，异径管探伤部位为外表面。

e） 三通、异径管有下列情况之一时，为不合格：

1） 管道材料、规格尺寸不符合设计要求。

2） 无损检验发现超标缺陷。

3） 三通主管/支管壁厚、异径管最小壁厚小于按GB 50764或DL/T 5366、DL/T 5054、ASME B31.1中规定计算的最小需要壁厚；三通主管/支管的补强不满足GB 50764或DL/T 5366、DL/T 5054、ASME B31.1中的补强规定。

5.5.2.6 对验收合格的直管段、管件、阀门，安装单位应按 DL/T 850 进行组配安装焊接。组配安装后的几何尺寸应符合 DL/T 850 的规定，管道上小口径接管（如仪表管、疏放水管等）应采用与管道相同的材料，形位偏差应符合 DL/T 850 的规定。

5.5.2.7 安装焊缝的外观、光谱和无损检测的比例、质量要求应按 DL/T 869 的规定执行。

5.5.2.8 对安装焊缝超声波、射线探伤发现的记录性缺陷，应确定其位置、尺寸和性质，并记入技术档案。

5.5.2.9 对管道上的堵阀/堵板阀体、焊缝应进行 100%的超声波、表面探伤，超声波探伤按 DL/T 820 或 DL 473、表面探伤按 NB/T 47013 执行，质量验收标准按对主管道的规定执行。

5.5.2.10 安装过程中，应对管道上的安装接管座角焊缝进行 100%的表面探伤，表面探伤按 NB/T 47013 执行。

5.5.2.11 安装过程中，应对管道上小口径管一次门前的焊缝进行 100%的射线探伤，焊缝质量标准按对主管道的规定执行；射线探伤按 DL/T 821 执行。

5.5.2.12 安装单位应向电厂提供与实际管道和部件相对应的以下资料：

a） 三通、阀门的型号、规格、出厂证明书及检验结果；若电厂直接从制造商获得三通、阀门的出厂证明书，则可不提供。

b） 安装焊缝坡口形式、焊缝位置、焊接及热处理工艺及各项检验结果。

c） 标注有焊缝位置定位尺寸的管道立体布置图，图中应注明管道的材质、规格、支吊架的位置、类型。

d） 直管的外观、几何尺寸检查结果。

e） 弯管/弯头的外观、椭圆度、波浪率、壁厚等检验结果。

f） 合金钢部件的光谱检验记录。

g） 代用材料记录。

h） 安装过程中异常情况及处理记录。

5.5.2.13 监理单位应向电厂提供钢管、管件原材料检验、焊接工艺执行情况监督以及安装质量检验监督等相应的监理资料。

5.5.3 运行阶段监督

5.5.3.1 运行阶段管道不得超温、超压运行，如发生超温、超压运行情况，应及时做好调整、情况记录。

5.5.3.2 运行、检修（点检）、监督人员，在机组运行期间，应加强对管道（管子）的振动、泄漏、变形、移位、支吊情况的检查，对异常情况应进行记录，对其中严重影响人身和设备运行安全的情况，应及时采取措施处理。

5.5.3.3 对运行期间发生的失效事故，应进行原因分析。

5.5.4 检修阶段监督

5.5.4.1 机组每次A级检修或B级检修，应对直管段、弯头易冲刷减薄部位进行壁厚测量，对壁厚小于管道的最小需要壁厚的直管、弯头应及时安排更换。

5.5.4.2 机组每次 A 级检修或 B 级检修，对每类管道至少抽查一道焊缝进行超声波或射线探伤，重点检验有记录缺陷、应力较大部位（结构应力、热应力）、发生过泄漏的焊缝；后次抽查部位为前次未检部位。射线、超声波探伤按 NB/T 47013 执行。

5.5.4.3 机组每次 A 级检修或 B 级检修，对每条管道至少抽查一个接管座角焊缝进行表面探伤，表面探伤按 NB/T 47013 执行。

5.6 高温蒸汽管道监督

5.6.1 设计阶段监督

5.6.1.1 高温蒸汽管道的设计应符合 GB 50764、DL/T 5054 的规定，管道应力计算应符合 DL/T 5366 的规定。设计单位应提供管道单线立体布置图。图中应标明：

a） 管道的材料牌号、规格、理论计算壁厚、壁厚偏差。

b） 设计采用的材料许用应力、弹性模量、线膨胀系数。

c） 管道的冷紧口位置及冷紧值。

d） 管道对设备的推力、力矩。

e） 管道最大应力值及其位置。

5.6.1.2 设计单位对每种管件均应提供强度设计计算书。

5.6.1.3 管道不同厚度对口的设计要求应符合 DL/T 869 的规定，其中应特别注意蒸汽管道与阀门的不同厚度对接焊缝的设计要求。

5.6.1.4 管道对接焊缝间距的设计要求应符合 DL/T 5054、DL/T 869 的规定。

5.6.1.5 对新建机组蒸汽管道，不强制要求设计、安装蠕变变形测点，由金属监督人员根据具体情况考虑是否设计和安装。

5.6.1.6 对主蒸汽、高温再热蒸汽管道和导汽管上的温度、压力、排空、疏水（一次门内）等接管应选取与主管同种材料。

5.6.2 制造阶段监督

5.6.2.1 制造阶段应依据 DL/T 586、《中国华能集团公司电力工程建设设备监理管理办法》和《中国华能集团公司火电工程设备监理大纲》的规定和要求，对介质温度不小于 450℃的蒸汽介质管道及管件的制造质量进行监督检验。

5.6.2.2 管道材料的监督按照 5.1.1、5.1.3、5.1.4 相关条款执行。

5.6.2.3 管件和阀门应满足以下标准：弯管的制造质量应符合 DL/T 515 的规定；弯头、三通和异径管的制造质量应符合 DL/T 695 的规定；锻制的大直径三通应满足 DL 473 的技术条件；阀门的制造质量应符合 DL/T 531、DL/T 922 和 NB/T 47044 的规定。

5.6.2.4 配管前，对直管段应进行如下检验：

a） 钢管表面上的出厂标记（钢印或漆记）应与该制造商产品标记相符。

b） 100%进行外观质量检验。钢管内外表面不允许有裂纹、折叠、轧折、结疤、离层等缺陷，钢管表面的裂纹、机械划痕、擦伤和凹陷以及深度大于 1.6mm 的缺陷应完全清除，清除处应圆滑过渡；清理处的实际壁厚不得小于壁厚偏差所允许的最小值且不应小于按 GB 50764 或 DL/T 5366、DL/T 5054、ASME B31.1 计算的钢管最小需要壁厚。

c） 热轧（挤）管内外表面不允许有大于壁厚 5%，且最大深度大于 0.4mm 的直道缺陷。

d） 检查校核钢管的壁厚和管径应符合设计和相关标准的规定。

e） 对合金钢管逐根进行光谱检验，光谱检验按 DL/T 991 执行。检验结果应符合附录 C 的规定。

f） 合金钢管应逐根进行硬度检验；硬度检验的打磨深度通常为 0.5mm～1.0mm，并以 120 号或更细的砂轮、砂纸精磨，表面粗糙度 R_a 小于 6.3μm；每根钢管上选取两端和中间 3 个截面，每一截面按 90º 间隔共检查 4 点，每点测量 3 个硬度值，取其平均值作为该点的硬度值；硬度值应符合附录 D 的规定。对用便携式里氏硬度计测量的硬度异常部位，应进行金相组织检验，同时扩大硬度检查区域，对硬度异常的分布区域、范围、偏差程度进行确认和记录。对用里氏硬度计测量发现大范围硬度异常情况时，宜采用便携式布氏硬度计进行复核。

g）对合金钢管按同规格根数的 10%进行金相组织检查，每炉批至少抽查 1 根；合金钢管的标准供货状态及金相组织见附录 E。

h）对 P91 合金钢管的硬度和金相组织要求如下：

1）直管段母材的硬度应均匀，且控制在 180HB～250HB，同根钢管上任意两点间的硬度差不宜大于△30HB，个别点最低不低于 175HB；对检验较大面积母材硬度不大于 160HB 的管段应更换。

2）用金相显微镜在 100 倍下检查 δ–铁素体含量，取 10 个视场的平均值，外表面金相组织中的 δ–铁素体含量不应大于 5%。

i）钢管逐根按 NB/T 47013、GB/T 20490 进行超声波探伤，探伤部位为钢管两端头的 300mm～500mm 全周范围内，若发现超标缺陷，则应扩大检查；对于钢管端部夹层类缺陷的验收，按 GB/T 20490 或 EN10246–14 与供货方协商确定。

j）对初次使用的进口新材料或国产化后首次使用的管道，应对直管按每炉批至少抽取 1 根进行以下项目的试验，确认下列项目应符合附录 B 中现行国家、行业标准或国外相应的标准：

——化学成分；

——拉伸、冲击、硬度；

——金相组织、晶粒度和非金属夹杂物；

——弯曲试验（按 ASME SA335/A335M 执行）；

——无损探伤。

k）P22 钢管若为美国 WYMAN–GORDON 公司生产，其金相组织为珠光体+铁素体；若为德国 VOLLOREC & MANNESMAN 公司或国产管，金相组织为贝氏体（珠光体）+铁素体。

l）管道有下列情况之一时，为不合格：

1）最小壁厚小于按 GB 50764 或 DL/T 5366、DL/T 5054、ASME B31.1 计算的最小需要壁厚。

2）硬度值超过附录 D 的规定范围。

3）金相组织异常。

4）割管试验力学性能不合格。

5）无损检验发现超标缺陷。

5.6.2.5 配管前，对弯头/弯管应进行如下检验：

a）查明弯头/弯管表面上的出厂标记（钢印或漆记）应与该制造商产品标记相符。

b）100%进行外观质量检查。弯头/弯管表面不允许有裂纹、折叠、重皮、凹陷和尖锐划痕等缺陷。表面缺陷处理后的实际壁厚不得小于壁厚偏差所允许的最小值且不应小于按 GB 50764 或 DL/T 5366、DL/T 5054、ASME B31.1 计算的最小需要壁厚。

c） 按质量证明书校核弯头/弯管规格并检查以下几何尺寸：

1） 逐件检验弯管/弯头的中性面/外/内弧侧壁厚、椭圆度和波浪率。

2） 弯管的椭圆度应满足：公称压力大于 8MPa 时，椭圆度不大于 5%；公称压力不大于 8MPa 时，椭圆度不大于 7%。

3） 弯头的椭圆度应满足：公称压力不小于 10MPa 时，椭圆度不大于 3%；公称压力小于 10MPa 时，椭圆度不大于 5%。

4） 椭圆度检查部位为弯头/弯管外侧和内侧，内、外侧椭圆度检查结果有一个不合格时则判定不合格。

d） 合金钢弯头/弯管应逐件进行光谱检验，光谱检验按 DL/T 991 执行。

e） 对合金钢弯头/弯管应逐件进行硬度检验，至少在外弧侧顶点和侧弧中间位置测 3 点；硬度值应符合附录 D 的规定。对用便携式里氏硬度计测量硬度异常的部位，应采用便携式布氏硬度计进行复核，并进行金相组织检验，同时扩大硬度检查区域，对硬度异常的分布区域范围进行确认和记录。

f） 对合金钢弯头/弯管按逐件进行金相组织检验，合金钢弯头/弯管的标准供货状态及金相组织参见附录 E。

g） P91 钢材质的热推、热压和锻造弯头、弯管的硬度应均匀，且控制在 180HB～250HB，同一管件上任意两点之间的硬度差不宜大于△50HB，个别点最低不低于 175HB；外表面金相组织中的 δ–铁素体含量不应大于 5%，F91 锻件的硬度应控制在 180HB～250HB。

h） 弯头、弯管按 100%进行表面和超声波探伤，表面和超声波探伤按照 NB/T 47013 执行。

i） 弯头/弯管有下列情况之一时，为不合格：

1） 存在晶间裂纹、过烧组织或无损探伤的其他超标缺陷；对于弯头/弯管的夹层类缺陷，按 GB/T 20490 或 EN10246–14 检验并分别按 B2 或 U2 级别验收。

2） 弯管几何形状和尺寸不满足本标准及 DL/T 515 中有关规定，弯头几何形状和尺寸不满足本标准及 DL/T 695 中有关规定。

3） 弯头/弯管外弧侧的最小壁厚小于按 GB 50764 或 DL/T 5366、DL/T 5054、ASME B31.1 计算的最小需要壁厚。

4） 硬度值超过附录 D 的规定范围。

5.6.2.6 配管前，对锻制、热压和焊制三通（包括主管、支管）以及异径管应进行如下检查：

a） 三通和异径管表面上的出厂标记（钢印或漆记）应与该制造商产品标记相符。

b） 100%进行外观质量检验。锻制、热压三通以及异径管表面不允许有裂纹、折叠、重皮、凹陷和尖锐划痕等缺陷。表面缺陷处理后的实际壁厚不得小于壁厚偏差所允许的最小值且不应小于按 GB/T 16507 或 GB 50764、ASME B31.1 计算的最小需要壁厚。三通肩部的壁厚应大于主管公称壁厚的 1.4 倍。

c） 合金钢三通、异径管应逐件进行光谱检验，光谱检验按 DL/T 991 执行。

d） 合金钢三通、异径管按 100%进行硬度检验。三通至少在肩部和腹部位置各测 3 点，异径管至少在大、小头位置测 3 点；硬度值应符合附录 D 的规定。对用便携式里氏硬度计测量硬度异常的部位，应采用便携式布氏硬度计进行复核，并进行金相组织检验，同时扩大硬度检查区域，对硬度异常的分布区域范围进行确认和记录。

e） P91 钢材质的热推、热压、锻造三通和异径管的硬度应均匀，且控制在 180HB～250HB；外表面金相组织中的 δ–铁素体含量不应大于 5%。

f） 对合金钢三通、异径管逐件进行金相组织检验。

g） 对三通、异径管按 100%进行表面探伤，表面探伤按照 NB/T 47013 执行；三通探伤部位为肩部和腹部外表面，异径管探伤部位为外表面。

h） 三通、异径管有下列情况之一时，为不合格：

1） 存在晶间裂纹、过烧组织或无损检验发现的其他超标缺陷。

2） 焊接三通焊缝的超标缺陷。

3） 几何形状和尺寸不符合 DL/T 695 中有关规定。

4） 三通主管/支管壁厚、异径管最小壁厚小于按 GB/T 16507 或 GB 50764、ASME B31.1 中规定计算的最小需要壁厚；三通主管/支管的补强不满足 GB/T 16507 或 GB 50764、ASME B31.1 中的补强规定。

5） 硬度值超过附录 D 的规定范围。

5.6.2.7 管道、管件硬度高于本标准的规定值，可通过再次回火处理达到标准要求，重新回火不超过 3 次；硬度低于本标准的规定值时，可通过重新正火+回火处理达到标准要求，重新处理次数不得超过 2 次。

5.6.2.8 对验收合格的直管段与管件，按 DL/T 850 进行组配，组配后的配管应进行以下检验，并满足以下技术条件：

a） 几何尺寸应符合 DL/T 850 的规定。

b） 配管时，直管段的最小长度应符合 DL/T 869 中对对接焊口最小间距的规定。

c） 对合金钢管焊缝进行 100%的光谱检验和热处理后的硬度检验；对整体热处理后的合金钢管应进行 100%的硬度检验，硬度值应符合附录 D 的规定；对硬度异常部位应进行金相组织检验，合金钢管的标准供货状态及金相组织见附录 E；光谱检验按 DL/T 991 执行。

d） 对组配焊缝应进行 100%的射线或超声和磁粉探伤，射线或超声和磁粉探伤分别按 DL/T 821、DL/T 820、NB/T 47013 执行；焊缝的质量验收标准按 DL/T 869 的规定执行。对 P91 合金钢配管焊缝区域表面裂纹检验，应在打磨后进行磁粉探伤。

e） 对 P91 合金钢管和焊缝的硬度、金相组织应进行 100%的检验，其中钢管硬度和金相组织应符合本标准 5.6.2.4 中 h）的规定；焊缝的硬度和金相组织的检验、质量要求如下：

1） 焊缝硬度检验的打磨深度通常为 0.5mm～1.0mm，并以 120 号或更细的砂轮、砂纸精磨。表面粗糙度 R_a 小于 6.3μm；硬度检验部位包括焊缝和近缝区的母材，同一部位至少测量 3 点。硬度值应控制在 180HB～270HB。

2） 焊缝硬度超出控制范围，首先在原测点附近两处和原测点 180° 位置再次测量；其次在原测点可适当打磨较深位置，打磨后的管道壁厚不应小于最小需要壁厚。

3） 焊缝和熔合区金相组织中的 δ–铁素体含量不应大于 8%，最严重的视场不应大于 10%。

f） 管段上的接管角焊缝应经 100%的表面探伤，表面探伤按 NB/T 47013 执行。

g） 管段上小径接管（如仪表管、疏放水管等）应采用与管道相同的材料，形位偏差应符合 DL/T 850 的规定。

h） 组配件母管或弯头/弯管的硬度高于本标准的规定值，通过再次回火，重新回火不超过 3 次；硬度低于本标准的规定值，重新正火+回火，正火+回火不得超过 2 次。

i） 组配件焊缝硬度高于本标准的规定值，可通过局部再次回火，重新回火不超过 3 次；焊缝硬度低于本标准的规定值，挖除重新焊接/热处理，同一部位挖补不应超过 3 次。

5.6.3 安装阶段监督

5.6.3.1 安装前，安装单位应对管道、管件、阀门和堵阀进行如下检验：

5.6.3.1.1 安装前，安装单位应对直管段、弯头/弯管、三通 100%进行内外表面质量检验和几何尺寸抽查：

a） 部件表面不允许存在裂纹、严重凹陷、变形等缺陷。

b） 按管段数量的 20%测量直管的外（内）径和壁厚。

c） 按弯头、弯管数量的 30%进行椭圆度、壁厚测量，特别是外弧侧的壁厚。

d） 检验热压三通肩部、管口区段以及焊制三通管口区段的壁厚。

e） 对异径管进行壁厚和直径测量。

f） 管道上小径接管的形位偏差应符合 DL/T 850 中的规定。

g） 几何尺寸不合格的管件，应加倍抽查。

5.6.3.1.2 安装前，安装单位应对合金钢管、合金钢制管件（弯头、弯管、三通、异径管）100%进行光谱检验，对于高合金钢如采用弧光激发的光谱仪进行检验，应在检验完成后立即去除检验部位的灼痕。按管段、管件数量的 20%和 10%分别进行硬度和金相组织检查；每种规格至少抽查 1 个，硬度异常的管件可采用便携式布氏硬度计进行复核，复核后仍不合格应扩大检查比例且进行金相组织检查；硬度值应符合附录 D 的规定；光谱检验按 DL/T 991 执行，检验结果应符合附录 C 的规定；合金钢管、管件的标准供货状态及金相组织参见附录 E。

5.6.3.1.3 阀门、堵阀，安装前应做如下检验：

a） 阀壳表面上的出厂标记（钢印或漆记）应与该制造商产品标记相符。

b） 按质量证明书校核阀壳材料有关技术指标应符合现行国家或行业技术标准；阀门的制造质量应符合 DL/T 531、DL/T 922 和 NB/T 47004 的规定。

c） 校核阀门的规格，并 100%进行外观质量检验。铸造阀壳内外表面应光洁，不得存在裂纹、气孔、毛刺和夹砂及尖锐划痕等缺陷；锻件表面不得存在裂纹、折叠、锻伤、斑痕、重皮、凹陷和尖锐划痕等缺陷；焊缝表面应光滑，不得有裂纹、气孔、咬边、漏焊、焊瘤等缺陷；若存在上述表面缺陷，则应完全清除，清除深度不得超过公称壁厚的负偏差，清理处的实际壁厚不得小于壁厚偏差所允许的最小值。

d） 对合金钢制阀壳应逐件进行光谱检验，光谱检验按 DL/T 991 执行。

e） 对每个阀壳进行 100%的表面探伤；重点检验阀壳外表面非圆滑过渡的区域和壁厚变化较大的区域；表面探伤按照 NB/T 47013 执行。

f） 如果阀壳内外表面缺陷深度超过公称壁厚的负偏差，或清理处的实际壁厚小于壁厚偏差所允许的最小值，则应进行退货处理或返修处理，铸钢阀壳的返修补焊焊接工艺参见附录 F。

g） 检查阀门（如汽轮机进汽阀门）与管道不同厚度对口，应符合 DL/T 5054、DL/T 869、

NB/T47044 的规定。

5.6.3.2 管道安装质量的监督规定如下：

5.6.3.2.1 对工作温度大于 450℃的主蒸汽管道、高温再热蒸汽管道，应在直管段上设置监督段（主要用于金相和硬度跟踪检验）；监督段应选择该管系中实际壁厚最薄的同规格钢管，其长度约 1000mm；监督段应包括锅炉蒸汽出口第一道焊缝后的管段和汽轮机入口前第一道焊缝前的管段。

5.6.3.2.2 在以下部位可装设蒸汽管道安全状态在线监测装置：

a） 管道应力危险的区段。

b） 管壁较薄，应力较大的区段，或运行时间较长，以及经评估后剩余寿命较短的管道。

5.6.3.2.3 管道安装焊缝的焊接、焊后热处理、焊接质量检验和验收应按照 DL/T 869 的规定执行。对于工作温度大于 450℃的蒸汽管道、导汽管的安装焊缝应采取氩弧焊打底。对安装焊缝质量检验和验收要求如下：

a） 安装焊缝应进行 100%的外观检验，合金钢管安装焊缝应进行 100%的光谱、硬度检验和 20%的金相组织检验，光谱检验按照 DL/T 991 执行，安装焊缝外观、光谱、硬度、金相检验结果应符合 DL/T 869 中的规定。其中对 P91 合金钢管安装焊缝应进行 100%的硬度和金相组织检验，焊缝硬度和金相组织检验应符合本标准 5.6.2.8 中 e）项的规定。对于检验硬度异常的部位应采用便携式布氏硬度计进行复核，并进行金相组织检查。合金钢管、管件的标准供货状态及金相组织参见附录 E。

b） 安装焊缝在热处理后或焊后（不需热处理的焊缝），应进行 100%的射线或超声和磁粉探伤，射线或超声和磁粉探伤分别按 DL/T 821、DL/T 820、NB/T 47013 执行；焊缝的质量验收标准按 DL/T 869 的规定执行。

5.6.3.2.4 对蒸汽管道上的堵板焊缝应进行 100%的表面和超声波探伤，超声波探伤按 DL/T 820、表面探伤按 NB/T 47013 执行；焊缝质量验收标准按主管道规定执行。

5.6.3.2.5 管道安装完应对监督段进行硬度和金相组织检验，并建立档案保存。

5.6.3.2.6 管道安装完毕后，应在管道保温层外表面设置明显的、永久性的焊缝位置指示标识。

5.6.3.2.7 管道露天布置的部分，及与油管道平行、交叉和可能滴水的部分，应加包金属薄板保护层。露天吊架处应有防雨水渗入保护层的措施。

5.6.3.2.8 管道要保温良好，严禁裸露，保温材料应符合设计要求，不能对管道金属有腐蚀作用；保温层破裂或脱落时，应及时修补；更换容重相差较大的保温材料时，应考虑对支吊架的影响；严禁在管道上焊接保温拉钩，不得借助管道起吊重物。

5.6.3.3 安装过程中，应对与高温蒸汽管道相连的管道或管子进行如下监督：

a） 对管道上各种制造、安装接管座角焊缝应进行 100%的表面探伤，表面探伤按 NB/T 47013 执行。

b） 对管道上各种接管一次门前的直管、管件、阀门，按照 DL/T 991 进行 100%的光谱检验。

c） 对管道上各种接管一次门前的所有焊缝应进行 100%的射线或超声波探伤，射线或超声波探伤分别按 DL/T 821、DL/T 820 执行，焊缝质量验收标准按对主管道的要求执行。

5.6.3.4 管道安装资料的监督要求如下：

5.6.3.4.1 安装单位应向电厂提供与实际管道和部件相对应的以下资料：

a） 三通、阀门的型号、规格、出厂证明书及检验结果；若电厂直接从制造商获得三通、阀门的出厂证明书，则可不提供。

b） 安装焊缝坡口形式、焊缝位置、焊接及热处理工艺及各项检验结果。

c） 标注有焊缝位置定位尺寸的管道立体布置图，图中应注明管道的材质、规格、支吊架的位置、类型。

d） 直管的外观、几何尺寸和硬度检查结果；合金钢直管应有金相组织检查结果。

e） 弯头、弯管的外观、椭圆度、波浪率、壁厚等检验结果。

f） 合金钢制弯头、弯管的硬度和金相组织检验结果。

g） 管道系统合金钢部件的光谱检验记录。

h） 代用材料记录。

i） 安装过程中异常情况及处理记录。

5.6.3.4.2 监理单位应向电厂提供钢管、管件原材料检验、焊接工艺执行监督以及安装质量检验监督等相应的监理资料。

5.6.4 运行阶段监督

5.6.4.1 机组运行期间，管道不得超温、超压运行。如发生超温、超压运行情况，应及时查明原因，并做好运行调整，对超温、超压的幅度、时间、次数情况应建立台账和记录。

5.6.4.2 机组运行期间，运行、检修（点检）、监督人员，应加强对管道的振动、泄漏、变形、移位、保温、支吊情况的检查，对异常情况应进行记录，对其中严重影响人身和设备运行安全的情况，应及时查明原因，并采取措施处理。

5.6.4.3 对运行期间发生的管道失效事故，应进行原因分析，并采取措施防止同类型事故再次发生。

5.6.5 检修阶段监督

5.6.5.1 直管段母材和焊缝的检修监督。

5.6.5.1.1 机组第一次A级检修或B级检修中，应对每类高温蒸汽管道直管、焊缝，按不低于10%的比例进行外观质量、胀粗、硬度检查，对焊缝进行渗透（或磁粉）、超声波探伤，对焊缝两侧直管段进行壁厚测量，对硬度异常的部位可采用便携式布氏硬度计进行复核，复核后仍不合格应进行金相组织检查。如发现焊缝存在超标缺陷时，应扩大检验比例。后次A级或B级检修抽查范围，应为前次未检管道直管段和焊缝，至10万h完成100%的检验。

5.6.5.1.2 机组每次A级检修或B级检修中，应重点加强监督检查的部位和项目如下：

a） 监督段直管和焊缝外观、壁厚、硬度、金相组织检查，焊缝100%表面、超声波探伤。硬度和金相检验点应在前次检验点处或附近区域。

b） 安装前或前次检修发现存在硬度和金相组织异常的直管段和焊缝部位进行硬度和金相组织检查，以及直管段胀粗情况和焊缝的表面、超声波探伤。硬度和金相检验点应在前次检验点处或附近区域。

c） 存在应力集中的部位（如三通焊缝、管道与阀门连接焊缝），温差大和温度交变频繁部位的焊缝（如过热和再热蒸汽减温器、启动减温器管道焊缝），曾经发生过泄漏的直管段和焊缝，以及制造或安装检查、上次检修检查存在记录（超标未处理）缺陷的焊缝和存在振动的管道影响到的焊缝，应进行表面、超声波探伤。

d） 存在积水的直管和焊缝部位应进行超声波探伤。

e） 管壁较薄部位直管和焊缝外观、壁厚检查，焊缝表面、超声波探伤。

5.6.5.1.3 管道硬度和金相组织检验、无损检验及质量评定标准：

a） 管道直段、焊缝外观不允许存在裂纹、严重划痕、拉痕、麻坑、重皮及腐蚀等缺陷。

b） 焊缝质量验收按 DL/T 869 标准执行。

c） 直管段母材和焊缝的硬度应参考附录 D，直管段母材或焊缝金相组织参考附录 E。

d） 12CrMo、15CrMo 钢的珠光体球化评级按 DL/T 787 标准执行，12CrMoV、12Cr1MoV 钢的珠光体球化评级按 DL/T 773 标准执行，12Cr2MoG、2.25Cr–1Mo、P22 和 10CrMo910 钢的珠光体球化评级按 DL/T 999 标准执行。

5.6.5.1.4 对已装设蠕变测点的高温蒸汽管道，每次 A 级或 B 级检修时可继续进行蠕变变形测量；对于设计选用管道（或实际壁厚偏薄的管段）偏薄的管道，应装设蠕变变形测点或装置，并在每次 A 级或 B 级检修时进行蠕变测量或运行监测。

5.6.5.1.5 管道的状态评估、寿命评估（材质鉴定）和更换的相关规定：

a） 对运行时间达到或超过 20 万 h、工作温度高于 450℃的低合金钢主蒸汽管道、高温再热蒸汽管道，应割管进行材质评定；当割管试验表明材质损伤严重时（材质损伤程度根据割管试验的各项力学性能指标和微观金相组织的老化程度由金属监督人员确定），应进行寿命评估；管道寿命评估按照 DL/T 940 标准执行。

b） 12CrMo、15CrMo、12CrMoV、12Cr1MoV 和 12Cr2MoG 钢蒸汽管道，当蠕变应变达到 1%或蠕变速度大于 0.35×10^{-5}%/h，应割管进行材质评定和寿命评估。其余合金钢制主蒸汽管道、高温再热蒸汽管道，当蠕变应变达 1%或蠕变速度大于 1×10^{-5}%/h 时，应割管进行材质评定和寿命评估。

c） 已运行 20 万 h 的 12CrMo、15CrMo、12CrMoV、12Cr1MoV、12Cr2MoG（2.25Cr–1Mo、P22、10CrMo910）钢制蒸汽管道，经检验符合下列条件，直管段一般可继续运行至 30 万 h：

1） 实测最大蠕变应变小于 0.75%、或最大蠕变速度小于 0.35×10^{-5}%/h。

2） 监督段金相组织未严重球化（即未达到 5 级）。

3） 未发现严重的蠕变损伤。

d） P91 合金钢管道机组服役 3 个 A 级检修（约 10 万 h）时或有异常时，宜在主蒸汽管道监督段割管进行以下试验检验：

1） 硬度检验，并与每次检修现场检测的硬度值进行比较。

2） 拉伸性能（室温、服役温度）。

3） 冲击性能（室温、服役温度）。

4） 微观组织的光学金相和透射电镜检验。

5） 依据试验结果，对管道的材质状态做出评估，由金属专责工程师确定下次割管时间。

6） 第 2 次割管除进行 5.6.5.1.5 中 d）项的 1）～4）试验外，还应进行持久断裂试验。

7） 第 2 次割管试验后，依据试验结果，对管道的材质状态和剩余寿命做出评估。

e） 主蒸汽管道材质损伤，经检验发现下列情况之一时，应及时处理或更换：

1） 自机组投运以后，一直提供蠕变测量数据，其蠕变应变达 1.5%。

2） 一个或多个晶粒长的蠕变微裂纹。

f） 对于 P91 直管段硬度值低于 180HB，且大于或等于 160HB，金相组织为回火马氏体+铁素体（金相组织中的δ–铁素体含量大于 5%）时，在加强对此类管道的监督检查的同时，应按本标准 5.6.5.1.5 中 d）项的规定割取管样进行性能试验，根据试验结果决定是否更换。对于硬度值低于 160HB 的直管段，应对其进行更换。

5.6.5.2 管件及阀门的检修监督。

5.6.5.2.1 机组第一次 A 级检修或 B 级检修，应按 10%对管件及阀壳（每种管道至少抽查一件）进行外观质量、硬度、金相组织、壁厚、椭圆度检验和无损检测（弯头的探伤包括外弧侧的表面渗透或磁粉探伤与对外弧两侧中性面之间内壁表面的超声波探伤）。当发现超标缺陷时，应扩大检验比例。后次 A 级检修或 B 级检修的抽查部件为前次未检部件。弯头表面探伤、内壁表面的超声波探伤按 NB/T 47013 执行。

5.6.5.2.2 机组每次 A 级检修或 B 级检修中，应重点加强监督检查的部位和项目如下：

a） 应重点对以下管件进行硬度、金相组织检验。硬度和金相组织检验点应在前次检验点处或附近区域：

1） 硬度、金相组织异常的管件。

2） 安装前椭圆度较大、外弧侧壁厚较薄的弯头、弯管。

3） 锅炉出口第一个弯头、弯管，以及汽轮机入口邻近的弯头、弯管。

b） 应对安装前或前次检修椭圆度较大、外弧侧壁厚较薄的弯头、弯管进行椭圆度和壁厚测量。

c） 对安装前存在缺陷和运行中开裂修复过的阀门、三通等管件每次 A 级检修或 B 级检修应进行渗透（或磁粉）或超声波探伤，其中对阀门、三通焊缝（包括锻制三通的肩部等应力集中部位）应按 NB/T 47013 进行表面探伤，三通焊缝应按 DL/T 820 进行超声波探伤。

5.6.5.2.3 弯头、弯管发现下列情况时，应及时处理或更换：

a） 弯头、弯管有下列情况之一时，为不合格：

1） 存在晶间裂纹、过烧组织或无损探伤的其他超标缺陷；对于弯头/弯管的夹层类缺陷，按 GB/T 20490 或 EN10246–14 检验并分别按 B2 或 U2 级别验收。

2） 弯管几何形状和尺寸不满足 DL/T 515 中有关规定，弯头几何形状和尺寸不满足本标准和 DL/T 695 中有关规定。

3） 弯头、弯管外弧侧的最小壁厚小于按 GB 50764 或 DL/T 5366、DL/T 5054、ASME B31.1 计算的管子或管道的最小需要壁厚。

b） 产生蠕变裂纹或严重的蠕变损伤（蠕变损伤 4 级及以上）时。蠕变损伤评级按附录 G 执行。

5.6.5.2.4 三通和异径管有下列情况时，应及时处理或更换：

a） 三通、异径管有下列情况之一时，为不合格：

1） 存在晶间裂纹、过烧组织或无损检测存在超标缺陷。

2） 几何形状和尺寸不符合 DL/T 695 中有关规定。

3）最小壁厚小于按 GB 50764 或 DL/T 5366、DL/T 5054、ASME B31.1 中规定计算的最小需要壁厚。

b）产生蠕变裂纹或严重的蠕变损伤（蠕变损伤 4 级及以上）时。低合金耐热钢的蠕变损伤评级按附录 G 执行。

c）对需更换的三通和异径管，推荐选用锻造、热挤压三通。

d）热推、热压和锻造 P91 管件的硬度值低于 180HB，大于或等于 160HB，金相组织为回火马氏体+铁素体（外表面金相组织中的 δ–铁素体含量大于 5%），在加强对此类管件的监督检查的同时，应按本标准 5.6.5.1.5 中 d）项的规定割取管样进行性能试验，根据试验结果决定是否更换。对于硬度值低于 160HB 的管件，应尽快安排对其进行更换。

5.6.5.2.5 铸钢阀壳存在裂纹、铸造缺陷，经打磨消缺后的实际壁厚小于最小需要壁厚时，应及时修复处理或更换；对于修复处理的部位应进表面探伤，表面探伤按 NB/T 47013 标准执行；铸钢阀壳的返修补焊焊接工艺参见附录 F。

5.6.5.3 对与高温蒸汽管道相连的小口径管的检修监督规定如下：

5.6.5.3.1 对与高温蒸汽管道相连的小口径管的接管座角焊缝的监督规定如下：

a）每次 A 级检修或 B 级检修时，对与高温蒸汽管道相连的小口径管的接管座角焊缝按不低于 20%进行表面探伤、超声波探伤，至 10 万 h 检查完毕。表面探伤按 JB/T 4730 标准执行，超声波探伤按 DL/T 820 或 DL/T 1105.2、NB/T 47013 标准执行。

b）每次 A 级检修或 B 级检修时，应重点检查以下小口径管的接管座角焊缝：

1）与高温蒸汽管道材料不同的小口径管的接管座角焊缝。

2）可能有凝结水积水（压力表管、疏水管、喷水减温器的下部、较长的盲管或不经常使用的联络管）、膨胀不畅部位的接管座角焊缝，以及相连母管管孔部位及内表面是否有裂纹。

3）运行期间发生泄漏或前次检修曾经发现过裂纹的接管座角焊缝。

5.6.5.3.2 对与高温蒸汽管道相连的小口径管子及对接焊缝的监督规定如下：

a）对各种小口径管子一次门前的对接焊缝，首次 A 级检修时，按不低于 20%进行射线或超声波探伤抽查，对小口径管子对接焊缝宜采用射线探伤，发现超标缺陷时，应扩大检查比例。射线或超声波探伤分别按 DL/T 821、DL/T 820 标准执行，合格标准按主蒸汽、高温再热蒸汽管道和导汽管的要求执行。

b）每次 A 级检修或 B 级检修时，应重点检查以下小口径管和对接焊缝：

1）膨胀不畅部位管子的对接焊缝。

2）发生过泄漏的对接焊缝。

3）因冲刷减薄发生过泄漏的管子直段或弯头部位应进行壁厚测量。

c）与高温蒸汽管道材料膨胀系数差别较大的小口径管应进行更换。

d）对易产生凝结水和积水、膨胀不畅的管子应进行改造，防止运行期间发生疲劳开裂泄漏问题。

e）对与高温蒸汽管道相连小口径管的一次门前的管段、管件、阀壳运行 10 万 h 后，宜结合检修全部更换。

5.7 低温蒸汽管道监督

5.7.1 设计阶段监督

5.7.1.1 低温蒸汽管道的设计应符合 GB 50764、DL/T 5054 的规定，设计单位应提供管道单线立体布置图。

5.7.1.2 低压水、水汽管道的应力计算应符合 DL/T 5366 的规定。低压水、水汽管道的应力计算应符合 DL/T 5366 的规定。

5.7.2 制造阶段监督

5.7.2.1 制造阶段应依据 DL/T 586、《中国华能集团公司电力工程建设设备监理管理办法》和《中国华能集团公司火电工程设备监理大纲》的规定和要求，对介质温度小于 450℃且不小于 100℃的低温蒸汽管道（主要包括再热冷段、汽轮机抽汽、汽包饱和蒸汽引出管道）的制造质量进行现场监督检验。

5.7.2.2 低温蒸汽管道制造阶段的监督按照 5.4.2 的要求执行。

5.7.3 安装阶段监督

5.7.3.1 低温蒸汽管道安装阶段的监督按照 5.4.3 的要求执行。

5.7.3.2 安装过程中，应对蒸汽管道上的各种制造、安装接管座角焊缝进行 100%的表面探伤，表面探伤按 NB/T 47013 标准执行。

5.7.4 运行阶段监督

5.7.4.1 运行阶段管道不得超温、超压运行，如发生超温、超压运行情况，应及时做好调整、情况记录。

5.7.4.2 运行、检修（点检）、监督人员，在机组运行期间，应加强对管道（管子）的振动、泄漏、变形、移位、支吊情况的检查，对异常情况应进行记录，对其中严重影响人身和设备运行安全的情况，应及时采取措施处理。

5.7.4.3 对运行期间发生的失效事故，应进行原因分析。

5.7.5 检修阶段监督

5.7.5.1 机组每次 A 级检修或 B 级检修，应对拆除保温层的管道、焊缝和弯头、弯管进行宏观检验，对发现存在表面裂纹、严重机械损伤、重皮等缺陷，应予以消除，清除处的实际壁厚不应小于按 GB 50764 或 DL/T 5366、DL/T 5054、ASME B31.1 计算的筒体管道的最小需要壁厚。

5.7.5.2 每次 A 级检修或 B 级检修，对每类管道的焊缝抽取不小于 10%比例的焊缝（至少抽查 1 道环焊缝）进行壁厚测量和超声波探伤，对带有纵焊缝的再热冷段蒸汽管道至少抽查一条进行超声波探伤，超声波探伤按 DL/T 820 标准执行，后次抽查部位为前次未检部位，如发现超标缺陷，应扩大检验比例，至 10 万 h 完成 100%检验。

5.7.5.3 对于焊缝超声波探伤发现的超标缺陷，应在去除缺陷后按照原制造或安装焊接工艺进行补焊，补焊部位应经超声波探伤。焊缝质量验收标准按 DL/T 869 执行。

5.7.5.4 机组每次 A 级检修或 B 级检修，对与蒸汽管道相连的小口径管（疏水管、测温管、压力表管、空气管、安全阀、排气阀、充氮、取样、压力信号管等）管座角焊缝按不小于 10%的比例进行检验，检验内容包括外观检查、表面探伤；后次抽查部位为前次未检部位，至 10 万 h 完成进行 100%检验。对运行 10 万 h 的小口径管，根据实际情况，尽可能全部更换。表面探伤按 NB/T 47013 标准执行。

5.7.5.5 机组每次 A 级检修或 B 级检修，对蒸汽管道的三通、阀门外表面进行宏观检查，对可疑部位应进行表面探伤，必要时进行超声波探伤。

5.8 高温联箱监督

5.8.1 制造阶段监督

5.8.1.1 制造阶段应依据 DL/T 586、《中国华能集团公司电力工程建设设备监理管理办法》和《中国华能集团公司火电工程设备监理大纲》的规定和要求，对高温联箱的制造质量进行监督检验。

5.8.1.2 制造阶段应重点对联箱和管接头的材料质量、焊接质量，以及联箱管孔的加工残留物和联箱内部的清洁度进行监督检查。余热锅炉模块发运前，对联箱所有管孔应加装不易脱落的堵头或盖板。

5.8.1.3 联箱与余热锅炉受热面组装焊接前，应重点检查见证以下技术资料，内容应符合国家、行业标准：

a） 联箱的图纸、强度计算书。

b） 设计修改资料，制造缺陷的返修处理记录。

c） 对于首次用于锅炉联箱的管材，锅炉制造商应提供焊接工艺评定报告。

d） 联箱的焊接、焊后热处理报告。

e） 焊缝的无损检测记录报告。

f） 联箱和接管座的几何尺寸检验报告。

g） 合金钢联箱筒体、管接头或端盖及连接焊缝的光谱检验报告。

h） 联箱的水压试验报告。

5.8.1.4 联箱与余热锅炉受热面组装焊接前，应对联箱制造质量进行如下检验：

a） 制造商应提供合格证明书，证明书中有关技术指标应符合现行国家或行业技术标准；对进口联箱，除应符合有关国家的技术标准和合同规定的技术条件外，应有商检合格证明单。

b） 查明联箱筒体表面上的出厂标记（钢印或漆记）是否与该厂产品标记相符。

c） 按设计要求校对其筒体、管座型式、规格和材料牌号及技术参数。

d） 外观质量检验。

e） 筒体、管座壁厚和直径测量，特别注意环焊缝邻近区段的壁厚。

f） 联箱上接管的形位偏差检验，应符合设计要求或相关制造标准中的规定。

g） 逐件对合金钢制联箱筒体筒节、封头、合金钢接管进行光谱检验，光谱检验按 DL/T 991 标准执行。

h） 存在内隔板的联箱，应对内隔板与筒体的角焊缝进行内窥镜检测。

i） 合金钢制联箱，对每段筒体母材和每个制造焊缝进行 100%硬度检验；对联箱过渡段 100%进行硬度检验。硬度值应符合附录 D 的规定。对于硬度异常的部位，应进行金相组织检验，合金钢管的标准供货状态及金相组织参见附录 E。

j） P91 钢制联箱的母材的硬度和金相组织参照 5.6.2.4 中 h）的规定执行；焊缝的硬度和金相组织参照 5.6.2.8 中 e）的规定执行。

k） 对联箱制造环焊缝按 10%进行超声波探伤，管座角焊缝和手孔管座角焊缝 50%进行表面探伤。超声波探伤按照 DL/T 820 标准执行，表面探伤按照 NB/T 47013 标准执行。

1）对所有联箱进行内部清洁度检验，联箱内残留的钻孔“眼镜片”、焊渣、杂物等应全部清除。制造单位质检部门和监理等单位应安排专人，共同见证联箱清洁度检查过程，并签字确认联箱内无残留异物。

5.8.1.5 对联箱筒体和管座的表面质量要求如下：

a）筒体表面不允许有裂纹、折叠、重皮、结疤及尖锐划痕等缺陷，筒体焊缝和管座角焊缝不允许存在裂纹、未熔合、气孔、夹渣、咬边、根部凸出和内凹等缺陷，管座角焊缝应圆滑过渡。

b）对上述表面缺陷应完全清除，清除后的实际壁厚不得小于按 GB/T 16507 计算的筒体的最小需要壁厚；若按内径校核，参照 GB 50764 或 DL/T 5366、DL/T 5054、ASME B31.1。

c）筒体表面凹陷深度不得超过 1.5mm，凹陷最大长度不应大于周长的 5%，且不大于 40mm。

d）环形联箱弯头外观应无裂纹、重皮和损伤，外形尺寸符合设计要求。

5.8.1.6 水压试验后，应确保联箱内部干燥、无积水。

5.8.1.7 联箱筒体、焊缝检查有下列情况时，应予返修或判不合格：

a）母材存在裂纹、夹层或无损探伤存在其他超标缺陷。

b）焊缝存在裂纹、未熔合及较严重的气孔、夹渣，咬边、根部内凹等缺陷。

c）筒体和管座的壁厚小于最小需要壁厚。

d）筒体与管座型式、规格、材料牌号不匹配。

5.8.2 安装阶段监督

5.8.2.1 安装前，应重点检查见证以下技术资料，内容应符合国家、行业标准：

a）联箱的图纸、强度计算书。

b）设计修改资料，制造缺陷的返修处理记录。

c）对于首次用于锅炉联箱的管材，锅炉制造商应提供焊接工艺评定报告。

d）联箱的焊接、焊后热处理报告。

e）焊缝的无损检测记录报告。

f）联箱和接管座的几何尺寸检验报告。

g）合金钢联箱筒体、管接头或端盖及连接焊缝的光谱检验报告。

h）联箱的水压试验报告。

5.8.2.2 安装前，对现场安装的高温联箱制造质量的监督规定如下：

a）安装前，对高温联箱应进行如下检验：

1）制造商应提供合格证明书，证明书中有关技术指标应符合现行国家或行业技术标准；对进口联箱，除应符合有关国家的技术标准和合同规定的技术条件外，应有商检合格证明单。

2）查明联箱筒体表面上的出厂标记（钢印或漆记）是否与该厂产品标记相符。

3）按设计要求校对其筒体、管座形式、规格和材料牌号及技术参数。

4）外观质量检验。

5）筒体和管座壁厚、直径测量，特别注意环焊缝邻近区段的壁厚。

6） 联箱上接管的形位偏差检验，应符合设计要求或相关制造标准中的规定。

7） 合金钢制联箱，应逐件对筒体筒节、封头进行光谱分析，光谱检验按 DL/T 991 标准执行。

8） 存在内隔板的联箱，应对内隔板与筒体的角焊缝进行内窥镜检测。

9） 合金钢制联箱，应对每段筒体母材和每个制造焊缝进行 100%硬度检验；对联箱过渡段 100%进行硬度检验。硬度值应符合附录 D 的规定。对硬度异常的部位，应进行金相组织检验，合金钢管的标准供货状态及金相组织参见附录 E。

10）P91 钢制联箱的母材、焊缝的硬度和金相组织应符合 5.6.2.4 中 h）及 5.6.2.8 中 e）的规定。

11）对联箱制造环焊缝按 10%进行超声波探伤，管座角焊缝和手孔管座角焊缝 50%进行表面探伤。超声波探伤按照 DL/T 820 标准执行，表面探伤按照 NB/T 47013 标准执行。

12）检查联箱内部清洁度，如钻孔残留的“眼镜片”、焊瘤、杂物等，并彻底清除。

b） 安装前，对联箱筒体和管座的表面质量要求如下：

1） 筒体表面不允许有裂纹、折叠、重皮、结疤及尖锐划痕等缺陷，筒体焊缝和管座角焊缝不允许存在裂纹、未熔合、气孔、夹渣、咬边、根部凸出和内凹等缺陷，管座角焊缝应圆滑过渡。

2） 对上述表面缺陷应完全清除，清除后的实际壁厚不得小于按 GB/T 16507 计算的筒体的最小需要壁厚；若按内径校核，参照 GB 50764 或 DL/T 5366、DL/T 5054、ASME B31.1。

3） 筒体表面凹陷深度不得超过 1.5mm，凹陷最大长度不应大于周长的 5%，且不大于 40mm。

c） 安装前，联箱筒体、焊缝检查有下列情况时，应予返修或判不合格：

1） 母材存在裂纹、夹层或无损探伤存在其他超标缺陷。

2） 焊缝存在裂纹、未熔合及较严重的气孔、夹渣，咬边、根部内凹等缺陷。

3） 筒体和管座的壁厚小于最小需要壁厚。

4） 筒体与管座形式、规格、材料牌号不匹配。

5.8.2.3 对现场安装的高温联箱的安装质量监督规定如下：

a） 安装焊缝的焊接、外观、光谱、硬度、金相和无损探伤的比例、质量要求由安装单位按 DL/T 869 的规定执行。

b） 对 P91 合金钢焊缝，应进行 100%的表面探伤、射线或超声波探伤，磁粉和射线或超声波探伤分别按 NB/T 47013、DL/T 821、DL/T 820 的规定执行，焊缝的质量验收标准按 DL/T 869 的规定执行；对焊缝的硬度、金相组织应进行 100%的检验，筒体母材和焊缝的硬度检验应符合 5.6.2.8 中 e）的规定，其中对于硬度异常部位也应进行金相组织检查；硬度值应符合附录 D 的规定，联箱筒体母材的标准供货状态金相组织参见附录 E。

c） 与联箱连接的一次门前管子的角焊缝、对接焊缝，应分别进行 100%的表面探伤、射线探伤，焊缝质量按对联箱的要求执行，表面和射线探伤分别按 NB/T 47013、DL/T 821 的规定执行。

d） 联箱安装封闭前和吹管后，应采用内窥镜对联箱内部清洁度进行检验。清洁度检验时，基建单位质检部门和安装、检验、监理单位应安排专人，共同见证联箱清洁度检验过程，及时清理联箱内遗留异物，并签字确认检查结果。

e） 保温材料不应对联箱金属有腐蚀作用；严禁在联箱筒体上焊接保温拉钩。

f） 不得借助联箱起吊重物。

5.8.3 运行阶段监督

5.8.3.1 运行阶段联箱不得超温、超压运行，如发生超温、超压运行情况，应及时进行调整，并做好记录。

5.8.3.2 运行、检修（点检）、监督人员，在机组运行期间，应加强对联箱的振动、泄漏、移位、支吊情况的检查，对异常情况应进行记录，对其中严重影响人身和设备运行安全的情况，应及时查明原因，并采取措施处理。

5.8.3.3 对运行期间发生的联箱泄漏失效事故，应及时查明原因，并采取措施处理。

5.8.4 检修阶段监督

5.8.4.1 A 级或 B 级检修中，应对联箱进行如下检验：

a） 对联箱拆除保温部位或可见的筒体和管座角焊缝部位应进行外观检查，检查结果应符合 5.8.1.5 的规定；同时要检查外壁氧化、腐蚀、胀粗情况等。

b） 应重点对联箱以下部位进行检查：

  1） 硬度、金相组织异常的筒体部位和焊缝进行硬度和金相组织检验，硬度检验结果应参照附录 D 的规定进行评定。

  2） 对含有记录缺陷的焊缝进行超声波探伤复查，超声波探伤按 NB/T 47013 执行。

c） 应对联箱支座、位移指示器、吊架进行检查。对吊耳与联箱焊缝进行外观质量检验和表面探伤，必要时进行超声波探伤。

d） 应对联箱封头、手孔管和球形（或圆形）封头进行壁厚检测，对壁厚明显减薄的应及时查明原因并处理。

e） 对运行温度不小于 540℃联箱的其他监督规定如下：

  1） 首次 A 级（或 B 级）检修时，应对联箱筒体焊缝、封头焊缝，以及与联箱连接的大直径三通焊缝至少按 10% 的比例进行表面和超声波探伤，后次 A 级检修中检查焊缝为前次未检查焊缝，至 10 万 h 完成 100% 检查。以后检查的重点是存在记录缺陷的焊缝、修复过的焊缝或联箱筒体部位。

  2） 首次检查（首次检查性大修或首次 A 级或 B 级检修）时，应对联箱筒体对接或封头焊缝至少抽查 1 道，对筒节、焊缝及邻近母材进行硬度和金相组织检查；后次 A 级检修中的检查焊缝为前次未检查部位或其邻近区域；对联箱过渡段应 100% 进行硬度检验；检查中如发现硬度异常，应进行金相组织检查。联箱母材和焊缝的硬度应参考附录 D，母材金相组织参考附录 E。

  3） 联箱筒体或封头焊缝表面和超声波探伤发现超标缺陷、硬度检查发现异常时，应对该联箱所有筒体或封头焊缝进行探伤和硬度检查，对硬度异常的部位，应进行金相组织检查。

  4） P91 钢制联箱母材的硬度和金相组织参照 5.6.2.4 中 h）的规定执行；焊缝的硬度和金相组织参照 5.6.2.8 中 e）的规定执行。

f） 对存在内隔板的联箱，每累积运行 10 万 h 后用内窥镜对内隔板位置及焊缝进行全面检查。

5.8.4.2 A 级或 B 级检修中，应对与联箱连接的管道角焊缝、管子的检验内容如下：

a） 对与联箱相连的受热面管屏管座角焊缝按 10%进行宏观检查，重点检查联箱两端的接管座角焊缝，对可疑部位进行无损探伤，无损探伤按 DL/T 1105.1～DL/T 1105.4 的规定执行。后次 A 级检修的检查部位为前次未检查部位。

b） 对与温度高于 540℃联箱连接的大直径管座角焊缝按 100%进行表面和超声波探伤，以后每 5 万 h 检查一次。表面和超声波探伤按 NB/T 47013 的规定执行。

c） 首次 A 级或 B 级检修中，对与联箱连接的疏水管、测温管、压力表管、空气管、安全阀、排气阀、充氮、取样、压力信号等小口径管道等管座按 20%（至少抽取 5 个）进行抽查，检查内容包括角焊缝外观质量、表面探伤；重点检查可能有凝结水积水、膨胀不畅部位的管座角焊缝，以及其与母管连接的开孔的内孔周围是否有裂纹，若有裂纹，应进行挖补或更换；以后每次 A 级或 B 级检修抽查部位件为前次未检部位，至 10 万 h 完成 100%检查；此后的 A 级或 B 级检修中重点检查有记录缺陷或泄漏过的管座焊缝，每次检查不少于总数量的 50%。机组运行 10 万 h 后，宜结合检修全部更换。表面探伤按 NB/T 47013 的规定执行。

d） 对与联箱连接的各种小口径管子（受热面管屏管座角焊缝除外）一次门前的对接焊缝，如在安装过程中未完成 100%的探伤或焊缝质量情况不明的，首次 A 级或 B 级检修时，按 20%（至少抽取 1 个）进行射线或超声波探伤抽查，至 10 万 h 检查完毕，对膨胀不畅管子的焊缝应首先探伤检查。射线或超声波探伤分别按 DL/T 821、DL/T 820 的规定执行，焊缝质量验收标准按 DL/T 869 的要求执行。

e） 应对集汽联箱的安全门管座角焊缝进行表面探伤，表面探伤按 NB/T 47013 的规定执行。

f） 对易产生凝结水和积水、膨胀不畅的管道或管子应进行改造，防止运行期间发生疲劳开裂泄漏问题。

g） 对过热器、再热器联箱排空管座角焊缝进行表面探伤，并对排空管座内壁、管孔周围进行超声波探伤，必要时内窥镜检查是否存在热疲劳裂纹。若排空管的一次门至管座距离较长，应利用机组最近一次检修时机对易产生凝结水倒流的排空管进行改造，并做好一次门及门前排空管的保温。

h） 应对再热器联箱近联箱部位的疏水管内表面进行热疲劳裂纹检查，同时在安装时应避免低压和高压蒸汽管道、联箱疏水共用母管。

5.8.4.3 根据设备情况，结合机组检修，应对减温器联箱进行如下检查：

a） 对混合式减温器联箱用内窥镜检查内壁、内衬套、喷嘴，应无裂纹、磨损、腐蚀脱落等情况，对安装内套筒的管段进行胀粗情况检查。

b） 对内套筒定位螺丝封口焊缝和喷水管角焊缝进行表面探伤，表面探伤按 NB/T 47013 的规定执行。

c） 对安装内套筒的管段，在内套筒定位螺丝封口焊缝表面探伤发现裂纹、内套筒脱落和移位时，应对内套筒对应减温器管段的筒体和附近的对接焊缝进行 100%的超声波探伤，超声波探伤按 NB/T 47013 的规定执行。

5.8.4.4 对工作温度不小于400℃的碳钢、钼钢制联箱，当运行至10万h时，应进行石墨化检查，以后的检查周期约5万h；运行至20万h时，则每次机组A级检修或B级检修应按5.8.4.1中有关条款执行。

5.8.4.5 对已运行20万h的12CrMoG、15CrMoG、12Cr2MoG(2.25Cr-1Mo、P22、10CrMo910)、12CrMoV、12Cr1MoVG钢制联箱，经检查符合下列条件，筒体一般可继续运行至30万h：

a） 金相组织未严重球化（即未达到5级）。

b） 未发现严重的蠕变损伤。

c） 筒体未见明显胀粗。

d） 对珠光体球化达到5级，硬度下降明显的联箱，应进行寿命评估或更换。联箱寿命评估参照DL/T 940的规定执行。

5.8.4.6 联箱检查发现下列情况时，应及时处理或更换：

a） 当发现联箱筒体、焊缝有下列情况之一时：

1） 母材存在裂纹、夹层或无损检测发现的其他超标缺陷。

2） 焊缝存在裂纹、未熔合及较严重的气孔、夹渣，咬边、根部内凹等缺陷。

3） 筒体和管座的壁厚小于最小需要壁厚。

b） 筒体产生蠕变裂纹或严重的蠕变损伤（蠕变损伤4级及以上）时。

c） 碳钢和钼钢制联箱，当石墨化达4级时，应予更换；石墨化评级按DL/T 786的规定执行。

d） 联箱筒体周向胀粗超过公称直径的1%。

e） 存在内隔板的联箱隔板发生开裂、减温器联箱内衬套和喷嘴发生严重的开裂或脱落情况时，应及时进行处理，对于脱落遗失的部件应采取措施顺气流方向查找到并取出，防止运行期间由脱落部件堵塞管子发生超温爆管事故。

5.9 低温联箱监督

5.9.1 制造阶段监督

5.9.1.1 制造阶段应依据DL/T 586、《中国华能集团公司电力工程建设设备监理管理办法》和《中国华能集团公司火电工程设备监理大纲》的规定和要求，对低温联箱的制造质量进行现场监督检验和资料审查。

5.9.1.2 制造阶段应重点对联箱和管接头的材料质量、焊接质量，以及联箱管孔的加工残留物和联箱内部的清洁度进行监督检查。余热锅炉模块发运前，对联箱所有管孔应加装不易脱落的堵头或盖板。

5.9.1.3 联箱与余热锅炉受热面组装焊接前，应重点检查见证的技术资料按5.8.1.3的规定执行。

5.9.1.4 联箱与余热锅炉受热面组装焊接前，应对联箱制造质量进行如下检验：

a） 制造商应提供合格证明书，证明书中有关技术指标应符合现行国家或行业技术标准；对进口联箱，除应符合有关国家的技术标准和合同规定的技术条件外，应有商检合格证明单。

b） 查明联箱筒体表面上的出厂标记（钢印或漆记）是否与该厂产品标记相符。

c） 按设计要求校对其筒体、管座形式、规格和材料牌号及技术参数。

d） 进行外观质量检验。

e） 进行筒体和管座壁厚、直径测量，特别注意环焊缝邻近区段的壁厚。

f） 联箱上接管的形位偏差检验，应符合设计要求或相关制造标准中的规定。

g） 检验联箱内部清洁度，如钻孔残留的“眼镜片”、焊瘤、杂物等，并彻底清除。

5.9.1.5 对联箱筒体和管座的表面质量要求如下：

a） 筒体表面不允许有裂纹、折叠、重皮、结疤及尖锐划痕等缺陷，筒体焊缝和管座角焊缝不允许存在裂纹、未熔合、气孔、夹渣、咬边、根部凸出和内凹等缺陷，管座角焊缝应圆滑过渡。

b） 对上述表面缺陷应完全清除，清除后的实际壁厚不得小于壁厚偏差所允许的最小值且不应小于按 GB/T 16507 计算的筒体的最小需要壁厚。

c） 筒体表面凹陷深度不得超过 1.5mm，凹陷最大长度不应大于周长的 5%，且不大于 40mm。

d） 环形联箱弯头外观应无裂纹、重皮和损伤，外形尺寸符合设计要求。

5.9.1.6 水压试验后，应确保联箱内部干燥、无积水。

5.9.1.7 联箱筒体、焊缝有下列情况时，应予返修或判定不合格：

a） 母材存在裂纹、夹层或无损检测发现的其他超标缺陷。

b） 焊缝存在裂纹、未熔合及较严重的气孔、夹渣，咬边、根部内凹等缺陷。

c） 筒体和管座的壁厚小于最小需要壁厚。

d） 筒体与管座形式、规格、材料牌号不匹配。

5.9.2 安装阶段监督

5.9.2.1 安装前，应重点检查见证以下技术资料，内容应符合国家、行业标准：

a） 联箱的图纸、强度计算书。

b） 设计修改资料，制造缺陷的返修处理记录。

c） 对于首次用于锅炉联箱的管材，锅炉制造商应提供焊接工艺评定报告。

d） 联箱的焊接、焊后热处理报告。

e） 焊缝的无损检测记录报告。

f） 联箱和接管座的几何尺寸检验报告。

g） 合金钢联箱筒体、管接头或端盖及连接焊缝的光谱检验报告。

h） 联箱的水压试验报告。

5.9.2.2 安装前，对现场安装的低温联箱制造质量的监督规定如下：

a） 安装前，对联箱应进行如下检验：

1） 制造商应提供合格证明书，证明书中有关技术指标应符合现行国家或行业技术标准；对进口联箱，除应符合有关国家的技术标准和合同规定的技术条件外，应有商检合格证明单。

2） 查明联箱筒体表面上的出厂标记（钢印或漆记）是否与该厂产品标记相符。

3） 按设计要求校对其筒体、管座形式、规格和材料牌号及技术参数。

4） 外观质量检验。

5） 筒体和管座壁厚、直径测量，特别注意环焊缝邻近区段的壁厚。

6） 联箱上接管的形位偏差检验，应符合设计要求或相关制造标准中的规定。

7） 对合金钢制联箱，应逐件对筒体筒节、封头进行光谱分析，光谱检验按 DL/T 991

的规定执行。

8） 对存在内隔板的联箱，应对内隔板与筒体的角焊缝进行内窥镜检测。

9） 对联箱制造环焊缝按10%进行超声波探伤，管座角焊缝和手孔管座角焊缝50%进行表面探伤。超声波探伤按照DL/T 820标准执行，表面探伤按照NB/T 47013标准执行。

10）检验联箱内部清洁度，如钻孔残留的“眼镜片”、焊瘤、杂物等，并彻底清除。

b） 安装前，对联箱筒体和管座的表面质量要求如下：

1） 筒体表面不允许有裂纹、折叠、重皮、结疤及尖锐划痕等缺陷，筒体焊缝和管座角焊缝不允许存在裂纹、未熔合、气孔、夹渣、咬边、根部凸出和内凹等缺陷，管座角焊缝应圆滑过渡。

2） 对上述表面缺陷应完全清除，清除后的实际壁厚不得小于按GB/T 16507计算的筒体的最小需要壁厚；若按内径校核，参照GB 50764或DL/T 5366、DL/T 5054、ASME B31.1。

3） 筒体表面凹陷深度不得超过1.5mm，凹陷最大长度不应大于周长的5%，且不大于40mm。

c） 安装前，联箱筒体、焊缝检查有下列情况时，应予返修或判定不合格：

1） 母材存在裂纹、夹层或无损探伤存在其他超标缺陷。

2） 焊缝存在裂纹、未熔合及较严重的气孔、夹渣，咬边、根部内凹等缺陷。

3） 筒体和管座的壁厚小于最小需要壁厚。

4） 筒体与管座形式、规格、材料牌号不匹配。

5.9.2.3 对现场安装的低温联箱的安装质量监督规定如下：

a） 安装焊缝的焊接、外观、光谱、硬度、金相和无损探伤的比例、质量要求由安装单位按DL/T 869的规定执行。

b） 与联箱连接的一次门前管子的角焊缝、对接焊缝，应分别进行100%的表面探伤、射线探伤，焊缝质量按对联箱的要求执行，表面和射线探伤分别按NB/T 47013、DL/T 821的规定执行。

c） 联箱安装封闭前和吹管后，应用内窥镜对联箱内部清洁度进行检验。清洁度检验时，基建单位质检部门和安装、检验、监理单位应安排专人，共同见证联箱清洁度检验过程，及时清理联箱内遗留异物，并签字确认检查结果。

d） 保温材料不能对联箱金属有腐蚀作用，严禁在联箱筒体上焊接保温拉钩。

e） 不得借助联箱起吊重物。

5.9.3 运行阶段监督

5.9.3.1 运行阶段联箱不得超温、超压运行，如发生超温、超压运行情况，应及时进行调整，并做好记录。

5.9.3.2 运行、检修（点检）、监督人员，在机组运行期间，应加强对联箱的振动、泄漏、移位、支吊情况的检查，对异常情况应进行记录，对其中严重影响人身和设备运行安全的情况，应及时查明原因，并采取措施处理。

5.9.3.3 对运行期间发生的失效事故，应进行原因分析，并制定反事故措施落实实施。

5.9.4 检修阶段监督

5.9.4.1 A 级或 B 级检修中，应对联箱进行如下检验：

a） 应对拆除保温层的联箱筒体和管座角焊缝部位进行外观检查，检查结果应符合 5.8.1.5 的规定；同时要检查外壁氧化、腐蚀、胀粗情况等。

b） 应对联箱筒体焊缝（封头焊缝、与联箱连接的大直径管道角焊缝）至少抽取 1 道焊缝进行表面和超声波探伤；后次 A 级或 B 级检修的抽查部位为前次未检部位，至 10 万 h 完成 100%检验；10 万 h 后的检验重点为有记录缺陷的焊缝；表面探伤按 NB/T 47013 的规定执行，超声波探伤按 DL/T 820 的规定执行。

c） 应对联箱支座、位移指示器、吊架进行检查。对吊耳与联箱焊缝进行外观质量检验，必要时进行表面探伤，表面探伤按 NB/T 47013 的规定执行。

d） 应对联箱含有记录缺陷的焊缝进行超声探伤复查，超声波探伤按 NB/T 47013 的规定执行。

e） 对与联箱相连的受热面管屏接管座角焊缝按 10%进行宏观检查，重点检查联箱两端的接管座角焊缝，对可疑部位进行无损探伤，无损探伤按 DL/T 1105.1～DL/T 1105.4 的规定执行。后次 A 级或 B 级检修的检查部位为前次未检查部位。

5.9.4.2 首次 A 级或 B 级检修中，对与联箱连接的小口径管（疏水管、测温管、压力表管、空气管、安全阀、排气阀、充氮、取样等）管座角焊缝，按 10%（每种联箱至少抽取 5 个）进行检验，检查内容包括角焊缝外观质量、表面探伤；以后每次 A 级或 B 级检修抽查部位件为前次未检部位，至 10 万 h 完成 100%检查；机组运行 10 万 h 后，宜结合检修全部更换。

5.9.4.3 联箱筒体、焊缝检查有下列情况之一时，应及时处理或更换：

a） 母材存在裂纹、夹层或无损探伤存在其他超标缺陷。

b） 焊缝存在裂纹，较严重的气孔、夹渣、咬边等缺陷。

c） 筒体和管座的壁厚小于最小需要壁厚。

5.10 受热面模块（管子）监督

5.10.1 设计阶段监督

5.10.1.1 余热锅炉各级受热面应采用全疏水型结构，便于及时疏水。受热面宜采用高频焊接螺旋翅片管开齿翅片或连续翅片拓展受热面。

5.10.1.2 余热锅炉尾部受热面管壁温度应高于烟气酸露点和水露点温度，否则应采取有效防腐措施，防止低温腐蚀。

5.10.1.3 余热锅炉烟道设计应保持烟气流场均匀性，减少偏流，降低流动阻力。过热器两侧、再热器两侧出口汽温的偏差均应小于 15℃。

5.10.1.4 根据燃气轮机排气性质的不同，应采取有效吹灰、水洗措施，以清除受热面的沾污。

5.10.1.5 带补燃装置的余热锅炉，补燃燃烧器性能应燃烧稳定、完全，布置均匀，并配置均流及熄火保护装置，火焰不应冲刷受热面。

5.10.1.6 对碳素钢钢管蒸发器应合理控制蒸发管内两相流的速度，防止冲（磨）蚀管壁。必要时可采用合金钢钢管。

5.10.1.7 对于调峰机组应根据运行工况、负荷变化特性的要求进行疲劳寿命计算或寿命损耗评估。

5.10.2 制造阶段监督

5.10.2.1 制造阶段应依据 DL/T 586、《中国华能集团公司电力工程建设设备监理管理办法》和《中国华能集团公司火电工程设备监理大纲》的规定，对锅炉受热面模块管子的设计选材和管材、焊接等制造质量、管子内部清洁度进行监理和资料审查。

5.10.2.2 对受热面模块制造质量的监理主要包括以下内容：

a） 受热面管设计选材审查：应按照 GB 5310、DL/T 715 等标准的规定，对锅炉受热面管的材料选择结果进行审查。对低压蒸发器的选材应考虑内壁腐蚀的问题。尾部受热面的选材应考虑低温腐蚀的问题。

b） 原材料（包括焊材）质量文件见证：包括质量证明书、原材料入厂复检报告，进口管材应有商检报告。

c） 制造阶段应重点关注受热面管端头的夹层、内壁沟槽、划痕类缺陷的宏观检查。

d） 焊接质量现场见证和文件见证：对焊缝坡口、焊缝表面质量、焊缝尺寸（包括鳍片焊缝）进行过程见证和检验。对焊接工艺评定报告、焊接工艺指导书、无损检测工艺，焊工和无损检测人员资格，无损检测报告进行文件见证。

e） 对材料代用文件进行见证。

f） 对通球试验过程和记录文件进行见证。

g） 对联箱、受热面管清洁度内窥镜检查过程进行见证。

h） 对水压试验过程进行见证，对水压试验方案和报告进行文件见证。水压试验后，应确保受热面管内干燥、无积水。

i） 锅炉模块组装完后，受热面管排检查应平整、无弯曲，鳍片应完整无缺失、变形、脱焊情况。

j） 锅炉模块出厂前，预留的工地安装管子接口应密封，防止水等其他异物侵入。

k） 螺旋翅片管的管子与钢带应采用高频电阻焊接，焊缝熔合率。拉脱强度及管子的制造应符合 NB/T 47030 规定的条件。

l） 螺旋翅片管箱及模块的制造应符合 NB/T 47031 规定的条件。

5.10.2.3 材料复检记录或报告、进口管材的商检报告内容应包括：

a） 管材制造商。

b） 管材的化学成分、低倍检验、金相组织、力学性能、工艺性能和无损探伤结果应符合 GB 5310 中相关条款的规定；进口管材应符合相应国家标准及合同规定的技术条件；受热面管材料技术标准参见附录 B。

c） 管材入厂复检记录。

5.10.2.4 锅炉应尽可能在厂内组装或模块化出厂。

5.10.3 安装阶段监督

5.10.3.1 锅炉模块安装前，应对以下文件资料进行见证，文件内容应符合国家、行业标准：

a） 受热面管的图纸、强度计算书和过热器、再热器壁温计算书。

b） 设计修改资料，制造缺陷的返修处理记录。

c） 对于首次用于锅炉受热面的管材和异种钢焊接，锅炉制造商应提供焊接工艺评定报告和热加工工艺资料。

5.10.3.2 锅炉模块安装前，应进行以下检验：

a） 联箱及管道、管子内部不得有杂物、积水及明显锈蚀。

b） 受热面管排检查应平整、无弯曲，鳍片应完整无缺失、变形、脱焊情况。固定管卡、吊卡结构良好。

c） 烟气挡板的安装布置，应防止形成烟气走廊。

5.10.4 运行阶段监督

5.10.4.1 锅炉运行期间，应防止发生超温、超压情况，发生超温、超压时应及时分析原因，并采取措施进行调整。对超温、超压情况应进行记录，主要记录超温幅度、次数、时间及累计时间。

5.10.4.2 锅炉受热面管在运行过程中发生泄漏失效情况时，应查明失效原因，采取措施及时处理，防止损坏范围扩大。同时应对爆管泄漏事故进行原因分析，并研究采取针对性的措施，防止同样原因爆管事故的重复发生。

5.10.4.3 电厂锅炉、金属专工应建立锅炉受热面管失效事件台账。

5.10.5 检修阶段监督

5.10.5.1 余热锅炉受热面模块检修防磨防爆检查应符合下列要求：

a） 当管子壁厚减薄至理论最小计算壁厚时，应进行处理。

b） 当管子胀粗大于 2.5%（合金钢）或 3.5%（碳钢）管径时，应进行处理。

c） 管排应平整，节距应均匀，应无管子出列，挡烟板、震动支架、隔音装置应无变形、无脱焊。

5.10.5.2 模块受热面更换应符合下列要求：

a） 管子的坡口表面应平整、光滑，坡口加工为 30°～50°，钝边为 1mm～1.5mm。

b） 管子对口间隙为 2mm～3mm，对口端面应与管子中心垂直，偏斜度不得超过 0.5mm，错口值不得超过壁厚的 10%，管子偏折度小于 1/200mm。

c） 新管表面应无裂纹、锈皮、腐蚀、机械损伤等缺陷，管子壁厚的公差应小于管子公称壁厚的 10%，椭圆度小于 6%，通球试验合格。

d） 新管内无污染、无杂物。

e） 管子焊接后，焊口探伤合格，焊后处理合格。

5.10.5.3 烟囱挡板的外部检查应符合下列要求：

a） 传动连杆、轴销应完好。

b） 烟囱挡板开关应无卡死现象。

c） 实际开度应与表计指示一致。

d） 轴承位置应正常，无损坏、卡死等。

e） 烟囱挡板的内部检查：挡板与连轴应焊接牢固，挡板应不变形、不开裂。

5.10.5.4 检修期间，对低压蒸发器出口集箱两端的管子及弯管背弧面进行测厚检查。

5.10.5.5 检修阶段如进行模块更换或管子更换时，应按照 5.10.1、5.10.2 的规定进行制造、安装质量的监督。

5.11 汽包监督

5.11.1 制造阶段监督

5.11.1.1 制造阶段应依据 DL/T 586、《中国华能集团公司电力工程建设设备监理管理办法》和《中国华能集团公司火电工程设备监理大纲》的规定和要求，对汽包的制造质量进行监督检验。

5.11.2 安装阶段监督

5.11.2.1 安装前，应按照 DL 612、DL 647 的规定，对汽包进行监督检验。监督检验的相关规定如下：

a） 应检查制造商的质量保证书是否齐全。质量保证书中应包括以下内容：
   1） 使用材料的制造商；母材和焊接材料的化学成分、力学性能、工艺性能；母材技术条件应符合 GB 713 中相关条款的规定；进口板材应符合相应国家的标准及合同规定的技术条件；汽包材料及制造有关技术条件见附录 B。
   2） 制造商对每块钢板进行的理化性能复验报告或数据。
   3） 制造商提供的汽包图纸、强度计算书。
   4） 制造商提供的焊接及热处理工艺资料。对于首次使用的材料，制造商应提供焊接工艺评定报告。
   5） 制造商提供的焊缝探伤及焊缝返修资料。
   6） 在制造厂进行的水压试验资料。

b） 汽包应进行如下检验：
   1） 对母材和焊缝内外表面进行 100%外观检验，母材表面不允许有裂纹、重皮等缺陷，焊缝表面不允许有裂纹等超标缺陷。
   2） 对合金钢制汽包的每块钢板、每个管接头进行光谱检验。光谱检验按 DL/T 991 执行。
   3） 测量筒体和封头的壁厚应符合设计要求，其中每块钢板测量部位不少于 2 处；不同规格的接管至少选取一个进行壁厚测量，测量部位不少于 2 处，其测量结果应符合设计要求。
   4） 纵、环焊缝和集中下降管管座角焊缝分别按 25%、10%和 100%的比例进行表面探伤和超声波探伤，检验中应包括纵、环焊缝的 T 形接头；分散下降管、给水管、饱和蒸汽引出管等管座角焊缝按 20%进行表面探伤；安全阀及向空排汽阀管座角焊缝进行 100%表面探伤。抽检焊缝的选取应参考制造商的焊缝探伤结果。焊缝无损探伤按照 NB/T 47013 执行。
   5） 对高压汽包筒体（每块钢板抽查 1 个部位）、纵环焊缝及热影响区（每条焊缝抽查 1 个部位）进行硬度检查。如发现硬度异常，应进行金相组织检验。

5.11.2.2 汽包安装焊接和热处理应有完整的记录。

5.11.2.3 安装焊缝应进行 100%的无损探伤；对高压汽包安装焊缝及邻近母材应进行硬度检验，如发现硬度异常，应进行金相组织检验；所有的检验应有完整的记录。

5.11.2.4 安装阶段中严禁在筒身焊接拉钩及其他附件。

5.11.3 运行阶段监督

5.11.3.1 机组运行期间，应防止汽包内外壁温差超过限定值的情况发生。

5.11.3.2 机组运行期间，运行、检修（点检）、监督人员，应加强对汽包的异常振动、移位、泄漏、保温、支吊情况的检查，对异常情况应进行记录，对其中严重影响人身和设备运行安全的情况，应及时查明原因，并采取措施处理。

5.11.3.3 对运行期间发生的筒体和焊缝、接管管座角焊缝泄漏失效事故，应进行原因分析，并采取措施防止同类型事故再次发生。

5.11.4 检修阶段监督

5.11.4.1 首次A级或B级检修时，应对汽包进行第一次检验，检验内容如下：

a）对筒体和封头内表面（尤其是水线附近和底部）、焊缝的可见部位100%进行外观检验，特别注意管孔和预埋件角焊缝是否有咬边、裂纹、凹坑、未熔合和未焊满等缺陷及严重程度，必要时进行表面探伤检查。

b）检查汽水分离装置的完整性、严密性和固定状况，并做好记录。检查汽水分离装置的连接螺栓和固定螺栓。

c）下降管及其他可见管管座焊缝检查应符合下列要求：

1）汽包内的下降管管座边缘无裂纹。

2）下降管管口的十字隔板角焊缝应无裂纹和腐蚀。

3）排污管、加药管、水位计和压力表的连通管管座角焊缝无裂纹。

4）安全门管座角焊缝应无裂纹。

5）对高压汽包纵、环焊缝和集中下降管管座角焊缝的记录缺陷进行表面和超声波探伤复查；分散下降管、给水管、饱和蒸汽引出管、安全阀等管座角焊缝按10%进行外观和表面探伤抽查，第一次检验应为安装前未检查部位。

5.11.4.2 机组以后每次A级或B级检修检验如下内容：

a）汽包内、外观检验按5.11.2.1 b）中1）执行。

b）对高压汽包纵、环焊缝和集中下降管管座角焊缝的记录缺陷进行表面和超声波探伤复查；分散下降管、给水管、饱和蒸汽引出管、安全阀等管座角焊缝按10%进行外观和表面探伤抽查，后次检验应为前次未查部位，且对前次检验发现缺陷的部位应进行复查，至运行 10 万 h 左右时，应完成 100%的检验。表面和超声波探伤按照NB/T 47013标准执行。

c）对高压汽包偏离硬度正常值的筒体和焊缝进行跟踪检验。

5.11.4.3 对检查发现的缺陷，应根据具体情况，采取如下处理措施：

a）若发现筒体或焊缝有表面裂纹，首先应分析裂纹性质、产生原因及时期，根据裂纹的性质和产生原因及时采取相应的措施；表面裂纹和其他表面缺陷原则上可磨除，磨除后对该部位壁厚进行测量，必要时按 GB/T 16507 进行壁厚校核，依据校核结果决定是否进行补焊或监督运行。

b）汽包的补焊按 DL/T 734 执行。

c）对超标缺陷较多，超标幅度较大，暂时又不具备处理条件的，或采用一般方法难以确定裂纹等超标缺陷严重程度和发展趋势时，应按GB/T 19624的规定进行安全性和剩余寿命评估；如评定结果为不可接受的缺陷，则应进行补焊，或降参数运行和加强运行监督等措施。

5.11.4.4 对按基本负荷设计的频繁启停的机组，应按GB/T 16507的要求，对汽包的低周疲劳寿命进行校核。国外引进的汽包可按生产国规定的疲劳寿命计算方法进行。

5.11.4.5 对已投入运行的含较严重超标缺陷的汽包，应尽量降低锅炉启停过程中的温升、温降速度，尽量减少启停次数，必要时可视具体情况，缩短检查的间隔时间或降参数运行。

5.12 汽轮机部件监督

5.12.1 制造阶段监督

5.12.1.1 制造阶段应依据DL/T 586、《中国华能集团公司电力工程建设设备监理管理办法》和《中国华能集团公司火电工程设备监理大纲》的规定和要求，对汽轮机转子大轴、叶轮、叶片、喷嘴、隔板和隔板套等的制造质量进行监督检验。

5.12.2 安装阶段监督

5.12.2.1 安装前，应对汽轮机转子大轴、叶轮、叶片、喷嘴、隔板和隔板套等部件的下列出厂资料进行审查：

a） 制造商提供的部件质量证明书有关技术指标应符合现行国家或行业技术标准；对进口锻件，除应符合有关国家的技术标准和合同规定的技术条件外，应有商检合格证明单；汽轮机转子大轴、叶轮、叶片材料及制造有关技术条件见附录B。

b） 转子大轴、轮盘及叶轮的技术指标包括：

1） 部件图纸。

2） 材料牌号。

3） 锻件制造商。

4） 坯料的冶炼、锻造及热处理工艺。

5） 化学成分。

6） 力学性能：拉伸、硬度、冲击、脆性形貌转变温度 $FATT_{50}$ 或 $FATT_{20}$。

7） 金相组织、晶粒度。

8） 残余应力测量结果。

9） 无损探伤结果。

10）几何尺寸。

11）转子热稳定性试验结果。

12）叶轮、叶片等部件的技术指标参照上述指标可增减。

5.12.2.2 安装前，应进行如下检验：

a） 根据DL/T 5190.3的规定，对汽轮机转子、叶轮、叶片、喷嘴、隔板和隔板套等部件的完好情况以及是否存在制造缺陷进行检验，对易出现缺陷的部位重点检查。外观质量检验主要检查部件表面有无裂纹、严重划痕、碰撞痕印，依据检验结果做出处理措施。

b） 对汽轮机转子进行圆周和轴向硬度检验，圆周不少于4个截面，且应包括转子2个端面，高中压转子有一个截面应选在调速级轮盘侧面；每一截面周向间隔90°进行硬度检验，同一圆周线上的硬度值偏差不应超过△30HB，同一母线的硬度值偏差不应超过△40HB。

c） 若制造厂未提供转子探伤报告或对其提供的报告有疑问时，应进行无损探伤。转子中心孔无损探伤按DL/T 717执行，焊接转子无损探伤按DL/T 505执行，实心转子探伤按DL/T 930执行。

d） 各级推力瓦和轴瓦应进行超声波探伤，检查是否有脱胎或其他缺陷。

e） 镶焊有司太立合金的叶片，应对焊缝进行无损探伤。叶片无损探伤按DL/T 714、DL/T 925执行。

f） 对隔板进行外观质量检验和表面探伤，表面探伤按 NB/T 47013 执行。

5.12.3 运行阶段监督

5.12.3.1 汽轮机启停和运行过程中，应有防止汽轮机进水或冷蒸汽的措施，预防发生大轴弯曲、动静部件磨损、叶片断裂事故的发生。

5.12.3.2 汽轮机运行过程中应加强巡检，当发生蒸汽泄漏、振动超标、超速情况时，应及时停机查明原因并处理，防止汽轮机金属部件损伤事故的扩大或发生损伤。

5.12.3.3 机组进行超速试验时，转子大轴的温度不得低于转子材料的脆性转变温度。

5.12.4 检修阶段监督

5.12.4.1 机组投运后每次 A 级或 B 级检修对转子大轴轴颈、特别是高中压转子调速级叶轮根部的变截面 R 处和前汽封槽等部位，叶轮、轮缘小角及叶轮平衡孔部位，叶片、叶片拉金、拉金孔和围带等部位，喷嘴、隔板、隔板套等部件进行表面检验，应无裂纹、严重划痕、碰撞痕印。有疑问时进行表面探伤，表面探伤按 NB/T 47013 执行。

5.12.4.2 机组投运后首次 A 级或 B 级检修对高、中压转子大轴进行硬度检验和金相组织检验。硬度检验部位为大轴端面和调速级轮盘平面（标记记录检验点位置），端面圆周的硬度值偏差不应超过△30HB；金相组织检验部位为调速级叶轮侧平面，金相组织检验完后需对检验点多次清洗。此后每次 A 级或 B 级检修在调速级叶轮侧平面首次检验点邻近区域进行硬度检验；若硬度相对首次检验无明显变化，可不进行金相检验。

5.12.4.3 每次 A 级或 B 级检修对低压转子末三级叶身和叶根、高中压转子末一级叶身和叶根进行无损探伤；对高、中、低压转子末级套装叶轮轴向键槽部位进行超声波探伤，叶片探伤按 DL/T 714、DL/T 925 执行。

5.12.4.4 机组运行 10 万 h 后的第 1 次 A 级或 B 级检修，应根据设备的具体情况（如大轴是否有较大、较多的记录或超标缺陷，运行中发生过弯曲、水冲击、超速事故），对转子大轴进行无损探伤；带中心孔的汽轮机转子，可采用内窥镜、超声波、涡流等方法对转子进行检验；若为实心转子，则对转子进行表面和超声波探伤。下次检验为 2 个 A 级或 B 级检修期后。转子中心孔无损探伤按 DL/T 717 执行，焊接转子无损探伤按 DL/T 505 执行，实心转子探伤按 DL/T 930 执行。

5.12.4.5 对存在超标缺陷的转子大轴运行 20 万 h 后，每次 A 级或 B 级检修应进行无损探伤。

5.12.4.6 不合格的转子不允许使用，已经过主管部门批准并投入运行的有缺陷转子，应按 DL/T 654 用断裂力学的方法进行安全性评定和缺陷扩展寿命估算；同时根据缺陷性质、严重程度制定相应的安全运行监督措施。

5.12.4.7 机组运行中出现异常工况：如严重超速、超温、转子水激弯曲等，检修过程中应对转子进行硬度、无损探伤等。

5.12.4.8 根据设备状况，结合机组 A 级或 B 级检修，对各级推力瓦和轴瓦进行外观质量检验和无损探伤。

5.12.4.9 根据检验结果采取如下处理措施：

a） 对表面较浅缺陷，应磨除。

b） 叶片产生裂纹时，应更换。

c） 叶片产生严重冲蚀时，应修补或更换。

d） 高压或高中压转子调速级叶轮根部的变截面 R 处和汽封槽等部位产生裂纹后，应对裂纹进行车削处理，车削后应进行表面探伤以保证裂纹完全消除，且应在消除裂纹后再车削约 1mm 以消除疲劳硬化层，然后进行轴径强度校核，同时进行疲劳寿命估算。转子疲劳寿命估算按 DL/T 654 执行。

5.13 发电机部件监督

5.13.1 制造阶段监督

5.13.1.1 制造阶段应依据 DL/T 586、《中国华能集团公司电力工程建设设备监理管理办法》和《中国华能集团公司火电工程设备监理大纲》的规定和要求，对发电机转子大轴、护环、中心环、风扇叶片等部件的制造质量进行监督检验。

5.13.2 安装阶段监督

5.13.2.1 安装前，应对发电机转子大轴、护环等部件的下列出厂资料进行审查：

a） 制造商提供的部件质量证明书有关技术指标应符合现行国家或行业技术标准；对进口锻件，除应符合有关国家的技术标准和合同规定的技术条件外，应有商检合格证明单；发电机转子大轴、护环材料及制造有关技术条件见附录 B。

b） 转子大轴和护环的技术指标包括：

1） 部件图纸。

2） 材料牌号。

3） 锻件制造商。

4） 坯料的冶炼、锻造及热处理工艺。

5） 化学成分。

6） 力学性能：拉伸、硬度、冲击、脆性形貌转变温度 $FATT_{50}$ 或 $FATT_{20}$（对护环不要求 FATT）。

7） 金相组织、晶粒度。

8） 残余应力测量结果。

9） 无损探伤结果。

10）发电机转子电磁特性检验结果。

11）几何尺寸。

5.13.2.2 发电机转子安装前应进行如下检验：

a） 对发电机转子大轴、护环等部件的完好情况和是否存在制造缺陷进行检验，对易出现缺陷的部位重点检查。外观质量检验主要检查部件表面有无裂纹、严重划痕、碰撞痕印，依据检验结果做出处理措施。

b） 若制造商未提供转子探伤报告或对其提供的报告有疑问时，应对转子进行无损探伤。转子中心孔无损探伤按 DL/T 717 执行，实心转子探伤按 DL/T 930 执行。

c） 对转子大轴进行圆周和轴向硬度检验，圆周不少于 4 个截面且应包括转子两个端面，每一截面周向间隔 90° 进行硬度检验。同一圆周的硬度值偏差不应超过△30HB，同一母线的硬度值偏差不应超过△40HB。

5.13.3 运行阶段监督

5.13.3.1 发电机运行过程中应加强巡检，当发生振动超标、超速情况时，应及时停机查明原因并处理，防止发电机金属部件发生损伤或损伤事故的扩大。

5.13.3.2 机组进行超速试验时，转子大轴的温度不得低于转子材料的脆性转变温度。

5.13.4 检修阶段监督

5.13.4.1 机组投运后每次 A 级或 B 级检修对转子大轴（特别注意变截面位置）、风冷扇叶等部件进行表面检验，主要检查表面有无裂纹、严重划痕、碰撞痕印，有疑问时进行无损探伤；对表面较浅的缺陷应磨除；转子若经磁粉探伤后应进行退磁。表面探伤按 NB/T 47013 执行。

5.13.4.2 机组运行 10 万 h 后的第 1 次 A 级或 B 级检修，应根据设备状况对转子大轴的可检测部位进行无损探伤。以后的检验为 2 个 A 级检修周期。

5.13.4.3 对存在超标缺陷的转子，按 DL/T 654 用断裂力学的方法进行安全性评定和缺陷扩展寿命估算；同时根据缺陷性质和严重程度，制定相应的安全运行监督措施。

5.13.4.4 机组运行 10 万 h 后第 1 次 A 级或 B 级检修中，应对护环内壁进行渗透（护环拆卸时）或超声波探伤（护环不拆卸时），以后的检验为 2 个 A 级或 B 级检修周期；护环渗透探伤按 NB/T 47013 执行，超声波探伤按 JB/T 10326 执行；探伤结果验收按 JB/T 7030 执行。

5.13.4.5 机组每次 A 级或 B 级检修，应对转子滑环（或称集电环）进行表面质量检验，检验结果应无表面裂纹。

5.13.4.6 对 Mn18Cr18 系材料的护环，在机组第 3 次 A 级或 B 级检修开始进行晶间裂纹检查（通过金相检查），金相组织检验完后要对检查点多次清洗。

5.13.4.7 检修中检查发现的缺陷处理措施如下：

a） 对表面较浅缺陷，应磨除。

b） 对存在超标缺陷的转子，应进行安全性评估和剩余寿命评估，评估按照 DL/T 654 执行。带缺陷、需监督运行的转子，应根据情况制定安全运行技术措施。

c） 对护环内表面探伤存在裂纹时，应更换处理。对存在晶间裂纹的护环，应做较详细的检查，根据缺陷情况，组织有关专家进行讨论，确定消缺方案或更换。

5.14 紧固件监督

5.14.1 制造阶段监督

5.14.1.1 制造阶段应依据 DL/T 586、《中国华能集团公司电力工程建设设备监理管理办法》和《中国华能集团公司火电工程设备监理大纲》的规定和要求，对紧固件（包括汽缸螺栓、汽门螺栓、联轴器、导汽管法兰螺栓等）的制造质量进行监督检验。

5.14.1.2 制造厂应提供质量证明书，其中至少包括材料、热处理规范、力学性能和金相组织等技术资料。

5.14.1.3 对大于或等于 M32 的高温紧固件的质量检验按 GB/T 20410 中相关条款执行。高温螺栓的力学性能应符合 DL/T 439 的要求。

5.14.1.4 根据螺栓的使用温度按 DL/T 439 的规定选择钢号。螺母强度应比螺栓材料低一级，硬度值低 20HBW～50HBW。螺栓的硬度值控制范围见附录 D。

5.14.1.5 几何尺寸、表面粗糙度及表面质量应符合 DL/T 439 的要求。

5.14.1.6 经过调质处理的 20Cr1Mo1VNbTiB 钢新螺栓，其组织和性能要求如下：

a） 硬度值符合附录 D 的规定。

b） U 形缺口冲击功：小于 M52 的螺栓，$A_k \geq 63J$；不小于 M52 的螺栓，$A_k \geq 47J$。

c） 对刚性螺栓的 U 形缺口冲击功应比柔性螺栓高 16J。

d） 按晶粒尺寸分7级，各级平均晶粒尺寸及其组织特征，按DL/T 439规定确定。根据使用条件和螺栓结构允许使用级别见表2。

表2　20Cr1Mo1VNbTiB钢允许使用的晶粒级别

序号	使用条件	螺栓结构	允许使用级别
1	原设计螺栓材料为20Cr1Mo1VNbTiB	柔性螺栓	5
2	引进大机组采用20Cr1Mo1VNbTiB	柔性螺栓	5
3	原设计为540℃温度等级，容量在200MW以下的机组螺栓，如采用该钢种	柔性螺栓	3、4、5、6、7
		刚性螺栓	4、5

5.14.2 安装阶段监督

5.14.2.1 安装前，应首先检查制造厂提供的质量证明书，其中至少包括材料、热处理规范、力学性能和金相组织等技术资料。其材料应符合设计要求，力学性能应符合DL/T 439的规定。

5.14.2.2 对于大于或等于M32的高温螺栓，安装前（包括入库前验收）应进行如下检查：

a） 螺栓表面应光洁、平滑，不应有凹痕、裂口、毛刺和其他引起应力集中的缺陷。

b） 合金钢、高温合金螺栓、螺母应进行100%的光谱检验，检查部位为螺栓端面，对高合金钢或高温合金的光谱检查斑点应及时打磨消除。光谱检验按DL/T 991执行。

c） 按DL/T 439的要求进行100%的硬度检验，硬度值应符合附录D的规定。

d） 按DL/T 694 的检验和验收标准进行100%的超声波探伤，必要时可按NB/T 47013进行表面探伤。

e） 按DL/T 884进行金相组织抽检，每种材料、规格的螺栓抽检数量不少于一件，检查部位可在螺栓光杆或端面处。铁素体类的螺栓材料正常组织为均匀回火索氏体；镍基合金螺栓材料的正常组织为均匀的奥氏体；带状组织、夹杂物严重超标、方向性排列的粗大贝氏体组织、粗大原奥氏体黑色网状晶界均属于异常组织。

f） GH4169合金制的螺栓，应进行10%的无损检测；和100%的硬度检测，若硬度超过370HB，应对光杆部位进行超声波探伤，螺纹部位进行渗透探伤。

5.14.2.3 对于汽包人孔门、导汽管法兰、对轮螺栓，安装前（包括入库验收）应进行如下检验：

a） 螺栓表面应光洁、平滑，不应有凹痕、裂口、毛刺和其他引起应力集中的缺陷。

b） 合金钢螺栓应进行100%的光谱检验，检查部位为螺栓端面。光谱检验按DL/T 991执行。

c） 对螺栓进行100%的硬度检验，硬度值应符合附录D的规定。

d） 按DL/T 694的检验和验收标准进行100%的超声波探伤，必要时可按NB/T 47013进行磁粉或渗透探伤。

5.14.3 运行阶段监督

5.14.3.1 机组运行过程中应加强对汽轮机和蒸汽阀门的巡检，如发生螺栓断裂原因引起的泄漏，应及时停机处理，防止设备损伤事故的扩大。

5.14.3.2 对于机组运行过程发生的螺栓断裂事故（包括检修中发现的开裂和断裂螺栓），应及时安排进行原因分析，防止同类型事故的发生。

5.14.4 检修阶段监督

5.14.4.1 对于不小于 M32 的高温螺栓，每次 A 级或 B 级检修应拆卸进行检验，检查内容和合格标准如下：

a） 按 DL/T 694 的检验和验收标准进行 100%的超声波探伤；必要时可按 NB/T 47013 进行磁粉或渗透探伤；探伤结果应无裂纹。

b） 进行 100%的硬度检验，检验方法和部位按 DL/T 439 的要求执行，硬度检验结果应符合附录 D 的要求。

c） 累计运行时间达 5 万 h，应根据螺栓的规格和材料，抽查 1/10 数量的螺栓进行金相组织测试，当抽查比例不足一件时，抽取一件，硬度测量结果不合格的螺栓应为金相组织抽查首选。以后每次 A 级或 B 级检修进行抽查。金相组织检查部位在螺栓光杆处，金相组织检测方法及要求见 5.14.2.2 中 e）的规定。

d） 螺栓的蠕变监督按照 DL/T 439 的规定执行。

e） 断裂螺栓应进行解剖试验和失效分析。

5.14.4.2 对于导汽管法兰、对轮螺栓，每次 A 级或 B 级检修应进行检查，检查内容和合格标准如下：

a） 螺栓表面应光洁、平滑，不应有凹痕、裂口、毛刺和其他引起应力集中的缺陷。

b） 按 DL/T 694 的检验和验收标准进行 100%的超声波探伤，必要时可按 NB/T 47013 进行表面探伤。

5.14.5 螺栓检验结果的分类和更换与报废

5.14.5.1 根据检验结果螺栓可分为以下三类：

a） 正常螺栓。硬度检验符合附录 D 的规定，外观检查无影响使用性能的机械性损伤，无损检测无裂纹的螺栓。

b） 需重新热处理的螺栓。硬度高于要求的上限或者低于要求下限的螺栓，以及具有粗大原奥氏体黑色网状晶界的螺栓，进行重新热处理的螺栓按已恢复热处理螺栓的等级使用。

c） 超过标准需报废的螺栓。

5.14.5.2 螺栓的更换规定

对螺栓检验结果符合下列条件之一者应进行更换，更换下的螺栓可进行恢复热处理，检验合格后可继续使用。如已完成运行螺栓的安全性评定工作，则可根据评定报告继续使用。

a） 硬度值超过附录 D 的规定。

b） 金相组织有明显的黑色网状奥氏体晶界。

c） 25Cr2Mo1V 和 25Cr2MoV 的 U 形缺口冲击功：

1） 调速汽门螺栓和采用扭矩法装卸的螺栓，$A_k \leqslant 47J$。

2） 采用加热伸长装卸或油压拉伸器装卸的螺栓，$A_k \leqslant 24J$。

5.14.5.3 螺栓的报废规定

符合下列条件之一的螺栓应报废：

a） 螺栓运行后的蠕变变形量达到 1%。

b） 已发现裂纹的螺栓。

c） 经二次恢复热处理后发生热脆性，达到更换螺栓的规定。

d） 外形严重损伤，不能修理复原。

e） 螺栓中心孔局部烧伤熔化。

5.14.6 螺栓的紧固和拆卸监督

5.14.6.1 高温螺栓的紧固和拆卸工艺按 DL/T 439 的要求执行。另外，螺栓安装时，应在螺母下加装平面弹性或塑性变形垫圈、球面变位垫圈、套筒等，以补偿螺杆或法兰面的偏斜，消除附加弯曲应力，提高抗动载能力，保证紧力均匀。

5.15 大型铸件监督

5.15.1 制造阶段监督

5.15.1.1 制造阶段应依据 DL/T 586、DL/T 438、《中国华能集团公司电力工程建设设备监理管理办法》和《中国华能集团公司火电工程设备监理大纲》的规定和要求，对大型铸件如汽缸、汽室、主汽门、调速汽门、平衡环、阀门、堵阀等部件的制造质量进行监督检验。

5.15.2 安装阶段监督

5.15.2.1 大型铸件如汽缸、汽室、主汽门、调速汽门、平衡环、阀门、堵阀等部件，安装前应进行以下资料审查：

a） 制造商提供的部件质量证明书有关技术指标应符合现行国家或行业技术标准；对进口部件，除应符合有关国家的技术标准和合同规定的技术条件外，应有商检合格证明单。汽缸、汽室、主汽门、阀门、堵阀等材料及制造有关技术条件见附录 B。

b） 部件的技术指标包括：

1） 部件图纸。

2） 材料牌号。

3） 坯料制造商。

4） 化学成分。

5） 坯料的冶炼、铸造和热处理工艺。

6） 力学性能：拉伸、硬度、冲击、脆性形貌转变温度 $FATT_{50}$ 或 $FATT_{20}$。

7） 金相组织。

8） 射线或超声波探伤结果。特别注意铸钢件的关键部位，包括铸件的所有浇口、冒口与铸件的相接处、截面突变处、补焊区以及焊缝端头的预加工处。

9） 汽缸坯料补焊的焊接资料和热处理记录。

5.15.2.2 安装前，应对大型铸件如汽缸、汽室、主汽门、调速汽门、平衡环、阀门、堵阀等部件进行如下检验：

a） 铸件 100%进行外表面和内表面可视部位的检查，内外表面应光洁，不得有裂纹、缩孔、粘砂、冷隔、漏焊、砂眼、疏松及尖锐划痕等缺陷，必要时进行表面探伤；若存在上述缺陷，则应完全清除，清理处的实际壁厚不得小于壁厚偏差所允许的最小值且应圆滑过渡；若清除处的实际壁厚小于壁厚的最小值，则应进行补焊。对挖补部位应进行无损检测和金相、硬度检验。大型铸件的补焊按 DL/T 753 执行（也可参考附录 F）。

b） 对汽缸坯料补焊区进行硬度检查，若硬度偏高，应进行金相组织检查。

c）对汽缸坯料补焊区进行无损检测。

d）对汽缸的螺栓孔进行无损探伤。

e）若制造厂未提供部件探伤报告或对其提供的报告有疑问时，应进行无损探伤；若含有超标缺陷，加倍复查。

f）铸件的硬度检验，特别要注意部件的高温区段。铸件硬度值参见附录 D。

g）对汽缸等大型铸件上的各种制造、安装接管座角焊缝，应按 NB/T 47013 进行 100%的表面探伤。

5.15.3 运行阶段监督

5.15.3.1 机组运行过程中应加强对大型铸件的巡检，如发生泄漏应及时停机查明原因并处理，防止损伤事故的扩大。

5.15.3.2 机组运行过程中大型铸件开裂泄漏的焊接修复工作，应按 DL/T 753 执行（也可参考附录 F）。

5.15.4 检修阶段监督

5.15.4.1 机组每次 A 级或 B 级检修对受监的大型铸件进行表面检验，有疑问时进行无损检测，对补焊区进行无损检测，特别要注意高压汽缸高温区段的内表面、结合面和螺栓孔部位、主汽门内表面，以及阀门、堵阀内外表面。

5.15.4.2 大型铸件发现表面裂纹后，应进行打磨或打止裂孔，若打磨处的实际壁厚小于壁厚的最小值，可进行补焊处理。挖补处理按 DL/T 753 执行，对挖补部位应进行无损检测和金相、硬度检查，铸钢件的返修补焊按 DL/T 753 执行（也可参考附录 F）。

5.15.4.3 根据铸件状况，确定是否对部件进行超声波探伤。

5.15.4.4 每次 A 级检修中，根据实际情况，可对汽缸等大型铸件上的各种接管座角焊缝进行表面探伤抽查，表面探伤按 NB/T 47013 执行。

5.16 支吊架监督

5.16.1 设计阶段监督

5.16.1.1 汽水管道支吊架的设计应符合 DL/T 5054 的规定。

5.16.1.2 汽水管道设计文件上应有支吊架的类型及布置，支吊架的结构荷重、工作荷重、支吊架的冷位移和热位移值。

5.16.2 制造阶段监督

5.16.2.1 制造阶段应依据 DL/T 586、DL/T 1113、NB/T 47038、NB/T 47039、《中国华能集团公司电力工程建设设备监理管理办法》和《中国华能集团公司火电工程设备监理大纲》的规定和要求，对汽水管道支吊架的制造质量进行监督检验和资料审查、出厂验收。

5.16.2.2 管道支吊架的弹簧应有产品质量保证书和合格证，用于变力弹簧或恒力弹簧支吊架的弹簧特性应进行 100%检查，变力弹簧支吊架、恒力弹簧支吊架和阻尼装置等功能件的性能试验必须逐台检验。

5.16.2.3 合金钢材料的支吊架管夹、承载块和连接螺栓应进行 100%光谱复查，复查结果应与设计要求相一致，代用材料必须有设计单位出具的更改通知单。

5.16.2.4 恒力弹簧支吊架应进行载荷偏差度、恒定度和超载试验，恒力弹簧支吊架载荷偏差度应小于或等于 5%、恒定度应小于或等于 6%、超载载荷值应不小于 2 倍支吊架标准载荷值。

5.16.2.5　变力弹簧支吊架应进行超载试验，超载载荷值应不小于2倍最大工作载荷值。

5.16.2.6　支吊架弹簧的外观及几何尺寸检查应符合下列要求：

a）弹簧表面不应有裂纹、折叠、分层、锈蚀、划痕等缺陷。

b）弹簧尺寸偏差应符合图纸的要求。

c）弹簧工作圈数偏差不应超过半圈。

d）在自由状态时，弹簧各圈节距应均匀，其偏差不得超过平均节距的±10%。

e）弹簧两端支承面与弹簧轴线应垂直，其偏差不得超过自由高度的2%。

5.16.2.7　支吊架上用螺栓及螺母的螺纹应完整，无伤痕、毛刺等缺陷，螺栓与螺母应配合良好，无松动或卡涩现象。

5.16.2.8　支吊架出厂文件资料至少应包括以下内容：

a）产品检验合格证、使用说明书、热处理记录。

b）恒力支吊架、变力弹簧支吊架、液压阻尼器、弹簧减震器的性能试验报告。

5.16.3　安装阶段监督

5.16.3.1　安装前，应依据DL/T 1113标准的规定，对汽水管道支吊架进行开箱验收。

5.16.3.2　安装前，应对管道和联箱支吊架的合金钢部件进行100%的光谱检验，检验结果应符合设计要求，光谱检验按DL/T 991执行。

5.16.3.3　支吊架的安装应符合设计文件、使用说明书、DL/T 1113的规定。

5.16.3.4　支吊架安装完毕后应依据DL/T 1113标准的规定，对支吊架安装质量进行水压试验前、水压试验后升温前、运行条件下三个阶段的检查和验收。

5.16.3.5　检查支吊架安装质量应符合如下要求：

a）吊架的设置、吊杆偏装方向和偏装量应符合设计图纸、相应技术标准的要求。

b）管道穿墙处应留有足够的管道热位移间距。

c）弹簧支吊架的冷态指示位置应符合设计要求，支吊架热位移方向和范围内应无阻挡。

d）支吊架调整后，各连接件的螺杆丝扣必须带满、锁紧螺母应锁紧。

e）活动支架的滑动部分应裸露，活动零件与其支承件应接触良好，滑动面应洁净，活动支架的位移方向、位移量及导向性能应符合设计要求。

f）固定支架应固定牢靠。

g）变力弹簧支吊架位移指示窗口应便于检查。

h）参加锅炉启动前水压试验的管道，其支吊架定位销应安装牢固。

i）定位销应在管道系统安装结束，且水压试验及保温后方可拆除，全部定位销应完整、顺畅地拔除。

5.16.3.6　在机组试运行方案中，应有防止发生管道水冲击的事故预案，以预防管道发生水冲击并引发支吊架损坏事故的发生。

5.16.3.7　在机组试运行前，应确认所有的弹性吊架的定位装置均已松开。

5.16.3.8　在机组试运行期间，蒸汽温度达到额定值8h后，应对主蒸汽管道、高温再热蒸汽管道、高压旁路管道与启动旁路管道所有的支吊架进行一次目视检查，对弹性支吊架荷载标尺或转体位置、减振器及阻尼器行程、刚性支吊架及限位装置状态进行一次记录。发现异常应分析原因，并进行调整或处理。固定吊架调整完毕后，螺母应用点焊与吊杆固定。

5.16.3.9　机组试运行结束后，检查支吊架热位移方向和热位移量应与设计基本吻合；支吊架热态位移无受阻现象；管道膨胀舒畅、无异常振动。

5.16.3.10 安装过程中，不应将弹簧、吊杆、滑动与导向装置的活动部分包在保温内。

5.16.3.11 在对支吊架安装质量进行水压试验前、水压试验后升温前、运行条件下三个阶段的检查和验收过程中，如发现支吊架安装位置不符合设计文件、使用说明书的情况，应及时予以整改。如发现支吊架有严重的失载、超载、偏斜情况，以及其他经分析判断支吊架有明显的选型不当情况时，应安排对支吊架进行全面的检验和管系应力分析的设计计算校核。

5.16.4 运行阶段监督

5.16.4.1 运行过程中，应对主蒸汽、再热热段和冷段、高压给水管道等重要管道和外置式联箱的支吊架，每年在热态下进行一次外观检查，并对检查情况进行记录和建档保存。检查项目和内容如下：

a） 各支吊架结构正常，转动或滑动部位灵活和平滑。支吊架根部、连接件和管部部件应无明显变形，焊缝无开裂。

b）各支吊架热位移方向符合设计要求。恒力和变力弹簧吊架的吊杆偏斜角度应小于 4°，刚性吊架的吊杆偏斜角度应小于 3°。

c） 恒力弹簧支吊架热态应无失载或过载、弹簧断裂情况，位移指示在正常范围以内。

d） 变力弹簧支吊架热态应无失载或弹簧压死的过载、弹簧断裂情况，弹簧高度在正常范围以内。

e） 活动支架的位移方向、位移量及导向性能符合设计要求。

f） 防反冲刚性吊架横担与管托之间不得焊接，热态间距符合设计要求。

g） 管托应无松动或脱落情况。

h） 刚性吊架受力正常，无失载。

i） 固定支架牢固可靠，混凝土支墩无裂缝、损坏。

j） 减振器结构完好，液压阻尼器液位正常无渗油现象。

5.16.4.2 运行过程中，对有振动情况的主蒸汽、再热热段和冷段、高压给水管道等重要管道，应加强对支吊架状态的检查和记录，对发现的断裂、严重变形等情况时应及时处理。

5.16.4.3 运行过程中，对在巡检或外部检查过程中发现的支吊架失效（包括失载）情况，应及时检查分析原因，并采取措施修复处理。

5.16.4.4 运行过程中，严禁在管道或支吊架上增加任何永久性或临时性载荷。

5.16.5 检修阶段监督

5.16.5.1 检修阶段，应依据 DL/T 438、DL/T 616 的规定和要求，对汽水管道支吊架进行检查、维修、调整、改造和缺陷问题处理。

5.16.5.2 机组每次 A 级或 B 级检修，应对主蒸汽、再热热段和冷段、高压给水管道等重要管道和联箱支吊架的管部、根部、连接件、吊杆、弹簧组件、减振器与阻尼器进行一次全面的检查，并做好记录。

5.16.5.3 每次 A 级或 B 级检修时，应对一般汽水管道（除主蒸汽、再热热段和冷段、高压给水管道外），的支吊架进行外观检查，检查项目至少应包括以下内容：

a） 承受安全阀、泄压阀排汽反力作用的液压阻尼器的油系统与行程。

b） 承受安全阀、泄压阀排汽反力作用的刚性支吊架间隙。

c） 限位装置、固定支架结构状态是否正常。

d） 大荷载刚性支吊架结构状态是否正常。

5.16.5.4 对主蒸汽、再热热段和冷段、高压给水管道等重要管道和联箱支吊架热态检验，以及 A 级或 B 级检修发现的支吊架超标缺陷和异常情况，应利用检修机会及时安排进行维修或调整、改造处理。对支吊架、发生断裂、支吊架存在大量的失载或超载、无法调整或明显选型错误的情况时，应对管道或联箱支吊架在进行全面的冷、热态位移和承载状态检验的基础上，对管系应力进行一次全面的校核计算，对支吊架进行调整或进行重新设计选型、改造。

5.16.5.5 检修过程中，当更换管道规格不同于原管道，或在原管道上连接其他管道或管件、阀门，或新更换阀门不同于原规格时，应对管系应力进行一次全面的校核计算，对支吊架进行调整或进行重新设计选型、改造。

5.16.5.6 管道大范围更换保温材料时，应将弹簧支吊架、恒力支吊架暂时锁定，待保温恢复后应解除锁定。

5.16.5.7 管道大范围更换保温材料时，对新材料容重与原材料相差不同时，应对管系应力进行一次全面的计算校核，对支吊架进行调整或进行重新设计选型、改造。

5.16.5.8 检修过程中，严禁在管道或支吊架上增加任何永久性或临时性载荷。

5.17 机组范围内油管道监督

5.17.1 安装阶段监督

5.17.1.1 油系统的设计、选材、安装质量应符合 DL/T 5204、DL 5190.2、DL 5190.3、《防止电力生产事故的二十五项重点要求》（国能安全〔2014〕161 号文）等相关规定。

5.17.1.2 油管路设计时不宜采用法兰连接，尽量使用焊接连接方式和减少焊口，禁止使用铸铁阀门。

5.17.1.3 油管路设计时，三通应选取有大小头过渡的结构形式，避免采用插入式结构形式。

5.17.1.4 DN50 及以下油管道应采用全氩弧焊焊接方法，其他油管道至少应采用氩弧焊打底，焊缝的坡口类型、焊口检验应按 DL/T 869 的规定执行。

5.17.1.5 安装前，检查油管道应有质量保证书，管道的外径和壁厚、材料牌号应符合设计要求。

5.17.1.6 安装前，对合金钢管道和管件应进行 100%的光谱检验，检验结果应符合设计要求，光谱检验按 DL/T 991 执行。

5.17.1.7 安装前，对油管道、管件、阀门进行 100%的外观检验，检查结果应无严重的机械划伤、穿孔、裂纹、重皮、折叠等缺陷。

5.17.1.8 汽轮机高压抗燃油系统的管道、管件、油箱应选用不锈钢材料；管道弯头宜采用大曲率半径弯管，不宜采用直角接头；弯管表面应光滑，无皱纹、扭曲、压扁；弯管时应使各弯管半径均等，弯管两端应留有直段；不锈钢管道焊接应采用氩弧焊焊接方法。

5.17.1.9 油管道的安装焊缝应确保焊透，安装焊缝应依据 DL/T 821 和 NB/T 47013 进行 100%的射线和渗透探伤，渗透和射线探伤结果应符合 DL/T 869 的规定。

5.17.1.10 安装过程中，油系统管道应布置整齐，尽量减少交叉，固定卡牢固，防止运行中由振动而引起的疲劳失效。

5.17.1.11 安装时，油管道的外壁与蒸汽管道保温层外表面的净距离不应小于 150mm，距离不满足要求时应加隔热板，应防止油管道紧贴蒸汽管道保温层或将油管道直接包在蒸汽管道保温层中的情况发生，运行中存有静止油的油管与蒸汽管道保温层外表面的净距离不应小于 200mm，在主蒸汽管道及阀门附近的油管道上不宜设置法兰和活接头。

5.17.1.12 不锈钢油管道不得采用含有氯化物的溶剂清洗，不锈钢油管道的管壁与铁素体支吊架接触的地方应采用不锈钢垫片或氯离子含量不超过 500ppm（$1ppm=1\times10^{-6}$）的非金属垫片隔离。

5.17.1.13 油管路安装完毕后，检查油管道的支吊架应符合设计要求；要保证油管道在机组各种运行工况下自由膨胀。

5.17.1.14 机组安装完毕启动前，应依据 5.17.1.12 的规定，对机组范围内油管路与热源的安全距离进行排查，发现问题应及时采取措施处理，严禁将油管路与热力管道高温部件保温在一起。

5.17.2 运行阶段监督

5.17.2.1 机组运行过程中，应加强对油管路的巡检，对有振动现象的油管道，应及时查明原因，并消除振动问题，以避免管道疲劳开裂引起的油液泄漏和火灾事故的发生。

5.17.2.2 机组运行过程中，当油管路由于疲劳或腐蚀发生泄漏修复时，新更换管道、管件的质量和焊接工作按 5.17.1 的相关规定执行。

5.17.3 检修阶段监督

5.17.3.1 首次 A 级或 B 级检修中，应依据 5.17.1.12 的规定，对机组范围内油管路与热源的安全距离进行排查，发现问题及时采取措施处理。

5.17.3.2 对油管路插入式结构形式的三通焊缝、结构突变部位的焊缝，应在每次 A 级检修中进行宏观和渗透探伤检查，渗透探伤按 NB/T 47013 执行；尤其对于有明显震动的管路应重点加强监督检查，并采取措施消除或减小管路振动幅度。

5.17.3.3 对安装阶段油管道安装焊缝未进行 100% 射线探伤的油管路或当油管路安装焊缝质量不明的，应利用 A 级检修机会，对安装焊缝进行 20%的射线探伤抽查，焊缝质量验收按 DL/T 869 的规定执行；当发现存在超标缺陷情况时，应扩大抽查比例，如仍然发现存在超标缺陷的焊缝，则应对油管道安装焊缝进行 100% 的射线探伤检查；对存在超标缺陷的焊缝应及时安排进行返修处理，焊缝的返修应全部割除原焊口，返修后的焊缝应按 5.17.1.4 和 5.17.1.9 的规定执行。

5.17.3.4 油管路检修更换的新管道、管件的质量和焊接工作按 5.17.1 的相关规定执行。

5.18 天然气管道监督

5.18.1 设计阶段监督

5.18.1.1 管道系统的设计（调压站出口至燃机燃料前置模块的天然气管道），应符合 TSG D0001、DL/T 5174、DL/T 5204、GB 50251、DL/T 5072 的规定。

5.18.1.2 管道系统的设计单位按 TSG D0001 的规定，应取得相应的资格证书。

5.18.1.3 管道系统金属材料、管件的设计选择和管径、壁厚的设计计算应符合 TSG D0001、DL/T 5204 的要求。

5.18.1.4 天然气管道系统用管件（弯头、弯管、三通、大小头）、阀门等附件严禁使用铸铁件，应采用锻钢件，材质应与管道相同或相近。

5.18.1.5 严禁管道从管沟内敷设使用。

5.18.2 安装阶段监督

5.18.2.1 管道系统的安装单位应具有 TSG D3001 要求的相关资质，并办理安装许可。

5.18.2.2 安装前，应按 TSG D0001 的规定，对管道钢管应进行如下验收检验：

a） 钢管应有质量证明书，质量证明书中出具的钢管质量检验项目和结果应符合 GB/T 2102 的规定，质量证明书包括如下内容：

1） 制造厂名称。

2） 需方名称。

3） 合同号。

4） 产品标准号。

5） 钢材牌号。

6） 炉号、批号、交货状态、重量、根数（或件数）。

7） 品种名称、规格及质量等级。

8） 产品标准中所规定的各项检验结果（包括参考性指标）。

9） 技术质量监督部门标记。

10）质量证明书签发日期或发货日期。

b） 钢管内外表面外观检查，应无裂纹、折叠、重皮、分层、变形或压扁等缺陷，以及大面积严重的锈蚀，如有这些缺陷应在安装前完全清除，缺陷清除深度不应超过管道公称壁厚的负偏差，即清理处的实际剩余壁厚不应超过壁厚偏差所允许的最小值。

c） 对质量证书内容有疑问或对钢管质量有疑问时，可按照 TSG D0001 规定的产品质量要求，对钢管进行取样试验。

5.18.2.3 安装前，应按 TSG D0001 的规定，对管道附件（包括管件—弯头、弯管、三通、异径接头、封头和法兰、阀门、紧固件及其组合件）进行如下检验：

a） 管道附件外观检查应符合下列规定：

1） 表面应无裂纹、重皮、折叠、分层、过烧等缺陷；

2） 不应有超过管道壁厚负偏差的锈蚀和凹坑。

b） 紧固件螺母和螺纹外观检查应完整，无伤痕、毛刺等缺陷；金属垫片表面应无裂纹、毛刺、凹槽、径向划痕及锈斑等缺陷；合金钢螺栓及螺母应采用光谱分析方法对材质进行检验，光谱检验按 DL/T 991 执行。

5.18.2.4 现场制作的管道元件质量应符合 TSG D0001 的相关规定。

5.18.2.5 球墨铸铁管道及管件的配合尺寸公差应符合 GB 13295 的有关规定。

5.18.2.6 输送燃气的金属软管安装前应进行内部检查无异常，软管与刚性管道之间连接牢固可靠，外观检查无异常，软管与设备连接无扭曲、无过度弯曲或拉伸。

5.18.2.7 管道系统安装焊接及焊缝无损检测、质量要求如下：

a） 管道的焊接应按 TSG D0001、DL/T 869 的规定执行，焊接工艺应为全氩弧焊。

b） 管道焊缝无损检测及质量要求如下：

1） 焊缝应进行 100%的外观检验，焊缝外观质量检验结果应符合 TSG D0001、DL/T 869 的规定。

2） 焊缝无损检测必须在外观质量检验合格后进行。

3） 焊缝应经 100%的表面渗透检验合格，渗透检验按 NB/T 47013 执行，渗透检验合格等级为Ⅰ级。

4） 每道安装焊缝应经 100%的 X 射线或超声波探伤合格。射线或超声波探伤按 NB/T 47013 执行，焊缝采用射线或超声波检验方法的比例、合格等级按 TSG D0001 的相关规定执行。

5.18.2.8 管道应符合设计要求，其防腐应符合设计或 DL/T 5204 的规定，检漏方法应符合现行行业标准 SY/T 0063 的有关规定。

5.18.2.9 燃气系统阀门应做严密性检查，隔断阀宜采用球阀。

5.18.2.10 新安装或检修后的管道或设备应进行系统打压试验，确保燃气系统的的严密性。

5.18.2.11 直埋管道应按设计要求进行防腐，管道下沟前应对防腐层进行 100%的外观检查和全管段电火花检测试验，管道安装完毕后应对接口部位防腐层进行 100%外观检查和 100%电火花检测试验；回填前应对接口防腐层进行电火花检测试验抽检，检测应全部合格。

5.18.2.12 有静电要求的管道，法兰间应设导线跨接。对于不锈钢管道导线跨接或接地引线不应与不锈钢管道直接连接，应采用不锈钢板过渡。

5.18.2.13 燃气系统使用的法兰密封垫宜采用带内钢圈的金属缠绕垫或软钢质的齿形垫，垫片内径应略大于管道法兰的内径。

5.18.2.14 球墨铸铁管，管道与管道之间、管件与管件之间使用橡胶密封圈密封时，密封圈的性能应符合输送燃气输送管的使用要求。橡胶圈应光滑、轮廓清晰，不得有影响接口密封的缺陷。

5.18.3 运行阶段监督

5.18.3.1 管道系统运行过程中，应加强对管路的巡检，对管道有振动、泄漏，以及管道或附件有损坏现象时，应及时查明原因，并消除隐患。

5.18.3.2 电厂应按 TSG D0001、TSG D5001 的规定，及时办理管道登记注册手续。

5.18.3.3 管道系统应按 TSG D0001 的规定和要求，每年至少开展一次定期在线检验，并出具检验报告。

5.18.3.4 新安装的燃气管道应在 24h 之内检查一次，并应在通气后的第一周进行一次复查，确保管道系统燃气输送稳定安全可靠。

5.18.3.5 电厂天然气管道系统应安排专人进行管理，并建立相关管理、检查、记录制度。

5.18.4 检修阶段监督

5.18.4.1 管道系统应按 TSG D0001 的规定和要求，利用检修机会开展全面检验。

5.18.4.2 管道系统全面检验的周期、项目、内容按 TSG D0001、《在用工业管道定期检验规程》（国质检锅〔2003〕108 号）的规定执行。

5.18.4.3 管道系统的改造、维修保养或维修应按 TSG D0001 的规定执行。

5.18.4.4 做好在役地下管道防腐涂层的检查与维护工作。正常情况下高压、次高压管道（0.4MPa$<p\leqslant$4.0MPa）应每 3 年一次，10 年以上的管道每 2 年一次。

5.18.4.5 应结合机组检修，对燃气轮机仓及燃料阀组件天然气系统进行气密性试验，以对天然气管道进行全面检查。

5.18.4.6 天然气系统中设置的安全阀，应做到启闭灵敏，每年至少委托有资质的检验、校验机构检验、校验一次，压力表等其他安全附件应按其规定的检验周期定期进行校验。

6 监督管理要求

6.1 监督基础管理工作

6.1.1 金属监督管理的依据

电厂应按照《华能电厂安全生产管理体系要求》中有关技术监督管理和本标准的要求，制定电厂金属监督管理标准和锅炉压力容器监督管理标准，并根据国家法律、法规及国家、行业、集团公司标准、规范、规程、制度，结合电厂实际情况，编制金属及锅炉压力容器监督相关/支持性文件；建立健全技术资料档案，以科学、规范的监督管理，保证设备安全可靠运行。

6.1.2 金属监督管理应具备的相关/支持性文件

a） 金属监督：
   1） 金属监督管理标准；
   2） 金属监督技术标准或实施细则（包括执行标准、工作要求）；
   3） 防磨防爆管理标准；
   4） 特种设备及特种作业人员安全管理标准；
   5） 设备检修管理标准。

b） 锅炉压力容器监督：
   1） 锅炉压力容器监督管理标准；
   2） 防磨防爆管理标准；
   3） 特种设备及特种作业人员安全管理标准；
   4） 设备检修管理标准；
   5） 设备异动管理标准；
   6） 设备停用、退役管理标准。

6.1.3 建立健全技术资料档案

6.1.3.1 基建阶段技术资料

a） 金属监督：
   1） 受监金属部件的制造资料包括部件的质量保证书或产品质保书，通常应包括：部件材料牌号、化学成分、热加工工艺、力学性能、结构几何尺寸、强度计算书等；
   2） 受监金属部件的监造、安装前检验技术报告和资料；
   3） 燃气轮机、蒸汽管道、水汽管道、天然气管道、油管道设计图、安装技术资料等；
   4） 受压元件设计更改通知书；
   5） 安装、监理单位移交的有关技术报告和资料。

b） 余热锅炉、压力容器监督：
   1） 设计图纸及竣工图样、安装说明书和使用说明书；
   2） 产品合格证、产品质量证明文件；
   3） 制造、安装、改造技术资料及监检证明；
   4） 受压元件设计更改通知书；

5） 强度计算书、热力计算书、安全阀排放量的计算书；
6） 热膨胀系统图、汽水系统图；
7） 余热锅炉、压力容器安装质量证明资料；
8） 余热锅炉、压力容器投入使用前验收资料。

6.1.3.2 设备清册、台账以及图纸资料

a） 金属监督：
1） 机组投运时间、累计运行小时数、启停次数；
2） 机组或部件的设计、实际运行参数；
3） 设备原始资料台账；
4） 设备检修检验技术台账；
5） 设备焊接修复、更换技术台账。

b） 余热锅炉、压力容器监督：
1） 余热锅炉、压力容器及安全阀设备清册；
2） 余热锅炉、压力容器及安全阀设备台账。

6.1.3.3 检验报告和记录

a） 金属监督：
1） 受监金属部件入厂验收报告或记录；
2） 受监金属部件检修检验报告或记录；
3） 受监金属部件失效分析报告；
4） 支吊架检查调整报告；
5） 专项检验试验报告；
6） 检修总结。

b） 余热锅炉及压力容器监督：
1） 余热锅炉定期内部检验报告、外部检验报告、水压试验报告；
2） 压力容器定期检验报告、年度检查报告、水压试验报告；
3） 安全阀校验报告、安全阀排气试验报告或记录、安全阀离线检查报告或记录；
4） 天然气管道全面检验报告、定期在线检查报告；
5） 检修总结。

6.1.3.4 运行报告和记录

a） 金属监督：
1） 培训记录；
2） 与金属监督有关的事故（异常）分析报告；
3） 待处理缺陷的措施和及时处理记录；
4） 金属年度监督计划、监督工作总结；
5） 金属监督会议记录和文件。

b） 余热锅炉及压力容器监督：
1） 培训记录；
2） 与锅炉压力容器监督有关的事故（异常）分析报告；
3） 待处理缺陷的措施和及时处理记录；

4） 余热锅炉及压力容器年度监督计划、监督工作总结；

5） 余热锅炉及压力容器监督会议记录和文件；

6） 余热锅炉及压力容器和其安全附件日常使用状况检查记录。

6.1.3.5 事故管理报告和记录

a） 设备非计划停运、障碍、事故统计记录；

b） 事故分析报告。

6.1.3.6 监督管理文件

a） 与金属及锅炉压力容器监督有关的国家法律、法规及国家、行业、集团公司标准、规范、规程、制度；

b） 电厂金属及锅炉压力容器监督标准、规定、措施等；

c） 金属及锅炉压力容器技术监督年度工作计划和总结；

d） 金属及锅炉压力容器技术监督季报、速报；

e） 金属及锅炉压力容器技术监督预警通知单和验收单；

f） 金属及锅炉压力容器技术监督会议纪要；

g） 金属及锅炉压力容器技术监督工作自我评价报告和外部检查评价报告；

h） 金属及锅炉压力容器技术监督人员技术档案、上岗考试成绩和证书；

i） 焊接、热处理、理化及无损检测人员技术档案；

j） 与金属及锅炉压力容器设备质量有关的重要工作来往文件。

6.2 日常管理内容和要求

6.2.1 健全监督网络与职责

6.2.1.1 各电厂应建立健全由生产副厂长（总工程师）领导下的金属及锅炉压力容器技术监督三级管理网。第一级为厂级，包括生产副厂长（总工程师）领导下的金属及锅炉压力容器监督专责人，第二级为部门级，第三级为班组级，包括各专工领导的班组人员。在生产副厂长（总工程师）领导下由金属及锅炉压力容器监督专责人统筹安排，协调运行、检修等部门，协调燃机、锅炉、汽轮机、电气、化学、热工、金属、焊接、物资等相关专业共同配合完成金属及锅炉压力容器监督工作。金属及锅炉压力容器监督三级网严格执行岗位责任制。

6.2.1.2 按照《华能电厂安全生产管理体系要求》和《中国华能集团公司电力技术监督管理办法》编制电厂金属监督管理标准和锅炉压力容器监督管理标准，做到分工、职责明确，责任到人。

6.2.1.3 电厂金属及锅炉压力容器技术监督工作归口职能管理部门在电厂技术监督领导小组的领导下，负责金属及锅炉压力容器技术监督的组织建设工作，建立健全技术监督网络，并设金属及锅炉压力容器技术监督专责人，负责全厂金属及锅炉压力容器技术监督日常工作的开展和监督管理。

6.2.1.4 电厂金属及锅炉压力容器技术监督工作归口职能管理部门每年年初要根据人员变动情况及时对网络成员进行调整；按照人员培训和上岗资格管理办法的要求，定期对技术监督专责人和特殊技能岗位人员进行专业和技能培训，保证持证上岗。

6.2.2 确定监督标准符合性

6.2.2.1 金属及锅炉压力容器监督标准应符合国家、行业及上级主管单位的有关规定和要求。

6.2.2.2 每年年初，金属及锅炉压力容器技术监督专责人应根据新颁布的标准规范及设备异动情况，组织对金属及锅炉压力容器相关技术标准的有效性、准确性进行评估，修订不符合项，经归口职能管理部门领导审核、生产主管领导审批后发布实施。国家、行业标准及上级单位监督规程、规定中涵盖的相关金属及锅炉压力容器监督工作均应在电厂技术标准中详细列写齐全。在金属及锅炉压力容器设备规划、设计、建设、更改过程中的金属及锅炉压力容器监督要求等同采用每年发布的相关标准。

6.2.3 确定仪器仪表有效性

6.2.3.1 应配备必需的金属监督检验和计量设备。

6.2.3.2 应编制金属监督用仪器仪表使用、操作、维护规程，规范仪器仪表管理。

6.2.3.3 应建立金属监督用仪器仪表设备台账，根据检验、使用及更新情况进行补充完善。

6.2.3.4 应根据检定周期和项目，制定金属监督仪器、仪表的检验计划，按规定进行检验、送检和量值传递，对检验合格的可继续使用，对检验不合格的送修或报废处理，保证仪器仪表有效性。

6.2.4 监督档案管理

6.2.4.1 电厂应按照本标准规定的文件、资料、记录和报告目录以及格式要求，建立健全金属技术监督各项台账、档案、规程、制度和技术资料，确保技术监督原始档案和技术资料的完整性和连续性。

6.2.4.2 技术监督专责人应建立金属监督档案资料目录清册，根据监督组织机构的设置和设备的实际情况，明确档案资料的分级存放地点，并指定专人整理保管，及时更新。

6.2.5 制订监督工作计划

6.2.5.1 金属及锅炉压力容器技术监督专责人每年 11 月 30 日前应组织制订下年度技术监督工作计划，报送产业公司、区域公司，同时抄送西安热工研究院有限公司（以下简称“西安热工院”）。

6.2.5.2 电厂金属及锅炉压力容器技术监督年度计划的制定依据至少应包括以下几方面：

a） 国家、行业、地方有关电力生产方面的政策、法规、标准、规程和反事故措施要求；
b） 集团公司、产业公司、区域公司、电厂技术监督管理制度和年度技术监督动态管理要求；
c） 集团公司、产业公司、区域公司、电厂技术监督工作规划和年度生产目标；
d） 技术监督体系健全和完善化；
e） 人员培训和监督用仪器设备配备和更新；
f） 主、辅设备目前的运行状态；
g） 技术监督动态检查、预警、月（季）报提出的问题；
h） 收集的其他有关金属及锅炉压力容器设备和系统设计选型、制造、安装、运行、检修、技术改造等方面的动态信息。

6.2.5.3 电厂金属及锅炉压力容器技术监督工作计划应实现动态化，即各专业应每季度制定金属及锅炉压力容器技术监督工作计划。年度（季度）监督工作计划应包括以下主要内容：

a） 技术监督组织机构和网络完善；
b） 监督管理标准、技术标准规范制定及修订计划；
c） 人员培训计划（主要包括内部培训、外部培训取证，标准规范宣贯）；
d） 技术监督例行工作计划；

e） 检修期间应开展的技术监督项目计划；

f） 监督用仪器仪表检定计划；

g） 技术监督自我评价、动态检查和复查评估计划；

h） 技术监督预警、动态检查等监督问题整改计划；

i） 技术监督定期工作会议计划。

6.2.5.4 电厂应根据上级公司下发的年度技术监督工作计划，及时修订补充本单位年度技术监督工作计划，并发布实施。

6.2.5.5 金属及锅炉压力容器监督专责人每季度对金属及锅炉压力容器监督各部门的监督计划的执行情况进行检查，对不满足监督要求的，通过技术监督不符合项通知单的形式下发到相关部门进行整改，并对金属及锅炉压力容器监督的相关部门进行考评。技术监督不符合项通知单编写格式见附录H。

6.2.6 监督报告管理

6.2.6.1 金属及锅炉压力容器监督速报的报送

a） 当电厂发生重大监督指标异常，受监控设备重大缺陷、故障和损坏事件，火灾事故等重大事件后24h内，应将事件概况、原因分析、采取措施按照附录I的格式，以速报的形式报送产业公司、区域公司和西安热工院。

6.2.6.2 金属及锅炉压力容器监督季报的报送

a） 金属及锅炉压力容器技术监督专责人应按照附录J的季报格式和要求，组织编写上季度金属及锅炉压力容器技术监督季报。经电厂归口职能管理部门汇总于每季度首月5日前，将全厂技术监督季报报送产业公司、区域公司和西安热工院。

6.2.6.3 金属及锅炉压力容器监督年度工作总结报告的报送

a） 金属及锅炉压力容器技术监督专责人每年1月5日前编制完成上年度技术监督工作总结，并将总结报送产业公司、区域公司和西安热工院。

b） 年度监督工作总结报告主要包括以下几方面：

1） 主要监督工作完成情况、亮点和经验与教训；

2） 设备一般事故、危急缺陷和严重缺陷统计分析；

3） 监督存在的主要问题和改进措施；

4） 下年度工作思路、计划、重点和改进措施。

6.2.7 监督例会管理

6.2.7.1 电厂每年至少召开两次厂级技术监督工作会议，会议由电厂技术监督领导小组组长主持，检查评估、总结、布置金属及锅炉压力容器技术监督工作，对技术监督中出现的问题提出处理意见和防范措施，形成会议纪要，按管理流程批准后发布实施。

6.2.7.2 金属及锅炉压力容器专业每季度至少召开一次技术监督工作会议，会议由金属及锅炉压力容器监督专责人主持并形成会议纪要。

6.2.7.3 例会主要内容包括：

a） 上次监督例会以来金属及锅炉压力容器监督工作开展情况；

b） 设备及系统的故障、缺陷分析及处理措施；

c） 金属及锅炉压力容器监督存在的主要问题以及解决措施/方案；

d） 上次监督例会提出问题整改措施完成情况的评价；

e） 技术监督标准、相关生产技术标准、规范和管理制度的编制修订情况；

f） 技术监督工作计划发布及执行情况，监督计划的变更；

g） 集团公司技术监督季报、监督通讯、新颁布的国家及行业标准规范、监督新技术学习交流；

h） 金属及锅炉压力容器监督需要领导协调和其他部门配合和关注的事项；

i） 至下次监督例会时间内的工作要点。

6.2.8 监督预警管理

6.2.8.1 金属及锅炉压力容器监督三级预警项目见附录 K，电厂应将三级预警项目识别纳入日常金属及锅炉压力容器监督管理和考核工作中。

6.2.8.2 对于上级监督单位签发的预警通知单（见附录 L），电厂应认真组织人员研究有关问题制定整改计划，整改计划中应明确整改措施、责任部门、责任人和完成日期。

6.2.8.3 问题整改完成后，电厂应按照验收程序要求，向预警提出单位提出验收申请，经验收合格后，由验收单位填写预警验收单（见附录 M），并报送预警签发单位备案。

6.2.9 监督问题整改管理

6.2.9.1 整改问题的提出

a） 上级或技术监督服务单位在技术监督动态检查、预警中提出的整改问题；

b） 《火电技术监督报告》中明确的集团公司或产业公司、区域公司督办问题；

c） 《火电技术监督报告》中明确的电厂需要关注及解决的问题；

d） 电厂金属监督专责人每季度对各部门金属及锅炉压力容器监督计划的执行情况进行检查，对不满足监督要求的提出的整改问题。

6.2.9.2 问题整改管理

a） 电厂收到技术监督评价报告后，应组织有关人员会同西安热工院或技术监督服务单位，在两周内完成整改计划的制定和审核，整改计划编写格式见附录 M。并将整改计划报送集团公司、产业公司、区域公司，同时抄送西安热工院或技术监督服务单位。

b） 整改计划应列入或补充列入年度监督工作计划，电厂按照整改计划落实整改工作，并将整改实施情况及时在技术监督季报中总结上报。

c） 对整改完成的问题，电厂应保存问题整改相关的试验报告、现场图片、影像等技术资料，作为问题整改情况及实施效果评估的依据。

6.2.10 监督评价与考核

6.2.10.1 电厂应将“联合循环发电厂金属（含锅炉压力容器）技术监督工作评价表”中的各项要求纳入日常金属锅炉压力容器监督管理工作中，“联合循环发电厂金属（含锅炉压力容器）技术监督工作评价表”见附录 N。

6.2.10.2 按照“联合循环发电厂金属（含锅炉压力容器）技术监督工作评价表”（见附录 N）中的要求，编制完善各项金属及锅炉压力容器技术监督管理制度和规定，并认真贯彻执行；完善各项金属及锅炉压力容器监督的日常管理和记录，加强受监设备的运行技术监督和检修技术监督。

6.2.10.3 电厂应定期对技术监督工作开展情况组织自我评价，对不满足监督要求的不符合项以通知单的形式下发到相关部门进行整改，并对相关部门及责任人进行考核。技术监督不符合项通知单格式见附录 H。

6.3 各阶段监督重点工作

6.3.1 金属监督

6.3.1.1 设计与设备选型阶段的监督

a）新建（扩建）工程设备选型应依据国家、行业相关的现行标准和反事故措施的要求，以及工程的实际需要，提出金属监督的意见和要求。

b）参加工程设计审查，对设备选材提出要求。

c）参加设备采购合同审查和设备技术协议签订。对设备的选材、性能和结构等提出金属监督的意见。

d）审核无损检测、理化检验试验仪器仪表及装置的配置和选型，提出金属监督的具体要求，并签字认可。

e）参加设计联络会。对设计中的技术问题，招标方与投标方，以及各投标方之间的接口问题提出金属监督的意见和要求，将设计联络结果应形成的文件归档，并监督设计联络结果的执行。

6.3.1.2 监造和出厂验收阶段的监督

a）根据 DL/T 438 和本标准的规定，对相关的受监设备进行监造和出厂验收，对备品配件进行质量检验与验收。

b）参加设备监理合同的签订。落实采购合同对设备监造方式和项目的要求；提出对设备监理单位的工作要求。

c）监造过程中应保持与设备监理单位沟通，随时掌握设备的制造质量，出现问题及时消除。有条件时，可派生产运营阶段的金属监督人员参与设备监造。

d）出厂试验、检验按相关标准及规程进行，并完成订货合同或协议中明确增加的试验、检验项目。

e）监造工作结束后，监造人员应及时出具监造报告。

6.3.1.3 安装和投产验收阶段的监督

a）重要设备运输至现场后，应按照订货合同和相关标准进行验收，并形成验收报告。重点检查设备的材质出厂证明文件、焊接质量检验记录、热处理记录、无损检测报告、合格证及水压试验、密封性试验报告等文件。

b）安装实施工程监理时，应对监理单位的工作提出金属监督的意见。

c）安装结束后，应按国家、行业、企业标准及订货技术协议的要求进行设备验收。

d）按照电厂文件资料归档管理的要求，监督检查各基建单位按时向电厂移交金属及锅炉压力容器专业基建技术资料、设备资料。

6.3.1.4 运行阶段的监督

a）建立健全试验用仪器仪表台账，编制试验用仪器仪表校验计划，定期送到有检验资质的单位校验。

b）相关运行和检修人员对设备进行巡视、检查和记录。发现异常时，应予以消除；带缺陷运行的设备应加强运行监视，必要时应有应急预案。

c）加强对运行设备的运行监测和数据分析。

6.3.1.5 检修阶段的监督

a）根据本标准的要求，结合本厂年度机组检修计划和受监设备的实际运行状况，编制金属监督检验计划。

b）对外委项目的焊接、热处理、理化、无损检测等人员资质证书进行审核。

c）检修后应按本标准的要求进行验收，合格后方可投入运行。

d）检修完毕，及时编写检验报告及监督总结并履行审核手续，有关检修资料应归档。外委检验报告应经检验单位审批后，由金属监督专责人验收。

6.3.2 锅炉压力容器监督

6.3.2.1 制造阶段的监督

a）对余热锅炉、压力容器的制造质量，应按照 DL 612 等相关规范、标准的要求实行监检。监检内容和要求参照 TSG G0001、TSG R0004、DL/T 586、《电力系统进口成套设备检验工作的规定》（能源外〔1992〕215 号）、DL 612、DL 647、DL 5190.2、《防止电力生产事故的二十五项重点要求》（国能安全〔2014〕161 号）等执行。

6.3.2.2 安装阶段的监督

a）应选择有资质的检验单位实施安装质量监督检验，监检内容和要求按照《中华人民共和国特种设备安全法》（主席令第四号）、TSG G0001、TSG R0004、TSG G7001、DL 612、DL 647 和《防止电力生产事故的二十五项重点要求》（国能安全〔2014〕161 号）执行，检验机构进行检验前应编制检验大纲，大纲中应明确受检单位必须提供的原始资料，明确检验依据，明确文件见证和现场抽查项目等。

b）余热锅炉、压力容器安装过程中安装质量由安装单位负责。锅炉压力容器安全监督专责工程师应对安装单位的焊接、无损检测、光谱、金相和热处理人员的资质进行审查，并留底以备查验，对各种检验结果文件进行抽查。要求安装工作全部完成并经 168h（200MW 以下供热机组经过 72h+24h）调试运行后，安装单位应按 DL 612 要求移交所有资料。

6.3.2.3 使用过程的监督

a）使用单位应当在锅炉、压力容器投入使用后 30 日内，向质量技术监督部门，申请办理锅炉、压力容器的使用登记证。

b）电厂锅炉、压力容器的安全管理人员应当对设备使用状况进行经常性检查，作业过程中发现事故隐患或者其他不安全因素，应当立即向有关负责人报告；设备运行不正常时，作业人员应当按照操作规程采取有效措施保证安全。

c）电厂应当按照 GB/T 12145 的规定，做好水处理工作，保证水汽质量。无可靠的水处理措施，锅炉不应当投入运行。

6.3.2.4 检修过程的监督

a）应按《中华人民共和国特种设备安全法》（主席令第四号）、TSG G0001、TSG R0004 等规定实行定期检验，定期检验应选择有资质的检验单位实施。

b）检验机构进行检验前应根据《锅炉定期检验规则》（质技监局锅发〔1999〕202 号）、TSG R7001、TSG R5002、DL 647 的规定和锅炉压力容器实际安全状况编制检验大纲。大纲中应明确受检单位必须提供的原始资料，明确检验依据，明确文件见证和现场抽查项目等。

7 监督评价与考核

7.1 评价内容

7.1.1 金属及锅炉压力容器监督评价内容详见附录N。

7.1.2 金属及锅炉压力容器监督评价内容分为技术监督管理、技术监督标准执行两部分，总分为1000分，其中监督管理评价部分包括8个大项31小项共400分，监督标准执行部分包括5大项42个小项共600分，每项检查评分时，如扣分超过本项应得分，则扣完为止。

7.2 评价标准

7.2.1 被评价的电厂按得分率高低分为四个级别，即：优秀、良好、合格、不符合。

7.2.2 得分率高于或等于90%为“优秀”；80%～90%（不含90%）为“良好”；70%～80%（不含80%）为“合格”；低于70%为“不符合”。

7.3 评价组织与考核

7.3.1 技术监督评价包括集团公司技术监督评价、属地电力技术监督服务单位技术监督评价、电厂技术监督自我评价。

7.3.2 集团公司定期组织西安热工院和公司内部专家，对电厂技术监督工作开展情况、设备状态进行评价，评价工作按照《中国华能集团公司电力技术监督管理办法》规定执行，分为现场评价和定期评价。

7.3.2.1 集团公司技术监督现场评价按照集团公司年度技术监督工作计划中所列的电厂名单和时间安排进行。各电厂在现场评价实施前应按附录N进行自查，编写自查报告。西安热工院在现场评价结束后三周内，应按照《中国华能集团公司电力技术监督管理办法》附录C的格式要求完成评价报告，并将评价报告电子版报送集团公司安生部，同时发送产业公司、区域公司及电厂。

7.3.2.2 集团公司技术监督定期评价按照《中国华能集团公司电力技术监督管理办法》及本标准要求和规定，对电厂生产技术管理情况、机组障碍及非计划停运情况、金属及锅炉压力容器监督报告的内容符合性、准确性、及时性等进行评价，通过年度技术监督报告发布评价结果。

7.3.2.3 集团公司对严重违反技术监督制度、由于技术监督不当或监督项目缺失、降低监督标准而造成严重后果、对技术监督发现问题不进行整改的电厂，予以通报并限期整改。

7.3.3 电厂应督促属地技术监督服务单位依据技术监督服务合同的规定，提供技术支持和监督服务，依据相关监督标准定期对电厂技术监督工作开展情况进行检查和评价分析，形成评价报告，并将评价报告电子版和书面版报送产业公司、区域公司及电厂。电厂应将报告归档管理，并落实问题整改。

7.3.4 电厂应按照《中国华能集团公司电力技术监督管理办法》及《华能电厂安全生产管理体系要求》建立完善技术监督评价与考核管理标准，明确各项评价内容和考核标准。

7.3.5 电厂应每年按附录N，组织安排金属及锅炉压力容器监督工作开展情况的自我评价，根据评价情况对相关部门和责任人开展技术监督考核工作。

附　录　A
（规范性附录）
联合循环发电厂金属技术监督专责工程师职责

A.1　贯彻执行国家、行业、上级公司、本单位有关金属技术监督的各项管理制度、导则、规程、标准、技术措施。

A.2　在本单位技术监督主管领导的领导下，负责组织本单位金属技术监督工作的开展。

A.3　负责建立和完善本单位金属技术监督网络。

A.4　负责制定或修订本单位的金属技术监督相关规章制度和实施细则。

A.5　负责或组织及时编写和上报本单位金属技术监督工作计划和工作总结。

A.6　参与新建机组安装前、安装过程中和在役机组检修中的金属技术监督工作，负责制定或审定机组安装前、安装过程和检修中金属技术监督检验项目计划。

A.7　负责及时组织编写和上报金属技术监督报表、大修工作总结、事故分析报告和其他专题报告。

A.8　负责或参与机组安装前、安装过程和检修中金属技术监督中发现问题的处理。

A.9　负责焊接、热处理、金属检验人员的资质审查，以及焊接工艺、检验方案和工作质量的监督；参与对焊工的培训考核工作。

A.10　负责督促金属技术监督工作的实施和定期检查。

A.11　负责各种检查工作中提出的金属技术监督问题的整改落实。

A.12　负责组织建立、健全金属技术监督档案。

附　录　B

（资料性附录）

联合循环发电厂常用金属材料和重要部件国内外技术标准

B.1　国内标准

GB 713—2014　锅炉和压力容器用钢板
GB/T 1220—2007　不锈钢棒
GB/T 1221—2007　耐热钢棒
GB/T 3077—1999　合金结构钢
GB 5310—2008　高压锅炉用无缝钢管
GB/T 8732—2004　汽轮机叶片用钢
GB/T 16507—2013　水管锅炉
GB/T 12459—2005　钢制对焊无缝管件
GB 13296—2013　锅炉、热交换器用不锈钢无缝钢管
GB/T 14099.3—2009　燃气轮机　采购　第 3 部分：设计要求
GB/T 14099.8—2009　燃气轮机　采购　第 8 部分：检查、试验、安装和调试
GB/T 14100—2009　燃气轮机 验收试验
GB/T 19624—2004　在用含缺陷压力容器安全评定
GB/T 20410—2006　涡轮机高温螺栓用钢
GB/T 20490—2006　承压无缝和焊接（埋弧焊除外）钢管分层的超声检测
GB/T 22395—2008　锅炉钢结构设计规范
DL/T 384—2010　9FA 燃气—蒸汽联合循环机组运行规程
DL/T 438—2009　火力发电厂金属技术监督规程
DL/T 439—2006　火力发电厂高温紧固件技术导则
DL/T 441—2004　火力发电厂高温高压蒸汽管道蠕变监督规程
DL 473—1992　大直径三通锻件技术条件
DL/T 505—2005　汽轮机主轴焊缝超声波探伤规程
DL/T 515—2004　电站弯管
DL/T 586—2008　电力设备监造技术导则
DL 612—1996　电力工业锅炉压力容器监察规程
DL/T 616—2006　火力发电厂汽水管道与支吊架维修调整导则
DL 647—2004　电站锅炉压力容器检验规程
DL/T 654—2009　火电机组寿命评估技术导则
DL/T 674—1999　火电厂用 20 号钢珠光体球化评级标准
DL/T 678—2013　电站钢结构焊接通用技术条件
DL/T 679—2012　焊工技术考核规程

DL/T 694—2012 高温紧固螺栓超声检验技术导则
DL/T 695—2014 电站钢制对焊管件
DL/T 714—2011 汽轮机叶片超声波检验技术导则
DL/T 715—2000 火力发电厂金属材料选用导则
DL/T 717—2013 汽轮发电机组转子中心孔检验技术导则
DL/T 718—2014 火力发电厂三通及弯头超声波检测
DL/T 748.1—2001 火力发电厂锅炉机组检修导则 第1部分：总则
DL/T 752—2010 火力发电厂异种钢焊接技术规程
DL/T 753—2001 汽轮机铸钢件补焊技术导则
DL/T 773—2001 火电厂用12Cr1MoV钢球评级标准
DL/T 785—2001 火力发电厂中温中压管道（件）安全技术导则
DL/T 786—2001 碳钢石墨化检验及评级标准
DL/T 787—2001 火力发电厂用15CrMo钢珠光体球化评级标准
DL/T 819—2010 火力发电厂焊接热处理技术规程
DL/T 820—2002 管道焊接接头超声波检验技术规程
DL/T 821—2002 钢制承压管道对接焊接接头射线检验技术规程
DL/T 850—2004 电站配管
DL/T 868—2014 焊接工艺评定规程
DL/T 869—2012 火力发电厂焊接技术规程
DL/T 874—2004 电力工业锅炉压力容器安全监督管理（检验）工程师资格考核规则
DL/T 882—2004 火力发电厂金属专业名词术语
DL/T 884—2004 火电厂金相检验与评定技术导则
DL/T 905—2004 汽轮机叶片焊接修复技术导则
DL/T 925—2005 汽轮机叶片涡流检验技术导则
DL/T 930—2005 整锻式汽轮机实心转子体超声波检验技术导则
DL/T 931—2005 电力行业理化检验人员资格考核规则
DL/T 939—2005 火力发电厂锅炉受热面管监督检验技术导则
DL/T 940—2005 火力发电厂蒸汽管道寿命评估技术导则
DL/T 991—2006 电力设备金属光谱分析技术导则
DL/T 999—2006 电站用2.25Cr–1Mo钢球化评级标准

DL/T 1105.1—2010 电站锅炉集箱小口径接管座角焊缝无损检测技术导则 第1部分：通用要求

DL/T 1105.2—2010 电站锅炉集箱小口径接管座角焊缝无损检测技术导则 第2部分：超声检测

DL/T 1105.3—2010 电站锅炉集箱小口径接管座角焊缝无损检测技术导则 第3部分：涡流检测

DL/T 1105.4—2010 电站锅炉集箱小口径接管座角焊缝无损检测技术导则 第4部分：磁记忆检测

DL/T 1214—2013 9FA燃气—蒸汽联合循环机组维修规程

DL 5190.3—2012　电力建设施工技术规范　第 3 部分：汽轮发电机组
DL 5190.5—2012　电力建设施工技术规范　第 5 部分：管道及系统
DL 5190.2—2012　电力建设施工技术规范　第 2 部分：锅炉机组
DL/T 5054—1996　火力发电厂汽水管道设计技术规定
DL/T 5210.2—2009　电力建设施工质量验收及评价规程　第 2 部分：锅炉机组
DL/T 5210.3—2009　电力建设施工质量验收及评价规程　第 3 部分：汽轮发电机组
DL/T 5210.5—2009　电力建设施工质量验收及评价规程　第 5 部分：管道及系统
DL/T 5210.7—2010　电力建设施工质量验收及评价规程　第 7 部分：焊接
DL/T 5366—2014　发电厂汽水管道应力计算技术规程
DL/T 5174—2003　燃气—蒸汽联合循环电厂设计规定
JB/T 1266—2014　25MW～200MW 汽轮机轮盘及叶轮锻件　技术条件
JB/T 1269—2002　汽轮发电机磁性环锻件技术条件
JB/T 1581—2014　汽轮机、汽轮发电机转子和主轴锻件超声检测方法
JB/T 1582—2014　汽轮机叶轮锻件超声检测方法
JB/T 3375—2002　锅炉用材料入厂验收规则
NB/T 47019—2011　锅炉、热交换器用管订货技术条件
NB/T 47008—2010　承压设备用碳素钢和合金钢锻件
NB/T 47010—2010　承压设备用不锈钢和耐热钢锻件
NB/T 47014—2011　承压设备焊接工艺评定
NB/T 47015—2011　压力容器焊接规程
NB/T 47044—2014　电站阀门
NB/T 47013　承压设备无损检测
JB/T 5255—1991　焊制鳍片管（屏）技术条件
JB/T 5263—2005　电站阀门铸钢件技术条件
JB/T 7024—2014　300MW 以上汽轮机缸体铸钢件技术条件
JB/T 7027—2014　300MW 以上汽轮机转子体锻件技术条件
JB/T 7030—2014　汽轮发电机 Mn18Cr18N 无磁性护环锻件技术条件
NB/T 47038—2013　恒力弹簧支吊架
NB/T 47039—2013　可变弹簧支吊架
JB/T 8707—2014　300MW 以上汽轮机无中心孔转子锻件技术条件
JB/T 8708—2014　300MW～600MW 汽轮发电机无中心孔转子锻件技术条件
JB/T 9625—1999　锅炉管道附件承压铸钢件技术条件
JB/T 9626—1999　锅炉锻件技术条件
JB/T 9628—1999　汽轮机叶片磁粉探伤方法
JB/T 9632—1999　汽轮机主汽管和再热汽管的弯管技术条件
JB/T 10087—2001　汽轮机承压铸钢件技术条件
JB/T 11031—2010　燃气轮机大型球墨铸铁件技术条件
JB/T 11032—2010　燃气轮机压气机轮盘不锈钢锻件技术条件
JB/T 11033—2010　燃气轮机压气机轮盘合金钢锻件技术条件

GB/T 28056—2011　烟道式余热锅炉通用技术条件

TSG G0001—2012　锅炉安全技术监察规程

TSG D0001—2009　压力管道安全技术监察规程—工业管道

B.2　国外标准

ASME SA—106/ASME SA–106M　高温用无缝碳钢公称管

ASME SA—193/ASME SA–193M　高温用合金钢和不锈钢螺栓材料

ASME SA—194/ASME SA–194M　高温高压螺栓用碳钢和合金钢螺母

ASME SA—209/ASME SA–209M　锅炉和过热器用无缝碳钼合金钢管子

ASME SA—210/ASME SA–210M　锅炉和过热器用无缝中碳钢管子

ASME SA—213/ASME SA–213M　锅炉、过热器和换热器用无缝铁素体和奥氏体合金钢管子

ASME SA—299/ASME SA–299M　压力容器用碳锰硅钢板

ASME SA—335/ASME SA–335M　高温用无缝铁素体合金钢公称管

ASME SA—672/ASME SA–672M　中温高压用电熔化焊钢管

ASME SA—691/ASME SA–691M　高温、高压用碳素钢和合金钢电熔化焊钢管

ASTM A182/182M　高温用锻制或轧制合金钢和不锈钢法兰、锻制管件、阀门和部件

ASTM A209/A209M　锅炉和过热器用无缝碳钼合金钢管子

ASTM A213/A213M　锅炉、过热器和换热器用无缝铁素体和奥氏体合金钢管子

ASTM A234/A234M　中温与高温下使用的锻制碳素钢及合金钢管配件

ASTM A335/A335M　高温用无缝铁素体合金钢公称管

ASTM A515/515M　中温及高温压力容器用碳素钢板

ASTM A691/A691M　高温下高压装置用电熔焊碳素钢和合金钢管的标准规范

BS EN 10222　承压用钢制锻件

BS EN 10295　耐热钢铸件

DIN EN 10216–5　承压用不锈钢管技术条件

DIN EN 10216–2　承压用碳钢、合金钢无缝钢管技术条件

EN 10095　耐热钢和镍合金

EN10246—14　钢管的无损检测　第 14 部分：无缝和焊接（埋弧焊除外）钢管分层缺欠的超声检测

JIS G3203　高温压力容器用合金钢锻件

JIS G3463　锅炉、热交换器用不锈钢管

JIS G4107　高温用合金钢螺栓材料

JIS G5151　高温高压装置用铸钢件

ГОСТ 5520　锅炉和压力容器用碳素钢、低合金钢和合金钢板技术条件

ГОСТ 5632　耐蚀、耐热及热强合金钢牌号和技术条件

ГОСТ 18968　汽轮机叶片用耐蚀及热强钢棒材和扁钢

ГОСТ 20072　耐热钢技术条件

附　录　C
（规范性附录）
联合循环发电厂常用金属部件材料化学成分及性能指标

C.1　联合循环电厂常用金属材料的化学成分

序号	牌号		化学成分（质量分数，%）														
	钢号	标准号	C	Mn	Si	Cr	Mo	V	Ni	Ti	B	N	W	Nb	Cu	S	P
1	A106B	ASTM A106	≤0.30	0.29～1.06	≥0.10	0.40	≤0.15	≤0.08	≤0.40	—	—	—	—	—	≤0.40	≤0.035	≤0.035
2	A106C		≤0.35	0.29～1.06	≥0.10	0.40	≤0.15	≤0.08	≤0.40	—	—	—	—	—	—	≤0.035	≤0.035
3	T12	ASTM A213	0.05～0.15	0.30～0.61	≤0.50	0.80～1.25	0.44～0.65	—	—	—	—	—	—	—	—	≤0.025	≤0.025
4	T22		0.05～0.15	0.30～0.60	≤0.50	1.90～2.60	0.87～1.06	—	—	—	—	—	—	—	—	≤0.025	≤0.025
5	T23		0.04～0.10	0.10～0.60	0.030	1.90～2.60	0.05～0.30	0.20～0.30	Al: 0.030	—	0.000 5～0.006	0.03	1.45～1.75	0.02～0.08	—	0.010	0.030
6	T24		0.05～0.10	0.30～0.70	0.15～0.45	2.20～2.60	0.90～1.10	0.20～0.30	Al: 0.02	0.06～0.10	0.001 5～0.007	0.012	—	—	—	0.020	0.030
7	12Cr1MoV	GB 5310	0.08～0.15	0.40～0.70	0.17～0.37	0.90～1.20	0.25～0.35	0.15～0.30	—	—	—	—	—	—	—	0.010	0.025
8	12Cr2MoWVTiB		0.08～0.15	0.45～0.65	0.45～0.75	1.60～2.10	0.50～0.65	0.28～0.42	—	0.08～0.18	0.002 0～0.008 0	—	0.30～0.55	—	—	0.015	0.025
9	T91	ASTM A213	0.07～0.14	0.30～0.60	0.010	8.0～9.5	0.85～1.05	0.20～0.3	0.40	0.01	Zr–0.01	0.030～0.070	—	0.06～0.1	—	0.010	0.020
10	TP304H		0.04～0.10	2.00	1.00	18.0～20.0	—	—	8.0～11.0	—	—	—	—	—	—	0.030	0.045
11	P12	ASME SA335	0.05～0.15	0.30～0.61	≤0.50	0.80～1.25	0.44～0.65	—	—	—	—	—	—	—	—	0.025	0.025

表（续）

序号	牌号		化学成分（质量分数，%）														
	钢号	标准号	C	Mn	Si	Cr	Mo	V	Ni	Ti	B	N	W	Nb	Cu	S	P
12	P22	ASME SA335	0.05～0.15	0.30～0.60	≤0.50	1.90～2.60	0.87～1.13	—	—	—	—	—	—	—	—	0.025	0.025
13	P91		0.08～0.12	0.30～0.60	0.20～0.50	8.00～9.50	0.85～1.15	0.18～0.25	0.40	—	—	0.030～0.070	Al：≤0.44	0.04～0.10	—	0.010	0.020
14	35	DL/T 439	0.32～0.40	0.50～0.80	0.17～0.37	≤0.25	—	—	≤0.25	—	—	—	—	—	—	≤0.035	≤0.035
15	45		0.42～0.50	0.50～0.80	0.17～0.37	≤0.25	—	—	≤0.25	—	—	—	—	—	—	≤0.035	≤0.035
16	20CrMo		0.17～0.24	0.40～0.70	0.17～0.37	0.80～1.10	0.15～0.25	—	≤0.30	—	—	—	—	—	—	≤0.035	≤0.035
17	35 CrMoA		0.32～0.40	0.40～0.70	0.17～0.37	0.80～1.10	0.15～0.25	—	≤0.30	—	—	—	—	—	≤0.25	≤0.025	≤0.025
18	42 CrMoA		0.38～0.45	0.50～0.80	0.17～0.37	0.90～1.20	0.15～0.25	—	≤0.30	—	—	—	—	—	≤0.25	≤0.025	≤0.025
19	25 Cr2MoV A		0.22～0.29	0.40～0.70	0.17～0.37	1.50～1.80	0.25～0.35	0.15～0.35	≤0.30	—	—	—	—	—	≤0.25	≤0.025	≤0.025
20	25Cr2Mo1V A		0.22～0.29	0.40～0.70	0.17～0.37	2.10～2.50	0.90～1.10	0.30～0.50	≤0.30	—	—	—	—	—	≤0.25	≤0.025	≤0.025
21	20Cr1Mo1V1 A		0.180～0.25	0.30～0.60	0.17～0.37	1.00～1.30	0.80～1.10	0.70～1.10	≤0.40	—	—	—	—	—	≤0.25	≤0.025	≤0.025
22	20Cr1Mo1VNbTiB		0.17～0.23	0.40～0.65	0.40～0.60	0.90～1.30	0.75～1.00	0.50～0.70	≤0.30	0.05～0.14	0.001～0.005	—		0.11～0.22	≤0.25	≤0.025	≤0.025
23	20Cr1Mo1VTiB		0.17～0.23	0.40～0.60	0.40～0.60	0.90～1.30	0.75～1.00	0.45～0.65	≤0.30	0.16～0.28	0.001～0.005	—	—	—	≤0.25	≤0.025	≤0.025
24	2Cr12Ni Mo1W1V（C422）		0.020～0.25	0.50～1.00	≤0.50	11.00～12.50	0.90～1.25	0.20～0.30	0.50～1.00	—	—	—	0.90～1.25	—	≤0.25	≤0.025	≤0.025
25	R26		≤0.08	≤1.00	≤1.50	16.0～20.0	2.50～3.50	2.50～3.50	35.0～39.0	2.50～3.00	≤0.01	Al：0.40～1.00	Co：18.0～22.0	Fe 余量	≤0.50	≤0.030	≤0.030
26	GH4145		≤0.08	≤0.35	≤0.35	14.0～17.0	Mg：≤0.010	Fe：5.0～9.0	≥70	2.25～2.75	≤0.01	—	Zr≤0.050	Co≤1.00	≤0.50	≤0.010	≤0.015

C.2 联合循环电厂常用金属材料的力学性能

序号	牌号		常温力学性能				
	钢号	标准号	R_e MPa	R_m MPa	A %	A_{kv} J	硬度 HBW
1	A106B	ASTM A106	≥240	≥415	≥22	—	—
2	A106C		≥275	≥485	≥20	—	—
3	T12	ASTM A213	220	415	30	—	163
4	T23		400	510	20	—	220
5	T24		415	585	20	—	250
6	20G	GB 5310	245	410～550	42	40	—
7	15MoG		270	450～660	22	40	—
8	15CrMoG		295	440～640	21	40	
9	12CrMoG		205	410～560	21	40	
10	12Cr2MoG		280	450～600	22	40	
11	12Cr2MoWVTiB		345	540～735	18	40	—
12	T91	ASTM A213	415	585	20	—	250
13	TP304H		205	515	35	—	191
14	P12	ASME SA335	220	415	22	—	
15	P22		205	415	22	—	
16	P91		415	585	20	—	250
17	35	DL/T 439	265	510	18	55	146～196
18	45		353	637	16	39	187～229
19	20CrMo		490	637	14	55	
20	35 CrMoA		＞50mm：590 ≤50mm：686	＞50mm：765 ≤50mm：834	＞50mm：14 ≤50mm：12	47	＞50mm：241～285 ≤50mm：255～311
21	42 CrMoA		＞65mm：660 ≤65mm：720	＞65mm：790 ≤65mm：860	16	47	＞65mm：248～311 ≤65mm：255～321
22	25 Cr2MoV A		686	785	15	47	248～293
23	25Cr2Mo1V A		685	785	15	47	248～293
24	20Cr1Mo1V1 A		637	735	15	59	248～293
25	20Cr1Mo1VNbTiB		735	834	12	39	252～302
26	20Cr1Mo1VTiB		685	785	14	39	255～293
27	2Cr12Ni Mo1W1V（C422）		760	930	14	—	277～331

表（续）

序号	牌号		常温力学性能				
	钢号	标准号	R_e MPa	R_m MPa	A %	A_{kv} J	硬度 HBW
28	R26	DL/T 439	555	1000	14	—	262～331
29	GH4145		550	1000	12	—	262～331
30	A299	ASTM A299	290	515～655	16	—	—

C.3 燃气轮机主要部件常用材料牌号、化学成分

元素	Cr	Ni	Co	Fe	W	Mo	Ti	Al	Nb	V	C	B	其他
Mar M421	16.0	61.0	9.0	—	3.8	2.0	1.8	4.3	2.0	—	0.15	—	+B；+Zr
B 1900	8.0	69.0	10.0	—	—	6.0	1.0	6.0	—	—	0.1	—	+B；+Zr
喷嘴	Cr	Ni	Co	Fe	W	Mo	Ti	Al	Nb	V	C	B	其他
X40	25	10	BAL	1	8	—	—	—	—	—	0.5	0.01	—
X45	25	10	BAL	1	8	—	—	—	—	—	0.5	0.01	—
FSX–414	29	10	BAL	1	7	—	—	—	—	—	0.25	0.01	—
N155	21	20	20	BAL	2.5	3	—	—	—	—	0.20	—	—
GTD–222	22.5	BAL	19	—	2.0	—	2.3	1.2	0.8	—	0.10	0.008	Ta：1.00
燃烧系统	Cr	Ni	Co	Fe	W	Mo	Ti	Al	Nb	V	C	B	其他
SS309	23	13	—	BAL	—	—	—	—	—	—	0.10	—	—
HAST X	22	BAL	1.5	1.9	0.7	9	—	—	—	—	0.07	0.005	—
N263	20	BAL	20	0.4	—	6	2.1	0.4	—	—	0.06	—	—
HA–188	22	24	BAL	1.5	14.0	—	—	—	—	—	0.05	0.01	—
叶轮	Cr	Ni	Co	Fe	W	Mo	Ti	Al	Nb	V	C	B	其他
IN706	16	BAL	—	37.0	—	—	1.8	—	2.9	—	0.06	0.006	—
Cr–Mo–V	1	0.5	—	BAL	—	1.25	—	—	—	0.25	0.30	—	—
A266	15	25	—	BAL	—	1.2	2	0.3	—	0.25	0.08	0.008	—
M152	12	2.5	—	BAL	—	1.7	—	—	—	0.3	0.12	—	—
压气机	Cr	Ni	Co	Fe	W	Mo	Ti	Al	Nb	V	C	B	其他
AISI403	12	—	—	BAL	—	—	—	—	—	—	0.11	—	—
AISI403+Cb	12	—	—	BAL	—	—	—	—	0.2	—	0.15	—	—
GTD–450	15.5	6.3	—	BAL	—	0.8	—	—	—	—	0.03	—	—

附　录　D

（资料性附录）

联合循环发电厂常用金属材料硬度值范围

材　　料	标准及要求 HB	控制范围 HB	备注
210C	ASME SA210，≤179	143～179	
T1a、20MoG、STBA12、15Mo3	ASME SA209，≤153	124～153	
T2、T11、T12、T21、T22、10CrMo910	ASME SA213，≤163	133～163	
P2、P11、P12、P21、P22、10CrMo910 类钢管		133～179	
SA691 1-1/4CrCL22	ASME SA691，≤201	150～201	
SA691 1-1/4CrCL32	ASME SA691，≤201	150～201	
P2、P11、P12、P21、P22、10CrMo910 类管件	ASME SA234≤197 集团公司管件采购规程	130～197	
T23	ASME SA213，≤220	150～220	
12Cr2MoWVTiB（G102）		150～220	
T24	ASME SA213，≤250	180～250	
T/P91	ASM SA213，≤250	180～250	
P91 焊缝		180～270	
T91 焊缝		180～290	
WB36	ASME SA335≤250	180～252	
A515、A106B、A106C、A672 B70 CL22/32 类管件	集团公司管件采购规程	130～197	
12CrMoG	GB 3077，≤179	123～179	
15CrMoG	GB 5310（R_m：440～640）	130～180	
12Cr1MoVG	ASME SA234≤197	139～195	
15Cr1Mo1V		140～195	
F2	ASME SA182，143～192	143～192	锻制或轧制管件、阀门和部件
F22，1 级	ASME SA182，≤170	130～170	
F22，3 级	ASME SA182，156～207	156～207	
F91	ASME SA182，≤248	180～250	
F92	ASME SA182，≤269	180～269	
20，Q245R	JB4726，106～159	106～159	压力容器用碳素钢和低合金钢锻件、钢板

表（续）

材　　料	标准及要求 HB	控制范围 HB	备注
35	JB 4726，136～200（R_m：510～670） JB 4726，130～190（R_m：490～640）	136～200 130～190	
16Mn，Q345R	JB 4726，121～178（R_m：450～600）	121～178	
20MnMo	JB 4726，156～208（R_m：530～700） JB 4726，136～201（R_m：510～680） JB 4726，130～196（R_m：490～660）	156～208 136～201 130～196	
35CrMo	JB 4726，185～235（R_m：620～790） JB 4726，180～223（R_m：610～780）	185～235 180～223	
0Cr18Ni9 0Cr17Ni12Mo2	JB 4728，139～187（R_m：520） JB 4728，131～187（R_m：490）	139～187 131～187	压力容器用不锈钢锻件
1Cr18Ni9	GB 1220 ≤187	140～187	
0Cr17Ni12Mo2	GB 1220 ≤187	140～187	
0Cr18Ni11Nb	GB 1220 ≤187	140～187	
TP304H、TP316H、TP347H	ASME SA213，≤192	140～192	
1Cr13		192～211	动叶片
2Cr13		212～277	动叶片
1Cr11MoV		212～277	动叶片
1Cr12MoWV		229～311	动叶片
ZG20CrMo	JB/T 7024，135～180	135～180	
ZG15Cr1Mo	JB/T 7024，140～220	140～220	
ZG15Cr2Mo1	JB/T 7024，140～220	140～220	
ZG20CrMoV	JB/T 7024，140～220	140～220	
ZG15Cr1Mo1V	JB/T 7024，140～220	140～220	
35	DL/T 439，146～196	146～196	螺栓
45	DL/T 439，187～229	187～229	螺栓
20CrMo	DL/T 439，197～241	197～241	螺栓
35CrMo	DL/T 439，241～285	241～285	螺栓（直径>50mm）
35CrMo	DL/T 439，255～311	255～311	螺栓（直径≤50mm）
42CrMo	DL/T 439，248～311	248～311	螺栓（直径>65mm）
42CrMo	DL/T 439，255～321	255～321	螺栓（直径≤65mm）

表（续）

材　　料	标准及要求 HB	控制范围 HB	备注
25Cr2MoV	DL/T 439，248～293	248～293	螺栓
25Cr2Mo1V	DL/T 439，248～293	248～293	螺栓
20Cr1Mo1V1	DL/T 439，248～293	248～293	螺栓
20Cr1Mo1VTiB	DL/T 439，255～293	255～293	螺栓
20Cr1Mo1VNbTiB	DL/T 439，252～302	252～302	螺栓
20Cr12NiMoWV（C422）	DL/T 439，277～331	277～331	螺栓
2Cr12NiW1Mo1V	东方汽轮机厂标准	291～321	螺栓
2Cr11Mo1NiWVNbN	东方汽轮机厂标准	290～321	螺栓
45Cr1MoV	东方汽轮机厂标准	248～293	螺栓
R–26（Ni–Cr–Co 合金）	DL/T 439，262～331	262～331	螺栓
GH445	DL/T 439，262～331	262～331	螺栓
ZG20CrMo	JB/T 7024，135～180	135～180	汽缸
ZG15Cr1Mo ZG15Cr2Mo ZG20Cr1MoV ZG15Cr1Mo1V	JB/T 7024，140～220	140～220	汽缸
ZG10Cr9Mo1VNbN	JB/T 11018（R_m：585～760）	180～250	
ZG12Cr9Mo1VNbN	JB/T 11018（R_m：630～750）	190～250	
ZG11Cr10MoVNbN	JB/T 11018≤260HB，R_m≥680	210～260	
ZG13Cr11MoVNbN	JB/T 11018≤260HB，R_m≥689	210～260	
ZG14Cr10Mo1VNbN	JB/T 11018≤260HB，R_m≥700	210～260	
ZG11Cr10Mo1NiWVNbN	JB/T 11018≤260HB，R_m≥685	210～260	
ZG12Cr10Mo1W1VNbN–1	JB/T 11018（R_m：680～850）	210～260	
ZG12Cr10Mo1W1VNbN–2	JB/T 11018（R_m：680～850）	210～260	
ZG12Cr10Mo1W1VNbN–3	JB/T 11018≤260HB	210～260	
注：表中的 R_m 为材料的抗拉强度，单位为 MPa			

附 录 E
（资料性附录）
联合循环发电厂常用金属材料热处理工艺及金相组织

铁素体耐热钢	供货热处理状态	金相组织	奥氏体耐热钢	供货热处理状态	金相组织
20G	热轧状态，880℃～940℃正火 终轧温度≥900℃，可代替正火	珠光体+铁素体	TP304H	≥1040℃固溶处理	奥氏体
T2/P2（12CrMo）	900℃～930℃正火+670℃～720℃回火	珠光体+铁素体			
T12/P12（15CrMo）	930℃～960℃正火+680℃～720℃回火	珠光体+铁素体			
12Cr1MoV	980℃～1020℃正火+720℃～760℃回火	回火贝氏体或珠光体+铁素体			
T22/P22（12Cr2MoG、2.25Cr–1Mo、10CrMo910）	900℃～960℃正火+700℃～750℃回火或加热至900℃～960℃，炉冷至700℃，保温1h	回火贝氏体或珠光体+铁素体			
T91/P91（10Cr9Mo1VNbN）	1040℃～1080℃正火+750℃～780℃回火	回火马氏体或回火索氏体			
T36/P36（15NiCuMoNb5–6–4、15Ni1MnMoNbCu、15NiCuMoNb5、WB36）	壁厚≤30mm：880℃～980℃正火+760℃～790℃回火； 壁厚＞30mm：＞900℃淬火+610℃～680℃回火或880℃～980℃正火+610℃～680℃回火	贝氏体+铁素体+索氏体或贝氏体+铁素体			

附 录 F

（资料性附录）

联合循环发电厂铸钢件（汽缸、阀门等）补焊焊接工艺

F.1 缺陷、损伤的清除

F.1.1 首先采用机械方法（角磨机打磨等方法）清除机械损伤部位金属及裂纹，边打磨边观察，采用渗透探伤检查裂纹，直至裂纹全部消除。被挤突出的部分打磨平整，存在的裂纹已全部打磨去除。最后采用渗透探伤确定裂纹全部去除。

F.1.2 打磨坡口为圆滑的 U 形坡口，这样可使填充金属量少。坡口两端也打磨成圆滑过渡，坡口尺寸见图 F.1。

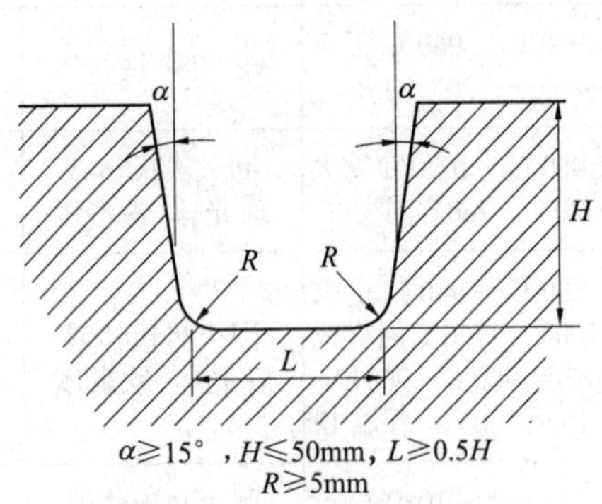

图 F.1 U 形坡口示意图

F.2 制定焊接工艺并现场实施

F.2.1 参照 DL/T 869 和 DL/T 753 标准，并根据现场实际条件，制定焊接修复工艺。

F.2.2 由于修复区域形状不规则，因此采用手工焊接。焊条电弧焊具有现场修复局部区域灵活、方便且速度快的优点，因此选用焊条电弧焊工艺。以下为焊接过程中需采取的措施。

a） 焊接方法：焊条电弧焊。

b） 焊接特点：异质冷焊工艺。

c） 焊材：采用镍基焊材（ENiCrFe–3 焊条）。

d） 焊条经过 350℃/2h 烘干，放置于焊条保温筒内，并通上电，随用随取。清理干净焊丝表面的油污、铁锈等污物。并采用无水酒精或丙酮清洗清理坡口及其附近 20mm 范围内区域。

e） 采用渗透探伤检测坡口及其附近 20mm 范围内无裂纹等缺陷。

f） 采用火焰预热，坡口及其周围 150mm 范围内温度必须达到 200℃～220℃，采用石棉等保温材料包扎。采用接触式测温仪以及远红外测温仪测温。

g） 电焊机、测温仪等仪器设备经过校验且在有效期内。

h）焊工应该拥有相应的焊接资质。焊接开始之前技术人员进行详细技术交底。

i）预热温度：高压内缸（ZG15Cr1Mo）焊接修复 180℃～220℃。

j）打底用ϕ3.2mm ENiCrFe–3 焊条，在保证熔合良好的情况下，选用较小的焊接电流，以减小母材的稀释。焊接时采用连续焊，后焊焊道压先焊焊道的 1/3，打底层应将坡口面全部覆盖。

k）打底层焊完后，立即用石棉布等保温缓冷，至室温后进行宏观检查，重新按上述步骤预热焊接敷焊层，直至合格再继续焊接。

l）根据 DL/T 869，焊接应在室温下（≥20℃）进行，在第 2 层焊接前加热到 50℃后进行焊接，在整个焊接过程中，汽缸金属温度均＜100℃。

m）采用多层多道焊；焊条不摆动。对长焊道采用分段焊的方法。

n）收弧时将弧坑填满，焊后立即进行锤击。锤击时应先锤击焊道中部，后锤击焊道两侧。锤痕应紧凑整齐，避免重复。使用的锤头尖端半径 10mm。

o）焊接完成后包扎缓冷。

p）冷却至室温后采用角磨机等粗磨，打磨焊缝，使其与周围形状相近，并留有精磨和抛光余量。

F.3 缺陷、损伤的清除

F.3.1 参照 DL/T 869、DL/T 753 的要求，并根据现场实际条件，制定焊接修复工艺。

F.3.2 焊接完成后进行粗磨、精磨、抛光。焊接完成后冷却到室温 24h 后进行渗透探伤。

F.3.3 焊缝及其附件母材的硬度检查要求参照 DL/T 869 要求。

F.3.4 其他铸钢件（堵阀、主汽门、中压汽门等部件）的焊接修复工艺可参考汽缺的冷焊修复工艺。

附 录 G
（规范性附录）
联合循环发电厂低合金耐热钢蠕变损伤评级

G.1 蠕变损伤检查方法按 DL/T 884 执行。

G.2 蠕变损伤评级见表 G.1。

表 G.1 低合金耐热钢蠕变损伤评级表

评级	微观组织形貌
1	新材料，正常金相组织
2	珠光体或贝氏体已经分散，晶界有碳化物析出，碳化物球化达到 2 级～3 级
3	珠光体或贝氏体基本分散完毕，略见其痕迹，碳化物球化达到 4 级
4	珠光体或贝氏体完全分散，碳化物球化达到 5 级，碳化物颗粒明显长大且在晶界呈具有方向性（与最大应力垂直）的链状析出
5	晶界上出现一个或多个晶粒长度的微裂纹

附 录 H
（规范性附录）
技术监督不符合项通知单

编号（No）：××-××-××

发现部门：　　专业：　　被通知部门、班组：　　签发：　　日期：　　年　　月　　日

<table>
<tr><td>不符合项描述</td><td>1. 不符合项描述：

2. 不符合标准或规程条款说明：</td></tr>
<tr><td>整改措施</td><td>3. 整改措施：

制订人/日期：　　审核人/日期：</td></tr>
<tr><td>整改验收情况</td><td>4. 整改自查验收评价：

整改人/日期：　　自查验收人/日期：</td></tr>
<tr><td>复查验收评价</td><td>5. 复查验收评价：

复查验收人/日期：</td></tr>
<tr><td>改进建议</td><td>6. 对此类不符合项的改进建议：

建议提出人/日期：</td></tr>
<tr><td>不符合项关闭</td><td>
整改人：　　自查验收人：　　复查验收人：　　签发人：</td></tr>
<tr><td>编号说明</td><td>年份+专业代码+本专业不符合项顺序号</td></tr>
</table>

附　录 I

（规范性附录）

技术监督信息速报

<table>
<tr><td>单位名称</td><td colspan="3"></td></tr>
<tr><td>设备名称</td><td></td><td>事件发生时间</td><td></td></tr>
<tr><td>事件概况</td><td colspan="3">注：有照片时应附照片说明</td></tr>
<tr><td>原因分析</td><td colspan="3"></td></tr>
<tr><td>已采取的措施</td><td colspan="3"></td></tr>
<tr><td>监督专责人签字</td><td></td><td>联系电话
传　　真</td><td></td></tr>
<tr><td>生长副厂长或总工程师签字</td><td></td><td>邮　　箱</td><td></td></tr>
</table>

附 录 J
（规范性附录）
联合循环发电厂金属技术监督季报编写格式

××电厂20××年×季度金属技术监督季报

编写人：××× 固定电话/手机：××××××

审核人：×××

批准人：×××

上报时间：20××年××月××日

J.1 上季度集团公司督办事宜的落实或整改情况

J.2 上季度产业（区域）公司督办事宜的落实或整改情况

J.3 金属监督年度工作计划完成情况统计报表（见表J.1）

表J.1 年度技术监督工作计划和技术监督服务单位合同项目完成情况统计报表

发电厂技术监督计划完成情况			技术监督服务单位合同工作项目完成情况		
年度计划项目数	截至本季度完成项目数	完成率%	合同规定的工作项目数	截至本季度完成项目数	完成率%

J.4 金属监督考核指标完成情况统计报表

J.4.1 监督管理考核指标报表（见表J.2～表J.4）

监督指标上报说明：每年的1、2、3季度所上报的技术监督指标为季度指标；每年的4季度所上报的技术监督指标为全年指标。

表J.2 技术监督预警问题至本季度整改完成情况统计报表

一级预警问题			二级预警问题			三级预警问题		
问题项数	完成项数	完成率%	问题项数	完成项数	完成率%	问题项目	完成项数	完成率%

表J.3 集团公司技术监督动态检查提出问题本季度整改完成情况统计报表

检查年度	检查提出问题项目数（项）			电厂已整改完成项目数统计结果			
	严重问题	一般问题	问题项合计	严重问题	一般问题	完成项目数小计	整改完成率%

表 J.4 20××年×季度仪表校验率统计报表

年度计划应校验仪表台数	截至本季度完成校验仪表台数	仪表校验率 %	考核或标杆值 %
			100

J.4.2 技术监督考核指标报表（见表 J.5）

表 J.5 20××年×季度超温情况统计报表

机组标号	部件名称	设计温度	超温 最高值 ℃	超温统计		年超温统计		自投运超温统计	
				次数	累计时间 h	次数	累计时间 h	次数	累计时间 h

表 J.6 20××年×季度金属监督指标统计报表

检验计划完成率			超标缺陷处理率			超标缺陷消除率		
计划项数	完成项数	完成率 %	缺陷项数	处理项数	处理率 %	缺陷项数	消除项数	消除率 %

J.4.3 技术监督考核指标简要分析

填报说明：分析指标未达标的原因。

J.5 本季度主要的金属监督工作

编写说明：

a） 规章制度修订、监督网活动、人员培训（取证）、试验仪器校验及购置、科研项目、技术改进、新技术应用等；

b） 对于监督标准、制度要求的设备或部件定期检测、试验、设备消缺等工作完成情况（尤其针对含缺陷设备的监督检测情况）进行总结，其中对于未依据标准按时、按数量完成的情况应说明。

J.6 本季度金属监督发现的问题、原因分析及处理情况

编写说明：包括运行期间和检修期间发现的问题，可附照片、文字说明、原因、采取措施、处理情况。

J.7 金属监督需要关注的主要问题和下年度工作计划

编写说明：未按照标准规定进行检验的项目，锅炉压力容器超过规定的定期检验周期的问题，设备目前存在的主要问题（安全隐患），以及所采取的措施等。

J.8 附表

华能集团公司技术监督动态检查专业提出问题至本季度整改完成情况见表 J.7。《华能集团公司火电技术监督报告》专业提出的存在问题至本季度整改完成情况见表 J.8。技术监督预警问题至本季度整改完成情况见表 J.9。

表 J.7 华能集团公司技术监督动态检查专业提出问题至本季度整改完成情况

序号	问题描述	问题性质	西安热工院提出的整改建议	发电厂制订的整改措施和计划完成时间	目前整改状态或情况说明
注 1：填报此表时需要注明集团公司技术监督动态检查的年度。 注 2：如 4 年内开展了 2 次检查，应按此表分别填报。待年度检查问题全部整改完毕后，不再填报					

表 J.8 《华能集团公司火电技术监督报告》专业提出的存在问题至本季度整改完成情况

序号	问题描述	问题性质	问题分析	解决问题的措施及建议	目前整改状态或情况说明

表 J.9 技术监督预警问题至本季度整改完成情况

预警通知单编号	预警类别	问题描述	西安热工院提出的整改建议	发电企业制订的整改措施和计划完成时间	目前整改状态或情况说明

附 录 K
（规范性附录）
联合循环发电厂金属及锅炉压力容器监督预警项目

K.1 一级预警

重要受监部件，如燃气轮机或压气机转子、余热锅炉汽包、汽轮机或发电机转子、除氧器、主蒸汽管道、再热蒸汽管道、联箱等存在危害性缺陷或影响安全运行的因素未按规定及时消除或采取措施。

K.2 二级预警

a） 受监范围内合金钢材料或备品，入库或使用前未按规程进行验收、检验；

b） 主要受监金属部件，如联合循环电厂燃气轮机、余热锅炉汽包、汽缸、转子、除氧器、主蒸汽管道、再热蒸汽管道、联箱、燃气管道等进行重要改造、修复未制定方案或未审批即实施；

c） 金属检验人员、焊工、热处理工无证上岗。

K.3 三级预警

a） 未建立金属或锅炉压力容器技术监督网络；

b） 金属或锅炉压力容器技术监督管理标准未制定或超过 4 年以上未修订；

c） 对外委焊接和检验人员未进行资格审核；

d） 机组投产后未申请锅炉压力容器登记注册；

e） 锅炉压力容器定期检验超期，且具备检验条件仍未进行检验；

f） 锅炉汽包及主蒸汽管道、再热蒸汽管道、燃气管道、工作介质为危险介质的压力容器等重要部件上的安全阀 5 年以上未进行校验或进行定期排放试验。

附　录　L
（规范性附录）
技术监督预警通知单

通知单编号：T-　　　　　　　　　预警类别：　　　　　　　　　日期：　　年　　月　　日

发电企业名称			
设备（系统）名称及编号			
异常情况			
可能造成或已造成的后果			
整改建议			
整改时间要求			
提出单位		签发人	

注：通知单编号：T预警类别编号顺序号年度。预警类别编号：一级预警为1，二级预警为2，三级预警为3。

附　录　M
（规范性附录）
技术监督预警验收单

验收单编号：Y-　　　　　　　　预警类别：　　　　　　　　日期：　　年　　月　　日

发电企业名称			
设备（系统）名称及编号			
异常情况			
技术监督服务单位整改建议			
整改计划			
整改结果			
验收单位		验收人	

注：验收单编号：Y预警类别编号顺序号年度。预警类别编号：一级预警为1，二级预警为2，三级预警为3。

附 录 N
（规范性附录）
联合循环发电厂金属（含锅炉压力容器）技术监督工作评价表

序号	评价项目	标准分	评价内容与要求	评分标准
1	金属及锅炉压力容器监督管理	400		
1.1	组织与职责	70	查看电厂技术监督机构文件、上岗资格证	
1.1.1	监督组织健全	15	建立健全监督领导小组领导下的三级金属及锅炉压力容器监督网，在生技部（策划部）设置金属及锅炉压力容器监督专责人	（1）未建立三级金属及锅炉压力容器监督网，扣15分； （2）未落实金属及锅炉压力容器监督专责人或人员调动未及时变更，扣10分
1.1.2	职责明确并得到落实	15	专业岗位职责明确，落实到人	专业岗位设置不全或未落实到人，每一岗位扣10分
1.1.3	金属及锅炉压力容器专责持证上岗	40	厂级金属及锅炉压力容器监督专责人持有效上岗资格证	（1）未取得资格证书或证书超期，扣30分； （2）未取得锅炉压力容器安全监督管理工程师资格证书扣10分
1.2	标准符合性	50	查看企业金属监督管理标准及保存的国家、行业技术标准，电厂编制的“金属监督技术标准”或“金属监督实施细则”	
1.2.1	金属监督管理标准	10	（1）编写的内容、格式应符合《华能电厂安全生产管理体系要求》和《华能电厂安全生产管理体系管理标准编制导则》的要求，并统一编号； （2）“内容应符合国家、行业法律、法规、标准和《华能集团公司电力技术监督管理办法》相关的要求，并符合电厂实际	（1）不符合《华能电厂安全生产管理体系要求》和《华能电厂安全生产管理体系管理标准编制导则》的编制要求，扣5分； （2）不符合国家、行业法律、法规、标准和《华能集团公司电力技术监督管理办法》相关的要求和电厂实际，扣5分
1.2.2	锅炉压力容器监督管理标准	10	（1）编写的内容、格式应符合《华能电厂安全生产管理体系要求》和《华能电厂安全生产管理体系管理标准编制导则》的要求，并统一编号； （2）“内容应符合国家、行业法律、法规、标准和《华能集团公司电力技术监督管理办法》相关的要求，并符合电厂实际	（1）不符合《华能电厂安全生产管理体系要求》和《华能电厂安全生产管理体系管理标准编制导则》的编制要求，扣5分； （2）不符合国家、行业法律、法规、标准和《华能集团公司电力技术监督管理办法》相关的要求和电厂实际，扣5分
1.2.3	国家、行业技术标准	10	保存的技术标准符合集团公司年初发布的金属及锅炉压力容器监督标准目录；及时收集新标准，并在厂内发布	（1）缺少标准或未更新，每项扣5分； （2）标准未在厂内发布，扣10分

表（续）

序号	评价项目	标准分	评价内容与要求	评分标准
1.2.4	企业技术标准	10	企业“金属监督技术标准”或“金属监督实施细则”符合国家和行业技术标准；符合本厂实际情况，并按时修订	检验项目、检验周期、检验比例、质量控制标准不符合要求，每项扣10分
1.2.5	标准更新	10	标准更新符合管理流程	（1）未按时修编，每个扣5分； （2）标准更新不符合标准更新管理流程，每个扣5分
1.3	仪器仪表	30	现场查看；查看仪器仪表台账、检验计划、检验报告	
1.3.1	仪器仪表台账	5	建立仪器仪表台账，栏目应包括：仪器仪表型号、技术参数（量程、精度等级等）、购入时间、供货单位；检验周期、检验日期、使用状态等	（1）仪器仪表记录不全，一台扣5分； （2）新购仪表未录入或检验；报废仪表未注销和另外存放，每台扣5分
1.3.2	仪器仪表资料	5	（1）保存仪器仪表使用说明书； （2）编制专用仪器仪表操作使用说明	（1）使用说明书缺失，一件扣5分； （2）专用仪器操作说明缺漏，一台扣5分
1.3.3	仪器仪表维护	5	（1）仪器仪表存放地点整洁、配有温度计、湿度计； （2）仪器仪表的接线及附件不许另作他用； （3）仪器仪表清洁、摆放整齐； （4）有效期内的仪器仪表应贴上有效期标识，不与其他仪器仪表一道存放； （5）待修理、已报废的仪器仪表应另外分别存放	不符合要求，一项扣5分
1.3.4	检验计划和检验报告	5	计划送检的仪器仪表应有对应的检验报告	不符合要求，每台扣5分
1.3.5	对外委试验使用仪器仪表的管理	10	应有试验使用的仪器仪表检验报告复印件	不符合要求，每台扣5分
1.4	监督计划	50	查看监督计划	
1.4.1	计划的制定	20	（1）计划制定时间、依据符合要求。 （2）计划内容应包括：① 管理制度制定或修订计划；② 培训计划（内部及外部培训、资格取证、规程宣贯等）；③ 检修中金属及锅炉压力容器监督项目计划；④ 动态检查提出问题整改计划；⑤ 金属及锅炉压力容器监督中发现重大问题整改计划；⑥ 仪器仪表送检计划；⑦ 技改中金属及锅炉压力容器监督项目计划；⑧ 定期工作计划	（1）计划制定时间、依据不符合，一个计划扣10分； （2）计划内容不全，一个计划扣5分

表（续）

序号	评价项目	标准分	评价内容与要求	评分标准
1.4.2	计划的审批	15	符合工作流程：班组或部门编制—策划部金属及锅炉压力容器专责人审核—策划部主任审定—生产厂长审批—下发实施	审批工作流程缺少环节，一个扣10分
1.4.3	计划的上报	15	每年11月30日前上报产业公司、区域公司，同时抄送西安热工院	计划上报不按时，扣15分
1.5	监督档案	50	查看监督档案、档案管理的记录	
1.5.1	监督档案清单	10	每类资料有编号、存放地点、保存期限	不符合要求，扣5分
1.5.2	报告和记录	20	（1）各类资料内容齐全、时间连续； （2）及时记录新信息； （3）及时完成检修检验记录或报告、运行月度分析、定期检修分析、检修总结、事故分析等报告编写，按档案管理流程审核归档	（1）、（2）项不符合要求，一件扣5分； （3）项不符合要求，一件扣10分
1.5.3	档案管理	20	（1）资料按规定储存，由专人管理； （2）记录借阅应有借、还记录； （3）有过期文件处置的记录	不符合要求，一项扣10分
1.6	评价与考核	40	查阅评价与考核记录	
1.6.1	动态检查前自我检查	10	自我检查评价切合实际	自我检查评价与动态检查评价的评分相差10分及以上，扣10分
1.6.2	定期监督工作评价	10	有监督工作评价记录	无工作评价记录，扣5分
1.6.3	定期监督工作会议	10	有监督工作会议纪要	无工作会议纪要，扣5分
1.6.4	监督工作考核	10	有监督工作考核记录	发生监督不力事件而未考核，扣10分
1.7	工作报告制度	50	查阅检查之日前两个季度季报、检查速报事件及上报时间	
1.7.1	监督季报、年报	20	（1）每季度首月5日前，应将技术监督季报报送产业公司、区域公司和西安热工院； （2）格式和内容符合要求	（1）季报、年报上报迟报1天，扣5分； （2）格式不符合，一项扣5分； （3）报表数据不准确，一项扣10分； （4）检查发现的问题，未在季报中上报，每1个问题扣10分
1.7.2	技术监督速报	20	按规定格式和内容编写技术监督速报并及时上报	（1）发生危急事件未上报速报，一次扣20分； （2）未按规定时间上报，一件扣10分； （3）事件描述不符合实际，一件扣10分

表（续）

序号	评价项目	标准分	评价内容与要求	评分标准
1.7.3	年度工作总结报告	10	（1）每年元月 5 日前组织完成上年度技术监督工作总结报告的编写工作，并将总结报告报送产业公司、区域公司和西安热工院； （2）格式和内容符合要求	（1）未按规定时间上报，扣 10 分； （2）内容不全，扣 10 分
1.8	监督考核指标	60	查看仪器仪表校验报告；监督预警问题验收单；整改问题完成证明文件。预试计划及预试报告；现场查看，查看检修报告、缺陷记录	
1.8.1	监督预警问题整改完成率	15	要求：100%	不符合要求，不得分
1.8.2	动态检查存在问题整改完成率	15	要求：从发电企业收到动态检查报告之日起，第 1 年整改完成率不低于 85%；第 2 年整改完成率不低于 95%	不符合要求，不得分
1.8.3	检验计划完成率	10	等级检修时考核，应大于等于 95%	每减少 1%扣 2 分
1.8.4	受监金属部件超标缺陷处理率	10	应为 100%	每减少 1%扣 2 分
1.8.5	受监金属部件超标缺陷消除率	10	应大于等于 95%	每减少 1%扣 2 分
2	技术监督实施	600		
2.1	专业人员资格	30		
2.1.1	金属检测人员资格	15	从事无损检验、理化检验、热处理等专业人员应持有电力部门或中国特种设备检验协会颁发的有效资格证书，必须做到持证上岗，所从事的技术工作必须与所持的证书相符。对外委检测人员，应对其资质进行审核，并留复印件存档	无证上岗 1 人，扣 5 分
2.1.2	焊接人员资格	15	焊工应取得电力行业或技术监督局焊工培训考核部门颁发的焊工资格证书。对外委焊接人员，应对其资质进行审核，并留复印件存档。对外委焊接人员焊前应进行代样练习	无证上岗 1 人，扣 5 分。焊前未进行代样练习扣 5 分
2.2	金属材料的监督	70		
2.2.1	受监金属材料、备品配件的质检资料	10	受监金属材料、备品配件的质检资料应包含质量保证书、监检报告、合格证。材料质量证明书的内容应当齐全、清晰，并且加盖材料制造单位质量检验章。当材料不是由材料制造单位直接提供时，供货单位应当提供材料质量证明书原件或者材料质量证明书复印件并且加盖供货单位公章和经办人签章	（1）金属材料、备品配件无质检资料，扣 10 分； （2）材料质量证明书内容不齐全未进行补检的，每缺一项扣 5 分； （3）质量证明书不是原件或未加盖供货单位公章和经办人签章扣 5 分

表（续）

序号	评价项目	标准分	评价内容与要求	评分标准
2.2.2	受监金属材料和备品配件的入厂验收	20	受监金属材料和备品配件入库应进行检验，并建有相应的记录或报告。检验项目应齐全，合金钢部件应进行 100%的宏观和光谱检验，P91 还应进行硬度检查，高温紧固件还应进行硬度、超声和金相检验	（1）受监范围内备品配件入库前未按合格证和产品质量证明书验收的扣 20 分； （2）检验项目不齐全，每缺一项扣 5 分
2.2.3	受监金属材料和备品配件的保管监督	15	受监金属材料和备品配件的存放应有相应的防雨措施，并应按照材质、规格、分类挂牌存放。奥氏体不锈钢应单独存放，严禁与碳钢混放或接触	（1）受监金属材料、备品配件未挂牌标明钢号、规格、用途扣 10 分； （2）受监的金属材料、备品配件未按钢号、规格分类存放的扣 10 分； （3）不锈钢未单独存放扣 5 分； （4）露天堆放的扣 15 分
2.2.4	受监金属材料和备品配件在安装、更换前的检验	15	受监金属材料在安装、检修更换（或领用出库）时应验证钢号，防止错用，组装后应进行复检，确认无误方可投入运行	更换前未进行材质验证扣 15 分
2.2.5	材料的代用	10	金属材料的代用原则上应选用成分和性能略优者，并应有相关审批手续、记录	（1）不符合代用原则的扣 10 分； （2）未经过审批扣 10 分； （3）未建立代用记录扣 5 分
2.3	焊接质量监督	70		
2.3.1	焊接工艺、重要部件修复或更换方案	10	应制订并建立受监范围内部件材料的焊接工艺；重要部件（如主蒸汽、再热蒸汽、主给水管道，汽包，联箱，转子，汽缸和阀门，受热面管大量更换等）的修复性焊接或更换前应制订书面焊接方案	（1）未制订焊接工艺，每缺 1 项扣 5 分； （2）重要部件修复性焊接或更换前未制订书面焊接方案（包括焊接工艺），扣 10 分
2.3.2	焊条、焊丝的质量抽查监督	10	焊条、焊丝应有制造厂产品合格证、质量证明书，应对合金焊条焊丝进行光谱抽查	无产品合格证、质量证明书，并且没有进行抽查扣 10 分
2.3.3	焊接材料的存放管理	10	存放焊接材料的库房温度和湿度应满足标准规定，并应建有温、湿度记录。焊接材料的存放应挂牌标示	（1）存放焊接材料的库房温、湿度达不到要求，扣 5 分； （2）存放焊接材料的库房没有温、湿度记录，扣 5 分； （3）焊接材料存放未挂牌标明牌号、规格的扣 5 分
2.3.4	焊接材料的使用管理	10	应建有焊接材料发放记录，使用前应进行材质确认，并按规定进行烘干，建有烘干记录	（1）错用焊接材料扣 10 分； （2）未按规定烘干使用扣 5 分； （3）无发放记录扣 2 分； （4）未建立烘干记录扣 2 分

表（续）

序号	评价项目	标准分	评价内容与要求	评分标准
2.3.5	焊接设备（含热处理设备）的监督管理	10	焊接设备（含热处理设备）及仪表应定期检查，需要计量校验的部分应在校验有效期内使用。所有焊接和焊接修复所涉及的设备、仪器、仪表在使用前应确认与其承担的焊接工作相适应	（1）热处理、焊条烘干设备不能正常工作任继续使用扣10分； （2）热处理、焊条烘干设备的温度、时间表未进行定期校验扣10分
2.3.6	焊接检验记录或报告	20	应建立受监金属部件的焊接接头外观质量检查记录和无损检测记录或报告，检验记录或报告中对返修焊口检验情况也应记录说明	（1）无外观质量检查检验记录扣10分； （2）无无损检测记录或报告扣10分； （3）返修焊口检验情况未记录说明的扣10分
2.4	运行阶段监督	130		
2.4.1	运行阶段的巡查	20	运行或检修人员应加强对高温高压设备的巡视，发现渗漏（或泄漏）、变形、位移等异常情况应及时记录和报告，并按相关要求及时采取措施处理	（1）现场检查发现有受监范围部件泄漏一点扣5分；汽水管道振动严重的扣10分； （2）支吊架明显异常、保温破损、膨胀补偿等一处扣5分
2.4.2	燃气轮机内窥镜孔探	20	应根据燃气轮机运行情况定期对燃气轮机内窥镜孔探	未进行燃气轮机内窥镜孔探，每台机组扣10分
2.4.3	锅炉、压力容器登记注册	20	新装或退役后重新启用的锅炉、压力容器，应及时办理登记注册	投产后30日内尚未申请办理登记注册，锅炉1台未办理扣10分，压力容器1台扣5分
2.4.4	锅炉外部检验、压力容器年度检查	20	应每年开展锅炉外部检验、压力容器年度检查	（1）锅炉外部检验超期1台扣5分； (2)压力容器年度检查超期1台扣2分
2.4.5	安全阀校验	30	安全阀应每年进行校验	未办理延期手续，安全阀校验超期1个扣5分
2.4.6	锅炉、压力容器停用及报废	20	已停用或报废的锅炉、压力容器，应当办理相应的变更登记或注销手续。达到设计使用年限可以继续使用的，应当按照安全技术规范的要求通过检验或者安全评估，并办理使用登记证书变更，方可继续使用	锅炉1台未办理扣10分，压力容器1台扣5分
2.5	检修阶段监督	300		
2.5.1	检修项目计划的制订及总结的编写	20	检修前，应参照DL/T 438、DL 612、《中国华能集团公司联合循环发电厂金属监督标准》、《中国华能集团公司锅炉压力容器监督标准》等的要求制订受监部件的金属检验计划和锅炉压力容器定期检验计划。检修前，应要求检验单位出具相应的检验方案。检修结束后，应及时编写检修总结	检修未制订检验计划和编写总结扣30分；检修前无技术方案扣10分；检修计划内容不具体扣5分；总结内容应包含检修计划的完成情况，临时增加或减少项目的相关说明，检修所发现的问题及采取的措施等，每缺一项扣3分

表（续）

序号	评价项目	标准分	评价内容与要求	评分标准
2.5.2	机、炉外小管的检修监督	40	应制定机、炉外小管的普查计划，并落实执行，在台账中应如实记录机、炉外小管的检修检验情况	未制定普查计划，扣20分；未按照普查计划落实执行，扣10分；未在台账中记录检修、检验情况，每项扣2分
2.5.2.1	与水、水汽介质管道相连的小口径管的监督	10	每次A级检修或B级检修：① 与高压水、汽管道相连的小口径管管座角焊缝按10%进行检验，但至少应抽取5个；检验内容包括角焊缝外观质量、表面探伤；后次抽查部位为前次未检部位，至10万h完成进行100%检验；对运行10万h的小口径管，根据实际情况，尽可能全部更换。② 与低压水、汽管道相连的小口径管每条管道至少抽查一个接管座角焊缝进行表面探伤	未按照规定的比例进行检验扣5分
2.5.2.2	与高温蒸汽管道相连的管道、小口径管的监督	10	管座角焊缝按不低于20%进行表面超声波探伤，至10万h抽查完毕。一次门前的焊缝，首次A级检修时，按不低于20%进行射线或超声波探伤抽查。一次门前的管段、管件、阀壳运行10万h后，宜结合检修全部更换	未按照规定的比例进行检验扣5分
2.5.2.3	与低温蒸汽管道相连的小口径管的监督	5	管座角焊缝按不小于10%的比例进行检验，检验内容包括外观检查、表面探伤；后次抽查部位为前次未检部位	未按照规定的比例进行检验扣5分
2.5.2.4	与高温联箱相连的小口径管的监督	10	管座按20%（至少抽取3个）进行抽查，检查内容包括角焊缝外观质量、表面探伤；重点检查可能有凝结水积水、膨胀不畅部位的管座角焊缝；以后每次A级检修抽查部位为前次未检部位，至10万h完成100%检查。机组运行10万h后，宜结合检修全部更换。一次门前的对接焊缝，如在安装过程中未完成100%的探伤或焊缝质量情况不明的，首次A级检修时，按20%（至少抽取1个）进行射线或超声波探伤抽查，至10万h抽查完毕。 对过热器、再热器联箱排空管管座角焊缝进行表面探伤，并对排空管座内壁、管孔周围进行超声波探伤，必要时内窥镜检查是否存在热疲劳裂纹	未按照规定的比例进行检验扣5分

表（续）

序号	评价项目	标准分	评价内容与要求	评分标准
2.5.2.5	与低温联箱相连的小口径管的监督	5	管座角焊缝按 20%（至少抽取 3 个）进行检验，检查内容包括角焊缝外观质量、表面探伤；以后每次 A 级或 B 级检修抽查部位为前次未检部位，至 10 万 h 完成 100%检查；机组运行 10 万 h 后，宜结合检修全部更换	未按照规定的比例进行检验扣 5 分
2.5.3	存在超标缺陷部件的监督	20	对于存在超标缺陷危及安全运行的部件，应及时进行处理，暂不具备处理条件的，应经安全性评定制订明确的监督运行措施，并严格执行	（1）没有书面监督运行措施扣 10 分； （2）未严格执行的扣 20 分
2.5.4	未处理超标缺陷的复查	20	对于存在的超标缺陷进行监督运行的部件，应利用检修机会进行复查	未按监督运行措施的规定进行复查每项扣 10 分
2.5.5	检修中受监部件换管焊口、消缺补焊后的检验	20	应进行 100%的检验	未进行 100%的检验每项扣 10 分
2.5.6	锅炉、压力容器定期检验	30	锅炉、压力容器应进行定期检验	未办理延期手续，锅炉超期 1 台扣 10 分；压力容器超期 1 台扣 5 分；定检中项目不全的，每缺 1 项扣 5 分
2.5.7	检验记录或技术报告	20	检修结束后，应出具相应的技术报告，报告内容和要求应符合标准规定	无记录或技术报告，扣 20 分；引用标准不正确，未使用法定计量单位，图示不明确、照片不清晰，超标缺陷无返修及检验记录，结论不正确或检验结果无结论，措施不可行，每缺 1 项扣 2 分；对外委单位移交报告没有审核或审核不到位扣 10 分
2.5.8	大修项目的完成情况	130	应按照大修前所制订的检修计划进行检修，检修计划项目应符合标准规定，并结合电厂设备实际状况	结合实际检验数量和比例酌情扣减相应的分值
2.5.8.1	水、水汽介质管道的监督	10	应按照 DL/T 438、中国华能集团公司《联合循环发电厂金属监督标准》中规定的检验项目、检验比例进行检验。对管道焊缝按 10%的比例进行外观质量检验和超声波探伤	结合实际检验数量和比例酌情扣减相应的分值
2.5.8.2	高温蒸汽管道的监督	15	应按照 DL/T 438、中国华能集团公司《联合循环发电厂金属监督标准》中规定的检验项目、检验比例进行检验。应对每类高温蒸汽管道焊缝、管件及阀壳按不低于 10%的比例进行检验。后次 A 级或 B 级检修抽查的范围，应为前次未检部位	结合实际检验数量和比例酌情扣减相应的分值

表（续）

序号	评价项目	标准分	评价内容与要求	评分标准
2.5.8.3	低温蒸汽管道的监督	10	应按照 DL/T 438、中国华能集团公司《联合循环发电厂金属监督标准》中规定的检验项目、检验比例进行检验。抽取不小丁 10%比例的焊缝（至少抽检一道环焊缝）进行超声波探伤	结合实际检验数量和比例酌情扣减相应的分值
2.5.8.4	高温联箱的监督	10	应按照 DL/T 438、中国华能集团公司《联合循环发电厂金属监督标准》中规定的检验项目、检验比例进行检验。 （1）A 级或 B 级检修中对运行温度≥540℃的联箱筒体对接或封头焊缝至少按 10%的比例进行表面和超声波探伤。后次 A 级检修中检查焊缝为前次未检查焊缝，至 10 万 h 完成 100%的焊缝检查。 （2）每次 A/B 级检修中与温度高于 540℃联箱连接的大直径管三通焊缝按 100%进行表面和超声波探伤，以后每 5 万 h 检查一次。 （3）每次 A 级或 B 级检修中应对混合式减温器（文丘里式）联箱内窥镜检查。内套筒定位螺丝封口焊缝表面探伤发现裂纹、内套筒脱落和移位时，应对内套筒对应减温器管段的筒体和附近的对接焊缝进行 100%的超声波探伤	结合实际检验数量和比例酌情扣减相应的分值
2.5.8.5	低温联箱的监督	10	应按照 DL/T 438、中国华能集团公司《联合循环发电厂金属监督标准》中规定的检验项目、检验比例进行检验。对联箱筒体焊缝（封头焊缝、与联箱连接的大直径管道角焊缝）至少抽取 1 道焊缝进行表面和超声波探伤；后次 A 级检修的抽查部位为前次未检部位，至 10 万 h 完成 100%检验	结合实际检验数量和比例酌情扣减相应的分值
2.5.8.6	受热面管子的监督	10	检修期间应对受热面管可检查部位进行宏观检查，检查管排应平整、无弯曲，鳍片应完整无缺失、变形、脱焊情况；管子表面应无明显腐蚀、磨损减薄和鼓包现象，腐蚀或磨损减薄部位实际壁厚不得小于按标准计算的管子的最小需要壁厚。检修时对可测厚部位进行测厚检查	结合实际检验数量和比例酌情扣减相应的分值

表（续）

序号	评价项目	标准分	评价内容与要求	评分标准
2.5.8.7	汽包的监督	10	（1）首次A级或B级检修对筒体和封头内表面（尤其是水线附近和底部）、焊缝的可见部位100%地进行外观检验；对纵、环焊缝和集中下降管管座角焊缝的记录缺陷进行表面和超声波探伤复查；分散下降管、给水管、饱和蒸汽引出管等管座角焊缝按10%进行外观和表面探伤抽查。 （2）以后每次A级或B级检修进行汽包内、外观检验；对纵、环焊缝和集中下降管管座角焊缝的记录缺陷进行表面和超声波探伤复查；分散下降管、给水管、饱和蒸汽引出管等管座角焊缝按10%进行外观和表面探伤抽查，后次检验应为前次未查部位，且对前次检验发现缺陷的部位应进行复查，至运行至10万h时，应完成100%的检验。 （3）对偏离硬度正常值的筒体和焊缝进行跟踪检验	结合实际检验数量和比例酌情扣减相应的分值
2.5.8.8	汽轮机部件的监督	10	应按照DL/T 438、中国华能集团公司《联合循环发电厂金属监督标准》中规定的检验项目、检验比例进行检验。每次A级或B级检修对低压转子末三级、高中压转子末一级叶片（包括叶身和叶根）进行无损探伤；对高、中、低压转子末级套装叶轮轴向键槽部位进行超声波探伤。运行10万h后的第1次A级或B级检修，对转子大轴进行无损探伤；运行20万h的机组，每次A级或B级检修应对转子大轴进行无损探伤。 每次A级或B级检修对各级推力瓦和轴瓦进行外观质量检验和无损探伤	结合实际检验数量和比例酌情扣减相应的分值
2.5.8.9	发电机部件的监督	5	应按照DL/T 438、中国华能集团公司《联合循环发电厂金属监督标准》中规定的检验项目、检验比例进行检验。每次A级或B级检修对转子大轴、风冷扇叶等部件进行表面检验，运行10万h后的第1次A级或B级检修，应视设备状况对转子大轴的可检测部位及护环进行无损探伤。以后的检验为2个A级检修周期。对Mn18Cr18系材料的护环在机组第3次A级检修开始进行晶间裂纹检查	结合实际检验数量和比例酌情扣减相应的分值

表（续）

序号	评价项目	标准分	评价内容与要求	评分标准
2.5.8.10	紧固件的监督	10	对于不小于M32的高温螺栓和汽轮机、发电机对轮螺栓，进行100%的超声波探伤和硬度检查；累计运行时间达5万h，应根据螺栓的规格和材料，抽查1/10数量的螺栓进行金相组织测试	结合实际检验数量和比例酌情扣减相应的分值
2.5.8.11	燃气轮机	20	燃气轮机小修应进行燃烧系统检查（燃烧室检查）、中修应进行热通道检查（或称透平检查）、大修应进行整机检查（或称大修）三个等级，检修检查的周期应严格按照燃气轮机制造厂的检修维护手册的规定执行	未按照制造厂的要求在检修中开展燃气轮机燃烧系统检查、热通道检查、整机检查的，每项扣5分；检修检查的周期不符合厂家或金属监督标准要求的，每项扣5分。存在影响机组安全的缺陷未及时处理的，每项扣5分
2.5.8.12	其他检修项目	10	DL/T 438 或中国华能集团公司《联合循环发电厂金属监督标准》中规定的其他项目，技术监督季报中督办需结合大修整改的项目，以及设备中存在的其他需结合大修进行的项目	结合实际检验数量和比例酌情扣减相应的分值

中国华能集团公司
CHINA HUANENG GROUP

中国华能集团公司联合循环发电厂技术监督标准汇编
Q/HN-1-0000.08.036—2015

技术标准篇

联合循环发电厂化学监督标准

2015 - 05 - 01 发布

2015 - 05 - 01 实施

目　次

前言……422
1　范围……423
2　规范性引用文件……423
3　总则……425
4　监督技术标准……426
4.1　设计阶段监督……426
4.2　安装、调试及机组启动阶段监督……430
4.3　机组运行给水、炉水处理和水汽质量监督……436
4.4　机组停（备）用期间防腐蚀保护……451
4.5　机组检修阶段监督……456
4.6　化学仪器仪表验收和检验……464
4.7　燃气质量监督……472
4.8　油品质量监督……473
4.9　气体质量监督……527
4.10　水处理主要设备、材料和化学药品监督……533
5　监督管理要求……542
5.1　监督基础管理工作……542
5.2　日常管理内容和要求……544
5.3　各阶段监督重点工作……548
6　监督评价与考核……551
6.1　评价内容……551
6.2　评价标准……551
6.3　评价组织与考核……552
附录A（资料性附录）　化学实验室的主要仪器设备……553
附录B（资料性附录）　燃气化学监督相关的技术资料……556
附录C（资料性附录）　油品监督相关技术要求……558
附录D（资料性附录）　气体质量化学监督相关技术要求……562
附录E（资料性附录）　各种水处理设备、管道的防腐方法和技术要求……565
附录F（资料性附录）　化学技术监督记录和台账格式……568
附录G（规范性附录）　技术监督不符合项通知单……586
附录H（规范性附录）　技术监督信息速报……587
附录I（规范性附录）　联合循环发电厂化学技术监督季报编写格式……588
附录J（规范性附录）　联合循环发电厂化学技术监督预警项目……600

附录K（规范性附录） 技术监督预警通知单……601
附录L（规范性附录） 技术监督预警验收单……602
附录M（规范性附录） 技术监督动态检查问题整改计划书……603
附录N（规范性附录） 联合循环发电厂化学技术监督工作评价表……604

前　言

为加强中国华能集团公司联合循环发电厂技术监督管理，确保联合循环发电机组安全、经济、稳定运行，特制定本标准。本标准依据国家和行业有关标准、规程和规范，以及中国华能集团公司联合循环发电厂的管理要求，结合国内外发电的新技术、监督经验制定。

本标准是中国华能集团公司所属联合循环发电厂化学监督工作的主要依据，是强制性企业标准。

本标准由中国华能集团公司安全监督与生产部提出。

本标准由中国华能集团公司安全监督与生产部归口并解释。

本标准起草单位：西安热工研究院有限公司。

本标准主要起草人：柯于进、杨俊、李志刚。

本标准审核单位：中国华能集团公司安全监督与生产部、中国华能集团公司基本建设部、华能国际电力股份有限公司、中电联标准化管理中心、深圳广前电力有限公司、深圳东部电厂。

本标准主要审核人：赵贺、武春生、罗发青、张俊伟、陈戎、杜红纲、郭俊文、何广仁、崔伟强、刘勇、陈泽强、高和利。

本标准审定：中国华能集团公司技术工作管理委员会。

本标准批准人：寇伟。

本标准为首次制定。

联合循环发电厂化学监督标准

1 范围

本标准规定了中国华能集团公司（以下简称“集团公司”）燃气–蒸汽联合循环发电厂化学监督相关的技术要求及监督管理、评价要求。

本标准适用于集团公司燃气–蒸汽联合循环发电厂（以下简称“电厂”）的化学监督工作，IGCC 电厂可参考执行。

2 规范性引用文件

下列文件对于本文件的应用是必不可少的。凡是注日期的引用文件，仅所注日期的版本适用于本文件。凡是不注日期的引用文件，其最新版本（包括所有的修改单）适用于本文件。

GB 2536　电工流体　变压器和开关用的未使用过的矿物绝缘油

GB 4962　氢气使用安全技术规程

GB 5903　工业闭式齿轮油

GB 11118.1　液压油（L—HL、L—HM、L—HV、L—HS、L—HG）

GB 11120　涡轮机油

GB 12691　空气压缩机油

GB 12692.3　石油产品　燃气（F 类）分类　第 3 部分　工业及船用燃气轮机燃气品种

GB 17820　天然气

GB 50177　氢气站设计规范

GB 50013　室外给水设计规范

GB 50050　工业循环冷却水处理设计规范

GB 50335　污水再生利用工程设计规范

GB 50660　大中型火力发电厂设计规范

GB/T 1.1　标准化工作导则　第 1 部分：标准的结构和编写

GB/T 4213　气动调节阀

GB/T 4756　石油液体手工取样法

GB/T 5475　离子交换树脂取样方法

GB/T 7252　变压器油中溶解气体分析和判断导则

GB/T 7595　运行中变压器油质量

GB/T 7596　电厂运行中汽轮机油质量

GB/T 7597　电力用油（变压器油、汽轮机油）取样方法

GB/T 8905　六氟化硫电气设备中气体管理和检测导则

GB/T 11062　天然气发热量、密度、相对密度和沃泊指数的计算方法

GB/T 12022　工业六氟化硫

GB/T 12145 火力发电机组及蒸汽动力设备水汽质量
GB/T 13674 轻型燃气轮机燃气使用规范
GB/T 14541 电厂运行中汽轮机用矿物油维护管理导则
GB/T 14542 运行中变压器油维护管理导则
GB/T 19204 液化天然气的一般特性
GB/T 50619 火力发电厂海水淡化工程设计规范
DL/T 246 化学监督导则
DL/T 290 电厂辅机用油运行及维护管理导则
DL/T 333.1 火电厂凝结水精处理系统技术要求 第1部分：湿冷机组
DL/T 333.2 火电厂凝结水精处理系统技术要求 第2部分：空冷机组
DL/T 519 火力发电厂水处理用离子交换树脂验收标准
DL/T 561 火力发电厂水汽化学监督导则
DL/T 571 电厂用抗燃油验收、运行监督及维护管理导则
DL/T 651 氢冷发电机氢气湿度的技术要求
DL/T 677 发电厂在线化学仪表检验规程
DL/T 582 火力发电厂水处理用活性炭使用导则
DL/T 596 电力设备预防性试验规程
DL/T 712 火力发电厂凝汽器及辅机冷却器管选材导则
DL/T 772 变压器油中溶解气体分析和判断导则
DL/T 794 火力发电厂锅炉化学清洗导则
DL/T 801 大型发电机内冷却水水质及系统技术要求
DL/T 805.1 火电厂汽水化学导则 第1部分：锅炉给水加氧处理导则
DL/T 805.2 火电厂汽水化学导则 第2部分：锅炉炉水磷酸盐处理
DL/T 805.3 火电厂汽水化学导则 第3部分：汽包锅炉炉水氢氧化钠处理
DL/T 805.4 火电厂汽水化学导则 第4部分：锅炉给水处理
DL/T 805.5 火电厂汽水化学导则 第5部分：汽包锅炉炉水全挥发处理
DL/T 855 电力基本建设火电设备维护保管规程
DL/T 889 电力基本建设热力设备化学监督导则
DL/T 913 火电厂水质分析仪器质量验收导则
DL/T 941 运行中变压器用六氟化硫质量标准
DL/T 951 火力发电厂反渗透水处理装置验收导则
DL/T 952 火力发电厂超滤水处理装置验收导则
DL/T 956 火力发电厂停（备）用热力设备防锈蚀导则
DL/T 977 发电厂热力设备化学清洗单位管理规定
DL/T 1051 电力技术监督导则
DL/T 1076 火力发电厂化学调试导则
DL/T 1094 电力变压器用绝缘油选用指南
DL/T 1096 变压器油中洁净度限值
DL/T 1115 火力发电厂机组大修化学检查导则

DL/T 1138 火力发电厂水处理用粉末离子交换树脂
DL/T 1260 火力发电厂电除盐水处理装置验收导则
DL/T 5004 火力发电厂试验、修配设备及建筑面积配置导则
DL/T 5068 火力发电厂化学设计技术规程
DL/T 5174 燃气–蒸汽联合循环电厂设计规定
DL/T 5190.3 电力建设施工技术规范 第3部分：汽轮发电机组
DL/T 5190.6 电力建设施工技术规范 第6部分：水处理及制氢设备和系统
DL/T 5210.6 电力建设施工质量验收及评价规程 第6部分：水处理及制氢设备和系统
DL/T 5295 火力发电建设工程机组调试质量验收及评价规程
DL/T 5437 火力发电建设工程启动试运及验收规程
JB/T 5886 燃气轮机气体燃气的使用导则
NB/SH/T 0636 L—TSA汽轮机油换油指标
SH/T 0476 L—HL液压油换油指标
SH/T 0586 工业闭式齿轮油换油指标
SH/T 0599 L—HM液压油换油指标
Q/HN–1–0000.08.049—2015 中国华能集团公司电力技术监督管理办法
中国华能集团公司 火电工程设计导则（2010年）

3 总则

3.1 化学监督是保证电厂设备安全、经济、稳定、环保运行的重要基础工作，应坚持“安全第一、预防为主”的方针，实行全过程监督。

3.2 电厂化学监督的目的是对水、汽、气（氢气、六氟化硫、仪用压缩空气等）、油及燃气等进行质量监督，防止和减缓热力系统腐蚀、结垢、积集沉积物；发现油（气）质量劣化，判定充油（气）设备潜伏性故障；指导燃机安全经济燃烧等。

3.3 本标准提出电厂在设计、基建、运行、停用及检修阶段水、汽、燃气、油及气体（氢气、六氟化硫、仪用压缩空气等）等的质量控制标准，机组停（备）用期间防腐蚀保护技术标准，热力设备检修腐蚀、结垢的检查和评价标准，化学清洗标准，水处理主要设备、材料和化学药品检验标准，化学仪表检验、检定标准，以及化学监督管理要求评价与考核标准，它是电厂化学监督工作的基础，亦是建立化学技术监督体系的依据。

3.4 本标准燃料的监督仅涉及燃气（天然气、液化天然气LNG），有关燃油和IGCC电厂燃煤的监督按集团公司Q/HN–1–0000.08.028—2015《火力发电厂燃煤机组化学监督标准》执行，煤制气质量参考供应厂家的要求执行。

3.5 各电厂应按照集团公司《华能电厂安全生产管理体系要求》《电力技术监督管理办法》中有关技术监督管理和本标准的要求，结合本厂的实际情况，制定电厂化学监督管理标准；依据国家和行业有关标准和规范，编制、执行运行规程、检修规程和检验及试验规程等相关/支持性文件；以科学、规范的监督管理，保证化学监督工作目标的实现和持续改进。

3.6 从事化学监督的人员，应熟悉和掌握本标准及相关标准和规程中的规定。

4 监督技术标准

4.1 设计阶段监督

4.1.1 化学补给水系统设计

4.1.1.1 化学水处理工艺的设计应做到合理选用水源、节约用水、降低能耗、保护环境，并便于安装、运行和维护。

4.1.1.2 设计前应取得全部可利用的水源水质分析资料，其要求应符合 DL/T 5068 的规定，应结合当地发展规划，估计出水源水质的变化趋势。

4.1.1.3 补水处理系统设计、设备选型在符合 DL/T 5068 和 DL/T 5174 设计标准的前提下，应考虑联合循环发电厂运行、维护人员少的特点，尽量简化系统，采用自动化运行水平高的系统。

4.1.1.4 补给水处理系统出力设计应考虑联合循环机组频繁启动和调峰运行补水量相对大的特点，满足电厂全部机组正常水汽损失（余热锅炉水汽损失、燃气净化、燃机和压气机冲洗用除盐水），并考虑每天一台机组冷态启动一次非正常水量的需要。

4.1.1.5 除盐水水箱容量宜按一台机组运行（余热锅炉蒸发量+燃机用除盐水量）3h，并满足一台余热锅炉化学清洗或冷态启动所增加用水量的需要。

4.1.1.6 除盐水箱应采用下进水、下出水方式，并采取与大气隔离的措施；除盐水箱至主厂房的锅炉补给水管道宜选用相当于 0Cr18Ni9 及以上等级的不锈钢管。

4.1.1.7 水处理系统在线化学仪表配置符合 DL/T 5068 的规定。

4.1.2 加药选择系统设计

4.1.2.1 加药系统设计应满足 DL/T 5068、DL/T 5174 的规定，加药系统要考虑余热锅炉给水和炉水处理，闭式循环水处理，循环水冷却水稳定、杀菌处理，以及燃气清洗加药的特殊要求。

4.1.2.2 加药系统可按每台机组单元加药系统或二台机组公用一套加药系统设计。采用单元机组加药时，各计量箱可不设备用（炉水加药计量箱可增加一个），各加药泵一用一备；二台机组公用加药时，系统电源必须具备两台机组电源自动切换，以保证机组检修时加药泵持续供电，各计量箱一用一备，各加药泵按三台即二用一备设计。

4.1.2.3 新建机组热力系统设计时，轴封加热器管应采用不锈钢管，不应采用铜合金管，在役机组使用铜合金时，宜将铜合金管改造为不锈钢管。

4.1.2.4 无铜给水系统（轴加无铜）余热锅炉给水采用加氨处理［AVT（O)］，按如下要求设计加氨系统：

a） 氨的加入点以凝结水泵出口为主，高、中压给水泵入口只是备用的加氨点。

b） 为保证余热锅炉启动期间向凝汽器或直接向除氧器（或低压汽包）补水时加氨的需要，宜在化学补水阀门前增设加氨点。

c） 加氨泵的容量应能同时满足机组正常运行和停用时不同加氨量的要求。

d） 加氨泵也可设计在除盐水泵出口或机组除盐补水母管，但应考虑发电机内冷水制氨设备补除盐水的措施。机组对外供热、供汽，补水量大，宜在除盐水泵出口或机组除盐补水母管加入。

e） 机组正常运行加氨应为自动调节。凝结水水泵出口加氨控制信号宜采用凝结水流量和加氨后比电导率，高、中压给水泵入口加氨控制信号亦宜采用相应的给水流量和给水比电导率。

4.1.2.5 有铜给水系统（轴加管为铜合金）余热锅炉给水采用加氨和联氨（或其他除氧剂）处理［AVT（R）］，按如下要求设计加氨和加联氨（其他除氧剂）系统：

a） 氨的加入为凝结水出口和高、中压给水泵入口。

b） 凝结水泵出口加氨后 pH 值宜控制在 8.8～9.1，高、中压给水泵入口加氨后 pH 值宜控制在 9.1～9.3。

c） 机组正常运行加氨应为自动调节。凝结水水泵出口加氨控制信号宜采用凝结水流量和加氨后比电导率，高、中压给水泵入口加氨控制信号亦宜采用相应的给水流量和给水比电导率。

d） 联氨（其他除氧剂）加在凝结水泵出口，手动方式控制，该加药系统也可作为余热锅炉停用保养加药之用。

4.1.2.6 余热锅炉高、中、低压汽包炉水可采用磷酸盐处理和氢氧化钠处理，应设计炉水磷酸盐（或氢氧化钠）加药系统。磷酸盐的加入点为汽包，高、中、低压汽包应分别设计不同压力和容量的加药泵，并设有备用，以保证磷酸盐能连续加入，磷酸盐计量箱可公用。当低压汽包兼作除氧器，低压汽包炉水为高、中压汽包给水时，低压汽包不应加磷酸盐（或氢氧化钠），不需要设计专门加药系统。

4.1.2.7 余热锅炉采用直流锅炉时，给水可采用 AVT（O）或加氧处理（OT），设计加氨和加氧系统，氨加在凝结水泵出口，氧加在高、中压给水泵入口，氨和氧的加入均应自动控制。

4.1.2.8 由于闭式冷却水系统可能含有铜材料，应设置单独的闭式水加药系统，加氨、联氨、固体碱化剂或缓蚀剂，闭式冷却水加药计量箱和加药泵可不设备用。

4.1.2.9 应该根据循环水的稳定、杀菌（生）处理方式，设计机组循环水的稳定、杀菌（生）剂的加药系统。

4.1.2.10 表面式间接空冷系统循环水的加药方式应根据凝汽器和空冷散热器的材料，选择合适的处理方式，设计不同的加药系统：

a） 凝汽器为不锈钢、散热器为碳钢管表面式间接空冷系统，循环水应采用加氨处理，控制 pH 值大于 10，设计加氨系统。加氨可以手动控制，也可以根据循环水电导率自动控制。

b） 凝汽器为不锈钢、散热器为铝管表面式间接空冷系统，循环水应采用微碱性加氧处理，设计加氨系统和加氧系统。加氨可以手动控制，也可以根据循环水电导率自动控制；加氧可以手动控制。

4.1.3 在线化学监督仪表设计

4.1.3.1 水汽集中取样系统和仪表设计应符合 DL/T 5068 的相关规定。

4.1.3.2 水汽质量监测点应该满足机组的正常运行和启动、停运的监测要求。

4.1.3.3 由于机组启、停频繁，为保证化学仪表正常运行，水汽集中取样仪表宜安装除盐水的冲洗检测旁路。

4.1.3.4 所有在线分析测量值及取样装置运行状况信号应根据机组控制要求送至相关控制系统（辅网或机组控制室）。

4.1.3.5 机组水汽集中在线化学仪表最低按表 1 配备。

表 1　联合循环机组水汽集中取样点及在线仪表配备

项目	取样点名称	配置仪表及手工取样	备　　注
凝结水	凝结水泵出口	CC　O_2　M	用海水或电导率高于 1000μS/cm 冷却宜安装 Na 表
	精处理除盐设备出口	CC　SC　M	每台精除盐设备出口
	凝结水加药点后	SC　M	用于控制凝结水泵出口加氨，距离加氨点至少 10m 以上
给水	中压省煤器入口	CC　pH　O_2　M	锅炉厂应设置取样头
	高压省煤器入口	CC　pH　O_2　M	锅炉厂应设置取样头
炉水	低压汽包	CC　pH　M	锅炉厂应设置取样头，当低压汽包兼除氧器时，需设置 O_2 表
	中压汽包	SC　CC　SiO_2　pH　M	锅炉厂应设置取样头
	高压汽包	SC　CC　SiO_2　pH　M	锅炉厂应设置取样头
饱和蒸汽	低压汽包饱和蒸汽	CC　M	锅炉厂应设置取样头
	中压汽包饱和蒸汽	CC　M	
	高压汽包饱和蒸汽	CC　M	
过热蒸汽	低压汽包过热蒸汽	CC　M	锅炉厂应设置取样头
	中压汽包过热蒸汽	CC　SiO_2　M	
	高压汽包过热蒸汽	CC　SiO_2　M	
再热蒸汽	再热器入口和出口	M	锅炉厂应设置取样头，再热器出口和入口样水合并检测
疏水	热网加热器/热泵/燃气加热	CC　M	每台加热器、热泵、燃气加热器疏水配
冷却水	发电机内冷却水	SC　pH　M	可由发电机厂配套设置，但应将仪表信号送至水汽取样监控系统
	取样冷却装置冷却水/闭式循环冷却水	SC　pH　M	
凝汽器检漏		CC　M	海水或循环水电导率大于 2000μS/cm 时，每个凝汽器

注 1：CC—带有 H^+ 离子交换柱的电导率；SC—比电导率表；O_2—溶氧表；pH—pH 表；SiO_2—硅表；Na—钠度计；M—人工取样。

注 2：高、中压省煤器人口给水配备的 pH 表宜为根据比电导率计算型。

注 3：每个监测项目的样品流量为 300ml/min～500ml/min，或根据仪表制造商要求。

注 4：硅表可选择多通道仪表，高、中压炉水公用，高、中压过热蒸汽公用

4.1.4　化学实验室仪表配置

4.1.4.1　化学试验室水、油、燃气分析仪表应该满足正常水、油和燃气质量的分析和监督，可按 DL/T 5004 的规定配备，见附录 A（资料性附录）。

4.1.4.2　应根据燃机运行要求配备气相色谱仪以对燃气的质量进行检测。

4.1.5 凝结水精处理设备设计

4.1.5.1 余热锅炉采用汽包锅炉时，当配高压汽包（最高汽包压力大于 5.9MPa），宜设计凝结水过滤除铁设备。

4.1.5.2 供热机组，应在热网疏水回收系统中或回收热力设备后（凝汽器、除氧器）设置过滤除铁设备；并考虑设置凝结水精除盐设备，但不设备用。

4.1.5.3 当余热锅炉采用直流锅炉，应设计凝结水精处理（过滤+除盐）设备。

4.1.6 凝汽器设计

4.1.6.1 凝汽器管选择

a）凝汽器管材应根据循环水的水质来选择，选择不锈钢或钛管，不应选择铜合金管。

b）根据水质条件，按表 2 初选合适等级的不锈钢管，然后按 DL/T 712 要求进行点蚀试验，并进行选材验证。

c）滨海电厂或有季节性海水倒灌的电厂，凝汽器及辅机冷却器管原则上选用钛管。对于使用严重污染的淡水水源，也可选用钛管。

表 2 常用不锈钢管适用水质的参考标准

Cl^- mg/L	中国 GB/T 20878—2007		美国 ASTM A959—04	日本 JIS G4303—1998 JIS G4311—1991	国际 ISO/TS 15510：2003	欧洲 EN10088：1—1995 EN10095—1999 等
	统一数字代码	牌号				
＜200	S30408	06Cr19Ni10	S30400，304	SUS304	X5CrNi18–10	X5CrNi18–10，1.4301
	S30403	022Cr19Ni10	S30403，304L	SUS304L	X2CrNi19–11	X2CrNi19–11，1.4306
	S32168	06Cr18Ni11Ti	S32100，321	SUS321	X6CrNiTi18–10	X6CrNiTi18–10，1.4541
＜1000	S31608	06Cr17Ni12Mo2	S31600，316	SUS316	X5CrNiMo17–12–2	X5CrNiMo17–12–2，1.4401
	S31603	022Cr17Ni12Mo2	S31603，316L	SUS316L	X2CrNiMo17–12–2	X2CrNiMo17–12–2，1.4404
＜2000[a]	S31708	06Cr19Ni13Mo3	S31700，317	SUS317	—	—
	S31703	022Cr19Ni13Mo3	S31703，317L	SUS317L	X2CrNiMo19–14–4	X2CrNiMo18–15–4，1.4438
＜5000[b]	S31708	06Cr19Ni13Mo3	S31700，317	SUS317	—	—
	S31703	022Cr19Ni13Mo3	S31703，317L	SUS317L	X2CrNiMo19–14–4	X2CrNiMo18–15–4，1.4438
海水[c]	—	—	AL–6X，AL–6XN 254SMo，AL29–4C、Sea-Cure（海优）	—	—	—

[a] 可用于再生水。
[b] 适用于无污染的咸水。
[c] 用于海水的不锈钢管仅做选用参考

4.1.6.2 管板材料选用原则

a）凝汽器管板选择应从管板的耐蚀性和管材价格等方面进行技术经济比较。

b）对于溶解固体小于 2000mg/L 的冷却水，可选用碳钢板，必要时实施有效的防腐涂层和电化学保护。

c）对于海水，可选用钛管板、复合钛管板、不锈钢管板、复合不锈钢管板或采用与凝汽器管材相同材质的管板。对于咸水，可根据管材和水质情况选用碳钢板、不锈钢管板或复合不锈钢管板。但选用碳钢板时，应实施有效的防腐涂层和电化学保护。

d）使用薄壁钛管时，管板应选用钛管板或复合钛管板。

4.1.7 热网加热器系统

4.1.7.1 热网加热器管的材质应能满足热网循环水运行温度下耐蚀性的要求。

4.1.7.2 热网循环水应设计加药系统，以控制循环水系统的腐蚀和结垢。

4.1.7.3 每台热网换热器疏水应设计人工取样点并安装在线氢电导率表，该仪表信号应作为主要化学监督信号引至化学辅网和集控室 DCS。

4.1.7.4 热网疏水回收点为除氧器、凝汽器，在回收至凝汽器时，设计应考虑增加热网回水冷却换热器，以保证凝汽器附加热负荷满足要求，凝结水温度满足凝结水精处理设备和树脂的耐温要求。

4.1.8 燃机和余热锅炉停用保养系统设计

4.1.8.1 压气机、燃气轮机应设计停用保养系统，可采用干风循环法或通压缩空气法。

4.1.8.2 余热锅炉烟气侧宜设计干风设备，在停用时进行循环干风保护。

4.2 安装、调试及机组启动阶段监督

4.2.1 热力设备和部件出厂检查

4.2.1.1 燃机、压气机、调压站和相应管道应按 GB/T 14099.8 进行清洗、水压和防腐，出厂时应采用防锈封装。

4.2.1.2 热力设备和部件在出厂时必须保持洁净，管子和管束内部不允许有积水、泥沙、污物和明显的腐蚀产物。

4.2.1.3 长途运输、存放时间较长的设备和管道外表面必须涂刷防护漆。

4.2.1.4 汽包、除氧器、除氧器水箱、凝汽器等大型容器，出厂时必须采取防锈蚀措施。

4.2.1.5 燃汽/汽轮机油、抗燃油管道和设备应采取除锈和防锈蚀措施，应有合格的防护包装。

4.2.1.6 凝汽器管应有合格的防护包装，包装箱应牢固，以保证在吊装和运输时不变形；应有出厂材料化学成分、物理性能和热处理检测合格证；电厂应按批量抽样，委托有资质单位进行材质成分分析，并出具检验报告；安装和监理单位应逐根进行外观检查，表面应无裂纹、砂眼、凹陷、毛刺及夹杂物等缺陷，管内应无油垢、污物，管子不应弯曲。

4.2.2 热力设备的保管和监督

4.2.2.1 热力设备现场保管要求

4.2.2.1.1 热力设备到达现场后，应按 DL/T 855 的有关规定进行保管，以保持设备良好的原始状况；并设专人负责防锈蚀监督，做好检查记录，发现问题应向有关部门提出要求，及时解决。

4.2.2.1.2 热力设备和部件防锈蚀涂层损伤脱落时应及时补涂。

4.2.2.1.3 余热锅炉换热管组在组装前 2h 内方可打开密封罩，其他设备在施工当天方可打开密封罩。在搬运和存放过程中密封罩脱落应及时盖上或包覆。

4.2.2.1.4 汽轮机的油、抗燃油管道和设备在组装前 2h 内方可打开密封罩。

4.2.2.1.5 燃机、压气机的管道在组装前 2h 内方可打开密封罩。

4.2.2.2 凝汽器管检查监督

4.2.2.2.1 拆箱搬运凝汽器管时应轻拿轻放，安装时不得用力捶击，避免增加凝汽器管内应力。

4.2.2.2.2 钛管或不锈钢管应抽取凝汽器管总数的 10%进行涡流探伤，发现一根不合格管子，则应进行 100%涡流探伤。

4.2.2.2.3 凝汽器管在正式胀接前，应进行试胀工作。胀口应无欠胀或过胀，胀口处管壁厚度减薄约为 4%～6%，胀口处应平滑光洁、无裂纹和显著切痕，胀口胀接深度一般为管板厚度的 75%～90%，试胀工作合格后方可正式进行胀管。

4.2.2.2.4 检查所有接至凝汽器的水汽管道，不应使水、汽直接冲击到凝汽器管上。凝汽器补水管上的喷水孔应能使进水充分雾化。

4.2.2.2.5 在穿管前应检查管板孔光滑无毛刺，并彻底清扫凝汽器壳体内部，除去壳体内壁的锈蚀物和油脂。

4.2.2.2.6 安装钛管和钛管板的凝汽器，除符合凝汽器管的有关要求外，还应符合下列要求：

a） 钛管板和钛管端部在穿管前应使用白布以脱脂溶剂（如无水乙醇、三氯乙烯等）擦拭除去油污。管子胀好后，在管板外伸部分也应用无水乙醇清洗后再焊接。

b） 对管孔、穿管用导向器以及对管端施工用具，每次使用前都应用乙醇清洗，穿管时不得使用铅锤。

4.2.2.2.7 凝汽器组装应按照 DL/T 5011 工艺质量要求进行，组装完毕后，应对凝汽器汽侧进行灌水试验，灌水高度应高出顶部凝汽器管 100mm，维持 24h 应无渗漏。

4.2.3 基建机组水冲洗和水压试验

4.2.3.1 设备和管道水冲洗

4.2.3.1.1 联合循环机组设备和管道水冲洗和水压试验用水必须是除盐水，水压试验前应该充分冲洗临时管道和正式管道，冲洗水质应达到如下标准：

a） 进、出口浊度的差值应小于 10NTU；

b） 出口水的浊度应小于 20NTU；

c） 出口水应无泥沙和锈渣等杂质颗粒，清澈透明。

4.2.3.2 水压试验

4.2.3.2.1 联合循环机组余热锅炉、燃气调压站、压力容器等设备和管道系统安装完毕的水压试验可采用氨水法或联氨法，见表 3，试验用水的 pH 值或联氨控制量应根据水压试验后设备的停放时间确定。推荐采用氨水法，如采用联氨法，应该考虑联氨废液的处理措施。

4.2.3.2.2 应使用优级工业品或化学纯以上的氨水、联氨，并检测其氯离子含量，确保加药后水压用水中的氯离子含量小于 0.2mg/L。

4.2.3.2.3 经水压试验合格的锅炉，放置 2 周以上不能进行试运行时，应进行防锈蚀保护。保护方法为：

a） 当采用湿法保护时，水质应符合表 3 的规定；

b） 采用充氮气方式保护时，用氮气置换放水，氮气纯度应大于 99.5%，充氮保护期间维持氮气压力在 0.02MPa～0.05MPa；

c） 当采用其他方式保护时，应符合 DL/T 956 的相关要求。

表 3　锅炉、燃气调压站、压力容器整体水压水质

保护时间	氨水法	联氨法		Cl^- mg/L
		联氨 mg/L	加氨调节 pH 值	
两周内	10.5～10.7	200	10.0～10.5	＜0.2
0.5～1 个月	10.7～11.0	200～250	10.0～10.5	
1～6 个月	11.0～11.5	250～300	10.0～10.5	

4.2.4　余热锅炉和热力系统的基建阶段化学清洗

4.2.4.1　锅炉和热力系统的基建阶段化学清洗范围

4.2.4.1.1　余热锅炉和热力系统化学清洗范围应满足 DL/T 794 规定。

4.2.4.1.2　当最高汽包压力为大于 5.8MPa，余热锅炉所有换热设备应进行除油清洗及化学清洗。除油清洗范围为：凝结水系统，高、中、低压给水系统，余热锅炉受热面（省煤器、蒸发器、过热器和再热器）及高、中、低汽包；化学清洗范围为余热锅炉受热面（省煤器、蒸发器、过热器和再热器）和汽包。

4.2.4.1.3　当最高汽包压力为 5.8MPa 及以下时，余热锅炉进行碱煮。

4.2.4.2　化学清洗介质选择

4.2.4.2.1　当含有不锈钢部件时，选择清洗介质不得含有对不锈钢有晶间腐蚀或应力腐蚀敏感性阴离子（Cl^-＜0.2mg/L）。

4.2.4.2.2　化学清洗介质及参数的选择，应根据垢的成分、锅炉设备构造、材质等，通过试验确定。选择的清洗介质在保证化学清洗及缓蚀效果的前提下，应综合考虑其经济性及环保要求等因素。

4.2.4.2.3　余热锅炉选择的清洗介质为：柠檬酸；EDTA 铵盐；羟基乙酸+甲酸；氨基磺酸；盐酸。

4.2.4.2.4　当清洗液中三价铁离子浓度大于 300mg/L 时，应在清洗液中添加还原剂。

4.2.4.3　化学清洗质量控制

4.2.4.3.1　承担锅炉化学清洗的单位应符合 DL/T 977 的要求。

4.2.4.3.2　清洗和调试单位应根据系统特点、腐蚀状态和材料制订详细的化学清洗方案，化学清洗方案与措施应报上级技术主管部门审批或备案。

4.2.4.3.3　设计化学清洗系统流程应该考虑各受热面的清洗流速，一般均不得低于 0.2m/s。

4.2.4.3.4　应充分考虑化学清洗过程的加热措施，确保清洗期间的温度满足清洗介质的要求。

4.2.4.3.5　业主应参加化学清洗全过程的质量监督，清洗结束后，进行检查验收和评定。

4.2.4.3.6　应尽量缩短余热锅炉化学清洗至吹管的时间，一般不得超过 20 天。如超过，化学清洗后应采取防锈蚀保护措施。

4.2.4.3.7　清洗废液必须经处理达到 GB 8978 污水综合排放标准或地方规定的排放标准。

4.2.4.3.8　化学清洗结束后，应打开汽包、割开所有参加化学清洗受热面下联箱的手孔，仔细清

理其沉渣。

4.2.4.4 化学清洗质量标准

4.2.4.4.1 化学清洗结束后，所有参加清洗受热面下联箱的手孔应割开，用内窥镜进行检查被清洗的金属表面应清洁，无残留氧化物和焊渣，无明显金属粗晶析出的过洗现象。

4.2.4.4.2 放置于汽包或清洗水箱内的腐蚀指示片测量的金属平均腐蚀速度应小于 $6g/(m^2·h)$，腐蚀总量应小于 $60g/m^2$；监视管检测残余垢量小于 $30g/m^2$ 为合格，残余垢量小于 $15g/m^2$ 为优良。

4.2.4.4.3 化学清洗后的表面应形成良好的钝化保护膜，不应出现二次锈蚀和点蚀。

4.2.4.4.4 固定设备上的阀门、仪表不应受到损伤。

4.2.5 机组整套启动前的水冲洗

4.2.5.1 一般要求

4.2.5.1.1 余热锅炉启动前，必须对热力系统进行冷态冲洗和热态冲洗，调试单位应制订详细的冲洗措施。

4.2.5.1.2 机组启动前的冷态冲洗和热态冲洗满足 DL/T 889 的规定。

4.2.5.1.3 在冷态及热态冲洗过程中，应投入凝结水泵出口加氨设备，控制冲洗水 pH 值为 9.5～9.8，以形成钝化体系，减少冲洗腐蚀。

4.2.5.1.4 余热汽包锅炉在冷态、热态冲洗阶段，炉水不得加入固态碱化剂（氢氧化钠或磷酸三钠）。

4.2.5.1.5 在冷态及热态水冲洗的整个过程中，应监督凝结水，高、中、低压给水，高、中、低压炉水中的铁、二氧化硅以及 pH 值。

4.2.5.2 水冲洗应具备的条件

4.2.5.2.1 除盐水设备应能连续正常供水，除盐水箱水位处于高位，除盐水能满足机组冷态、热态冲洗要求。

4.2.5.2.2 加氨设备应调试完毕、正常运行。

4.2.5.2.3 热态冲洗时，除氧器（有时）能加热除氧（至少在通烟气前 6h 投入），并使除氧器水温尽可能达到低参数下运行的饱和温度。

4.2.5.3 余热锅炉通烟气前冷态冲洗

4.2.5.3.1 机组冷态冲洗应遵循分段冲洗，前段不污染后段的原则。

4.2.5.3.2 凝结水系统、低压给水系统冷态冲洗：当凝结水含铁量大于 1000μg/L 时，应采取排放冲洗方式；当冲洗至凝结水小于 1000μg/L，并且硬度小于 5μmol/L 时，可向除氧器（低压汽包）上水，并加氨调整 pH 至 9.5～9.8。有凝结水过滤装置，投运过滤装置，并在凝汽器与除氧器间（低压汽包）循环冲洗，无凝结水过滤装置时开路冲洗，至除氧器（低压汽包）出口水含铁量小于 200μg/L，凝结水系统、低压给水系统冲洗结束。

4.2.5.3.3 余热锅炉省煤器和蒸发器冷态冲洗：锅炉蒸发器上水冲洗前，先冲洗高、中压省煤器；省煤器排水铁含量小于 500μg/L，冲洗高、中压蒸发器，并控制高、中压汽包高水位。当高、中压汽包炉水含铁量降至小于 200μg/L 时，冷态冲洗结束。

4.2.5.4 热态冲洗

4.2.5.4.1 当高、中压给水含铁量小于 100μg/L 时，余热锅炉可以通烟气启动。

4.2.5.4.2 余热锅炉热态冲洗时，应加强高、中压炉水排污，必要时整炉换水，直至炉水清澈。

4.2.5.4.3 热态冲洗过程中，定期分析高、中炉水的含铁量，含铁量小于200μg/L，热态冲洗结束。

4.2.5.4.4 停炉放水后，应对凝汽器、除氧器（低压汽包）、高、中压汽包等容器底部进行清扫或冲洗。

4.2.6 蒸汽吹管阶段监督

4.2.6.1 余热锅炉蒸汽吹管阶段应投运凝结水泵出口加氨设备使给水的 pH 值控制在 9.5～9.8，有凝结水净化设备时投运凝结水净化设备。

4.2.6.2 余热汽包锅炉蒸汽吹管时，炉水不得加入固态碱化剂调整炉水的 pH 值，以避免吹管期间汽包水位、压力急剧变化过程，蒸汽带水导致固态盐类进入过热器。

4.2.6.3 吹管过程中，应定期取样分析给水、炉水中的含铁量、电导率、pH 值、硬度、二氧化硅含量，给水质量应满足表 4 的要求；吹管后期，应取样分析蒸汽中铁、二氧化硅的含量，并观察样品外状。

4.2.6.4 吹管停止时，当高、中压炉水铁含量大于 1000μg/L，应排放炉水。

4.2.6.5 吹管完毕后，锅炉带压放水，排净凝汽器热井和除氧水箱（低压汽包）内的存水，仔细清扫凝汽器、除氧器和高、中压汽包内铁锈和杂物，清理或更换凝结水泵、给水泵入口滤网。

4.2.7 机组整套启动阶段监督

4.2.7.1 一般要求

4.2.7.1.1 联合循环机组整套启动时，化学除盐水箱处于高水位，补给水处理系统能正常运行制水。

4.2.7.1.2 安装有凝结水净化系统时，净化系统能可靠投运。

4.2.7.1.3 凝结水泵出口加氨设备、给水加氨设备、炉水加药能可靠投入运行，满足给水、炉水水质调节要求。

4.2.7.1.4 水汽取样分析装置具备投运条件，水样温度和流量应符合设计要求，能满足人工和在线化学仪表同时分析的要求。

4.2.7.1.5 在线化学仪表具备随时投运条件：余热锅炉冷态冲洗结束，投运凝结水和给水氢电导率、电导率表；锅炉通烟气时，投运炉水电导率表和 pH 表；热态冲洗结束，锅炉开始升压时，饱和及过热蒸汽氢电导率表应投运；机组 168h 满负荷（带调度负荷）试运行时，所有在线化学仪表应投入运行。

4.2.7.1.6 汽/燃气轮机油和抗燃油进行旁路或在线处理，以除去汽/燃气轮机油系统和调速系统中的杂质颗粒和水分，油质满足机组启动要求。

4.2.7.1.7 循环水加药系统应能投入运行，按设计或模拟试验后的技术条件对循环水进行阻垢、缓蚀以及杀生灭藻。凝汽器胶球清洗系统应能投入运行。

4.2.7.1.8 全厂闭式循环冷却水系统水冲洗合格，闭式循环冷却水充满除盐水或凝结水，并在冷却水中加入氨、联氨或其他碱化剂调节 pH 值使之满足表 29 的规定。

4.2.7.2 余热锅炉给水质量

a） 余热锅炉通烟气启动时，高、中、低压给水水质应以最高过热蒸汽压力要求控制，满足表 4 要求。机组并网运行，在 8h 内给水质量达到正常运行水质，见表 10～表 12。

表 4　余热锅炉启动时高、中、低给水质量

炉型	锅炉最高过热蒸汽压力 MPa	硬度 μmol/L	pH[a] （25℃）	氢电导率 （25℃） μS/cm	铁 μg/L	二氧化硅 μg/L
汽包炉	＜2.5	≤10.0	9.5～9.8	≤5.00	≤150	—
	2.5～5.8	≤5.0	9.5～9.8	≤3.00	≤100	—
	＞5.8	≤2.0	9.5～9.8	≤1.00	≤75	≤80
直流炉	—	≈0	9.5～9.8	≤0.50	≤50	≤30
[a] 轴封加热器为铜管时，pH 应为 8.8～9.3						

4.2.7.3　余热汽包锅炉炉水或直流锅炉分离器排水质量

a）余热锅炉热态冲洗结束启动时，高、中、低压汽包炉水的质量应满足表 5 要求。机组并网运行，在 8h 内炉水质量达到正常运行水质。

表 5　余热锅炉启动时高、中、低汽包（分离器）炉水质量

炉型	汽包	汽包压力 MPa	外观	硬度 μmol/L	pH （25℃）	电导率 （25℃） μS/cm	铁 μg/L	二氧化硅 mg/L
汽包锅炉	低压[a]	＜2.5	澄清	≤10.0	9.0～11	≤100	≤500	≤7.5
	中压	2.5～5.8	澄清	≤5.0	9.0～10.5	≤80	≤300	≤5
	高压	＞5.8～12.6	澄清	≤2.0	9.0～10	≤50	≤200	≤2
	超高压	＞12.6	澄清	≤2.0	9.0～10	≤30	≤200	≤2
直流锅炉			澄清	≤2.0	9.2～10	≤20	≤100	≤0.1
[a] 低压汽包兼作除氧器时，其炉水质量应与给水一致，不得加固体碱化剂								

4.2.7.4　蒸汽质量

a）汽机并汽时蒸汽品质应满足表 6 的要求。

表 6　汽轮机并汽前的蒸汽质量

炉型	锅炉最高过热蒸汽压力 MPa	氢电导率 （25℃） μS/cm	二氧化硅	铁	铜	钠
			μg/kg			
汽包炉	＜2.5	≤5.00	≤100	—	—	≤80
	2.5～5.8	≤3.00	≤80	—	—	≤50
	＞5.8～12.6	≤1.00	≤60	≤50	≤15	≤20
	＞12.6	≤1.00	≤30	≤50	≤15	≤20
直流炉	—	≤0.50	≤30	≤50	≤15	≤20

b） 在余热汽包锅炉洗硅运行期间，当蒸汽中二氧化硅大于60μg/kg，应采取降压、降负荷运行措施，保证蒸汽品质合格。

c） 直流锅炉洗硅运行期间，当蒸汽中二氧化硅大于30μg/kg，应采取降压、降负荷运行措施，保证蒸汽品质合格。

d） 机组并汽带满负荷运行，在8h内蒸汽质量应该达到正常要求，见表9。

4.2.7.5 凝结水回收质量标准

a） 当余热锅炉补水可通过除氧器补水，有凝结水精处理装置时，凝结水的回收质量应符合表7规定，无凝结水精处理装置时，凝结水全部排放至符合给水水质标准方可回收。

表7 凝结水回收质量标准

凝结水 精处理形式	外观	硬度 μmol/L	钠 μg/L	铁 μg/L	二氧化硅 μg/L	铜 μg/L
过滤、除铁设备	无色透明	≤5.0	≤30	≤500	≤80	≤30
精除盐设备	无色透明	≤100	≤400	≤1000	≤200	≤100

b） 当余热锅炉补水只能补至凝汽器时，并且回收凝结水导致凝结水泵出水水质不能满足给水水质要求时，应通过加大凝汽器的补水量，部分排放凝结水来提高给水水质。

4.2.7.6 发电机冷却水质量

a） 发电机内冷却水系统投入运行前应使用除盐水进行彻底冲洗。冲洗水的流量、流速应大于正常运行下的流量、流速。当冲洗至排水清澈无杂质颗粒，进、排水的pH值基本一致，电导率小于2μS/cm时，冲洗结束。

b） 机组联合启动时，发电机内冷水质量应满足机组正常运行标准，见表30。

4.3 机组运行给水、炉水处理和水汽质量监督

4.3.1 给水处理方式

4.3.1.1 联合循环机组热力系统应避免使用铜合金材料。新建、扩建机组轴封加热器应采用不锈钢管，在役机组轴封加热器是铜合金管的应尽快改造为不锈钢管。

4.3.1.2 给水处理应该采用先进的工艺，抑制水汽系统的流动加速腐蚀，降低热力系统的腐蚀产物和盐类杂质的产生、迁移和沉积，以达到消除因化学因素造成机组可利用率降低的目的。

4.3.1.3 给水加氨、联氨还原性挥发处理［AVT（R）］：

a） 只有在联合循环机组热力系统的加热器（轴封加热器）含有铜合金时，给水才采用加氨和联氨AVT（R）的工艺；

b） 采用AVT（R）时，联氨加在凝结水泵出口；

c） 氨分别加在凝结水泵出口和高、中、低压给水泵入口，控制加氨后凝结水的pH值在8.8～9.1，控制加氨后高、中、低压给水pH值在9.1～9.3；

d） 给水处理用氨水、联氨中氯离子含量应小于40mg/L，并用除盐水或经过精除盐处理的凶结水配制。

4.3.1.4 给水加氨弱氧化性处理［AVT（O）］：

a） AVT（O）为余热汽包锅炉正常运行、启动和停用过程，以及直流余热锅炉启动、停用期间的给水处理工艺；

b） 氨应主要加在凝结水泵出口，并控制加氨后凝结水 pH 值在 9.5～9.8；

c） 除氧器出口加氨为机组启动、停用过程及机组负荷变化或凝结水加氨设备故障等情况下的辅助加氨。

4.3.1.5 给水加氧处理（OT）：

a） 直流余热锅炉正常运行时，中、高压给水应采用 OT 处理，以抑制热力系统的流动加速腐蚀；

b） 给水加氧处理时，氨加在凝结水精处理出口，控制加氨后 pH 值 9.0～9.6；

c）氧加在中、高压给水泵入口，控制中、高压省煤器入口给水溶解氧含量为30～150μg/L。

4.3.2 炉水处理方式

4.3.2.1 炉水全挥发处理：

a） 低压汽包兼作除氧器，其炉水为中、高压汽包的给水时，必须采用全挥发处理，不得加入其他任何固体碱化剂，低压汽包炉水水质（氢电导率）应满足高、中压给水水质的要求。

b） 在凝汽器无泄漏，给水无硬度时，余热锅炉连续运行时，高、中压炉水可采用全挥发处理。

c） 炉水全挥发处理时，氨主要加在凝结水泵出口，并应保证炉水的 pH 值不低于 9.0，必要时也可在高、中压给水泵入口补加氨以维持高、中压炉水的 pH 值。

d） 全挥发处理对炉水腐蚀性阴离子（氯离子、硫酸根）缓冲性差，应控制高、中压炉水氢电导率在较低的水平。

4.3.2.2 炉水磷酸盐处理：

a） 炉水磷酸盐处理的条件和要求满足 DL/T 805.2 的规定。

b） 余热锅炉正常运行期间，启动和停用过程中，高、中、低压汽包炉水宜采用磷酸盐处理。

c） 凝汽器、热网加热器渗漏导致炉水有少量硬度，炉水应采用磷酸盐处理，通过排污可以防止炉水中硬度在蒸发受热面形成水垢。

d） 磷酸盐应加在汽包内部，加药管满足 DL/T 805.2 的相关要求。

e） 在保证炉水无硬度和 pH 值合格的前提下，炉水磷酸根的含量宜控制在标准值的低限。

f） 炉水处理用磷酸盐应为分析纯及以上药品。

4.3.2.3 炉水氢氧化钠处理：

a） 余热锅炉正常运行，凝汽器无泄漏，给水无硬度时，炉水可采用氢氧化钠处理。

b） 炉水氢氧化钠处理，除可调整炉水 pH 值，抑制炉水中腐蚀性阴离子（氯离子、硫酸根）的腐蚀外，也避免了磷酸盐的“隐藏”问题，炉水 pH 控制较稳定。

c） 氢氧化钠加入是利用磷酸盐加入装置。

d） 炉水处理用氢氧化钠应为分析纯及以上药品。

4.3.3 正常运行水汽质量标准

4.3.3.1 水汽监督项目和检测周期

联合循环机组正常运行时主要水汽监督项目和检测周期见表 8。

表 8 水汽监督项目和周期

取样点	pH（25℃）	氢电导率（25℃）	电导率（25℃）	溶解氧[a]	二氧化硅[a]	全铁	铜[b]	钠离子[c]	硬度	氯离子
凝结水泵出口	—	C	—	C	—	—	—	C	T	T
精除盐设备出口	—	C	C	—	T	W	W	T	—	T
凝结水加氨点后	—	—	C	—	—	W	W	—	—	—
高、中压省煤器入口	C	C	—	C	T	W	W	T	T	T
低压汽包炉水	C	C	C	C	T	W	W	T	T	T
高、中压汽包炉水	C	C	C	—	—	W	W	—	T	T
低压饱和、过热蒸汽	—	C	—	—	T	W	W	T	—	—
高、中压饱和蒸汽	—	C	—	—	T	W	W	T	—	—
高、中压过热蒸汽[d]	—	C	—	—	C	W	W	C	—	T
再热蒸汽	—	C	—	—	T	W	W	T	—	—
燃机注入用水或蒸汽[e]	—	C	C	—	T	W	W	T	T	T
热网加热器/热泵/燃气加热器回水	—	C	—	—	—	W	W	—	T	—
发电机内冷水	C	—	C	—	—	—	W	—	—	—

注：C—连续监测；W—每周一次；T—根据实际需要定时取样监测。
[a] 低压汽包炉水为高中压汽包给水时，应安装在线氧表。
[b] 直流锅炉高、中压给水应安装硅表连续监督。
[c] 凝汽器、轴加无铜时，只需检测发电机内冷水中铜。
[d] 海水和高含盐量水冷却时，凝结水宜安装在线钠表；过热蒸汽压力 12.6MPa 以上汽包炉，直流锅炉高压过热蒸汽宜安装在线钠表。
[e] 燃机注入用除盐水时检测电导率，用凝结水或蒸汽时检测氢电导率

4.3.3.2 蒸汽质量标准

余热汽包炉的饱和、过热、再热蒸汽质量以及余热直流炉的过热蒸汽、再热质量应符合表 9 的规定。

表 9 蒸汽质量标准

炉型	过热蒸汽压力 MPa	氢电导率（25℃）μS/cm		钠 μg/kg		二氧化硅 μg/kg		铁 μg/kg		铜 μg/kg	
		标准值	期望值	标准值	期望值	标准值	期望值	标准值	期望值	标准值	期望值
汽包锅炉	<2.5	≤1.0	—	≤15	—	≤20	—	≤30	—	≤5	—
	2.5～5.8	≤0.30	—	≤10	≤5	≤20	—	≤20	—	≤5	—
	>5.8	≤0.30	≤0.15	≤5	≤2	≤20	≤10	≤15	≤10	≤3	≤2
直流锅炉	—	≤0.20	≤0.15	≤5	≤2	≤15	≤10	≤5	≤2	≤2	≤1

4.3.3.3 给水质量标准

a） 余热锅炉高、中、低压给水质量应以最高过热蒸汽压力要求控制，给水的硬度、溶解氧、铁、铜、钠、二氧化硅的含量和氢电导率，应符合表 10 的规定。

表 10 余热锅炉高、中、低压给水质量

炉型	最高过热蒸汽压力 MPa	氢电导率（25℃） µS/cm		硬度	溶解氧[a, b]	铁		铜		钠		二氧化硅	
				µmol/L	µg/L								
		标准值	期望值		标准值	标准值	期望值	标准值	期望值	标准值	期望值	标准值	期望值
汽包炉	＜2.5	≤0.50	—	≤5	≤50	≤75	—	≤10	—	—	—	应保证蒸汽二氧化硅符合标准	
	2.5～5.8	≤0.30	—	≤2.0	≤20	≤50	—	≤10	—	—	—		
	＞5.8	≤0.30	—	0	≤20	≤30	—	≤5	—	—	—		
直流炉	—	≤0.20	≤0.15	0	≤20	≤10	≤5	≤3	≤2	≤5	≤2	≤15	≤10

[a] 加氧处理时，溶解氧指标按表 12 控制；
[b] 当除氧器是旁路设计，给水不是全部通过除氧器，或除氧器旁路时，给水溶解氧标准值同凝结水，见表 13

b） 余热锅炉给水的 pH 值、联氨和 TOC 应符合表 11 的规定。

表 11 余热锅炉高、中、低压给水的 pH 值、电导率、联氨和 TOC 标准

炉型	锅炉最高过热蒸汽压力 MPa	无铜给水系统		有铜给水系统[a]			TOC[b]，µg/L
		pH（25℃）	电导率（25℃） µS/cm	pH（25℃）	电导率（25℃） µS/cm	联氨 µg/L	
汽包炉	＜2.5	9.5～9.8	8.5～17	8.8～9.3	1.7～5.4	≤30	—
	2.5～5.8						≤500
	＞5.8						≤500
直流炉	—						≤200

[a] 轴加为铜合金时，加氨为二级，即凝结水出口泵加氨至 pH 值，8.8～9.1；高、中压给水泵入口加氨至 pH 值，9.1～9.3。
[b] 必要时监测

c） 余热直流锅炉高、中压给水采用加氧处理时，给水 pH、氢电导率、溶解氧含量应符合表 12 的规定。

表 12 加氧处理高、中压给水 pH 值、氢电导率、溶解氧的含量和 TOC 标准

pH（25℃）	氢电导率（25℃） µS/cm		溶解氧 µg/L	TOC µg/L
	标准值	期望值		
9.0～9.6	≤0.20	≤0.15	30～150	≤200

4.3.3.4　凝结水质量标准

a）凝结水泵出口水质的硬度、钠和溶解氧的含量和氢电导率应符合表13的规定。

表13　凝结水泵出口水质

炉型	锅炉最高过热蒸汽压力 MPa	硬度 μmol/L	钠[a] μg/L	溶解氧[b] μg/L	氢电导率（25℃）μS/cm	
					标准值	期望值
汽包锅炉	＜2.5	≤5.0	—	≤100	≤0.50	≤0.30
	2.5～5.8	≤2.0	—	≤50	≤0.30	≤0.20
	＞5.8	≈0	—	≤50	≤0.30	≤0.20
直流锅炉	—	≈0	≤5[a]	≤50	≤0.30	≤0.15

[a] 凝结水有精处理除盐装置时，凝结水泵出口的钠浓度可放宽至10μg/L；
[b] 直接空冷机组凝结水溶解氧标准值为≤100μg/L，混合式凝汽器间接凝结水溶解氧为≤200μg/L

b）经过凝结水精处理（过滤除铁或精除盐）后的凝结水中二氧化硅、钠、铁、铜的含量和氢电导率质量应符合表14的规定。

表14　经过凝结水精处理后凝结水的水质[a]

精处理方式	氢电导率（25℃）μS/cm		钠		铜		铁		二氧化硅	
			μg/L							
	标准值	期望值	标准值	期望值	标准值	期望值	标准值	期望值	标准值	期望值
精除盐	≤0.15	≤0.10	≤3	≤2	≤3	≤1	≤5	≤3	≤15	≤10
过滤	同凝结水		同凝结水		≤3	≤2	≤10	≤5	同凝结水	

[a] 余热直流锅炉配备凝结水精除盐时，应定期查定精除盐出口氯离子浓度，标准值小于2μg/L，期望值小于1μg/L

4.3.3.5　炉水质量标准

a）余热汽包锅炉炉水的电导率、氢电导率、二氧化硅和氯离子含量，应根据制造厂的规范并宜通过水汽品质专门试验确定。

b）低压汽包兼作除氧器时，其炉水质量应与高、中压给水一致，不得加固体碱化剂。

c）炉水中二氧化硅含量应保证蒸汽品质合格，不同汽包压力对应炉水的二氧化硅含量参见表15。

表15　不同汽包压力对应炉水的二氧化硅含量

汽包压力 MPa	≤6	7	8	9	10	11	12	13	14	15
SiO_2 mg/L	≤7.5	≤4.8	≤3.4	≤2.5	≤2.0	≤1.6	≤1.2	≤0.9	≤0.6	≤0.4

d）炉水磷酸盐处理时，炉水水质可参照表16。

表 16　炉水磷酸盐处理时炉水水质指标

汽包	汽包压力 MPa	pH （25℃）		电导率 （25℃） μS/cm	磷酸根 mg/L	氯离子 mg/L
		标准值	期望值			
低压	＜2.5	9.0～11	9.2～10.5	≤100	2.0～8.0	≤4
中压	2.5～5.8	9.0～10.5	9.2～10.0	≤80	1.0～6.0	≤2.5
高压	＞5.8～12.6	9.0～10	9.2～9.8	≤50	0.5～2.0	≤1.5
超高压	＞12.6～15.9	9.0～9.7	9.2～9.7	≤20	0.3～1.0	≤1.0

e）　炉水氢氧化钠处理时，炉水水质可参照表 17。

表 17　炉水氢氧化钠处理时炉水水质指标

汽包	汽包压力 MPa	pH （25℃）		电导率 （25℃） μS/cm	氢电导率 （25℃） μS/cm	氯离子 mg/L
		标准值	期望值			
低压	＜2.5	9.0～10	9.4～9.7	≤80	≤25	≤1.5
中压	2.5～5.8	9.0～9.8	9.4～9.7	≤60	≤20	≤1.0
高压	＞5.8～12.6	9.0～9.8	9.3～9.7	≤30	≤15	≤0.7
超高压	＞12.6～15.9	9.0～9.7	9.2～9.6	≤20	≤10	≤0.5

f）　炉水全挥发处理时，炉水水质可参照表 18。

表 18　炉水全挥发处理时炉水水质指标

<table>
<tr><th rowspan="2">汽包</th><th rowspan="2">汽包压力
MPa</th><th colspan="2">pH（25℃）</th><th rowspan="2">电导率
（25℃）
μS/cm</th><th rowspan="2">氢电导率
（25℃）
μS/cm</th><th rowspan="2">氯离子
mg/L</th></tr>
<tr><th>标准值</th><th>期望值</th></tr>
<tr><td>低压</td><td>＜2.5</td><td rowspan="4">9.0～9.8</td><td rowspan="4">9.5～9.8</td><td rowspan="4">5～17</td><td>≤15</td><td>≤1.0</td></tr>
<tr><td>中压</td><td>2.5～5.8</td><td>≤6.0</td><td>≤0.5</td></tr>
<tr><td>高压</td><td>＞5.8～12.6</td><td>≤3.0</td><td>≤0.2</td></tr>
<tr><td>超高压</td><td>＞12.6～15.9</td><td>≤1.5</td><td>≤0.1</td></tr>
</table>

4.3.3.6　化学补给水质量

4.3.3.6.1　锅炉化学补给水的质量，以不影响给水质量为标准，见表 19。

表 19　锅炉化学补给水质量

二氧化硅 μg/L	除盐水箱进水电导率 （25℃） μS/cm	除盐水箱出口电导率 （25℃） μS/cm	TOC[a] μg/L
≤20	≤0.20	≤0.40	≤200
[a] 必要时检测			

4.3.3.6.2 化学补给水处理系统末级（离子交换混床或EDI）出水水质应该满足表19的要求。

4.3.3.6.3 补给水水处理系统设备进水水质量标准：

a） 补给水水处理系统设备进水水质应满足DL/T 5068 的相关要求。

b） 应根据进水悬浮物的大小选择澄清池，澄清池进水悬浮物要求应符合表20要求。

表20 澄清池进水悬浮物要求

设备名称	澄清池	沉淀池或沉沙池
允许的进水悬浮物	含沙量≤5kg/m^3	含沙量＞5kg/m^3

c） 澄清器（池）出水水质应满足下一级处理对水质的要求，澄清器（池）出水浊度正常情况下小于5NTU，短时间小于10NTU。

d） 各类过滤器进水水质应符合表21要求。

表21 过滤器进水水质要求

项目	单位	细砂过滤器	双介质过滤器	石英砂过滤器	纤维过滤器	活性炭过滤器
悬浮物	mg/L	3～5	≤20	≤20	—	—
浊度	NTU	—	—	—	≤20	≤3
注：活性炭过滤器进水余氯不宜大于1mg/L						

e） 超/微滤装置进水宜符合表22的规定。

表22 超/微滤系统的进水要求

项　目	单　位	指　标	
水温	℃	10～40	
pH（25℃）	—	2～11	
浊度	NTU	压力式	＜5
		浸没式	以膜制造商的设计导则为准

f） 反渗透装置要求的进水应根据所选膜的种类，结合膜厂商的设计导则要求，以及类似工程的经验确定。卷式复合膜的进水要求应符合表23的规定。

表23 卷式复合膜的进水要求

项　目	单位	指　标
pH（25℃）	—	4～11（运行）；2～11（清洗）
浊度	NTU	＜1.0
淤泥密度指数（SDI_{15}）	—	＜5
游离余氯	mg/L	＜0.1[a]，控制为0.0

表 23（续）

项　　目	单位	指　　标
铁	mg/L	＜0.05（溶氧＞5mg/L）[b]
锰	mg/L	＜0.3
铝	mg/L	＜0.1
水温[c]	℃	5～45

[a] 同时满足在膜寿命期内总剂量小于 1000h·mg/L。
[b] 铁的氧化速度取决于铁的含量、水中溶氧浓度和水的 pH 值，当 pH＜6，溶氧＜0.5mg/L，允许最大 Fe^{2+}＜4mg/L。
[c] 反渗透装置的最佳设计水温宜为 20℃～25℃

g） 阳、阴离子交换器的进水指标应符合表 24 的要求。

表 24　阳、阴离子交换器进水水质指标

项　目	单位	进水水质指标	备　注
水温	℃	5～45	II 型阴树脂、聚丙烯酸阴树脂的进水水温应小于 35℃
浊度	NTU	对流，＜2；顺流，＜5	—
游离余氯	mg/L	＜0.1	—
铁	mg/L	＜0.3	—
化学耗氧量（$KMnO_4$ 法）	mg/L	＜2	对弱酸离子交换器可适当放宽

注 1：对于用酸再生的离子交换器，铁可小于 2mg/L。
注 2：当阳床采用硫酸作再生剂，进水钡离子含量应小于 0.2mg/L

h） 混合离子交换器进水水质应符合表 25 的要求。

表 25　混合离子交换器进水水质指标

项　　目	单　位	进水水质指标
电导率（25℃）	μS/cm	＜10
二氧化硅	μg/L	＜100
碳酸化合物	μmol/L	＜20
含盐量	mg/L	＜5

i） EDI 装置进水水质指标应符合表 26 规定。

表 26 EDI 装置进水水质指标

项 目	单 位	期 望 值	控 制 值
水温	℃	—	5～40
电导率（25℃）	μS/cm	＜20	＜40
总可交换阴离子	mmol/L	—	0.5
硬度	mmol/L	＜0.01	＜0.02
二氧化碳	mg/L	＜2	＜5
二氧化硅	mg/L	＜0.25	≤0.5
铁	mg/L	＜0.01	—
锰	mg/L	＜0.01	—
TOC	mg/L	＜0.5	—
pH（25℃）	—	5～9	

4.3.3.7 **减温水质量**

锅炉蒸汽采用混合减温时，其减温水质量，应保证减温后蒸汽中的钠、二氧化硅和金属氧化物的含量符合表 9 蒸汽质量标准的规定。

4.3.3.8 **热网疏水质量**

a） 热网疏水回收点为除氧器（低压汽包）、凝汽器，在回收至凝汽器时，设计应考虑增加热网回水冷却换热器，以保证凝汽器附加热负荷和凝结水温度满足要求。

b） 每台热网换热器疏水应设计人工取样点并安装在线氢电导率表，该仪表信号应该作为主要化学监督信号引致化学控制室。

c） 热网疏水回收至除氧器（低压汽包）时，应以不影响给水水质为前提，参考极限指标见表 27。

表 27 热网疏水回收至除氧器时水质控制指标

炉 型	最高过热蒸汽压力 MPa	氢电导率（25℃） μS/cm	硬度 μmol/L	钠离子 μg/L	全铁 μg/L
汽包锅炉	＜2.5	≤0.50	≤5.0	—	≤75
	2.5～5.8	≤0.30	≤2.0	—	≤50
	＞5.8	≤0.30	0	—	≤30
直流炉	—	≤0.20	0	≤5	≤5

d） 当换热器疏水质量超过表 27 的要求时，应回收至凝汽器，通过凝结水的精处理装置（过滤、除盐）进行处理，处理后凝结水满足表 13 和表 14 要求。

e） 热网疏水回收至凝汽器导致给水水质超标时，应排放或部分排放。

f） 热网疏水氢电导率大于 1.0μS/cm，钠含量大于 35μg/L，应该停运该换热器进行堵漏处理。

4.3.3.9 热网首站补充水和循环水水质

a） 热网补充水质量应该达到表 28 要求，氯离子浓度应满足换热器材料在运行温度下耐蚀要求。

表 28 热网补充水质量

总硬度 μmol/L	悬浮物 mg/L
＜600	＜5

b） 热网循环水宜进行缓蚀、阻垢处理，例如加入一定量的磷酸盐（磷酸三钠、三聚磷酸钠）或加氢氧化钠调节 pH 值至碱性，控制热网水的 pH 值为 8.5～9.5。

c） 热网停运时，应该加入缓蚀、阻垢剂进行保养。

4.3.3.10 闭式循环冷却水质量标准

a） 闭式循环冷却水质量可参照表 29。

表 29 闭式循环冷却水质量

材 质	电导率（25℃） μS/cm	pH（25℃）
全铁系统	≤30	≥9.5
含铜系统	≤20	8.0～9.2

4.3.3.11 水内冷发电机的冷却水质量标准

a） 水内冷发电机的冷却水质量可按表 30 控制，不锈钢系统按发电机制造厂家相关要求执行。

表 30 水内冷发电机的冷却水质量

内冷水	电导率（25℃） μS/cm		铜 μg/L		pH（25℃）	
	标准值	期望值	标准值	期望值	标准值	期望值
双水内冷	≤5.0	—	≤40	≤20	7.0～9.0	—
定子冷却水	≤2.0	0.4～1.5	≤20	≤10	7.0～9.0	8.0～8.7
不锈钢	＜1.0	—	—	—	6～8	—

4.3.3.12 循环水质量

a） 应按照 DL/T 300 加强循环水处理系统与药剂的监督管理。

b） 应根据凝汽器管材、水源水质和环保要求，通过科学试验选择兼顾防腐、防垢的缓蚀阻垢剂和杀菌、杀生剂，确定循环水处理运行工况和水质控制指标，并提高循环水的浓缩倍率，达到节水目的。

4.3.3.13　压气机、燃机注入用水或蒸汽质量

a）压气机、燃机的注入用水或蒸汽可直接使用除盐水、凝结水或低压蒸汽，注入用水和蒸汽的作用是冲洗压气机、燃机或控制燃机的燃烧温度。

b）注入用水和蒸汽的连接管道应采用不锈钢管。

c）注入用水或蒸汽中可加入满足燃机制造厂要求的清洗剂。

d）压气机、燃机注入用水或蒸汽质量应满足燃机和压气机制造厂家的要求，质量标准可参考表31控制。

表31　压气机、燃机注入用水或蒸汽质量

监督项目	单位	除盐水	凝结水	蒸汽
电导率（25℃）	μS/cm	≤0.5	—	—
氢电导率（25℃）	μS/cm	—	≤0.5	≤0.5
SiO_2	μg/kg	≤50	≤50	≤50
Na+K	μg/kg	≤10	≤10	≤10
Fe	μg/kg	≤10	≤10	≤10
注：使用蒸汽和凝结水时，挥发性氨或除氧剂含量没有限制				

4.3.4　水汽质量劣化处理

4.3.4.1　水汽质量劣化处理原则

4.3.4.1.1　当水汽质量劣化时，应迅速检查取样的代表性、化验结果的准确性，并综合分析系统中水、汽质量的变化，确认水汽质量劣化无误后，按下列三级处理原则执行：

a）一级处理。有因杂质造成腐蚀、结垢、积盐的可能性，应在72h内恢复至相应的标准值。

b）二级处理。肯定有因杂质造成腐蚀、结垢、积盐的可能性，应在24h内恢复至相应的标准值。

c）三级处理。正在发生快速腐蚀、结垢、积盐，如果4h内水质不好转，应停机。

4.3.4.1.2　在异常处理的每一级中，如果在规定的时间内尚不能恢复正常，则应采用更高一级的处理方法。

4.3.4.1.3　在采取措施期间，可采用降压、降负荷运行的方式，使其监督指标处于标准值的范围内。

4.3.4.2　凝结水（凝结水泵出口）水质异常处理

4.3.4.2.1　凝结水水质异常时的处理值见表32。

表32　凝结水水质异常时的处理值

锅炉过热蒸汽最高压力 MPa	项　目	标准值	处理等级		
			一级	二级	三级
＜2.5	氢电导率（25℃） μS/cm	≤0.50	0.50～0.75	0.75～1.0	＞1.0

表 32（续）

锅炉过热蒸汽最高压力 MPa		项　　目	标准值	处　理　等　级		
				一级	二级	三级
≥2.5	无精除盐	氢电导率（25℃）μS/cm	≤0.30	0.30～0.40	0.40～0.65	＞0.65
		钠 μg/L	≤5	＞5	＞10	＞20
	有精除盐	氢电导率（25℃）μS/cm	≤0.30	＞0.30	＞1.0	＞2.0
		钠 μg/L	≤10	＞10	—	—

4.3.4.2.2　余热汽包锅炉凝汽器泄漏处理措施：

a）海水冷却或循环水电导率大于 1000μS/cm 的机组宜安装并连续投运凝汽器检漏设备，检漏设备应能同时检测每侧凝汽器的氢电导率。

b）发现凝汽器泄漏，凝结水氢电导率或钠含量达到一级处理值时，应观察检漏装置显示的氢电导率和手工分析相应钠含量，分析判断哪个凝汽器泄漏，并通过加锯末等办法进行堵漏。同时加大炉水磷酸盐加入量，必要时混合加入氢氧化钠，以维持炉水的 pH 值；加大排污，以维持炉水电导率和 pH 值尽量合格。

c）凝结水氢电导率或钠含量达到二级处理值时，并且凝汽器检漏装置检测某一侧凝汽器氢电导率大于 1.5μS/cm，应该申请降负荷凝汽器半侧找漏，同时避免使用给水进行过热、再热蒸汽减温。

d）凝结水氢电导率或钠含量达到三级处理值时，应立即降负荷凝汽器半侧找漏。

e）用海水或电导率大于 5000μS/cm 苦咸水冷却的电厂，当凝结水中的含钠量大于 400μg/L 或氢电导率大于 10μS/cm，并且炉水 pH 值低于 7.0，应紧急停机。

4.3.4.2.3　余热直流锅炉凝汽器泄漏处理措施：

a）海水冷却或循环水电导率大于 1000μS/cm 的机组宜安装并连续投运凝汽器检漏设备，检漏设备应能同时检测每侧凝汽器的氢电导率。

b）一旦发现凝汽器泄漏，应确认凝结水精处理旁路门全关，全部凝结水经过精处理进行处理，并且阳树脂以氢型方式运行，以使给水氢电导率满足标准值。

c）凝结水氢电导率或钠含量达到一级处理值时，应观察检漏装置显示的氢电导率和手工分析相应钠含量，分析判断哪个凝汽器泄漏，并通过加锯末等办法进行堵漏。

d）凝结水氢电导率或钠含量达到二级处理值时，并且凝汽器检漏装置检测某一侧凝汽器氢电导率大于 1.0μS/cm，应该申请降负荷凝汽器半侧找漏。

e）凝结水氢电导率或钠含量达到三级处理值时，应立即降负荷凝汽器半侧找漏。

f）用海水或电导率大于 5000μS/cm 苦咸水冷却的电厂，当凝结水中的含钠量大于 400μg/L 或氢电导率大于 10μS/cm，并且给水氢电导率大于 0.5μS/cm 时，应紧急停机。

g）处理过泄漏凝结水的精处理树脂，应该采用双倍剂量的再生剂进行再生。

4.3.4.3 给水水质异常处理

4.3.4.3.1 给水水质异常处理值见表 33。

表 33 余热锅炉高、中、低压给水水质异常时的处理值

项目		标准值	处理等级		
			一级	二级	三级
pH[a]（25℃）	无铜给水系统	9.5～9.8	<9.5	—	—
	有铜给水系统	8.8～9.3	<8.8 或>9.3	—	—
氢电导率（25℃）μS/cm	汽包炉最高过热蒸汽压力<2.5MPa	≤0.50	0.50～0.75	0.75～1.0	>1.0
	汽包炉最高过热蒸汽压力≥2.5MPa	≤0.30	0.30～0.40	0.40～0.65	>0.65
	直流锅炉	≤0.20	>0.20～0.30	>0.30～0.5	>0.5
[a] 直流炉给水 pH 值低于 7.0，按三级处理等级处理					

4.3.4.3.2 直流锅炉高、中压给水水质异常处理措施：

a） 给水、精处理出口氢电导率小于 0.20μS/cm，给水采用加氧处理。

b） 给水氢电导率大于 0.20μS/cm，停止给水加氧，同时提高精处理出口加氨量，提高给水 pH 值，给水采用 AVT（O），待给水的氢电导率合格并稳定后，再恢复加氧处理工况。

4.3.4.4 余热锅炉炉水水质异常处理

4.3.4.4.1 低压汽包炉水作为高、中压汽包给水，其水质异常处理按 4.3.4.3 执行。

4.3.4.4.2 无论炉水采用何种处理方式，当炉水 pH 值≤7.0 时，应立即停炉。

4.3.4.4.3 炉水磷酸盐处理高、中、低压炉水水质异常处理值见表 34，当炉水 pH 达到一级处理值时，炉水可采用磷酸盐+氢氧化钠处理，以提高炉水的 pH 值。

表 34 炉水磷酸盐处理高、中、低压炉水水质异常时的处理值

锅炉汽包压力 MPa	pH（25℃）标准值	处理等级		
		一级	二级	三级
<2.5	9.0～11.0	8.5～<9.0，>11.0～11.5	8.0～<8.5	<8.0
2.5～5.8	9.0～10.5	8.5～<9.0，>10.5～11.0	8.0～<8.5，>11.0～11.5	<8.0，>11.5
>5.8～12.6	9.0～10.0	8.5～<9.0，>10.0～10.5	8.0～<8.5，>10.5～11.0	<8.0，>11.0
>12.6	9.0～9.7	8.5～<9.0，>9.7～10.2	8.0～<8.5，>10.2～10.5	<8.0，>10.5

4.3.4.4.4 炉水氢氧化钠处理时，高、中、低压炉水水质异常处理值见表 35，当确认是凝汽器泄漏导致炉水氢电导率达到一级处理值，炉水可能有硬度，炉水应改为磷酸盐+氢氧化钠处理，并加大氢氧化钠和磷酸盐的加入量，维持炉水的 pH 值合格，并磷酸根含量为标准值的低限。

表 35 炉水氢氧化钠处理高、中、低压炉水水质异常时的处理值

锅炉汽包压力 MPa	项目	标准值	处理等级		
			一级	二级	三级
<2.5	pH（25℃）	9.0～10	8.5～<9.0，>10.0～10.2	8.0～<8.5，>10.2～10.5	8.5～<9.0，>10.5

表 35（续）

锅炉汽包压力 MPa	项目	标准值	处 理 等 级		
			一级	二级	三级
＜2.5	氢电导率（25℃）μS/cm	≤25	＞25～35	＞35～50	＞50
2.5～5.8	pH（25℃）	9.0～9.8	8.5～＜9.0，＞9.8～10.0	8.0～＜8.5，＞10.0～10.2	8.5～＜9.0，＞10.2
	氢电导率（25℃）μS/cm	≤20	＞20～30	＞30～40	＞40
＞5.8～12.6	pH（25℃）	9.0～9.8	8.5～＜9.0，＞9.8～10.0	8.0～＜8.5，＞10.0～10.2	8.5～＜9.0，＞10.2
	氢电导率（25℃）μS/cm	≤15	＞15～20	＞20～30	＞30
＞12.6～15.9	pH（25℃）	9.0～9.7	8.5～＜9.0，＞9.7～9.9	8.0～＜8.5，＞9.9～10.1	8.5～＜9.0，＞9.7～10.1
	氢电导率（25℃）μS/cm	≤10	＞10～15	＞15～20	＞20

4.3.4.4.5　炉水全挥发处理时，高、中、低压炉水水质异常处理值见表 36。异常处理措施如下：

a）当炉水水质达到一级处理值，应加大锅炉排污，使炉水水质在 72h 内合格；

b）当炉水水质达到二级处理时，炉水处理方式应考虑改为氢氧化钠或磷酸盐处理；

c）当炉水水质达到三级处理时应该立即改为氢氧化钠+磷酸盐处理，在加大磷酸盐+氢氧化钠的加入量的同时，加大锅炉的排污，使炉水 pH 值尽快恢复正常。

表 36　炉水全挥发处理高、中、低压炉水水质异常时的处理值

锅炉汽包压力 MPa	项目	标准值	处 理 等 级		
			一级	二级	三级
—	pH（25℃）	9.0～9.8	8.5～＜9.0	8.0～＜8.5	＜8.0
＜2.5	氢电导率（25℃）μS/cm	≤15	＞15～20	＞20～30	＞30
2.5～5.8		≤6.0	＞6～9	＞9～12	＞12
＞5.8～12.6		≤3.0	＞3～4.5	＞4.5～6	＞6
＞12.6～15.9		≤1.5	＞1.5～2	＞2～3	＞3

4.3.5　停（备）用机组启动阶段水汽品质净化措施和标准

4.3.5.1　冷态启动过程水汽品质净化措施和标准

4.3.5.1.1　机组冷态冲洗应具备本标准第 4.2.7.1 节所规定的基本要求。

4.3.5.1.2　机组启动过程应严格按照 GB/T 12145、DL/T 561 的规定进行冷态、热态冲洗，做到给水质量不合格，锅炉不通烟气；蒸汽质量不合格，汽轮机不并汽；疏水质量不合格，不回收。

4.3.5.1.3　安装了凝结水精处理装置的机组，在启动过程中应尽早投运，以净化启动过程水汽品质，缩短启动时间，节约冲洗用水。

4.3.5.1.4　冷态启动时，为避免汽包水位大幅变化可能导致的炉水进入过热器，炉水磷酸盐和氢氧化钠应在汽轮机并汽后加入。

4.3.5.1.5　机组检修后冷态启动，应进行凝汽器汽侧灌水查漏，长期备用机组冷态启动宜进行凝汽器汽侧灌水查漏。

4.3.5.1.6　灌水查漏用水应加氨调整 pH 值至 9.5～9.8，可采用如下加氨方法：凝汽器补水管调节阀前安装一个加氨点；启动凝结水泵建立自循环，利用凝结水加氨设备加氨；其他临时措施加氨。

4.3.5.1.7　冷态冲洗应按热力系统热力设备前后顺序（凝汽器、低压给水系统、高中压给水和蒸发器）进行分段冲洗，前段水汽品质合格才进行后段冲洗。

4.3.5.1.8　冷态启动时，在线化学仪表按以下要求投运：余热锅炉冷态冲洗结束，投运凝结水和给水氢电导率、电导率表；锅炉通高温烟气时，投运炉水电导率表和 pH 表；热态冲洗结束，锅炉开始升压时，饱和及过热蒸汽氢电导率表应投运；机组带负荷 4 小时内，所有在线化学仪表应投入运行。

4.3.5.1.9　凝结水系统、低压给水系统冷态冲洗：

a）凝汽器补水至热井水位至高位（当进行过凝汽器汽侧灌水查漏，查漏水可以作为凝结水系统冲洗水，不必全部排放），启动凝结水泵，自循环冲洗，当凝结水含铁量大于 1000μg/L 时，应采取排放冲洗方式。

b）当冲洗至凝结水小于 1000μg/L，并且硬度小于 5μmol/L 时，可向除氧器（低压汽包）上水，并加氨调整 pH 至 9.5～9.8。

c）有凝结水精处理设备（过滤或除盐），投运凝结水精处理设备，使全部凝结水经过精处理设备净化，并在凝汽器与除氧器间循环冲洗；无凝结水精处理装置时开路冲洗，至除氧器出口（低压汽包排水）水含铁量小于 200μg/L，凝结水系统、低压给水系统冲洗结束。

4.3.5.1.10　余热锅炉中、高省煤器和蒸发器冷态冲洗：

a）锅炉蒸发器上水冲洗前，先冲洗中、高压省煤器；省煤器排水铁含量小于 200μg/L，冲洗高、中压蒸发器，并控制高、中压汽包高水位。

b）当高、中压汽包炉水含铁量降至小于 200μg/L，并且中、高压省煤器入口给水水质满足表 4 要求时，冷态冲洗结束。

c）冷态冲洗时应每 1h～2h 分析凝结水、给水、炉水的品质，其中凝结水主要为硬度、铁和二氧化硅含量；给水主要为硬度、电导率、氢电导率、铁含量和 pH 值；炉水主要为电导率、铁含量、二氧化硅含量和 pH 值。

4.3.5.1.11　热态冲洗：

a）高、中压给水水质满足表 4 的要求时，余热锅炉可以通烟气启动，升温、升压。

b）余热锅炉热态冲洗时，应每 1h～2h 取样分析炉水、给水水质（电导率、氢电导率、

pH、硬度、二氧化硅和铁含量）。

c） 通过不同压力下加大锅炉的排污量（定期排污和连续排污）和底部放水方式，使炉水的水质满足表 5 的要求。

d） 热态冲洗过程中，当炉水浑浊，铁含量超过 2000μg/L，宜进行整炉换水，以加快炉水水质合格速度。

e） 当高、中压高、中压汽包压力在 1.5MPa 左右，炉水水质满足表 5 要求时，热态冲洗结束，锅炉可以继续升温、升压。

4.3.5.1.12 汽轮机并汽和带负荷：

a） 锅炉升温和升压过程中应继续加大锅炉的连续排污和定期排污。

b） 每 1h～2h 分析中压、高压过热蒸汽品质，包括氢电导率，钠、二氧化硅和铁含量。

c） 加强过热器、再热器等受热面的疏水，进行过热器和再热器的冲洗，当蒸汽品质满足表 6 要求时方可进行汽轮机的并汽、带负荷。

d） 凝结水回收按本标准第 4.2.7.5 节要求进行。

e） 在升负荷过程中，如果蒸汽的二氧化硅含量超标，应进行降负荷洗硅运行。

f） 机组带调度负荷 8h 后，水汽品质应满足本标准第 4.3.3 节的规定。

4.3.5.2 热态启动过程水汽品质净化措施和标准

a） 热态启动，有凝结水精处理装置应投入运行，以净化凝结水品质。

b） 热态启动，磷酸盐或氢氧化钠应在汽轮机并汽后加入。

c） 周末停机，热态启动，给水、炉水和蒸汽品质净化措施和标准按本标准第 4.3.5.1.11 和 4.3.5.1.12 条执行。

d） 日启停，启动过程加强锅炉排污（连排全开，定排每 2h～4h 开一次），按机组正常运行进行水汽品质监督要求进行。

4.4 机组停（备）用期间防腐蚀保护

4.4.1 热力设备停（备）用防腐蚀保护方法选择

4.4.1.1 热力设备停（备）用防腐蚀保护方法选择原则

4.4.1.1.1 联合循环机组停（备）用保护应满足 DL/T 956 的相关要求。

4.4.1.1.2 燃机、压气机及相应系统的停（备）用保护方法的选择应满足设备制造厂家的要求。

4.4.1.1.3 水汽循环系统停（备）用保护方法应与采用的给水处理工艺不冲突，不会影响凝结水精处理设备的正常投运。

4.4.1.1.4 水汽循环系统停（备）用保护方法不影响运行系统所形成的保护膜，亦不影响机组启动和正常运行时汽水品质。

4.4.1.1.5 机组水汽循环系统热力设备防锈蚀方法选择的应遵循的主要原则是：给水处理方式，停（备）用时间的长短和性质，现场条件、可操作性和经济性。

4.4.1.1.6 其他应该考虑下列因素：

a） 防锈蚀保护方法不应影响机组按电网要求随时启动运行要求；

b） 有废液处理设施，废液排放应符合 GB 8978 的规定；

c） 冻结因素；

d） 大气条件（例如海滨电厂的盐雾环境）；

e） 所采用的保护方法不影响检修工作和检修人员的安全。

4.4.1.2　热力设备停（备）用防腐蚀可选择的保护方法

4.4.1.2.1　燃机、压气机等系统设备的停（备）用防腐蚀保护方法应按设备制造厂家的要求执行。安装干风保护装置机组，可在设备停用时间超过4h后，投运燃机干风保护设备，并维持燃机出口空气相对湿度小于70%；未安装保护干风保护装置机组，可采用通除油（仪用）压缩空气，进行保护。

4.4.1.2.2　燃气管道和调压站停用检修，应先用氮气置换，再用压缩空气置换合格，方可检修；检修完毕，应先充氮置换后，方可通燃气。长期停用管道和调压站宜采用充氮进行防腐保护。

4.4.1.2.3　余热锅炉停用时间超过2周，烟气侧宜采用干风干燥法进行停用防腐蚀保护。

4.4.1.2.4　水汽循环系统无凝结水精除盐设备时，长期停用可采用成膜胺类防锈蚀保护方法。

4.4.1.2.5　停机前加大凝结水泵出口氨的加入量，提高水汽系统pH值至9.4～10.5，是水汽系统热力设备内部最方便的防腐蚀保护方法，可根据设备停用时间长短，确定pH值的范围，停用时间长，则pH值应高一些。

4.4.1.2.6　水汽循环系统停用时，也可采用活性胺进行停用保护，活性胺在液相中分配系数高，有利于提高除氧器（低压汽包）、汽轮机低压缸和凝汽器汽侧等的初凝区域的pH值。

4.4.1.2.7　当机组停用时间超过1个月，可采用干风干燥法进行水汽系统停用防腐蚀保护。

4.4.1.2.8　在氮气供应方便，或机组设计时已经安装了完善的充氮系统，充氮覆盖法或充氮密封法是水汽系统停用可靠的防腐蚀保护方法。

4.4.1.2.9　日启停或周末停运的机组，水汽循环系统宜采用不放水的方式，可在停机前1h加大加氨量适当提高pH值，有条件时维持凝汽器真空。

4.4.1.2.10　由于水汽系统热力设备无铜，给水处理方式是AVT（O），联合循环机组不宜采用氨—联氨溶液法或氨—联氨钝化法。

4.4.1.2.11　联合循环机组停(备)用防腐蚀保护方法选择可参照表37选择，详细参考DL/T 956。

表37　停（备）用热力设备的防锈蚀方法

防锈蚀方法		适用状态	适用设备	防锈蚀方法的工艺要求	停用时间				
					≤3天	＜1周	＜1月	＜1季度	＞1季度
干法防锈蚀保护	热炉放水余热烘干法	临时检修、小修	余热锅炉	炉膛有足够余热，系统严密，放水门、空气门无缺陷	√	√	√		
	干风干燥法	冷备用封存大、小修	余热锅炉、汽轮机、凝汽器汽侧和余热锅炉烟气侧	备有干风系统和设备，干风应能连续供给			√	√	√
	氨水、活性胺碱化烘干法	停备用大、小修	余热锅炉、无铜给水系统	停炉前4h加氨或活性胺提高给水pH（9.4～10.5），热炉放水，余热烘干；水汽系统也可以不放水	√	√	√	√	√

表 37（续）

防锈蚀方法		适用状态	适用设备	防锈蚀方法的工艺要求	停用时间				
					≤3天	＜1周	＜1月	＜1季度	＞1季度
干法防锈蚀保护	成膜胺法	停备用 大、小修	水汽系统	停炉前 4h 炉水停止加磷酸盐，主蒸汽温度降至500℃以下时，向凝结水和给水中加入成膜胺			√	√	√
	通风干燥法	冷备用 大、小修	凝汽器水侧	备有通风设备		√	√	√	√
	干风干燥	停备用 大、小修	燃机、压气机	备有干风系统和设备	√	√	√	√	√
	充氮法	大、小修	燃气管道、调压站	有充氮系统	√	√	√	√	√
湿法防锈蚀保护	蒸汽压力法	热备用	锅炉	锅炉保持一定压力	√	√			
	给水压力法	热备用	锅炉及给水系统	锅炉保持一定压力，给水水质保持运行水质	√	√			
	维持密封、真空法	热备用	汽轮机、再热器、凝汽器汽侧	维持凝汽器真空，汽轮机轴封蒸汽保持使汽轮机处于密封状态	√	√			
	氨水法	冷备用、封存	余热锅炉及给水系统	有配药、加药系统			√	√	√
	充氮法（充氮密封法、充氮覆盖法）	所有停备用	锅炉、高低给水系统	配置充氮系统，氮气纯度应符合 DL/T 956 要求，系统有一定严密性	√	√	√	√	√
	循环水运行法	短期备用	凝汽器水侧	维持水侧一台循环水泵运行	√				

4.4.2 热力设备水汽侧停（备）用推荐保护方法

4.4.2.1 日启停或周末停机

a） 停机前 1h，炉水停加磷酸盐或氢氧化钠，适当提高凝结水泵出口加氨量，使给水的 pH 值提高 0.1～0.2（给水 pH 在值 9.6～9.8）。

b） 停机期间水汽系统不放水。

c） 日启夜停方式，停机期间尽量维持凝汽器的真空。

4.4.2.2 短期（1 月以内，或 D 级检修）停机

a） 正常停机，提前 4h，炉水停加磷酸盐或氢氧化钠，加大凝结水泵出口（必要时启动高、中压给水泵入口加氨泵）氨的加入量，使加氨后电导率在 8.5μS/cm～30μS/cm 范围，以尽快提高给水的 pH 值至 9.5～10.0（停机时间长，则 pH 值控制相对高一些），并停机。

b） 锅炉需要放水时，在锅炉压力为 0.6MPa～1.6MPa（应尽量提高放水压力，以放水过程中汽包上、下壁温差不超过 40℃为限），热炉放水，打开余热锅炉受热所有疏放水

门和空气门。

c） 锅炉放水结束后，启动凝汽器真空泵，利用启动一、二级旁路，抽真空使过热器、再热器和汽轮机蒸汽抽出。

d） 余热锅炉、给水系统不需要放水时，锅炉、给水系统充满 pH 值 9.5～10.0 的除盐水。

4.4.2.3 **中、长期（1 月及以上，或 A/B/C 级检修）停机**

4.4.2.3.1 提高 pH 值碱化烘干法：

a） 提前 4h，炉水停加磷酸盐或氢氧化钠，加大凝结水泵出口（必要时启动给水泵入口加氨泵）氨的加入量，使加氨后电导率在 14μS/cm～100μS/cm 范围，以尽快提高给水的 pH 值至 9.7～10.5（停机时间长，则 pH 值控制相对高一些），也可以用活性胺代替氨来提高水汽系统的 pH 值至 9.7～10.5，并停机。

b） 锅炉需要放水时，在锅炉压力为 0.6MPa～1.6MPa（应尽量提高放水压力，以放水过程中汽包上、下壁温差不超过 40℃为限），热炉放水，打开余热锅炉受热所有疏放水门和空气门；其他系统同样在热态下放水。

c） 锅炉放水结束后，启动凝汽器真空泵，利用机组启动一、二级旁路系统，抽真空使过热器和再热器蒸汽抽出。

d） 余热锅炉、给水、凝结水系统不需要放水时，锅炉、给水、凝结水系统充满 pH 值 9.7～10.5 的除盐水。

4.4.2.3.2 成膜胺法：

a） 提前 4h，炉水停加磷酸盐或氢氧化钠，维持凝结水加氨量，使水汽系统 pH 值在 9.5～9.8，在机组滑参数停机过程中，当过热蒸汽温度降至 500℃以下时，利用专门的加药泵向凝结水泵出口（或真空吸入法向凝结水泵入口或凝汽器）加入成膜胺，成膜胺含量为供应厂家推荐量。

b） 锅炉需要放水时，在锅炉压力为 0.6MPa～1.6MPa（应尽量提高放水压力，以放水过程中汽包上、下壁温差不超过 40℃为限），打开余热锅炉受热所有疏放水门和空气门，热炉放水，余热烘干；其他系统同样在热态下放水。

c） 锅炉放水结束后，启动凝汽器真空泵，利用启动一、二级旁路，抽真空使过热器、再热器蒸汽抽出。

4.4.2.3.3 充氮覆盖法：

a） 提前 4h，炉水停加磷酸盐或氢氧化钠，加大凝结水泵出口（必要时启动给水泵入口加氨泵）氨的加入量，使加氨后电导率在 8.5μS/cm～17μS/cm 范围，以尽快提高给水的 pH 值至 9.5～9.8（停机时间长，则 pH 值控制相对高一些），并停炉。

b） 停炉过程中，锅炉高、中、低汽包压力下降至 0.5MPa 时，关闭锅炉受热面所有疏水门、放水门和空气门，打开锅炉受热面充氮门充入氮气，在锅炉冷却和保护过程，维持氮气压力 0.03MPa～0.05MPa。

4.4.2.3.4 氮气密封法：

a） 按充氮覆盖法 4.4.2.3.3 之第 a）条进行操作。

b） 停炉过程中，锅炉高、中、低汽包压力下降至 0.5MPa 时，打开锅炉受热面充氮门充入氮气，在保证氮气压力在 0.01MPa～0.03MPa 的前提下，微开放水门或疏水门，用氮气置换炉水和疏水。

c）当炉水、疏水排尽后，检测排气氮气纯度，大于98%后关闭所有疏水门和放水门。

d）保护过程中维持氮气压力在0.01MPa～0.03MPa范围内。

4.4.2.3.5 干风干燥法：

a）提前4h，炉水停加磷酸盐或氢氧化钠，加大凝结水泵出口（必要时给水泵入口）氨的加入量，使加氨后电导率在8.5μS/cm～17μS/cm范围，以尽快提高给水的pH值至9.5～9.8（停机时间长，则pH值控制相对高一些），并停炉。

b）在锅炉压力为0.6MPa～1.6MPa（应尽量提高放水压力，以放水过程中汽包上、下壁温差不超过40℃为限），热炉放水，打开余热锅炉受热所有疏放水门和空气门，余热烘干锅炉。

c）锅炉放水结束后，启动真空泵，利用启动一、二级旁路，抽真空使过热器、再热器蒸汽抽出。

d）放尽热力系统其他设备内积水。

e）根据需要保护热力系统实际情况设计并连接干风系统。

f）启动除湿机，对热力系统进行干燥，在停（备）保护期间，维持热力系统各排气点的相对湿度30%～50%，并由此控制除湿机的启停。

g）热力设备需要检修时，进行检修。

4.4.2.4 非计划停机

a）非计划停机，立即停止炉水加磷酸盐或氢氧化钠，加大凝结水泵出口（必要时启动给水泵入口加氨泵）氨的加入量，使加氨后电导率在5.5μS/cm～17μS/cm范围，以尽快提高给水的pH值至9.3～9.8。

b）根据需要决定是否进行热力设备的放水。

4.4.2.5 运行机组锅炉水压试验

余热锅炉水压试验采用加氨调整pH值至10.5～10.7的除盐水进行。

4.4.3 各种防锈蚀方法的监督项目和控制标准

各种防锈蚀方法的监督项目和控制标准见表38。

表38 各种防锈蚀方法的监督项目和控制标准

防锈蚀方法	监督项目	控制标准	监测方法或仪器	取样部位	其 他
热炉放水余热烘干法	相对湿度	＜70%或不大于环境相对湿度	干湿球温度计法、相对湿度计	空气门 疏水门 放水门	烘干过程每1h测定1次，停（备）用期间每周1次
干风干燥法	相对湿度	＜50%	相对湿度计	排气门	干燥过程每1h测定1次，停（备）用期间每48h测定一次
成膜胺法	pH、成膜胺含量	pH，9.5～9.8；成膜胺使用量由供应商提供	GB/T 6906；成膜胺含量测定方法由供应商提供	水汽取样	停机过程测定
氨碱化烘干法	pH	pH：9.5～10.5	GB/T 6904	水汽取样	停炉期间每1h测定1次
充氮覆盖法	压力、氮气纯度	0.03MPa～0.05MPa，＞98%	气相色谱仪或氧量仪	空气门、疏水门、放水门、取样门	充氮过程中每1h记录1次氮压，充氮结束测定排气氮气纯度，停（备）用期间班记录1次
充氮密封法	压力、氮气纯度	0.01MPa～0.03MPa，＞98%			

表 38（续）

防锈蚀方法	监督项目	控制标准	监测方法或仪器	取样部位	其　他
氨水法	氨含量	500mg/L～700mg/L	GB/T 12146	水汽取样	充氨液时每 2h 测定 1 次，保护期间每天分析 1 次
蒸汽压力法	压力	＞0.5MPa	压力表	锅炉出口	每班记录次
给水压力法	压力，pH、溶解氧、氢电导率	压力，0.5MPa～1.0MPa；满足运行 pH、溶解氧、氢电导率要求	压力表；GB/T 6904；GB/T 6906	水汽取样	每班记录 1 次压力，分析 1 次 pH、溶解氧、氢电导率

4.4.4　停（备）用机组防锈效果的评价停用保护效果

4.4.4.1　应根据机组启动时水汽质量和热力设备腐蚀检查结果评价停用保护效果。

4.4.4.2　保护效果良好的机组，在启动过程中，冲洗时间短，水汽品质满足以下要求：余热锅炉通烟气前，给水质量应符合表 4.2.2 的规定，且在汽轮机并汽 8h 内达到正常运行的标准值；汽轮机并汽前的蒸汽质量符合表 4.2.4 的规定，并汽 8h 内达到正常运行的标准值。

4.4.4.3　机组检修期间，应对重点热力设备进行腐蚀检查，如余热锅炉受热面进行内窥镜检查，余热锅炉高、中、低压汽包、凝汽器、汽轮机低压缸、燃机排气扩散段、余热锅炉的进烟侧和排烟气侧受热面鳍片和管道进行目视检查，这些部位应无明显停用腐蚀现象。

4.5　机组检修阶段监督

4.5.1　机组检修热力设备化学检查

4.5.1.1　一般要求

4.5.1.1.1　机组检修化学检查的目的是掌握发电设备的腐蚀、结垢或积盐等状况，建立热力设备腐蚀、结垢档案；评价机组在运行期间所采用的给水、炉水处理方法是否合理，监控是否有效；评价机组在基建和停（备）用期间所采取的各种保护方法是否合适；对检查发现的问题或预计可能要出现的问题进行分析，提出改进方案和建议。

4.5.1.1.2　机组检修热力设备化学检查应满足 DL/T 1115 的规定。

4.5.1.1.3　在热力设备检修前，化学监督专责工程师应制订详细的检查方案，提出与水汽质量有关的检修项目和要求。机组 A、B、C 检修时应对余热锅、高、中低汽包进行检查。A、B 检修余热锅炉受热面上、下联箱应割开手孔进行目视和内窥镜检查；高、中压蒸发器、省煤器可以割管时进行割管检查，以测定垢量、检查腐蚀情况，确定是否需要进行化学清洗；高、中压蒸发器、省煤器无法割管时，可用内窥镜进行检查。

4.5.1.1.4　机组在检修时，生产管理部门和机、炉、电专业的有关人员应根据化学检查项目，配合化学专业进行检查。

4.5.1.1.5　当检修设备解体后，化学监督专责工程师应会同有关人员，按 DL/T 1115 要求，对余热锅炉高、中、低汽包、上下联箱、锅炉受热面，凝汽器和汽轮机以及相关的辅机设备的腐蚀、结垢、沉积情况进行全面检查，并做好详细记录与采样。在化学专业人员进行检查之前，应保持热力设备解体状态，不得清除内部沉积物或进行任何检修工作。检修完毕后及时通知化学专业有关人员参与检查、验收。

4.5.1.1.6 机组检修时，应对燃机排气扩散段、余热锅炉进烟侧受热面高温烟气腐蚀或停用腐蚀，余热锅炉排烟气侧受热面低温腐蚀或停用腐蚀情况进行检查，并做好记录，发现问题及时进行处理。

4.5.1.1.7 机组检修时，应对各种水箱及低温管道的腐蚀情况定期进行检查，并做好记录，发现问题及时进行处理。

4.5.1.1.8 化学监督专责工程师应按 DL/T 1115 对热力设备的腐蚀、结垢、积盐及沉积物情况进行全面分析，并针对存在的问题提出整改措施与改进意见，组织编写机组检修化学监督检查报告，机组大修结束后一个月内应提出化学检查报告。

4.5.1.1.9 主要设备的垢样或管样应干燥保存，时间不少于两次化学清洗间隔，机组大修化学检查技术档案应长期保存。

4.5.1.2 机组检修化学检查主要内容

4.5.1.2.1 余热锅炉汽包

a）检查汽包腐蚀、沉积情况，积水情况，杂物或焊渣堆积情况，对其表面原始状态照相记录。

b）汽包内表面附着物、沉积物、堆积物取样，分析沉积物的化学成分（必要时物相），沉积量较大时，测量单位面积的沉积速率。

c）检查汽水分离装置是否完好、旋风筒是否倾斜或脱落，检查汽包内衬的焊缝完整性。

d）检查加药管、排污管、连接管、给水管是否完整，是否存在堵塞或断裂等缺陷。

e）检查汽侧管口有无积盐和腐蚀，炉水下降管、蒸发段上升管管口有无沉积物和腐蚀。

f）目视检查低压汽包汽侧，内窥镜检查低压汽包饱和蒸汽上水管口和第一个弯头处的流动加速腐蚀状况。

4.5.1.2.2 余热锅炉上、下联箱

a）检查上、下联箱底部是否有腐蚀产物、杂物或焊渣堆积情况，是否积水，对其表面原始状态照相记录。

b）对上、下联箱沉积物、堆积物取样，分析沉积物的化学成分（必要时物相）。

4.5.1.2.3 余热锅炉受热面

a）省煤器、蒸发器可以割管的部位，宜进行割管检查，割管部位一般为靠近上、下联箱处，或余热锅炉进烟侧、排烟侧。

b）应采用酸溶法检测省煤器、蒸发器所割取的管样沉积量，并计算沉积速率，沉积速率在二类及以上时，应分析沉积物化学成分和物相。

c）省煤器、蒸发器无法割管时，B 级及以上的检修，应割开代表性的下（或上）联箱手孔，用内窥镜抽查省煤器和蒸发器的腐蚀、沉积状况；对于流动加速腐蚀的易发部位，如低压省煤器出口处、低压蒸发器进入上联箱（或低压汽包）的最后一个弯头处，中压省煤器入口处应重点检查，发现有流动加速腐蚀现象，应对相似管逐一进行检查，并割取代表性管样检测流动腐蚀速率。

d）A 级及以上检修，或有异常情况（生水进入、汽轮机高压缸、中压缸积盐）发生时，宜割开有代表性过热器和再热器上、下联箱，用内窥镜抽查过热器、再热器的腐蚀、沉积状况。

4.5.1.2.4 汽轮机

a） 对汽轮机通流部件的原始状态照相，记录通流部件的冲蚀、腐蚀、沉积和冲刷状态。

b） 检查高、中压缸前数级叶片和隔板固体微粒冲蚀形成机械损伤或坑点。对机械损伤严重或坑点较深的叶片应进行详细记录，包括损伤部位、坑点深度、单位面积的坑点数量（个/cm^2）等，并与历次检查情况进行对比。

c） 检查高中、压、缸通流部件积盐情况。定性检测每级铜沉积和 pH 值。对沉积量较大的叶片、隔板，用硬质工具刮取沉积量最大部位的沉积物，检测沉积量，计算沉积速率，分析沉积物化学成分和物相（同级叶片或隔板可混合一起）。

d） 检查中低压缸腐蚀情况，检测腐蚀坑点深度。

4.5.1.2.5 凝汽器

a） 水侧

1） 检查水室淤泥、杂物的沉积及微生物生长、附着情况。

2） 检查凝汽器管管口冲刷、污堵、结垢和腐蚀情况，检查管板防腐层是否完整。仔细检查钛管和不锈钢管的非焊接堵头是否松动或脱落。

3） 检查水室内壁、内部支撑构件的腐蚀情况，凝汽器水室及其管道的阴极（牺牲阳极）保护情况。

4） 记录凝汽器灌水查漏情况。

b） 汽侧

1） 检查顶部最外层凝汽器管有无砸伤、吹损情况，重点检查受汽轮机启动旁路排汽、高压疏水等影响的凝汽器管。

2） 检查最外层管隔板处的磨损或隔板间因振动引起的裂纹情况。

3） 检查凝汽器管外壁腐蚀产物的沉积情况。

4） 检查凝汽器壳体内壁锈蚀和凝汽器底部沉积物的堆积情况。

5） 检查空冷凝汽器排汽管、分配管、疏水管腐蚀和腐蚀产物沉积情况，以及散热器鳍片腐蚀、沉积状况。

c） 抽管和探伤

1） 机组大修时凝汽器铜管应抽管检查。凝汽器钛管和不锈钢管，一般不抽管，但不锈钢出现腐蚀泄漏时应抽管。

2） 根据需要抽 1～2 根管，并按以下顺序选择抽管部位：首先选择曾经发生泄漏附近部位，其次选择靠近空抽区部位或迎汽侧的部位，最后选择一般部位。

3） 对于抽出的管按一定长度（通常 100mm）上、下半侧剖开。如果管中有浮泥，应用水冲洗干净。烘干后通常采用化学方法测量单位面积的结垢量。管内沉积物的沉积量在评价标准二类及以上时，应进行化学成分分析。

4） 检查管内外表面的腐蚀情况。若凝汽器管腐蚀减薄严重或存在严重泄漏情况，则应进行全面涡流探伤检查。

4.5.1.2.6 其他设备检查

a） 燃机和压气机

1） 检查燃机喷嘴高温氧化状况，原始状态照相。

2） 检查燃机通流部件高温氧化和沉积状况，原始状态照相。

3） 检查压气机通流部件沉积状况和清洁度，原始状态照相。

b） 除氧器

1） 除氧器内部典型特征部位照相记录腐蚀、沉积、积水状态。

2） 检查除氧头内壁颜色及腐蚀情况，内部多孔板装置是否完好，喷头有无脱落。

3） 检查除氧水箱内壁颜色及腐蚀情况、水位线是否明显、底部沉积物的堆积情况。

c） 油系统

1） 汽轮机油系统

（1）检查汽轮机主油箱、密封油箱内壁的腐蚀和底部油泥沉积情况；

（2）检查冷油器管水侧的腐蚀泄漏情况；

（3）检查冷油器油侧和油管道油泥附着情况。

2） 燃气轮机油系统

（1）检查燃气轮机主油箱、液压油箱、密封油箱内壁的腐蚀和底部油泥沉积情况；

（2）检查冷油器管水侧的腐蚀泄漏情况；

（3）检查冷油器油侧和油管道油泥附着情况。

3） 抗燃油系统

（1）检查抗燃油主油箱、高、低压旁路抗燃油箱内壁的腐蚀和底部油泥沉积情况；

（2）检查冷油器管水侧的腐蚀泄漏情况；

（3）检查冷油器油侧和油管道油泥附着情况。

d） 发电机冷却水系统

1） 检查发电机内冷却水水箱和冷却器的腐蚀情况。内冷水加药处理的机组，重点检查药剂是否有不溶解现象以及微生物附着生长情况。

2） 检查内冷却水系统有无异物。

3） 检查冷却水管有无氧化铜沉积。

4） 检查外冷却水系统冷却器的腐蚀和微生物的附着生长情况。

e） 循环水冷却系统

1） 检查塔内填料沉积物附着、支撑柱上藻类附着、水泥构件腐蚀、池底沉积物及杂物情况。

2） 检查冷却水管道的腐蚀、生物附着、粘泥附着等情况。

3） 检查冷却系统防腐（外加电流保护、牺牲阳极保护或防腐涂层保护）情况。

f） 凝结水精处理系统

1） 检查过滤器进出水装置和内部防腐层的完整性。

2） 检查精处理混床进出水装置和内部防腐层的完整性。

3） 检查树脂捕捉器缝隙的均匀性和变化情况，采用附加标尺数码照片进行分析。

4） 检查体外再生设备内部装置及防腐层的完整性。

g） 水箱

检查除盐水箱和凝结水补水箱防腐层及顶部密封装置的完整性，有无杂物。

4.5.1.3　腐蚀、结垢评价标准

4.5.1.3.1　热力设备腐蚀评价标准用腐蚀速率或腐蚀深度表示，评价标准见表 39。

表 39　热力设备腐蚀评价标准[a]

部位		类别		
		一类	二类	三类
省煤器		基本没腐蚀或点蚀深度＜0.3mm	轻微流动加速腐蚀[b]，腐蚀速率 0.1mm/a～0.2mm/a，或点蚀深度 0.3mm～1mm	严重流动加速腐蚀，腐蚀速率＞0.2mm/a，有局部溃疡性腐蚀，或点蚀深度＞1mm
蒸发器		基本没腐蚀或点蚀深度＜0.3mm	轻微流动加速腐蚀，腐蚀速率 0.1mm/a～0.2mm/a，或点蚀深度 0.3mm～1mm	严重流动加速腐蚀，腐蚀速率＞0.2mm/a，有局部溃疡性腐蚀，或点蚀深度＞1mm
汽轮机转子叶片、隔板		基本没腐蚀或点蚀深度＜0.1mm	轻微均匀腐蚀或点蚀深度 0.1mm～0.5mm	有局部溃疡性腐蚀或点蚀深度＞0.5mm
凝汽器管	铜管	无局部腐蚀，均匀腐蚀速率[a]＜0.005mm/a	均匀腐蚀速率 0.005mm/a～0.02mm/a 或点蚀深度≤0.3mm	均匀腐蚀速率＞0.02mm/a 或点蚀、沟槽深度＞0.3mm 或已有部分管子穿孔
	不锈钢管[c]	无局部腐蚀，均匀腐蚀速率＜0.005mm/a	均匀腐蚀速率 0.005mm/a～0.02mm/a 或点蚀深度≤0.2mm	均匀腐蚀速率＞0.02mm/a 或点蚀、沟槽深度＞0.2mm 或已有部分管子穿孔
	钛管[d]	无局部腐蚀，无均匀腐蚀	均匀腐蚀速率 0.000 5mm～0.002mm/a 或点蚀深度≤0.01mm	均匀腐蚀速率＞0.002mm/a 或点蚀深度＞0.1mm

[a] 余热锅炉蒸发器和省煤器割管时，进行腐蚀评价，不割时，不评价。
[b] 流动加速腐蚀速率、均匀腐蚀速率可用游标卡尺测量管壁厚度的减少量除以时间得出。
[c] 凝汽器管为不锈钢时，如果凝汽器未发生泄漏，一般不进行抽管检查。
[d] 凝汽器管为钛管时，一般不进行抽管检查

4.5.1.3.2　结垢、积盐评价标准用沉积速率或总沉积量或垢层厚度表示，具体评价标准见表 40。

表 40　热力设备结垢、积盐评价标准

部位	类别		
	一类	二类	三类
省煤器[a, b]	结垢速率[c]＜40g/（m^2·a）	结垢速率 40g/（m^2·a）～80g/（m^2·a）	结垢速率＞80g/（m^2·a）
蒸发器[a, b]	结垢速率＜40g/（m^2·a）	结垢速率 40g/（m^2·a）～80g/（m^2·a）	结垢速率＞80g/（m^2·a）
汽轮机转子叶片、隔板[c]	沉积、积盐速率[d]＜1mg/（cm^2·a） 或沉积物总量＜5mg/cm^2	沉积、积盐速率 1mg/（cm^2·a）～10mg/（cm^2·a） 或沉积物总量 5mg/ cm^2～25mg/cm^2	沉积、积盐速率＞10mg/（cm^2·a） 沉积物总量＞25mg/cm^2

表 40（续）

部位	类别		
	一类	二类	三类
凝汽器管[c]	垢层厚度＜0.1mm 或沉积量＜8mg/cm²	垢层厚度 0.1mm～0.5mm 或沉积量 8mg/cm²～40mg/cm²	垢层厚度＞0.5mm 或沉积量＞40mg/cm²

[a] 余热锅炉蒸发器和省煤器割管时，进行结垢评价，不割时，不评价。

[b] 化学清洗后一年内省煤器和蒸发器割管检查评价标准：一类：结垢速率＜80g/（m²·a），二类：结垢速率 80～120g/（m²·a），三类：结垢速率＞120g/（m²·a）。

[c] 对于省煤器、蒸发器和凝汽器的垢量均指多根样管中垢量最大者，一般用酸溶法测量；对于汽轮机的沉积量是指某级叶片局部最大的结垢量，测量方法见 DL/T 1115 附录 F。

[d] 取结垢、积盐速率或沉积物总量高者进行评价。

注：计算结垢、积盐速率所用的时间为运行时间与停用时间之和

4.5.2 设备结垢、积盐和腐蚀处理措施和标准

4.5.2.1 运行余热锅炉化学清洗

4.5.2.1.1 承担余热锅炉化学清洗的单位应符合 DL/T 977 的要求，具备相应的资质，严禁无证清洗。

4.5.2.1.2 运行余热锅炉化学清洗范围、清洗工艺条件、清洗质量控制和验收可参考 DL/T 794 的规定执行。

4.5.2.1.3 运行余热锅炉化学清洗的条件、范围确定原则：

a） 运行余热锅炉化学清洗范围一般为包括高、中、低压省煤器、蒸发器、汽包的水冷系统；当系统隔离复杂，过热器和再热器也可以参加化学清洗。

b） 余热锅炉无法割管检查受热面结垢情况，并确定最大垢量时，可按运行时间进行清洗。最高汽包压力大于 5.8MPa，一般运行 10 年～15 年进行化学清洗；最高汽包压力小于 5.8MPa，一般运行 15 年～20 年进行化学清洗。

c） 受热面更换超过 30%，宜在安装完成后进行整体化学清洗；少于 30%可对更换对受热面安装前进行酸洗或除油清洗。

d） 给水水质异常，酸性水进入或大量生水、海水进入锅炉时，应安排化学清洗。

e） 一旦出现应因结垢导致受热面爆管或蠕胀变形，应安排化学清洗。

f） 内窥镜检查余热锅炉省煤器、蒸发器管因结垢堵塞 5%时，应安排化学清洗。

g） 进行了省煤器、蒸发器割管检测垢量，最高汽包压力大于 5.8MPa，垢量不小于 400g/m² 进行化学清洗；最高汽包压力小于 5.8MPa，垢量不小于 600g/m² 进行化学清洗。

4.5.2.1.4 运行余热锅炉化学清洗介质和工艺条件选择：

a） 应该根据余热锅炉受热面沉积物性质，锅炉设备的构造、材质等，通过模拟试验选择合适的清洗介质和工艺条件。清洗介质选择的还应综合考虑其经济性、安全性及环保要求等因素。

b） 清洗介质不能产生对锅炉启动及运行造成汽水品质污染的物质；用于化学清洗的药剂应有产品合格证，并通过质量检验。

c） 设计化学清洗系统流程应该考虑各受热面的清洗流速，一般均不得低于 0.2m/s。

d） 应充分考虑化学清洗过程的加热措施，确保酸洗期间的温度满足清洗介质的要求。

e） 进行余热锅炉酸洗后，应进行充分水冲洗，并割开所有参加清洗受热面的下联箱，彻底清理其内部杂物。

f） 当清洗液中三价铁离子浓度大于 300mg/L 时，应在清洗液中添加还原剂。

g） 适用于运行余热锅炉化学清洗的主要介质见表 41。

表 41　运行余热锅炉适用的主要化学清洗介质

序号	清洗工艺	清洗介质及控制	添加药品	适用清洗垢的种类	适用部件金属材料
1	盐酸清洗清	4%～7%HCL，温度 90℃～98℃，流速 0.2m/s～0.5m/s，时间 6h～8h	缓蚀剂 0.3%～0.4%，+0.5%氟化物	Fe_3O_4＞40% SiO_2＞5%	蒸发器、省煤器
2	柠檬酸清洗	$H_3C_6H_5O_7$2%～4%，温度 90℃～98℃，流速 0.2～0.6m/s，时间 6h～10h	缓蚀剂 0.3%～0.4%，在 $H_3C_6H_5O_7$ 中添加氨水调节 pH 值至 3.5～4.0	Fe_3O_4＞40%	余热锅炉所有受热面热、含铬低合金钢、奥氏体钢
3	EDTA 铵盐清洗	新建炉 EDTA 浓度根据小型试验确定，运行炉根据垢量计算。pH 值 8.5～9.5，一般浓度 3%～6%，温度 130℃～140℃	缓蚀剂 0.3%～0.5%	$CaCO_3$＞3% Fe_3O_4＞40% CuO＜5% SiO_2＜3%	
4	羟基乙酸、羟基乙酸+甲酸或柠檬酸清洗	羟基乙酸 2%～4%，羟基乙酸 2%～4% +甲酸或柠檬酸 1%～2%，温度 90℃～105℃，流速 0.3m/s～ 0.6m/s，时间 6h～8h	缓蚀剂 0.2%～0.4%	Fe_3O_4＞40% $CaCO_3$＞3% $CaSO_4$＞3% Ca（PO_4）2＞3% $MgCO_3$＞3% Mg（OH）$_2$＞3% SiO_2＜5%	
注：清洗介质浓度大小应根据运行时间、垢量及模拟试验确定					

4.5.2.1.5　运行锅炉化学清洗质量控制及标准。运行锅炉化学清洗质量控制及质量标准同基建锅炉，参见本标准 4.2.4.3～4.2.4.4。

4.5.2.1.6　化学清洗废液的处理标准。锅炉清洗废液必须经处理达到 GB 8978 或地方规定的排放标准，处理方法见 DL/T 794，火电厂按第二类污染物最高允许排放浓度二级标准，见表 42。

表 42　排放浓度二级标准

mg/L

污染物	1997 年 12 月 31 日前建设的电厂	1998 年 1 月 1 日后建设的电厂
pH 值	6～9	6～9
悬浮物（SS）	200	150
石油类	10	10
化学耗氧量（COD）	150	150
硫化物	1.0	1.0
氨氮	25	25
氟化物	10	10
磷酸盐（以 P 计）	1.0	1.0

4.5.2.2　凝汽器化学清洗技术标准

4.5.2.2.1　凝汽器因结垢导致端差超标时，需要进行化学清洗。凝汽器管沉积污泥可用水冲洗或其他的方法进行冲洗、清理，薄壁钛管不宜采用高压水进行冲洗。

4.5.2.2.2　凝汽器化学清洗应按 DL/T 957 标准执行。

4.5.2.2.3　根据垢的成分、凝汽器设备的构造、材质，通过小型试验，并综合考虑经济、环保因素，最终用合理的清洗介质和工艺程序。凝汽器化学清洗介质见表 43。

表 43　凝汽器化学清洗介质

序号	工艺名称	工艺条件	添加药品	适用垢的主要种类	凝汽器材质	优缺点
1	氨基磺酸清洗	温度，50℃～60℃； 流速，0.10m/s～0.25m/s； 时间，6h～8h	NH_2SO_3H，3%～10%；缓蚀剂，0.2%～0.8%；消泡剂适量	碳酸盐、磷酸盐为主的垢	不锈钢，黄铜、海军黄铜、白铜、钛管	氨基磺酸具有不挥发、无臭味、对人体毒性小，对金属腐蚀量小、运输、存放方便的特点。对 Ca、Mg 垢溶垢速度快，对铁的化合物作用慢，可添加一些助剂，从而有效地溶解铁垢
2	硝酸氟化钠清洗	温度，常温； 流速，0.1m/s～0.25m/s； 时间，6h～8h	HNO_3，2%～6%；+NaF 适量；缓蚀剂，0.2%～0.8%；消泡剂适量	碳酸盐垢和硅酸盐垢	不锈钢	对 Ca、Mg 垢和 SiO_2 垢除垢能力强，造价高
3	碱液	温度，≤60℃； 流速，0.1m/s～0.25m/s； 时间，4h～8h	Na_2CO_3，0.5%～2%；Na_3PO_4，0.5%～2%；NaOH，0.5%～2%；乳化剂适量	油脂、黏泥、硫酸盐垢转型	不锈钢，黄铜、海军黄铜、白铜、钛管	除油脱脂，成本低，加热要求高

表 43（续）

序号	工艺名称	工艺条件	添加药品	适用垢的主要种类	凝汽器材质	优缺点
4	除油剂	温度，≤50℃； 流速，0.1m/s～0.25m/s； 时间，4h～8h	1%～2%	油脂	不锈钢，黄铜、白铜、钛管	除油脱脂，造价高
注：凝汽器管内结大量碳酸盐垢时，经化学清洗后会产生大量泡沫。为防止酸箱溢流大量泡沫，影响环境，一般使用消泡剂，正确的使用方法是利用小型手持喷雾器向泡沫表面喷洒						

4.5.2.3 余热锅炉受热面和汽轮机通流积盐清洗

4.5.2.3.1 机组紧急停机后清洗

海水冷却凝汽器发生严重泄漏，生水（海水）大量泄漏，已经紧急停机，但热力系统仍然受到污染，应进行热力系统停机彻底清洗。参考清洗方法：

a） 余热锅炉停炉后，打开热力系统所有疏放水门，放尽热力系统所有积水。

b） 凝汽器汽侧灌水查漏，并进行冲洗。

c） 用加氨调整 pH 值大于 10 的除盐水对凝结水、给水系统和锅炉省煤器、蒸发器进行彻底分段冲洗。

d） 凝结水、给水系统冲洗至凝结水、高、中、低压给水氢电导率均小于 0.5μS/cm。

e） 余热锅炉省煤器、蒸发器水冲洗至炉水氢电导率小于 0.5μS/cm，钠含量小于 10μg/L。

f） 对有积盐的过热器和再热器，可采用加氨调整 pH 值大于 10.5 的除盐水进行冲洗，冲洗时要监督出水 pH、含钠量、氢电导率，直至主蒸汽和再热蒸汽水样氢电导率小于 0.50μS/cm，钠含量小于 10μg/L。

g） 小汽机采用临机辅助蒸汽（湿）进行冲洗。

h） 汽轮机按以下方法采用开缸或不开缸方法进行清洗。

  1） 汽轮机通流部分严重结盐，特别是发生海水（苦咸水）泄漏导致汽轮机结盐和腐蚀时，开缸清洗应采用加氨调整 pH 大于 10.5 的除盐水进行高压（水压 30MPa～80MPa）水冲洗，并检测清洗后表面的钠离子含量。

  2） 汽轮机不开缸，可通过汽轮机本体疏水管灌水（加氨调整 pH 大于 11）至中轴，维持汽轮机盘车，进行冲洗，直至排水钠离子含量小于 50μg/L。

i） 机组再次启动时，严格按程序进行冲洗，并在锅炉升压、汽轮机并汽时加强疏水以对过热器、再热器及管道和汽轮机进行冲洗。

4.5.2.3.2 汽轮机大修时清洗

a） 对于沉积盐垢的汽轮机应优先选用加氨除盐水（pH 大于 10.5）进行高压冲洗（冲洗压力 30MPa～80MPa），如果无法方便加氨，可使用运行机组的凝结水。

b） 如果汽轮机沉积盐垢以腐蚀产物为主，非常坚硬，需要采用喷砂方法清洗，应该使用加氨除盐水或凝结水，不应使用工业水或消防水冲洗汽轮机。

4.6 化学仪器仪表验收和检验

4.6.1 一般要求

4.6.1.1 联合循环机组水汽品质应主要依靠在线化学仪表进行监督。

4.6.1.2 应高度重视在线化学仪表的监督管理，宜实施化学仪表实验室计量确认工作，确保在线化学仪表的配备率、投入率、准确率。

4.6.1.3 电厂应根据在线化学仪表配备情况和 DL/T 677 相关要求制订在线化学仪表维护和校验制度。

4.6.1.4 电厂应配备专职的在线化学仪表维护校验人员，在线化学仪表维护校验人员应参加电力行业相应培训，并取得上岗证。

4.6.1.5 所有在线化学仪表信号应远传至化学监控计算机，主要水汽品质如凝结水氢电导率、给水氢电导率和 pH 值、炉水电导率和 pH 值、主蒸汽氢电导率和钠含量还应送至主控 DCS，并设置报警。化学监控计算机能在线即时显示，自动记录、报警、储存水汽品质参数，宜自动生成日报、月报。

4.6.1.6 电厂应定期开展在线化学仪表校验工作或委托有资质单位对在线电导率表、pH 表、溶解氧表、钠表和硅表进行校验。

4.6.2 水质分析仪器质量验收和技术要求

4.6.2.1 实验室和在线电导率表、pH 表、钠表、溶解氧表、硅表应按 DL/T 913 相关规定进行验收，其他仪器参考 DL/T 913 以及合同要求进行验收。

4.6.2.2 新购置水分析仪器的质量验收程序见图 1。

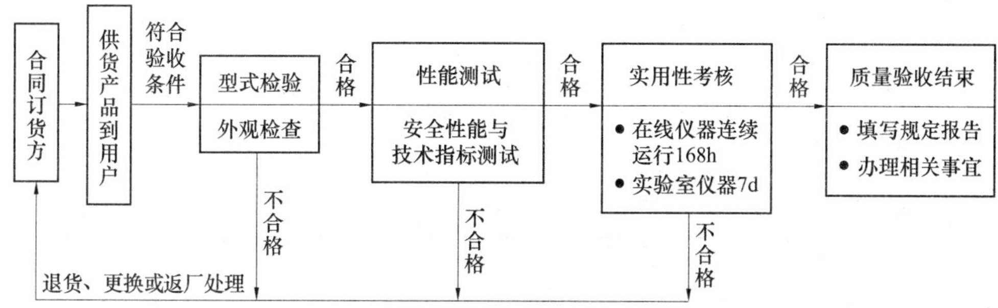

图 1 新购置水质分析仪器质量检查验收操作程序

4.6.2.3 水质分析仪器应按表 44 要求进行安全性能测试，按表 45 要求进行实用性考核。

表 44 分析仪器安全性能测试项目与技术要求

测 试 项 目	技 术 要 求
绝缘电阻	1000V/20MΩ
耐压试验	2000V，50Hz/1min，无击穿、无飞弧

表 45 实用性考核时间与技术要求

分析仪器形式	考核时间	技术要求
在线式工业分析仪器	连续运行 168h	不同性质的异常次数≤2 次且无故障发生
离线式实验室分析仪器	7d，每天开机时间不少于 6h	

4.6.2.4 在线化学仪表应按 DL/T 677 的规定进行检验，在线化学仪表投入率和主要在线化学仪表准确率应符合表 46 规定。主要在线化学仪表包括：凝结水氢电导率表，高、中、低压给水氢电导率表，高、中压饱和及过热蒸汽氢电导率表，高、中、低压给水 pH 表，高、中、低压炉水 pH 表，补给水除盐设备出口、高中压炉水、发电机内冷水电导率表，凝结水、给水溶解氧表，发电机在线湿度和纯度表。

表 46 在线化学仪表投入率和主要在线化学仪表准确率技术要求

投入率	准确率
≥98%	≥96%

4.6.2.5 水质分析仪器实验室的工作环境条件应符合表 47 规定指标。

表 47 水质分析仪器实验室工作环境

序号	项目	指标
1	环境温度	20±2℃
2	环境湿度	80%RH
3	振动幅度	规定值，5μm；理想值，2μm
4	工作电压	220 (1+7%～10%) V
5	电网频率	(50±0.5) Hz
6	室内通风良好、无腐蚀性气体、无强电磁场干扰	

4.6.2.6 当室内工作环境无法满足表 47 的要求时，应提供测试证明或验证报告，以说明环境影响值和构成检验误差的各种因素的控制情况。

4.6.2.7 进入和使用会影响工作质量的区域，实验室应有明确的限制和控制措施。根据需要，实验室应对环境条件进行监测、控制、记录，应保留其有关设备监控记录。

4.6.3 化学在线仪表的校验和检定

4.6.3.1 在线电导率表

a） 在线电导率表检验项目、性能指标和检验周期应符合表 48 的规定。

表 48 电导率表检验项目与技术要求

项目		要求	检验周期		
			运行中	检修后	新购置
整机配套检验	整机引用误差（δ_Z），%FS	±1	1 次/12 个月	√	√
	工作误差（δ_G），%FS	±1	1 次/1 个月	√	√
	温度测量误差（Δt），℃	±0.5	1 次/12 个月	—	√

表 48（续）

项目		要求	检验周期		
			运行中	检修后	新购置
二次仪表	温度补偿附加误差（δ_t），×10^-2^/10℃	±0.25	1 次/12 个月	√	√
	引用误差（δ_Y），%FS	±0.25	1 次/12 个月	—	√
	重复性（δ_C），%FS	＜0.25	根据需要[a]	—	√
	稳定性（δ_W），×10^-2^/24h	＜0.25	根据需要[a]	—	√
电极常数误差（δ_D），%		±1	根据需要[b]	—	√
交换柱附加误差（δ_J），%		±5	1 次/12 个月	—	√
[a] 当发现仪表读数不稳定时，进行该项目的检验。 [b] 当整机工作误差检验不合格时，进行该项目的检验					

b） 对于测量水样电导率值不大于 0.30μS/cm 的电导率表不能采用标准溶液法，应采用水样流动法进行整机工作误差的检验；对于测量电导率值大于 0.30μS/cm 的电导率表，可采用标准溶液法进行整机引用误差的检验。检验工作条件应符合表 49 的规定。

表 49　电导率表检验工作条件

项目		规范与要求
工作条件	电源要求	AC220V±22V，50Hz±1Hz
	环境温度	10℃～40℃
	环境相对湿度	30%RH～85%RH
介质条件	压力	0.098MPa～0.200MPa
	温度	5℃～40℃
	流量	仪表制造厂要求的流量
注：如果厂家有特殊要求时，可按照仪表制造厂的技术条件掌握		

4.6.3.2　在线 pH 表

a） 在线 pH 表检验项目、性能指标和检验周期应符合表 50 的规定，电极的检验项目与技术要求应符合表 51 的规定。

b） 进行 pH 表整机示值误差项目检验时，水样的 pH 值选择应在 3～10 范围内进行。

c） 对于测量水样电导率不大于 100μS/cm 的在线 pH 表，应采用水样流动检验法进行整机工作误差的在线检验。对于测量水样电导率值大于 100μS/cm 的在线 pH 表，应优先选择水样流动检验法进行整机工作误差的在线检验，也可采用标准溶液检验法进行离线整机示值误差检验。

表 50　**pH** 表检验项目与技术要求

<table>
<tr><th colspan="2" rowspan="2">项　目</th><th rowspan="2">要求</th><th colspan="3">检验周期</th></tr>
<tr><th>运行中</th><th>检修后</th><th>新购置</th></tr>
<tr><td rowspan="5">整机配套检验</td><td>整机示值误差（δ_S），pH</td><td>±0.05</td><td>1 次/1 个月</td><td>√</td><td>√</td></tr>
<tr><td>工作误差（δ_G），pH</td><td>±0.05</td><td>1 次/1 个月</td><td>√</td><td>√</td></tr>
<tr><td>示值重复性（S）</td><td>＜0.03</td><td>根据需要[a]</td><td>—</td><td>√</td></tr>
<tr><td>温度补偿附加误差（pH_t），pH/℃</td><td>±0.01</td><td>根据需要[b]</td><td>—</td><td>√</td></tr>
<tr><td>温度测量误差（Δt），℃</td><td>±0.5</td><td>1 次/12 个月</td><td>—</td><td>√</td></tr>
<tr><td rowspan="3">二次仪表</td><td>示值误差（ΔpH），pH</td><td>±0.03</td><td>1 次/12 个月</td><td>—</td><td>√</td></tr>
<tr><td>输入阻抗引起的示值误差，pH_R</td><td>±0.01</td><td>1 次/12 个月</td><td>—</td><td>√</td></tr>
<tr><td>温度补偿附加误差（pH_t），pH/℃</td><td>±0.01</td><td>根据需要[b]</td><td>—</td><td>√</td></tr>
<tr><td colspan="6">[a] 当发现仪表读数不稳定时进行检验。
[b] 当发现仪表示值误差或工作误差超标时，随时进行检验</td></tr>
</table>

表 51　电极的检验项目与技术要求

检　验　项　目	技　术　要　求
参比电极内阻 电极电位稳定性 液络部位渗透速度	≤10kΩ 在±2mV/8h 之内 可检出/5min
玻璃电极内阻 R_N（MΩ） 百分理论斜率 PTS	5～20（低阻）；100～250（高阻） ≥90%
注：电极检验时间至少为 1 次/3 个月	

d）　检验条件应符合表 52 的规定。

表 52　**pH** 表检验工作条件

室温 ℃	相对湿度 %RH	标准溶液和电极系统的温度恒定 ℃	干扰因素
10～40	30～85	25±2	无强烈的机械振动和电磁场干扰

4.6.3.3　在线钠表

在线钠表检验项目、性能指标和检验周期应符合表 53 的规定。钠电极性能检验方法可参照表 51，检验条件应符合表 54 的规定。

表 53 钠表检验项目与技术要求

项目		要求	检验周期		
			运行中	检修后	新购置
整机检验	整机引用误差（δ_Z）%FS	＜10	1 次/3 个月[a]	√	√
	温度补偿附加误差（δ_t）pNa/10℃	±0.05	根据需要[b]	—	√
	示值重复性（S）	＜0.05	根据需要[c]	—	√
二次仪表	示值误差（ΔpNa）pNa	±0.05	1 次/12 个月	—	√
	输入阻抗（pNa_R）Ω	≥1×10^{12}	1 次/12 个月	—	√
	温度补偿附加误差（pNa_t）pNa/10℃	±0.05	根据需要[b]	—	√

a 当发现仪表结果可疑时，随时进行检验；
b 当发现仪表整机引用误差超标时，随时进行检验；
c 当发现仪表读数不稳定时进行检验

表 54 钠表检验条件

室温 ℃	相对湿度 %RH	干扰因素
10～40	30～85	检验现场无强烈的机械振动和电磁场干扰

4.6.3.4 在线溶解氧表

a）在线溶解氧表检验项目、性能指标和检验周期应符合表 55 的规定。

表 55 在线溶解氧表检验项目与技术要求

项目	要求	检验周期		
		运行中	检修后	新购置
整机引用误差（δ_Z）%FS	±10	1 次/1 个月	√	√
零点误差（δ_0）μg/L	＜1.0	1 次/12 个月[a]	√	√
温度影响附加误差（δ_T）10^{-2}/℃	±1%	1 次/12 个月[a]	—	√
流路泄漏附加误差（δ_L）%	＜1.0	1 次/1 个月	√	√
整机示值重复性（S）mg/L	＜0.2	根据需要[b]	—	√

a 当发现仪表引用误差超标时，随时进行检验；
b 当发现仪表读数不稳定时进行检验

b） 检验条件应符合表56的规定。

表56 在线溶解氧表检验条件

项　　目		规范与要求
工作条件	电源要求	AC220V±22V，50Hz±1Hz
	环境温度	10℃～40℃
	环境相对湿度	30%RH～85%RH
	无强烈震动，无其他能引起被检仪表性能改变的电磁场存在。	
介质条件	压力	0.01MPa～0.02MPa
	温度	5℃～40℃
	流量	仪表制造厂要求的流量
	水样无油污、无过量悬浮物质并符合采样的基本要求	
被检仪表条件	整机接线连接正确可靠，各紧固件应无松动，取样流路严密无漏泄现象。 传感器内部有符合要求的支持电解质溶液，覆膜应完好无损。 直观检查被检仪表已具备正常运行的基本条件	
注：如果厂家有特殊要求时，可按照仪表制造厂的技术条件掌握		

4.6.3.5 在线工业硅酸根分析仪表

a） 在线硅表检验项目、性能指标和检验周期应符合表57的规定，检验条件应符合表58的规定。

表57 硅表检验项目与技术要求

项　　目		要　求	检　验　周　期		
			运行中	检修后	新购置
整机配套检验	整机引用误差（δ_Z）%FS	＜1.0	1次/1个月	√	√
	重复性（δ_C）%FS	＜0.5	1次/12个月[a]	—	√
抗磷酸盐干扰性能[b]		在磷酸盐含量为5mg/L时产生的正向误差≤2μg/L；在30mg/L时，误差≤4μg/L			
[a] 当发现仪表读数不稳定时进行检验； [b] 测量炉水的硅表检验抗磷酸盐干扰性能					

表58 硅表检验条件

项　　目		规　范　与　要　求
工作条件	电源要求	AC220V±22V，50Hz±1Hz
	环境温度	10℃～40℃
	环境相对湿度	30%RH～85%RH
	无腐蚀性气体，无强烈震动，无其他能引起被检仪表性能改变的电磁场存在	

表 58（续）

项　目		规 范 与 要 求
介质条件	压力	0.098MPa～0.2MPa
	温度	5℃～40℃
	流量	20mL/min～200mL/min
	水样应澄清透明，最大固体颗粒粒径不能超过 5μm	
被检仪表条件	整机接线连接正确可靠，各紧固件应无松动，流路管道应选用高分子惰性材料。 具有数量充足的预先配制合格的所需各种试剂溶液。 直观检查被检仪表已具备正常运行的基本条件	
注：如果厂家有特殊要求时，可按照仪表制造厂的技术条件掌握		

4.6.3.6　在线露点仪

4.6.3.6.1　在线露点仪应按 JJG 499 规定进行检定，检定周期一般不超过一年。

4.6.3.6.2　露点仪按其最大误差分为一级和二级。露点仪的示值误差为仪器测量的平均值 T_d 与计量检定值 $T_{d'}$之差，露点仪在露点温度−70℃～+40℃之间的最大误差应符合表 59 中的要求。

表 59　精确度等级、最大允许误差的要求

露点温度范围	−70℃～−50℃	−50℃～−20℃	−20℃～+40℃
一级（最大允许误差）	0.3℃	0.2℃	0.15℃
二级（最大允许误差）	0.6℃	0.4℃	0.3℃

4.6.3.6.3　露点仪检定项目应符合表 60 的规定。

表 60　检　定　项　目

检定项目	首次检定	后续检定	使用中检验
外观检查	√	√	√
示值误差检定	√	√	√
注：“√”表示需要检定的项目			

4.6.3.6.4　检验条件应符合下列要求：

a）环境温度。

1）露点测量室和采取系统的温度应高于待测气体的露/霜点温度，当测量的露/霜点温度高于环境温度时，所有测量管路应加热，使其至少高于露/霜点温度 3℃。用自来水或循环冷却液来冷却电制冷器的散热器热端时，冷却液的温度和流量应相对恒定。使用风冷时，环境温度应相对恒定。

2）主机工作的环境温度应在 5℃～35℃之间，有特殊要求者，应按其要求确定是否在恒温条件下检定。

b） 测量室压力。

1） 当露点测量室出气端向大气放空时，露点测量室内的压力等于大气压；

2） 当露点测量室内样气压力的波动超过 200Pa/h 时，不能进行检定；

3） 当露点测量室内样气压力与标准大气压（101 325Pa）的偏离值虽超过±200Pa，但相对稳定（波动小于 200Pa/h）时，可用计算的方法对检定结果加以修正（已配置了自动压力修正系统的仪器外）。

c） 环境湿度。主机应在 10%RH～85% RH 之间使用。

d） 电源。按仪器的要求供电，当电源电压超过额定值的±10%，应采取稳压措施。

4.7 燃气质量监督

4.7.1 燃气的质量

4.7.1.1 电厂所使用燃气质量应满足燃气轮机制造厂家的安全运行要求。

4.7.1.2 燃气质量满足 JB/T 5586 对杂质、发热量、着火浓度极限和组分的要求。

天然气质量应满足 GB 17820 的要求外，还应满足电厂和供应厂家的合同要求。天然气按高位发热量、总硫、硫化氢和二氧化碳含量分为一类、二类和三类。其技术指标应符合表 61 的规定，天然气的组分及浓度范围（摩尔分数）见附录 B.2。

表 61 天 然 气 技 术 指 标

项　　目	一类	二类	三类
高位发热量 [a] MJ/m^3	≥36.0	≥31.4	≥31.4
总硫（以硫计）[a] mg/m^3	≤60	≤200	≤350
硫化氢 [a] mg/m^3	≤6	≤20	≤350
二氧化碳 *y* %	≤2.0	≤3.0	—
水露点 [b,c] ℃	在交接点压力下，水露点应比输送条件下最低环境温度低 5℃		

[a] 气体体积的标准参比条件是 101.325kPa，20℃；
[b] 在输送条件下，当管道管顶埋地温度为 0℃时，水露点应不高于–5℃；
[c] 进入输气管道的天然气，水露点的压力应是最高输送压力

4.7.1.3 液化天然气（LNG）质量除应满足 GB/T 19204 的要求外，还应满足电厂和供应厂家的合同要求。LNG 中甲烷含量应高于 75%，氮的含量应低于 5%，LNG 的密度通常在 $430kg/m^3$～$470kg/m^3$ 之间，典型 LNG 成分见附录 B.3。

4.7.2 燃气质量监督

4.7.2.1 新建、扩建、在役联合循环发电厂燃气供应方应定期提供燃气的理化性能、组分、气体杂质、金属杂质含量、发热量和着火浓度极限等分析检测报告，电厂应将检测报告归档，并将结果录入燃气质量台账。

4.7.2.2 新建、扩建、在役联合循环发电机组宜配置气体燃气主要成分的气相色谱在线监测仪器，连续监测气体燃气的甲烷、氢气等主要成分含量，并及时将在线气相色谱测定结果与供应厂家比较。

4.7.2.3 在线气相色谱仪应定期用标气进行校验，确保其测量结果准确可靠。

4.7.2.4 燃气的采样方法按 GB/T 13609 执行，入厂燃气的采样点应设在合同规定的燃气交接点。

4.7.2.5 在燃气采集装置上禁止使用三通装置，避免平时由于压力变化或其他原因造成管道串气。天然气和氮气应为单独的两路气源，停用维护操作时由人工连接或拆卸这两个回路。

4.7.2.6 电厂实验室应定期（至少每周一次）按 GB/T 13610 所规定的方法检测燃气的主要成分。当在线气相色谱分析结果与供应厂家的结果不一致时，实验室应加强检测。

4.7.2.7 天然气的含硫化物测定按 GB/T 11061 执行。

4.7.2.8 天然气发热量、密度、相对密度和沃泊指数的计算方法按 GB/T 11062 执行。

4.7.2.9 电厂在下列情况下应自行或外委检测燃气中气体杂质、金属杂质含量：

a） 燃机运行调整要求；

b） 燃气供应厂家或气源改变；

c） 燃机、压气机检修发现与燃气质量相关的问题；

d） 每年至少一次。

4.8 油品质量监督

4.8.1 电力用油的取样

4.8.1.1 电力用油的取样的工具，取样部位，取样方法，样品的标识、运输和保存应满足 GB/T 4756、GB/T 7597、GB/T 14541、GB/T 14542、DL/T 571 的相关要求。

4.8.1.2 新油取样：油桶、油罐或槽车中的油样均应从污染最严重的底部取出，必要时可抽查上部油样。

4.8.1.3 电气设备中取样：

4.8.1.3.1 变压器、油开关或其他充油电气设备，应从下部阀门处取样（制造厂家有规定按制造厂家规定取样），取样前油阀门需先用干净甲级棉纱或布擦净，再放油冲洗干净后取样。

4.8.1.3.2 对需要取样的套管，在停电检修时，从取样孔取样；没有放油管或取样阀门的充油电气设备，可在停电或检修时设法取样；进口全密封无取样阀的设备，按制造厂规定取样。

4.8.1.3.3 对大油量的变压器、电抗器等，取样量可为 50mL～80mL，对少油量的设备要尽量少取，以够用为限。

4.8.1.4 变压器油中水分和油中溶解气体分析取样：

4.8.1.4.1 油样应能代表设备本体油，应避免在油循环不够充分的死角处取样。

4.8.1.4.2 一般应从设备取样阀取样，在特殊情况下可在不同取样部位取样。

4.8.1.4.3 取样要求全密封，即取样连接方式可靠，不能让油中溶解水分及气体逸散，也不能混入空气（必须排净取样接头内残存的空气），操作时油中不得产生气泡。

4.8.1.4.4 取样应在晴天进行。

4.8.1.4.5 取样后要求注射器芯子能自由活动，以避免形成负压空腔。

4.8.1.4.6 油样应避光保存。

4.8.1.5 汽轮机、燃气轮机或辅机用油取样：

4.8.1.5.1 正常监督试验由冷油器取样。

4.8.1.5.2 检查油的脏污及水分时，自油箱底部取样。

4.8.1.6 抗燃油取样：

4.8.1.6.1 常规项目和洁净度检测油样应分开。

4.8.1.6.2　运行油取样前调速系统在正常情况下至少运行 24h，以保证所取样品具有代表性。

4.8.1.6.3　常规监督测试的油样应从油箱底部的取样口取样。发现油质被污染，可增加取样点（如油箱内油液的上部、过滤器或再生装置出口、油动机入口等）取样。

4.8.1.6.4　从油箱内油液上部取样时，应先将人孔法兰或呼吸器接口周围清理干净后再打开，按 GB/T 7597 的规定用专用取样器从油的上部取样，取样后应将人孔法兰或呼吸器复位。

4.8.2　变压器油质量化学监督

4.8.2.1　新变压器油质量监督

4.8.2.1.1　在新油交货时，应对接收的全部油样进行监督，以防出现差错或带入脏物。所有样品应进行外观检验，国产新变压器油应按 GB 2536 要求，即表 62～表 64 验收。对进口的变压器油则应按国际标准（IEC 60296）或合同规定指标验收。

表 62　变压器油（通用）技术要求和试验方法

<table>
<tr><td colspan="3">项　目</td><td colspan="5">质　量　指　标</td><td rowspan="2">试验方法</td></tr>
<tr><td colspan="3">最低冷态投运温度（LCSET）</td><td>0℃</td><td>−10℃</td><td>−20℃</td><td>−30℃</td><td>−40℃</td></tr>
<tr><td rowspan="12">功能特性[a]</td><td colspan="2">倾点
℃
不高于</td><td>−10</td><td>−20</td><td>−30</td><td>−40</td><td>−50</td><td>GB/T 3535</td></tr>
<tr><td rowspan="6">运动黏度
mm²/s
不大于</td><td>40℃</td><td>12</td><td>12</td><td>12</td><td>12</td><td>12</td><td rowspan="5">GB/T 265</td></tr>
<tr><td>0℃</td><td>1800</td><td>—</td><td>—</td><td>—</td><td>—</td></tr>
<tr><td>−10℃</td><td>—</td><td>1800</td><td>—</td><td>—</td><td>—</td></tr>
<tr><td>−20℃</td><td>—</td><td>—</td><td>1800</td><td>—</td><td>—</td></tr>
<tr><td>−30℃</td><td>—</td><td>—</td><td>—</td><td>1800</td><td>—</td></tr>
<tr><td>−40℃</td><td>—</td><td>—</td><td>—</td><td>—</td><td>2500[b]</td><td>NB/SH/T
0837</td></tr>
<tr><td>水含量[c]
mg/kg</td><td>不大于</td><td colspan="5">30/40</td><td>GB/T 7600</td></tr>
<tr><td rowspan="2">击穿电压（满足下列要求之一）
kV
不小于</td><td>未处理油</td><td colspan="5">30</td><td rowspan="2">GB/T 507</td></tr>
<tr><td>经处理油[d]</td><td colspan="5">70</td></tr>
<tr><td>密度[e]（20℃）
kg/m³</td><td>不大于</td><td colspan="5">895</td><td>GB/T 1884 和
GB/T 1885</td></tr>
<tr><td>介质耗损因数[f]（90℃）</td><td>不大于</td><td colspan="5">0.005</td><td>GB/T 5654</td></tr>
<tr><td rowspan="6">精制/
稳定
特性[g]</td><td colspan="2">外观</td><td colspan="5">清澈透明、无沉淀物和悬浮物</td><td>目测[h]</td></tr>
<tr><td>酸值（以 KOH 计）
mg/g</td><td>不大于</td><td colspan="5">0.01</td><td>NB/SH/T
0836</td></tr>
<tr><td colspan="2">水溶性酸或碱</td><td colspan="5">无</td><td>GB/T 259</td></tr>
<tr><td>界面张力
mN/m</td><td>不小于</td><td colspan="5">40</td><td>GB/T 6541</td></tr>
<tr><td colspan="2">总硫含量[i]（质量分数）
%</td><td colspan="5">无通用要求</td><td>SH/T 0689</td></tr>
<tr><td colspan="2">腐蚀性硫[j]</td><td colspan="5">非腐蚀性</td><td>SH/T 0804</td></tr>
</table>

表 62（续）

<table>
<tr><td colspan="3">项　目</td><td colspan="5">质　量　指　标</td><td rowspan="2">试验方法</td></tr>
<tr><td colspan="3">最低冷态投运温度（LCSET）</td><td>0℃</td><td>−10℃</td><td>−20℃</td><td>−30℃</td><td>−40℃</td></tr>
<tr><td rowspan="4">精制/稳定特性[g]</td><td rowspan="3">抗氧化添加剂含量[k]（质量分数）%
不大于</td><td>不含抗氧化添加剂油（U）</td><td colspan="5">检测不出</td><td rowspan="3">SH/T 0802</td></tr>
<tr><td>含微抗氧化添加剂油（T）</td><td colspan="5">0.08</td></tr>
<tr><td>含抗氧化添加剂油（I）</td><td colspan="5">0.08～0.40</td></tr>
<tr><td colspan="2">2−糠醛含量（mg/kg）　不大于</td><td colspan="5">0.1</td><td>NB/SH/T 0812</td></tr>
<tr><td rowspan="5">运行特性[l]</td><td colspan="2">氧化安定性（120℃）</td><td colspan="5" rowspan="2">1.2</td><td rowspan="3">NB/SH/T 0811</td></tr>
<tr><td rowspan="3">试验时间：
（U）不含抗氧化添加剂油，164h
（T）含微量抗氧化添加剂油，332h；
（I）含抗氧化添加剂油，500h</td><td>总酸值（以 KOH 计）mg/g
不大于</td></tr>
<tr><td>油泥（质量分数）%
不大于</td><td colspan="5">0.8</td></tr>
<tr><td>介质耗损因数[f]（90℃）
不大于</td><td colspan="5">0.500</td><td>GB/T 5654</td></tr>
<tr><td colspan="2">析气性 mm^3/min</td><td colspan="5">无通用要求</td><td>NB/SH/T 0810</td></tr>
<tr><td rowspan="3">健康、安全和环保特性(HSE)[m]</td><td colspan="2">闪点（闭口），℃　不低于</td><td colspan="5">135</td><td>GB/T 261</td></tr>
<tr><td colspan="2">稠环芳烃（PCA）含量（质量分数）%　不大于</td><td colspan="5">3</td><td>NB/SH/T 0838</td></tr>
<tr><td colspan="2">多氟联苯（PCB）含量（质量分数）mg/kg</td><td colspan="5">检测不出[n]</td><td>SH/T 0803</td></tr>
<tr><td colspan="9">注 1：“无通用要求”指由供需双方协商确定改项目是否检测，且测定限值由供需双方协商确定。
注 2：凡技术要求中的“无通用要求”和“由供需双方协商确定是否采用该方法进行检测”的项目为非强制性的。
a 对绝缘和冷却有影响的性能。
b 运动黏度（−40/℃）以第一个黏度值为测定结果。
c 当环境湿度不大于 50%时，水含量不大于 30mg/kg 适用于散装交货；水含量不大于 40mg/kg 适用于桶装或复合中型集装容器（IBC）交货。当环境湿度不大于 50%时，水含量不大于 35mg/kg 适用于散装交货；水含量不大于 45%适用于桶装或复合中型集装容器（IBC）交货。
d 经处理油指试验样品在 60℃下通过真空（压力低于 2.5kPa）过滤流过一个孔隙度为 4 的烧结玻璃过滤器的油。
e 测定方法也包括用 SH/T 0604。结果有争议时，以 GB/T 1884 和 GB/T 1885 为仲裁办法。
f 测定方法也包括用 GB/T 21216。结果有争议时，以 GB/T 5654 为仲裁办法。
g 受精制深度和类型及添加剂影响的性能。
h 讲样品注入 100mL 量筒中，在 20℃±5℃下目测。结果有争议时，按 GB/T 511 测定机械杂质含量为无。
i 测定方法也包括用 GB/T 11140、GB/T 17040、SH/T 0253、ISO 14596。
j SH/T 0804 为必做试验。是否还需要采用 GB/T 25961 方法进行检测由供需双方协商确定。
k 测定方法也包括用 SH/T 0792。结果有争议时，以 SH/T 0802 为仲裁办法。
l 在使用中和/或在高电场强度和温度影响下与油品长期运行有关的性能。
m 与安全和环保有关的性能。
n 检测不出指 PCB 含量小于 2mg/kg，且其单峰检出限为 0.1mg/kg</td></tr>
</table>

表 63　变压器油（特殊）技术要求和试验方法

项目			质量指标					试验方法
最低冷态投运温度（LCSET）			0℃	−10℃	−20℃	−30℃	−40℃	
功能特性[a]	倾点 ℃	不高于	−10	−20	−30	−40	−50	GB/T 3535
	运动黏度 （mm^2/s） 不大于	40℃	12	12	12	12	12	GB/T 265
		0℃	1800	—	—	—	—	NB/SH/T 0837
		−10℃	—	1800	—	—	—	
		−20℃	—	—	1800	—	—	
		−30℃	—	—	—	1800	—	
		−40℃	—	—	—	—	2500[b]	
	水含量[c] mg/kg	不大于	30/40					GB/T 7600
	击穿电压（满足下列要求之一） kV 不小于	未处理油	30					GB/T 507
		经处理油[d]	70					
	密度[e]（20℃） kg/m^3	不大于	895					GB/T 1884 和 GB/T 1885
	苯胺点 ℃		报告					GB/T 262
	介质耗损因数[f]（90℃）	不大于	0.005					GB/T 5654
精制/稳定特性[g]	外观		清澈透明、无沉淀物和悬浮物					目测[h]
	酸值（以 KOH 计） mg/g	不大于	0.01					NB/SH/T 0836
	水溶型酸或碱		无					GB/T 259
	界面张力 mN/m	不小于	40					GB/T 6541
	总硫含量[i]（质量分数） %	不大于	0.15					SH/T 0689
	腐蚀性硫[j]		非腐蚀性					SH/T 0804
	抗氧化添加剂含量[k]（质量分数） %	含抗氧化添加剂油（I）	0.08～0.40					SH/T 0802
	2–糠醛含量 mg/kg	不大于	0.05					NB/SH/T 0812

表 63（续）

<table>
<tr><td colspan="3">项　　目</td><td colspan="5">质　量　指　标</td><td rowspan="2">试验方法</td></tr>
<tr><td colspan="3">最低冷态投运温度（LCSET）</td><td>0℃</td><td>−10℃</td><td>−20℃</td><td>−30℃</td><td>−40℃</td></tr>
<tr><td rowspan="6">运行特性[l]</td><td colspan="2">氧化安定性（120℃）</td><td colspan="5" rowspan="2">0.3</td><td rowspan="3">NB/SH/T 0811</td></tr>
<tr><td rowspan="3">试验时间：
（I）含抗氧化添加剂油，500h</td><td>总酸值（以 KOH 计）
mg/g
不大于</td></tr>
<tr><td>油泥（质量分数）
%
不大于</td><td colspan="5">0.05</td></tr>
<tr><td>介质耗损因[f]
（90℃）
不大于</td><td colspan="5">0.050</td><td>GB/T 5654</td></tr>
<tr><td colspan="2">析气性
mm^3/min</td><td colspan="5">报告</td><td>NB/SH/T 0810</td></tr>
<tr><td colspan="2">带电倾向（ECT）
$\mu C/m^3$</td><td colspan="5">报告</td><td>DL/T 385</td></tr>
<tr><td rowspan="3">健康、安全和环保特性（HSE）[m]</td><td colspan="2">闪点（闭口）
℃　　不低于</td><td colspan="5">135</td><td>GB/T 261</td></tr>
<tr><td colspan="2">稠环芳烃（PCA）含量（质量分数）%　　不大于</td><td colspan="5">3</td><td>NB/SH/T 0838</td></tr>
<tr><td colspan="2">多氟联苯（PCB）含量（质量分数）
mg/kg</td><td colspan="5">检测不出[n]</td><td>SH/T 0803</td></tr>
</table>

注：凡技术要求中“由供需双方协商确定是否采用该方法进行检测”和测定结果为“报告”的项目为非强制性的。

a 对绝缘和冷却有影响的性能。

b 运动黏度（−40/℃）以第一个黏度值为测定结果。

c 当环境湿度不大于 50%时，水含量不大于 30mg/kg 适用于散装交货；水含量不大于 40mg/kg 适用于桶装或复合中型集装容器（IBC）交货。当环境湿度不大于 50%时，水含量不大于 35mg/kg 适用于散装交货；水含量不大于 45mg/kg 适用于桶装或复合中型集装容器（IBC）交货。

d 经过处理油指试验样品在 60℃下通过真空（压力低于 2.5kPa）过滤流过一个孔隙度为 4 的烧结玻璃过滤器的油。

e 测定方法也包括用 SH/T 0604。结果有争议时，以 GB/T 1884 和 GB/T 1885 为仲裁办法。

f 测定方法也包括用 GB/T 21216。结果有争议时，以 GB/T 5654 为仲裁办法。

g 受精制深度和类型及添加剂影响的性能。

h 讲样品注入 100mL 量筒中，在 20℃±5℃下目测。结果有争议时，按 GB/T 511 测定机械杂质含量为无。

i 测定方法也包括用 GB/T 11140、GB/T 17040、SH/T 0253、ISO 14596。

j SH/T 0804 为必做试验。是否还需要采用 GB/T 25961 方法进行检测由供需双方协商确定。

k 测定方法也包括用 SH/T 0792。结果有争议时，以 SH/T 0802 为仲裁办法。

l 在使用中和/或在高电场强度和温度影响下与油品长期运行有关的性能。

m 与安全和环保有关的性能。

n 检测不出指 PCB 含量小于 2mg/kg，且其单峰检出限为 0.1mg/kg

表 64 低温断路器油技术要求和试验方法

项目			质量指标	试验方法
最低冷态投运温度（LCSET）			−40℃	
功能特性[a]	倾点 ℃	不高于	−60	GB/T 3535
	运动黏度 mm^2/s 不大于	40℃	3.5	GB/T 265 NB/SH/T 0837
		−40℃	400[b]	
	水含量[c]/（mg/kg）	不大于	30/40	GB/T 7600
	击穿电压（满足下列要求之一） kV 不小于	未处理油	30	GB/T 507
		经处理油[d]	70	
	密度[e]（20℃） kg/m^3	不大于	895	GB/T 1884 和 GB/T 1885
	介质耗损因数[f]（90℃）	不大于	0.005	GB/T 5654
精制/稳定特性[g]	外观		清澈透明、无沉淀物和悬浮物	目测[h]
	酸值 （以 KOH 计） mg/g	不大于	0.01	NB/SH/T 0836
	水溶型酸或碱		无	GB/T 259
	界面张力 mN/m	不小于	40	GB/T 6541
	总硫含量[i] （质量分数） %		无通用要求	SH/T 0689
	腐蚀性硫[j]		非腐蚀性	SH/T 0804
	抗氧化添加剂含量[k] （质量分数） % 含抗氧化添加剂油（I）		0.08～0.40	SH/T 0802
	2−糠醛含量 mg/kg	不大于	0.1	NB/SH/T 0812

表 64（续）

<table>
<tr><td colspan="3">项　目</td><td>质 量 指 标</td><td rowspan="2">试验方法</td></tr>
<tr><td colspan="3">最低冷态投运温度（LCSET）</td><td>−40℃</td></tr>
<tr><td rowspan="5">运行特性 [l]</td><td colspan="2">氧化安定性（120℃）</td><td rowspan="2">1.2</td><td rowspan="3">NB/SH/T 0811</td></tr>
<tr><td rowspan="3">试验时间：（I）含抗氧化添加剂油，500h</td><td>总酸值（以 KOH 计）mg/g 不大于</td></tr>
<tr><td>油泥（质量分数）% 不大于</td><td>0.8</td></tr>
<tr><td>介质耗损因数 [f]（90℃） 不大于</td><td>0.500</td><td>GB/T 5654</td></tr>
<tr><td colspan="2">析气性 mm^3/min</td><td>无通用要求</td><td>NB/SH/T 0810</td></tr>
<tr><td rowspan="3">健康、安全和环保特性 (HSE)[m]</td><td colspan="2">闪点（闭口）℃ 不低于</td><td>100</td><td>GB/T 261</td></tr>
<tr><td colspan="2">稠环芳烃（PCA）含量（质量分数）% 不大于</td><td>3</td><td>NB/SH/T 0838</td></tr>
<tr><td colspan="2">多氟联苯（PCB）含量（质量分数）mg/kg</td><td>检测不出 [n]</td><td>SH/T 0803</td></tr>
</table>

注 1：“无通用要求”指由供需双方协商确定改项目是否检测，且测定限值由供需双方协商确定。

注 2：凡技术要求中的“无通用要求”和“由供需双方协商确定是否采用该方法进行检测”的项目为非强制性的。

[a] 对绝缘和冷却有影响的性能。

[b] 运动黏度（−40/℃）以第一个黏度值为测定结果。

[c] 当环境湿度不大于 50%时，水含量不大于 30mg/kg 适用于散装交货；水含量不大于 40mg/kg 适用于桶装或复合中型集装容器（IBC）交货。当环境湿度不大于 50%时，水含量不大于 35mg/kg 适用于散装交货；水含量不大于 45%时适用于桶装或复合中型集装容器（IBC）交货。

[d] 经过处理油指试验样品在 60℃下通过真空（压力低于 2.5kPa）过滤流过一个孔隙度为 4 的烧结玻璃过滤器的油。

[e] 测定方法也包括用 SH/T 0604。结果有争议时，以 GB/T 1884 和 GB/T 1885 为仲裁办法。

[f] 测定方法也包括用 GB/T 21216。结果有争议时，以 GB/T 5654 为仲裁办法。

[g] 受精制深度和类型及添加剂影响的性能。

[h] 讲样品注入 100mL 量筒中，在 20℃±5℃下目测。结果有争议时，按 GB/T 511 测定机械杂质含量为无。

[i] 测定方法也包括用 GB/T 11140、GB/T 17040、SH/T 0253、ISO 14596。

[j] SH/T 0804 为必做试验。是否还需要采用 GB/T 25961 方法进行检测由供需双方协商确定。

[k] 测定方法也包括用 SH/T 0792。结果有争议时，以 SH/T 0802 为仲裁办法。

[l] 在使用中和/或在高电场强度和温度影响下与油品长期运行有关的性能。

[m] 与安全和环保有关的性能。

[n] 检测不出指 PCB 含量小于 2mg/kg，且其单峰检出限为 0.1mg/kg

4.8.2.1.2 新油注入设备前必须用真空脱气滤油设备进行过滤净化处理，以脱除油中的水分、气体和其他杂质，在处理过程中应按表 65 规定，随时进行油品的检验。

4.8.2.1.3 新油经真空过滤净化处理达到要求后，应从变压器下部阀门注入油箱内，使氮气排尽，最终油位达到制造厂家要求的高度，油的静置时间应不小于 12h，经检验油的指标应符合表 65 规定。真空注油后，应进行热油循环，热油经过二级真空脱气设备由油箱上部进入，再从油箱下部返回处理装置，一般控制净油箱出口温度为 60℃（制造厂另外规定除外），连续循环时间为三个循环周期。经过热油循环后，应按表 66 规定进行试验。

表 65 新油净化后检验指标

项目	设备电压等级/kV		
	500 及以上	330～220	≤110
击穿电压 kV	≥60	≥55	≥45
水分 mg/kg	≤10	≤15	≤20
介质损耗因数（90℃）	≤0.002	≤0.005	≤0.005

表 66 热油循环后油质检验指标

项目	设备电压等级 kV		
	500 及以上	330～220	≤110
击穿电压 kv	≥60	≥50	≥40
水分 mg/kg	≤10	≤15	≤20
含气量（体积分数） %	≤1	—	—
介质损耗因数（90℃）	≤0.005	≤0.005	≤0.005
注：对于 500kV 及以上设备油中洁净度指标按 DL/T 1096 或按制造厂规定执行			

4.8.2.2 运行中变压器油质量监督

4.8.2.2.1 运行变压器、断路器油质量检测项目和检测周期应按 GB/T 7595 执行，运行中变压器油质量标准见表 67，断路器油质量标准见表 68，检测项目及周期见表 69。

4.8.2.2.2 对于 500kV 及以上的变压器应按 DL/T 1096 的规定周期检测变压器油的洁净度，并执行其洁净度标准值和处理要求。

表 67 运行中变压器油质量标准

序号	项目	设备电压等级 kV	质量指标		检验方法
			投入运行前的油	运行油	
1	外状	—	透明、无杂质或悬浮物		外观目视加标准号
2	水溶性酸（pH 值）	—	＞5.4	≥4.2	GB/T 7598

表 67（续）

序号	项　　目	设备电压等级 kV	质　量　指　标		检 验 方 法
			投入运行前的油	运行油	
3	酸值 mgKOH/g	—	≤0.03	≤0.1	GB/T 264
4	闪点（闭口） ℃	—	≥135		GB/T 261
5	水分[a] mg/L	330～1000 220 ≤110 及以下	≤10 ≤15 ≤20	≤15 ≤25 ≤35	GB/T 7600 或 GB/T 7601
6	界面张力（25℃） mN/m	—	≥35	≥19	GB/T 6541
7	介质损耗因数（90℃）	500～1000 ≤330	≤0.005 ≤0.010	≤0.020 ≤0.040	CB/T 5654
8	击穿电压[b] kV	750～1000 500 330 66～220 35 及以下	≥70 ≥60 ≥50 ≥40 ≥35	≥60 ≥50 ≥45 ≥35 ≥30	DL/T 429.9[c]
9	体积电阻率（90℃） Ω·m	500～1000 ≤330	≥6×10^{10}	≥1×10^{10} ≥5×10^{9}	GB/T 5654 或 DL/T 421
10	油中含气量 （体积分数） %	750～1000 330～500 （电抗器）	≤1	≤2 ≤3 ≤5	DL/T 423 或 DL/T 450 或 DL/T 703
11	油泥与沉淀物 （质量分数） %	—	<0.02（以下可忽略不计）		GB/T 511
12	折气性	≥500	报告		IEC 60628（A） GB/T 11142
13	带电倾向	—	报告		DL/T 1095
14	腐蚀性硫	—	非腐蚀性		DIN 51353 或 SH/T 0804 ASTM D1075B
15	油中洁净度	≥500	DL/T 1096 规定		DL/T 432

注：由供需双方协商确定是否采用该方法进行检测。

[a] 水分取样的油温为 40℃～60℃。

[b] 750kV～1000kV 设备运行经验不足，本标准参考西北电网 750kV 设备运行规程提出此值，供参考，以积累经验。

[c] 击穿电压测定：DL/T 429.9 方法是采用平板电极；GB/T 507 是采用圆球、球盖形两种形状电极。三种电极所测的击穿电压值不同（见 GB/T 7595 附录 B），其质量指标为平板电极测定值

表 68　运行中断路器油质量标准

序号	项　目	质　量　指　标	检验方法
1	外状	透明、无游离水分、无杂质或悬浮物	外观目视
2	水溶性酸（pH 值）	≥4.2	GB/T 7598
3	击穿电压，kV	110kV 以上：投运前或大修后≥40，运行中≥35 110kV 及以下：投运前或大修后≥35，运行中≥30	GB/T 507 或 DL/T 429.9

表 69　运行中变压器油、断路器油常规检测周期和项目

设备名称	设备规范	检测周期	检测项目
变压器、电抗器，所、厂用变压器	330kV～1000kV	设备投运前或大修	1～10
		每年至少一次	1、5、7、8、10
		必要时	2～4、6、9、11～15
	66kV～220kV 8MVA 及以上	设备投运前或大修后	1～9
		每年至少一次	1、5、7、8
		必要时	3、6、7、11、13、14 或自行规定
	＜35kV	设备投运前或大修后 三年至少一次	自行规定
套管	—	设备投运前或大修后	自行规定
		1～3 年	
		必要时	
断路器	—	设备投运前或大修后	1～3
	＞110kV	每年至少一次	3
	≤110kV	三年至少一次	3
	油量 60kg 以下	三年至一次，或换油	3

注 1：变压器、电抗器、厂用变压器、互感器、套管等油中的“检验项目”栏内的 1、2、3…为表 67 的项目序号。
注 2：断路器油“检验项目”栏内的 1、2、3 为表 68 的项目序号。
注 3：对不易取样或补充油的全密封式套管、互感器设备，根据具体情况自行规定

4.8.2.3　运行变压器油的维护管理

4.8.2.3.1　应按 GB/T 14542 的规定进行运行变压器油的维护管理。

4.8.2.3.2　变压器油在运行中其劣化程度和污染状况，应根据试验室中所测得的所有的试验结果，油的劣化原因，以及已确认的污染来源一起来评价变压器油是否可以继续运行，以保证设备的安全可靠。

4.8.2.3.3　运行变压器油应通过下述试验确定油质和设备的情况：

a）油的颜色和外观；

b） 击穿电压；

c） 介质损耗因数或电阻率（同一油样不要求同时进行这两项试验）；

d） 酸值；

e） 水分含量；

f） 油中溶解气体组分含量的色谱分析。

4.8.2.3.4 运行中变压器油的检验项目指标超过标准值或注意值的原因分析及应采取的措施参见 GB/T 14542 之表 4，同时遇有下述情况应立即引起注意，并采取相应措施：

a） 当试验结果超出了所推荐的极限值范围时，应与以前的试验结果进行比较，如情况许可，在进行任何措施之前，应重新取样分析以确认试验结果无误；

b） 如果油质快速劣化，则应进行跟踪试验，必要时可通知设备制造商；

c） 某些特殊试验项目，如击穿电压低于极限值要求，或是色谱检测发现有故障存在，则可以不考虑其他特性项目，应果断采取措施以保证设备安全。

4.8.2.4 变压器、电抗器、互感器、套管油中溶解气体监督

4.8.2.4.1 电气设备油中溶解气体检测周期、注意值应满足 GB/T 7252 和 DL/T 772 的规定。

4.8.2.4.2 电气设备油中溶解气体检测方法按 GB/T 17623 执行。

4.8.2.4.3 电气设备油中溶解气体的检测周期如下：

a） 投运前检测。新安装或大修设备投运前，应至少作一次检测；如果在现场进行感应耐压和局部放电试验，则应在试验完毕 24h 后再作一次检测；制造厂规定不取样的全密封互感器不作检测。

b） 新投运时的检测。新的或大修后的 66kV 及以上的变压器和电抗器至少应在投运后 1 天、4 天、10 天、30 天各做一次检测；新的或大修后的 66kV 及以上的互感器，至少应在投运后 3 个月内做一次检测；制造厂规定不取样的全密封互感器可不做检测。

c） 正常运行的检测。运行中设备的定期检测周期表 70 所规定。

表 70 运行中设备油中溶解气体组分含量的定期检测周期

设备名称	设备电压等级和容量	检测周期
变压器和电抗器	电压 750kV 及以上	1 个月一次
	电压 330kV 及以上；容量 240MVA 及以上；电厂升压变压器	3 个月一次
	电压 220kV 及以上；容量 120MVA 及以上	6 个月一次
	电压 66kV 及以上；容量 8MVA 及以上	1 年一次
互感器	电压 66kV 及以上	1 年～3 年一次
套管	—	必要时
注：其他电压等级变压器、电抗器和互感器的检测周期自行规定。制造厂规定不取样的全密封互感器和套管，一般在保证期内可不做检测；在超过保证期后，可在不破坏密封的情况下取样检测		

d） 特殊情况下检测。特殊情况下应按以下要求进行检测：

1） 当设备（不含少油设备）出现异常情况时（如变压器气体继电器动作、差动保护动作、压力释放阀动作，经受大电流冲击、过励磁或过负荷，互感器膨胀器动作等），应立即取油样进行检测。

2） 当气体继电器中有集气时需要取气样进行检测。

3） 当怀疑设备内部有异常时，应根据情况缩短检测周期进行监测或退出运行。在监测过程中，若增长趋势明显，须采取其他相应措施；若在相近运行工况下，检测三次后含量稳定，可适当延长检测周期，直至恢复正常检测周期。

4） 过热性故障，怀疑是由铁心或漏磁产生时，可缩短到至少每周一次；当怀疑导电回路存在故障时，可缩短到至少每天一次。

5） 放电性故障，若怀疑存在低能量放电，应缩短到至少每天一次；若怀疑存在高能量放电，应进一步检查或退出运行。

4.8.2.4.4 出厂和新投运的设备气体含量应符合表 71 的要求。

表 71 出厂和新投运的设备气体含量的要求

μL/L

气体组分	变压器和电抗器	互感器	套 管
氢气	＜10	＜50	＜150
乙炔	0[a]	0[a]	0[a]
总烃	＜20	＜10	＜10
[a] “0”为未检出			

4.8.2.4.5 运行中设备内部油中气体含量超过表 72 和表 73 所列数值时，应引起注意。

表 72 变压器、电抗器和套管油中溶解气体含量注意值

设 备	气体组分	含 量 μL/L	
		330kV 及以上	220kV 及以下
变压器和电抗器	总烃	150	150
	乙炔	1	5
	氢气	150	150
	一氧化碳	见 GB/T 7252.10.3	见 GB/T 7252.10.3
	二氧化碳	见 GB/T 7252.10.3	见 GB/T 7252.10.3
套管	甲烷	100	100
	乙炔	1	2
	氢气	500	500
注 1：本表所列数值不适用于从气体继电器放气嘴取出的气样。 注 2：对 330kV 及以上的电抗器，当出现小于 1μL/L 乙炔时也应引起注意；如气体分析虽已出现异常，但判断不至于危及绕组和铁心安全时，可在超过注意值较大的情况下运行			

表73　电流互感器和电压互感器油中溶解气体含量的注意值

设　备	气体组分	含　量 μL/L	
		220kV 及以上	110kV 及以上
电流互感器	总烃	100	100
	乙炔	1	2
	氢气	150	150
电压互感器	总烃	100	100
	乙炔	2	3
	氢气	150	150

4.8.2.4.6　运行变压器和电抗器绝对产气速率的注意值如表74所示。

表74　变压器和电抗器绝对产气速率注意值　mL/d

气　体　组　分	开　放　式	隔　膜　式
总烃	6	12
乙炔	0.1	0.2
氢气	5	10
一氧化碳	50	100
二氧化碳	100	200
注：当产气速率达到注意值时，应缩短检测周期，进行追踪分析		

4.8.2.4.7　气体含量注意值应参照以下原则进行处置：

a）气体含量注意值不是划分设备内部有无故障的唯一判断依据。当气体含量超过注意值时，应缩短检测周期，结合产气速率进行判断。若气体含量超过注意值，但长期稳定，可在超过注意值的情况下运行；另一方面，气体含量虽低于注意值，但产气速率超过注意值，也应引起重视。

b）当油中首次检测到乙炔（≥0.1μL/L）时也应引起注意。

c）影响油中氢气含量的因素较多，若仅氢气含量超过注意值，但无明显增长趋势，也可判断为正常。

d）应注意区别非故障情况下的气体来源，结合其他手段进行综合分析。

4.8.2.4.8　电气设备溶解气体含量异常时，应按GB/T 7252和DL/T 772的规定方法进行故障类型的判断。

4.8.2.4.9　大型变压器宜安装在线溶解气体监测设备，安装在线溶解气体监测设备应正常投运。

4.8.2.4.10　在线溶解气体检测仪器每年应由具有相应资质的单位进行一次检验，电厂做好检验报告的归档管理，每年应对变压器油进行取样分析，与在线溶解气体检测仪进行比对试验，当实验室检验与在线仪表偏差较大时，应查找原因对在线仪表进行相应的处理。

4.8.2.5 固体绝缘老化的监督

a） 固体绝缘老化应按 DL/T 596 要求监督。

b） 110kV 及以上主变压器及高电抗器投运 1 年后、大修滤油前应进行油中糠醛含量分析。

c） 当设备异常，怀疑伤及固体绝缘时，应进行油中糠醛含量分析。

d） 有条件时，还可进行绝缘纸聚合度的测试。

e） 油中糠醛含量参考注意值和纸绝缘聚合度判据按表 75、表 76 中规定执行。

表 75 绝缘油中糠醛含量参考注意值

运行年限，年	1～5	5～10	10～15	15～20
糠醛含量，mg/L	0.1	0.2	0.4	0.75
注 1：含量超过表中值时，一般为非正常老化，需跟踪检测； 注 2：跟踪检测时，注意增长率； 注 3：测试值大于 4mg/L 时，认为绝缘老化已比较严重				

表 76 变压器纸绝缘聚合度判据

样品聚合度 DPv	＞500	500～250	250～150	＜150
诊断意见	良好	可以运行	注意（根据情况作决定）	退出运行

4.8.3 汽轮机油质量监督

4.8.3.1 新汽轮机油质量标准

a） 新汽轮机、燃气轮机、燃/汽轮机油的验收应按 GB 11120 验收，见表 77～表 79，取样见 GB/T 7597；进口新汽轮机、燃气轮机油则应按国际标准验收或合同规定指标验收。

表 77 L—TSA 和 L—TSE 汽轮机油质量标准

项　目		质量指标							试验方法
		A 级			B 级				
黏度等级（按 GB/T 3141）		32	46	68	32	46	68	100	
外观		透明			透明				目测
色度 号		报告			报告				GB/T 6540
运动黏度（40℃） mm^2/s		28.8～35.2	41.4～50.6	61.2～74.8	28.8～35.2	41.4～50.6	61.2～74.8	90.0～110.0	GB/T 265
黏度指数	不小于	90			85				GB/T 1995[a]
倾点[b] ℃	不高于	–6			–6				GB/T 3535
密度（20℃） kg/m^3		报告			报告				GB/T 1884 GB/T 1885[c]

表 77（续）

<table>
<tr><th colspan="2" rowspan="2">项　目</th><th colspan="7">质　量　指　标</th><th rowspan="3">试验方法</th></tr>
<tr><th colspan="3">A 级</th><th colspan="4">B 级</th></tr>
<tr><td colspan="2">黏度等级（按 GB/T 3141）</td><td>32</td><td>46</td><td>68</td><td>32</td><td>46</td><td>68</td><td>100</td></tr>
<tr><td>闪点（开口）℃</td><td>不低于</td><td colspan="2">186</td><td>195</td><td colspan="2">186</td><td colspan="2">195</td><td>GB/T 3536</td></tr>
<tr><td>酸值（以 mgKOH/g 计）</td><td>不大于</td><td colspan="3">0.2</td><td colspan="4">0.2</td><td>GB/T 4945[d]</td></tr>
<tr><td>水分（质量百分数）%</td><td>不大于</td><td colspan="3">0.02</td><td colspan="4">0.02</td><td>GB/T 11133[e]</td></tr>
<tr><td rowspan="3">泡沫性（泡沫倾向/泡沫稳定性）[f] mL/mL 不大于</td><td>程序 I（24℃）</td><td colspan="3">450/0</td><td colspan="4">450/0</td><td rowspan="3">GB/T 12579</td></tr>
<tr><td>程序 II（93℃）</td><td colspan="3">100/0</td><td colspan="4">100/0</td></tr>
<tr><td>程序 III后（24℃）</td><td colspan="3">450/0</td><td colspan="4">450/0</td></tr>
<tr><td>空气释放值（50℃）mim</td><td>不大于</td><td colspan="2">5</td><td>6</td><td>5</td><td>6</td><td>8</td><td>—</td><td>SH/T 0308</td></tr>
<tr><td>铜片试验（100℃，3h）级</td><td>不大于</td><td colspan="3">1</td><td colspan="4">1</td><td>GB/T 5096</td></tr>
<tr><td colspan="2">液相锈蚀（24h）</td><td colspan="3">无锈</td><td colspan="4">无锈</td><td>GB/T 11143（B 法）</td></tr>
<tr><td rowspan="2">抗乳化性（乳化液达到 3mL 的时间）min 不大于</td><td>54℃</td><td colspan="2">15</td><td>30</td><td colspan="2">15</td><td>30</td><td>—</td><td rowspan="2">GB/T 7305</td></tr>
<tr><td>82℃</td><td colspan="2">—</td><td>—</td><td colspan="2">—</td><td>—</td><td>30</td></tr>
<tr><td colspan="2">旋转氧弹[g] min</td><td colspan="3">报告</td><td colspan="4">报告</td><td>SH/T 0193</td></tr>
<tr><td rowspan="2">氧化安定性</td><td>1000h 后总酸值（以 KOH 计）mg/g 不大于</td><td>0.3</td><td>0.3</td><td>0.3</td><td>报告</td><td>报告</td><td>报告</td><td>—</td><td>GB/T 12581</td></tr>
<tr><td>总酸值达 2.0（以 KOH 计）mg/g 的时间 h 不小于</td><td>3500</td><td>3000</td><td>2500</td><td>2000</td><td>2000</td><td>1500</td><td>1000</td><td>GB/T 12581</td></tr>
</table>

表 77（续）

项目		质量指标							试验方法
		A 级			B 级				
黏度等级（按 GB/T 3141）		32	46	68	32	46	68	100	
氧化安定性	1000h 后油泥 mg 不大于	200	200	200	报告	报告	报告	—	SH/T 0565
承载能力[h]	齿轮机试验失效级 不小于	8	9	10	—				SH/T 0805
过滤性	干法 % 不小于	85			报告				SH/T 0805
	湿法	通过			报告				
清洁度[i] 级		—/18/15			报告				GB/T 14039

注：L—TSA 类分 A 级和 B 级。B 级部适用于 L—TSE 类。

[a] 测定方法也包括 GB/T 2541，结果有争议时，以 GB/T 1995 为仲裁方法。
[b] 可与供应商协商较低的温度。
[c] 测定方法也包括 SH/T 0604。
[d] 测定方法也包括 GB/T 7304 和 SH/T 0163，结果有争议时以 GB/T 4945 为仲裁方法。
[e] 测定方法也包括 GB/T 7600 和 SH/T 0207，结果有争议时以 GB/T 11133 为仲裁方法。
[f] 对于程序Ⅰ和程序Ⅲ，泡沫稳定性在 300s 时记录，对于程序Ⅱ，在 60s 时记录。
[g] 该数值对油品使用中监控是有用的。低于 250min 属不正常。
[h] 仅适用 TSE，测定方法也包括 SH/T 0306，结果有争议时，以 GB/T 19936.1 为仲裁方法。
[i] 按 GB/T 18854 校正自动粒子计数器（推荐采用 DL/T 432 方法计算和测量粒子）

表 78 L—TGA 和 L—TGE 燃气轮机油质量标准

项目		质量指标						试验方法
		L—TGA			L—TGE			
黏度等级（按 GB/T 3141）		32	46	68	32	46	68	
外观		透明			透明			目测
色度 号		报告			报告			GB/T 6540
运动黏度（40℃） mm^2/s		28.8～35.2	41.4～50.6	61.2～74.8	28.8～35.2	41.4～50.6	61.2～74.8	GB/T 265
黏度指数	不小于	90			90			GB/T 1995[a]
倾点[b] ℃	不高于	−6			−6			GB/T 3535

表 78（续）

项目		质量指标						试验方法
		L—TGA			L—TGE			
黏度等级（按 GB/T 3141）		32	46	68	32	46	68	
密度（20℃） kg/m³		报告			报告			GB/T 1884 GB/T 1885[c]
闪点 ℃ 不低于	开口	186			186			GB/T 3536 GB/T 261
	闭口	170			170			
酸值（mgKOH/g） 不大于		0.2			0.2			GB/T 4945[d]
水分（质量百分数） % 不大于		0.02			0.02			GB/T 11133[e]
泡沫性（泡沫倾向/泡沫稳定性）[f]， mL/mL 不大于	程序 I（24℃）	450/0			450/0			GB/T 12579
	程序 II（93℃）	50/0			50/0			
	程序III （后 24℃）	450/0			450/0			
空气释放值（50℃） mim 不大于		5		6	5		6	SH/T 0308
铜片试验（100℃，3h） 级 不大于		1			1			GB/T 5096
液相锈蚀（24h）		无锈			无锈			GB/T 11143 （B 法）
旋转氧弹[g] min		报告			报告			SH/T 0193
氧化安定性	1000h 后总酸值 （以 KOH 计） mg/g 不大于	0.3	0.3	0.3	0.3	0.3	0.3	GB/T 12581
	总酸值达 2.0 （以 KOH 计） mg/g 的时间 h 不小于	3500	3000	2500	3500	3000	2500	GB/T 12581 SH/T 0565
	1000h 后油泥 mg 不大于	200	200	200	200	200	200	
承载能力[h]	齿轮机试验 失效级 不小于	—			8	9	10	SH/T 0805
过滤性 不小于 %	干法	85			85			SH/T 0805
	湿法	通过			报告			

表 78（续）

项　　目	质　量　指　标						试验方法
	L—TGA			L—TGE			
黏度等级（按 GB/T 3141）	32	46	68	32	46	68	
清洁度[i] 级	—/17/14			—/17/14			GB/T 14039

[a] 测定方法也包括 GB/T 2541，结果有争议时，以 GB/T 1995 为仲裁方法。
[b] 可与供应商协商较低的温度。
[c] 测定方法也包括 SH/T 0604。
[d] 测定方法也包括 GB/T 7304 和 SH/T 0163，结果有争议时以 GB/T 4945 为仲裁方法。
[e] 测定方法也包括 GB/T 7600 和 SH/T 0207，结果有争议时以 GB/T 11133 为仲裁方法。
[f] 对于程序 I 和程序III，泡沫稳定性在 300s 时记录，对于程序 II，在 60s 时记录。
[g] 该数值对油品使用中监控是有用的，低于 250min 属不正常。
[h] 测定方法也包括 SH/T 0306，结果有争议时，以 GB/T 19936.1 为仲裁方法。
[i] 按 GB/T 18854 校正自动粒子计数器（推荐采用 DL/T 432 方法计算和测量粒子）

表 79　**L—TGSB 和 L—TGSE** 燃/汽轮机油质量标准

项　　目		质　量　指　标						试验方法
		L—TGSB			L—TGSE			
黏度等级（按 GB 3141）		32	46	68	32	46	68	
外观		透明			透明			目测
色度 号		报告			报告			GB/T 6540
运动黏度（40℃） mm²/s		28.8～35.2	41.4～50.6	61.2～74.8	28.8～35.2	41.4～50.6	61.2～74.8	GB/T 265
黏度指数	不小于	90			90			GB/T 1995[a]
倾点[b] ℃	不高于	–6			–6			GB/T 3535
密度（20℃） kg/m³		报告			报告			GB/T 1884 GB/T 1885[c]
闪点 ℃ 不低于	开口	200			200			GB/T 3536 GB/T 261
	闭口	190			190			
酸值（mgKOH/g）	不大于	0.2			0.2			GB/T 4945[d]
水分 （质量百分数） %	不大于	0.02			0.02			GB/T 11133[e]
泡沫性（泡沫倾向/泡沫稳定性）[f] mL/mL 不大于	程序 I 24℃	450/0			50/0			GB/T 12579
	程序 II 93℃	50/0			50/0			
	程序III后 24℃	450/0			50/0			

表 79（续）

项目		质量指标						试验方法
		L—TGSB			L—TGSE			
黏度等级（按GB 3141）		32	46	68	32	46	68	
空气释放值（50℃）mim　不大于		5	5	6	5	5	6	SH/T 0308
铜片试验（100℃，3h）级　不大于		1			1			GB/T 5096
液相锈蚀（24h）		无锈			无锈			GB/T 11143（B 法）
抗乳化性（54℃，乳化液达到 3mL 的时间）min　不大于		30			30			GB/T 7305
旋转氧弹 min　不小于		750			750			SH/T 0193
改进旋转氧弹[g] min　不小于		85			85			SH/T 0193
氧化安定性	总酸值达 2.0（以 KOH 计）mg/g 的时间 h　不小于	3500	3000	2500	3500	3000	2500	GB/T 12581
高温氧化安定性（175℃，72h）	黏度变化率 %	报告			报告			ASTMD 4636[h]
	酸值变化（以 KOH 计）mg/g	报告			报告			
	（钢、铝、镉、铜、镁）金属片重量变化 mg/cm^2	±0.250			±0.250			
承载能力	齿轮机试验 失效级　不小于	—			8	9	10	GB/T 19936.1
过滤性 % 不小于	干法	85			85			SH/T 0805
	湿法	通过			报告			

表 79（续）

项　　目		质 量 指 标						试验方法
		L—TGSB			L—TGSE			
黏度等级（按 GB 3141）		32	46	68	32	46	68	
清洁度[i]级		—/17/14			—/17/14			GB/T 14039

[a] 测定方法也包括 GB/T 2541，结果有争议时，以 GB/T 1995 为仲裁方法。
[b] 可以供应商协商较低的温度。
[c] 测定方法也包括 SH/T 0604。
[d] 测定方法也包括 GB/T 7304 和 SH/T 0163，结果有争议时以 GB/T 4945 为仲裁方法。
[e] 测定方法也包括 GB/T 7600 和 SH/T 0207，结果有争议时以 GB/T 11133 为仲裁方法。
[f] 对于程序Ⅰ和程序Ⅲ，泡沫稳定性在 300s 时记录，对于程序Ⅱ，在 60s 时记录。
[g] 取 300mL 油样，在 121 下，以 3L/h 的速度通入情节干燥的氮气，经 48h 后，按照 SH/T 0193 进行试验，所得结果与未经处理的样品所得结果的比值的百分数表示。
[h] 测定方法也包括 SH/T 0306，结果有争议时，以 GB/T 19936.1 为仲裁方法。
[i] 按 GB/T 18854 校正自动粒子计数器（推荐采用 DL/T 432 方法计算和测量粒子）

4.8.3.2 新机组投运前及投运初期汽轮机和燃气轮机油检测要求

4.8.3.2.1 新机组投运前和投运初期汽轮机和燃气轮机油的检测项目、检测周期和质量标准应满足 GB/T 7596 和 GB/T 14541 的要求。

4.8.3.2.2 汽轮机新油注入设备后的检验项目和要求如下：

a） 油样，经循环 24h 后的油样，并保留 4L 油样；
b） 外观，清洁、透明；
c） 颜色，与新油颜色相似；
d） 黏度，应与新油结果相一致；
e） 酸值，同新油；
f） 水分，无游离水存在；
g） 洁净度，≤NAS 7 级；
h） 破乳化度，同新油要求；泡沫特性，同新油要求。

4.8.3.2.3 汽轮机组在投运后一年内的检验项目和周期见表 80。

表 80　汽轮机组投运 12 个月内的检验项目及周期

项目	外观	颜色	黏度	酸值	闪点	水分	洁净度	破乳化度	防锈性	泡沫特性	空气释放值
检验周期	每天	每周	1 个～3 个月	每月	必要时	每月	1 个～3 个月	每 6 个月	每 6 个月	必要时	必要时

4.8.3.2.4 燃气轮机新油注入设备后的检验项目和要求如下：

a） 油样，经循环 24h 后的油样，并保留 4L 油样；
b） 颜色，与新油颜色相似；
c） 外观，清洁、透明；

d） 黏度，同新油；

e） 酸值，同新油；

f） 洁净度，符合 NAS7 级；

g） RBOT 试验，应与新油相一致。

4.8.3.2.5 燃气轮机在投运 6 个月内的检测项目和周期见表 81。

表 81 燃气轮机在投运 6 个月内的检验项目及周期

检验项目	外观	颜色	黏度	酸值	洁净度	RBOT 试验
检验周期	100h	200h	500h	500h	500h	2000h
控制标准	清洁、透明	无异常变化	不超出新油±10%	增加值不大于 0.2	≤NAS7 级	不低于新油的 25%
注 1：检验周期为机组实际运行时间的累计小时数。 注 2：RBOT 试验方法见 GB/T 14541 附录 C						

4.8.3.3 正常运行期间汽轮机油的质量标准和检测周期

4.8.3.3.1 运行中汽轮机油质量标准满足 GB/T 7596 的要求，见表 82。

表 82 运行中汽轮机油的质量指标和检测方法

<table>
<tr><th>序号</th><th colspan="2">项　　目</th><th>质　量　指　标</th><th>检测方法</th></tr>
<tr><td>1</td><td colspan="2">外状</td><td>透明</td><td>DL/T 429.1</td></tr>
<tr><td rowspan="2">2</td><td rowspan="2">运动黏度（40℃）
mm²/s</td><td>32[a]</td><td>28.8～35.2</td><td rowspan="2">GB/T 265</td></tr>
<tr><td>46[a]</td><td>41.4～50.6</td></tr>
<tr><td>3</td><td colspan="2">闪点（开口杯）
℃</td><td>≥180，且比前次测定值不低于 10℃</td><td>GB/T 267</td></tr>
<tr><td>4</td><td colspan="2">机械杂质</td><td>无</td><td>外观目视</td></tr>
<tr><td>5</td><td colspan="2">洁净度[b]（NAS 1638）
级</td><td>≤8</td><td>DL/T 432</td></tr>
<tr><td rowspan="2">6</td><td rowspan="2">酸值
mgKOH/g</td><td>未加防锈剂油</td><td>≤0.2</td><td rowspan="2">GB/T 264</td></tr>
<tr><td>加防锈剂油</td><td>≤0.3</td></tr>
<tr><td>7</td><td colspan="2">液相锈蚀</td><td>无锈</td><td>GB/T 11143</td></tr>
<tr><td>8</td><td colspan="2">破乳化度（54℃）
min</td><td>≤30</td><td>GB/T 7605</td></tr>
<tr><td>9</td><td colspan="2">水分
mg/L</td><td>≤100</td><td>GB/T 7600 或
GB/T 7601</td></tr>
<tr><td rowspan="3">10</td><td rowspan="3">起泡沫试验
mL</td><td>24℃</td><td>500/10</td><td rowspan="3">GB/T 12579</td></tr>
<tr><td>93.5℃</td><td>50/10</td></tr>
<tr><td>后 24℃</td><td>500/10</td></tr>
</table>

表 82（续）

序号	项　　目	质　量　指　标	检测方法
11	空气释放值 min	≤10	SH/T 0308
12	旋转氧弹值 min	报　告	SH/T 0193
[a] 32、46 为汽轮机油黏度等级。 [b] 对于润滑油系统和调速系统共用一个油箱，也用矿物汽轮机油的设备，此时油中洁净度指标应参考设备制造厂提出的控制指标执行，NAS 1638 洁净度分级标准见本标准附录 C			

4.8.3.3.2　运行中汽轮机油检测项目和周期满足 GB/T 14541 要求，见表 83。

表 83　汽轮机油常规检验周期和检验项目

检　验　周　期	检 验 项 目
新设备投运	1～11
机组在大修后和启动前	1～11
每周至少 1 次	1、4
每 1 个月、第 3 个月以后每 6 个月	2、3
每月、1 年以后每 3 个月	6
第 1 个月、第 6 个月以后每年	10、11
第 1 个月以后每 6 个月	5、7、8
注 1：“检验项目”栏内 1、2…为表 82 中项目序号。 注 2：机组运行正常，可以适当延长检验周期，但发现油中混入水分（油呈混浊）时，应增加检验次数，并及时采取处理措施。 注 3：机组检修后的补油、换油以后的试验则应另行增加检验次数，如果试验结果指出油已变坏或接近它的运行寿命终点时，则检验次数应增加	

4.8.3.3.3　汽轮机检测项目异常时，应按 GB/T 14541 的规定采取相应的措施，见表 84。

表 84　运行中汽轮机油试验结果异常解释及推荐措施

项　目	警戒极限	原因解释	措　施　概　要
外 观	1. 乳化不透明，有杂质； 2. 有油泥	1. 油中含水或有固体物质； 2. 油质深度劣化	1. 调查原因，采取机械过滤； 2. 投入油再生装置或必要时换油
颜色	迅速变深	1. 有其他污染物； 2. 油质深度老化	找出原因，必要时投入油再生装置
酸值 mg KOH/g	增加值超过新油 0.1～0.2	1. 系统运行条件恶劣； 2. 抗氧化剂耗尽； 3. 补错了油； 4. 油被污染	查明原因，增加试验次数；补加 T501 投入油再生装置；有条件单位可测定 RBOT，如果 RBOT 降到新油原始值的 25%时，可能油质劣化，考虑换油

表 84（续）

项　目	警戒极限	原因解释	措　施　概　要
闪点（开口） ℃	比新油高或低出15℃以上	油被污染或过热	查明原因，并结合其他试验结果比较，并考虑处理或换油
黏度（40℃） mm^2/s	比新油原始值相差±10%以上	1. 油被污染； 2. 补错了油； 3. 油质已严重劣化	查明原因，并测定闪点或破乳化度，必要时应换油
锈蚀试验	有轻锈	1. 系统中有水； 2. 系统维护不当（忽视放水或油已呈乳化状态）； 3. 防锈剂消耗	加强系统维护，并考虑添加防锈剂
破乳化度 min	＞30	油污染或劣化变质	如果油呈乳化状态，应采取脱水或吸附处理措施
水分 mg/L	氢冷机组＞80，非氢冷机组＞150	1. 冷油器泄漏； 2. 轴封不严； 3. 油箱未及时排水	检查破乳化度，并查明原因；启用过滤设备，排出水分，并注意观察系统情况消除设备缺陷
洁净度 NAS 级	＞8	1.补油时带入的颗粒； 2. 系统中进入灰尘； 3. 系统中锈蚀或磨损颗粒	查明和消除颗粒来源，启动精密过滤装置清洁油系统
起泡沫试验 mL	倾向＞500，稳定性＞10	1. 可能被固体物污染或加错了油； 2. 在新机组中可能是残留的锈蚀物的妨害所致	注意观察，并与其他试验结果比较；如果加错了油应更换纠正；可酌情添加消泡剂，并开启精滤设备处理
空气释放值 min	＞10	油污染或劣化变质	注意观察，并与其他试验结果相比较，找出污染原因并消除
注：表中除水分和锈蚀两个试验项目外，其余项目均适用于燃气一蒸汽联合循环油			

4.8.3.3.4　运行汽轮机油防止劣化的措施按 GB/T 7596 之附录 A 执行。

4.8.3.3.5　当汽轮机油质量指标达到 NB/SH/T 0636 规定的换油指标时，应采取措施处理或更换新油。L—TSA 汽轮机油换油标准见表 85。

表 85　L—TSA 汽轮机油换油指标的技术要求和试验方法

项　　目		换油指标				试验方法
黏度等级（按 GB/T 3141）		32	46	68	100	
运动黏度（40℃）变化率 %	超过	±10				
酸值增加 mgKOH/g	大于	0.3				GB/T 7304

表 85（续）

<table>
<tr><td colspan="2">项　目</td><td colspan="4">换油指标</td><td rowspan="2">试验方法</td></tr>
<tr><td colspan="2">黏度等级（按 GB/T 3141）</td><td>32</td><td>46</td><td>68</td><td>100</td></tr>
<tr><td>水分 （质量分数）
%</td><td>大于</td><td colspan="4">0.1</td><td>GB/T 260、GB/T 11133、GB/T 7600</td></tr>
<tr><td>抗乳化性（乳化层减少到 3ml），
54℃[a]
min</td><td>大于</td><td colspan="2">40</td><td colspan="2">60</td><td>GB/T 7305</td></tr>
<tr><td>氧化安定性旋转氧弹（150℃）
min</td><td>小于</td><td colspan="4">60</td><td>SH/T 0193</td></tr>
<tr><td colspan="2">液相锈蚀试验（蒸馏水）</td><td colspan="4">不合格</td><td>GB/T 11143</td></tr>
</table>

4.8.3.4 正常运行期间燃气轮机油的质量标准和检测周期

4.8.3.4.1 运行中燃轮机油质量标准满足 GB/T 7596 的要求，见表 86。

表 86 运行中燃气轮机油的质量指标和检测方法

<table>
<tr><td>序号</td><td colspan="2">项　目</td><td>质量指标</td><td>试验方法</td></tr>
<tr><td>1</td><td colspan="2">外观</td><td>清洁透明</td><td>DL/T 429.1</td></tr>
<tr><td>2</td><td colspan="2">颜色</td><td>无异常变化</td><td>DL/T 429.2</td></tr>
<tr><td rowspan="2">3</td><td rowspan="2">黏度（40℃）
mm²/s</td><td>32[a]</td><td>28.8～35.2</td><td rowspan="2">GB/T 265</td></tr>
<tr><td>46[a]</td><td>41.4～50.6</td></tr>
<tr><td>4</td><td colspan="2">酸值
mgKOH/g</td><td>≤0.4</td><td>GB/T 264</td></tr>
<tr><td>5</td><td colspan="2">洁净度（NAS1638）
级</td><td>≤NAS8 级</td><td>DL/T 432</td></tr>
<tr><td>6</td><td colspan="2">旋转氧弹值</td><td>不比新油低 75%</td><td>SH/T 0913</td></tr>
<tr><td>7</td><td colspan="2">T501 含量</td><td>不比新油低 25%</td><td>GB/T 7602</td></tr>
<tr><td colspan="5">[a] 32、46 为燃气轮机油黏度等级</td></tr>
</table>

4.8.3.4.2 运行中燃轮机油检测项目和周期满足 GB/T 14541 要求，见表 87。

表 87 燃气轮机油正常运行期间检验周期

项目	外观	颜色	黏度	酸值	洁净度	旋转氧弹值	T501 含量
检测周期	100h	200h	500h	500h～1000h	1000h	2000h	2000h

4.8.3.4.3 汽轮机和燃气轮机公用一润滑油箱时，检测周期和质量指标以两者中最严的执行，设备制造原有特殊要求时主要制造厂家要求执行。

4.8.4 密封油质量监督

4.8.4.1 新密封油验收标准

新密封油验收按 GB/T 11120 的要求执行，新密封油质量标准见表 87。

4.8.4.2 运行中的密封油质量标准

运行中的密封油质量标准应符合表 88 的规定。

表 88 运行中氢冷发电机用密封油质量标准

序号	项 目	质 量 标 准	测试方法
1	外观	透明	目视
2	运动黏度（40℃） mm^2/s	与新油原测定值的偏差不大于 20%	GB/T 265
3	闪点（开口杯） ℃	不低于新油原测定值 15℃	GB/T 267
4	酸值 KOHmg/g	≤0.30	GB/T 264
5	机械杂质	无	外观目视
6	水分 mg/L	≤50	GB/T 7600
7	空气释放值（50℃） min	10	GB/T 12597
8	泡沫特性（24℃） ml	600	SH/T 0308

4.8.4.3 运行密封油的监督

a）对密封油系统与润滑油系统分开的机组，应从密封油箱底部取样化验；对密封油系统与润滑油系统共用油箱的机组，应从冷油器出口处取样化验。

b）机组正常运行时的常规检验项目和周期应符合表 89 的规定。

c）新机组投运或机组检修后启动运行 3 个月内，应加强水分和机械杂质的检测。

d）机组运行异常或氢气湿度超标时，应增加油中水分检验次数。

表 89 运行中氢冷发电机用密封油常规检验周期和检验项目

检 验 项 目	检 验 周 期
水分、机械杂质	半月一次
运动黏度、酸值	半年一次
空气释放值、泡沫特性、闪点	每年一次

4.8.5 抗燃油质量标准

4.8.5.1 新抗燃油质量标准

a）新抗燃油应按 DL/T 571 的规定验收，质量标准见表 90，取样数量见 GB/T 7597。

表 90 新磷酸酯抗燃油质量标准

序号	项 目	指 标	试验方法
1	外观	透明，无杂质或悬浮物	DL/T 429.1
2	颜色	无色或淡黄	DL/T 429.2

表 90（续）

序号	项目		指标	试验方法
3	密度（20℃） kg/m³		1130～1170	GB/T 1884
4	运动黏度（40℃） mm^2/s	ISO VG32	28.8～35.2	GB/T 265
		ISO VG46	41.4～50.6	
5	倾点 ℃		≤-18	GB/T 3535
6	闪点（开口） ℃		≥240	GB/T 3536
7	自燃点 ℃		≥530	DL/T 706
8	洁净度 SAE AS4509D[a] 级		≤6	DL/T 432
9	水分 mg/L		≤600	GB/T 7600
10	酸值 mgKOH/g		≤0.05	GB/T 264
11	氯含量 mg/kg		≤50	DL/T 433 或 DL/T 1206
12	泡沫特性 mL/mL	24℃	≤ 50/0	GB/T 12579
		93.5℃	≤ 10/0	
		后 24℃	≤ 50/0	
13	电阻率（20℃） Ω·cm		$\geq 1\times10^{10}$	DL/T 421
14	空气释放值（50℃） min		≤6	SH/T 0308
15	水解安定性 mgKOH/g		≤0.5	EN 14833
16	氧化安定性	酸值 mgKOH/g	1.5	EN 14832
		铁片重量变化 mg	1.0	
		铜片重量变化 mg	2.0	

a 洁净度（ SAE AS4509D ）分级见附录 C

4.8.5.2 运行中抗燃油质量标准

a） 运行中抗燃油质量标准见表 91，进口机组应同时满足厂家要求。

b） 运行中抗燃油的取样应按 GB/T 7597 及 DL/T 571 执行。

表 91 运行中磷酸酯抗燃油质量标准

序号	项 目		指 标	试验方法
1	外观		透明，无杂质或悬浮物	DL/T 429.1
2	颜色		橘红	DL/T 429.2
3	密度（20℃） kg/m^3		1130～1170	GB/T 1884
4	运动黏度（40℃） mm^2/s	ISO VG32	27.2～36.8	GB/T 265
		ISO VG46	39.1～52.9	
5	倾点 ℃		≤−18	GB/T 3535
6	闪点（开口） ℃		≥235	GB/T 3536
7	自燃点 ℃		≥530	DL/T 706
8	洁净度 SAE AS4509D 级		≤6	DL/T 432
9	水分 mg/L		≤1000	GB/T 7600
10	酸值 mgKOH/g		≤0.15	GB/T 264
11	氯含量 mg/kg		≤100	DL/T 433
12	泡沫特性 mL/mL	24℃	≤200/0	GB/T 12579
		93.5℃	≤40/0	
		后 24℃	≤200/0	
13	电阻率（20℃） Ω・cm		$\geq 6\times10^9$	DL/T 421
14	空气释放值（50℃） min		≤10	SH/T 0308
15	矿物油含量 %（m/m）		≤4	DL/T 571 附录 C

4.8.5.3 运行中磷酸酯抗燃油的监督和维护

4.8.5.3.1 新的及进行系统检修的抗燃油系统投运前应采取如下监督和维护措施：

a） 抗燃油系统设备安装前，应用将使用的同牌号抗燃油冲洗所有过油零部件、设备，确认表面清洁、无异物（包括制造的残油）污染后方可安装。

b） 设备、系统安装完毕，应按照 DL/T 5190.3 及制造厂编写的冲洗规程制订冲洗方案进行冲洗。注入新抗燃油，当油箱油位处于高位后，启动油泵进行油循环冲洗，并外加过滤装置过滤，冲洗过程应及时补油保持油箱油位处于最高油位。

c） 在系统冲洗过滤过程中，应取样测试洁净度，直至测定结果达到设备制造厂要求的洁净度后，再进行油动机等部件的动作试验。

d） 外加过滤装置继续过滤，直至油动机等动作试验完毕，取样化验洁净度合格后（满足 SAE AS4509D 中不大于 5 级的要求）可停止过滤，同时取样进行油质全分析试验，试验结果除洁净度外其他指标应符合表 90 的要求。

4.8.5.3.2 运行人员应巡检以下项目：

a） 定期记录油压、油温、油箱油位。

b） 记录油系统及旁路再生装置精密过滤器的压差变化情况。

4.8.5.3.3 试验室试验项目及周期如下：

a） 试验室试验项目及周期应符合表 92 的规定。

表 92 抗燃油试验室试验项目及周期

序号	试 验 项 目	第一个月	第二个月后
1	外观、颜色、水分、酸值、电阻率	两周一次	每月一次
2	运动黏度、洁净度	—	三个月一次
3	泡沫特性、空气释放值、矿物油含量	—	六个月一次
4	外观、颜色、密度、运动黏度、倾点、闪点、自燃点、洁净度、水分、酸值、氯含量、泡沫特性、电阻率、空气释放值和矿物油含量	—	机组检修重新启动前、每年至少一次
5	洁净度	—	机组启动 24h 后复查
6	运动黏度、密度、闪点和洁净度	—	补油后
7	倾点、闪点、自燃点、氯含量、密度	—	必要时

b） 如果油质异常，应缩短试验周期，必要时取样进行全分析。

4.8.5.3.4 油质异常原因及处理措施如下：

a） 实验室、化学监督专责人应根据表 91 运行磷酸酯抗燃油质量标准的规定，对油质试验结果进行分析。如果发现油质指标超标，应进行评估，提出建议，并通知有关部门，查明指标超标原因，采取相应处理措施。

b） 运行磷酸酯抗燃油油质指标超标的可能原因及参考处理方法见表 93。

表 93 运行中磷酸酯抗燃油油质异常原因及处理措施

项 目	异常极限值	异 常 原 因	处 理 措 施
外观	混浊、有悬浮物	1）油中进水； 2）被其他液体或杂质污染	1）脱水过滤处理； 2）考虑换油

表 93（续）

项　　目	异常极限值	异 常 原 因	处 理 措 施
颜色	迅速加深	1）油品严重劣化； 2）油温升高，局部过热； 3）磨损的密封材料污染	1）更换旁路吸附再生滤芯或吸附剂； 2）采取措施控制油温； 3）消除油系统存在的过热点； 4）检修中对油动机等解体检查、更换密封圈
密度（20℃） kg/m³	＜1130；或＞1170	被矿物油或其他液体污染	换油
倾点 ℃	＞–15		
运动黏度（40℃） mm²/s	与新油牌号代表的运动黏度中心值相差超过±20%		
矿物油含量 %	＞4		
闪点 ℃	＜220		
自燃点 ℃	＜500		
酸值 mgKOH/g	＞0.15	1）运行油温高，导致老化； 2）油系统存在局部过热； 3）油中含水量大，发生水解	1）采取措施控制油温； 2）消除局部过热； 3）更换吸附再生滤芯，每隔 48h 取样分析，直至正常； 4）如果更换系统的旁路再生滤芯还不能解决问题，可考虑采用外接带再生功能的抗燃油滤油机滤油； 5）如果经处理仍不能合格，考虑换油
水分 mg/L	＞1000	1）冷油器泄漏； 2）油箱呼吸器的干燥剂失效，空气中水分进入； 3）投用了离子交换树脂再生滤芯	1）消除冷油器泄漏； 2）更换呼吸器的干燥剂； 3）进行脱水处理
氯含量 mg/kg	＞100	含氯杂质污染	1）检查是否在检修或维护中用过含氯的材料或清洗剂等； 2）换油
电阻率（20℃） Ω·cm	＜6×10^9	1）油质老化； 2）可导电物质污染	1）更换旁路再生装置的再生滤芯或吸附剂； 2）如果更换系统的旁路再生滤芯还不能解决问题，可考虑采用外接带再生功能的抗燃油滤油机滤油； 3）换油

表 93（续）

项　目		异常极限值	异常原因	处理措施
洁净度 SAE　AS4509D 级		＞6	1）被机械杂质污染； 2）精密过滤器失效； 3）油系统部件有磨损	1）检查精密过滤器是否破损、失效，必要时更换滤芯； 2）检修时检查油箱密封及系统部件是否有腐蚀磨损； 3）消除污染源，进行旁路过滤，必要时增加外置过滤系统过滤，直至合格； 4）频繁启停燃机可增加油动机处取样，以反映该处真实油质水平
泡沫 特性 mL/mL	24℃	＞250/50	1）油老化或被污染； 2）添加剂不合适	1）消除污染源； 2）更换旁路再生装置的再生滤芯或吸附剂； 3）添加消泡剂； 4）考虑换油
	93.5℃	＞50/10		
	后 24℃	＞250/50		
空气释放值 （50℃） min		＞10	1）油质劣化； 2）油质污染	1）更换旁路再生滤芯或吸附剂； 2）考虑换油

4.8.5.3.5　运行中磷酸酯抗燃油的维护以及相关技术管理、安全要求按照 DL/T 571 具体规定执行。

4.8.6　辅机用油监督

4.8.6.1　辅机用油监督一般规定

4.8.6.1.1　辅机用油监督和维护应满足 DL/T 290 的相关要求。

4.8.6.1.2　辅机用油测定洁净度的取样按照 DL/T 432 的要求进行，其他项目试验的取样按照 GB/T 7597 的要求进行。

4.8.6.1.3　对用油量大于 100L 各种辅机用油，包括：水泵用油、风机用油、空气压缩机用油应进行定期检测分析监督。

4.8.6.1.4　用油量小于 100L 的各种辅机，运行中只需要现场观察油的外观、颜色和机械杂质。如外观异常或有较多肉眼可见的机械杂质，应进行换油处理；如无异常变化，则每次大修时或按照设备制造商要求做换油处理。

4.8.6.1.5　使用汽轮机油的小汽轮机和电动给水泵油的监督应按汽轮机油执行。

4.8.6.1.6　压气机和燃气轮机液压、控制用油按设备制造厂家要求进行监督。

4.8.6.2　新辅机用油的验收

4.8.6.2.1　在新油交货时，应对油品进行取样验收。防锈汽轮机油按照 GB 11120 验收，液压油按照 GB 11118.1 验收，齿轮油按照 GB 5903 验收，空气压缩机用油按照 GB 12691 验收，液力传动油按照 TB/T 2957 验收等。必要时可按有关国际标准或双方合同约定的指标验收。

4.8.6.2.2　各类辅机用油新油的质量标准见表 94～表 101。

表 94 **L—HL** 抗氧防锈液压油的技术要求和试验方法

<table>
<tr><td colspan="2">项　　目</td><td colspan="7">质　量　指　标</td><td rowspan="2">试验方法</td></tr>
<tr><td colspan="2">黏度等级（GB/T 3141）</td><td>15</td><td>22</td><td>32</td><td>46</td><td>68</td><td>100</td><td>150</td></tr>
<tr><td colspan="2">密度（20℃）[a]
kg/m³</td><td colspan="7">报告</td><td>GB/T 1884
GB/T 1885</td></tr>
<tr><td colspan="2">色度
号</td><td colspan="7">报告</td><td>GB/T 6540</td></tr>
<tr><td colspan="2">外观</td><td colspan="7">透明</td><td>目测</td></tr>
<tr><td colspan="2">闪点（开口）
℃　　不低于</td><td>140</td><td>165</td><td>175</td><td>185</td><td>195</td><td>205</td><td>215</td><td>GB/T 3536</td></tr>
<tr><td rowspan="2">运动黏度
mm²/s
不大于</td><td>40℃</td><td>13.5～16.5</td><td>19.8～24.2</td><td>28.8～35.2</td><td>41.4～50.6</td><td>61.2～74.8</td><td>90～110</td><td>135～165</td><td rowspan="2">GB/T 265</td></tr>
<tr><td>0℃</td><td>140</td><td>300</td><td>420</td><td>780</td><td>1400</td><td>2560</td><td>—</td></tr>
<tr><td colspan="2">黏度指数[b]　　不小于</td><td colspan="7">80</td><td>GB/T 1995</td></tr>
<tr><td colspan="2">倾点[c]
℃　　不高于</td><td>−12</td><td>−9</td><td>−6</td><td>−6</td><td>−6</td><td>−6</td><td>−6</td><td>GB/T 3535</td></tr>
<tr><td colspan="2">酸值[d]
mg KOH /g</td><td colspan="7">报告</td><td>GB/T 4945</td></tr>
<tr><td colspan="2">水分（质量分数）
%　　不大于</td><td colspan="7">痕迹</td><td>GB/T 260</td></tr>
<tr><td colspan="2">机械杂质</td><td colspan="7">无</td><td>GB/T 511</td></tr>
<tr><td colspan="2">清洁度</td><td colspan="7">由供需双方协商确定，也包括用 NAS1638 分级</td><td>DL/T 432 和
GB/T 14039</td></tr>
<tr><td colspan="2">铜片腐蚀
（100℃，3h）
级　　不大于</td><td colspan="7">1</td><td>GB/T 5096</td></tr>
<tr><td colspan="2">液相锈蚀（24h）</td><td colspan="7">无锈</td><td>GB/T 11143
（A 法）</td></tr>
<tr><td rowspan="3">泡沫性
（泡沫倾向/
泡沫稳定性）
mL/mL</td><td>程序 I
（24℃）
不大于</td><td colspan="7">150/0</td><td rowspan="3">GB/T 12579</td></tr>
<tr><td>程序 II
（93.5℃）
不大于</td><td colspan="7">75/0</td></tr>
<tr><td>程序III
（后 24℃）
不大于</td><td colspan="7">150/0</td></tr>
<tr><td colspan="2">空气释放值（50℃）
min　　不大于</td><td>5</td><td>7</td><td>7</td><td>10</td><td>12</td><td>15</td><td>25</td><td>SH/T 0308</td></tr>
<tr><td colspan="2">密封适应性指数　　不大于</td><td>14</td><td>12</td><td>10</td><td>9</td><td>7</td><td>6</td><td>报告</td><td>SH/T 0305</td></tr>
</table>

表 94（续）

项目		质量指标							试验方法
黏度等级（GB/T 3141）		15	22	32	46	68	100	150	
抗乳化性（乳化液到3mL的时间）min	54℃　不大于	30	30	30	30	30	—	—	GB/T 7305
	82℃　不大于	—	—	—	—	—	30	30	
氧化安定性	1000h 后总酸值 mg KOH/g 不大于[e]	—	2.0						GB/T 12581
	1000h 后油泥 mg	—	报告						SH/T 0565
旋转氧弹（150℃）min		报告	报告						SH/T 0193
磨斑直径（392N，60min，75℃，1200r/min）mm		报告							SH/T 0189

[a] 测定方法也包括用 SH/T 0604。
[b] 测定方法也包括用 GB/T 2541，结果有争议时，以 GB/T 1995 为仲裁方法。
[c] 用户有特殊要求时，可与生产单位协商。
[d] 测定方法也包括用 GB/T 264。
[e] 黏度等级为 15 的油不测定，但所含抗氧化剂类型和量应与产品定型时黏度等级为 22 的试验油样相同

表 95　L—HM 抗磨液压油（高压、普通）的技术要求和试验方法

项目		质量指标										试验方法
		L—HM（高压）				L—HM（普通）						
黏度等级（GB/T 3141）		32	46	68	100	22	32	46	68	100	150	
密度[a]（20℃）kg/m³		报告				报告						GB/T 1884 GB/T 1885
色度 号		报告				报告						GB/T 6540
外观		透明				透明						目测
闪点（开口）℃	不低于	175	185	195	205	165	175	185	195	205	215	GB/T 3536
运动黏度 mm²/s 不大于	40℃	28.8～35.2	41.4～50.6	61.2～74.8	90～110	19.8～24.2	28.8～35.2	41.4～50.6	61.2～74.8	90～110	135～165	GB/T 265
	0℃	—	—	—	—	300	420	780	1400	2560	—	
黏度指数[b]	不小于	95				85						GB/T 1995

表 95（续）

<table>
<tr><td colspan="2" rowspan="2">项　　目</td><td colspan="10">质　量　指　标</td><td rowspan="3">试验方法</td></tr>
<tr><td colspan="4">L—HM（高压）</td><td colspan="6">L—HM（普通）</td></tr>
<tr><td colspan="2">黏度等级（GB/T 3141）</td><td>32</td><td>46</td><td>68</td><td>100</td><td>22</td><td>32</td><td>46</td><td>68</td><td>100</td><td>150</td></tr>
<tr><td colspan="2">倾点[c]
℃　不高于</td><td>−15</td><td>−9</td><td>−9</td><td>−9</td><td>−15</td><td>−15</td><td>−9</td><td>−9</td><td>−9</td><td>−9</td><td>GB/T 3535</td></tr>
<tr><td colspan="2">酸值[d]
mg KOH /g</td><td colspan="4">报告</td><td colspan="6">报告</td><td>GB/T 4945</td></tr>
<tr><td colspan="2">水分（质量分数）
%　不大于</td><td colspan="4">痕迹</td><td colspan="6">痕迹</td><td>GB/T 260</td></tr>
<tr><td colspan="2">机械杂质</td><td colspan="4">无</td><td colspan="6">无</td><td>GB/T 511</td></tr>
<tr><td colspan="2">清洁度</td><td colspan="4">由供需双方确定。也包括用 NAS1638 分级</td><td colspan="6">由供需双方确定。也包括用 NAS1638 分级</td><td>DL/T 432 和 GB/T 14039</td></tr>
<tr><td colspan="2">铜片腐蚀
（100℃，3h）　不大于
级</td><td colspan="4">1</td><td colspan="6">1</td><td>GB/T 5096</td></tr>
<tr><td colspan="2">硫酸盐灰分
%</td><td colspan="4">报告</td><td colspan="6">报告</td><td>GB/T 2433</td></tr>
<tr><td rowspan="2">液相锈蚀（24h）</td><td>A 法</td><td colspan="4">—</td><td colspan="6">无锈</td><td rowspan="2">GB/T 11143</td></tr>
<tr><td>B 法</td><td colspan="4">无锈</td><td colspan="6">—</td></tr>
<tr><td rowspan="3">泡沫性（泡沫倾向/泡沫稳定性）
mL/mL</td><td>程序 I
（24℃）
不大于</td><td colspan="4">150/0</td><td colspan="6">150/0</td><td rowspan="3">GB/T 12579</td></tr>
<tr><td>程序 II
（93.5℃）
不大于</td><td colspan="4">75/0</td><td colspan="6">75/0</td></tr>
<tr><td>程序III
（后 24℃）
不大于</td><td colspan="4">150/0</td><td colspan="6">150/0</td></tr>
<tr><td colspan="2">空气释放值
（50℃）　不大于
min</td><td>6</td><td>10</td><td>13</td><td>报告</td><td>5</td><td>6</td><td>10</td><td>13</td><td>报告</td><td>报告</td><td>SH/T 0308</td></tr>
<tr><td rowspan="2">抗乳化性（乳化液到 3mL 的时间）
min</td><td>54℃　不大于</td><td>30</td><td>30</td><td>30</td><td>—</td><td>30</td><td>30</td><td>30</td><td>30</td><td>—</td><td>—</td><td rowspan="2">GB/T 7305</td></tr>
<tr><td>82℃　不大于</td><td>—</td><td>—</td><td>—</td><td>30</td><td>—</td><td>—</td><td>—</td><td>—</td><td>30</td><td>30</td></tr>
<tr><td colspan="2">密封适应性指数　不大于</td><td>12</td><td>10</td><td>8</td><td>报告</td><td>13</td><td>12</td><td>10</td><td>8</td><td>报告</td><td>报告</td><td>SH/T 0305</td></tr>
</table>

表 95（续）

项目		质量指标										试验方法
		L—HM（高压）				L—HM（普通）						
黏度等级（GB/T 3141）		32	46	68	100	22	32	46	68	100	150	
氧化安定性	1500h 后总酸值 mg KOH /g 不大于	2.0				—						GB/T 12581
氧化安定性	1000h 后总酸值 mg KOH /g 不大于	—				2.0						GB/T 12581 SH/T 0565
1000h 后油泥 mg		报告				报告						
旋转氧弹（150℃） min		报告				报告						SH/T 0193
抗磨性	齿轮机试验[f] 失效级 不小于	10	10	10	10		10	10	10	10	10	SH/T 0306
抗磨性	叶片泵试验（100h，总失重）[f] mg 不大于	—	—	—	—	100	100	100	100	100	100	SH/T 0307
抗磨性	磨斑直径（392N，60min，75℃，1200r/min） mm	报告				报告						SH/T 0189
抗磨性 双泵（T6H20C）试验[e]	叶片和柱销总失重 mg 不大于	15				—						SH/T 0361 的附录 A
抗磨性 双泵（T6H20C）试验[e]	柱塞总失重 mg 不大于	300				—						SH/T 0361 的附录 A
水解安定性	铜片失重 mg/cm² 不大于	0.2				—						SH/T 0301
水解安定性	水层总酸度/（以 KOH 计） mg 不大于	4.0				—						SH/T 0301
水解安定性	铜片外观	未出现灰、黑色				—						SH/T 0301

表 95（续）

项目		质量指标										试验方法
		L—HM（高压）				L—HM（普通）						
黏度等级（GB/T 3141）		32	46	68	100	22	32	46	68	100	150	
热稳定性（135℃，168h）	铜棒失重 mg/200ml 不大于	10				—						SH/T 0209
	钢棒失重 mg/200ml	报告				—						
	总沉渣重 mg/100ml 不大于	100				—						
	40℃运动黏度变化率 %	报告				—						
	酸值变化率 %	报告				—						
	铜棒外观	报告				—						
	钢棒外观	不变色				—						
过滤性 s	无水 不大于	600				—						SH/T 0210
	2%水 不大于	600				—						
剪切安定性（250 次循环后，40℃运动黏度下降率）% 不大于		1				—						SH/T 0103

[a] 测定方法也包括用 SH/T 0604。
[b] 测定方法也包括用 GB/T 2541，结果有争议时，以 GB/T 1995 为仲裁方法。
[c] 用户有特殊要求时，可与生产单位协商。
[d] 测定方法也包括用 GB/T 264。
[e] 对于 L—HM（普通）油，在产品定型时，允许只对 L—HM22（普通）进行叶片泵试验，其他各黏度等级油所含功能剂类型和量应与产品定型时 L—HM22（普通）试验油样相同。对于 L—HM（高压），在产品定型时，允许只对 L—HM32（高压）进行齿轮机试验和双泵试验，其他各黏度等级油所含功能类型剂类型和量应与产品定型时 L—HM32（高压）试验油样相同。
[f] 有水时的过滤时间不超过无水时的过滤时间的两倍

表 96　L—HV 低温液压油的技术要求和试验方法

项　　目		质　量　指　标							试验方法
黏度等级（GB/T 3141）		10	15	22	32	46	68	100	
密度[a]（20℃）kg/m³		报告							GB/T 1884 GB/T 1885
色度号		报告							GB/T 6540
外观		透明							目测
闪点℃	开口 不低于	—	125	175	175	180	180	190	GB/T 3536 GB/T 261
	闭口 不低于	100	—	—	—	—	—	—	
运动黏度（40℃）mm²/s		9.00～11.0	13.5～16.5	19.8～24.2	28.8～35.2	41.1～50.6	61.2～74.8	90～110	GB/T 265
运动黏度 1500mm²/s 时的温度℃	不高于	–33	–30	–24	–18	–12	–6	0	GB/T 265
黏度指数[b]	不小于	130	130	140	140	140	140	140	GB/T 1995
倾点[c]℃	不高于	–39	–36	–36	–33	–33	–30	–21	GB/T 3535
酸值[d] mgKOH/g		报告							GB/T 4945
水分（质量分数）%	不大于	痕迹							GB/T 260
机械杂质		无							GB/T 511
清洁度		由供需双方协商确定，也包括用 NAS1638 分级							DL/T 432 和 GB/T 14039
铜片腐蚀（100℃，3h）级	不大于	1							GB/T 5096
硫酸盐灰分 %		报告							GB/T 2433
液相锈蚀（24h）		无锈							GB/T 11143（B 法）
泡沫性（泡沫倾向/泡沫稳定性）mL/mL	程序 I（24℃）不大于	150/0							GB/T 12579

表 96（续）

<table>
<tr><td colspan="3">项　目</td><td colspan="7">质　量　指　标</td><td rowspan="2">试验方法</td></tr>
<tr><td colspan="3">黏度等级（GB/T 3141）</td><td>10</td><td>15</td><td>22</td><td>32</td><td>46</td><td>68</td><td>100</td></tr>
<tr><td rowspan="2">泡沫性（泡沫倾向/泡沫稳定性）mL/mL</td><td colspan="2">程序II（93.5℃）不大于</td><td colspan="7">75/0</td><td rowspan="2">GB/T 12579</td></tr>
<tr><td colspan="2">程序III（后 24℃）不大于</td><td colspan="7">150/0</td></tr>
<tr><td colspan="3">空气释放值（50℃）min 不大于</td><td>5</td><td>5</td><td>6</td><td>8</td><td>10</td><td>12</td><td>15</td><td>SH/T 0308</td></tr>
<tr><td rowspan="2">抗乳化性（乳化液到 3mL 的时间）min</td><td colspan="2">54℃ 不大于</td><td>30</td><td>30</td><td>30</td><td>30</td><td>30</td><td>30</td><td>—</td><td rowspan="2">GB/T 7305</td></tr>
<tr><td colspan="2">82℃ 不大于</td><td>—</td><td>—</td><td>—</td><td>—</td><td>—</td><td>—</td><td>30</td></tr>
<tr><td colspan="3">剪切安定性（250 次循环后，40℃运动黏度下降率）% 不大于</td><td colspan="7">10</td><td>SH/T 0103</td></tr>
<tr><td colspan="3">密封适应性指数 不大于</td><td>报告</td><td>16</td><td>14</td><td>13</td><td>11</td><td>10</td><td>10</td><td>SH/T 0305</td></tr>
<tr><td rowspan="2">氧化安定性</td><td colspan="2">1500h 后总酸值[e] mgKOH/g 不大于</td><td>—</td><td>—</td><td colspan="5">2.0</td><td rowspan="2">GB/T 12581
SH/T 0565</td></tr>
<tr><td colspan="2">1000h 后油泥 mg</td><td>—</td><td>—</td><td colspan="5">报告</td></tr>
<tr><td colspan="3">旋转氧弹（150℃）min</td><td>报告</td><td>报告</td><td colspan="5">报告</td><td>SH/T 0193</td></tr>
<tr><td rowspan="4">抗磨性</td><td colspan="2">齿轮机试验[f]失效级 不小于</td><td>—</td><td>—</td><td>—</td><td>10</td><td>10</td><td>10</td><td>10</td><td>SH/T 0306</td></tr>
<tr><td colspan="2">磨斑直径（392N，60min，75℃，1200r/min）mm</td><td colspan="7">报告</td><td>SH/T 0189</td></tr>
<tr><td rowspan="2">双泵（T6H20C）试验[f]</td><td>叶片和柱销总失重 mg 不大于</td><td>—</td><td>—</td><td>—</td><td colspan="4">15</td><td rowspan="2">SH/T 0361 的附录 A</td></tr>
<tr><td>柱塞总失重 mg 不大于</td><td>—</td><td>—</td><td>—</td><td colspan="4">300</td></tr>
</table>

表 96（续）

<table>
<tr><td colspan="2">项　目</td><td colspan="7">质　量　指　标</td><td rowspan="2">试验方法</td></tr>
<tr><td colspan="2">黏度等级（GB/T 3141）</td><td>10</td><td>15</td><td>22</td><td>32</td><td>46</td><td>68</td><td>100</td></tr>
<tr><td rowspan="3">水解安定性</td><td>铜片失重 mg/cm^2 不大于</td><td colspan="7">0.2</td><td rowspan="3">SH/T 0301</td></tr>
<tr><td>水层总酸度 mgKOH/g 不大于</td><td colspan="7">4.0</td></tr>
<tr><td>铜片外观</td><td colspan="7">未出现灰、黑色</td></tr>
<tr><td rowspan="7">热稳定性（135℃，168h）</td><td>铜棒失重 mg/200ml 不大于</td><td colspan="7">10</td><td rowspan="7">SH/T 0209</td></tr>
<tr><td>钢棒失重 mg/200ml</td><td colspan="7">报告</td></tr>
<tr><td>总沉渣重 mg/100ml 不大于</td><td colspan="7">100</td></tr>
<tr><td>40℃运动黏度变化 %</td><td colspan="7">报告</td></tr>
<tr><td>酸值变化率 %</td><td colspan="7">报告</td></tr>
<tr><td>铜棒外观</td><td colspan="7">报告</td></tr>
<tr><td>钢棒外观</td><td colspan="7">不变色</td></tr>
<tr><td rowspan="2">过滤性 s</td><td>无水 不大于</td><td colspan="7">600</td><td rowspan="2">SH/T 0210</td></tr>
<tr><td>2%水[g] 不大于</td><td colspan="7">600</td></tr>
</table>

[a] 测定方法也包括用 SH/T 0604。

[b] 测定方法也包括用 GB/T 2541，结果有争议时，以 GB/T 1995 为仲裁方法。

[c] 用户有特殊要求时，可与生产单位协商。

[d] 测定方法也包括用 GB/T 264。

[e] 黏度等级为 10 和 15 的油不测定，但所含抗氧化剂类型和量应与产品定型时黏度等级为 22 的试验油样相同。

[f] 在产品定型时，允许只对 L—HV32 油进行齿轮机试验和双泵试验，其他各黏度等级所含功能类型和量应与产品定型时黏度等级为 32 的试验油样相同。

[g] 有水时的过滤时间不超过无水时的过滤时间的两倍

表 97 L—HS 超低温液压油的技术要求和试验方法

项目		质量指标					试验方法
黏度等级（GB/T 3141）		10	15	22	32	46	
密度[a]（20℃） kg/m³		报告					GB/T 1884 GB/T 1885
色度 号		报告					GB/T 6540
外观		透明					目测
闪点 ℃	开口 不低于	—	125	175	175	180	GB/T 3536
	闭口 不低于	100	—	—	—	—	GB/T 261
运动黏度（40℃） mm²/s		9.0～11.0	13.5～16.5	19.8～24.2	28.8～35.2	41.4～50.6	GB/T 265
运动黏度 1500（mm²/s）时的温度 ℃	不高于	−39	−36	−30	−24	−18	GB/T 265
黏度指数[b]	不小于	130	130	150	150	150	GB/T 1995
倾点[c] ℃	不高于	−45	−45	−45	−45	−39	GB/T 3535
酸值[d]（以 KOH 计） mg/g		报告					GB/T 4945
水分（质量分数） %	不大于	痕迹					GB/T 260
机械杂质		无					GB/T 511
清洁度		由供需双方协商确定，也包括用 NAS1638 分级					DL/T 432 和 GB/T 14039
铜片腐蚀（100℃，3h） 级	不大于	1					GB/T 5096
硫酸盐灰分 %		报告					GB/T 2433
液相锈蚀（24h）		无锈					GB/T 11143（B 法）
泡沫性（泡沫倾向/泡沫稳定性） mL/mL	程序 I（24℃） 不大于	150/0					GB/T 12579
	程序 II（93.5℃） 不大于	75/0					
	程序III（后 24℃） 不大于	150/0					

表 97（续）

<table>
<tr><td colspan="3">项　　目</td><td colspan="5">质　量　指　标</td><td rowspan="2">试验方法</td></tr>
<tr><td colspan="3">黏度等级（GB/T 3141）</td><td>10</td><td>15</td><td>22</td><td>32</td><td>46</td></tr>
<tr><td colspan="3">空气释放值（50℃）min　不大于</td><td>5</td><td>5</td><td>6</td><td>8</td><td>10</td><td>SH/T 0308</td></tr>
<tr><td colspan="3">抗乳化性（乳化液到 3mL 的时间，54℃）min　不大于</td><td colspan="5">30</td><td>GB/T 7305</td></tr>
<tr><td colspan="3">剪切安定性（250 次循环后，40℃运动黏度下降率）%　不大于</td><td colspan="5">10</td><td>SH/T 0103</td></tr>
<tr><td colspan="3">密封适应性指数　不大于</td><td>报告</td><td>16</td><td>14</td><td>13</td><td>11</td><td>SH/T 0305</td></tr>
<tr><td colspan="2" rowspan="2">氧化安定性</td><td>1500h 后总酸值（以 KOH 记）[e] mg/g　不大于</td><td>—</td><td>—</td><td colspan="3">2.0</td><td>GB/T 12581</td></tr>
<tr><td>1000h 后油泥 mg</td><td>—</td><td>—</td><td colspan="3">报告</td><td>SH/T 0565</td></tr>
<tr><td colspan="3">旋转氧弹（150℃）min</td><td>报告</td><td>报告</td><td colspan="3">报告</td><td>SH/T 0193</td></tr>
<tr><td rowspan="4">抗磨性</td><td colspan="2">齿轮机试验 [f] 失效级　不小于</td><td>—</td><td>—</td><td>—</td><td>10</td><td>10</td><td>SH/T 0306</td></tr>
<tr><td colspan="2">磨斑直径（392N，60min，75℃，1200r/min）mm</td><td colspan="5">报告</td><td>SH/T 0189</td></tr>
<tr><td rowspan="2">双泵（T6H20C）试验 [f]</td><td>叶片和柱销总失重 mg　不大于</td><td>—</td><td>—</td><td>—</td><td colspan="2">15</td><td rowspan="2">SH/T 0361 的附录 A</td></tr>
<tr><td>柱塞总失重　不大于</td><td>—</td><td>—</td><td>—</td><td colspan="2">300</td></tr>
<tr><td colspan="2" rowspan="3">水解安定性</td><td>铜片失重 mg/cm²　不大于</td><td colspan="5">0.2</td><td rowspan="3">SH/T 0301</td></tr>
<tr><td>水层总酸度 mgKOH/g　不大于</td><td colspan="5">4.0</td></tr>
<tr><td>铜片外观</td><td colspan="5">未出现灰、黑色</td></tr>
</table>

表 97（续）

项　　目		质　量　指　标					试验方法
黏度等级（GB/T 3141）		10	15	22	32	46	
热稳定性（135℃，168h）	铜棒失重 mg/200ml 不大于	10					SH/T 0209
	钢棒失重 mg/200ml	报告					
	总沉渣重 mg/200ml 不大于	100					
	40℃运动黏度变化率 %	报告					
	酸值变化率	报告					
	铜棒外观	报告					
	钢棒外观	不变色					
过滤性 s	无水 不大于	600					SH/T 0210
	2%水[g] 不大于	600					

[a] 测定方法也包括用 SH/T 0604。
[b] 测定方法也包括用 GB/T 2541，结果有争议时，以 GB/T 1995 为仲裁方法。
[c] 用户有特殊要求时，可与生产单位协商。
[d] 测定方法也包括用 GB/T 264。
[e] 黏度等级为 10 和 15 的油不测定，但所含抗氧化剂类型和量应与产品定型时黏度等级为 22 的试验油样相同。
[f] 在产品定型时，允许只对 L—HS32 油进行齿轮机试验和双泵试验，其他各黏度等级所含功能类型和量应与产品定型时黏度等级为 32 的试验油样相同。
[g] 有水时的过滤时间不超过无水时的过滤时间的两倍

表 98　L—HG 液压导轨油的技术要求和试验方法

项　　目		质　量　指　标				试验方法
黏度等级（GB/T 3141）		32	46	68	100	
密度[a]（20℃） kg/m^3		报告				GB/T 1884 和 GB/T 1885
色度 号		报告				GB/T 6540
外观		透明				目测
闪点（开口） ℃	不低于	175	185	195	205	GB/T 3536

表 98（续）

项　目		质　量　指　标				试验方法
黏度等级（GB/T 3141）		32	46	68	100	
运动黏度（40℃） mm^2/s		28.8～35.2	41.4～50.6	61.2～74.8	90～110	GB/T 265
黏度指数 [b]	不小于	90				GB/T 1995
倾点 [c] ℃	不高于	−6	−6	−6	−6	GB/T 3535
酸值 [d] （以 KOH 计） mg/g		报告				GB/T 4945
水分（质量分数） %	不大于	痕迹				GB/T 260
机械杂质		无				GB/T 511
清洁度		由供需双方协商确定，也包括用 NAS1638 分级				DL/T 432 和 GB/T 14039
铜片腐蚀 （100℃，3h） 级	不大于	1				GB/T 5096
液相锈蚀（24h）		无锈				GB/T 11143 （A 法）
皂化值（以 KOH 计） mg/g		报告				GB/T 8021
泡沫性（泡沫倾向/泡沫稳定性） mL/mL	程序 I（24℃） 不大于	150/0				GB/T 12579
	程序 II （93.5℃） 不大于	75/0				
	程序III（后 24℃） 不大于	150/0				
密封适应性指数	不大于	报告				SH/T 0305
抗乳化性（乳化液到 3mL 的时间） min	54℃	报告		—		GB/T 7305
	82℃	—		报告		
黏滑特性（动静摩擦系数差值）[e]	不大于	0.08				SH/T 0361 的附录 A
氧化安定性	1000h 后总酸值 （以 KOH 记） mg/g 不大于	2.0				GB/T 12581

表 98（续）

项目		质量指标				试验方法
黏度等级（GB/T 3141）		32	46	68	100	
氧化安定性	1000h 后油泥 mg	报告				SH/T 0565
	旋转氧弹（150℃） min	报告				SH/T 0193
抗磨性	齿轮机试验失效级 不小于	10				SH/T 0306
	磨斑直径（392N，60min，75℃，1200r/min） mm	报告				SH/T 0189

[a] 测定方法也包括用 SH/T 0604。
[b] 测定方法也包括用 GB/T 2541。结果有争议时，以 GB/T 1995 为仲裁方法。
[c] 用户有特殊要求时，可与生产单位协商。
[d] 测定方法也包括用 GB/T 264。
[e] 经供需双方商定后也可以采用其他黏滑特性测定法

表 99　**L—CKB** 工业闭式齿轮油的技术要求和试验方法

项目		质量指标				试验方法
黏度等级（GB/T 3141）		100	150	220	320	
运动黏度（40℃） mm^2/s		80.0～110	135～165	198～242	288～352	GB/T 265
黏度指数	不小于	90				GB/T 1995[a]
闪点（开口） ℃	不低于	180	200			GB/T 3536
倾点 ℃	不高于	–8				GB/T 3535
水分（质量分数） %	不大于	痕迹				GB/T 260
机械杂质（质量分数） %	不大于	0.01				GB/T 511
铜片腐蚀（100℃，3h） 级	不大于	1				GB/T 5096
液相锈蚀（24h）		无锈				GB/T 11143（B 法）

表 99（续）

项　　目			质　量　指　标			试验方法
黏度等级（GB/T 3141）		100	150	220	320	
氧化安定性，总酸值达 2.0mg KOH/g 的时间 h	不小于	750		500		GB/T 12581
旋转氧弹（150℃） min		报告				SH/T 0193
泡沫性（泡沫倾向/泡沫稳定性） mL/mL	程序 I（24℃） 不大于	75/10				GB/T 12579
	程序 II（93.5℃） 不大于	75/10				
	程序 III（后 24℃） 不大于	75/10				
抗乳化性	（82℃）油中水（体积分数） % 不大于	0.5				GB/T 8022
	乳化层 mL 不大于	2.0				
	总分离水 mL 不大于	30.0				

[a] 测定方法也包括 GB/T 2541，结果有争议时以 GB/T 1995 为仲裁方法

表 100　L—CKC 工业闭式齿轮油的技术要求和试验方法

项　目	质　量　指　标											试验方法
黏度等级（GB/T 3141）	32	46	68	100	150	220	320	460	680	1000	1500	
运动黏度（40℃） mm^2/s	28.8～35.2	41.4～50.6	61.2～74.8	90.0～110	135～165	198～242	288～352	414～506	612～748	900～1110	1350～1650	GB/T 265
外观	透明											目测[a]
黏度指数　不小于	90								85			GB/T 1995[b]
表观黏度达 150 000mPa·s 时的温度 ℃	根据客户要求进行检测											GB/T 11145

表 100（续）

项目		质量指标											试验方法
黏度等级（GB/T 3141）		32	46	68	100	150	220	320	460	680	1000	1500	
倾点 ℃	不高于	−12				−9				−5			GB/T 3535
闪点（开口）℃	不低于	180			200								GB/T 3536
水分（质量分数）%	不大于	痕迹											GB/T 260
机械杂质（质量分数）%	不大于	0.02											GB/T 511
泡沫性（泡沫倾向/泡沫稳定性）mL/mL	程序 I（24℃）不大于	50/0								75/10			GB/T 12579
	程序 II（93.5℃）不大于	50/0								75/10			
	程序III（后 24℃）不大于	50/0								75/10			
铜片腐蚀（100℃，3h）级	不大于	1											GB/T 5096
抗乳化性（82℃）	油中水（体积分数）% 不大于	2.0						2.0					GB/T 8022
	乳化层 mL 不大于	1.0						4.0					
	总分离水 mL 不大于	80.0						50.0					
液相锈蚀（24h）		无锈											GB/T 11143（B 法）

表 100（续）

项目		32	46	68	100	150	220	320	460	680	1000	1500	试验方法
		质量指标											
黏度等级（GB/T 3141）		32	46	68	100	150	220	320	460	680	1000	1500	
氧化安定性（95℃，312h）	100℃运动黏度增长 % 不大于	6											SH/T 0123
	沉淀值 mL 不大于	0.1											
极压性能（梯姆肯试验机法）OK负荷值 N（lb）	不小于	200（45）											GB/T 11144
承载能力齿轮机试验失效级	不小于	10	12			＞12							SH/T 0306
剪切安定性（齿轮机法）剪切后40℃运动黏度 mm^2/s		在黏度等级范围内											SH/T 0200

[a] 取 30ml～50ml 样品，倒入洁净的量筒中，室温下静置 10min 后，在常光下观察。
[b] 测定方法也包括 GB/T 2541，结果有争议时，以 GB/T 1995 为仲裁方法

表 101 **L—CKD** 工业齿轮油的技术要求和试验方法

项目		68	100	150	220	320	460	680	1000	试验方法
		质量指标								
黏度等级（GB/T 3141）		68	100	150	220	320	460	680	1000	
运动黏度（40℃）mm^2/s		61.2～74.8	90.0～110	135～165	198～242	288～352	414～506	612～748	900～1100	GB/T 265
外观		透明								目测[a]
运动黏度（100℃）mm^2/s		报告								GB/T 265
黏度指数	不小于	90								GB/T 1995[b]
表观黏度达 150 000mPa·s 时的温度 ℃		[c]								GB/T 11145
倾点 ℃	不高于	−12	−9					−5		GB/T 3535

表 101（续）

项目		质量指标								试验方法
黏度等级（GB/T 3141）		68	100	150	220	320	460	680	1000	
闪点（开口）℃	不低于	180	200							GB/T 3536
水分（质量分数）%	不大于	痕迹								GB/T 260
机械杂质（质量分数）%	不大于	0.02								GB/T 511
泡沫性（泡沫倾向/泡沫稳定性）mL/mL	程序Ⅰ（24℃）不大于	50/0							75/10	GB/T 12579
	程序Ⅱ（93.5℃）不大于	50/0							75/10	
	程序Ⅲ（后24℃）不大于	50/0							75/10	
铜片腐蚀（100℃，3h）级	不大于	1								GB/T 5096
抗乳化性（82℃）	油中水（体积分数）% 不大于	2.0							2.0	GB/T 8022
	乳化层 mL 不大于	1.0							4.0	
	总分离水 mL 不大于	80.0							50.0	
液相锈蚀（24h）		无锈								GB/T 11143（B 法）
氧化安定性（121℃，312h）	100℃运动黏度增长 % 不大于	6							报告	SH/T 0123
	沉淀值 mL 不大于	0.1							报告	

表 101（续）

项　目		质　量　指　标								试验方法
黏度等级（GB/T 3141）		68	100	150	220	320	460	680	1000	
极压性能（梯姆肯试验机法）OK 负荷值 N（lb）　不小于		267（60）								GB/T 11144
承载能力 齿轮机试验 失效级　不小于		12			＞12					SH/T 0306
剪切安定性（齿轮机法）剪切后 40℃运动黏度 mm²/s		在黏度等级范围内								SH/T 0200
四球机试验	烧结负荷（P_D）N（kgf）　不小于	2450（250）								GB/T 3142 SH/T 0189
	综合磨损指数 n（KGF）　不小于	441（45）								
	磨斑直径（196N，60min，54℃，1800r/min）mm　不大于	0.35								

[a] 取 30ml～50ml 样品，倒入洁净的量筒中，室温下静置 10min 后，在常光下观察。
[b] 测定也方法包括 GB/T 2541。结果有争议时，以 GB/T 1995 为仲裁方法。
[c] 此项目根据客户要求进行检测

4.8.6.3 运行辅机用油质量标准和检测周期

4.8.6.3.1 当新油注入设备后进行系统冲洗时，应在连续循环中定期取样分析，直至油的清洁度经检查达到运行油标准要求，并且满足设备制造厂家的要求，且循环时间大于 24h 后，方能停止油系统的连续循环。

4.8.6.3.2 在新油注入设备或换油后，应在经过 24h 循环后，取油样按照运行油的检测项目进行检验。

4.8.6.3.3 运行、维护人员应定期记录油温、油箱油位；记录每次补油量、补油日期以及油系统各部件的更换情况。

4.8.6.3.4 用油量大于 100L 的辅机用油按照表 102、表 103 和表 104 中的检验项目和周期进行检验。汽轮机油按照本标准 4.8.3 执行，6 号液力传动油按照表 102 执行。

4.8.6.3.5 正常的检验周期是基于保证辅机设备安全运行而制定的，但对于辅机设备补油及换油以后的检测则应另行增加检验次数。

4.8.6.3.6 燃机、压气机液压油质量指标和检测周期按设备制造厂家要求执行。

表 102 运行液压油的质量指标及检验周期

序号	项　目	质量指标	检验周期	试验方法
1	外观	透明，无机械杂质	1 年或必要时	外观目视
2	颜色	无明显变化	1 年或必要时	外观目视
3	运动黏度（40℃） mm^2/s	与新油原始值相差±10%	1 年、必要时	GB/T 265
4	闪点（开口杯） ℃	与新油原始值比不低于 15℃	必要时	GB/T 267， GB/T 3536
5	洁净度（NAS1638） 级	报告	1 年或必要时	DL/T 432
6	酸值 mgKOH/g	报告	1 年或必要时	GB/T 264
7	液相锈蚀（蒸馏水）	无锈	必要时	GB/T 11143
8	水分	无	1 年或必要时	SH/T 0257
9	铜片腐蚀试验（100℃，3h） 级	≤2a	必要时	GB/T 5096

4.8.6.3.7 燃机、压气机控制、调节用油质量指标和检测周期按设备制造厂家要求执行，厂家未规定时按抗燃油标准执行。

表 103 运行齿轮油的质量指标及检验周期

序号	项　目	质量指标	检验周期	试验方法
1	外观	透明，无机械杂质	1 年或必要时	外观目视
2	颜色	无明显变化	1 年或必要时	外观目视
3	运动黏度（40℃） mm^2/s	与新油原始值相差±10%	1 年、必要时	GB/T 265
4	闪点（开口杯） ℃	与新油原始值比不低于 15℃	必要时	GB/T 267， GB/T 3536
5	机械杂质 %	≤0.2	1 年或必要时	GB/T 511
6	液相锈蚀（蒸馏水）	无锈	必要时	GB/T 11143
7	水分	无	1 年或必要时	SH/T 0257
8	铜片腐蚀试验（100℃，3h） 级	≤2b	必要时	GB/T 5096
9	Timken 机试验（OK 负荷） N（1b）	报告	必要时	GB/T 11144

表 104　运行空气压缩机油的质量指标及检验周期

序号	项　目	质量指标	检验周期	试验方法
1	外观	透明，无机械杂质	1 年或必要时	外观目视
2	颜色	无明显变化	1 年或必要时	外观目视
3	运动黏度（40℃） mm^2/s	与新油原始值相差±10%	1 年、必要时	GB/T 265
4	洁净度（NAS1638） 级	报告	1 年或必要时	DL/T 432
5	酸值 mgKOH/g	与新油原始值比增加≤0.2	1 年或必要时	GB/T 264
6	液相锈蚀（蒸馏水）	无锈	必要时	GB/T 11143
7	水分 mg/L	报告	1 年或必要时	GB/T 7600
8	旋转氧弹（150℃） min	≥60	必要时	SH/T 0193

4.8.6.4　运行辅机用油的监督和维护

4.8.6.4.1　新装辅机设备和检修后的辅机设备在投运之前，监督相关专业必须进行油系统冲洗，将油系统全部设备及管道冲洗达到合格的洁净度。

4.8.6.4.2　运行辅机用油的防止污染措施：

a）运行期间。运行中应加强监督所有与大气相通的门、孔、盖等部位，防止污染物的直接侵入。如发现运行油受到水分、杂质污染时，应及时采取有效措施予以解决。

b）油转移过程中。当油系统检修或因油质不合格换油时，需要进行油的转移。如果从系统内放出的油还需要再使用时，应将油转移至内部已彻底清理干净的临时油箱。当油从系统转移出来时，应尽可能将油放尽，特别是应将加热器、冷油器内等含有污染物的残油设法排尽。放出的油可用净油机净化，待完成检修后，再将净化后的油返回到已清洁的油系统中。油系统所需的补充油也应净化合格后才能补入。

c）检修前油系统污染检查。油系统放油后应对油箱、油泵、过滤器等重要部件进行检查，并分析污染物的可能来源，采取相应的措施。

d）检修中油系统清洗。对油系统解体后的元件及管道进行清理。清理时所用的擦拭物应干净、不起毛，清洗时所用的有机溶剂应洁净，并注意对清洗后残留液的清除。清理后的部件应用洁净油冲洗，必要时需用防锈剂（油）保护。清理时不宜使用化学清洗法，也不宜用热水或蒸汽清洗。

4.8.6.4.3　辅机用油净化处理要求：

a）同种油品、相同规格辅机用油可以使用一台油处理设备进行净化处理，不同牌号油不得用同一台油处理设备进行处理。

b）对于用油量较大的辅机设备，在运行中，可以采用旁路油处理设备进行油净化处理。当油中的水分超标时，可采用带精过滤器的真空滤油机处理；当颗粒杂质含量超标时，可采用精密滤油机进行处理；当油的酸值和破乳化度超标时，可以采用具有吸附再生功能的设备处理，也可以采用具有脱水、再生和净化功能的综合性油处理设备。

c） 辅机设备检修时，应将油系统中的油排出，检修结束清理完油箱后，将经过净化处理合格的油注入油箱，进行油循环净化处理，使油系统清洁度达到规范要求。

4.8.6.4.4 辅机补油要求：

a） 运行中需要补加油时，应补加经检验合格的相同品牌、相同规格的油。补油前应进行混油试验，油样的配比应与实际使用的比例相同，试验合格后方可补加。

b） 当要补加不同品牌的油时，除进行混油试验外，还应对混合油样进行全分析试验，混合油样的质量应不低于运行油的质量标准。

4.8.6.4.5 辅机换油要求：

a） 由于油质劣化，需要换油时，应将油系统中的劣化油排放干净，用冲洗油将油系统彻底冲洗后排空，注入新油，进行油循环，直到油质符合运行油的要求。

b） 工业闭式齿轮油换油指标参照 NB/SH/0586 执行，见表 105。

表 105 工业闭式齿轮油换油指标的技术要求和试验方法

项　　目		L—CKC 换油指标	L—CKD 换油指标	试验方法
外观		异常[a]	异常[a]	目测
运动黏度（40℃）变化率 %	超过	±15	±15	GB/T 265
水分（质量分数） %	大于	0.5	0.5	GB/T 260
机械杂质（质量分数） %	大于或等于	0.5	0.5	GB/T 511
铜片腐蚀（100℃，3h） 级	大于或等于	3b	3b	GB/T 5096
梯姆肯 OK 值 N	小于或等于	133.4	178	GB/T 11144
酸值增加 mgKOH/g	大于或等于	—	1.0	GB/T 7304
铁含量 mg/kg	大于或等于	—	200	GB/T 17476
[a] 外观异常是指使用后油品颜色与新油相比变化非常明显（如由新油的黄色或者棕黄色等变为黑色）或油品中能观察到明显的油泥状物质或颗粒物质等				

c） L—HM 液压油换油指标参照 NB/SH/0599 执行，见表 106。

表 106 L—HM 液压油换油指标的技术要求和试验方法

项　　目		换油指标	试验方法
40℃运动黏度变化率 %	超过	±10	GB/T 265
水分（质量分数） %	大于	0.1	GB/T 260

表 106（续）

项　　目		换油指标	试验方法
色度增加 号	大于	2	GB/T 6540
酸值增加[a] mgKOH/g	大于	0.3	GB/T 264，GB/T 7304
正戊烷不溶物[b] %	大于	0.10	GB/T 8926A 法
铜片腐蚀（100℃，3h） 级	大于	2a	GB/T 5096
泡沫特性（24℃）（泡沫倾向/泡沫稳定性） mL/mL	大于	450/10	GB/T 12579
清洁度[c]	大于	—/18/15 或 NAS9	GB/T 14039 或 NAS1638

[a] 结果有争议时以 GB/T 7304 为仲裁方法。
[b] 允许采用 GB/T 511 方法，使用 60℃～90℃石油醚作溶剂，测定试样机械杂质。
[c] 根据设备制造商的要求适当调整

d） L—HL 液压油换油指标参照 NB/SH/0476 执行，见表 107。

表 107　L—HL 液压油换油指标的技术要求和试验方法

项　　目		换油指标	试验方法
外观		不透明或混浊	目测
40℃运动黏度变化率 %	超过	±10	GB/T 265
色度变化（比新油） 号	等于或大于	3	GB/T 6540
酸值 mgKOH/g	大于	0.3	GB/T 264
水分 %	大于	0.1	GB/T 260
机械杂质 %	大于	0.1	GB/T 511
铜片腐蚀（100℃，3h） 级	等于或大于	2	GB/T 5096

4.8.6.4.6　辅机用油油质异常原因及处理措施：

a） 实验室、化学监督专责人应根据运行油质量标准，对油质检验结果进行分析，如果油质指标超标，应通知有关部门，查明原因，并采取相应处理措施。

b） 辅机用油油质异常原因及处理措施见表 108。

表 108　辅机运行油油质异常原因及处理措施

异常项目		异 常 原 因	处 理 措 施
外观		油中进水或被其他液体污染	脱水处理或换油
颜色		油温升高或局部过热，油品严重劣化	控制油温、消除油系统存在的过热点，必要时滤油
运动黏度（40℃）		油被污染或过热	查明原因，结合其他试验结果考虑处理或换油
闪点		油被污染或过热	查明原因，结合其他试验结果考虑处理或换油
酸值		运行油温高或油系统存在局部过热导致老化、油被污染或抗氧剂消耗	控制油温、消除局部过热点、更换吸附再生滤芯作再生处理，每隔 48h 取样分析，直至正常
水分		密封不严，潮气进入	更换呼吸器的干燥剂、脱水处理、滤油
清洁度		被机械杂质污染、精密过滤器失效或油系统部件有磨损	检查精密过滤器是否破损、失效，必要时更换滤芯、检查油箱密封及系统部件是否有腐蚀磨损、消除污染源，进行旁路过滤，必要时增加外置过滤系统过滤，直至合格
泡沫特性[a]	24℃	油老化或被污染、添加剂不合适	消除污染源、添加消泡剂、滤油或换油
	93.5℃		
	后 24℃		
液相锈蚀		油中有水或防锈剂消耗	加强系统维护，脱水处理并考虑添加防锈剂
破乳化度[a]		油被污染或劣化变质	如果油呈乳化状态，应采取脱水或吸附处理措施
[a] 泡沫特性和破乳化度适用于汽轮机油			

4.8.7　机组启动、停备用及检修阶段油质控制要求

4.8.7.1　机组油系统检修，检修工作完成后，应对所检修的系统进行彻底的清扫，并通过三级验收后，方可充油。机组启动前，对油系统进行循环净化，油质合格方可启动。

4.8.7.2　机组启动、停（备）用及检修阶段变压器油、汽轮机油、燃气轮机油、抗燃油、密封油和辅机用油的油质控制要求应按照各类油品的技术监督中的规定执行。

4.8.7.3　在机组投运前或大修后，变压器油、汽轮机油、燃气轮机油、抗燃油和密封油均应作全分析，其分析结果均应符合运行变压器油、运行汽轮机油、燃气轮机油、运行密封油、运行抗燃油质量标准。

4.8.7.4　抗燃油除机组启动前作全分析外，启动 24h 后应测定洁净度，并符合运行抗燃油质量标准。

4.8.7.5　压气机和燃气轮机液压、控制用油按设备厂家要求进行分析。

4.8.8　电力用油的相容性（混油、补油）要求

4.8.8.1　变压器等电气设备混油、补油应按 GB/T 14542 的规定进行；汽轮机、燃气轮机混

油、补油应按 GB/T 14541 的规定进行；抗燃油混油、补油应按 DL/T 571 的规定进行。

4.8.8.2 电气设备混油、补油的相容性规定：

a） 电气设备充油不足需要补充油时，应优先选用符合相关新油标准的未使用过的变压器油，最好补加同一油基、同一牌号及同一添加剂类型的油品，补加油品的各项特性指标都应不低于设备内的油。在补油前应先做油泥析出试验，确认无油泥析出，酸值、介质损耗因数值不大于设备内油时，方可进行补油。

b） 不同油基的油原则上不宜混合使用。

c） 在特殊情况下，如需将不同牌号的新油混合使用，应按混合油的实测倾点决定是否适于此地域的要求，然后再按 DL/T 429.6 方法进行混油试验，并且混合样品的各项指标应不比最差的单个油样差。

d） 如在运行油中混入不同牌号的新油或已使用过的油，除应事先测定混合油的倾点以外，还应按 DL/T 429.6 的方法进行老化试验，观察油泥析出情况，无沉淀方可使用，所获得的混合样品的各项指标（酸值、介质损耗因数等）应不比原运行油的差，才能决定混合使用。

e） 对于进口油或产地、生产厂家来源不明的油，原则上不能与不同牌号的运行油混合使用。当必须混用时，应预先进行参加混合的各种油及混合后的油按 DL/T 429.6 方法进行老化试验，在无油泥沉淀析出的情况下，混合油的质量不低于原运行油时，方可混合使用；若相混的都是新油，其混合油的各项指标（酸值、介质损耗因数等）应不低于最差的一种油，并需按实测倾点决定是否可以适予该地区使用。

f） 在进行混油试验时，油样的混合比应与实际使用的比例相同；如果混油比无法确定时，则采用 1:1 质量比例混合进行试验。

4.8.8.3 汽轮机、燃气轮机混油、补油的相容性规定：

a） 需要补充油时，应补加与原设备相同牌号及同一添加剂类型的新油，或曾经使用过的符合运行油标准的合格油品。补油前应先进行混合油样的油泥析出试验（按 DL/T 429.7 油泥析出测定法），无油泥析出时方可允许补油。

b） 参与混合的油，混合前其各项质量指标均应检验合格。

c） 不同牌号的汽轮机、燃气轮机油原则上不宜混合使用。在特殊情况下必须混用时，应先按实际混合比例进行混合油样粘度的测定后，再进行油泥析出试验，以最终决定是否可以混合使用。

d） 对于进口油或来源不明的汽轮机、燃气轮机油，若需与不同牌号的油混合时，应先将混合前的单个油样和混合油样分别进行黏度检测，如黏度均在各自的黏度合格范围之内，再进行混油试验。混合油的质量应不低于未混合油中质量最差的一种油，方可混合使用。

e） 试验时，油样的混合比例应与实际的比例相同；如果无法确定混合比例时，则试验时一般采用 1:1 比例进行混油。

f） 矿物汽轮机油与用作润滑、调速的合成液体（如磷酸酯抗燃油）有本质上的区别，切勿将两者混合使用。

4.8.8.4 抗燃油补油、换油的规定

4.8.8.4.1 抗燃油补油应遵以下规定：

a）运行中的电液调节系统需要补加抗燃油时，应补加经检验合格的相同品牌、相同牌号规格的抗燃油。补油前应对混合油样进行油泥析出试验，油样的配比应与实际使用的比例相同，试验合格方可补加。

b）不同品牌规格的抗燃油不宜混用，当不得不补加不同品牌的抗燃油时，应满足下列条件才能混用：

1）应对运行油、补充油和混合油进行质量全分析，试验结果合格，混合油样的质量应不低于运行油的质量。

2）应对运行油、补充油和混合油样进行开口杯老化试验，混合油样无油泥析出，老化后补充油、混合油油样的酸值、电阻率质量指标应不低于运行油老化后的测定结果。

c）补油时，应通过抗燃油专用补油设备补入，补入油的洁净度应合格；补油后应从油系统取样进行洁净度分析，确保油系统洁净度合格。

d）抗燃油不应与矿物油混合使用。

4.8.8.4.2 抗燃油换油应遵以下规定：

a）抗燃油运行中因油质劣化需要换油时，应将油系统中的劣化油排放干净。

b）应检查油箱及油系统，应无杂质、油泥，必要时清理油箱，用冲洗油将油系统彻底冲洗。

c）冲洗过程中应取样化验，冲洗后冲洗油质量不得低于运行油标准。

d）将冲洗油排空，应更换油系统及旁路过滤装置的滤芯后再注入新油，进行油循环，直到取样化验洁净度合格后（满足 SAE AS4509D 中不大于 5 级的要求）可停止过滤，同时取样进行油质全分析试验，试验结果应符合表 91 要求。

4.9 气体质量监督

4.9.1 氢气质量监督标准

4.9.1.1 制氢站、发电机氢气及气体置换用惰性气体的质量标准

a）制氢站、发电机氢气及气体置换用惰性气体的质量标准应按表 109 执行。

b）氢气湿度和纯度测量要求见附录 D.1。

表 109 制氢站、发电机氢气及气体置换用惰性气体的质量标准

气 体	气体纯度 %	气体中含氧量 %	气体湿度（露点温度） ℃
制氢站产品或发电机充氢、补氢用氢气（H_2）	≥99.8	≤0.2	≤−25℃
发电机内氢气（H_2）	≥96.0	≤2.0	发电机最低温度 5℃时：<−5℃；>−25℃ 发电机最低温度≥10℃时：<0℃；>−25℃
气体置换用惰性气体（N_2 或 CO_2）	≥98.0	≤2.0	发电机最低温度 5℃时：<−5℃；>−25℃ 发电机最低温度≥10℃时：<0℃；>−25℃
新建、扩建机电厂制氢站氢气	≥99.8	≤0.2	≤−50℃
注：制氢站产品或发电机充氢、补氢用氢气湿度为常压下的测定值；发电机内氢气湿度为发电机运行压力下的测定值			

4.9.1.2　发电机气体置换时各种气体的质量标准

a）由二氧化碳排空气，二氧化碳＞85%；

b）由氢气排二氧化碳，氢气＞96%；

c）由二氧化碳排氢气，二氧化碳＞95%；

d）由空气排二氧化碳，二氧化碳＜3%。

4.9.1.3　氢气使用过程中的注意事项

4.9.1.3.1　制氢系统设计及技术要求按照 GB 50177 执行。

4.9.1.3.2　氢气在使用、置换、储存、压缩与充（灌）装、排放过程以及消防与紧急情况处理、安全防护方面的安全技术要求按照 GB 4962 执行。

4.9.1.3.3　氢气系统应保持正压状态，禁止负压或超压运行。同一储氢罐（或管道）禁止同时进行充氢和送氢操作。

4.9.1.3.4　水电解制氢系统的冲洗用水应为除盐水，冲洗应按系统流程依次进行，冲洗结束后应对碱液过滤器进行清理。

4.9.1.3.5　水电解制氢系统气密性试验介质应选用氮气，系统保持压力应为额定压力的 1.05 倍，保压 30min，检查各连接处有无泄漏。再降压至工作压力，保压时间不应少于 24h，压降平均每小时不大于 0.5%P（P 为额定压力）为合格。

4.9.1.3.6　配制电解液的电解质应选用分析纯或优级纯产品，质量符合 GB/T 2306 和 GB/T 629 的规定，溶剂应选用除盐水。

4.9.1.3.7　电解制氢系统的气体置换应使用氮气，储氢罐的气体置换可采用水、氮气，供氢母管的气体置换可采用氮气。

4.9.1.3.8　发电机的充氢和退氢均应借助中间介质（二氧化碳或氮气）进行，置换时系统压力应不低于最低允许值。

4.9.1.3.9　当发电机内氢气纯度超标时，应及时对发电机内氢气进行排补等处理。当发电机漏氢量超标时，应对发电机氢气相关系统进行检查处理。

4.9.1.3.10　氢气使用区域空气中氢气体积分数不超过 1%，氢气系统动火检修，系统内部和动火区域的氢气体积分数不超过 0.4%。

4.9.1.3.11　氢系统中［包括储氢罐、电解装置、干燥装置、充（补）氢汇流排］的安全阀、压力表、减压阀等应按压力容器的规定定期进行检验。

4.9.1.3.12　供（制）氢站和主机配备的在线氢气纯度仪、露点仪和检漏仪表，每年应由相应资质的单位进行一次检定，并做好检验报告的归档管理。

4.9.2　六氟化硫质量控制标准

4.9.2.1　六氟化硫新气监督

4.9.2.1.1　六氟化硫新气验收按照 GB/T 8905 和 GB/T 12022 的规定进行（包含进口新气的验收）。

4.9.2.1.2　新的六氟化硫气体到货后，应检查生产厂家的质量证明书，其内容应包括：生产厂家名称、产品名称、气瓶编号、生产日期、净重、检验报告等。

4.9.2.1.3　抽检率：六氟化硫新气到货后 30 天内应进行抽检，从同批气瓶抽检时，抽取样品的瓶数应符合表 110 的规定。

4.9.2.1.4　六氟化硫气体的取样参见附录 D.2.1。

表 110 总气瓶数与应抽取的瓶数

项目	1	2	3	4[a]	5[a]
总气瓶数	1～3	4～6	7～10	11～20	20 以上
抽取瓶数	1	2	3	4	5
[a] 除抽检瓶数外，其余瓶数测定湿度和纯度					

4.9.2.1.5 对不具备新气验收的电厂，新气购置到货应按要求抽检送至具备检验资质单位进行检验；具备新气验收条件的电厂应进行抽样检测验收，分析项目及指标要求见表 111。
4.9.2.1.6 六氟化硫气体储存时间超过半年后，使用前应重新检测湿度，指标应符合新气标准。

表 111 新六氟化硫（包括再生气体）分析项目及指标要求

序号	项　目		单　位	指　标	试验方法
1	六氟化硫（SF_6）		%（重量比）	≥99.9	DL/T 920
2	空气		%（重量比）	≤0.04	DL/T 920
3	四氟化碳（CF_4）		%（重量比）	≤0.04	DL/T 920
4	湿度（20℃）	重量比	%（重量比）	≤0.000 5	GB/T 5832
		露点（101 325Pa）	℃	≤-49.7	
5	酸度（以 HF 计）		%（重量比）	≤0.000 02	DL/T 916
6	可水解氟化物（以 HF 计）		%（重量比）	≤0.000 10	DL/T 918
7	矿物油		%（重量比）	≤0.000 4	DL/T 919
8	毒性			生物试验无毒	DL/T 921

4.9.2.2 投运前、交接时监督

4.9.2.2.1 六氟化硫电气设备制造厂在设备出厂前，应检验设备气室内气体的湿度和空气含量，并将检验报告提供给使用单位。
4.9.2.2.2 投运前、交接时六氟化硫气体分析项目及质量指标见表 112。
4.9.2.2.3 六氟化硫气体在充入变压器 24h 后，才能进行试验。

表 112 投运前、交接时六氟化硫分析项目及质量要求

序号	项　目	周期	单　位	标　准	检测方法
1	气体泄漏	投运前	%年	≤0.5	GB 11023
2	湿度（20℃）	投运前	μL/L	灭弧室≤150 非灭弧室≤250	DL/T 506
3	酸度（以 HF 计）	必要时	%（重量比）	≤0.000 03	DL/T 916
4	四氟化碳	必要时	%（重量比）	≤0.05	DL/T 920
5	空气	必要时	%（重量比）	≤0.05	DL/T 920

表 112（续）

序号	项　目	周期	单　位	标　准	检测方法
6	可水解氟化物（以 HF 计）	必要时	%（重量比）	≤0.000 1	DL/T 918
7	矿物油	必要时	%（重量比）	≤0.001	DL/T 919
8	气体分解物	必要时	小于 5μL/L，或（SO_2+SOF_2）小于 2μL/L、HF 小于 2μL/L		电化学传感器、气相色谱、红外光谱等

4.9.2.3　运行六氟化硫监督

4.9.2.3.1　运行中六氟化硫气体分析项目及质量指标见表 113。

表 113　运行中六氟化硫气分析项目及质量指标

序号	项　　目	周期	标　　准	检测方法
1	气体泄漏[a]	日常监控，必要时	年泄漏量不大于总气量的 0.5%	GB 11023
2	湿度（20℃）（H_2O）μL/L	1～3 年/次大修后，必要时[b]	（1）有电弧分解物的隔室： 大修后：不大于 150 运行中：不大于 300 （2）无电弧分解物的隔室： 大修后：不大于 250 运行中：不大于 500（1000）[c]	DL/T 506
3	酸度（以 HF 计）μg/g	必要时[d]	≤0.3	DL/T 916
4	四氟化碳（CF_4，m/m）%	必要时[d]	大修后≤0.05 运行中≤0.1	DL/T 920
5	空气（O_2+N_2，m/m）%	必要时[d]	大修后≤0.05 运行中≤0.2	DL/T 920
6	可水解氟化物（以 HF 计）μg/g	必要时[d]	≤1.0	DL/T 918
7	矿物油 μg/g	必要时[d]	≤10	DL/T 919
8	气体分解产物	必要时	50μL/L 全部，或 12μL/L（SO_2+SOF_2）、25μL/LHF，注意设备中分解产物变化增量	电化学传感器、气相色谱、红外光谱等

[a] 气体泄漏检查可采用多种方式，如定性检漏、定量检漏、红外成像检漏、激光成像检漏等；
[b] 是指新装及大修后 1 年内复测湿度或漏气量不符合要求和设备异常时，按实际情况增加的检测；
[c] 若采用括号内数值，应得到制造厂认可；
[d] 怀疑设备存在故障或异常时，或是需要据此查找原因时

4.9.2.3.2　凡充于电气设备中的六氟化硫气体，均属于使用中的六氟化硫气体，应按照 DL/T 596 中的有关规定进行检验。

4.9.2.3.3　充六氟化硫气体变压器应参照 DL/T 941、生产厂家制定质量标准执行。

4.9.2.3.4　设备通电后一般每三个月，亦可一年内复核一次六氟化硫气体中的湿度，直至稳定后，每 1 年～3 年检测湿度一次。

4.9.2.3.5　对充气压力低于 0.35MPa 且用气量少的六氟化硫电气设备（如 35kV 以下的断路器），只要不漏气，交接时气体湿度合格，除在异常时，运行中可不检测气体湿度。

4.9.2.3.6　六氟化硫电气设备运行无异常声音，室内无异常气味，设备温度、气室压力正常，断路器液压操作机构油位正常，无漏油现象。

4.9.2.3.7　六氟化硫电气设备安装的湿度在线监测装置、气体泄漏报警装置等在线检测设备工作正常。

4.9.2.3.8　运行设备如发现压力下降应分析原因，必要时对设备进行全面检漏，若发现有漏气点应及时处理。

4.9.2.3.9　六氟化硫气体分解产物检测项目及要求：

a）在安全措施可靠的条件下，可在设备带电状况下进行六氟化硫气体分解产物检测。

b）对不同电压等级系统中的设备，宜按表 114 给出的检测周期进行六氟化硫气体分解产物现场检测。

表 114　不同电压等级设备的六氟化硫气体分解产物检测周期

电压（kV）	检　测　周　期	备　　注
750、1000	（1）新安装和解体检修后投运 3 个月内检测 1 次； （2）正常运行每 1 年检测 1 次； （3）诊断检测	诊断检测： （1）发生短路故障、断路器跳闸时； （2）设备遭受过电压严重冲击时，如雷击等； （3）设备有异常声响、强烈电磁振动响声时
66～500	（1）新安装和解体检修后投运 1 年内检测 1 次； （2）正常运行每 3 年检测 1 次； （3）诊断检测	
≤35	诊断检测	

c）运行设备中六氟化硫气体分解产物的检测组分、检测指标及其评价结果如表 115 所示。

d）若设备中六氟化硫气体分解产物 SO_2 或 H_2S 含量出现异常，应结合六氟化硫气体分解产物的 CO、CF_4 含量及其他状态参量变化、设备电气特性、运行工况等，对设备状态进行综合诊断。

表 115　六氟化硫气体分解产物的检测组分、检测指标和评价结果

检测组分	检　测　指　标 μL/L		评　价　结　果
SO_2	≤1	正常值	正常
	1～5	注意值	缩短检测周期
	5～10	警示值	跟踪检测，综合诊断
	＞10	警示值	综合诊断

表 115（续）

检测组分	检 测 指 标 μL/L		评 价 结 果
H_2S	≤1	正常值	正常
	1～2	注意值	缩短检测周期
	2～5	警示值	跟踪检测，综合诊断
	5	警示值	综合诊断
注 1：灭弧气室的检测时间应在设备正常开断额定电流及以下电流 48h 后。 注 2：CO 和 CF_4 作为辅助指标，与初值（交接验收值）比较，跟踪其增量变化，若变化显着，应进行综合诊断			

4.9.2.3.10　运行六氟化硫电气设备定性检漏、定量检测、泄漏率要求：

a）定性检漏，定性检漏仅作为判断试品漏气与否的一种手段，是定量检漏前的预检。用灵敏度不低于 0.01μL/L 的六氟化硫气体检漏仪检漏，无漏点则认为密封性能良好。

b）定量检漏，定量检漏可以在整台设备、隔室或由密封对应图 TC（高压开关设备、隔室与分装部件、元件密封要求的互相关系图，一般由制造厂提供）规定的部件或组件上进行。定量检漏通常采用扣罩法、挂瓶法、局部包扎法、压力降法等方法。

c）六氟化硫设备每个隔室的年漏气率不大于 0.5%。操作间空气中六氟化硫气体的允许浓度不大于 1000μL/L（或 6g/m^3）。短期接触，空气中六氟化硫的允许浓度不大于 1250μL/L（或 7.5g/m^3）。

4.9.2.3.11　运行六氟化硫设备补气：

a）六氟化硫电气设备补气时，所补气体必须符合新气质量标准，补气时应注意管路和接头的干燥及清洁；如遇不同产地、不同生产厂家的六氟化硫气体需混用时，符合新气体质量标准的气体均可以混用。

b）运行设备经过连续两次补加气体或单次补加气体超过设备气体总量 10%时，补气后应对气室内气体水分、空气含量和六氟化硫纯度进行检测。

4.9.2.4　六氟化硫设备检修监督

4.9.2.4.1　六氟化硫电气设备检修，应按照 DL/T 639、GB/T 8905 执行。

4.9.2.4.2　六氟化硫设备解体前，应对设备内六氟化硫气体进行必要的分析测定，根据有毒气体含量，采取相应的安全防护措施。

4.9.2.4.3　断路器、隔离开关等气室检修，如需对检修气室中的气体完全回收，为确保相邻气室和运行气室的安全，需对检修气室的相邻气室进行降压处理。

4.9.2.4.4　路器、隔离开关的操作机构滤油应保证滤芯过滤精度，换油时，避免使用溶剂清洗操作机构压力箱体，清洗剂和洗涤油应完全从操作机构箱体内排除以免污染新加入的油。

4.9.2.4.5　补加油宜采用与已充油同一油源、同一牌号及同一添加剂类型的油品，并且补加油（不论是新油或已使用的油）的各项特性指标不应低于已充油。

4.9.2.4.6　六氟化硫气体的回收。

a）回收气体一般应充入钢瓶储存。钢瓶设计压力为 7MPa 时，充装系数不大于 1.04kg/L；钢瓶设计压力为 8MPa 时，充装系数不大于 1.17kg/L；钢瓶设计压力为 12.5MPa 时，充装系数不大于1.33kg/L。

b）六氟化硫气体的回收包括对电气设备中正常的、部分分解或污染的六氟化硫气体的回收。包含以下几种情况六氟化硫气体应回收：

1）设备压力过高时；

2）在对设备进行维护、检修、解体时；

3）设备基建需要更换时。

4.9.2.4.7 吸附剂在安装前应进行活化处理，处理温度按生产厂家要求执行。应尽量缩短吸附剂从干燥容器或密封容器内取出直接安装完毕的时间，吸附剂安装完毕后，应立即抽真空。

4.9.2.4.8 六氟化硫气体的充装要求参见附录D.2.2。

4.9.2.4.9 重复使用气体杂质最大容许要求应符合投运前、交接时六氟化硫分析项目及质量指标。

4.9.2.4.10 六氟化硫电气设备安装完毕，在投运前（充气24h以后）应复验六氟化硫气室内的湿度和空气含量。

4.9.2.4.11 从事六氟化硫电气设备试验、运行、检修和监督管理工作的人员，必须按照DL/T 639的有关条款执行。

4.9.2.4.12 工作场所中六氟化硫气体的容许含量见附录D.2.3。

4.9.2.4.13 对于配备有在线密度、湿度计的六氟化硫电气设备，每年应由相应资质的单位进行一次检定，并做好检验报告的归档管理，每半年应对六氟化硫密度、湿度进行取样分析，对在线仪表进行比对试验，当实验室检验与在线仪表偏差较大时，应查找原因对在线仪表进行相应的处理。

4.9.3 仪用气体的质量要求

4.9.3.1 仪用气源质量应满足GB/T 4213的规定。

4.9.3.2 操作压力下的气源其露点应比调节阀工作温度至少低10℃。

4.9.3.3 气源中无明显的油蒸汽、油和其他液体。

4.9.3.4 气源中无明显的腐蚀性气体、蒸汽和溶剂。

4.9.3.5 带定位器的调节阀气源中固体微粒的含量应小于0.1g/m^3，且微粒直径应小于30μm，含油量应小于10mg/m^3。仪用压缩空气的检验项目及周期见表116。

表116 仪用压缩空气的检验项目及周期

序号	项　目	标　准	周　期
1	湿度 ℃	比环境温度低10℃	1次/半年
2	杂质	无油蒸汽、油及其他液体	1次/半年

4.10 水处理主要设备、材料和化学药品监督

4.10.1 反渗透装置验收标准

4.10.1.1 反渗透水处理装置的验收应按照订货合同逐套进行。

4.10.1.2 合同中没有明确规定的项目，按照DL/T 951标准进行检验和验收。

4.10.1.3　检验和验收分为出厂检验、交货验收和性能试验三部分。

4.10.1.4　反渗透装置处理装置的性能参数见表117。

4.10.1.5　渗透装置处理装置的性能试验应在设备完成全部调试内容后进行，应在额定出力条件下运行168h。

表117　反渗透本体的性能参数

序号	项目	常规（苦咸水脱盐）反渗透	海水淡化反渗透
1	脱盐率	满足合同要求，一般第一年不小于98%	满足合同要求，一般第一年不小于98%
2	回收率	满足合同要求，一般不小于75%	满足合同要求，一般不小于40
3	运行压力	满足设计要求，初始运行进水压力一般不大于1.5MPa	满足设计要求，一般不大于6.9MPa
4	能量回收装置		能量回收率一般不小于65%
5	产水量	满足相应水温条件下的合同要求	
6	仪表	正确指示，精度达到合同要求	
7	连锁与保护	满足合同要求	
8	阀门	开关灵活，阀位状态指示正确；电动阀电机运转平稳，振动和噪声等指标满足电动阀技术要求	
注：用于废水处理时，根据具体水质情况来定，按照订货合同验收			

4.10.2　超滤水处理装置验收标准

4.10.2.1　超滤水超滤水处理装置的验收应按照订货合同逐套进行。

4.10.2.2　合同中没有明确规定的项目，按照DL/T 952标准进行检验和验收。

4.10.2.3　检验和验收分为出厂检验、交货验收和性能试验三部分。

4.10.2.4　超滤水处理装置的性能参数见表118。

表118　处理装置的性能参数

序号	项　目	要　求
1	平均水回收率	达到合同要求，一般大于等于90%
2	产水量	额定压力时，达到相应水温条件下的设计值
3	透膜压差	满足合同要求
4	化学清洗周期	符合合同值，不小于30天
5	制水周期	符合合同值
6	反洗历时	符合合同值

4.10.2.5　超滤水处理装置出水水质参考指标见表119。

4.10.2.6　超滤水处理装置的性能试验应在设备完成全部调试内容后进行，应在额定出力条件下运行 168h。

表 119　超滤水处理装置出水水质参考指标

序号	项　　目	指　　标
1	SDI_{15}值	＜3
2	浊度	＜0.4NTU
3	悬浮物	＜1mg/L
注：浊度测试方法按 GB/T 15893.1 执行，悬浮物测试方法按 GB 11901 执行		

4.10.3　电除盐水处理装置验收标准

4.10.3.1　电除盐水处理装置验收应按照订货合同逐条进行。

4.10.3.2　合同中没有明确规定的项目，应按照 DL/T 1260 标准进行检验和验收。

4.10.3.3　检验和验收应分为出厂检验、交货验收和性能试验三部分。

4.10.3.4　在性能试验前，电除盐水处理装置的进水应能满足 DL/T 5068 及电除盐膜组件对水质的要求。

4.10.3.5　性能试验在水处理系统设备完成全部调试合格后进行，应在额定出力条件下运行 168h。

4.10.3.6　电除盐水处理装置保安过滤器的流量和压差：达到设计值；新滤元投运初期压差宜小于 0.05MPa。

4.10.3.7　电除盐水处理装置的性能参数见表 120。

4.10.3.8　电除盐装置出水水质应符合合同要求，同时满足 GB/T 12145 中锅炉补给水质量标准要求。

表 120　电除盐水处理装置的性能参数

序号	项　　目	要　　求
1	平均水回收率	按照不小于 90%验收
2	运行压差	（1）初始运行进、出水压差不大于 0.3MPa； （2）产品水压力应大于浓水和极水压力 0.035MPa
3	产水量	额定压力、设计温度及设计进水水质条件下达到合同要求
4	单位能耗	不宜大于 0.5kW·h/m^3

4.10.4　离子交换树脂验收标准

4.10.4.1　离子交换树脂验收应按 DL/T 519 的要求进行。

4.10.4.2　离子交换树脂取样按 GB/T 5475 中规定的方法进行。

4.10.4.3　树脂生产厂以每釜为一批取样，用户已收到的树脂每五批（或不足五批）为一个取样单元。

4.10.4.4　每个取样单元中，任取10包（件），单独计量，其总量不应小于铭牌规定的10包（件）量的和。若包装件中有游离水分，应除去游离水分后计量。

4.10.4.5　每包装件必须有树脂生产厂质量检验部门的合格证。

4.10.4.6　电厂按DL/T 519标准的规定项目对收到的树脂产品进行检验。并将部分样品封存以备复验。若需复验，应在收到树脂产品三个月内向树脂生产厂提出。

4.10.4.7　检验结果有某项技术指标不符合本验收标准的要求时，应重新自该取样单元中二倍的包装件中取样复验。并以复验结果为准。

4.10.4.8　若电厂对所定购离子交换树脂的技术要求超出DL/T 519规定时，应按供货合同要求进行验收。

4.10.4.9　当供需双方对树脂产品的质量有异议时，由供需双方协商解决或由法定质量检测部门进行仲裁。

4.10.5　粉末离子交换树脂的验收标准

4.10.5.1　粉末离子交换树脂验收按照DL/T 1138要求进行。

4.10.5.2　粉末离子交换树脂按GB/T 5475规定的方法进行取样。

4.10.5.3　每5包（件）为1个取样单元，不足5包按1个取样单元计。

4.10.5.4　每包（件）应有生产厂的合格证。

4.10.5.5　电厂应按DL/T 1138标准规定项目对对收到的粉末离子交换树脂产品进行检验，并留样备查。

4.10.5.6　检验结果有不符合项时，应双倍取样复检，并以复检结果为准。

4.10.6　滤料的采用及其验收标准

4.10.6.1　滤料的选择。滤料应符合设计要求，如设计未作规定时，可根据滤料的化学稳定性和机械强度进行选择。一般要求如下：

a）凝聚处理后的水，可采用石英砂。

b）石灰处理后的水，可采用大理石、无烟煤。

c）镁剂除硅后的水，可采用白云石或无烟煤。

d）磷酸盐、食盐过滤器的滤料，可采用无烟煤。

e）离子交换器、活性炭过滤器底部的垫层，应采用石英砂。

4.10.6.2　滤料的验收。

a）过滤器的滤料验收应满足DL/T 5190.4要求。

b）对石英砂和无烟煤应进行酸性、碱性和中性溶液的化学稳定性试验；对大理石和白云石应进行碱性和中性溶液的化学稳定性试验。滤料浸泡24h后，应分别符合以下要求：

1）全固形物的增加量不超过20mg/L。

2）二氧化硅的增加量不超过2mg/L。

c）用于离子交换器、活性炭过滤器垫层的石英砂，应符合以下要求：

1）纯度，二氧化硅≥99%。

2）化学稳定性试验合格。

d）过滤材料的组成应符合制造厂或设计要求，如未作规定时，一般应采用表121的规定。

表 121　过滤材料粒度表

序号	类　别		粒　径	不均匀系数
1	单层滤料	石英砂	d_{min}=0.5，d_{max}=1.0	2.0
		大理石	d_{min}=0.5，d_{max}=1.0	
		白云石	d_{min}=0.5，d_{max}=1.0	
		无烟煤	d_{min}=0.5，d_{max}=1.5	
2	双层滤料	无烟煤	d_{min}=0.8，d_{max}=1.8	2～3
		石英砂	d_{min}=0.5，d_{max}=1.2	

e）过滤器填充滤料前，应做滤料粒度均匀性的试验，并应达到有关标准。

4.10.7　活性炭验收标准

4.10.7.1　水处理用活性炭的验收按照 DL/T 582 要求执行。

4.10.7.2　活性炭的取样满足 GB/T 13803.4 要求。

4.10.7.3　活性炭的物理性能指标的检验。按 DL/T 582 第 7.1 至第 7.11 所列试验方法进行活性炭物理性能指标检验，结果应符合 DL/T 582 第 4.2 中规定。

4.10.7.4　活性炭对有机物吸附性能指标的检验。验收的活性炭样品与原样品对同一种水中天然有机物（通常为腐殖酸或富里酸）达到吸附平衡时，按 DL/T 582 中公式（1）计算平衡浓度为 5mg/L 时吸附值之间的偏差 S，小于或等于 10%时，认为与原活性炭样品相同。也可按试验方法 DL/T 582 中 7.14 测定验收。

4.10.7.5　余氯的吸附性能指标检验。按 DL/T 582 中公式（1）计算验收的活性炭样品与原样品的碘值之间的偏差 S 应小于或等于 10%，认为与原活性炭样品相同。

4.10.8　水处理用药剂的技术要求

4.10.8.1　水处理药剂应按水处理工艺的技术要求进行采购。

4.10.8.2　电厂应制定《大宗化学药品管理制度》以规范水处理药剂的管理，逐批进行质量验收，宜进行化学药剂纯度及其杂质含量的分析。

4.10.8.3　水处理和凝结水精处理用化学药剂包括：盐酸、氢氧化钠、硫酸、阻垢剂、还原剂、凝聚剂、缓蚀剂、杀菌剂等药剂，炉内处理用化学药剂包括氨、磷酸钠、氢氧化钠等药剂。

4.10.8.4　盐酸标准及验收项目应满足 GB 320，见表 122。

表 122　盐酸标准及验收项目

（%）

序号	项　目		优等品	一等品	合格品
1	总酸度（以 HCl 计）的质量分数	≥	31.0		
2	铁（以 Fe 计）的质量分数	≤	0.002	0.008	0.01
3	灼烧残渣的质量分数	≤	0.05	0.10	0.15
4	游离氯（以 Cl 计）的质量分数	≤	0.004	0.008	0.01
5	砷的质量分数	≤	0.000 1		
6	硫酸盐（以 SO_4^{2-}计）的质量分数	≤	0.005	0.03	—

4.10.8.5 氢氧化钠标准及验收项目应满足 GB/T 11199，见表 123。

表 123 氢氧化钠标准及验收项目 （%）

项目	型号规格							
	HS		HL					
	I		I		II		III	
	指标							
	优等	一等	优等	一等	优等	一等	优等	一等
氢氧化钠（以 NaOH 计） ≥	99.0	99.5	45.0		32.0		30.0	
碳酸钠（以 Na_2CO_3 计） ≤	0.5	0.8	0.1	0.2	0.04	0.06	0.04	0.06
氯化钠（以 NaCl 计） ≤	0.02	0.04	0.008	0.01	0.004	0.007	0.004	0.007
三氧化二铁（以 Fe_2O_3 计） ≤	0.002	0.004	0.000 8	0.001	0.000 3	0.000 5	0.000 3	0.000 5
二氧化硅（以 SiO_2 计） ≤	0.008	0.010	0.002	0.003	0.001 5	0.003	0.001 5	0.003
氯酸钠（以 $NaClO_3$ 计） ≤	0.005	0.005	0.002	0.003	0.001	0.002	0.001	0.002
硫酸钠（以 Na_2SO_4 计） ≤	0.01	0.02	0.002	0.004	0.001	0.002	0.001	0.002
三氧化二铝（以 Al_2O_3 计） ≤	0.004	0.005	0.001	0.002	0.000 4	0.000 6	0.000 4	0.000 6
氧化钙（以 CaO 计） ≤	0.001	0.003	0.000 3	0.000 8	0.000 1	0.000 5	0.000 1	0.000 5

4.10.8.6 硫酸标准及验收项目应满足 GB/T 534，见表 124。

表 124 硫酸标准及验收项目 （%）

序号	项目	浓硫酸		
		优等品	一等品	合格品
1	硫酸（以 H_2SO_4 计）的质量分数 ≥	92.5 或 98.0		
2	灰分的质量分数 ≤	0.02	0.03	0.1
3	铁（以 Fe 计）的质量分数 ≤	0.005	0.010	—
4	砷（以 As 计）的质量分数 ≤	0.000 1	0.005 0	—
5	汞（以 Hg 计）的质量分数 ≤	0.001	0.010	
6	铅（以 Pb 计）的质量分数 ≤	0.005	0.020	

表 124（续）

序号	项目		浓硫酸		
			优等品	一等品	合格品
7	透明度 mm	≥	80	50	
8	色度 mL	≤	2.0	2.0	

4.10.8.7 循环水用阻垢缓蚀剂标准及验收项目应满足 DL/T 806，见表 125。

表 125 循环水用阻垢缓蚀剂标准及验收项目 （%）

序号	指标名称	指标		
		A 类	B 类	C 类
1	唑类（以 C_6H_4NHN：N 计）		≥1.0	≥3.0
2	膦酸盐（以 PO_4^{3-}计）含量	≤20.0		
3	亚磷酸盐（以 PO_3^{3-}计）含量	≤1.0		
4	正磷酸盐（以 PO_4^{3-}计）含量	≤0.5		
5	固含量	≥32.0		
6	密度（20℃） g/cm^3	≥1.15		
7	pH（1%水溶液）	3±1.5		
注 1：A 类阻垢缓蚀剂可用于不锈钢管、钛管循环冷却水处理系统，也可用于碳钢管冲灰水系统； 注 2：B 类阻垢缓蚀剂可用于铜管循环冷却水处理系统； 注 3：C 类阻垢缓蚀剂可用于要求有较高唑类含量的铜管循环冷却水处理系统。 注 4：膦酸盐含量大于 6.8%为含膦阻垢剂；膦酸盐含量 2.0%～6.8%为低膦阻垢剂；膦酸盐含量低于 2.0%为无膦阻垢剂，需要时可参照 GB/T 20778 对阻垢缓蚀剂的生物降解性进行分析				

4.10.8.8 聚合硫酸铁剂标准及验收项目应满足 GB 14591，见表 126。

表 126 聚合硫酸铁剂标准及验收项目 （%）

序号	项目		I 型	II 型
1	密度 g/cm^3（20℃）	≥	1.45	
2	全铁的质量分数	≥	11.0	18.5
3	还原性物质（以 Fe^{2+}计）的质量分数	≤	0.10	0.15
4	盐基度		9.0～14.0	9.0～14.0
5	pH（1%水溶液）		2.0～3.0	2.0～3.0
6	砷（以 As 计）的质量分数	≤	0.000 5	0.000 8
7	铅（以 Pb 计）的质量分数	≤	0.001 0	0.001 5
8	不溶物的质量分数	≤	0.3	0.5

4.10.8.9 聚氯化铝标准及验收项目应满足 GB 15892，预处理出水作为电厂饮用水水源时应满足表 127，不作为饮用水水源时满足表 128。

表 127 饮用水用聚氯化铝标准及验收项目 （%）

序号	项目		指标	
			液体	固体
1	氧化铝（以 Al_2O_3 计）的质量分数	≥	10.0	29.0
2	盐基度		40.0～90.0	
3	密度（20℃）g/cm^3	≥	1.12	—
4	不溶物的质量分数	≤	0.2	0.6
5	pH（10g/L 水溶液）		3.5～5.0	
6	砷（以 As 计）的质量分数	≤	0.000 2	
7	铅（以 Pb 计）的质量分数	≤	0.001	
8	镉（以 Cd 计）的质量分数	≤	0.000 2	
9	汞（以 Hg 计）的质量分数	≤	0.000 01	
10	六价铬（以 Cr^{+6} 计）的质量分数	≤	0.000 5	
注：表中所列液体所列砷、铅、镉、汞、六价铬、不溶物的指标均按 $Al_2O_3$10%产品的计算，当 Al_2O_3 含量≥10%时，应按实际含量折算成 $Al_2O_3$10%产品比例计算各项杂质指标				

表 128 不作为饮用水的聚氯化铝标准及验收项目 （%）

序号	项目		指标	
			液体	固体
1	氯化铝（以 Al_2O_3 计）的质量分数	≥	6.0	28.0
2	盐基度		30～95	
3	密度（20℃）g/cm^3	≥	1.10	
4	不溶物的质量分数	≤	0.5	1.5
5	pH（10g/L 水溶液）		3.5～5.0	
6	铁（以 Fe 计）的质量分数	≤	2.0	5.0
7	砷（以 As 计）的质量分数	≤	0.000 5	0.001 5
8	铅（以 Pb 计）的质量分数	≤	0.002	0.006
注：表中所列液体不溶物、铁、砷、铅的质量分数均指 $Al_2O_3$10%产品的含量，当 Al_2O_3 含量不等于 10%时，应按实际含量折算成 $Al_2O_3$10%产品比例计算出相应的质量分数				

4.10.8.10 次氯酸钠标准及验收项目应满足 GB 19106，见表 129。

表 129　次氯酸钠标准及验收项目

（%）

序号	项　　目	型号规格				
		A[a]		B[b]		
		I	II	I	II	III
		指标				
1	有效氯（以 Cl 计）　≥	10.0	5.0	13.0	10.0	5.0
2	游离碱（以 NaOH 计）	0.1～1.0		0.1～1.0		
3	铁（以 Fe 计）　≤	0.005		0.005		
4	重金属（以 Pb 计）　≤	0.001		—		
5	砷（以 As 计）　≤	0.000 1		—		

[a] A 型适用于消毒、杀菌及水处理等。
[b] B 型仅适用于一般工业用

4.10.8.11　氨水的标准及验收项目应满足 GB/T 631，见表 130。

表 130　氨水的标准及验收项目

（%）

序号	名　　称	分析纯	化学纯
1	含量（NH_3）	25～28	25～28
2	蒸发残渣	≤0.002	≤0.004
3	氯化物（Cl）	≤0.000 05	≤0.000 1
4	硫化物（S）	≤0.000 02	≤0.000 05
5	硫酸盐（SO_4）	≤0.000 2	≤0.000 5
6	碳酸盐（CO_2）	≤0.001	≤0.002
7	磷酸盐（PO_4）	≤0.000 1	≤0.000 2
8	钠（Na）	≤0.000 5	—
9	镁（Mg）	≤0.000 1	≤0.000 5
10	钾（K）	≤0.000 1	—
11	钙（Ca）	≤0.000 1	≤0.000 5
12	铁（Fe）	≤0.000 02	≤0.000 05
13	铜（Cu）	≤0.000 01	≤0.000 02
14	铅（Pb）	≤0.000 05	≤0.000 1
15	还原高锰酸钾物质（以 O 计）	≤0.000 8	≤0.000 8

4.10.9　各种水处理设备、管道的防腐方法和技术要求

各种水处理设备，管道的防腐方法和技术要求见附录 E。

5 监督管理要求

5.1 监督基础管理工作

5.1.1 电厂应按照《华能电厂安全生产管理体系要求》中有关技术监督管理和本标准的要求，制定化学监督管理标准，并根据国家法律、法规及国家、行业、集团公司标准、规范、规程、制度，结合电厂实际情况，编制化学监督相关 / 支持性文件；建立健全技术资料档案，以科学、规范的监督管理，保证化学设备以及化学监督设备的安全可靠运行。

5.1.2 电厂应编制并执行的化学技术监督相关/支持性文件，包括但不限于：

a） 化学技术监督实施细则（包括执行标准、工作要求）；

b）化学运行规程；

c） 化学设备检修工艺规程；

d） 在线化学仪表维护、检验规程；

e） 化学实验室管理规定；

f） 化学实验室仪器仪表设备管理规定；

g） 机组检修化学检查规定；

h） 化学大宗物资（材料、油品、气体、药剂等）的验收、保管规定；

i） 油务管理规定；

j） 燃气质量管理监督规定；

k） 六氟化硫气体监督管理规定。

5.1.3 建立健全技术资料档案

5.1.3.1 基建阶段技术资料，包括但不限于：

a） 化学设备技术规范；

b） 化学设备和有关重要监督设备、系统的设计和制造图纸、说明书、出厂试验报告；

c） 化学设备安装竣工图纸；

d） 化学设备设计修改文件；

e） 主要化学设备验收报告、安装验收记录、缺陷处理报告、调试试验报告、投产验收报告；

f） 余热锅炉水压试验方案和报告；

g） 余热锅炉化学清洗或碱煮方案和总结报告；

h） 机组整套启动化学监督报告。

5.1.3.2 设备清册、台账以及图纸资料，包括但不限于：

a） 化学设备清册。

b） 化学监督仪器、仪表、辅机用油、设备台账：

1） 实验室化学仪器、仪表和在线化学仪表清单和维护、校验台账，参见附录 F.1。

2） 重要辅机设备用油台账，参见附录 F.2。

3） 化学设备台账，参见附录 F.3，应包括以下系统设备：

（1） 预处理系统设备；

（2） 补给水处理系统设备；

（3） 凝结水精处理系统设备；

（4）机组加药系统设备；

（5）制氢和储氢系统设备；

（6）水汽集中取样装置；

（7）循环水处理系统设备；

（8）热网补充水处理系统和热网循环水处理系统设备；

（9）发电机内冷水处理系统设备。

c）全厂水汽热力系统图册。

d）全厂化学设备系统图册。

e）汽（燃气）轮发电机组油、气监督设备系统图册。

f）化学监督有关系统设备设计和生产厂家说明书及培训资料等。

5.1.3.3 试验报告、记录和台账，包括但不限于：

a）实验室水汽质量查定记录和台账，参见附录 F.4；

b）机组运行水汽质量记录报表；

c）汽（燃气）轮机油、抗燃油和电气设备用油、气试验检测记录、报告和台账，参见附录 F.5；

d）机组启动水汽化学监督记录，参见附录 F.6；

e）机组检修热力设备结垢、积盐和腐蚀台账，参见附录 F.7；

f）预处理、补给水处理、凝结水精处理、循环水处理、制氢（供氢）等系统运行记录。

5.1.3.4 运行报告和记录，包括但不限于：

a）月度运行分析和总结报告；

b）经济性分析和节能对标报告；

c）设备定期轮换记录；

d）定期试验执行记录；

e）运行日志；

f）交接班记录；

g）培训记录；

h）化学专业反事故措施；

i）与化学监督有关的事故（异常）分析报告，凝汽器泄漏处理报告，水汽品质劣化三级处理报告，油、气（氢气、六氟化硫）质量异常跟踪分析报告；

j）待处理缺陷的措施和及时处理记录；

k）给水、炉水处理及水汽品质优化试验报告；

l）循环水动、静态模拟试验报告；

m）化学补给水系统调整试验报告；

n）年度监督计划、化学监督工作总结；

o）化学监督会议记录和文件。

5.1.3.5 检修维护报告和记录，包括但不限于：

a）机组检修热力设备化学监督检查方案、记录和报告；

b）热力设备停（备）用防锈蚀记录及报告；

c）运行热力设备（余热锅炉、凝汽器和其他换热器）的化学清洗措施和总结报告；

d） 化学设备检修文件包；

e） 检修记录及竣工资料；

f） 检修总结；

g） 日常设备维修（缺陷）记录和异动记录。

5.1.3.6 缺陷闭环管理记录，包括但不限于：月度缺陷分析。

5.1.3.7 事故管理报告和记录，包括但不限于：

a） 设备非计划停运、障碍、事故统计记录；

b） 事故分析报告。

5.1.3.8 技术改造报告和记录，包括但不限于：

a） 可行性研究报告；

b） 技术方案和措施；

c） 技术图纸、资料、说明书；

d） 质量监督和验收报告；

e） 完工总结报告和后评估报告。

5.1.3.9 监督管理文件，包括但不限于：

a） 与化学监督有关的国家法律、法规及国家、行业、集团公司标准、规范、规程、制度；

b） 电厂制定的化学监督标准、规程、规定、措施等；

c） 年度化学监督工作计划和总结；

d） 化学监督季报、速报，预警通知单和验收单；

e） 化学监督网络会议纪要记录；

f） 监督工作自我评价报告和外部检查评价报告；

g） 化学技术监督人员档案、上岗证书；

h） 试验室水、油、气体分析人员，在线化学仪表维护、校验人员上岗证书；

i） 岗位技术培训计划、记录和总结；

j） 与化学设备以及监督工作有关重要往来文件。

5.2 日常管理内容和要求

5.2.1 健全监督网络与职责

5.2.1.1 电厂应建立健全由生产副厂长（总工程师）领导下的化学技术监督三级管理网络体系。第一级为厂级，包括生产副厂长（总工程师）领导下的化学监督专责人；第二级为部门级，包括运行部化学专工或责任人，检修部化学专工或责任人；第三级为班组级，包括各专工领导的班组人员。在生产副厂长（总工程师）领导下由化学监督专责人统筹安排，协调运行、检修等部门及化学、燃机、余热锅炉、汽机、热工、金属、电气等相关专业共同配合完成化学监督工作。化学监督三级网应严格执行岗位责任制。

5.2.1.2 按照集团公司《华能电厂安全生产管理体系要求》和《电力技术监督管理办法》编制电厂化学监督管理标准，做到分工、职责明确，责任到人。

5.2.1.3 电厂化学技术监督工作归口职能管理部门在电厂技术监督领导小组的领导下，负责化学技术监督的组织建设工作，建立健全技术监督网络，并设化学技术监督专责人，负责全厂化学技术监督日常工作的开展和监督管理。

5.2.1.4 电厂化学技术监督工作归口职能管理部门每年年初要根据人员变动情况及时对网络

成员进行调整；按照人员培训和上岗资格管理办法的要求，定期对技术监督专责人和特殊技能岗位人员进行专业和技能培训，保证持证上岗。

5.2.2 确定监督标准符合性

5.2.2.1 化学监督标准应符合国家、行业及上级主管单位的有关规定和要求。

5.2.2.2 每年年初，化学技术监督专责人应根据新颁布的标准规范及设备运行、技术参数以及异动情况，组织对化学运行规程、检修规程等规程、制度的有效性、准确性进行评估并修订不符合项，经归口职能管理部门领导审核、生产主管领导审批后发布实施。国标、行标及上级单位监督规程、规定中涵盖的相关化学监督工作均应在电厂规程及规定中详细列写齐全。在化学设备规划、设计、建设、更改过程中的化学监督要求等同采用每年发布的相关标准。

5.2.3 确定仪器仪表有效性

5.2.3.1 应配备必需的化学监督、检验和计量设备、仪表，建立相应的试验室。

5.2.3.2 应编制化学监督用仪器仪表使用、操作、维护规程，规范仪器仪表管理。

5.2.3.3 应建立化学监督用仪器、仪表设备清单和台账，根据校验、使用及更新情况进行补充完善。

5.2.3.4 应根据校验、检定周期和项目，制定化学监督仪器、仪表年度校验、检定计划，按规定进行检验、送检和量值传递，对检验合格的可继续使用，对检验不合格的送修或报废处理，保证仪器仪表有效性。

5.2.3.5 应按 DL/T 677 的要求对在线化学仪表进行定期校验和维护。

5.2.4 监督档案管理

5.2.4.1 电厂应按照本标准规定的文件、资料、记录和报告目录以及格式要求，建立健全化学技术监督各项台账、档案、规程、制度和技术资料，确保技术监督原始档案和技术资料的完整性和连续性。

5.2.4.2 技术监督专责人应建立化学监督档案资料目录清册，根据监督组织机构的设置和设备的实际情况，明确档案资料的分级存放地点，并指定专人整理保管，及时更新。

5.2.5 制订监督工作计划

5.2.5.1 化学技术监督专责人每年 11 月 30 日前，应组织制订完成下年度技术监督工作计划，报送产业公司、区域公司，同时抄送西安热工院。

5.2.5.2 化学技术监督年度计划的制定依据至少应包括以下几方面：

a） 国家、行业、地方有关电力生产方面的政策、法规、标准、规范和反措要求；
b） 集团公司、产业公司、区域公司、电厂技术监督管理制度和年度技术监督动态管理要求；
c） 集团公司、产业公司、区域公司、电厂技术监督工作规划和年度生产目标；
d） 技术监督体系健全和完善化；
e） 人员培训和监督用仪器设备配备和更新；
f） 机组检修计划；
g） 化学运行和监督设备上年度异常、缺陷等；
h） 化学运行和监督设备目前的运行状态；
i） 技术监督动态检查、预警、季报提出的问题；
j） 收集的其他有关化学设备设计选型、制造、安装、运行、检修、技术改造等方面的动态信息。

5.2.5.3 电厂技术监督工作计划应实现动态化，即各专业应每季度制定技术监督工作计划。年度（季度）监督工作计划应包括以下主要内容：

a） 技术监督组织机构和网络完善；
b） 监督管理标准、技术标准规范制定、修订计划；
c） 人员培训计划（主要包括内部培训、外部培训取证，标准规范宣贯）；
d） 技术监督例行工作计划；
e） 检修期间应开展的技术监督项目计划，包括热力设备化学清洗计划，反渗透、EDI 系统离线清洗计划，超滤、反渗透和 EDI 组件更换计划，离子交换树脂更换和补充计划；
f） 试验室仪器仪表和在线化学仪表校验、检定计划；
g） 试验室仪表和在线化学仪表更新和备品、配件采购计划；
h） 大宗化学药品、材料采购和水处理设备备品、配件采购计划；
i） 技术监督自我评价、动态检查和复查评估计划；
j） 技术监督预警、动态检查等监督问题整改计划；
k） 技术监督定期工作会议计划。

5.2.5.4 电厂应根据上级公司下发的年度技术监督工作计划，及时修订补充本单位年度技术监督工作计划，按照集团公司《电力技术监督管理办法》的规定，实现技术监督工作计划的动态调整，并发布实施。

5.2.5.5 化学监督专责人每季度应对监督年度计划执行和监督工作开展情况进行检查评估，对不满足监督要求的问题，通过技术监督不符合项通知单下发到相关部门监督整改，并对相关部门进行考评。技术监督不符合项通知单编写格式见附录 G。

5.2.6 监督报告管理

5.2.6.1 化学监督速报报送

电厂发生因主要化学监督指标异常而停机，凝汽器泄漏导致水汽品质恶化停机事件后 24h 内，化学技术监督专责人应将事件概况、原因分析、采取措施按照附录 H 的格式，填写速报并报送产业公司、区域公司和西安热工院。

5.2.6.2 化学监督季报报送

化学技术监督专责人应按照附录 I 的季报格式和要求，组织编写上季度化学技术监督季报，经电厂归口职能管理部门季报汇总后，应于每季度首月 5 日前，将全厂技术监督季报报送产业公司、区域公司和西安热工院。

5.2.6.3 化学监督年度工作总结报送

a） 化学技术监督专责人应于每年元月 5 日前编制完成上年度技术监督工作总结报告，并报送产业公司、区域公司和西安热工院。
b） 年度监督工作总结报告主要内容应包括以下几方面：
    1） 主要监督工作完成情况、亮点和经验与教训；
    2） 设备一般事故、危急缺陷和严重缺陷统计分析；
    3） 监督存在的主要问题和改进措施；
    4） 下年度工作思路、计划、重点和改进措施。

5.2.7 监督例会管理

5.2.7.1 电厂每年至少召开两次厂级化学技术监督工作会议，会议由电厂技术监督领导小组组长主持，检查、评估、总结、布置全厂化学技术监督工作，对化学技术监督中出现的问题提出处理意见和防范措施，形成会议纪要，按管理流程批准后发布实施。

5.2.7.2 化学专业每季度至少召开一次技术监督工作会议，会议由化学监督专责人主持并形成会议纪要。

5.2.7.3 例会主要内容包括：

a） 上次监督例会以来化学监督工作开展情况；
b） 设备及系统的故障、缺陷分析及处理措施；
c） 化学监督存在的主要问题以及解决措施、方案；
d） 上次监督例会提出问题整改措施完成情况的评价；
e） 技术监督工作计划发布及执行情况，监督计划的变更；
f） 集团公司技术监督季报、监督通讯，集团公司、或产业公司、区域公司化学典型案例，新颁布的国家、行业标准规范，监督新技术等学习交流；
g） 化学监督需要领导协调和其他部门配合和关注的事项；
h） 至下次监督例会时间内的工作要点。

5.2.8 监督预警管理

5.2.8.1 化学监督三级预警项目见本标准附录 J。电厂应将三级预警识别纳入日常化学监督日常管理和考核工作中。

5.2.8.2 电厂应根据监督单位签发的预警通知单（见本标准附录 K）制定整改计划，明确整改措施、责任部门、责任人和完成日期。

5.2.8.3 问题整改完成后，电厂应按照技术监督预警管理办法规定提出验收申请，验收合格后，由监督单位签发预警验收单（本标准见附录 L）并备案。

5.2.9 监督问题整改管理

5.2.9.1 整改问题的提出：

a） 上级或技术监督服务单位在技术监督动态检查、预警提出的整改问题；
b） 《火电技术监督报告》中明确的集团公司或产业公司、区域公司督办问题；
c） 《火电技术监督报告》中明确的发电厂需要关注及解决的问题；
d） 电厂化学监督专责人每季度对各部门的化学监督计划的执行情况进行检查，对不满足监督要求提出的整改问题。

5.2.9.2 问题整改管理：

a） 电厂收到技术监督评价报告后，应组织有关人员会同西安热工院或技术监督服务单位在两周内完成整改计划的制定和审核，整改计划编写格式见附录 M。并将整改计划报送集团公司、产业公司、区域公司，同时抄送西安热工院或技术监督服务单位。
b） 整改计划应列入或补充列入年度监督工作计划，电厂按照整改计划落实整改工作，并将整改实施情况及时在技术监督季报中总结上报。
c） 对整改完成的问题，电厂应保存问题整改相关的试验报告、现场图片、影像等技术资料，作为问题整改情况及实施效果评估的依据。

5.2.10 监督评价与考核

5.2.10.1 电厂应将《联合循环发电厂化学技术监督工作评价表》中的各项要求纳入化学监督日常管理工作中，《联合循环发电厂化学监督工作评价表》见附录N。

5.2.10.2 电厂应按照《联合循环发电厂化学技术监督工作评价表》中的各项要求，编制完善化学技术监督管理制度和规定，贯彻执行；完善各项化学监督的日常管理和检修维护记录，加强化学设备的运行、检修维护技术监督。

5.2.10.3 电厂应定期对技术监督工作开展情况组织自我评价，对不满足监督要求的不符合项以通知单的形式下发到相关部门进行整改，并对相关部门及责任人进行考核。

5.3 各阶段监督重点工作

5.3.1 设计与设备选型阶段

5.3.1.1 化学补给水处理系统、设备的设计和选型审查应依据GB 50013、GB 50050、GB 50177、GB 50335、GB 50660、GB/T 12145、GB/T 50619、DL/T 5068、DL/T 5174、集团公司《火电工程设计导则》等国家标准、电力行业标准、集团公司标准、规定和本标准技术部分要求进行。补给水处理、加药系统、凝结水净化处理的设计、设备选择，在线、试验室分析监督仪表的配置，应与联合循环机组运行方式相适应，并能满足机组安全、环保、可靠、经济运行的要求。

5.3.1.2 参加化学可行性研究、初设、设计优化、施工图审核，设备的技术招标及选型等工作，对设备的技术参数、性能和结构等提出意见，并提出性能考核、技术资料、技术培训等方面的要求。

5.3.1.3 根据工程的规划情况及特点，监督工程设计做到合理选用水源、节约用水、降低能耗、保护环境，并便于安装、运行和维护。

5.3.1.4 对供热、空冷机组凝结水净化处理（必要时精除盐）系统的设备选型、优化提出建议。

5.3.1.5 当城市中水、海水或其他再生水用作循环水补充水时，监督进行循环水系统材料适应性和循环水优化处理模拟试验。

5.3.1.6 监督审核设计与设备选型阶段的工作文件、记录，技术协议、说明书、培训资料是否按照电厂文件记录管理标准的要求编写、记录、收集、留存并归档。

5.3.2 安装和调整试运阶段

5.3.2.1 依据DL/T 794、DL/T 855、DL/T 889、DL/T 1076、DL 5190.6、DL/T 5210.6、DL/T 5295、DL/T 5437 等标准和本标准技术部分的规定，监督主要化学设备系统安装过程以及单体、分系统调试质量的检查、验收和评价过程是否满足过程控制和质量要求。

5.3.2.2 审查安装、调试主体单位及人员的资质；审查安装单位所编制的工作计划、进度网络图以及施工、调试方案、试验记录和技术报告。

5.3.2.3 监督化学补给水处理系统设备、凝结水精处理系统设备、制（供）氢等系统设备的安装及调试过程，确保质量满足应符合相关标准的要求。

5.3.2.4 监督并做好调整试运阶段的各种水处理材料、树脂、油品以及化学药品等物资的入厂检查、验收工作。

5.3.2.5 监督并参加重要热力设备到货、保管、安装过程中内、外表面的腐蚀情况的检查，监督和检查系统设备内部二次污染的防护过程。

5.3.2.6 监督凝汽器管安装前抽查和探伤工作是否符合本标准的规定，监督凝汽器汽侧灌水查漏满足相关规定。

5.3.2.7　审核余热锅炉水压试验及保养的方案和措施，对水压试验用药品和水质的进行分析化验，严禁使用不合格药品和水质进行锅炉水压试验。

5.3.2.8　审核余热锅炉化学清洗方案和措施，参加化学清洗全过程质量检测和监督工作，参加清洗质量检查验收过程，并签署质量检查评价表。

5.3.2.9　审核余热锅炉吹管方案和措施，对吹管过程热力系统净化冲洗和水汽品质进行化验，监督吹管结束后清扫凝汽器、除氧器和汽包内铁锈和杂物。

5.3.2.10　审核机组整套试运热力系统净化方案和措施；对各阶段水汽品质进行化验；监督启动过程中给水品质不合格，余热锅炉不通烟气，蒸汽品质不合格，汽轮机不并汽。

5.3.2.11　依据 GB/T 7597、GB/T 7595、GB/T 7596、GB/T 14541、GB/T 14542、DL/T 571、GB/T 8905 等标准和本标准技术部分的规定，监督并做好机组整套试运阶段油、气的质量监督检测化验工作，特别是充油电气设备到厂后、热油循环后、投用后的油、气质量的分析检测，以及汽轮机、燃气轮机油、压气机和燃机液压控制有和抗燃油严格遵守油质颗粒度不合格机组不能启动的规定。

5.3.2.12　监督并协助进行发电机内冷水系统水冲洗净化，对内冷水水质进行检测，监督机组整套启动时，内冷水质量应满足机组正常运行标准。

5.3.2.13　按照电厂文件资料归档管理的要求，监督检查各基建单位按时向电厂移交化学专业基建技术资料、设备资料。

5.3.3　运行阶段

5.3.3.1　根据国家和行业有关的技术标准，结合电厂的实际制定本企业的《化学运行规程》和《化学技术监督实施细则》，并按《化学运行规程》和《化学技术监督实施细则》规定开展运行化学监督工作。

5.3.3.2　按规定每年对《化学运行规程》和《化学技术监督实施细则》复查、修订并书面通知有关人员。不需修订的，也应出具经复查人、批准人签名“可以继续执行”的书面文件。

5.3.3.3　根据余热锅炉的参数、型式、运行方式及热力系统材质，选择合适的给水、炉水处理方式，以抑制系统的流动加速腐蚀及腐蚀产物的转移，避免余热锅炉受热面的结垢和腐蚀损坏，汽轮机通流部件的积盐和腐蚀。必要时，外委进行水汽品质优化试验，以确定最佳的给水、炉水处理方式、加药方式、控制指标和锅炉排污方式。

5.3.3.4　按国家、行业标准和本标准技术部分要求的水汽监督项目和检测周期，对水、汽质量进行检测和监督，保证机组的水汽质量处于可控状态，必要时还应对水汽系统微量阴离子（氯离子、硫酸根离子）进行检测。

5.3.3.5　当水汽质量出现异常、劣化时，应迅速检查取样的代表性，化验结果的准确性，并综合分析系统中水汽质量的变化规律，确认水汽质量劣化无误后，应严格按水汽品质劣化三级处理原则进行处理。

5.3.3.6　按本标准技术部分要求，结合电厂实际制定凝汽器泄漏紧急处理措施，在凝汽器泄漏严格按紧急处理措施执行，避免凝汽器大量泄漏导致水汽品质恶化，余热锅炉受热面结垢、腐蚀，汽轮机积盐。

5.3.3.7　根据原水水质、水温变化情况及时对原水预处理系统的运行调整，确保出水水质满足后续设备、系统的安全、稳定运行。

5.3.3.8 加强对超滤、反渗透设备的运行管理和维护，定期对超滤、反渗透膜的化学清洗，确保超滤、反渗透装置的安全、稳定运行。

5.3.3.9 加强对循环水的防垢、杀菌处理，当循环水补水方式改变、药剂改变时，应外委进行循环水动、静态模拟试验，确定最佳的循环水处理方案和浓缩倍率，以确保循环水系统设备结垢和腐蚀得到抑制，并达到节水的目的。

5.3.3.10 供热机组应按本标准技术部分要求进行热网疏水质量的监督，热网循环水处理，尤其应加强加热器投运时，供热蒸汽管道和疏水管道的冲洗的监督工作。

5.3.3.11 按 DL/T 677 和本标准技术部分要求开展在线化学仪表的运行维护工作，定期对在线仪表进行校验，确保在线化学仪表的投入率和主要化学仪表的准确率。

5.3.3.12 按国家、行业标准和本标准技术部分规定制订“燃气质量监督管理规定”，并对其进行及时更新和修订。定期进行入厂燃气取样的检测，将取样检测结果与在线检测结果、燃气供应商的燃气质量报告进行对比，发现问题时进行协商，必要时委托第三方进行检测。对燃气在线分析仪进行定期校验，使之处于良好的状态。

5.3.3.13 按国家、行业标准和本标准技术部分要求制定电厂各种油质量监督和管理规定，对电力用油的取样、验收，定期检测、运行监督，异常处理，以及补油、混油等做出明确规定，并根据有关标准的更新情况定期进行修订。

5.3.3.14 按国家、行业标准和本标准技术部分规定的监督项目和检测周期，对汽（燃气）轮机油、压气机和燃机液压控制油、抗燃油、绝缘油、六氟化硫进行检测，发现不合格的指标应进行分析和及时处理。

5.3.3.15 按国家、行业标准和本标准技术部分规定对发电机氢气纯度、湿度的监督检测，发现指标超标应及时通知相关专业人员进行处理，监督氢气纯度、湿度的在线检测仪表按规定进行定期检定和校验。

5.3.3.16 按本标准技术部分要求，对入厂大宗化学药品、材料、树脂、油品化验、验收。

5.3.3.17 定期对实验室水、燃气、油、气的分析仪器进行校验和检定。

5.3.3.18 编制水汽质量、燃气质量、油品质量、氢气和六氟化硫气体监督台账，并定期进行汇总分析，及时掌握设备运行状态，并对设备异常状态进行预控。

5.3.4 停用和检修阶段

5.3.4.1 按 DL/T 246、DL/T 561、DL/T 956 等标准和本标准技术部分的规定，结合联合循环机组的特点及停（备）用时间、停用性质等，制定切实可行的热力设备停（备）用保护措施，保护措施要涵盖燃机、压气机和余热锅炉烟气侧，并明确相关专业的职责，将相关措施纳入机组运行规程之中。

5.3.4.2 监督并指导机组停用保护措施的实施过程，结合机组启动期间水汽质量，机组检修热力设备化学检查情况，对停用保护措施的效果进行总结评价，并提出改进方案。

5.3.4.3 机组热力设备停（备）用防腐保护采用新工艺、新药剂时，应经过科学试验，并确定对机组水汽品质没有危害，履行电厂审批手续后方可实施。

5.3.4.4 按 DL/T 1115 和本标准技术部分规定制定机组检修热力设备化学检查方案，开展化学检查，记录检查结果。对余热锅炉受热面结垢量、汽轮机通流部分积盐量进行检测，分析余热锅炉受热面、汽包、下联箱、汽轮机通流部分、凝汽器或其他部位垢的成分和物相。编写检查报告，对设备结垢、积盐、腐蚀进行评级，并根据余热锅炉受热面结垢、腐蚀，汽轮机通流部件积盐、腐蚀，凝汽器结垢、腐蚀和污堵情况，提出给水、炉水处理，循环水处理改进措施。

5.3.4.5 按 DL/T 794、DL/T 957、DL/T 977 和本标准技术部分的规定，根据余热锅炉受热面结垢量和运行年限，凝汽器结垢量和运行端差，热网加热器及其他换热结垢情况，确定是否进行这些热力设备的化学清洗。监督选择有资质的清洗单位承担化学清洗工作，审核余热锅炉、凝汽器、换热器等热力设备化学清洗方案和废液处理措施，参加化学清洗全过程的质量监督，组织清洗结果的验收工作。

5.3.4.6 根据补给水处理、凝结水精处理、炉内加药、制氢、循环水处理等设备系统运行情况，制定这些设备系统的检修项目和计划，履行审批手续后，监督执行。

5.3.4.7 监督化学设备的检修工作，检查化学处理设备内部配件，并根据检修工艺要求做好维修或更换工作；确定检修期间是否需要进行离子交换树脂的复苏、补充或更换，超滤、反渗透、EDI 是否需要进行离线清洗或更换等。

5.3.4.8 油、气设备特殊检修或技改前，应监督相关专业编制相应的检修、技改方案，落实化学监督的具体要求，并履行审批手续。检修前、中、后应按相关标准开展油、气质量的检验工作，如果检验中发现异常应及时反馈给相关专业制定净化处理措施，监督净化处理的落实并确保净化处理到符合相关标准要求，严格执行汽（燃气）轮机油、抗燃油洁净度不合格不得启机规定。如果需要补油，应补充相同牌号、厂家的油品，并做好油品质量的验收工作；如果补充不同牌号的油，应开展混油试验，符合要求后才能进行补油工作。

5.3.4.9 参与机组热力设备、化学设备、用油、气电气设备检修后的质量的验收和检查，监督或编写质量验收记录、报告。

5.3.4.10 根据 GB/T 12145、DL/T 246、DL/T 561 以及本标准技术部分规定，编写机组启动时热力系统水汽净化详细措施、监督指标和专用报表（参见附录 F.6）。监督并指导机组冷态启动热力系统冷、热态水冲洗过程，做到给水品质不合格，锅炉不通烟气；炉水质量不合格，热态冲洗不结束；蒸汽品质不合格，汽轮机不并汽。

5.3.4.11 监督有关专业定期对氢系统中储氢罐、电解装置、干燥装置、充（补）氢汇流排的安全阀、压力表、减压阀等进行定期检验。

5.3.4.12 机组热力设备检修化学检查录和报告、化学设备检修记录和报告，汽/燃气轮机油、抗燃油和各种辅机换油、补油记录和报告，用油、气电气设备换油（气）、补油（气）记录和报告，化学清洗记录和报告，机组停用保护报告，启机启动水汽净化记录等应按电厂资料管理规定归档保管。

6 监督评价与考核

6.1 评价内容

6.1.1 化学监督评价内容见附录 N。

6.1.2 化学监督评价内容分为技术监督管理、技术监督标准执行两部分，总分为 1000 分，其中监督管理评价部分包括 8 个大项 34 小项共 400 分，监督标准执行部分包括 14 大项 39 个小项共 600 分，每项检查评分时，如扣分超过本项应得分，则扣完为止。

6.2 评价标准

6.2.1 被评价的电厂按得分率高低分为四个级别，即：优秀、良好、合格、不符合。

6.2.2　得分率高于或等于 90%为“优秀”；80%～90%（不含 90%）为“良好”；70%～80%（不含 80%）为“合格”；低于 70%为“不符合”。

6.3　评价组织与考核

6.3.1　技术监督评价包括集团公司技术监督评价、属地电力技术监督服务单位技术监督评价、电厂技术监督自我评价。

6.3.2　集团公司定期组织西安热工院和公司内部专家，对电厂技术监督工作开展情况、设备状态进行评价，评价工作按照集团公司《电力技术监督管理办法》规定执行，分为现场评价和定期评价。

6.3.2.1　集团公司技术监督现场评价按照集团公司年度技术监督工作计划中所列的电厂名单和时间安排进行。各电厂在现场评价实施前应按附录 N 进行自查，编写自查报告。西安热工研究院在现场评价结束后三周内，应按照集团公司《电力技术监督管理办法》附录 C 的格式要求完成评价报告，并将评价报告电子版报送集团公司安生部，同时发送产业公司、区域公司及电厂。

6.3.2.2　集团公司技术监督定期评价按照集团公司《电力技术监督管理办法》及本标准要求和规定，对电厂生产技术管理情况、机组障碍及非计划停运情况、化学监督报告的内容符合性、准确性、及时性等进行评价，并通过年度技术监督报告发布评价结果。

6.3.2.3　集团公司对严重违反技术监督制度、由于技术监督不当或监督项目缺失、降低监督标准而造成严重后果，以及对技术监督发现问题不进行整改的电厂，予以通报并限期整改。

6.3.3　电厂应督促属地技术监督服务单位依据技术监督服务合同的规定，提供技术支持和监督服务，依据相关监督标准定期对电厂技术监督工作开展情况进行检查和评价分析，形成评价报告，并将评价报告电子版和书面版报送产业公司、区域公司及电厂，电厂应将报告归档管理，并落实问题整改。

6.3.4　电厂应按照集团公司《电力技术监督管理办法》及华能电厂安全生产管理体系要求建立完善技术监督评价与考核管理标准，明确各项评价内容和考核标准。

6.3.5　电厂应每年按附录 N，组织安排化学监督工作开展情况的自我评价，根据评价情况对相关部门和责任人开展技术监督考核工作。

附　录　A
（资料性附录）
化学实验室的主要仪器设备

A.1　水分析主要仪器设备

水分析主要仪器设备见表 A.1。

表 A.1　联合循环发电厂水分析主要仪器设备

序号	设备名称	规　　范	单位	数量	备　注
1	电子精密天平	称量 200g，感量 0.1mg	台	1	
2	分析天平	称量 200g，感量 1mg	台	1	
3	电子天平	称量 2000g，感量 10mg	台	1	
4	箱形高温炉	最高炉温：1000℃（325mm×200mm×125mm）	台	1	带恒温装置
5	电热干燥箱	额定温度：250℃（350mm×450mm×450mm）	台	2	
6	钠度计	测量范围：pNa0～7。精确度 0.05pNa；稳定性：±0.02pNa/2h；检出限：0.1μg/L	台	2	
7	电导率仪	测量范围：0～10^5μS/cm。精确度：±1.5%	台	2	
8	便携式数字电导率仪	测量范围：0～10^5μS/cm。精确度（满量程）：±1%	台	1	
9	便携式数字纯水电导率仪	测量范围：0～100μS/cm。精度等级：0.001 级	台	1	带自动温度补偿，流动电极杯
10	酸度计	测量范围：pH0～14。数字式；pH±0.05pH	台	2	
11	便携式酸度计	测量范围：pH0～14	台	1	
12	便携式纯水酸度计	精度等级：pH0.005 级	台	1	
13	便携式溶氧仪	最低检测限：0.1μg/L	台	2	
14	分光光度计	波长范围：300～900nm。波长精度：±2nm（参考）	台	1	带 100mm 比色皿
15	微量硅比色计	测量范围：0～50μg/L	台	1	
16	白金蒸发皿和坩埚	—	g	60	
17	实体显微镜	100～200 倍	台	1	

表 A.1（续）

序号	设备名称	规　范	单位	数量	备　注
18	生物显微镜	—	台	1	
19	玛瑙研钵	—	台	1	
20	电冰箱	180L	台	1	
21	紫外–可见分光光度计	波长范围：190nm～900nm。波长精度：±0.3nm。基线稳定性：0.004ABS/h。平坦度：0.001ABS	台	1	

A.2 燃气分析主要仪器设备

燃气分析主要仪器设备见表 A.2。

表 A.2 燃气分析主要仪器设备

序号	设备名称	规　范	单位	数量	备　注
1	水露点测试仪	—	台	1	
2	气相色谱	—	台	1	燃气主要组分分析
3	硫化合物测定仪器	—	台	1	燃气硫化合物分析

A.3 油分析主要仪器设备

油分析主要仪器设备见表 A.3。

表 A.3 油分析主要仪器设备

序号	设备名称	规　范	单位	数量	备　注
1	开口闪点测定仪	功率 120W	台	1	与抗燃油合用
2	闭口闪点测定仪	功率 100W	台	1	与抗燃油合用
3	工业天平	称量 200g，感量 1mg	台	1	
4	电热鼓风干燥箱	额定温度 250℃；尺寸（350mm×350mm×350mm）	台	1	
5	电热恒温水浴锅	8 孔双列，温度 100℃	台	1	
6	油浴箱	温度 300℃	台	1	
7	酸度计	测量范围：pH1～14，0～±1400mV。最小分度：pH 0.02，2mV。灵敏度：0.02pH	台	1	
8	界面张力仪	灵敏度：0.1mN/m。测量范围：5～100mN/m	台	1	

表 A.3（续）

序号	设备名称	规　　范	单位	数量	备　注
9	气相色谱仪	灵敏度：H_2 最小检知量 10μL/L，C_2H_2 最小检知量 1μL/L	套	1	
10	脱气装置	恒温振荡式，变径活塞式	台	1	
11	微量水分测定仪	测量范围：10～30 000μg。水灵敏度 1μg。10μg～1mg 精确度，≤5μg；＞1mg 精确度，≤0.5%	台	1	
12	比重计	测量范围：0.600～2.000。刻度 0.001	台	1	
13	锈蚀测定仪	—	台	1	
14	凝固点测定仪	精确度±1℃。测量范围：0～−50℃	台	1	与抗燃油合用
15	耐压试油器	速度 2kV/s。范围：0～60kV	台	1	
16	运动黏度计	0.8～1.5mm²/s	台	1	与抗燃油合用
17	电冰箱	150～175L	台	1	
18	电阻率测定仪	温控范围：20～95℃。精确度：±0.5℃，测量范围：1.8×10^{8}～$1.8\times10^{15}\Omega\cdot cm$	台	1	与抗燃油合用
19	洁净度测定仪		台	1	

A.4　电厂抗燃油化验需要仪器

电厂抗燃油化验需要仪器见表 A.4。

表 A.4　电厂抗燃油化验需要仪器

序号	设备名称	规　　范	单位	数量	备　注
1	微量水测定仪		台		与油分析共用
2	泡沫体积测定仪		台	1	
3	电阻率测定仪		台		与油分析共用
4	自燃点测定仪		台	1	
5	空气释放值测定仪		台	1	
6	闪点测定仪		台	1	与油分析共用
7	破乳化度仪		台	1	
8	洁净度测定仪		台	1	与油分析共用

附　录　B
（资料性附录）
燃气化学监督相关的技术资料

B.1　燃气的分类

联合循环发电厂燃气的分类见表 B.1。

表 B.1　燃　气　的　分　类

按发热量进行分类	体积发热量 MJ/m³	属于此类的典型燃气	主要气体组分
很高	45～186	液化石油气、液化天然气	丙烷、丁烷
高	30～45	天然气、合成天然气	甲烷
中	11～30	干馏、裂解煤气（如焦炉煤气、炼厂气及油制气）；气化煤气（以氧气为气化剂时）	一氧化碳、氢、甲烷
低	4～11	气化煤气（以空气或水蒸气为气化剂时）	一氧化碳、氢、氮
很低	＜4	高炉煤气	一氧化碳、氮

B.2　天然气

天然气的组分及浓度范围见表 B.2。

表 B.2　天然气的组分及浓度范围（摩尔分数）

组　　分	浓度范围（摩尔分数）%	组　　分	浓度范围（摩尔分数）%
氦	0.01～10	异丁烷	0.01～10
氢	0.01～10	正丁烷	0.01～10
氧	0.01～20	新戊烷	0.01～2
氮	0.01～100	异戊烷	0.01～2
二氧化碳	0.01～100	正戊烷	0.01～2
甲烷	0.01～100	己烷	0.01～2
乙烷	0.01～100	庚烷和更重组分	0.01～1
丙烷	0.01～100	硫化氢	0.3～30

B.3　液化天然气

典型液化天然气（LNG）的成分见表 B.3。

表 B.3 典型液化天然气（LNG）的成分

常压下泡点时的性质		LNG 例 1	LNG 例 2	LNG 例 3
摩尔分数 %	N_2	0.5	1.79	0.36
	CH_4	97.5	93.9	87.20
	C_2H_6	1.8	3.26	8.61
	C_3H_8	0.2	0.69	2.74
	iC_4H_{10}	—	0.12	0.42
	nC_4H_{10}	—	0.15	0.65
	C_5H_{12}	—	0.09	0.02
相对分子质量 kg/kmol		16.41	17.07	18.52
泡点温度 ℃		−162.6	−165.3	−161.3
密度 kg/m^3		431.6	448.8	468.7
0℃和 101 325Pa 条件下单位体积液体生成的气体体积 m^3/m^3		590	590	568
0℃和 101 325Pa 条件下单位体积液体生成的气体体积 $m^3/10^3kg$		1367	1314	1211

附 录 C
（资料性附录）
油品监督相关技术要求

C.1 电力用油洁净度标准

C.1.1 NSA 的油洁净度

美国航空航天工业联合会（AIA）NAS 1638：1984 年 1 月发布，见表 C.1。

表 C.1 NSA 的油洁净度分级标准

分级（颗粒数/100mL）	颗粒尺寸 μm				
	5～15	15～25	25～50	50～100	＞100
00	125	22	4	1	0
0	250	44	8	2	0
1	500	89	16	3	1
2	1000	178	32	6	1
3	2000	356	63	11	2
4	4000	712	126	22	4
5	8000	1425	253	45	8
6	16 000	2850	506	90	16
7	32 000	5700	1012	180	32
8	64 000	11 400	2025	360	64
9	128 000	22 800	4050	720	128
10	256 000	45 600	8100	1440	256
11	512 000	91 200	16 200	2880	512
12	1 024 000	182 400	32 400	5760	1024

C.1.2 MOOG 的污染等级标准

美国飞机工业协会（ALA）、美国材料试验协会（ASTM）、美国汽车工程师协会（SAE）联合提出的标准 MOOG 的污染等级标准，各等级应用范围：0 级——很难实现；1 级——超清洁系统；2 级——高级导弹系统；3 级、4 级——一般精密装置（电液伺服机构）；5 级——低级导弹系统；6 级——一般工业系统。见表 C.2。

表 C.2　**MOOG 的污染等级标准**

分级（颗粒数/100mL）	颗　粒　尺　寸 μm				
	5～10	10～25	25～50	50～100	＞100
0	2700	670	93	16	1
1	4600	13 加	210	28	3
2	9700	2680	380	56	5
3	2400	5360	780	110	11
4	32 000	10 700	1510	225	21
5	87 000	21 400	3130	430	41
6	128 000	42 000	6500	1000	92

C.1.3　SAE AS4059D 洁净度分级标准

SAE AS4059D 洁净度分级标准见表 C.3。

表 C.3　**SAE AS4059D 洁净度分级标准**

		最大污染度极限（颗粒数/100ml）					
ACFTD 尺寸（ISO4402 校准）		＞1μm	＞5μm	＞15μm	＞25μm	＞50μm	＞100μm
MTD 尺寸（ISO11171 校准）		＞4μm	＞6μm	＞14μm	＞21μm	＞38μm	＞70μm
尺寸代码		A	B	C	D	E	F
等级	000 00	195 390	76 152	14 27	3 5	1 1	0 0
	0	780	304	54	10	2	0
	1	1560	609	109	20	4	1
	2	3120	1220	217	39	7	1
	3	6250	2430	432	76	13	2
	4	12 500	4860	864	152	26	4
	5	25 000	9730	1730	306	53	8
	6	50 000	19 500	3460	612	106	18
	7	100 000	38 900	6920	1220	212	32
	8	200 000	77 900	13 900	2450	424	64
	9	400 000	156 000	27 700	4900	848	128
	10	800 000	311 000	55 400	9800	1700	256
	11	1 600 000	623 000	111 000	19 600	3390	512
	12	3 200 000	1 250 000	222 000	39 200	6780	1020

SAE AS4059D 是 NAS 1638 的发展和延伸，代表了液体自动颗粒计数器校准方法转变后颗粒污染分级的发展趋势，不但适用于显微镜计数方法，也适用于液体自动颗粒计数器计数方法。

与 NAS 1638 相比较，SAE AS4059D 具有下列特点：

a） 将计数方式由差分计数改为累计计数，更贴合自动颗粒计数器的特点。

b） 计数的颗粒尺寸向下延伸至 1μm（ACFTD 校准方法）或者 4μm（ISO MTD 校准方法），并且作为一个可选的颗粒尺寸，由用户根据自己的需要自己决定。

c） 增加了一个 000 等级。

d） SAE　AS4059D 采用字母代码来表示相应的颗粒尺寸。

e） 污染度等级报告形式多样化，以适应来自各方面的不同需要：AS4059D 既可以按照大于特定尺寸的颗粒总数来判级，如 5C 级；也可以按照每个尺寸范围同时判级，如 5C/4D/3E 级、5C/4D/4E/4F 级；还可以按照多个尺寸范围的最高污染度等级来判级，如 5C–F 级等。

C.1.4　ISO 分级标准与 NAS、MOOG 分级标准之间的等量关系

国际标准化组织（ISO）考虑一种改进分级标准，颗粒尺寸在 5/μm 以上和 15/μm 以上从 ISO 图上可以查出与这两种不同尺寸数目的分级（见 ISO 4406：1987），现将 ISO 分级标准与 MOOG、NAS 分级标准之间的等量关系列于表 C.4。

表 C.4　ISO 分级标准与 NAS、MOOG 分级标准之间的等量关系

ISO 标准	NAS 标准	MOOC 标准	ISO 标准	NAS 标准	MOOG 标准
26/23	—	—	13/10	4	1
25/23 23/20			12/9	3	0
21/18	12			—	—
—	—		11/8	2	
20/17	11		10/8	—	
20/16			t0/7	1	
19/16	L0		10/6	—	
—	—	—	9/6	0	
18/15	9	6	—	—	
—	—	—	8/5	00	
17/14	8	5	—	—	
16/13	7	4	7/5		
15/12	6	3	6/3 5/2		
14/12 14/11	5	2	2/0.8		

C.2 抗燃油及矿物油对密封衬垫材料的相容性

抗燃油及矿物油对密封衬垫材料的相容性见表C.5。

表C.5 抗燃油及矿物油对密封衬垫材料的相容性

材料名称	磷酸酯抗燃油	矿物油
氯丁橡胶	不适应	适应
丁腈橡胶	不适应	适应
皮革	不适应	适应
橡胶石棉垫	不适应	适应
硅橡胶	适应	适应
乙丙橡胶	适应	不适应
氟化橡胶	适应	适应
聚四氟乙烯	适应	适应
聚乙烯	适应	适应
聚丙烯	适应	适应

附 录 D
（资料性附录）
气体质量化学监督相关技术要求

D.1 氢气质量监督的技术要求

D.1.1 氢气湿度和纯度的测定要求

D.1.1.1 氢气湿度和纯度的测定满足 DL/T 651 的要求。

D.1.1.2 对氢冷发电机内的氢气和供发电机充氢、补氢用的新鲜氢气的湿度和纯度应进行定时测量，对 300MW 及以上的氢冷发电机可采用连续监测方式。

D.1.2 氢气湿度计的安装、使用

D.1.2.1 氢气湿度计在氢系统上的安装、使用，应严格遵守有关在氢系统进行作业的各项规定并符合湿度计生产厂的要求。

D.1.2.2 对氢气湿度计应进行定期检定，随时保证氢气湿度计的测量准确性。

D.1.2.3 测定氢气湿度值时的压力修正。当氢气湿度计测湿元件所在处的氢气压力与 DL/T 561 第 5 章中所规定的氢压不同时，应对测定的氢气湿度值进行压力修正。

D.1.2.4 对采样点和连续监测氢气湿度计的安装位置，还应注意选择在干燥、通风、无尘土飞扬、无强磁场作用、防水、防油、采光照明好、便于安装维护和记录数据，并不易被碰撞的地方。

D.1.2.5 在受较低环境温度影响而使流经管道的被测氢气温度有所降低时，应特别注意，只有在确认测湿元件前方流经被测氢气的管段内并未发生结露的前提下，测量方可进行。否则，应采取加强该管段保温或改变测湿元件位置等措施予以解决。

D.1.2.6 在采用定时测量方式对氢气湿度进行测量时，应在排净采气管段内的积存氢气后，再进行测定。

D.1.2.7 氢气湿度计的技术性能宜如表 D.1 所示。

表 D.1 氢气湿度计的技术性能表

<table>
<tr><th colspan="2">项 目</th><th>氢气湿度计测湿元件所在处的氢压为运行氢压时</th><th>氢气湿度计测湿元件所在处的氢压为常压时</th></tr>
<tr><td rowspan="2">测量范围（露点温度）</td><td>用于发电机内氢气湿度的测量</td><td>−30℃～30℃</td><td>−50℃～20℃</td></tr>
<tr><td>用于供发电机充氢、补氢的新鲜氢气湿度的测量</td><td>可根据常压下的湿度范围和氢站的氢气压力，参照 DL/T 651 附录 A、B 进行计算</td><td>−60℃～10℃</td></tr>
<tr><td colspan="2">测量不确定度（露点温度）</td><td colspan="2">≤2℃（在测量范围为−60℃～20℃时）</td></tr>
<tr><td colspan="2">响应时间</td><td colspan="2">≤2min（在环境温度为 20℃，露点温度为−20℃及以上时）</td></tr>
<tr><td colspan="2">校准周期</td><td colspan="2">一般为一年</td></tr>
</table>

D.1.2.8 氢气湿度计承压部分应能承受的表压如下：在发电机运行氢压下，用于监测发电机

内氢气湿度的氢气湿度计，应能在运行氢压下长期运行，且须经 0.8MPa 历时 15min 的承压试验。在氢站运行氢压下，用于监测供发电机充氢、补氢的新鲜氢气湿度的氢气湿度计，应能在采样点处最高工作表压下长期运行，且须经 1.2 倍最高工作表压（若该值小于 0.8MPa，则应以 0.8MPa 为准）历时 15min 的承压试验。在常压下，用于测量氢气湿度的氢气湿度计，无承压要求。

D.1.2.9 氢气湿度计测湿元件应允许的被测氢气温度如下：

a） 用于测量（监测）发电机氢气湿度时为 0℃～70℃。

b） 用于测量（监测）供发电机充氢、补氢的新鲜氢气湿度时为–45℃～55℃。

c） 氢气湿度计应允许的环境温度为–10℃～45℃。

D.1.3 测定发电机内和新鲜氢气湿度的采样点及采样管道

D.1.3.1 测定发电机内氢气湿度的采样点，在采用定时测量方式时，应选在通风良好且尽量靠近发电机本体处；在采用连续监测方式时，宜设置在发电机干燥装置的入口管段上。为在发电机干燥装置检修、停运时仍能连续监测发电机内氢气湿度和在氢气湿度计退出时仍能对氢气进行干燥，同时还为满足氢气湿度计对流量（流速）的要求， 可在采样处为氢气湿度计专门配设一条带隔离阀、调节阀的采样旁路。

D.1.3.2 测定新鲜氢气湿度的采样点，宜设置在制氢站出口管段上。当采用连续监测方式时，为在氢气湿度计退出时制氢站仍能向氢冷发电机充氢、补氢，同时还为满足氢气湿度计对流量（流速）的要求，也可在采样处为氢气湿度计专门配设一条带隔离阀、调节阀的采样旁路。

D.1.3.3 采样管道所经之处的环境温度，应均比被测气体湿度露点温度高出 3℃以上。

D.2 六氟化硫质量监督技术要求

D.2.1 六氟化硫气体取样要求

D.2.1.1 取样的目的是为了能够得到有代表性的气体样品。一般情况下，六氟化硫是以气体状态存在的，样品应从设备内部直接抽取，不应通过设备内部的过滤器抽取。最理想的是从被检查的设备中将气体样品直接通入分析装置。在运行现场不能直接检测的项目，采用惰性材质制成的容器取样。

D.2.1.2 当所取的样品是液态时，取样容器必须经受 7MPa 的压力试验，并且不准充满。充装条件应符合 GB 12022 中第 6.1 和第 6.2 的规定。

D.2.1.3 取样容器的脏污使被测试样中的杂质增加。取样瓶不得用于盛装除六氟化硫以外的其他物质。容器使用过后，加热至 100℃抽真空，充入新六氟化硫至常压，至少重复洗涤两次。保存时需充入稍高于大气压的新六氟化硫气体。取样前，用真空泵再次抽真空，并用待取样品冲洗容器。

D.2.1.4 取样管是连接从被取样设备或取样容器到分析装置，取样管的内径为 3mm～6mm，长度应尽量缩短的聚四氟乙烯管或不锈钢管，接头应为全金属型，例如压接型或焊接型。管子的内部应清洗干净，除尽油脂、焊药等。

D.2.1.5 取样点应进行干燥处理，保持洁净干燥，连接管路确保密封完好。取样前用六氟化硫气体缓慢地冲洗取样管路后再连接取样。

D.2.1.6 取样装置要求：取样容器满足抽真空处理，配置压力表可判断取样及洗气瓶中压力；真空泵具数显真空度显示、有尾气吸附处理、无毒排放。

D.2.1.7　连接系统要求：取样接头采用不吸水、耐腐蚀、密封好、寿命长的不锈钢材质或聚四氟乙烯管。

D.2.1.8　样品的标签内容：单位名称、设备编号、设备型号、电压等级、取样日期、环境温度、湿度、取样人员、取样原因。

D.2.1.9　运输及存储：为避免气体逸散，一般情况下取回样品应尽快完成试验，采样钢瓶取的气体保存期不超过 3 天。

D.2.2　六氟化硫气体的充装

D.2.2.1　在充装作业时，为防止引入外来杂质，充气前所有管路、连接部件均需根据其可能残存的污物和材质情况用稀盐酸或稀碱浸洗，冲净后加热干燥备用。连接管路时操作人员应配带清洁、干燥的手套。接口处擦净吹干，管内用六氟化硫新气缓慢冲洗即可正式充气。

D.2.2.2　对设备抽真空是净化和检漏的重要手段。充气前设备应抽真空至规定指标，真空度为 133×106MPa，再继续抽气 30min，停泵 30min，记录真空度（*A*），再隔 5h，读真空度（*B*），若 *B*–*A*＜133×106MPa，则可认为合格，否则应进行处理并重新抽真空至合格为止。

D.2.2.3　设备充入六氟化硫新气前，应复检其湿度，当确认合格后，方可缓慢地充入。当六氟化硫气瓶压力降至 0.1MPa 表压时应停止充气。

D.2.2.4　充装完毕后，对设备密封处，焊缝以及管路接头进行全面检漏，确认无泄漏则可认为充装完毕。充装完毕 24h 后，对设备中气体进行湿度测量，若超过标准，必须进行处理，直到合格。

D.2.3　工作场所中六氟化硫气体的容许含量

工作场所中六氟化硫气体及其毒性分解物的容许含量，见表 D.2。

表 D.2　工作场所中六氟化硫气体及其毒性分解物的容许含量

毒性气体及固体名称		容许含量（TLV–TWA）	毒性气体及固体名称		容许含量（TLV–TWA）
六氟化硫	SF_6	1000μL/L	十氟化二硫一氧	$S_2F_{10}O$	0.5μL/L
四氟化硫	SF_4	0.1μL/L	四氟化硅	SiF_4	2.5mg/m^3
四氟化硫酰	SOL_4	2.5mg/m^3	氟化氢	HF	3μL/L
氟化亚硫酰	SO_2F_2	2.5mg/m^3	二硫化碳	CS_2	10μL/L
二氧化硫	SO_2	2μL/L	三氟化铝	AlF_3	2.5mg/m^3
氟化硫酰	SO_2F_2	5μL/L	氟化铜	CuF_2	2.5mg/m^3
十氟化二硫	S_2F_{10}	0.025μL/L	二氟化二甲基硅	$Si(CH_3)_2F_2$	Lmg/m^3
注：表中 TLV–TWA 为物质加权浓度，选用美国 ACGIH（1978 年）和 NIOSH（1982 年）公布的值					

附 录 E
（资料性附录）
各种水处理设备、管道的防腐方法和技术要求

E.1 各种水处理设备、管道的防腐方法和技术要求

各种水处理设备、管道的防腐方法和技术要求见表 E.1。

表 E.1 各种设备、管道的防腐方法和技术要求

序号	项 目	防 腐 方 法	技 术 要 求
1	活性炭过滤器	衬胶	衬胶厚度 3mm～4.5mm
2	钠离子交换器	涂耐蚀漆	涂漆 4 度～6 度
3	除盐系统各种离子交换器	衬胶	衬胶厚度 4.5mm（共二层）
4	中间（除盐、自用）水泵和化学废水泵	不锈钢	根据介质性质选择相应材质
5	除二氧化碳器	衬胶，耐蚀玻璃钢	衬胶厚度 3mm～4.5mm
6	真空除气器	衬胶	压力 1.07kPa～2.67kPa（即真空度 752mmHg～740mmHg），衬胶厚度 3mm～4.5mm
7	中间水箱	衬胶，衬耐蚀玻璃钢	衬胶 3mm～4.5mm，玻璃钢 4 层～6 层
8	除盐水箱，凝结水补水箱	涂漆（漆酚树脂，环氧树脂，氰凝，氯磺化聚乙烯等），玻璃钢	涂漆 4 度～6 度，衬玻璃钢 2 层～3 层
9	盐酸贮存槽	钢衬胶	衬胶厚度 4.5mm（共两层）
10	浓硫酸贮存槽及计量箱	钢制	不应使用有机玻璃及塑料附件
11	凝结水精处理用氢氧化钠贮存槽及计量箱	钢衬胶	衬胶厚度 3mm
12	次氯酸钠贮存槽	钢衬胶，FRP/PVC 复合玻璃钢	耐 NaOCl 橡胶 衬胶厚度 4.5mm（共两层）
13	食盐湿贮存槽	衬耐酸瓷砖，耐蚀玻璃钢	玻璃钢 2 层～4 层
14	浓碱液贮存槽及计量箱	钢制（必要时可防腐）	
15	盐酸计量箱	钢衬胶，FRP/PVC 复合玻璃钢，耐蚀玻璃钢	衬胶厚度 3mm～4.5mm
16	稀硫酸箱、计量箱	钢衬胶	衬胶厚度 3mm～4.5mm
17	食盐溶液箱、计量箱	涂耐蚀漆、FRP/PVC 复合玻璃钢	涂漆 4 度～6 度
18	加混凝剂的钢制澄清器、过滤器，清水箱	涂耐蚀漆	涂漆 4 度～6 度

表 E.1（续）

序号	项　　目	防　腐　方　法	技　术　要　求
19	混凝剂溶液箱，计量箱	钢衬胶，FRP/PVC 复合玻璃钢	衬胶 3mm～4.5mm
20	氨、联氨溶液箱	不锈钢	
21	酸、碱中和池	衬耐蚀玻璃钢，花岗石	玻璃钢 4 层～6 层
22	盐酸喷射器	钢衬胶，耐蚀玻璃钢	衬胶厚度 3mm～4.5mm
23	硫酸喷射器	耐蚀、耐热合金，聚四氟乙烯等	
24	碱液喷射器	钢制（应为无铜件）耐蚀玻璃钢	
25	系统（除盐，软化）主设备出水管	钢衬胶，钢衬塑管，ABS 管	衬胶厚度 3mm
26	浓盐酸溶液管	钢衬胶，钢衬塑管	衬胶厚度 3mm
27	稀盐酸溶液管	钢衬胶，钢衬塑管，ABS 管，FRP/PVC 复合管等	衬胶厚度 3mm
28	浓硫酸管	钢管，不锈钢管	
29	稀硫酸溶液管	钢衬胶，钢衬塑管，ABS 管，FRP/PVC 复合管等	衬胶厚度 3mm
30	凝结水精处理用氢氧化钠碱液管	钢衬胶，钢衬塑管，ABS 管，FRP/PVC 复合管，不锈钢管等	衬胶厚度 3mm
31	碱液管	钢制（必要时可防腐）	
32	混凝剂和助凝剂管	不锈钢管，钢衬塑管，ABS 管	应根据介质性质，选择相应的材质
33	食盐溶液管	钢衬塑管，ABS 管，FRP/PVC 复合管，钢衬胶等	衬胶厚度 3mm
34	氨、联氨溶液管	不锈钢管	
35	氯气管	紫铜	
36	液氯管	钢管	
37	氯水及次氯酸钠溶液管	钢衬塑管，FRP/PVC 复合管，ABS 管等	
38	水质稳定剂药液管	钢衬塑管，ABS 管，不锈钢管，FRP/PVC 复合管	
39	氢气管	不锈钢管，钢管	
40	气动阀门用压缩空气母管	不锈钢管	
41	其他压缩空气管	钢管	
42	盐酸、碱贮存槽和计量箱地面	衬耐蚀玻璃钢，衬耐酸瓷砖或其他耐蚀地坪	玻璃钢 4 层～6 层
43	硫酸贮存槽和计量箱地面	衬耐酸瓷砖，耐蚀地坪，花岗石	玻璃钢 4 层～6 层

表 E.1（续）

序号	项　　目	防 腐 方 法	技 术 要 求
44	酸、碱性水排水沟	衬耐蚀玻璃钢，花岗石	玻璃钢 4 层～6 层
45	酸、碱性水排水沟盖板	水泥盖板衬耐蚀玻璃钢，铸铁盖板、FRP 格栅	
46	受腐蚀环境影响的钢平台、扶梯及栏杆、设备和管道外表面（包括直埋钢管）等	涂刷耐酸（碱）涂料，如环氧沥青漆、氯磺化聚乙烯等	除锈干净，涂料按规定施工并不少于两度，色漆按工艺要求
47	氧气管（10MPa 及以上）	紫铜、铜合金	
48	氧气管（10MPa 以下）	不锈钢	
注 1：当使用和运输的环境温度低于 0℃时，衬胶应选用半硬橡胶。 注 2：ABS 管材不能使用再生塑料			

附　录　F
（资料性附录）
化学技术监督记录和台账格式

F.1　实验室分析仪器仪表和在线化学仪表清单和设备台账

化学实验室应分别建立水、燃气和油质分析仪器仪表清单，清单表格形式见表 F.1，并动态管理；建立每台仪器仪表的设备台账，表格型式见表 F.3。在线化学仪表维护、检验班组应建立全厂在线化学仪表清单（按系统），清单表格形式见表 F.2，并动态管理；建立每台仪表的维护台账，表格型式见附录表 F.3。

F.1.1　实验室水、燃气和油分析仪器仪表和在线化学仪表清单

表 F.1　电厂化学实验室分析仪器仪表清单

序号	名称	型号	测量范围	允许误差	检出限	精度等级	出厂编号	生产厂家	出厂时间	使用时间	使用地点	校验周期	校验日期	校验/维护人	备注

批准：　　　　　　　　　　审核：　　　　　　　　　　记录：

表 F.2　电厂化学在线化学仪表清单

序号	设备编号	KKS编码	系统名称	仪表名称	型号	测量量程	生产厂家	备注

批准：　　　　　　　　　　审核：　　　　　　　　　　记录：

F.1.2 化学实验室仪器仪表和在线化学仪表维护台账

表 F.3 电厂化学实验室仪器仪表和在线化学仪表维护台账

<table>
<tr><td>仪表名称</td><td></td><td>型号</td><td></td><td>检出限</td><td></td><td>校验
周期</td><td></td></tr>
<tr><td>制造厂家</td><td></td><td>测量范围</td><td></td><td>电极型号/参数</td><td></td><td>校准
依据</td><td></td></tr>
<tr><td>出厂编号/
生产日期</td><td></td><td>允许误差</td><td></td><td>仪表使用时间</td><td></td><td>检验人</td><td></td></tr>
<tr><td>电厂编号/
使用时间</td><td></td><td>精度等级</td><td></td><td>电极使用时间</td><td></td><td>水样
流量</td><td></td></tr>
<tr><td>使用地点</td><td colspan="7"></td></tr>
<tr><td colspan="8">主要附属设备技术参数</td></tr>
<tr><td>序号</td><td>设备名称</td><td>编号</td><td>型号</td><td>主　要　规　范</td><td>制造厂</td><td>制造日期</td><td>出厂编号</td></tr>
<tr><td></td><td></td><td></td><td></td><td></td><td></td><td></td><td></td></tr>
<tr><td></td><td></td><td></td><td></td><td></td><td></td><td></td><td></td></tr>
<tr><td></td><td></td><td></td><td></td><td></td><td></td><td></td><td></td></tr>
<tr><td></td><td></td><td></td><td></td><td></td><td></td><td></td><td></td></tr>
<tr><td></td><td></td><td></td><td></td><td></td><td></td><td></td><td></td></tr>
<tr><td></td><td></td><td></td><td></td><td></td><td></td><td></td><td></td></tr>
<tr><td colspan="8">校准、检定和检修、维护以及零部件更换记录</td></tr>
<tr><td>时　间</td><td colspan="3">校验、检定、检修、维护内容</td><td colspan="2">校验、检定、检修、维护结果</td><td>责任人</td><td>验收人</td></tr>
<tr><td></td><td colspan="3"></td><td colspan="2"></td><td></td><td></td></tr>
<tr><td></td><td colspan="3"></td><td colspan="2"></td><td></td><td></td></tr>
<tr><td></td><td colspan="3"></td><td colspan="2"></td><td></td><td></td></tr>
</table>

批准：　　　　　　　　　　　　审核：　　　　　　　　　　　　记录：

F.2　主要辅机用油台账

表 F.4　#________机组辅机用油技术台账

序号	设备名称	使用部位、油品名称	设计牌号、生产厂商/实际牌号、生产厂商	单台设备油量	规定换油周期	技术监督要求	油质监督异常处理情况（处理、补油、换油等）
说明：应根据 DL/T 290 和设备厂家的规定确定换油周期和技术监督要求。							

批准：　　　　　　　　　　　　审核：　　　　　　　　　　　　记录：

F.3 化学运行系统主要设备清单和设备（检修）台账

应建立化学运行管理的每个系统的主要设备清单，表格型式参见表 F.5。化学运行系统包括：预处理、除盐、凝结水精处理、机组加药、杀菌剂制取设备、制氢和储氢设备、集中取样、循环水处理、定子冷却水处理等系统。应按照表 F.6 规定格式建立化学运行主要设备（检修）台账，并动态管理。

F.3.1 化学运行管理系统主要设备清单

表 F.5 ＿＿＿＿＿＿系统主要设备清单

序号	系 统 名 称	备注

批准： 审核： 记录：

F.3.2　化学运行系统设备（检修）台账

表 F.6　______系统设备（检修）台账

<table>
<tr><td>系统名称</td><td colspan="2"></td><td>供货厂商</td><td></td><td>设备编号（KKS）</td><td></td></tr>
<tr><td>设备名称</td><td colspan="2"></td><td>型　　号</td><td></td><td>生产厂家/出厂时间</td><td></td></tr>
<tr><td>数　量</td><td colspan="2"></td><td>安装时间</td><td></td><td>投用时间</td><td></td></tr>
<tr><td>使用地点</td><td colspan="2"></td><td>设备状态</td><td></td><td>设备责任人</td><td></td></tr>
<tr><td>检修责任人</td><td colspan="2"></td><td></td><td></td><td></td><td></td></tr>
<tr><td>技术性能描述</td><td colspan="6"></td></tr>
<tr><td rowspan="3">设备技术参数</td><td>编号</td><td colspan="2">技术参数名称</td><td colspan="3">技术参数</td></tr>
<tr><td></td><td colspan="2"></td><td colspan="3"></td></tr>
<tr><td></td><td colspan="2"></td><td colspan="3"></td></tr>
<tr><td rowspan="4">主要零部件</td><td>序号</td><td>部件名称</td><td>数量</td><td colspan="2">型号及规范</td><td>备注说明</td></tr>
<tr><td></td><td></td><td></td><td colspan="2"></td><td rowspan="3"></td></tr>
<tr><td></td><td></td><td></td><td colspan="2"></td></tr>
<tr><td></td><td></td><td></td><td colspan="2"></td></tr>
<tr><td>专用工具</td><td colspan="6"></td></tr>
<tr><td>随机资料</td><td colspan="6"></td></tr>
<tr><td colspan="7">检修情况记录</td></tr>
<tr><td>时　间</td><td colspan="5">内容（检修项目、原因）</td><td>检修验收、效果评价/责任人</td></tr>
<tr><td></td><td colspan="5"></td><td></td></tr>
<tr><td></td><td colspan="5"></td><td></td></tr>
<tr><td></td><td colspan="5"></td><td></td></tr>
<tr><td></td><td colspan="5"></td><td></td></tr>
<tr><td></td><td colspan="5"></td><td></td></tr>
<tr><td></td><td colspan="5"></td><td></td></tr>
<tr><td></td><td colspan="5"></td><td></td></tr>
</table>

批准：　　　　　　　　审核：　　　　　　　　记录：

F.4 化学实验室水汽质量查定记录和台账

表 F.7 #________机组水汽品质化学实验室查定记录、台账

分析项目	水样名称		给水							炉水							饱和蒸汽				过热蒸汽			
	测试项目		CC	SC	硬度	pH	Fe	Cl	TOC	CC	SC	pH	PO_4^{3-}	SiO_2	Fe	Cl	CC	Na	SiO_2	Fe	CC	Na	SiO_2	Fe
	单位		μS/cm	μS/cm	μmol/L		μg/L			μS/cm			mg/L	μg/L			μS/cm	μg/kg			μS/cm	μg/kg		
	标准值	高压																						
		中压																						
		低压																						
	期望值	高压																						
		中压																						
		低压																						
分析时间		高压																						
		中压																						
		低压																						
		高压																						
		中压																						
		低压																						
		高压																						
		中压																						
		低压																						

注 1：查定结果包括电厂化学实验室和外委分析检测结果；

注 2：可使用带流动电极杯和阳树脂交换柱的便携式电导率表在线检测直接电导率和氢电导率；

注 3：氯离子每季度检测一次或必要时检测、TOC 必要时检测。必要时是指：（1）氢电导率指标出现不明原因超标；（2）机组检修汽轮机叶片积盐元素分析氯离子含量超过 1%；（3）低压缸通流部件出现腐蚀现象

批准：　　　　审核：　　　　化验记录：

表 F.7（续）

分析项目	水样名称	除盐设备出口		除盐水泵出口				凝结水泵出口					凝结水过滤器		热网疏水			发电机内冷水		
													A	B						
	测试项目	SC	SiO_2	SC	SiO_2	Fe	TOC	CC	硬度	Fe	Na	SiO_2	Fe	Fe	CC	硬度	Fe	SC	pH	Cu
	单 位	μS/cm	μg/L	μS/cm	μg/L			μS/cm	μmol/L	μg/L			μg/L		μS/cm	μmol/L	μg/L	μS/cm		μg/L
	标准值																			
	期望值																			
分析时间																				

注 1：查定结果包括电厂化学实验室和外委分析检测结果；

注 2：可使用带流动电极杯和阳树脂交换柱的便携式电导率表在线检测直接电导率和氢电导率；

注 3：氯离子每季度检测一次或必要时检测、TOC 必要时检测。必要时是指：（1）氢电导率指标出现不明原因超标；（2）机组检修汽轮机叶片积盐元素分析氯离子含量超过 1%；（3）低压缸通流部件出现腐蚀现象

批准：　　　　审核：　　　　化验记录：

表 F.8 #________机组循环水化学实验室查定记录、台账

分析时间	外　观	pH	电导率 μS/cm	全碱度 mmol/L	硬度 mmoi/L	钙硬 mmol/L	氯根 mg/L	硫酸根 mg/L	正磷 mg/L	总磷 mg/L	浓缩倍率

批准：　　　　审核：　　　　化验记录：

F.5 汽轮机油、燃气轮机油、抗燃油和电气设备用油、气质量分析化验记录、台账

F.5.1 汽轮机、燃气轮机和密封油质量分析化验记录、台账

表 F.9 #________机组汽轮机、燃气轮机和密封油质量分析化验记录、台账

工作地点				贮油容量				油品种类				油品牌号			
检测时间	项目	外观	运动黏度（40℃）mm^2/s	开口闪点℃	机械杂质	洁净度NAS级	酸值mgKOH/g	水分mg/L	破乳化度min	空气释放值（50℃）min	液相锈蚀（蒸馏水）	泡沫特性mL/mL			备注
												24℃	93.5℃	后24℃	
	标准值														
															定期试验
															启机前
															异常值
															跟踪检测

注1：备注中说明以下检测情况：（1）定期试验；（2）新建/大修机组启动前；（3）异常值；（4）异常处理跟踪检测等。

注2：此表格填写单台机组（汽轮机、燃气轮机、给水泵、发电机密封）油历次分析化验结果时，则成为台账；填报某次分析化验结果时，成为记录。

注3：台账应记录外委分析结果

批准： 审核： 化验记录：

F.5.2 抗燃油质量分析化验记录、台账

表 F.10 #________机组抗燃油质量分析化验记录、台账

检测时间	项目	外状	密度（20℃）g/cm³	运动黏度（40℃）mm²/s	倾点 ℃	开口闪点 ℃	自燃点 ℃	洁净度 NAS 级	水分 mg/L	酸值 mgKOH/g	电阻率（20℃）Ω·cm	空气释放值（50℃）min	氯含量 mg/kg	矿物油含量 %	泡沫特性 mL/mL			备注
															24℃	93.5℃	后24℃	
	标准值																	
																		定期试验
																		启机前
																		异常值
																		跟踪检测

注 1：备注中应说明以下检测情况：（1）定期试验；（2）新建、大修机组启动前；（3）异常值；（4）异常处理跟踪检测等。
注 2：此表格填写单台机组（主机、旁路）抗燃油历次分析化验结果时，则成为台账；填报某次分析化验结果时，为记录。
注 3：台账应记录外委分析结果

批准： 审核： 化验记录：

F.5.3 绝缘油质量分析化验记录、台账

表 F.11 ________号绝缘油质量监督分析化验记录、台账

<table>
<tr><td colspan="2">电压等级</td><td colspan="2"></td><td colspan="3">容量</td><td></td><td colspan="2">贮油容量</td><td></td><td colspan="2">油品种类</td><td colspan="2"></td><td colspan="2">油品牌号</td><td></td></tr>
<tr><td rowspan="2">检测时间</td><td>项目</td><td>外状</td><td>水溶性酸
pH</td><td>酸值
mgKOH/g</td><td>闭口闪点
℃</td><td>水分
mg/L</td><td>界面张力
（25℃）
mN/m</td><td>介质损耗因数
（90℃）</td><td>击穿电压
kV</td><td>体积电阻率
(90℃)
Ω·cm</td><td>油中含气量
%</td><td>油泥与沉淀物
%</td><td>析气性</td><td>带电倾向</td><td>腐蚀性硫</td><td>油中洁净度</td><td>备注</td></tr>
<tr><td>标准值</td><td></td><td></td><td></td><td></td><td></td><td></td><td></td><td></td><td></td><td></td><td></td><td></td><td></td><td></td><td></td><td></td></tr>
<tr><td></td><td></td><td></td><td></td><td></td><td></td><td></td><td></td><td></td><td></td><td></td><td></td><td></td><td></td><td></td><td></td><td></td><td>耐压试验后</td></tr>
<tr><td></td><td></td><td></td><td></td><td></td><td></td><td></td><td></td><td></td><td></td><td></td><td></td><td></td><td></td><td></td><td></td><td></td><td></td></tr>
<tr><td></td><td></td><td></td><td></td><td></td><td></td><td></td><td></td><td></td><td></td><td></td><td></td><td></td><td></td><td></td><td></td><td></td><td>定期试验</td></tr>
<tr><td></td><td></td><td></td><td></td><td></td><td></td><td></td><td></td><td></td><td></td><td></td><td></td><td></td><td></td><td></td><td></td><td></td><td></td></tr>
<tr><td></td><td></td><td></td><td></td><td></td><td></td><td></td><td></td><td></td><td></td><td></td><td></td><td></td><td></td><td></td><td></td><td></td><td></td></tr>
<tr><td></td><td></td><td></td><td></td><td></td><td></td><td></td><td></td><td></td><td></td><td></td><td></td><td></td><td></td><td></td><td></td><td></td><td></td></tr>
<tr><td></td><td></td><td></td><td></td><td></td><td></td><td></td><td></td><td></td><td></td><td></td><td></td><td></td><td></td><td></td><td></td><td></td><td>异常值</td></tr>
<tr><td></td><td></td><td></td><td></td><td></td><td></td><td></td><td></td><td></td><td></td><td></td><td></td><td></td><td></td><td></td><td></td><td></td><td></td></tr>
<tr><td></td><td></td><td></td><td></td><td></td><td></td><td></td><td></td><td></td><td></td><td></td><td></td><td></td><td></td><td></td><td></td><td></td><td>跟踪检测</td></tr>
<tr><td colspan="18">注 1：备注中应说明以下检测情况：（1）定期试验；（2）耐压试验后；（3）异常值；（4）异常处理跟踪检测等。
注 2：此表格填写单台设备历次化验检测数据时，则成为台账；填报某次化验检测数据时，成为记录。
注 3：台账应记录外委分析结果</td></tr>
</table>

批准：　　　　　　　　　　审核：　　　　　　　　　　化验记录：

F.5.4 绝缘油特征气体色谱分析记录、台账

表 F.12 #________绝缘油特征气体色谱分析化验记录、台账

设备参数	电压/容量			牌号			油量			备注
项目	H_2	CO	CO_2	CH_4	C_2H_4	C_2H_6	C_2H_2	总烃	水分	
单位	μL/L	μL/L	μL/L	μL/L	μL/L	μL/L	μL/L	μL/L	mg/L	
注意值										
										投运前
										投运后
										定期试验
										耐压试验后
										检修后
										异常值
										跟踪检测

注 1：备注中应说明以下检测情况：（1）到厂后、投运前后、定期试验；（2）耐压试验后；（3）异常值；（4）异常处理跟踪检测等；（5）检修后；（6）出现的注意值的原因分析结果。

注 2：此表格填写单台设备历次化验检测数据时，则成为台账；填报某次化验检测数据时，成为记录。

注 3：台账应记录外委分析结果

批准： 审核： 化验记录：

F.5.5 六氟化硫监督检测记录、台账

表 F.13 ________号机组六氟化硫监督检测记录、台账

检测时间	项目	泄漏（年泄漏率）	CF_4	空气（N_2+O_2）	湿度（H_2O）（20℃）	酸度（以 HF 计）	密度（20℃，101 325Pa）	纯度（SF_6）	毒性	矿物油	可水解氟化物（以 HF 计）	设备运行状态
	单位	‰	质量分数（%）	质量分数（%）	μg/g	μg/g	g/L	质量分数%	生物试验	μg/g	μg/g	
	标准值											

注 1：六氟化硫设备交接时、大修后：（1）湿度（露点温度℃）要求：箱体和开关应≤−40；电缆箱等其余部位≤−35；（2）有关杂质组分（CO_2、CO、HF、SO_2、SF_4、SOF_2、SO_2F_2）：有条件时报告（记录原始值）。

注 2：运行六氟化硫设备：（1）湿度（露点温度℃）要求：箱体和开关应≤−35；电缆箱等其余部位≤−30；（2）有关杂质组分（CO_2、CO、HF、SO_2、SF_4、SOF_2、SO_2F_2）：必要时报告（监督其增长情况）（建议有条件 1 次/a）。

注 3：SF_6 在充入设备 24h 后，才能进行试验。

注 4：此表格填写单台设备历次化验检测数据时，则成为台账；填报某次化验数据时，为记录。

注 5：台账应记录外委分析结果

批准：　　　　审核：　　　　化验记录：

F.6 机组启动阶段水汽品质监督记录

表 F.14 ________号机组启动阶段水汽品质监督记录

机组停机原因		停机时间		启机时间		并汽带负荷时间	

第一阶段水冲洗净化阶段

冷态水冲洗	化验时间	凝结水泵出口					除氧器（低压汽包）			中压给水					高压给水					中压炉水				高压炉水				备注
		CC	硬度	Na	Fe	SiO_2	SC	pH	Fe	CC	SC	硬度	pH	Fe	CC	SC	硬度	pH	Fe	SC	pH	Fe	SiO_2	SC	pH	Fe	SiO_2	
		μS/cm	μmol/L	μg/L	μg/L	μg/L	μS/cm		μg/L	μS/cm	μS/cm	μmol/L		μg/L	μS/cm	μS/cm	μmol/L		μg/L	μS/cm		μg/L	μg/L	μS/cm		μg/L	μg/L	
凝结水冲洗																												
中压系统冲洗																												
高压系统冲洗																												

第二阶段通烟气、热态冲洗和并汽带负荷阶段

热态冲洗、并汽带负荷	化验时间	压力等级	凝结水泵出口					过滤器出口		除氧器（低压汽包）			给水				炉水				饱和蒸汽				过热蒸汽				备注
			CC	硬度	Na	Fe	SiO_2	pH	Fe	SC	pH	Fe	CC	SC	硬度	Fe	SC	pH	Fe	SiO_2	CC	Na	Fe	SiO_2	CC	Na	Fe	SiO_2	
			μS/cm	μmol/L	μg/L	μg/L	μg/L		μg/L	μS/cm		μg/L	μS/cm	μS/cm	μmol/L	μg/L	μS/cm		μg/L	μg/L	μS/cm	μg/kg	μg/kg	μg/kg	μS/cm	μg/kg	μg/kg	μg/kg	
通烟气热态冲洗		中压																											
		高压																											
		中压																											
		高压																											
		中压																											
		高压																											
并汽		中压																											
		高压																											
并汽4小时		中压																											
		高压																											
并汽8小时		低压																											
		中压																											
		高压																											

填报说明：（1）报表应说明机组启动过程水汽指标不能达到规定要求的原因；（2）水质异常的主要问题及采取的措施；（3）其他情况说明；（4）应填写每个阶段的每次化验数据

批准： 审核： 化验记录：

F.7 热力设备结垢、积盐和腐蚀化学检查台账

表 F.15 #____机组检修热力设备结垢、积盐和腐蚀化学检查台账

余热锅炉型号				汽轮机型号				
机组投运时间								
二次检查时间间隔								
余热锅炉历年化学清洗时间								
检修检查检测时间			201×年×月		201×年×月		201×年×月	
样品名称	位置		取样部位	检测结果	取样部位	检测结果	取样部位	检测结果
低压蒸发器	向烟侧	结垢量 g/m^2						
		结垢速率 g/（m^2·a）						
		腐蚀深度 mm						
	背烟侧	结垢量 g/m^2						
		结垢速率 g/（m^2·a）						
		腐蚀深度 mm						
	结垢评级							
	腐蚀评级							
	低压蒸发器结垢评级							
	低压蒸发器腐蚀评级							
中压蒸发器	向烟侧	结垢量 g/m^2						
		结垢速率 g/（m^2·a）						
		腐蚀深度 mm/a						
	背烟侧	结垢量 g/m^2						
		结垢速率 g/（m^2·a）						
		腐蚀深度 mm						
	结垢评级							
	腐蚀评级							
	中压蒸发器结垢评级							
	中压压蒸发器腐蚀评级							

表 F.15（续）

样品名称	位置		取样部位	检测结果	取样部位	检测结果	取样部位	检测结果
高压蒸发器	向烟侧	结垢量 g/m^2						
		结垢速率 g/（m^2·a）						
		腐蚀深度 mm/a						
	背烟侧	结垢量 g/m^2						
		结垢速率 g/（m^2·a）						
		腐蚀深度 mm						
	结垢评级							
	腐蚀评级							
	高压蒸发器结垢评级							
	高压蒸发器腐蚀评级							
低压省煤器	向烟侧	结垢量 g/m^2						
		结垢速率 g/（m^2·a）						
		腐蚀深度 mm/a						
	背烟侧	结垢量 g/m^2						
		结垢速率 g/（m^2·a）						
		腐蚀深度 mm/a						
	结垢评级							
	腐蚀评级							
	低压省煤器结垢评级							
	低压省煤器腐蚀评级							
中压省煤器	向烟侧	结垢量 g/m^2						
		结垢速率 g/（m^2·a）						
		腐蚀深度 mm/a						
	背烟侧	结垢量 g/m^2						

表 F.15（续）

样品名称	位置		取样部位	检测结果	取样部位	检测结果	取样部位	检测结果
中压省煤器	背烟侧	结垢速率 g/（m²·a）						
		腐蚀深度 mm/a						
	结垢评级							
	腐蚀评级							
	中压省煤器结垢评级							
	中压省煤器腐蚀评级							
高压省煤器	向烟侧	结垢量 g/m²						
		结垢速率 g/（m²·a）						
		腐蚀深度 mm/a						
	背烟侧	结垢量 g/m²						
		结垢速率 g/（m²·a）						
		腐蚀深度 mm/a						
	结垢评级							
	腐蚀评级							
	高压省煤器结垢评级							
	高压省煤器腐蚀评级							
汽轮机	高压缸	沉积量 mg/cm²						
		沉积速率 g/（cm²·a）						
		腐蚀深度 mm						
		沉积评级						
		腐蚀评级						
	中压缸	沉积量 mg/cm²						
		沉积速率 g/（cm²·a）						
		腐蚀深度 mm						
		沉积评级						
		腐蚀评级						

表 F.15（续）

<table>
<tr><td>样品名称</td><td>位置</td><td></td><td>取样部位</td><td>检测结果</td><td>取样部位</td><td>检测结果</td><td>取样部位</td><td>检测结果</td></tr>
<tr><td rowspan="7">汽轮机</td><td rowspan="5">低压缸</td><td>沉积量
mg/cm^2</td><td rowspan="5"></td><td></td><td rowspan="5"></td><td></td><td rowspan="5"></td><td></td></tr>
<tr><td>沉积速率
g/（cm^2·a）</td><td></td><td></td><td></td></tr>
<tr><td>腐蚀深度
mm</td><td></td><td></td><td></td></tr>
<tr><td>沉积评级</td><td></td><td></td><td></td></tr>
<tr><td>腐蚀评级</td><td></td><td></td><td></td></tr>
<tr><td colspan="2">汽轮机沉积评级</td><td colspan="2"></td><td colspan="2"></td><td colspan="2"></td></tr>
<tr><td colspan="2">汽轮机腐蚀评级</td><td colspan="2"></td><td colspan="2"></td><td colspan="2"></td></tr>
<tr><td colspan="9">注：余热锅炉受热面或汽轮机检查增加时，在表中重复增加</td></tr>
</table>

批准：　　　　　　　　审核：　　　　　　　　检查和试验记录：

附　录　G

（规范性附录）

技术监督不符合项通知单

编号（No）：××-××-××

发现部门：　　专业：　　被通知部门、班组：　　签发：　　日期：20××年××月××日

<table>
<tr><td>不符合项描述</td><td>1. 不符合项描述：

2. 不符合标准或规程条款说明：</td></tr>
<tr><td>整改措施</td><td>3. 整改措施：

制订人/日期：　　审核人/日期：</td></tr>
<tr><td>整改验收情况</td><td>4. 整改自查验收评价：

整改人/日期：　　自查验收人/日期：</td></tr>
<tr><td>复查验收评价</td><td>5. 复查验收评价：

复查验收人/日期：</td></tr>
<tr><td>改进建议</td><td>6. 对此类不符合项的改进建议：

建议提出人/日期：</td></tr>
<tr><td>不符合项关闭</td><td>整改人：　　自查验收人：　　复查验收人：　　签发人：</td></tr>
<tr><td>编号说明</td><td>年份＋专业代码＋本专业不符合项顺序号</td></tr>
</table>

附 录 H
（规范性附录）
技术监督信息速报

<table>
<tr><td>单位名称</td><td colspan="4"></td></tr>
<tr><td>设备名称</td><td colspan="2"></td><td>事件发生时间</td><td></td></tr>
<tr><td>事件概况</td><td colspan="4">注：有照片时应附照片说明。</td></tr>
<tr><td>原因分析</td><td colspan="4"></td></tr>
<tr><td>已采取的措施</td><td colspan="4"></td></tr>
<tr><td colspan="2">监督专责人签字</td><td></td><td>联系电话：
传　　真：</td><td></td></tr>
<tr><td colspan="2">生产副厂长或总工程师签字</td><td></td><td>邮　　箱：</td><td></td></tr>
</table>

附　录　I
（规范性附录）
联合循环发电厂化学技术监督季报编写格式

××电厂201×年×季度化学技术监督季报
编写人：×××　固定电话/手机：××××××
审核人：×××
批准人：×××
上报时间：201×年××月××日

I.1　上季度集团公司督办事宜的落实或整改情况

I.2　上季度产业（区域子）公司督办事宜的落实或整改情况

I.3　上季度技术监督季报提出发电厂应关注化学的问题落实或整改情况

I.4　化学监督年度工作计划完成情况统计报表

表 I.1　年度技术监督工作计划和技术监督服务单位合同项目完成情况统计报表

发电企业技术监督计划完成情况			技术监督服务单位合同工作项目完成情况		
年度计划项目数	截至本季度完成项目数	完成率 %	合同规定的工作项目数	截至本季度完成项目数	完成率 %

说明：

I.5　化学监督考核指标完成情况统计报表

I.5.1　监督管理考核指标报表

监督指标上报说明：每年的1、2、3季度所上报的技术监督指标为季度指标；每年的4季度所上报的技术监督指标为全年指标。

表 I.2　201×年×季度化学监督指标统计汇总报表

指标	水汽品质合格率 %	油品合格率 %	在线仪表投入率 %	在线仪表准确率 %	氢气湿度合格率 %	氢气纯度合格率 %	燃气质检率 %
考核值	≥95	≥98	≥98	≥96	≥98	≥98	100
实现值							

表 I.3　化学技术监督预警问题至本季度整改完成情况统计报表

一级预警问题			二级预警问题			三级预警问题		
问题项数	完成项数	完成率 %	问题项数	完成项数	完成率 %	问题项目	完成项数	完成率 %

表 I.4　集团公司技术监督动态检查化学提出问题本季度整改完成情况统计报表

检查年度	检查提出问题项目数（项）			电厂已整改完成项目数统计结果			
	严重问题	一般问题	问题项合计	严重问题	一般问题	完成项目数小计	整改完成率 %

表 I.5　集团公司上季度技术监督季报化学提出问题本季度整改完成情况统计报表

专业	上季度监督季报提出问题项目数（项）			截至本季度问题整改完成统计结果			
	重要问题项数	一般问题项数	问题项合计	重要问题完成项数	一般问题完成项数	完成项目数小计	整改完成率 %
化学							

I.5.2　监督考核指标简要分析

填报说明：分别对监督管理和技术监督考核指标进行分析，说明未达标指标的原因。

I.5.3　其他化学监督详细指标

填报本季度机组水汽品质，在线化学仪表投运情况，油气品质、氢气湿度和纯度等详细指标（见表 I.6～表 I.11），机组启动期间水汽品质（见附录 F 中表 F.12）。

I.6　本季度主要的化学监督工作完成情况

I.6.1　化学技术监督管理、技术工作

填写说明：规程、规范和制度修订，实验仪器购置和定期校验，人员培训、取证，化学专业主要技术改造和新技术应用。

I.6.2　化学监督定期检测、试验分析工作完成情况

填写说明：对于监督标准、制度要求的水、煤、油、汽（气）、设备定期检测、试验分析工作完成情况进行总结，其中对于未按时、按数量完成的情况应说明。

I.7　本季度化学监督发现的问题、原因分析及处理情况

I.7.1　本季度化学技术监督发现的设备问题及缺陷和处理情况

1）　凝汽器泄漏问题，检漏系统运行情况（凝结水或检漏装置钠或氢电导率最大值，持

续时间）：

2） 补给水处理：

3） 凝结水精处理（旁路、启动运行、全程运行）：

4） 给水、炉水处理方式及化学加药系统：

5） 制氢设备、发电机氢冷系统：

6） 发电机内冷水处理及系统：

7） 循环冷却水处理及系统：

8） 集中取样及在线化学仪表（准确性、校验和缺陷）：

9） 机组停（备）用保护情况：

10）机组启动化学监督（水、油、氢气异常）情况：

11）厂内采暖、供暖加热器泄漏情况：

I.7.2 机组检修中发现的主要问题及原因和处理情况

1） 化学相关设备、系统检修发现问题：

2） 机组检修化学检查结果，热力设备腐蚀、结垢和沉积情况（数量和评价），流动加速腐蚀腐蚀沉积典型照片：

3） 机组化学清洗（清洗介质、腐蚀速率、残余垢量或除垢率）：

I.8 化学技术监督需要解决的主要问题

I.9 化学技术监督下季度主要工作计划

I.10 技术监督提出问题整改情况

化学技术监督动态查评提出问题整改完成情况见表 I.6。化学技术监督预警问题整改完成情况见表 I.7。化学技术监督季报中提出问题整改完成情况见表 I.8。

表 I.6 水汽质量及经济指标月报

填报单位：××电厂　　　　　　　　　　　　201×年××月

设备编号	项目	锅炉补给水		凝结水泵出口			过滤器出口	热网加热器1疏水		热网加热器2疏水		闭冷水		发电机内冷水			循环冷却水		机组及总合格率%
		SC	SiO_2	CC	O_2	Na^+	Fe	CC	Fe	CC	Fe	SC	pH	SC	pH	Cu	pH	浓缩倍率	
	单位	μS/cm	μg/L	μS/cm	μg/L	μg/L	μg/L	μS/cm	μg/L	μS/cm	μg/L	μS/cm		μS/cm		μg/L			
	标准值																		
	期望值																		
1号机组	最高值																		
	最低值																		
	标准值合格率%																		
	期望值合格率%																		
2号机组	最高值																		
	最低值																		
	标准值合格率%																		
	期望值合格率%																		
单项标准值合格率%																			
单项期望值合格率%																			

机组水汽标准值总合格率%				机组水汽期望值总合格率%						
制水量 m^3		机组月补水量 m^3	1号机组		补水率%	1号机组		机组月补氢量 NM^3	1号机组	
			2号机组			2号机组			2号机组	

副总经理（总工程师）：　　　　　　　　审核：　　　　　　　　填报：

表 I.6（续）

填报单位：××电厂　　　　　　　　　　　　　　　　201×年××月

	压力	项目	省煤器入口给水				炉水					饱和蒸汽			过热蒸汽				机组及总合格率%
			CC	pH	O_2	Fe	SC	CC	pH	PO_4^{3-}	Cl^-	CC	Na^+	SiO_2	CC	Na^+	SiO_2	Fe	
		单位	μS/cm		μg/L	μg/L	μS/cm	μS/cm		mg/L	μg/L	μS/cm	μg/kg		μS/cm	μg/kg			
设备编号	低压	标准值																	
		期望值																	
	中压	标准值																	
		期望值																	
	高压	标准值																	
		期望值																	
1号机组	低压	最高值																	
		最低值																	
		标准值合格率%																	
		期望值合格率%																	
	中压	最高值																	
		最低值																	
		标准值合格率%																	
		期望值合格率%																	
	高压	最高值																	
		最低值																	
		标准值合格率%																	

表 I.6（续）

填报单位：××电厂　　　　201×年××月

设备编号	压力	项目	省煤器入口给水				炉水					饱和蒸汽			过热蒸汽				机组及总合格率%
			CC	pH	O_2	Fe	SC	CC	pH	PO_4^{3-}	Cl^-	CC	Na^+	SiO_2	CC	Na^-	SiO_2	Fe	
		单位	μS/cm		μg/L	μg/L	μS/cm	μS/cm		mg/L	μg/L	μS/cm	μg/kg		μS/cm	μg/kg			
1号机组	高压	期望值合格率%																	
2号机组	低压	最高值																	
		最低值																	
		标准值合格率%																	
		期望值合格率%																	
	中压	最高值																	
		最低值																	
		标准值合格率%																	
		期望值合格率%																	
	高压	最高值																	
		最低值																	
		标准值合格率%																	
		期望值合格率%																	
单项标准值合格率%																			
单项标准值合格率%																			

副总经理（总工程师）：　　　　审核：　　　　填报：

表 I.7　汽轮机油监督报表（半年报）

填报单位：华能××电厂　　　　　　　　　　　　填报日期：　　年　　月　　日

机组	日期	牌号	油质检测项目								油质	油耗			防劣措施	备注
			外状	黏度 40℃ mm²/S	闪点	酸值	液相	破乳化度	水分	洁净度 NAS	合格率 %	机组油量	补油量	油耗		
					℃	mgKOH/g	锈蚀	min	mg/L	1638		t	t	%		
标准值																
全厂上半年平均油耗：						全年油耗：				全厂上半年平均合格率：					全年平均合格率：	
全厂下半年平均油耗：										全厂下半年平均合格率：						

注 1：按单机统计油耗，计算方法：（补油量/机组油量）×100%，全厂平均油耗为各单机油耗平均值。
注 2：按单机统计油质合格率，计算方法：（合格项目数/8）×100%，全厂平均油质合格率为各单机油质合格率的平均值。
注 3：按监督制度要求，汽轮机油每年检测不少于两次，超过两次的只报两次，每年 1 季度日、3 季度上报。
注 4：防劣措施包括：（1）添加抗氧化剂、防锈剂。（2）投入连续再生装置、油净化器。（3）定期滤油等

副总经理（总工程师）：　　　　　　　　审核：　　　　　　　　填报：

表 I.8　抗燃油质量监督报表（季报）

填报单位：华能××电厂　　　　　　　　　　填报日期：　　年　　月　　日

机组	日期	外观	密度 20℃	运动黏度 40℃	闪点	洁净度	水分	酸值	电阻率 20℃	油牌号	机组
			g/cm^3	mm^2/s	℃	NAS1638	mg/L	mgKOH/g	Ω·cm		油量
标准值											

副总经理（总工程师）：　　　　　　　　审核：　　　　　　　　填报：

表 I.9　变压器特征溶解气体监督报表（季报）

填报单位：华能××电厂　　　　201×年××月

机号	试验日期	设备名称	容量	电压	油种牌号	油量	H_2	CO	CO_2	CH_4	C_2H_4	C_2H_6	C_2H_2	总烃	水分
			MVA	kV		（吨）	≤150μL/L	μL/L	μL/L	μL/L	μL/L	μL/L	≤5μL/L	≤150μL/L	mg/L
1号															
2号															
3号															
4号															
公用															
记事								总油吨数			合格油量		补油量		

副总经理（总工程师）：　　　　审核：　　　　填报：

表 I.10 变压器油油质合格率、油耗及异常情况报表（季报）

填报单位：华能××电厂　　　　填报日期：　　年　　月　　日

设备台数	油质合格率 %	油耗 %	气相色谱检测率 %	微水检测率 %	色谱或微水异常情况
设备异常					
全厂					
注 1：变压器油的合格率的统计为 110kV 及以上等级的变压器； 注 2：油耗的统计为补充油量占所统计变压器油量的百分数； 注 3：110kV 及以上变压器油的检测项目按相关标准规定执行					

副总经理（总工程师）：　　　　审核：　　　　填报：

表 I.11 氢气质量监督统计月报表

填报单位：华能××电厂　　　　填报日期：　　年　　月　　日

分类		制氢站数据		发电机组数据				
设备编号		1 号	2 号	1 号	2 号	3 号	4 号	全厂
氢气纯度 %	最高							
	最低							
	合格率 %							
氢气湿度露点 ℃	最高							
	最低							
	合格率 %							
补氢总量 Nm^3								
补氢次数								
运行天数								
平均日补氢量 Nm^3								
注：供氢母管氢气露点为常压下露点；机组氢气露点为发电机压力下露点								

副总经理（总工程师）：　　　　审核：　　　　填报：

表 I.12 机组在线化学仪表投入率和准确率汇总月报表

系统	仪表名称	安装位置	数量	投运台数	监测项目	投运天数	投运率%	准确率%
机组集中取样间	硅表							
	钠表							
	氧表							
	pH 计							
	电导率表							
	氢电导率表							
定冷水在线	电导表							
	pH 计							
精处理	硅表							
	电导表							
	氢电导率表							
	钠表							
	pH 计							
检漏	氢电导表							
水处理	酸碱浓度计							
	钠表							
	电导表							
	硅表							
	pH 计							
	浊度计							
发电机氢气	湿度表							
	纯度表							
合计								
说明	准确率只统计主要在线化学仪表，包括：凝结水氢电导率，高、中、低压给水氢电导率，高、中压饱和蒸汽及过热蒸汽氢电导率，高、中、低压给水 pH 表，高、中、低压炉水 pH 表，补给水除盐设备出口、高压炉水、中压炉水、发电机内冷水电导率表，凝结水、给水溶解氧表；发电机在线湿度和纯度表							

副总经理（总工程师）： 审核： 填报：

表 I.13　华能集团公司 20××年技术监督动态检查化学专业提出问题至本季度整改完成情况

序号	问题描述	问题性质	西安热工院提出的整改建议	发电企业制定的整改措施和计划完成时间	目前整改状态或情况说明

注 1：填报此表时需要注明集团公司技术监督动态检查的年度；
注 2：如 4 年内开展了 2 次检查，应按此表分别填报。待年度检查问题全部整改完毕后，不再填报

表 I.14 《华能集团公司火电技术监督报告》（20××年××季度）化学专业提出的存在问题至本季度整改完成情况

序号	问题描述	问题性质	问题分析	解决问题的措施及建议	目前整改状态或情况说明

注：应注明提出问题的《华能火电技术监督报告》的出版年度和月度

表 I.15　技术监督预警问题至本季度整改完成情况

预警通知单编号	预警类别	问题描述	西安热工院提出的整改建议	发电企业制定的整改措施和计划完成时间	目前整改状态或情况说明

附 录 J
（规范性附录）
联合循环发电厂化学技术监督预警项目

J.1 一级预警

无。

J.2 二级预警

a） 凝汽器泄漏，处理措施不力，导致水汽品质恶化紧急停机或余热锅炉受热面结垢、腐蚀，汽轮机结盐。
b） 水汽质量异常，达到三级处理规定值，未在规定的时间内恢复正常。
c） 汽轮机油、燃气轮机油、压气机和燃机液压控制油、抗燃油中洁净度不合格，仍启动机组。

J.3 三级预警

a） 水汽质量异常，达到二级处理规定值，未在规定的时间内恢复正常。
b） 运行机组的汽轮机油、燃气轮机油、抗燃油洁净度按规定周期连续两次检测不合格，汽轮机油中含水量大于 100mg/L，未采取处理措施。
c） 绝缘油色谱分析乙炔含量超出注意值，总烃含量和产气速率同时超过注意值，未采取处理措施。
d） 未按化学技术监督标准的要求，对电气设备的绝缘油、六氟化硫气体采样分析。
e） 核心化学在线仪表（凝结水氢电导率，给水氢电导率、pH 表或直接电导率表，主蒸汽氢电导率表，炉水 pH 表）工作不正常，且超过 7 天未采取处理措施。
f） 余热锅炉化学清洗单位不满足 DL/T 977 规定，清洗过程不参与监督。

附 录 K
（规范性附录）
技术监督预警通知单

通知单编号：T- 预警类别： 日期： 年 月 日

<table>
<tr><td colspan="2">发电企业名称</td><td colspan="3"></td></tr>
<tr><td colspan="2">设备（系统）
名称及编号</td><td colspan="3"></td></tr>
<tr><td>异常
情况</td><td colspan="4"></td></tr>
<tr><td>可能造成或
已造成的
后果</td><td colspan="4"></td></tr>
<tr><td>整改
建议</td><td colspan="4"></td></tr>
<tr><td>整改时间
要求</td><td colspan="4"></td></tr>
<tr><td>提出单位</td><td colspan="2"></td><td>签发人</td><td></td></tr>
</table>

注：通知单编号：T-预警类别编号—顺序号—年度。预警类别编号：一级预警为 1，二级预警为 2，三级预警为 3。

附　录　L
（规范性附录）
技术监督预警验收单

验收单编号：Y-　　　　　　预警类别：　　　　　　日期：　　　年　　月　　日

<table>
<tr><td colspan="2">发电企业名称</td><td colspan="3"></td></tr>
<tr><td colspan="2">设备（系统）名称及编号</td><td colspan="3"></td></tr>
<tr><td>异常情况</td><td colspan="4"></td></tr>
<tr><td>技术监督
服务单位
整改建议</td><td colspan="4"></td></tr>
<tr><td>整改计划</td><td colspan="4"></td></tr>
<tr><td>整改结果</td><td colspan="4"></td></tr>
<tr><td>验收单位</td><td colspan="2"></td><td>验收人</td><td></td></tr>
</table>

注：验收单编号：Y-预警类别编号—顺序号—年度。预警类别编号：一级预警为1，二级预警为2，三级预警为3。

附　录　M
（规范性附录）
技术监督动态检查问题整改计划书

M.1　概述

M.1.1　叙述计划的制订过程（包括西安热工研究院、技术监督服务单位及电厂参加人等）。
M.1.2　需要说明的问题，如：问题的整改需要较大资金投入或需要较长时间才能完成整改的问题说明。

M.2　重要问题整改计划表

表 M.1　重要问题整改计划表

序号	问题描述	专业	监督单位提出的整改建议	电厂制定的整改措施和计划完成时间	电厂责任人	监督单位责任人	备　注

M.3　一般问题整改计划表

表 M.2　一般问题整改计划表

序号	问题描述	专业	监督单位提出的整改建议	电厂制定的整改措施和计划完成时间	电厂责任人	监督单位责任人	备　注

附 录 N

（规范性附录）

联合循环发电厂化学技术监督工作评价表

序号	评价项目	标准分	评价内容与要求	评分标准
1	化学监督管理	400		
1.1	组织与职责	60	查看电厂技术监督组织机构文件、上岗资格证	
1.1.1	监督组织机构健全	10	建立健全厂级监督领导小组领导下的化学监督组织机构，在归口职能管理部门设置化学监督专责人	（1）未建立化学监督网，扣5分； （2）未落实化学监督专责人或人员调动未及时调整，每一人扣1分
1.1.2	职责明确并得到落实	10	各级监督岗位职责明确，落实到人	岗位设置不全或未落实到人，每一岗位扣5分
1.1.3	化学监督专责人持证上岗	30	厂级化学监督专责人持有效上岗资格证	（1）厂级化学监督专责人未取得资格证书扣30分； （2）证书超期扣20分
1.1.4	化学专业技能持证上岗	10	（1）试验室水分析：持证人数应不少于2人； （2）试验室油化验：持证人数应不少于2人； （3）化学在线仪表检验维护：持证人数应不少于2人	（1）化学专业技能岗位未取得资格证书或证书超期，每缺一证书扣2分； （2）证书超期，每超期一证书扣1分
1.2	标准符合性	50	查看：（1）保存现行有效的国家、行业与化学监督有关的技术标准、规范；（2）化学监督管理标准；（3）企业技术标准	
1.2.1	化学监督管理标准	10	（1）“化学监督管理标准”编写的内容、格式应符合《华能电厂安全生产管理体系要求》和《华能电厂安全生产管理体系管理标准编制导则》的要求，并统一编号； （2）“化学监督管理标准”的内容应符合国家、行业法律、法规、标准和《华能集团公司电力技术监督管理办法》相关的要求，并符合电厂实际	（1）不符合《华能电厂安全生产管理体系要求》和《华能电厂安全生产管理体系管理标准编制导则》的编制要求，扣10分； （2）不符合国家、行业法律、法规、标准和《华能集团公司电力技术监督管理办法》相关的要求和电厂实际，扣10分
1.2.2	国家、行业技术标准	10	使用的技术标准符合集团公司年初发布的化学监督标准目录；及时收集新标准，并在厂内发布	（1）缺少标准或未更新，每一个标准扣5分； （2）标准未在厂内发布，扣10分
1.2.3	企业技术标准	30	《化学运行规程》《化学检修规程》、《在线化学仪表校验维护规程》《水、油、燃气分析化验规程》等符合国家和行业技术标准；符合本厂实际情况，并按时修订	（1）未制订化学运行规程，化学检修规程，在线化学仪表校验和维护规程，水、油、燃气分析化验规程，每项扣10分；

表（续）

序号	评价项目	标准分	评价内容与要求	评分标准
1.2.3	企业技术标准	30	化学运行规程》《化学检修规程》、《在线化学仪表校验维护规程》《水、油、燃气分析化验规程》等符合国家和行业技术标准；符合本厂实际情况，并按时修订	（2）制订化学运行规程，化学检修规程，在线化学仪表校验和维护，水、油、燃气分析化验规程不符合要求，每项扣5分； （3）企业标准未按时修编，每一个企业标准扣5分
1.3	仪器仪表	50	现场查看仪器仪表台账、检验计划、检验报告	
1.3.1	仪器仪表配备	15	试验室水、油、气体和燃气监督仪器、仪表和设备配备满足日常化学监督要求	水、油、气体和燃气监督仪器、仪表和设备不能满足日常化学监督要求，每台扣分5分
1.3.2	仪器仪表台账	5	建立仪器仪表台账，栏目应包括：仪器仪表型号、技术参数（量程、精度等级等）、购入时间、供货单位；检验周期、检验日期、使用状态等	（1）仪器仪表记录不全，一台扣1分； （2）新购仪表未录入或检验；报废仪表未注销和另外存放，每台扣1分
1.3.3	仪器仪表资料	5	（1）保存仪器仪表使用说明书； （2）编制主要仪器仪表的操作规程	（1）使用说明书缺失，一台扣1分； （2）主要仪器操作规程缺漏，一台扣1分
1.3.4	仪器仪表维护	15	（1）水、油、气体、燃气监督分析试验室试验条件满足要求； （2）水、油、燃气、气体分析仪器分类摆放，仪器仪表清洁、摆放整齐； （3）有效期内的仪器仪表应贴上有效期标识，不与其他仪器仪表一道存放； （4）待修理、已报废的仪器仪表应另外分别存放	（1）第（1）项不满足，扣10分； （2）第（2）～（4）项不符合要求，一项扣2分
1.3.5	检验计划和检验报告	10	送检的仪表应有对应的检验报告	不符合要求，每台扣5分
1.4	监督计划	20	现场查看电厂监督计划	
1.4.1	计划的制定	10	（1）计划制定时间、依据符合要求； （2）计划内容应包括：1）管理制度制定或修订计划；2）培训计划（内部及外部培训、资格取证、规程宣贯等）；3）检修中化学监督项目计划；4）动态检查提出问题整改计划；5）化学监督中发现重大问题整改计划；6）仪器仪表送检计划；7）技改中化学监督项目计划；8）定期工作；9）网络会议计划	（1）计划制定时间、依据不符合，一个计划扣10分； （2）计划内容不全，一个计划扣5～10分

表（续）

序号	评价项目	标准分	评价内容与要求	评分标准
1.4.2	计划的审批	5	符合工作流程：班组或部门编 制→化学监督专责人审核→主管主任审定→生产厂长审批→下发实施	审批工作流程缺少环节，一个扣5分
1.4.3	计划的上报	5	每年11月30日前上报产业公司、区域公司，同时抄送西安热工研究院	计划上报不按时，扣5分
1.5	监督档案	40	现场查看监督档案、档案管理的记录	
1.5.1	监督档案清单	5	应建有监督档案资料清单。每类资料有编号、存放地点、保存期限	不符合要求，扣5分
1.5.2	报告和记录	30	（1）各类资料内容齐全、时间连续； （2）及时记录新信息； （3）及时完成运行月度分析、检修总结、故障分析等报告的编写，按档案管理流程审核归档	（1）第（1）、（2）项不符合要求，一件扣5分； （2）第（3）项不符合要求，一件扣10分
1.5.3	档案管理	5	（1）资料按规定储存，由专人管理； （2）记录借阅应有借、还记录； （3）有过期文件处置的记录	不符合要求，一项扣2分
1.6	评价与考核	40	查阅评价与考核记录	
1.6.1	动态检查前自我检查	10	自我检查评价切合实际	（1）没有自查报告扣10分； （2）自我检查评价与动态检查评价的评分相差 10 分及以上，扣10分
1.6.2	定期监督工作评价	10	有监督工作评价记录	无工作评价记录，扣10分
1.6.3	定期监督工作会议	10	有监督工作会议纪要	无工作会议纪要，扣10分
1.6.4	监督工作考核	10	有监督工作考核记录	发生监督不力事件而未考核，扣10分
1.7	工作报告制度执行情况	50	查阅检查之日前四个季度季报、检查速报事件及上报时间	
1.7.1	监督季报、年报	20	（1）每季度首月5日前，应将技术监督季报报送产业公司、区域公司和西安热工研究院； （2）格式和内容符合要求	（1）季报、年报上报迟报 1天扣5分； （2）格式不符合，一项扣 5分； （3）报表数据不准确，一项扣10分； （4）检查发现的问题，未在季报中上报，每1个问题扣10分

表（续）

序号	评价项目	标准分	评价内容与要求	评分标准
1.7.2	技术监督速报	20	按规定格式和内容编写技术监督速报并及时上报	（1）发现或者出现重大设备问题和异常及障碍未及时、真实、准确上报技术监督速报，每1项扣10分；（2）上报速保事件描述不符合实际，一件扣10分
1.7.3	年度工作总结报告	10	（1）每年元月5日前组织完成上年度技术监督工作总结报告的编写工作，并将总结报告报送产业公司、区域公司和西安热工研究院；（2）格式和内容符合要求	（1）未按规定时间上报，扣10分；（2）内容不全，扣10分
1.8	监督考核指标	90		
1.8.1	监督预警问题整改完成率	15	要求：100%	不符合要求，不得分
1.8.2	动态检查问题整改完成率	15	要求：自电厂收到动态检查报告之日起：第1年整改完成率不低于85%；第2年整改完成率不低于95%	不符合要求，不得分
1.8.3	全厂水汽品质合格率	15	要求：≥95%	（1）全厂水汽品质合格率低于95%每低1%，扣5分；（2）单机主要指标（凝结水氢电导率；高、中压、低压给水氢电导率；高、中压饱和及过热蒸汽氢电导率；高、中、低压给水和高、中、低压炉水pH值；高、中压给水和过热蒸汽含铁量；发电机内冷水电导率、铜含量）低于96%，每低1%，扣2分
1.8.4	全厂油品合格率	15	要求：≥98%	（1）全厂油质合格率低于98%，每低1%，扣5分；（2）单机、单项低于96%，每低1%，扣2分
1.8.5	在线仪表投入率	10	要求：≥98%	（1）全厂在线化学仪表投入率低于98%，每低1%，扣2分；（2）单机单项，每低1%扣1分
1.8.6	主要在线仪表准确率	5	主要在线化学仪表（凝结水氢电导率，高、中、低压给水氢电导率，高、中压饱和及过热蒸汽氢电导率，高、中、低压给水pH表，高、中、低压炉水pH表，补给水除盐设备出口、高中压炉水、发电机内冷水电导率表，凝结水、给水溶解氧表；发电机在线湿度和纯度表）准确率要求：≥96%	（1）全厂主要在线化学仪表准确率低于96%，每低1%，扣2分；（2）单机单项低于90%，低1%，扣1分

表（续）

序号	评价项目	标准分	评价内容与要求	评分标准
1.8.7	氢气纯度合格率	5	要求：≥98%	（1）全厂氢气纯度合格率每低1%，扣2分； （2）单机氢气纯度合格率每低1%，扣1分
1.8.8	氢气湿度合格率	5	要求：≥98%	（1）全厂氢气湿度合格率每低1%，扣2分； （2）单机氢气湿度合格率每低1%，扣1分
1.8.9	燃气质检率	5	要求：100%	燃气质检率每低1%，扣5分
2	化学监督过程实施	600		
2.1	预处理系统	15		
2.1.1	澄清池	10	查看文件记录和现场检查： （1）运行记录和水质检测报表内容应符合标准、运行规程规定，并满足完整性、连续性要求； （2）澄清器（池）出水水质： 1）澄清处理应满足规程规定和下一级处理设备对水质的要求； 2）石灰软化处理出水硬度和碱度以及去除率应满足运行规程规定	（1）运行记录，水质检测和运行监督项目、周期不符合规定，一项扣2分； （2）出水水质不合格，每项超标4h扣2分； （3）设备缺陷不及时处理，扣5分
2.1.2	过滤器（池）	2.5	查看文件记录和现场检查： （1）运行记录和水质检测报表内容应符合标准、运行规程规定，并满足完整性、连续性要求； （2）出水水质满足后续设备要求	（1）运行记录，水质检测和运行监督项目、周期不符合规定，每项扣1分； （2）出水水质不合格，每项超标4h扣1分； （3）设备缺陷不及时处理，扣2分
2.1.3	活性炭过滤器	2.5	查看文件记录和现场检查： （1）运行记录和水质检测报表内容应符合标准、运行规程规定，并满足完整性、连续性要求； （2）出水水质不能满足下级设备进水水质要求，不及时进行反洗； （3）活性炭失效不及时进行更换	（1）运行记录，水质检测和运行监督项目、周期不符合规定，每项扣1分； （2）出水水质不合格，每项超标4h扣1分； （3）未及时更换活性炭滤料，造成出水水质不合格，不得分
2.2	预除盐设备系统	30		
2.2.1	超滤、微滤	15	查看文件记录和现场检查： （1）运行记录和水质检测报表内容应符合标准、运行规程规定，并满足完整性、连续性要求； （2）出水水质满足规程及后续设备规定的要求；	（1）运行记录，水质检测和运行监督项目、周期不符合规定，每项扣2分； （2）出水水质不合格， SDI超标4小时扣5分；

表（续）

序号	评价项目	标准分	评价内容与要求	评分标准
2.2.1	超滤、微滤	15	（3）运行压差满足规程要求	（3）设备出现泄漏、缺陷处理不及时扣 5 分； （4）不及时清洗导致压差上升扣 10 分； （5）压差短期上升快影响正常运行扣 10 分； （6）不到设计寿命，出现严重断丝、污堵需要更换，不得分
2.2.2	反渗透设备	15	查看文件记录和现场检查： （1）运行记录和水质检测报表内容应符合标准、运行规程规定，并满足完整性、连续性要求； （2）性能指标（脱盐率、压差和回收率）应满足设计和技术标准要求； （3）运行压差满足要求	（1）运行记录，水质检测和运行监督项目、周期不符合规定，每项扣 2 分； （2）反渗透保安过滤器压差上升快，需要频繁更换扣 5 分； （3）反渗透脱盐率、压差和回收率等性能指标不满足设计或规定要求，每项扣 5 分； （4）出水水质不能满足下级处理要求扣 10 分； （5）缺陷处理不及时，扣 5 分； （6）反渗透污堵严重，不进行清洗影响制水不得分； （7）因运行控制不当、维护不及时，不到设计寿命期，需要更换反渗透膜组件，不得分
2.3	除盐水系统	25		
2.3.1	EDI 设备	15	查看文件记录和现场检查： （1）运行记录和水质检测报表内容应符合标准、运行规程规定，并满足完整性、连续性要求； （2）水质及其他性能指标应符合设计和标准要求	（1）运行记录，水质检测和运行监督项目、周期不符合规定，每项扣 2 分； （2）出水水质（电导率和二氧化硅）不合格，每项超过 4h 扣 5 分； （3）压差、产水量、回收率每项超标扣分 2 分； （4）缺陷处理不及时，扣 5 分； （5）因运行维护不到位，需要频繁清洗，扣分 5 分； （6）EDI 组件设计内寿命期损坏需要更换，扣分 15 分
2.3.2	离子交换设备	8	查看文件记录和现场检查： （1）运行记录和水质检测报表内容应符合标准、运行规程规定，并满足完整性、连续性要求； （2）除盐设备出水水质满足要求	（1）运行记录，水质检测和运行监督项目、周期不符合规定，每项扣 2 分； （2）出水水质不合格，每项超过 4h 扣 5 分； （3）缺陷处理不及时，扣 5 分；重大缺陷不及时处理导致无法制水不得分

表（续）

序号	评价项目	标准分	评价内容与要求	评分标准
2.3.3	除盐水箱出水水质	2	查看文件记录和现场检查：除盐水箱出水水质	除盐水箱出水水质单项（电导率和二氧化硅）不合格超过4h不得分
2.4	机组加药装置	20	查看文件记录和现场检查： （1）运行记录内容应符合标准、运行规程规定，并满足完整性、连续性要求。 （2）机组各加药系统的设置应符合满足技术标准的规定，主要加药系统有： 1）给水处理； 2）炉水处理； 3）闭式循环冷却水处理； 4）凝汽器循环冷却水稳定、缓蚀、杀菌处理； 5）机组停用保养加药等系统系统。 （3）给水加氨满足具备自动调节功能。 （4）挥发性氨水、联氨、二氧化氯、次氯酸钠等药品的储存和加药间的安全和职业卫生要求应符合有关标准规定	（1）未及时调整或因加药设备故障导致机组水汽质量超标，每4h扣5分； （2）没有按要求投运给水自动加氨，每套系统扣5分； （3）炉内给水、炉水加药位置不正确，扣5分； （4）循环水加药设备不投运，每台机组扣5分； （5）加药设备运行记录不完整，每次扣2分； （6）设备缺陷处理不及时，扣5分； （7）药品储存和加药间安全和职业卫生要求不符合有关标准规定，扣5分
2.5	制氢、供氢系统	20	查看文件记录和现场检查： （1）运行记录和检测报表内容应符合标准、运行规程规定，并满足完整性、连续性要求； （2）制氢设备运行性能满足厂家和规程要求； （3）制氢、储氢设备安全措施满足要求； （4）制氢、储氢设备和系统以及安全附件（压力表、安全阀、减压阀、泄压阀、静电接地、压力容器）的定期检验应符合规定； （5）在线氢气纯度分析仪、湿度检测仪表和泄漏检测仪，应定期进行检验或检定	（1）运行记录，检测和运行监督项目、周期不符合规定，每项扣2分； （2）产氢、供氢纯度、湿度不合格，每项超标4h扣5分； （3)未对在线检测分析仪表进行定期检验、检定，每台仪表扣5分； （4）未按照标准规定对制氢、储氢设备和系统以及安全附件（压力表、安全阀、减压阀、泄压阀、压力容器）的进行定期检验，每台设备扣5分； （5）设备缺陷处理不及时，扣5分； （6）氢气系统有安全隐患未及时处理，不得分
2.6	凝结水精处理系统	50		

表（续）

序号	评价项目	标准分	评价内容与要求	评分标准
2.6.1	前置过滤器	10	查看文件记录和现场检查： （1）运行记录和水质检测报表内容应符合标准、运行规程规定，并满足完整性、连续性要求； （2）过滤器运行压差满足要求； （3）过滤器按要求及时投运； （4）过滤器及时反洗	（1）运行记录，水质检测和运行监督项目、周期不符合规定，每项次扣1分； （2）压差大，不及时反洗、擦洗扣2分； （3）存在缺陷不及时处理，一台过滤器扣5分； （4）过滤器不按要求投运，不得分
2.6.2	粉末树脂及覆盖过滤器	10	查看文件记录和现场检查： （1）运行记录和水质检测报表，内容和项目应符合标准、运行规程规定，并满足完整性、连续性要求； （2）根据压差及时铺膜； （3）出水水质满足后续设备要求	（1）运行记录，水质检测和运行监督项目、周期不符合规定，每项次扣2分； （2）设备缺陷处理不及时，扣5分； （3）不根据压差及时爆膜、铺膜，导致滤元严重污堵，需要更换滤元，不得分； （4）发生滤元损坏，粉末树脂或其他滤料泄漏，污染后续设备或污染热力系统，不得分； （5）设备不按要求及时投退，不得分
2.6.3	高速混床（阴、阳分床）精除盐设备	20	查看文件记录和现场检查： （1）运行记录和水质检测报表，内容应符合标准、运行规程规定，并满足完整性、连续性要求； （2）设备状态良好，能随时自动投退； （3）设备出水水质满足技术标准要求； （4）精除盐设备制水量、差压正常，满足设计要求； （5）精除盐阳树脂以氢型方式运行，铵型方式运行时保证出水氯离子和钠离子含量均小于 1μg/L，并及时检测氯离子浓度； （6）试验室定期查定精除盐出水铁、铜、二氧化硅、钠和微量阴离子； （7）精除盐投运冲洗彻底； （8）设备消缺、检修、维护正常	（1）运行记录，水质检测和运行监督项目、周期不符合规定，每项扣2分； （2）出水水质超标，单项超标4h，扣5分； （3）未定期进行水质查定，每项扣2分； （4）没有设备异常、缺陷记录，扣5分； （5）周期制水量不能满足设计要求，每台扣10分； （6）设备存在缺陷，不能按要求投退，一台扣10分； （7）凝结水水质异常，旁路门未全关，扣10分； （8）周期制水量、出水水质异常，未分析原因，并采取处理措施，进行调整试验，扣15分； （9）设备不按要求正常投运，不得分； （10）树脂漏入热力系统，不得分

表（续）

序号	评价项目	标准分	评价内容与要求	评分标准
2.6.4	树脂分离再生系统	10	查看文件记录和现场检查： （1）运行记录、检测报表内容应符合标准、运行规程规定，并满足完整性、连续性要求； （2）阴、阳树脂再生使用合格的酸、碱，再生剂量、浓度符合要求； （3）失效树脂擦洗、反洗分层、转移符合规程要求； （4）再生后树脂冲洗满足要求	（1）运行记录、检测内容不符合规定每项扣 2 分； （2）树脂分离和转移不进行现场确认和观察，扣 5 分； （3）再生剂量、浓度不根据树脂实际情况调整，扣 5 分； （4）再生设备没有异常、缺陷记录，扣 5 分； （5）未对设备重大缺陷及时报修，导致不能再生，不得分； （6）再生设备缺陷，导致跑树脂，不得分； （7）再生后树脂冲洗不彻底或隔离不严，导致酸或碱进入热力系统，不得分
2.7	水汽集中取样装置	5	现场检查机组集中和凝结水精处理取样装置： （1）管路系统无泄漏； （2）手工取样的水温不应高于 40℃，在线仪表样水应经恒温装置调节，样水温度控制在 25℃±2℃； （3）氢电导率失效树脂及时再生，交换柱运行正常； （4）水样过滤器、流量计和电极无明显污脏； （5）在线仪表流量正常	存在不符合问题，每项扣 1 分
2.8	在线化学分析仪表	30	查看文件记录和现场检查： （1）在线化学仪表清册、台账； （2）在线化学校验、维护计划、记录和报告； （3）主要在线化学仪表：凝结水、给水、炉水、蒸汽、发电机内冷水的氢电导率或电导率表，给水和炉水 pH 值表工作是否正常，准确性满足要求，是否定期进行对比检测或按 DL/T 677 要求进行在线整机校验； （4）主要化学在线仪表工作不正常是否超过 7 天未采取处理措施； （5）在线化学仪表选型应满足标准要求	（1）没有在线化学仪表清册、台账不得分； （2）没有在线化学校验、维护计划、记录和报告，不得分； （3）主要化学在线仪表工作不正常超过 7 天未采取处理措施，不得分； （4）主要在线化学仪表未进行定期对比检测或按 DL/T 677 要求进行整机校验，每台扣 5 分； （5）主要在线化学仪表准确性超标，每台扣分 5 分； （6）没有异常、缺陷记录，扣 5 分；未对主要仪表故障及时报修，并进行闭环管理，每台扣 5 分； （7）在线化学仪表检验周期不符合规定，每台表扣 2 分； （8）主要仪表选型不满足规定，每台扣 2 分

表（续）

序号	评价项目	标准分	评价内容与要求	评分标准
2.9	机组水汽质量监督	160		
2.9.1	机组启动过程	20	查看文件记录： （1）启动过程热力系统净化和水汽质量监督检测记录，内容和项目应符合监督标准、运行规程规定，并满足完整性、连续性要求； （2）机组启动过程热力系统净化和水汽质量是否符合标准、规程规定	（1）未制订机组启动热力系统净化措施，没有机组启动水汽监督记录，不得分； （2）机组检修后启动未进行凝汽器汽侧灌水查漏，扣10分； （3）机组启动不按技术标准要求投运凝结水精处理设备、化学加药设备，扣10分； （4）机组启动不按技术标准要求投运在线化学仪表，每台扣2分； （5）锅炉通烟气前给水质量，热态冲洗结束炉水质量，汽轮机并网蒸汽质量不合格，每项扣5分； （6）机组并汽8h，水汽品质不达标，每项扣5分
2.9.2	机组运行过程	30	查看文件记录和现场检查： （1）运行记录、水汽报表和查定报表，内容和项目应符合运行规程规定，并满足完整性、连续性要求； （2）主要化学监督指标异常，凝汽器、热网换热器泄漏导致水汽品质恶化、停机事故报告； （3）水汽品质劣化“三级处理原则”执行情况记录和劣化原因分析； （4）月度水汽质量分析报表（报告）	（1）不执行机组水汽品质劣化“三级处理原则”，不得分； （2）出现主要化学监督指标异常，凝汽器、热网换热器泄漏导致水汽品质恶化、停机事件没有处理、分析报告，不得分； （3）凝汽器泄漏，不及时采取堵漏措施，三级处理措施不到位，导致给水氢电导率超标4h，扣5分；导致炉水pH值低于9.0，扣10分；导致蒸汽氢电导率超标超过4h，扣10分； （4）给水、炉水加药泵未及时调整，导致给水、炉水pH值超标，炉水磷酸根含量超标，单项超标4h每次扣10分； （5）机组连续运行，水汽品质超标，单项超标4h，每次扣2分
2.9.3	给水、炉水处理及水汽品质优化调整试验	30	查看文件记录和现场检查： （1）出现下述情况应进行水汽优化调整试验： 1）发生不明原因的蒸汽质量恶化或汽轮机通流部分积盐；	（1）出现汽轮机严重积盐、炉管严重腐蚀、结垢，蒸汽品质合格率低，不进行给水、炉水处理及水汽品质优化调整试验不得分；

表（续）

序号	评价项目	标准分	评价内容与要求	评分标准
2.9.3	给水、炉水处理及水汽品质优化调整试验	30	2）炉水出现盐类“隐藏”现象，炉水 pH 值不稳定； 3）发生炉水杂质浓缩导致炉管结垢、腐蚀问题； 4）余热锅炉蒸发器、省煤器发生流动加速腐蚀。 （2）余热锅炉是否根据炉水水质状况确定了正确排污方式。 （3）是否根据循环水、凝汽器严密性和凝结水精处理情况，进行给水、炉水优化处理。 （4）进行给水、炉水处理及水汽品质优化调整的方案、措施和效果评价总结资料保存完好	（2）余热锅炉受热面及管道出现流动加速腐蚀，不进行水汽优化处理，扣 5 分～30 分； （3）未根据机组实际情况进行给水、炉水优化处理，每台机组扣 5 分； （4）余热锅炉未制订合理的排污措施，每台扣 5 分； （5）给水、炉水处理及水汽品质优化试验没有方案、实施措施、试验记录及效果评价总结，每台机组扣 5 分
2.9.4	机组、热网停备用保护	30	查看文件记录和现场检查： 机组、热网停备用保护措施、实施过程、监督项目、检测记录、评价报告等是否符合技术标准的规定	（1）机组、余热锅炉、热网停备用未进行停用保护的，不得分； （2）机组停用保养实施过程监督指标检测缺项，每项扣 5 分； （3）余热锅炉、汽轮机、凝汽器（包括直接空冷机组的空冷岛）、热网系统设备停用保护措施或过程控制不当，保效果差，扣 10 分； （4）余热锅炉烟气侧中、长期停用不采取保护措施，每台锅炉一次扣 5 分，发生出口侧换热管和鳍片严重停用腐蚀，每台锅炉扣 10 分； （5）热力设备停（备）用保护没有编写停备用化学监督检查报告，没有对保护效果检查评价，每台机组扣 10 分
2.9.5	全厂水汽质量查定	15	查看文件记录： （1）水汽定期查定试验记录、报告和台账，内容和项目符合技术标准，并满足完整性、连续性要求； （2）原水全分析以及报告的规范性； （3）水汽品质合格率统计与分析月、季、年度报表规范	（1）没有建立水汽系统查定台账，不得分； （2）没有水汽品质合格率统计与分析月、季、年度报表，每台机组扣 5 分； （3）没有按要求进行原水水质全分析，并进行校核，每次扣 5 分； （4）没有按要求对压气机、燃机注入水电导率、二氧化硅和铁进行定期分析，扣 5 分；

表（续）

序号	评价项目	标准分	评价内容与要求	评分标准
2.9.5	全厂水汽质量查定	15	查看文件记录： （1）水汽定期查定试验记录、报告和台账，内容和项目符合技术标准，并满足完整性、连续性要求； （2）原水全分析以及报告的规范性； （3）水汽品质合格率统计与分析月、季、年度报表规范	（5）没有按技术标准规定要求进行水汽系统查定，每项扣5分； （6）水汽定期查定试验记录、报告和台账不符合规定，每项扣2分
2.9.6	发电机冷却水	15	查看文件记录和现场检查： （1）内冷水水质监督记录和定期查定记录、报告和台账； （2）发电机冷却水水质； （3）发电机冷却水处理工艺调整记录	（1）因内冷水处理系统失效、异常，未及时进行处理，造成内冷水水质电导率高限超标和铜离子含量超标，不得分； （2）内冷水电导率高限超标不得分； （3）内冷水铜离子含量超标，每次扣5分； （4）水质监督记录和定期查定试验记录、报告和台账不符合规定，每项扣2分
2.9.7	热网疏水及其循环水水质	10	查看和现场检查： （1）水质监督记录和定期查定记录、报告和台账； （2）疏水和厂内控制循环水水质； （3）加热器泄漏处理记录	（1）未及时发现泄漏问题并及时通知有关专业切换换热器、改变疏水回收系统，造成机组水汽品质不合格，不得分； （2）热网循环水未加药，水质指标不合格，扣5分； （3）热网加热器疏水未安装在线氢电导率表，每台扣5分； （4）水质监督记录和试验记录，不符合规定，每项扣2分
2.9.8	机组循环水处理	10	查看文件记录和现场检查： （1）水质监督记录和定期查定记录、报告和台账； （2）循环水药剂选择静态试验和动态模拟试验报告； （3）循环冷却水水质、浓缩倍率； （4）加药调整记录	（1）循环水处理方案没有经静态、动态模拟试验，不得分； （2）循环水处理工艺过程参数和加药量控制不当，造成凝汽器结垢、腐蚀，凝汽器端差超标，不得分； （3）循环水水质指标、浓缩倍率不合格，每台机组扣5分； （4）水质监督记录和试验记录，不符合规定，每项扣2分

表（续）

序号	评价项目	标准分	评价内容与要求	评分标准
2.10	大宗水处理材料、水处理药品、油品和化学药品入厂检验、验收	10	查看文件记录和现场检查： (1)检查大宗材料、水处理药品、油品、化学药品等入厂检验记录、实验报告和台账； (2)水处理材料、水处理药品、油品和化学药品出厂检验报告和执行标准； (3)水处理材料、水处理药品、油品和化学药品贮存情况	(1)没有大宗水处理材料、水处理药品、油品和化学药品等入厂检验记录、实验报告和台账，不得分； (2)检测发现了不合格水处理材料、水处理药品、油品和化学药品，没有报告和处理结论的，不得分； (3)入厂抽样、检验项目不符合标准、合同规定，每项扣5分； (4)验收合格水处理材料、水处理药品、油品和化学药品存放不符合规定，扣5分
2.11	油气质量监督	75		
2.11.1	汽轮机油、燃气轮机油、压气机和燃机液压控制油	25	查看油质分析记录、试验报告和台账	(1)没有汽轮机油、燃气轮机油、压气机和燃机液压控制油油质分析记录、试验报告和台账，不得分； (2)运行汽轮机油、燃气轮机油、压气机和燃机液压控制油颗粒度按规定周期连续两次检测不合格，汽轮机油中含水量大于100mg/L，未采取处理措施，不得分； (3)补油、混油不符合规定，不得分； (4)新建、大修启机前汽轮机油、燃气轮机油、压气机和燃机液压控制油颗粒度检测不合格启动机组不得分；运行机组颗粒度不按期检测，一次扣2分； (5)没有异常数据报告和处理过程的跟踪化验记录，闭环管理，扣10分； (6)油质定期监督试验项目、周期不符合标准、规程规定，存在不合格检测项目，每项扣2分
2.11.2	抗燃油	10	查看油质分析记录、试验报告和台账	(1)没有油质分析记录、试验报告和台账，不得分； (2)运行机组颗粒度按规定周期连续两次检测不合格，未采取处理措施，不得分； (3)补油、混油不符合规定，不得分；

表（续）

序号	评价项目	标准分	评价内容与要求	评分标准
2.11.2	抗燃油	10	查看油质分析记录、试验报告和台账	（4）新建、大修启机前颗粒度检测不合格启动机组不得分；运行机组颗粒度不按期检测，一次扣2分； （5）没有异常数据报告和处理过程的跟踪化验记录，闭环管理，扣10分； （6）油质定期监督试验项目、周期不符合标准、规程规定，存在不合格检测项目，每项扣5分
2.11.3	绝缘油	15	查看： （1）油质分析记录、试验报告和台账； （2）溶解气体色谱分析记录、试验报告和台账	（1）没有油质分析、溶解气体色谱分析记录、试验报告和台账，不得分； （2）溶解气体色谱分析出现异常和超过注意值，未进行原因分析和处理，扣10分； （3）没有异常数据报告和处理过程的跟踪化验记录，闭环管理，扣10分； （4）油质定期监督试验项目、周期不符合标准、规程规定，存在不合格检测项目，每项扣2分； （5）500kV及以上变压器投用前、运行1个月以及大修后或有异常时未检测颗粒度，扣2分
2.11.4	辅机用油	8	查看：辅机用油台账，监督检测记录、试验报告和台账	（1）没有主要辅机用油台账，监督检测记录、试验报告，不得分； （2）重要辅机用油检测指标达到换油规定，检修期间未换油，不得分； （3）没有异常数据报告和处理过程的跟踪化验记录，闭环管理，扣2分； （4）油质定期监督试验项目、周期不符合标准、规程规定，存在检测项目不合格，每项扣1分
2.11.5	六氟化硫	5	查看： （1）六氟化硫气体和充六氟化硫气体电气设备分析记录、试验报告和台账； （2）六氟化硫电气设备按规定进行检测	（1）没有六氟化硫气体和充六氟化硫气体电气设备分析记录、试验报告和台账，不得分； （2）没有异常数据报告和处理过程的跟踪化验记录，闭环管理，不得分；

表（续）

序号	评价项目	标准分	评价内容与要求	评分标准
2.11.5	六氟化硫	5	查看： （1）六氟化硫气体和充六氟化硫气体电气设备分析记录、试验报告和台账； （2）六氟化硫电气设备按规定进行检测	（3）六氟化硫检测周期、项目不符合规定，每项扣2分； （4）六氟化硫检测存在不合格项目，每项扣2分
2.11.6	仪用压缩空气	2	查看： 仪用压缩空气分析记录、报告	（1）没有分析记录、试验报告和台账，不得分； （2）气体检测周期、项目不符合规定，每项扣1分； （3）气体检测存在不合格项目，每项扣1分； （4）没有异常数据报告和处理过程的跟踪化验记录，闭环管理，不得分
2.11.7	发电机内氢气	10	查看文件记录和现场检查： （1）化学实验室定期检测分析记录、台账； （2）在线纯度、露点和泄漏检测仪表投用状态； （3）在线纯度、露点和泄漏检测的检验和检定； （4）发电机补氢统计数据	（1）没有定期检测分析记录、台账，不得分； （2）发电机内氢气纯度、湿度超标，每项扣5分； （3）未对在线检测分析仪表进行定期检验和检定，每台仪表扣5分； （4）没有发电机补氢统计数据，扣5分
2.12	燃气质量监督	15	查看文件记录和现场检查： （1）燃气供应厂家提供分析检测记录、报告； （2）实验室或外委燃气分析记录、报告、台账； （3）在线燃气分析仪表运行状态	（1）没有试验室或外委燃气质量分析记录、报告和台账，不得分； （2）没有燃气供应厂家提供的燃气质量分析报告、不建立台账，不得分； （3）燃气在线分析仪表工作不正常，扣5分； （4）燃气在线和试验室分析仪表未按规定周期进行检验，一次扣5分； （5）燃气供应厂家分析结果和电厂分析结果不一致，没有处理结论，一次扣5分； （6）燃气质量检测周期不符合规定，每项扣2分
2.13	机组热力系统设备的化学结垢、沉积、腐蚀	130		

表（续）

序号	评价项目	标准分	评价内容与要求	评分标准
2.13.1	余热锅炉结垢、腐蚀	40	查看文件记录和现场检查： （1）机组检修余热锅炉化学监督检查计划、检查记录、照片、视频、总结报告； （2）机组检修锅炉受热面及汽包结垢、积盐和腐蚀化学监督检查台账； （3）锅炉受热面割管管样的留存和保管； （4）垢量、成分分析试验报告； （5）评价数据和结论的正确性	（1）没有余热锅炉化学检查计划、检查记录、照片、视频和总结报告，不得分； （2）余热锅炉蒸发器、省煤器和相关管道发生结垢、腐蚀导致爆管、泄漏引起停运，不得分； （3）腐蚀、结垢评价三类，每台锅炉扣 20 分； （4）腐蚀、结垢评价为二类，每台锅炉扣 10 分； （5）A 修，未对流动腐蚀敏感位置进行检查，扣 30 分； （6）A、B 修未对汽包检查，未对割开下联箱，并用内窥镜检查蒸发器和省煤器管，扣 10 分； （7）C 级及以上检修，未对燃机排气扩散段、余热锅炉进烟侧受热面高温烟气腐蚀或停用腐蚀，余热锅炉排烟气侧受热面低温腐蚀或停用腐蚀情况进行检查，扣 10 分； （8）未参与汽包、下联箱检修处理后质量验收，扣 5 分； （9）割取过管样，未正确保存，扣 5 分； （10）化学检查报告不符合 DL/T 1115 规定，没有对存在的问题进行原因分析和提出改进建议，扣 5 分～10 分
2.13.2	凝汽器腐蚀、结垢	30	查看文件记录和现场检查： （1）机组检修凝汽器汽侧、水侧化学监督检查计划、检查记录、照片、总结报告； （2）机组检修凝汽器结垢、积盐和腐蚀化学监督检查台账； （3）凝汽器抽管管样的留存和保管； （4）垢量、成分分析试验报告； （5）评价数据和结论的正确性	（1）没有凝汽器化学监督检查计划、检查记录、照片、总结报告，不得分； （2）凝汽器发生泄漏并导致凝结水、乃至给水、炉水和蒸汽品质超标，每一次扣 5 分～15 分，造成机组停机不得分； （3）腐蚀、结垢评价为二类，每台扣 10 分； （4）腐蚀、结垢评价三类，不得分； （5）未参与凝汽器检修后质量验收，每次扣 5 分； （6）新更换管未按规定进行检验，扣 5 分； （7）化学监督检查报告没有对凝汽器腐蚀、结垢评价，结论错误，存在的问题进行原因分析和提出改进建议的，扣 5 分～10 分

表（续）

序号	评价项目	标准分	评价内容与要求	评分标准
2.13.3	汽轮机积盐、腐蚀	40	查看文件记录和现场检查： （1）机组检修汽轮机及附属设备化学监督检查计划、检查记录、照片、总结报告； （2）机组检修汽轮机积盐和腐蚀化学监督检查台账； （3）汽轮机积盐量、成分分析试验报告； （4）评价数据和结论的正确性	（1）没有汽轮机及附属设备化学监督检查计划、检查记录、照片、总结报告，不得分； （2）发生汽轮机严重积盐，导致汽轮机带负荷能力降低，或轴向推力增大，机组需要停机处理或检修，不得分； （3）腐蚀、积盐评价为二类，每项1台扣10分； （4）腐蚀、积盐评价三类，每项1台扣20分； （5）汽轮机严重积盐，没有制订处理措施，并监督执行，扣10分； （6）没有参加汽轮机及附属设备检修后质量验收，一个设备扣5分； （7）化学检查报告不符合DL/T 1115规定，内容不全面，腐蚀、积盐评价结论错误，没有对存在的问题进行原因分析并提出改进建议，扣5分～10分
2.13.4	压气机和燃机	10	查看文件记录和现场检查： （1）压气机和燃机检修化学检查照片、报告； （2）压气机、燃机通流部件结垢、腐蚀产物分析报告	（1）机组检修未对压气机、燃气轮机进行化学检查，无照片和报告，不得分； （2）压气机、燃机通流部件结垢、腐蚀，未对结垢和腐蚀产物进行分析，扣5分
2.13.5	热网设备系统腐蚀、结垢	10	查看文件记录和现场检查： （1）机组检修热网加热器及系统化学监督检查计划、检查记录、照片、总结报告； （2）机组检修热力设备结垢、积盐和腐蚀化学监督检查台账； （3）化学监督检查图像资料	（1）水室换热管端的冲刷腐蚀和管口端腐蚀明显，扣5分； （2）水室底部沉积物的堆积严重，扣5分； （3）换热器管腐蚀、结垢严重，换热器运行发生泄漏，不得分； （4）热网循环水管道因腐蚀泄漏，不得分
2.14	化学清洗	30	查看： （1）清洗招、投标过程文件； （2）化学清洗小型试验报告、清洗方案、过程记录、验收报告、总结报告； （3）化学清洗药品检验、过程监督检测记录	（1）运行余热锅炉达到技术标准规定进行化学清洗要求，未进行化学清洗，不得分； （2）凝汽器结垢导致端差超标，不进行化学清洗，扣5分～20分； （3）热网加热器和其他换热器结垢，不进行化学清洗，扣5分～10分；

表（续）

序号	评价项目	标准分	评价内容与要求	评分标准
2.14	化学清洗	30	查看： （1）清洗招、投标过程文件； （2）化学清洗小型试验报告、清洗方案、过程记录、验收报告、总结报告； （3）化学清洗药品检验、过程监督检测记录	（4）化学清洗单位没有相应资质，进行清洗，不得分； （5）未对余热锅炉化学清洗方案进行审核、批准，清洗方案不按规定上报主管部门批准、备案，扣5分～15分； （6）未进行清洗临时系统安装质量、清洗药品进行验收，扣5分～10分； （7）未对化学清洗过程控制项目进行检测并记录，扣10分； （8）未对锅炉、凝汽器和其他换热器等清洗质量进行验收，扣10分～30分； （9）余热锅炉化学清洗质量没有达到技术标准合格规定，不得分； （10）凝汽器和其他换热器清洗质量没有达到技术标准或合同要求，扣5分～10分

Q/HN-1-0000.08.049—2015

管理标准篇

电力技术监督管理办法

2015 - 05 - 01 发布

2015 - 05 - 01 实施

目　　次

前言……625
1　范围……626
2　规范性引用文件……626
3　总则……626
4　机构与职责……626
5　技术监督范围……630
6　技术监督管理……630
6.1　健全监督网络与职责……630
6.2　确定监督标准符合性……631
6.3　确认仪器仪表有效性……631
6.4　建立健全监督档案……631
6.5　制定监督工作计划……631
6.6　监督过程实施……632
6.7　工作报告报送管理……633
6.8　监督预警管理……633
6.9　监督问题整改……634
6.10　人员培训和持证上岗管理……634
6.11　监督例会管理……634
7　评价与考核……635
7.1　评价依据和内容……635
7.2　评价标准……635
7.3　评价组织与考核……635
附录 A（规范性附录）　技术监督预警管理实施细则……636
附录 B（规范性附录）　技术监督信息速报……640
附录 C（规范性附录）　技术监督现场评价报告……641

前　言

电力技术监督是提高发电设备可靠性，保证电厂安全、经济、环保运行的重要基础。为了加强中国华能集团公司的电力技术监督工作，建立、健全技术监督管理体系，确保国家、行业、集团公司相关发电技术标准、规范的落实和执行，进一步促进集团公司发电设备运行安全、可靠性的提高，预防重大事故的发生。根据国家能源局《电力工业技术监督管理规定》和集团公司生产经营管理特点，制定本办法。

本办法是中国华能集团公司及所属产业公司、区域公司和发电企业电力技术监督工作管理的主要依据，是强制性企业标准。

本办法由中国华能集团公司安全监督与生产部提出。

本办法由中国华能集团公司安全监督与生产部归口并解释。

本办法起草单位：中国华能集团公司安全监督与生产部。

本办法批准人：寇伟。

电力技术监督管理办法

1 范围

本办法规定了中国华能集团公司（以下简称“集团公司”）电力技术监督（以下简称“技术监督”）管理工作的机构职责、监督范围和管理要求。

本办法适用于集团公司及所属产业公司、区域公司和发电企业的技术监督管理工作。

2 规范性引用文件

下列文件对于本文件的应用是必不可少的。凡是注日期的引用文件，仅所注日期的版本适用于本文件。凡是不注日期的引用文件，其最新版本（包括所有的修改单）适用于本文件。

DL/T 1051　电力技术监督导则

Q/HB-G-08.L01—2009　华能电厂安全生产管理体系要求

国家能源局　电力工业技术监督管理规定（2012 征求意见稿）

华能安〔2011〕271 号　中国华能集团公司电力技术监督专责人员上岗资格管理办法（试行）

3 总则

3.1　技术监督管理的目的是通过建立高效、通畅、快速反应的技术监督管理体系，确保国家及行业有关技术法规的贯彻实施，确保集团公司有关技术监督管理指令畅通；通过采用有效的测试和管理手段，对发电设备的健康水平及与安全、质量、经济、环保运行有关的重要参数、性能、指标进行监测与控制，及时发现问题，采取相应措施尽快解决问题，提高发电设备的安全可靠性，最终保证集团公司发电设备及相关电网安全、可靠、经济、环保运行。

3.2　技术监督工作要贯彻“安全第一、预防为主”的方针，按照“超前预控、闭环管理”的原则，建立以质量为中心，以相关的法律法规、标准、规程为依据，以计量、检验、试验、监测为手段的技术监督管理体系，对发电布局规划、建设和生产实施全过程技术监督管理。

3.3　集团公司、产业公司、区域公司及所属发电企业应按照《电力工业技术监督管理规定》、DL/T 1051、行业和集团公司技术监督标准开展技术监督工作，履行相应的技术监督职责。

3.4　本办法适用于集团公司、产业公司、区域公司、发电企业（含新、扩建项目）。各产业公司、区域公司及所属发电企业，应根据本办法，结合各自的实际情况，制订相应的技术监督管理标准。

4 机构与职责

4.1　集团公司技术监督工作实行三级管理。第一级为集团公司，第二级为产业公司、区域公司，第三级为发电企业。集团公司委托西安热工院有限公司（以下简称“西安热工院”）对集团公司系统技术监督工作开展情况进行监督管理，并提供技术监督管理技术支持服务。

4.2 集团公司技术监督管理委员会是集团公司技术监督工作的领导机构，技术监督管理委员会下设技术监督管理办公室，设在集团公司安全监督与生产部（以下简称“安生部”），负责归口管理集团公司技术监督工作。集团公司安生部负责已投产发电企业运行、检修、技术改造等方面的技术监督管理工作，基本建设部负责新、扩建发电企业的设计审查、设备监造、安装调试以及试运行阶段的技术监督管理工作。

4.3 各产业公司、区域公司应成立以主管生产的副总经理或总工程师为组长的技术监督领导小组，由生产管理部门归口管理技术监督工作。生产管理部门负责已投产发电企业的技术监督管理工作，基建管理部门负责新、扩建发电企业技术监督管理工作。

4.4 各发电企业是设备的直接管理者，也是实施技术监督的执行者，对技术监督工作负直接责任。应成立以主管生产（基建）的领导或总工程师为组长的技术监督领导小组，建立完善的技术监督网络，设置各专业技术监督专责人，负责日常技术监督工作的开展，包括本企业技术监督工作计划、报表、总结等的收集上报、信息的传递、协调各方关系等。已投产发电企业技术监督工作由生产管理部门归口管理，新建项目的技术监督工作由工程管理部门归口管理。

4.5 集团公司技术监督管理委员会主要职责。

4.5.1 贯彻执行国家、行业有关电力技术监督的方针、政策、法规、标准、规程和制度等，制定、修订集团公司相关技术监督规章制度、标准。

4.5.2 建立集团公司技术监督管理工作体系，落实技术监督管理岗位责任制，协调解决技术监督管理工作各方面的关系。

4.5.3 监督与指导产业公司、区域公司技术监督工作，对产业公司、区域公司技术监督工作实施情况进行检查与评价。

4.5.4 开展技术监督目标管理，制定集团公司技术监督工作规划和年度计划。

4.5.5 收集、审核、分析集团公司技术监督信息，将技术监督管理中反映的突出问题及时反馈给规划、设计、制造、发电、基建等相关单位和部门，形成技术监督管理闭环工作机制。

4.5.6 参与发电企业重大、特大事故的分析调查工作，制订反事故技术措施，组织解决重大技术问题。

4.5.7 开展集团公司技术监督专责人员上岗考试及资格管理工作。

4.5.8 组织开展集团公司重点技术问题的培训，解决共性和难点问题。

4.5.9 定期组织召开集团公司技术监督工作会议，总结、研究技术监督工作。研究、推广技术监督新技术、新方法。

4.6 产业公司、区域公司技术监督主要职责。

4.6.1 贯彻执行国家、行业有关电力技术监督的方针、政策、法规、标准、规程和制度等，以及集团公司有关技术监督规章制度、标准，行使对下属发电企业技术监督的领导职能。

4.6.2 根据产业公司、区域公司具体情况，制定技术监督工作实施细则、考核细则及相关制度。审查所属发电企业技术监督管理标准，并对发电企业的技术监督工作进行指导、监督、检查和考核。

4.6.3 建立健全产业公司、区域公司技术监督管理工作体系，落实技术监督管理岗位责任制。

4.6.4 监督与指导所属发电企业技术监督工作，对发电企业技术监督工作实施和指标完成情况进行检查、评价与考核。

4.6.5 开展技术监督目标管理，制定产业公司、区域公司技术监督工作规划和年度计划。

4.6.6 集团公司委托西安热工院作为发电企业技术监督管理的技术支持服务单位，负责对集团公司系统技术监督工作的开展情况进行监督、检查和技术支持服务，各产业公司、区域公司应与西安热工院签订技术监督管理支持服务合同。

4.6.7 审定所属发电企业的技术监督服务单位，监督发电企业与技术监督服务单位所签合同的执行情况，保证技术监督工作的正常开展。

4.6.8 组织有关专业技术人员，参加新、扩建工程在设计审查、主要设备的监造验收以及安装、调试、生产过程中的技术监督和质量验收工作。

4.6.9 收集、审核、分析和上报所属发电企业的技术监督数据，保证数据的准确性、完整性和及时性，定期向集团公司报送技术监督工作计划、报表和工作总结，报告重大设备隐患、缺陷或事故和分析处理结果。

4.6.10 组织对所属发电企业技术监督动态检查提出问题的整改落实情况和效果进行跟踪检查、复查评估，定期向集团公司报送复查评估报告。

4.6.11 组织并参与发电企业重大隐患、缺陷或事故的分析调查工作，制订反事故技术措施。

4.6.12 签发技术监督预警通知单，对技术监督预警问题进行督办。

4.6.13 组织技术监督专责人员参加集团公司的上岗考试，检查、监督所属发电企业技术监督专责人员持证上岗工作的落实。

4.6.14 组织开展并参加上级单位举办的技术监督业务培训和技术交流活动。

4.6.15 定期组织召开各专业技术监督工作会议，总结技术监督工作，研究、推广、运用技术监督新技术、新方法。

4.7 发电企业技术监督主要职责。

4.7.1 贯彻执行国家、行业、上级单位有关电力技术监督的方针、政策、法规、标准、规程、制度和技术措施等。

4.7.2 根据企业的具体情况，制定相关技术监督管理标准、考核细则及相关制度，明确各项技术监督岗位资格标准和职责。

4.7.3 建立健全企业技术监督工作网络，落实各级技术监督岗位责任制，确保技术监督专责人员持证上岗。

4.7.4 开展技术监督目标管理，制定企业技术监督工作规划和年度计划。

4.7.5 开展全过程技术监督。组织技术监督人员参与企业新、扩建工程的设计审查、设备选型、主要设备的监造验收以及安装、调试阶段的技术监督和质量验收工作。掌握企业设备的运行情况、事故和缺陷情况，认真执行反事故措施，及时消除设备隐患和缺陷。达不到监督指标的，要提出具体改进措施。

4.7.6 按时报送技术监督工作计划、报表、工作总结，确保监督数据真实、可靠。在监督工作中发现设备出现重大隐患、缺陷或事故，及时向上级单位有关部门、技术监督主管部门报告。

4.7.7 组织开展技术监督自我评价，接受技术监督服务单位的动态检查监督评价。

4.7.8 对于技术监督自我评价、动态检查和技术监督预警提出的问题，应按要求及时制定整改计划，明确整改时间、责任部门和人员，实现整改的闭环管理。

4.7.9 组织企业重大设备隐患、缺陷或事故的技术分析、调查工作，制定反事故措施并督促落实。

4.7.10 与技术监督服务单位签订技术监督服务合同，保证合同的顺利执行。

4.7.11 配置必需的检测仪器设备，做好量值传递工作，保证计量量值的统一、准确、可靠。

4.7.12 做好技术监督专责人员的专业培训、上岗资格考试的资质审查和资格申报工作。

4.7.13 开展并参加上级单位举办的技术监督业务培训和技术交流活动。

4.7.14 定期组织召开技术监督工作会议，通报技术监督工作信息，总结、交流技术监督工作经验，推广和采用技术监督新技术、新方法，部署下阶段技术监督工作任务。

4.8 西安热工院技术监督主要职责。

4.8.1 协助集团公司建立和完善技术监督规章制度、标准，定期收集、宣贯国家、行业有关技术监督新标准。

4.8.2 协助集团公司对集团所属产业公司、区域公司及发电企业的技术监督工作进行监督，开展技术监督动态检查工作，并提出评价意见和整改建议。

4.8.3 协助集团公司制定技术监督工作规划和年度计划。

4.8.4 协助集团公司开展重点技术问题研究、分析，解决共性和难点问题。

4.8.5 收集、审核、分析各发电企业上报的技术监督工作计划、报表和工作总结，及时向集团公司报告发现的重大设备隐患、缺陷或事故，并提出预防措施和方案，防止重大恶性事故的发生。定期编辑出版集团公司《电力技术监督报告》和《电力技术监督通讯》。

4.8.6 参加新、扩建工程的设计审查，重要设备的监造验收以及安装、调试、生产等过程中的技术监督和质量验收工作。

4.8.7 参与发电企业重大隐患、缺陷或事故的分析调查工作，提出反事故技术措施。

4.8.8 提出技术监督预警，签发技术监督预警通知单，对预警问题整改情况进行验收。

4.8.9 协助集团公司制定技术监督人员培训计划，对技术监督人员进行定期技术培训。

4.8.10 协助集团公司编制各专业技术监督培训教材和考试题库，做好技术监督专责人员的上岗考试工作。

4.8.11 编写集团公司年度技术监督工作分析总结报告，全面、准确地反映集团公司所属各产业公司、区域公司及发电企业技术监督工作开展情况和设备问题，提出技术监督工作建议。

4.8.12 协助集团公司召开技术监督工作会议，组织开展专业技术交流，研究和推广技术监督新技术、新方法。

4.8.13 完成集团公司委托的其他任务。

4.9 技术监督服务单位主要职责。

4.9.1 贯彻执行国家、行业、集团公司、产业公司、区域公司有关电力技术监督的方针、政策、法规、标准、规程和制度等。

4.9.2 与发电企业签订技术监督服务合同，根据本地区发电企业实际情况，制定技术监督工作实施细则，开展技术监督服务工作。

4.9.3 与产业公司、区域公司及发电企业共同制定技术监督工作规划与年度计划。

4.9.4 了解和掌握发电企业的技术状况，建立、健全主要受监设备的技术监督档案，每年对所服务的发电企业进行 1 次～2 次技术监督现场动态检查，对存在的问题进行研究并提出建议和措施。

4.9.5 参加所服务发电企业重大设备隐患、缺陷和事故的调查，提出反事故技术措施。

4.9.6 发现有违反标准、规程、制度及反事故措施的行为，和有可能造成人身伤亡、设备损坏的事故隐患时，按规定及时提出技术监督预警，签发技术监督预警通知单，并提出整改建议和措施，对预警问题进行督办验收。

4.9.7 组织对所服务发电企业的技术监督人员进行定期技术培训。

4.9.8 组织召开所服务发电企业技术监督工作会议，总结、交流技术监督工作，推广技术监督新技术、新方法。参加集团公司、产业公司、区域公司组织召开的技术监督工作会议。

4.9.9 依靠科技进步，不断完善和更新测试手段，提高服务质量；加强技术监督信息的交流与服务工作；对技术监督关键技术难题，组织科技攻关。

4.9.10 对于技术监督服务合同履约情况，接受集团公司、产业公司、区域公司和发电企业的监督检查。

5 技术监督范围

5.1 火力发电厂的监督范围：绝缘、继电保护及安全自动装置、励磁、电测、电能质量、节能、环保、锅炉、汽轮机、燃气轮机、热工、化学、金属、锅炉压力容器和供热等 15 项专业监督。

5.2 水力发电厂的监督范围：绝缘、继电保护及安全自动装置、励磁、电测与热工计量、电能质量、节能、环保、水轮机、水工、监控自动化、化学和金属等 12 项专业监督。

5.3 风力发电场的监督范围：绝缘、继电保护及安全自动装置、电测、电能质量、风力机、监控自动化、化学和金属等 8 项专业监督。

5.4 光伏电站的监督范围：绝缘、继电保护及安全自动装置、监控自动化、能效等 4 项专业监督。

6 技术监督管理

6.1 健全监督网络与职责

6.1.1 各产业公司、区域公司应按照本办法规定，编制本公司技术监督管理标准，应成立技术监督领导小组，日常工作由生产管理部门归口管理。每年年初根据人员调动、岗位调整情况，及时补充和任命技术监督管理成员。

6.1.2 各发电企业应按照本办法和《华能电厂安全生产管理体系要求》规定，编制本企业各专业技术监督管理标准，应成立企业技术监督领导小组，明确各专业技术监督岗位资质、分工和职责，责任到人。

6.1.3 发电企业技术监督工作归口职能管理部门在企业技术监督领导小组的领导下，负责全厂技术监督网络的组织建设工作，各专业技术监督专责人负责本专业技术监督日常工作的开展和监督管理。

6.1.4 技术监督工作归口职能管理部门每年年初要根据人员变动情况及时对网络成员进行调整。按照技术监督人员上岗资格管理办法的要求，定期对技术监督专责人和特殊技能岗位人员进行专业和技能培训，保证持证上岗。

6.2　确定监督标准符合性

6.2.1　国家、行业的有关技术监督法规、标准、规程及反事故措施，以及集团公司相关制度和技术标准，是做好技术监督工作的重要依据，各产业公司、区域公司、发电企业应对发电技术监督用标准等资料收集齐全，并保持最新有效。

6.2.2　发电企业应建立、健全各专业技术监督工作制度、标准、规程，制定规范的检验、试验或监测方法，使监督工作有法可依，有标准对照。

6.2.3　各技术监督专责人应根据新颁布的国家、行业标准、规程及上级主管单位的有关规定和受监设备的异动情况，对受监设备的运行规程、检修维护规程、作业指导书等技术文件中监督标准的有效性、准确性进行评估，对不符合项进行修订，履行审批流程后发布实施。

6.3　确认仪器仪表有效性

6.3.1　发电企业应配备必需的技术监督、检验和计量设备、仪表，建立相应的试验室和计量标准室。

6.3.2　发电企业应编制监督用仪器仪表使用、操作、维护规程，规范仪器仪表管理。

6.3.3　发电企业应建立监督用仪器仪表设备台账，根据检验、使用及更新情况进行补充完善。

6.3.4　发电企业应根据检定周期和项目，制定仪器仪表年度检验计划，按规定进行检验、送检和量值传递，对检验合格的可继续使用，对检验不合格的送修或报废处理，保证仪器仪表有效性。

6.4　建立健全监督档案

6.4.1　发电企业应按照集团公司各专业技术监督标准规定的技术监督资料目录和格式要求，建立健全技术监督各项台账、档案、规程、制度和技术资料，确保技术监督原始档案和技术资料的完整性和连续性。

6.4.2　技术监督专责人应建立本专业监督档案资料目录清册，根据监督组织机构的设置和设备的实际情况，明确档案资料的分级存放地点，并指定专人整理保管。

6.5　制定监督工作计划

6.5.1　集团公司、产业公司、区域公司及发电企业应制定年度技术监督工作计划，并对计划实施过程进行监督。

6.5.2　发电企业技术监督专责人每年 11 月 30 日前应组织制定下年度技术监督工作计划，报送产业公司、区域公司，同时抄送西安热工院。

6.5.3　发电企业技术监督年度计划的制定依据至少应包括以下主要内容：

a）国家、行业、地方有关电力生产方面的政策、法规、标准、规程和反措要求；

b）集团公司、产业公司、区域公司和发电企业技术监督管理制度和年度技术监督动态管理要求；

c）集团公司、产业公司、区域公司和发电企业技术监督工作规划与年度生产目标；

d）技术监督体系健全和完善化；

e）人员培训和监督用仪器设备配备与更新；

f）机组检修计划；

g）主、辅设备目前的运行状态；

h）技术监督动态检查、预警、月（季）报提出问题的整改；

i）收集的其他有关发电设备设计选型、制造、安装、运行、检修、技术改造等方面的动态信息。

6.5.4 发电企业技术监督工作计划应实现动态化，即各专业应每季度制定技术监督工作计划。年度（季度）监督工作计划应包括以下主要内容：

a） 技术监督组织机构和网络完善；

b） 监督管理标准、技术标准规范制定、修订计划；

c） 人员培训计划（主要包括内部培训、外部培训取证，标准规范宣贯）；

d） 技术监督例行工作计划；

e） 检修期间应开展的技术监督项目计划；

f） 监督用仪器仪表检定计划；

g） 技术监督自我评价、动态检查和复查评估计划；

h） 技术监督预警、动态检查等监督问题整改计划；

i） 技术监督定期工作会议计划。

6.5.5 各产业公司、区域公司每年 12 月 15 日前应制定下年度技术监督工作计划，并将计划报送集团公司，并同时发送西安热工院。

6.5.6 产业公司、区域公司技术监督年度计划的制定依据至少应包括以下几方面：

a） 集团公司、产业公司、区域公司技术监督管理制度和年度技术监督动态管理要求；

b） 集团公司、产业公司、区域公司技术监督工作规划和年度生产目标；

c） 所属发电企业技术监督年度工作计划。

6.5.7 西安热工院每年 12 月 30 日前应制定下年度技术监督工作计划，报集团公司审核批准后发布实施。

6.5.8 集团公司技术监督年度计划的制定依据至少应包括以下几方面：

a） 集团公司技术监督管理制度和年度技术监督动态管理要求；

b） 集团公司技术监督工作规划和年度生产目标；

c） 各产业公司、区域公司技术监督年度工作计划。

6.5.9 产业公司、区域公司和发电企业应根据上级公司下发的年度技术监督工作计划，及时修订补充本单位年度技术监督工作计划，并发布实施。

6.6 监督过程实施

6.6.1 技术监督工作实行全过程、闭环的监督管理方式，要依据相关技术标准、规程、规定和反措在以下环节开展发电设备的技术监督工作。

a） 设计审查；

b） 设备选型与监造；

c） 安装、调试、工程监理；

d） 运行；

e） 检修及停备用；

f） 技术改造；

g） 设备退役鉴定；

h） 仓库管理。

6.6.2 各发电企业对被监督设备（设施）的技术监督要求如下：

a） 应有技术规范、技术指标和检测周期；

b） 应有相应的检测手段和诊断方法；

c） 应有全过程的监督数据记录；

d） 应实现数据、报告、资料等的计算机记录；

e） 应有记录信息的反馈机制和报告的审核、审批制度。

6.6.3 发电企业要严格按技术标准、规程、规定和反措开展监督工作。当国家标准和制造厂标准存在差异时，按高标准执行；由于设备具体情况而不能执行技术标准、规程、规定和反措时，应进行认真分析、讨论并制定相应的监督措施，由发电企业技术监督负责人批准，并报上级技术监督管理部门。

6.6.4 发电企业要积极利用机组检修机会开展技术监督工作。在修前应广泛采集机组运行各项技术数据，分析机组修前运行状态，有针对性地制定大修重点治理项目和技术方案，在检修中组织实施。在检修后要对技术监督工作项目做专项总结，对监督设备的状况给予正确评估，并总结检修中的经验教训。

6.7 工作报告报送管理

6.7.1 技术监督工作实行工作报告管理方式。各产业公司、区域公司、发电企业应按要求及时报送监督速报、监督季报、监督总结等技术监督工作报告。

6.7.2 监督速报报送。

6.7.2.1 发电企业发生重大监督指标异常，受监控设备重大缺陷、故障和损坏事件，火灾事故等重大事件后24h内，技术监督专责人应将事件概况、原因分析、采取措施按照附录B格式，填写速报并报送产业公司、区域公司和西安热工院。

6.7.2.2 西安热工院应分析和总结各发电企业报送的监督速报，编辑汇总后在集团公司《电力技术监督报告》上发布，供各发电企业学习、交流。各发电企业要结合本单位设备实际情况，吸取经验教训，举一反三，认真开展技术监督工作，确保设备健康服役和安全运行。

6.7.3 监督季报报送。

6.7.3.1 发电企业技术监督专责人应按照各专业监督标准规定的季报格式和要求，组织编写上季度技术监督季报，每季度首月5日前报送产业公司、区域公司和西安热工院。

6.7.3.2 西安热工院应于每季度首月25日前编写完成集团公司《电力技术监督报告》，报送集团公司，经集团公司审核后，发送各产业公司、区域公司及发电企业。

6.7.4 监督总结报送。

6.7.4.1 各发电企业每年1月5日前编制完成上年度技术监督工作总结，报送产业公司、区域公司，同时抄送西安热工院。

6.7.4.2 年度监督工作总结主要应包括以下内容：

a） 主要监督工作完成情况、亮点和经验与教训；

b） 设备一般事故、危急缺陷和严重缺陷统计分析；

c） 存在的问题和改进措施；

d） 下一步工作思路及主要措施。

6.7.4.3 西安热工院每年2月25日前完成上年度集团公司技术监督年度总结报告，并提交集团公司。

6.8 监督预警管理

6.8.1 技术监督工作实行监督预警管理制度。技术监督标准应明确各专业三级预警项目，各发电企业应将三级预警识别纳入日常监督管理和考核工作中。

6.8.2 西安热工院、技术监督服务单位要对监督服务中发现的问题，按照附录 A 集团公司《技术监督预警管理实施细则》的要求及时提出和签发预警通知单，下发至相关发电企业，同时抄报集团公司、产业公司、区域公司。

6.8.3 发电企业接到预警通知单后，按要求编制报送整改计划，安排问题整改。

6.8.4 预警问题整改完成后，发电企业按照验收程序要求，向预警提出单位提出验收申请，经验收合格后，由验收单位填写预警验收单，并抄报集团公司、产业公司、区域公司备案。

6.9 监督问题整改

6.9.1 技术监督工作实行问题整改跟踪管理方式。技术监督问题的提出包括：

a） 西安热工院、技术监督服务单位在技术监督动态检查、预警中提出的整改问题；

b） 《电力技术监督报告》中明确的集团公司或产业公司、区域公司督办问题；

c） 《电力技术监督报告》中明确的发电企业需要关注及解决的问题；

d） 发电企业技术监督专责人每季度对监督计划执行情况进行检查，对不满足监督要求提出的整改问题。

6.9.2 技术监督动态检查问题的整改，发电企业按照 7.3.5 条执行。

6.9.3 技术监督预警问题的整改，发电企业按照 6.7 节执行。

6.9.4 《电力技术监督报告》中明确的督办问题、需要关注及解决的问题的整改，发电企业应结合本单位实际情况，制定整改计划和实施方案。

6.9.5 技术监督问题整改计划应列入或补充列入年度监督工作计划，发电企业按照整改计划落实整改工作，并将整改实施情况及时在技术监督季报中总结上报。

6.9.6 对整改完成的问题，发电企业应保存问题整改相关的试验报告、现场图片、影像等技术资料，作为问题整改情况及实施效果评估的依据。

6.9.7 产业公司、区域公司应加强对所管理发电企业技术监督问题整改落实情况的督促检查和跟踪，组织复查评估工作，保证问题整改落实到位，并将复查评估情况报送集团公司。

6.9.8 集团公司定期组织对发电企业技术监督问题整改落实情况和产业公司、区域公司督办情况的抽查。

6.10 人员培训和持证上岗管理

6.10.1 技术监督工作实行持证上岗制度。技术监督岗位及特殊专业岗位应符合国家、行业和集团公司明确的上岗资格要求，各发电企业应将人员培训和持证上岗纳入日常监督管理和考核工作中。

6.10.2 集团公司、各产业公司、区域公司应定期组织发电企业技术监督和专业技术人员培训工作，重点学习宣贯新制度、标准和规范、新技术、先进经验和反措要求，不断提高技术监督人员水平。发电企业技术监督专责人员应经考核取得集团公司颁发的专业技术监督资格证书。

6.10.3 从事电测、热工计量检测、化学水分析、化学仪表检验校准和运行维护、燃煤采制化和用油气分析检验、金属无损检测人员等，应通过国家或行业资格考试并获得上岗资格证书，每项检测和化验项目的工作人员持证人数不得少于 2 人。

6.11 监督例会管理

6.11.1 集团公司、各产业公司、区域公司应定期组织召开技术监督工作会议，总结技术监督工作开展情况，分析存在的问题，宣传和推广新技术、新方法、新标准和监督经验，讨论和部署下年度工作任务和要求。

6.11.2　发电企业每年至少召开两次技术监督工作会议，会议由发电企业技术监督领导小组组长主持，检查评估、总结、布置技术监督工作，对技术监督中出现的问题提出处理意见和防范措施，形成会议纪要，按管理流程批准后发布实施。

7　评价与考核

7.1　评价依据和内容

7.1.1　技术监督工作实行动态检查评价制度。技术监督评价依据本办法及相关火电、水电、风电、光伏监督标准，评价内容包括技术监督管理与监督过程实施情况。

7.2　评价标准

7.2.1　被评价的发电企业按得分率高低分为四个级别，即：优秀、良好、合格、不符合。

7.2.2　得分率高于或等于 90%为“优秀”；80%～90%（不含 90%）为“良好”；70%～80%（不含 80%）为“合格”；低于 70%为“不符合”。

7.3　评价组织与考核

7.3.1　技术监督评价包括：集团公司技术监督评价，属地电力技术监督服务单位技术监督评价，发电企业技术监督自我评价。

7.3.2　集团公司定期组织西安热工院和公司系统内部专家，对发电企业开展动态检查评价，评价工作按照各专业技术监督标准执行，分为现场评价和定期评价。

7.3.2.1　技术监督现场评价按照集团公司年度技术监督工作计划中所列的发电企业名单和时间安排进行。发电企业在现场评价实施前应按各专业技术监督工作评价表内容进行自查，编写自查报告。西安热工院在现场评价结束后三周内，应按附录 C 编制完成评价报告，并将评价报告电子版报送集团公司，同时发送产业公司、区域公司及发电企业。

7.3.2.2　技术监督定期评价按照发电企业生产技术管理情况、机组障碍及非计划停运情况、监督工作报告内容符合性、准确性、及时性等进行评价，通过年度技术监督报告发布评价结果。

7.3.3　技术监督服务单位应对所服务的发电企业每年开展 1～2 次技术监督动态检查评价。评价工作按照各专业技术监督标准的规定执行，检查后三周内应参照附录 C 编制完成评价报告，并将评价报告电子版和书面版报送产业公司、区域公司及发电企业。

7.3.4　西安热工院、技术监督服务单位进行动态检查评价时，要对上次动态检查问题整改计划的完成情况进行核查和统计，并编写上次整改情况总结，附于动态检查评价报告后。

7.3.5　发电企业收到评价报告后两周内，组织有关人员会同西安热工院或技术监督服务单位，在两周内完成整改计划的制订，经产业公司、区域公司生产部门审核批准后，将整改计划书报送集团公司，同时抄送西安热工院、技术监督服务单位。电厂应按照整改计划落实整改工作，并将整改实施情况及时在技术监督季报中总结上报。

7.3.6　集团公司通过《电力技术监督报告》《电力技术监督通讯》等渠道，发布问题整改、复查评估情况。

7.3.7　对严重违反技术监督规定、由于技术监督不当或监督项目缺失、降低监督标准而造成严重后果、对技术监督发现问题不进行整改的电厂，予以通报并限期整改。

7.3.8　各产业公司、区域公司和发电企业应将技术监督工作纳入企业绩效考核体系。

附 录 A
（规范性附录）
技术监督预警管理实施细则

A.1 对于技术监督预警问题，可通过以下技术监督过程进行识别：

A.1.1 设计选型阶段

a） 设计选型资料；

b） 设计选型审查会。

A.1.2 制造阶段

a） 定期报告；

b） 制造质量的监造报告。

A.1.3 安装和试运行阶段

a） 安装质量的定期报告；

b） 安装质量的质检报告；

c） 系统或设备试验和验收报告；

d） 试运行和验收报告。

A.1.4 运行和检修阶段

a） 技术监督年度工作计划、总结，设备台账、检修维护工作总结；

b） 技术监督月报、季报、速报；

c） 技术监督动态检查评价报告；

d） 技术监督定期会议。

A.2 对技术监督过程中发现的问题，按照问题或隐患的风险及危害程度，分为三级管理。其中第一级为严重预警，第二级为重要预警，第三级为一般预警，各监督预警项目参见各专业监督标准。西安热工院、技术监督服务单位对于技术监督过程中发现的符合预警项目的问题，应及时按照 A.3 条规定的程序提出“技术监督预警通知单”，技术监督预警通知单格式和内容要求见附录 A.1。

A.3 技术监督预警提出及签发程序如下：

A.3.1 一级预警通知单由西安热工院提出和签发（对于技术监督服务单位监督服务过程中发现的一级预警问题，技术监督服务单位填写预警通知单后发送西安热工院，由西安热工院签发），同时抄报集团公司，抄送产业公司、区域公司。

A.3.2 二级、三级预警通知单由西安热工院、技术监督服务单位提出和签发，同时抄送产业公司、区域公司。

A.4 发电企业接到技术监督预警通知单后，应认真组织人员研究有关问题，制定整改计划，整改计划中应明确整改措施、责任部门、责任人、完成日期。三级预警问题应在接到通知单后 1 周内完成整改计划；二级预警应在接到通知单后 3 天内完成整改计划；一级预警应在接到通知单后 1 天内完成整改计划；并应在计划规定的时间内完成整改和验收，验收完毕后应填写技术监督预警验收单，预警验收单格式和内容要求见附录 A.2。

A.5 技术监督预警问题整改及验收程序如下：

A.5.1 一级预警的整改计划应发送集团公司、产业公司、区域公司、西安热工院技术监督部，整改完成后由发电企业向西安热工院提出验收申请，经验收合格后，由西安热工院填写技术监督预警验收单，同时抄报集团公司、产业公司、区域公司备案。

A.5.2 二级、三级预警的整改计划应发送产业公司、区域公司、西安热工院技术监督部或技术监督服务单位，整改完成后由发电企业向西安热工院或技术监督服务单位提出验收申请，经验收合格后，由西安热工院或技术监督服务单位填写技术监督预警验收单，同时抄报产业公司、区域公司备案。

A.6 对技术监督预警问题整改后验收不合格情况的处理规定如下：

对预警问题整改后验收不合格时，三级预警由验收单位提高到二级预警重新提出预警，一、二级预警由验收单位按原预警级别重新提出预警，预警通知的提出和签发程序按照 A.3 的规定执行，对预警问题的整改和验收按照 A.5 的规定执行。

附　录　A.1
（规范性附录）
技术监督预警通知单

通知单编号：T-　　　　　　　　　　　　　　　　　预警类别：20　　年　　月　　日

发电企业名称			
设备（系统）名称			
异常情况			
可能造成或已造成的后果			
整改建议			
整改时间要求			
提出单位		签发人	

注：通知单编号：T-预警类别编号—顺序号—年度。预警类别编号：一级预警为 1，二级预警为 2，三级预警为 3。

附 录 A.2
（规范性附录）
技术监督预警验收单

验收单编号：Y-　　　　　　　　　　　　　　　　　　　　预警类别：20　　年　　月　　日

发电企业名称			
设备（系统）名称			
异常情况			
技术监督服务单位整改建议			
整改计划			
整改结果	（整改见证资料可附后）		
验收结论和意见			
验收单位		验收人	

注：验收单编号：Y-预警类别编号—顺序号—年度。预警类别编号：一级预警为 1，二级预警为 2，三级预警为 3。验收结论可分为合格和不合格两种。

附 录 B
（规范性附录）
技术监督信息速报

<table>
<tr><td>单位名称</td><td colspan="4"></td></tr>
<tr><td>设备名称</td><td colspan="2"></td><td>事件发生时间</td><td></td></tr>
<tr><td>事件概况</td><td colspan="4">注：有照片时应附照片说明。</td></tr>
<tr><td>原因分析</td><td colspan="4"></td></tr>
<tr><td>已采取的措施</td><td colspan="4"></td></tr>
<tr><td>监督专责人签字</td><td></td><td>联系电话：
传　　真：</td><td colspan="2"></td></tr>
<tr><td>生长副厂长或
总工程师签字</td><td></td><td>邮　　箱：</td><td colspan="2"></td></tr>
</table>

附　录　C
（规范性附录）
技术监督现场评价报告

C.1　受监设备概况

内容：说明发电机组的数量、单机容量、总容量、投产时间。

C.1.1　受监控设备主要技术参数

C.1.2　受监控设备近年来发生或存在的问题

C.2　评价结果综述

××××年××月××日～××日期间，西安热工院（或技术监督服务单位），依据集团公司《电力技术监督管理办法》，组织各专业技术人员共××人，对××发电厂（以下简称电厂）绝缘等××项技术监督工作进行了现场评价。

查评组通过询问、查阅和分析各部门提供的管理文件、设备台账、检修总结、试验报告等技术资料，以及对电厂生产现场设备巡视等查评方式，对电厂的技术监督组织与职责、标准符合性、仪器仪表、监督计划、监督档案、持续改进、技术监督指标完成情况和监督过程等八个方面进行了检查和评估；针对检查提出的问题，查评组与电厂的领导和各专业管理人员进行了座谈，充分交换了意见，形成最终查评意见和结论。

C.2.1　上次技术监督现场评价提出问题整改情况

××××年度技术监督现场评价共提出××项问题，已整改完成××项，整改完成率××；其中严重问题××项，已整改完成××项，一般问题××项，已整改完成××项。各专业整改完成情况统计结果见表C.1。

表C.1　上次技术监督现场查评提出问题整改情况统计结果

序号	专业名称	应整改问题项数			已完成整改项数			整改完成率 %
		严重问题	一般问题	小计	严重问题	一般问题	小计	
1	绝缘监督							
2								
3								
4								
	合　计							

C.2.2 技术监督指标完成情况

C.2.2.1 各专业技术监督指标完成情况

本次各专业对××××年××月××日～××××年××月××日期间的技术监督指标实际完成情况进行了检查，结果见表C.2。

表C.2 技术监督指标完成情况

专业名称	监督指标	本次检查结果	考核值

C.2.2.2 技术监督指标未达标原因及分析

本次对电厂××××年××月××日～××××年××月××日期间的××项技术监督指标完成情况进行了考核，××项考核指标中，有×项指标未达到考核值，达标率为××.×%，×项指标未达标的原因分别是：

C.2.3 本次现场评价发现的严重问题及整改建议

内容：问题描述及整改建议。

C.2.4 本次现场评价结果

本次技术监督评价结果：本次评价应得分数××××、实得分数××××、得分率××%。本次评价共发现××项问题，其中严重问题××项，一般问题××项；对于整改时间长、整改难度较大的问题以建议项提出，本次提出建议项为××项；各专业得分和需纠正或整改问题数、建议项数汇总见表C.3。

表C.3 本次技术监督现场评价得分情况和发现问题数量汇总表

序号	专业名称	应得分	实得分	得分率 %	检查 项目数	扣分 项目数	需纠正或整改问题数		建议 项数
							严重问题	一般问题	
1	绝缘监督								
2									
3									
合计									

C.2.5 对存在问题的纠正整改要求

本次现场评价各专业共提出需纠正或整改问题数××项，按问题性质分类：严重问题××项，一般问题××项；对于整改时间长、整改难度较大的问题以建议项提出，本次提出建议项为××项。针对本次提出的有关问题，给出了相应的解决办法或建议，供电厂参考。

按集团公司《电力技术监督管理办法》规定，电厂在收到技术监督现场查评报告后，应组织有关人员会同西安热工院（或技术监督服务单位），在两周内完成整改计划的制订，经产业公司、区域公司生产部门审核批准后，将整改计划书报送集团公司安生部，同时抄送西安热工院电站技术监督部（或技术监督服务单位）。电厂应按照整改计划落实整改工作，按闭环管理程序要求，将整改实施情况及时在技术监督季报中总结上报。

C.3　各专业现场评价报告

C.3.×　××技术监督评价报告（查评人：×××）

C.3.×.1　评价概况

20××年××月××日～××日期间，西安热工院（或技术监督服务单位），依据集团公司《电力技术监督管理办法》，对××电厂××技术监督工作情况进行了现场评价，并对20××年度技术监督现场查评发现问题的整改情况进行了评估。

"华能电厂××技术监督工作评价表"规定的评价项目共计××项，满分为×××分。本次实际评价项目××项，扣分项目共××项，占实际评价项目的××.×%；本次问题扣分×××分，实得分×××分，得分率为××.×%。得分情况统计结果见表3.×.1；扣分项目及原因汇总见表3.×.2。

表C.3.×.1　本次××技术监督现场评价得分情况统计结果

评价项目	标准分 分	本次得分 分	本次得分率 %	上次得分 分	上次得分率 %

表C.3..×.2　本次××技术监督评价扣分项目及原因汇总

序号	评价项目	标准分	扣分	扣分原因

C.3.×.2　技术监督工作亮点

C.3.×.3　本次现场评价发现的问题

本次现场评价发现问题××项，按问题性质分类：严重问题×项，一般问题××项；对于整改时间长、整改难度较大的问题以建议项提出，本次提出建议项×项。针对本次提出的有关问题，给出了相应的解决办法或建议，供电厂参考。

C.3.×.3.1　严重问题

1）

C.3.×.3.2　一般问题

1）

C.3.×.3.3 建议项

1）

C.3.×.4 上次技术监督评价发现问题整改情况

20××年度技术监督现场评价提出需纠正或整改问题数××项，本次确认完成整改问题数××项，整改完成率为××.×%。其中严重问题×项，已整改完成×项；一般问题×项，已整改完成×项。整改问题未完成的原因和处理意见见3.×.3。

表C.3.×.3 整改问题未完成的原因和处理意见

序号	整改问题	原整改计划	未完成原因	检查组意见

注：对未完成的整改问题，应列入本次检查整改计划，作为下次核对的内容。